Olaf Esters / Ronald Latoska

Professional Planner
Das Basiswissen

Olaf Esters / Ronald Latoska

Professional Planner
Das Basiswissen

Version 2008

Mit einem kompletten Fallbeispiel

Von der Auswahl, über Kauf bis zur professionellen Einführung

Mit Checklisten

Bibliografische Information Der Deutschen Nationalbibliothek
Die Deutsche Nationalbibliothek verzeichnet diese Publikation in der Deutschen Nationalbibliografie;
Detaillierte bibliografische Daten sind im Internet über http://dnb.d-nb.de abrufbar.

© 2008 Olaf Esters, Ronald Latoska

Herstellung und Verlag: Books on Demand GmbH, Norderstedt

ISBN-13: 9783837062977

BV 1.0

Buchumschlag Konzept und Design:
heureka! Profitable Communication GmbH
Essen

Autoren, Herausgeber und Verlag übernehmen in keinem Fall irgendeine Haftung für die Richtigkeit von Angaben, Hinweisen und Ratschlägen sowie für eventuelle Druckfehler.

Alle Rechte, insbesondere die der Übersetzung in andere Sprachen vorbehalten. Kein Teil dieses Buches darf ohne schriftliche Genehmigung der Autoren in irgendeiner Form reproduziert oder in eine von Maschinen, insbesondere von Datenverarbeitungsmaschinen, verwendbare Sprache übertragen oder übersetzt werden.

Professional Planner™ ist ein eingetragenes Warenzeichen der Winterheller software GmbH Graz.

Für Sabine und Kezban

Professional Planner 90 Tage Testversion

Die 90 Tage Testversion des Professional Planners kann unter www.unitedbudgeting.com heruntergeladen werden. Dabei werden Sie für Rückfragen aufgefordert Ihre Kontaktdaten und den unten genannten Lizenzcode anzugeben.

Ihr persönlicher Lizenzcode lautet: 200808deUB01

Für Rückfragen wenden Sie sich bitte an: info@unitedbudgeting.com

INHALTSVERZEICHNIS

VORWORT 18

BUCHAUFBAU 20

TEIL 1 ALLGEMEINES 21

    Entstehungsgeschichte des Professional Planner 22

    Einordnung des Professional Planner im Software-Markt 24

        Heutige Planungswerkzeuge 26

            ERP-Systeme 26

            Tabellenkalkulationsprogramme 27

            OLAP-Werkzeuge 28

            Planungsanwendungen 29

        Rechtliche und öffentliche Gründe der Planung und Budgetierung 29

        Die Entwicklung des BI-Marktes 32

            Mit welchen Systemen arbeitet das controlling heute? 35

            Professional Planner versus Excel 36

    Die OLCAP Technologie des Professional Planner 40

        Beschreibung der betriebswirtschaftlichen Rechenlogik (BCL) 41

        Die Drei-Schicht-Architektur des Professional Planner 42

            Datenhaltungsschicht (data-server tier, back end) 43

            Präsentationsschicht (client tier) 43

    Die betriebswirtschaftliche Logik des Professional Planner 44

        Die Funktionsintelligenz 45

        Die Zeitintelligenz 47

        Die Strukturintelligenz 51

    Individualisieren der BCL 60

        Anpassungen der Rechenlogik durch den Auftraggeber 61

        Anpassungen der Rechenlogik durch den Hersteller 63

        Beispiel für eine Rechenlogik-Änderung 63

    Integrierte Erfolgs- Finanz- und Bilanzplanung 65

        Fallbeispiel 1: Planen von Umsatzerlösen 69

Fallbeispiel 2: Planen von Aufwand und Ertrag 70
Fallbeispiel 3: Planen von Investitionen und Abschreibungen (Einstellungen über Strukturelement ´Investition´) 71
Fallbeispiel 4:Planen der Darlehen (Einstellungen über Strukturelement ´Darlehen´) 72

PROFESSIONAL PLANNER ERFOLGREICH EINFÜHREN 73

Allgemeine Gründe für ein eigenes Projekt 73

Definition Projekt 74

Ziele und Aufgabenstellungen eines Professional PLanner Projektes 76

Was versteht man unter Projektmanagement 78

Definieren von Projekterfolgsfaktoren für PP-Projekte 79

Instrumente eines Professional Planner-Projektes 83

    Auftraggeber 84

    Projektleitung 85

    Projektmitglieder 86

        Optimale Teamgröße 88

    Lenkungsausschuss 88

Auswahl des richtigen Vertriebsweges und Beratungspartners 89

    Beauftragung von externen Kräften 89

        Internationaler Vertrieb von Professional Planner 90

        Direktvertriebsweg Hersteller 90

    Partnerunternehmen 91

        Business-Partner 92

        Solution-Partner 92

        Gründe für den einsatz von Partner-Unternehmen 92

Vorgehen in PP-Projekten 93

    Prinzip der Einfachheit 93

    Ermittlung und Analyse des Projektumfanges 94

        Der Projekt-Design-Tag (PDT) 98

        Ermittlung des Projektumfanges 100

        Terminplan festlegen 101

Analyse der richtigen Software-GRÖSSE 106
Versionsauswahl *109*
   Die angebotenen Professional Planner Produkte 109
   Das Named User Konzept der Professional Edition 110
   Professional Line mit Server/Workgroup 111
   Das Concurrent User Konzept der Enterprise Edition 113
      Budgetermittlung 115
   Kick-Off 117
   Einsatz von Prototypen im Auswahlprozess 118
   Schulungen 120
   Testphase 121
   Abschluss eines Projektes 122
      Dokumentation 123
      Weitere Projekt-Schritte festlegen 123

TEIL II PRAXISBEISPIEL 125

SONNENSCHEINGRUPPE 126

Beschreibung des Unternehmens *126*
Strukturaufbau – GuV *130*
   Quellen für den Strukturaufbau 132
   Benutzeroberfläche 134
   Neues Dataset anlegen 136
   Einstellungen des Unternehmenselements 139
   Umsatzbereiche 142
   Fixe Kosten 149
   Produktionselemente 157
Strukturaufbau – Bilanz *160*
Einstellungen der Strukturelemente *166*
   Einstellungen Umsatzbereiche 167
   Einstellungen Aufwand/Ertrag 172
   Einstellungen Produktionselemente 173

  Einstellungen Bilanzkonten 178

Ausbau der Konzernstruktur 178

  Struktur Kopieren 179

  GuV Struktur anpassen (Engineering GmbH) 180

  GuV Struktur Einstellen (Engineering GmbH) 181

  Einstellungen Bilanzelemente (Engineering GmbH) 183

  Reorganisation der Struktur 184

Import der Vorjahreswerte 186

  Die Importquelle 189

  Kennungen 192

  Der Importmanager 196

  Bilanzimport Anfangsbestand 198

    Import der Rohdaten AB 198

    Transformation AB 204

    Zuordnung AB 210

    Übername AB 218

    Protokolle 218

  GuV Import 220

    Import der Rohdaten GuV 220

    Transformation GuV 221

    Zuordnung GuV 224

    Übernahme GuV 233

  Bilanzimport Endbestand 234

    Import der Rohdaten EB 234

    Transformation EB 234

    Zuordnung EB 236

    Übernahmeeinstellungen EB 241

    Übernahme EB 241

Budgetierung Bottom up 245

  Analyse der Ist-Zahlen 247

Budgetziele 253

Erfassung der Umsätze und der variablen Kosten 254

    Produktion und Handel GmbH 256

    Engineering GmbH 261

Erfassung der fixen kosten 265

Planung der Produktion 270

Planung der Investitionen 282

Planung von Krediten 287

Planung der Ertragssteuern 291

Finanzplan und Planbilanz 294

Finanzplan Cash Flow 299

    Abschreibungen und Zuschreibungen auf Anlagen 299

    Steuerrückstellungen 301

Finanzplan Working Capital 304

    RHB Lager 305

    Forderungen LuL 311

    Verbindlichkeiten LuL 315

    Umsatz- und Mehrwertsteuer 318

Finanzplan Langfristbereich 322

Finanzplan Eigentümersphäre 324

    Umbuchung - Passivtausch 325

    Gewinnausschüttung 327

Bankkontokorrent 328

Kalkulatorische Grössen *332*

Managementkonsolidierung *340*

Aufbau von Berichten *347*

Basistechniken im Reporting 349

    Die SetDat Formel 349

    Einfache Abfrage eines Feldbezugs 356

    Einzelabfragen der Gruppenfelder 361

    Einzelabfragen der Elementbezeichnung 367

    Einzelabfragen der Elementbereiche 369

    Einzelabfragen der Ebeneninfo 371

    Abfragen mit Zellenreferenz 376

    Mehrere Abfrageformeln in einer Zelle 378

    Detaillisten 381

    Abfragen von Kostengruppen 385

    Grafiken 389

    Das Format einer bestehenden Grafik übertragen 393

    Performance der Abfragetechniken 394

    Performance der Eingabetechniken 396

Gewinn und Verlustrechnung nach HGB 397

    Umsatzkostenverfahren 399

    Gesamtkostenverfahren 404

Top Down Budgetierung 405

    Top Down Schalter 406

    Top Down Manager 407

Simulationen und Szenarien 409

    Simulation 409

    Szenario 411

PROJEKTORIENTIERTE BUDGETIERUNG 412

Integrierte Planung im Projektgeschäft 413

Lösung mit dem Standardrechenschema 414

Lösung mit einem modifizierten Rechenschema 415

TEIL III ANHANG 417

HÄUFIG GESTELLTE FRAGEN 418

Wie arbeite ich mit der Professional PLanner Oberfläche? 418

    Key User 418

    Active User 418

    IT User 419

Die fünf Bereiche der Key-User-Oberfläche: *419*

    Der Workspace 420

    Die Menüleiste 421

    Die Symbolleiste 422

    Die Statusleiste 423

    Der Organisationsbaum 424

        Das Registerblatt Sitzungen 424

        Register Dokumente 426

        Register Struktur 427

        Register Zeit 430

Wie verwalte ich ein PP-DAtaset? *431*

    Dataset lokal anlegen 431

    Dataset auf einem Server anlegen 432

    Dataset löschen 432

    Dataset kopieren (speichern unter) 433

    Dataset Umstellen 434

    Dataset Reorganisieren 435

    Dataset abgleichen 437

Wie arbeite ich mit PP-Dokumenten? *439*

    Dokumententypen 439

        Tabellendokument (*.ptb) 440

        Importmanager (*.fzu) 440

        Manager (*.pba) 440

        Memo (*.pme) 440

        HTML-Seiten (*.html) 441

    Arbeiten mit Tabellendokumenten 441

        Öffnen und Schliessen von Dokumenten 441

        Speichern von Dokumenten als PP-Tabellendokument 442

        Exportieren von Tabellendokumenten in ein anderes Format 443

        Drucken von Dokumenten 443

Versenden von Dokumenten als Email 444

Kontextmenü 444

Tabellenmenü 444

Registermenü 445

Zeilen/Spalten fixieren 445

Daten anzeigen 446

Listenabfrage 452

Kumulation 454

Daten eingeben 455

Die Aufgabe des Reihenwertes 455

Top-Down Planung 455

Währungen 458

Kurstabelle 459

Währungsumrechnung Planung 459

Kennzahlen selbst erstellen 462

Nutzen von Excel-Funktionen für die Erstellung von Kennzahlen 463

Eingabe-Formeln 463

Memos 465

Wie vergebe ich eigene Kennungen? 467

Benutzen und arbeiten mit Organisations-Identifikationen (ORG-ID) 467

Benutzen und arbeiten mit Gruppenfeldern 468

Benutzen und arbeiten mit Kostengruppen 469

Wie arbeite ich mit PP-Strukturen? 470

Strukturelemente anlegen 470

Strukturelemente kopieren 471

Strukturelemente umbenennen 471

Strukturelemente löschen 471

Arbeiten mit Teilbäumen 472

Der Workflow im Professional Planner 473

BESCHREIBUNG UND AUFLISTUNG DER STRUKTURELEMENTE 476

Unternehmenselement	476
Profitcenter	476
Umsatzbereich	477
Produktionselement	478
Kostenstelle	478
Aufwand/Etrag Element	479
Kalkulatorische Kosten	479
Kredite	480
Investitionen	481
Anlagevermögen	481
Lager	481
Produktionslager	482
Forderungen LuL	482
Sonstige Forderungen	483
Sonstiges Umlaufvermögen	483
ARAP (Aktive Abgenztungsposten)	483
Eigenkapital	483
Sonderposten mit Rücklagenanteil	484
Rückstellungen	484
Verbindlichkeiten LuL	484
Sonstige Verbindlichkeiten	485
Darlehen	485
PRAP (Passive Abgrenzungsposten)	485
Statistikelement Unternehmen	486
Statistikelement Profitcenter	486
Statistikelement Kostenstelle	486
Statistikelement Umsatzbereich	487
LEXIKON DER PROFESSIONAL PLANNER BEGRIFFE	488
CHECKLISTEN	498
Zusammenstellung Projekt Team	498

Checkliste Pflichtenheft *499*

Checkliste Projektkalkulation *500*

Checkliste Analyseworkshop-Vorbereitung extern *501*

HARDWAREANFORDERUNGEN 505

ANHANG 508

Abkürzungverzeichnis *508*

Literaturverzeichnis *510*

Adressen *512*

Danksagung *513*

Um Ihnen die Orientierung im Text zu erleichtern, haben wir drei Symbole eingearbeitet.

ⓘ **INFO**	Hier erhalten Sie weiterführende Informationen und Erklärungen
🖥 **Praktische Übung**	Hier werden Sie gebeten eine bestimmte Übung an Ihrem Computer durchzuführen
☝ **TIPP**	Hier verraten wir Ihnen einen Tipp aus der langjährigen Projektpraxis mit Professional Planner

VORWORT

Die Planungs- und Controllingsoftware Professional Planner des österreichischen Anbieters WINTERHELLER Software GmbH gehört in Europa seit vielen Jahren zu den erfolgreichen Business Intelligence-Lösungen.

Bis heute gibt es aber kein umfassendes Nachschlagewerk über die Technologie, die Funktionsweise und die Anwendungsmöglichkeiten dieser Budgetierungssoftware.

Die Autoren legen mit dem Buch `*Professional Planner – das Basiswissen*´ den Grundstein für ein Nachschlage- und Schulungswerk. Dieses Buch richtet sich an jeden, der mit Professional Planner arbeitet oder die Möglichkeiten des Systems kennen lernen möchte. Angefangen beim autodidaktischen Neueinsteiger, der sich vor einer Investition in die Software die Grundkenntnisse selbst aneignen möchte, über den Mitarbeiter und Partner der WINTERHELLER Software, welcher sich mit dem Produkt vertraut machen möchte, bis zum Anwender und User des Professional Planner, welcher sich durch ein versiertes Fallbeispiel in die Funktionsweise des Budgetierungssystems einarbeiten kann.

Die Idee zu diesem Buch entstand durch viele Anfragen interessierter Kunden und Partner, ob es eine Möglichkeit gäbe, die Software auszuprobieren. Unsere Erfahrung zeigte aber immer wieder, dass es wenig Sinn macht eine solch komplexe Software wie Professional Planner ohne Schulung und Training als Testversion anzubieten.

WINTERHELLER Software liefert selbstverständlich Handbücher für Ihre Produkte. Diese konzentrieren sich aber mehr auf die Beschreibung von reinen Fakten, die durch kleinere Beispiele unterstützt werden. Sehr empfehlenswert ist das neue Competence-Center der WINTERHELLER Software im Internet. Dieses diente diesem Buch als exzellentes Nachschlagewerk und bietet dem interessierten Anwender umfangreiche Recherchemöglichkeiten über die Funktionsweise des Professional Planner.

Ein weiterer Grundgedanke dieses Werkes ist die Idee des Know-how-Transfers zwischen erfahrenen Professional Planner Beratern und Neueinsteigern. Seit der Einführung des Professional Planner wurden in über 5.000 Projekten (Angabe WINTERHELLER Software) sehr viele interessante Lösungen erarbeitet. Ob Branchenlösungen wie Handel, Dienstleistung oder Produktion, ob Beratungsunternehmen, Mittelständler oder Konzern: Jede Professional Planner-Lösung hat eigene interessante Ergebnisse, die es wert sind festgehalten zu werden. Leider sind diese Lösungen oftmals nur in den Köpfen weniger Spezialisten gespeichert, welche diese Ergebnisse entwickelt und umgesetzt haben. Ziel dieses Buches ist es, auch für diese Anwendungen eine Basis zu liefern und das Wissen über Professional Planner neuen Kundengruppen verfügbar zu machen.

Von daher sind die Autoren an Ihren Erfahrungen und Ideen interessiert. Beide Autoren arbeiten seit vielen Jahren mit Professional Planner. Olaf Esters ist im Vertrieb der

WINTERHELLER Software beschäftigt, Ronald Latoska arbeitet seit vielen Jahren als Berater und führte Professional Planner schon in einigen internationalen Unternehmen ein.

Das Buch ist in drei Teilen gegliedert: Teil eins beschäftigt sich mit den theoretischen Grundlagen des Systems und der Frage: Wie führe ich eine solche Software in einem Unternehmen ein. Dabei sind die Kapitel so aufgebaut, dass sie direkt angesteuert werden können und nicht unbedingt chronologisch abgearbeitet werden müssen. Kapitel zwei ist ein komplettes Fallbeispiel, angefangen beim Strukturaufbau bis zum Datenimport und Berichtsanpassungen. Teil drei beantwortet einige häufig gestellte Fragen und bietet einige Nachschlagemöglichkeiten zu Abkürzungen und bestimmten Funktionen.

Wir bedanken uns beim Hersteller für die sehr gute Zusammenarbeit und die freundliche Genehmigung, Texte und Inhalte aus Unterlagen des Herstellers auszugsweise zu verwenden.

Der Firmenname unseres Beispiels ´Sonnenschein Gruppe´ ist rein willkürlich gewählt und hat keinerlei Ähnlichkeiten mit real existierenden Unternehmen. Die Inhalte des Beispiels wurden so gewählt, dass sie 90% der Standardanforderungen eines Einstiegsprojektes abdecken.

Wir wünschen Ihnen nun viel Erfolg mit der Durchsicht des Buches und dem Nachspielen des Fallbeispiels. Wir freuen uns auf ihre Rückmeldung und auf einen regen Austausch zwischen Professional Planner Fans. Denn dazu zählen wir uns auch.

Viel Spaß beim Lesen und Arbeiten wünschen Ihnen

Olaf Esters   Ronald Latoska

BUCHAUFBAU

Dieses Buch wird in drei Teile untergliedert. Im ersten Teil erklären wir die Technologie des Professional Planners, die Einordnung im BI Markt und stellen die Besonderheiten eines Professional Planner Projektes vor.

Im zweiten Teil stellen wir Ihnen den Verlauf eines typischen Professional Planner Projektes vor. Es ist ein Fallbeispiel, wie es in typischen Professional Planner Projekten vorkommt. Natürlich ist das Beispiel im Umfang etwas reduzierter als in der Realität. Es werden aber alle wesentlichen Themenbereiche behandelt. Das Ziel dieses Praxisteils ist es Ihnen zu zeigen, wie ein typisches Planner Projekt abläuft und soll Sie dazu befähigen, ein Standardprojekt weitgehend selbst durchzuführen. Dabei wurde darauf geachtet, dass die Chronologie eines Projektes eingehalten wird. Das Beispiel startet mit der Anforderungsanalyse, geht weiter über die Installation der Software, den Aufbau der Planungsstruktur und den Berichten bis zum Import der Daten aus dem Vorsystem.

Das Unternehmen in unserem Beispiel trägt den Namen „Sonnenschein Gruppe". Es handelt sich um einen fiktiven Konzern aus dem Bereich der Produktion und des Handels mit Holzdekorplatten. Der Konzern will Professional Planner für die integrierte Erfolgs-, Finanz und Bilanzplanung einsetzen. Die Lösung soll auch an das vorhandene ERP System angebunden werden.

Im dritten Teil beantworten wir häufig gestellte Fragen, erklären die Einstellungen und Funktionen des Professional Planners und bieten Ihnen Checklisten für die Einführung des Systems an.

TEIL 1 ALLGEMEINES

ENTSTEHUNGSGESCHICHTE DES PROFESSIONAL PLANNER

WIR BEANTWORTEN IN DIESEM KAPITEL FOLGENDE FRAGEN:

- WOHER KOMMT DIE FIRMA WINTERHELLER SOFTWARE?
- WARUM HAT SIE SICH MIT PLANUNGSSOFTWARE BESCHÄFTIGT?
- WIE ENTSTAND DIE IDEE UND SOFTWARE ´PROFESSIONAL PLANNER´?

Die Entstehungsgeschichte des Professional Planner ist eng mit einem betriebswirtschaftlichen Fachbuch verbunden. Dr. Manfred Winterheller, Berater, Fachbuchautor (Egger; Winterheller: Kurzfristige Unternehmensplanung), Wirtschaftsprüfer und Universitätsprofessor gründete 1988 zusammen mit Heimo Saubach in Graz (Österreich) die Beratungsgesellschaft WINTERHELLER Consulting. Kerngeschäft der Unternehmensberatung war die Unterstützung von Steuerberatern bei der Erstellung von Planungsrechnungen mit einer selbst entwickelten Controlling-Software. Die Software wurde ´Professional Planner´ genannt. Wesentlicher Nutzen der Software war ein betriebswirtschaftlicher Ansatz mit einer integrierten Betrachtung von Erfolgs-, Finanz- und Bilanzplanung. Im November 1988 wurde mit Herwig Bachner und Wolfgang Neuwirth bei WINTERHELLER Consulting ein Team institutionalisiert, um die Softwareentwicklung professionell voran zu treiben.

1990 wurde das neue Produkt ´Professional Planner´ für das Betriebssystem Microsoft Windows 3.0 weiter entwickelt. Die Software diente in diesen Jahren vorwiegend dem Gewinn von Beratungsaufträgen. Trotzdem zählte WINTERHELLER Ende 1990 bereits über 100 Kunden. Im gleichen Jahr hatte WINTERHELLER Consulting seine erste Vertretung in Deutschland/München. 1992 zählt das Unternehmen 200 Kunden und 25 Mitarbeiter. Im gleichen Jahr entscheidet WINTERHELLER Professional Planner für das erfolgreiche Betriebssystem Windows weiter zu entwickeln. 1994 eröffnet WINTERHELLER Consulting die Niederlassung in Wien.

Im Jahre 1998 beschäftigt WINTERHELLER Consulting rund 30 Mitarbeiter und erzielt einen Jahresumsatz von 3,5 Mio. Euro. Im gleichen Jahr expandiert WINTERHELLER Consulting nach Deutschland und eröffnet in Düsseldorf die erste deutsche Niederlassung. Aufgrund der verstärkten Ausrichtung des Unternehmens Software zu entwickeln und zu vertreiben, ändert WINTERHELLER im Jahre 2000 seinen Namen von ´WINTERHELLER Consulting GmbH´ in ´WINTERHELLER Software GmbH´. Im gleichen Jahr beteiligt sich die Investmentgesellschaft HTA am Unternehmen und bietet Kapital für die weitere Expansion.

Die neu entwickelte Professional Planner Version 5+ wird erstmals als Client-Server-System bei Industriekunden eingesetzt.

Im Jahr 2000 eröffnen ebenfalls die Niederlassungen in Frankfurt, München und Stuttgart. Als Implementierungspartner gewinnt WINTERHELLER Software die Beratungsgesellschaft Ernst & Young. Im gleichen Jahr kreiert die Firma eine neue Produktfamilie - die Great Editions. Sie wird unter der Bezeichnung Personal Edition als eine Einzelplatzlösung angeboten. Die Serverlösungen werden unter den Bezeichnungen Enterprise und Business Edition vertrieben.

2003 wird die Auslandsniederlassung in Schweden gegründet. Der skandinavische Markt wird von Stockholm aus bedient. Im gleichen Jahr wechselt die neue Version Professional Planner 3.0 von der ABI 2 auf die neue Rechenlogik ABI 3 (ABI= Advanced Business Intelligence). WINTERHELLER Software baut ein europaweites Vertriebsnetz über Partner auf.

Im Jahre 2004 eröffnet WINTERHELLER Software eine Niederlassung in Berlin und eine weitere in Hamburg. Irmgard Weinhandl wird neben Dr. Manfred Winterheller zur Geschäftsführerin der WINTERHELLER Software GmbH bestellt.

2005 wird die Einproduktstrategie der betriebswirtschaftlichen Planungs- und Controllingsoftware Professional Planner durch den Corporate-Performance-Management-Ansatz erweitert. Professional Analyser erweitert ab 2005 die Produktpalette um das multidimensionale Reporting. 2006 ergänzt Professional Consis als legales Konsolidierungstool die Produktfamilie. Im gleichen Jahr wechselt auch die Beschreibung der Professional Planner zugrunde liegenden Technologie den Namen: Aus ABI wird BCL (BCL = Business Content Library).

2007 scheidet Manfred Winterheller aus der Geschäftsleitung aus und übernimmt den Vorsitz des Aufsichtsrates. Er überträgt die Geschäfte Irmgard Weinhandl und Monika Koch.

2008 unterzieht sich WINTERHELLER Software einer Neupositionierung. Neben einem neuen Erscheinungsbild (Corporate Design), erhält die Produktfamilie neue Namen. Ab jetzt firmieren unter der Dachmarke ´WINTERHELLER´ drei Produktlinien:

> **Basic Line:** ein preiswertes Einsteigermodell,
> **Professional Line:** die Mittelstandslösung.
> **Enterprise Line:** eine Lösung für Konzerne.

Außerdem ändern sich die Versionsbezeichnungen. Die Bezeichnung der Releasestände werden durch die Jahreszahlen der Markteinführung ersetzt. So folgt der Version 4.3 die Version ´*Professional Planner 2008*´.

EINORDNUNG DES PROFESSIONAL PLANNER IM SOFTWARE-MARKT

WIR BEANTWORTEN IN DIESEM KAPITEL FOLGENDE FRAGEN:

- IN WELCHEM BEREICH DES SOFTWARE-MARKTES BEFINDEN WIR UNS MIT PROFESSIONAL PLANNER?
- WELCHE ALTERNATIVEN ZU PROFESSIONAL PLANNER WERDEN IM MARKT ANGEBOTEN ODER VON DEN ANWENDERN EINGESETZT?
- WIE WIRD SICH DER BI-MARKT IN DEN NÄCHSTEN JAHREN ENTWICKELN UND WELCHE AUSWIRKUNGEN HAT DAS FÜR PROFESSIONAL PLANNER?

Professional Planner ist ein standardisiertes Controllingwerkzeug zur Planung, Analyse und Reporting. Sein einzigartiger Vorteil gegenüber anderen Produkten ist die vordefinierte betriebswirtschaftliche Logik. Von daher gehört Professional Planner zu den so genannten 'Business-Intelligence'-Werkzeugen (BI).

Die Grundlagen der modernen Management-Informationssysteme gehen zurück bis in die 60 Jahre des letzten Jahrhunderts. Die frühen Lösungen leisteten aber bestenfalls eine Automatisierung des bestehenden Standardberichtswesens. Ergebnis waren umfangreiche Computerausdrucke, welche per Batch-Lauf erzeugt wurden.

Erst in den letzten Jahren haben die analytischen Informationssysteme technisch zugelegt und sind zur Grundlage betrieblicher Entscheidungsprozesse geworden. Die betriebswirtschaftliche Anwendung analytischer Systeme konzentriert sich heute auf die Bereiche Planung und Budgetierung sowie Konzernkonsolidierung. (Chamoni, Gluchowksi, 2004, 2006)

Mitte der 90 Jahre entstand der Begriff 'Business Intelligence'. Er basiert primär auf den Überlegungen der Gardner Group aus dem Jahre 1996:

'Data Analysis, reporting, and query tools can help business users wade through a sea of data to synthesize valuable information from it – today these tools collectively fall into a category called 'Business Intelligence'. (Kemper, 2006)

Leider wird der Begriff BI von jedem Anbieter so eingesetzt, wie es ihm erfolgversprechend erscheint. Mertens hat in seinem „Business Intelligence, ein Überblick", die Definitionen BI einmal analysiert und folgende Definitionen zusammen gestellt:

- BI als Fortsetzung der Daten und Informationsverarbeitung: IV für die Unternehmensleitung
- BI als Filter in der Informationsflut: Informationslogistik
- BI = MIS aber besonders schnelle/flexible Auswertungen

- BI als Frühwarnsystem („Alerting")
- BI = Data Warehouse
- BI als Informations- und Wissensspeicher
- BI als Prozess: Symptomerhebung – Diagnose – Therapie – Prognose – Therapiekontrolle (Mertens, 2002)

Dabei analysiert Kemper auf Basis der Strukturierung von Chamoni und Gluchowski drei gängige Typen von Definitionsansätze heraus:

- **Enges BI-Verständnis**
  Unter BI i.e.S. werden wenige Kernapplikationen verstanden, welche eine Entscheidungsfindung unmittelbar unterstützen. Hierzu gehört vor allem das Online Analytical Processing (OLAP), die Management Informations-Systeme (MIS), bzw. Executive Informations-Systeme (EIS).
- **Analyseorientiertes BI-Verständnis**
  Dieser Ansatz umfasst sämtliche Anwendungen, bei denen die Entscheider (oder Entscheidungsvorbereiter wie Controller) direkt an dem System arbeiten. Neben den oben genannten Systemen gehören hierzu auch Text Mining, Data Mining, das Ad-hoc Reporting sowie Balance Scorecards sowie der Bereich des analytischen Customer-Relationship-Managements und Systeme zur Unterstützung der Planung und Konsolidierung.
- **Weites BI Verständnis**
  Unter BI i.w.S. werden alle Anwendungen verstanden, welche direkt oder indirekt für die Entscheidungsunterstützung eingesetzt werden. (Kemper u.a. 2006)

Professional Planner erfüllt alle drei der geforderten BI-Definitionen. Der erfahrene Fachmann erkennt aber sehr schnell, dass jedes Analyse- und Reporting-Tool mindestens eines der drei Bedingungen erfüllt. Es ist daher für den interessierten Anwender sehr schwer zu unterscheiden, welches System seine konkreten Ansprüche schlussendlich abdeckt.

Die stetige Ausweitung der Datenbasis in den Unternehmen (z.B. leistungsfähigere ERP-Systeme), die Veränderung des Marktumfeldes (verschärfender Konkurrenzdruck) und immer höhere interne und externe Anforderungen an Transparenz und Fundierung der Entscheidungen, sind in die erfolgreiche Unternehmenssteuerung einzubeziehen.

Bisher eingesetzte Einzelsysteme werden diesem umfassenden Ansatz nicht mehr gerecht. Ein neuer integrativer Lösungsansatz und damit eine neue Datenbasis für die Entscheidungsunterstützung werden zwingend erforderlich. (Kemper u.a. 2006)

HEUTIGE PLANUNGSWERKZEUGE

Planungen, Monatsabschlüsse und Berichte wie Soll/Ist-Vergleiche werden auch heute schon von den Unternehmen erstellt und angewendet. Von daher stellt sich die Frage, ob diese Systeme den gewünschten Anforderungen genügen, und wenn nicht, warum andere Systeme wie Professional Planner die Aufgaben erfolgreicher umsetzen? Betrachten wir zunächst die derzeit in der Planung eingesetzten Software-Systeme.

Carsten Bange, in Chamoni, Gluchowski Analytische Informationssysteme 3. Auflage, 2004, 2006

Abbildung 1: Komplexitäten verschiedener Controlling-Anwendungen

ERP-SYSTEME

Enterprise-Ressource-Planning (ERP)-Systeme wurden primär für die Abbildung von Geschäftsprozessen eines Unternehmens und deren Abrechnung entwickelt. Bei ERP-Systemen werden betriebliche, gleichartige Strukturen für die Planung als auch für die Istdaten verwendet (Kostenstellen, Kontenrahmen, Sachkonten usw.). Schwerpunkt der ERP-Systeme ist die Kontrolle und Planung einer wirtschaftlich optimalen Nutzung der dem Unternehmen zur Verfügung stehenden Ressourcen für Beschaffung-, Produktion- und Absatz. Hochverdichtete Informationen aus ERP Systemen sind daher nur für die Planung des Unternehmenserfolgs einsetzbar. Sie berücksichtigen in keiner Weise die Abbildung der Bilanz und Finanzierung des Unternehmens. Praktiker greifen daher oftmals auf Tabellenkalkulationsprogramme zurück.

TABELLENKALKULATIONSPROGRAMME

Spitzenreiter bei Planungssystemen sind immer noch Tabellenkalkulationsprogramme wie Excel. Selbst Großunternehmen nutzen Excel als Controllinginstrument. Als Vorteile werden von den Anwendern genannt:

- Schnelle Verfügbarkeit,
- hohe Flexibilität,
- leichte (weil gelernte) Handhabung der Software

Gerade die oft zitierte ´hohe Flexibilität´ ist aber in der Praxis trügerisch. Die englische Tochter der KPMG (jetzt Orgin) hat Tabellenkalkulationsprogramm-Anwendungen bei Kunden untersucht. Die Ergebnisse sind alarmierend:

95% der Anwendungen enthielten wesentliche Fehler

95% der Anwendungen hatten ein mangelhaftes Design

92% der Anwendungen hatten wesentliche Fehler in der Steuerberechnung

75% enthielten wesentliche Fehler des Rechnungswesens

78% der Abteilungen verfügen über keine formale Qualitätssicherung

Das erstaunlichste an der Studie war allerdings, dass die Anwender davon ausgingen, dass sie auf dieser Grundlage einen wesentlichen Vorteil gegenüber Wettbewerben erlangen würden. (Chamoni. Gluchowski, analytische Informationssysteme, 3. Auflage).

Für Tabellenkalkulationen	Wider Tabellenkalkulationen
Kleines Unternehmen	Prozess Steuerung
Äußerst individuelle Anforderungen pro Bereich	Zugriffschutz
Kurzfristige Notwendigkeit	Performance
Reine Erfolgsplanung	Komplexität
	Verrechnungen
	Konsolidierung
	Trendrechnungen
	Wachsende Unternehmung
	Organisationsänderungen

Abbildung 2: Pro und Contra bei der Tabellenkalkulation (Rassmussen, Eichhorn)

Mit Excel können Daten aus allen Unternehmensbereichen - sowohl Vergangenheits- als auch zukunftsorientiert - abgebildet werden (Erfolg, Vermögen, Liquidität). Excel ist für die

Abbildung dynamischer Planungsprozesse aber nur bedingt geeignet, da die Abhängigkeiten durch starre Modelle vom Anwender selbst definiert werden müssen. Weiterer Nachteil ist die hohe Fehleranfälligkeit durch die Vermischung von Eingaben und berechneten Werten.

Moderne Planungssysteme bieten die Möglichkeit ein Tabellenkalkulationssystem als flexibles Eingabe- und Analysewerkzeug zu nutzen, die Daten aber in einer Standarddatenbank zu speichern und das mit einer fertig ausprogrammierten betriebswirtschaftlichen Logik zu kombinieren. Das Tabellenkalkulationsprogramm ist vollständig in die Planungsumgebung integriert und stellt dem Planenden eine vertraute Umgebung bereit. Nebenrechnung können in der Tabellenkalkulation verwendet werden. (Chamoni; Gluchowksi, 2004, 2006)

OLAP-WERKZEUGE

Mit Online Analytical Processing (OLAP) bezeichnet man die Analyse und Auswertungen von multidimensional aufbereiteten Daten, um Informationen für Unternehmensentscheidungen zu gewinnen. Die Stärke von OLAP-Datenbanken liegt im Sammeln und Aufbereiten von Massendaten als Basis für operative und strategische Unternehmensentscheidungen. BI-Werkzeuge bieten vielfältige Analysemöglichkeiten, im Wesentlichen vergangenheitsbezogener Datenströme. Oftmals werden sie eingesetzt für Vertriebsanalysen, Marketinganalysen und einige mehr.

Ein OLAP-Cube ist in der Data-Warehouse-Theorie ein gebräuchlicher Begriff zur logischen Darstellung von Daten. OLAP-Datenbanken bieten die Möglichkeiten der Daten-Modellierung auf Basis von Dimensionen, Hierarchien und Funktionen. Der wesentliche Vorteil dieser Datenhaltung liegt in der effizienten Datenspeicherung und –abfrage.

Den Planungsprozess unterstützen OLAP-Datenbanken durch das Sammeln von Planungsdaten. Eine komplexere, betriebswirtschaftliche Betrachtung muss vom Anwender selbst programmiert werden, Dazu sind oftmals IT-Know-how und Programmierkenntnisse nötig.

Nachteile sind häufig die zentrale Administration der Modelle. Sie sind nicht anwenderorientiert und bieten nur eine geringe Vorfertigung. Aus diesem Grund sind OLAP-Datenmodelle daher nur sehr eingeschränkt für dynamische Planungs- und Simulationszwecke auf Unternehmensebene einsetzbar. Ihr Schwerpunkt liegt in der Analyse des Erfolgsbereiches.

Auch bei der Unterstützung des Planenden bei der Prozesssteuerung (Workflow-Prozesses) sind OLAP-Datenbanken nur bedingt geeignet.

Bekannte OLAP-Datenbank-Anbieter sind Microsoft, Oracle (auch Hyperion), IBM (auch Cognos, Applix), SAP (Business Objects) und Infor.

PLANUNGSANWENDUNGEN

Es gibt einen eigenen Markt für Planungsanwendungen. Leider gibt es aber nur wenige genaue Übersichten, welche Systeme in diese Kategorie passen. Zu nennen ist da die BARC-Studie ´Planungsanwendungen´ (www.barc.de) und die jährlich erscheinende Marktübersicht der Firma ´Konzept und Lösung´ (www.kul-online.de).

Die BARC-Studie ´Planungssoftware´ hat im Januar 2005 mal eine Übersicht der gängigen Planungsanwendungen aufgestellt. Leider ist diese Studie in der Zwischenzeit auch schon wieder mehrere Jahre alt, so dass die getesteten Versionen veraltet sind und nur noch einen begrenzten Aussagewert über aktuelle technische Möglichkeiten der Software-Lösungen bietet. In dieser Studie wurde Professional Planner in der 2003 veröffentlichten Version 3.0 getestet.

Eine weitere aktuelle Studie über den Einsatz von Planungsanwendungen wird jedes Jahr von dem Rösrather Beratungsunternehmen ´Konzept und Lösung´ durchgeführt. Diese Studie gibt auch einen Überblick, welche Software-Lösungen von den Unternehmen eingesetzt werden.

In der aktuellen Studie 2008 werden zwei Planungslösungen mit großem Abstand als meist eingesetzte Planungssoftware genannt. An erster Stelle steht Professional Planner der Firma WINTERHELLER Software. Mit nur einer Nennung weniger folgt der Corporate Planner der Hamburger Corporate Planning AG.

Kritisch ist zu dieser Studie anzumerken, dass die Grundgesamtheit sehr klein ist (n=200) und keinen repräsentativen Querschnitt durch die Wirtschaft darstellt, da nur Kunden und Interessenten des Beratungshauses angeschrieben werden.

Wie schon oft erwähnt arbeiten aber der größte Teil der mittelständischen Unternehmen noch immer mit den drei gängigen Microsoft Office-Produkten (Excel, Word, PowerPoint).

RECHTLICHE UND ÖFFENTLICHE GRÜNDE DER PLANUNG UND BUDGETIERUNG

WIR BEANTWORTEN IN DIESEM KAPITEL FOLGENDE FRAGEN:

- WELCHE RECHTLICHEN GRÜNDE ZWINGEN UNTERNEHMEN DAZU, SICH MIT PLANUNGSRECHNUNGEN ZU BESCHÄFTIGEN?

Die rechtlichen Anforderungen an Unternehmen bezüglich Softwarelösungen im Bereich Rechnungswesen sind sehr vielfältig. In diesem Kapitel soll nur kurz darauf eingegangen werden, da es zu diesem Thema sehr viel gute Literatur gibt.

Es beginnt damit, dass z.B. in Deutschland das Handelsgesetzbuch im §238 HGB jeden Kaufmann dazu verpflichtet, Bücher zu führen. Die Buchführung ist die Grundlage für den Jahresabschluss, der nach §242 HGB aus der Bilanz und einer Gewinn und Verlustrechnung und nach §264 HGB aus der Bilanz, Gewinn und Verlustrechnung und dem Anhang besteht.

Die Planungsrechnung ist die Quantifizierung von strategischen bzw. operativen Maßnahmen, also die Umsetzung in monetäre Größen. Die Quantifizierung des Planungsprozesses erfolgt häufig unter den Bezeichnungen *'Finanzplanung'*, *'Kapitalbedarfsplanung'* oder *'Planerfolgsrechnung'*. (Plagens, Brunow, DStR 3/2004

Plagens und Brunow weisen darauf hin, dass die Grundlagen für die Planungsrechnung schon im Erlass des Reichswirtschaftsministeriums vom 11.1.1937 gelegt wurden. In diesen *'Grundsätzen ordnungsgemäßer Buchführung'* (GoB) tauchte erstmals der Begriff Planungsrechnung auf.

Weitere Grundlagen bieten vor allem die HGB-Normen, insbesondere der §252 Abs 1 Nr.2 HGB. Bei der Bewertung eines Unternehmens ist von der Fortführung der Unternehmenstätigkeit auszugehen, sofern dem nicht tatsächliche und rechtliche Gegebenheiten entgegenstehen.

Diese Norm wird häufig als „ going concern"-Prämisse bezeichnet. Diese bestimmt, dass der Unternehmer zum Bilanzstichtag die Wertansätze für Vermögen und Schulden in seiner Bilanz so ansetzt, das der Bewertungsansatz impliziert von einem Fortführungsansatz ausgeht.

Weitere rechtliche Grundlage für eine Planungsrechnung ist z.B. das KonTraG. Das Gesetz zur Kontrolle und Transparenz im Unternehmensbereich wurde 1999 im §289 Abs. 1 HGB dahingehend erweitert, dass im Lagebericht auch auf die Risiken der künftigen Entwicklung einzugehen ist.

Im Aktienrecht gibt es eine korrespondierende Vorschrift: Nach § 91 Abs. 2 AktG ist der Vorstand gehalten, ein adäquates Risiko-Überwachungssystem einzuführen.

Stark weist in seinem Buch *'Das 1x1 des Budgetierens'* darauf hin, dass das KontraG - entgegen weit verbreiteter Meinung - nicht ausschließlich Aktiengesellschaften betrifft. Auch die KGaA (Kommanditgesellschaft auf Aktien) und viele GmbHs (insbesondere wenn dort ein mitbestimmender oder fakultativer Aufsichtsrat existiert) sind von den Vorschriften betroffen. (Stark, 2006)

Basel II war dann die nächste freundliche Aufforderung der Bankenaufsicht an die Unternehmen, sich mit Planungsrechnungen zu beschäftigen. Jedes Unternehmen, welches nicht über ein ausreichendes Eigenkapital verfügt, sondern auf Kreditfinanzierung angewiesen ist, muss den Kreditinstituten darlegen, wie das Unternehmen finanzwirtschaftlich aufgestellt ist. Die Neuregelung der Eigenkapitalaufbringung sowie der Bewertung durch die Kreditinstitute auf Grund des Regelungswerkes nach Basel II dienen dazu, die Kosten für bewilligte Darlehen dem Bonitätsrisiko anzupassen.

Basel II bezeichnet die Gesamtheit der Eigenkapitalvorschriften, die vom Basler Ausschuss für Bankenaufsicht in den letzten Jahren entwickelt wurden. Die Regeln müssen gemäß den EU-Richtlinien 2006/48/EG und 2006/49/EG seit dem 1. Januar 2007 in den Mitgliedsstaaten der Europäischen Union für alle Kreditinstitute und Finanzdienstleistungsinstitute angewendet werden.

Ziele sind die Sicherung einer angemessenen Eigenkapitalausstattung von Instituten und die Schaffung einheitlicher Wettbewerbsbedingungen sowohl für die Kreditvergabe als auch für den Kredithandel. Hauptziel ist es, die staatlich verlangten regulatorischen Eigenkapitalanforderungen stärker am tatsächlichen Risiko auszurichten.

Für die Unternehmen, welche Kredite in Anspruch nehmen, gilt die Regel: höhere Risiken bewirken höhere Zinsen. Wenn die Bank bei einem Kreditnehmer mit schlechtem Rating mehr Eigenkapital unterlegen muss, erhöhen sich auch ihre Eigenmittelkosten. Diese erhöhten Kosten werden (möglicherweise) über höhere (Kredit-)Zinsen an den Kreditnehmer weitergegeben. Umgekehrt profitiert ein Kreditnehmer mit gutem Rating von niedrigeren Kreditzinsen, weil die Bank für den Kredit geringere Eigenmittel hinterlegen muss. Im Basler Regelwerk selbst finden sich jedoch keine Vorschriften zur Preisberechnung eines Kredites. Das heißt, Banken können selbst entscheiden, ob sie entsprechend den Eigenmittelkosten Zinsen verlangen.

Von daher ist es für Kreditnehmer interessant, von den Instituten ein gutes Rating zu erhalten. In der Praxis hat sich gezeigt, dass sich Finanzinstitute beim Rating ihrer Kunden vor allem auf die monetäre Beurteilung konzentrieren. Diese Bereiche sind für die Banken nachvollzieh- und überprüfbar. Aus diesem Grund konzentrieren sich Banken verstärkt auf die Bereiche Erfolgsrechnung, Vermögens- (Bilanz) und Liquiditätsbetrachtung (Cash Flow). In der Planung auf drei bis fünf Jahre im Voraus, damit ein Gesamtbild über die erwartete und zukünftige Entwicklung des Unternehmens zu erkennen und nachzuvollziehen ist.

Daneben ist es für laufende Aufgaben immer häufiger erforderlich, dass besondere Planungsrechnungen simulationsbedingt erstellt werden müssen. Insbesondere sind dort zu nennen:

- Sachverhalt der Überschuldungsprüfung nach § 19 InsO.

- Feststellung der drohenden Zahlungsfähigkeit gemäß § 18 InsO sowie Ableitung eines Insolvenzplan gemäß §§ 222 ff. InsO

In beiden Fällen wird Professional Planner von Insolvenzberatern in der Praxis schon erfolgreich eingesetzt. In diesem Buch wollen wir auf diese Spezialanforderungen des Professional Planner nicht eingehen. Wir hoffen vielmehr, dass die Unternehmen der meisten Leser sich mehr Gedanken über ihre erfolgreiche Expansion machen.

Weitere besondere Einsatzmöglichkeiten von situationsbedingten Planungsrechnungen sind noch zu nennen:

- Unternehmenswertermittlung. Diese spielt vor allem bei M&A Transaktionen im Rahmen der Unternehmensnachfolge sowie Auseinandersetzungen zwischen Gesellschaften eine Rolle.
- Start up-Finanzierungen, Business-Pläne für Neugründungen. Gegenüber Investoren und Geschäftspartnern muss der Gründer seine geniale Idee mit harten Fakten verifizieren. Besonders die Quantifizierung von Erfolg- und Kapitalbedarf - einschließlich dessen verzinsten Rückzahlung. Auch hier wird ein integratives System aus Erfolgsrechnung, Plan-Bilanzen und Plan-Cashflow-Rechnung gefordert (Pruss u.a., 2003)

DIE ENTWICKLUNG DES BI-MARKTES

IN DIESEM KAPITEL KLÄREN WIR FOLGENDE FRAGEN:

- AUS WELCHEN ENTWICKLUNGEN ENTSTAND CONTROLLING-SOFTWARE
- MIT WELCHEN WERKZEUGEN ARBEITEN CONTROLLER, UM PLANUNGSRECHNUNGEN IM UNTERNEHMEN DURCHZUFÜHREN?
- WARUM BESCHÄFTIGEN SICH UNTERNEHMEN MIT DER ANSCHAFFUNG EINER STANDARD-CONTROLLING-SOFTWARE?

Mit dem Einzug von Computern in das Wirtschaftleben entstanden sehr schnell diverse Software-Programme, die dazu dienten, die Finanzdaten eines Unternehmens zu erfassen und auszuwerten. Dazu gehören die Materialwirtschaft, Produktion, Finanz- und Rechnungswesen, Controlling, Personalwirtschaft, Forschung und Entwicklung, Verkauf und Marketing und die Stammdatenverwaltung.

In den 60er Jahren hat Joseph A. Orlicky den Begriff MRP I (Material Requirement Planning) geprägt, indem er eine typische MRP-Programmiertechnik beschrieb, die 1961 in J.I: Case Company (einem Hersteller von Agrarmaschinen) in Racine, Wisconsin USA unter seiner Leitung implementiert wurde. Diese Technologie wurde zu MRP II (Manufacturing Ressource Planning) weiterentwickelt und daraus wurde schließlich der heute gebräuchliche Begriff ERP (Enterprise Resource Planning) geboren. Zu den bekannten kommerziellen Softwareprodukten in dieser Kategorie gehören SAP, Oracle, Sage, Microsoft Dynamics AX (ehemals Axapta), Microsoft Dynamics NAV (ehemals Navision) und viele andere. Seit einiger Zeit gibt es auch freie Software für ERP, die zum Teil auch Lizenzgebührenfrei unter den Open Source Lizenzen erworben werden können. Zu dieser Kategorie gehören Produkte wie AvERP, Compiere, ERP5, IntarS, Lx-Office, SQL-Ledger,]project-open[und webERP.

Die oben genannten Systeme haben alle die Gemeinsamkeit, dass sie auf dem Gedanken der Transaktionsdatenbanken beruhen. Sie speichern laufend Detaildaten, die programmtechnisch miteinander verbunden sind und ausgewertet werden können.

Die starke Verbreitung der ERP-Systeme hat in den letzten zehn Jahren dazu geführt, dass in den Unternehmen sehr viele und auch sehr gute Datenqualitäten der Vergangenheits-Daten (IST) zur Verfügung stehen. Es fehlen aber Systeme zur Vereinheitlichung, zur Auswertung der Daten, dem Reporting an die Entscheider im Unternehmen (Bereichsleiter, Vertriebsleiter, Geschäftsführer) und zur Planung der Leistungsbeziehungen der Unternehmen, der betriebswirtschaftlichen Auswertung und Konsolidierung.

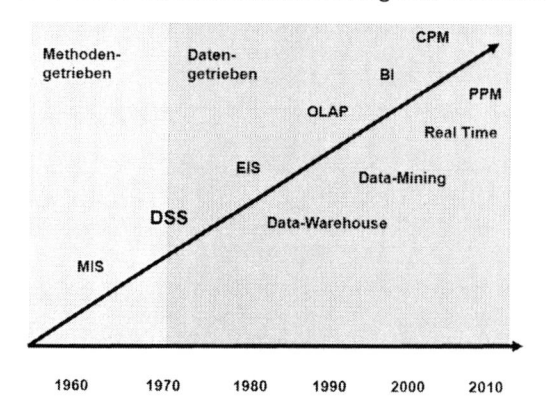

Abbildung 3: MIS Entwicklungslinien (Oehler, 2006)

Die ersten umfassenden Ansätze der Entscheidungsunterstützung durch Informationstechnologien sind den späten sechziger Jahren zu finden. Durch die rasante Entwicklung bei der Technologisierung und der Möglichkeiten der Speicherung großer Datenmengen, kamen die ersten Ansätze eines Management-Informations-System, wodurch die Entscheidungen und Planung besser unterstützt werden sollte. Insbesondere sollten folgende Ansätze unterstützt werden:

- Periodische Bereitstellung standardisierter Berichte
- Verfügbarkeit aus allen Managementebenen
- Verdichtete, zentralisierte Informationen über alle Geschäftsaktivitäten

- Größtmögliche Aktualität und Korrektheit. (Gluchowski, Gabriel, Chamoni, 1996)

Wenn man diese Anforderungen mit der gelebten Praxis in vielen mittelständischen Unternehmen vergleicht, stellt man fest, dass viele dieser Anforderungen auch heute noch höchst aktuell sind.

Dabei ging die Entwicklung weiter. Es folgten neue Technologien, wie die Entwicklung von multidimensionalen Datenbanken wie OLAP, dem Datawarehouse-Konzept, bis zum Begriff des Business Intelligence (BI). Die Terminologie ´Business Intelligence´ definiert heut eine ganze Software-Branche. Dieser Begriff ist von den Analysten der Gartner Group geprägt worden. BI ist heut mehr ein Sammelbegriff unterschiedlicher Ansätze zur Analyse, als ein eigenständiges Konzept.

Oehler weist darauf hin, dass BI demnach folgendes ist:

- Die Gesamtheit aller Werkzeuge und Anwendungen mit Entscheidungsunterstützenden Charakter, die zur besseren Einsicht in das eigene Geschäft, und damit um besseren Verständnis in die Mechanismen relevanter Wirkungsketten verhelfen.
- Eine begriffliche Klammer, die eine Vielzahl unterschiedlicher Ansätze zur Analyse geschäftsrelevanter Daten zu bündeln versucht. (Oehler, 2006)

Zum ersten Mal geht man weg von der Kategorisierung von Werkzeugen hin zu einer Zweckorientierung, nämlich der besseren Entscheidungsunterstützung durch Informationsaufbereitung.

Die neueste Entwicklung ist das Corporate Performance Management (CPM). Der Begriff tauchte etwa um die Jahrtausendwende auf (2000). Synonyme Begriffe sind ´Enterprise Performance Management´ und ´Business Performance Management´. CPM ist ein Schmelztiegel vieler technologischer und betriebswirtschaftlicher Ansätze, um Führungsaufgaben im Sinne des Regelkreises zu unterstützen. Oehler bemerkte dabei etwas zynisch, dass das verbindende Element aller Ansätze das gemeinsame Feindbild darstellt: die Tabellenkalkulation (Oehler, 2006, Seite 37).

Wir haben die Eindrücke, dass der Begriff CPM in der Praxis vorwiegend von Beratern und Software-Anbietern genutzt wird. Prüft man die Verbreitung von CPM bei Controllern und Unternehmen, stellt man schnell fest, dass der Begriff hier noch nicht angekommen ist.

CPM gilt als ein neues Unternehmenssteuerungsinstrument aus Planung, Analyse, Reporting und Konsolidierung. WINTERHELLER Software bezeichnet sich selbst als CPM Anbieter, welches durch das seit einigen Jahren erweiterte Produktportfolio begründet wird. Dazu gehört das Einbinden eines Analyse-Werkzeugs auf OLAP-Technologie (Professional Analyser) und einer legalen Konsolidierungslösung (Professional Consis). Im Zusammenspiel dieser drei Technologien bezeichnet sich WINTERHELLER als CPM-Anbieter. Wir beschränken uns in diesem Buch auf die Beschreibung der Planungslösung

Professional Planner. Die Beschreibung eines CPM-Ansatzes würde die Kapazitäten des Buches überschreiten.

MIT WELCHEN SYSTEMEN ARBEITET DAS CONTROLLING HEUTE?

In der Praxis zeichnen sich einige Trends ab, die dazu führen, dass immer mehr Unternehmen über den Einsatz von Controllingsoftware nachdenken.

- Neuen Anschub erhalten die Planungs- und Budgetierungsprogramme durch die Corporate Governance Diskussion. Erwartungen der Anleger und Analysten sollen korrekt gesetzt werden und dann auch eingehalten, bzw. getroffen werden.
- Der Budgetierungsprozess muss kürzer werden: Nach einer Untersuchung der Hackett Group dauert die durchschnittliche Budgetierungsprozess 4,5 Monate (Hackett, 2002).
- Der Budgetierungsprozess muss schneller und effektiver werden: Es werden durchschnittlich 25.000 Personentage pro $ Mrd. Umsatz für Planung und Budgetierung aufgewendet. (Hack02)
- Die strategische und operative Planungen / Budgetierungen müssen besser miteinander verknüpft und kommuniziert werden: Nach einer Studie des CFO-Magazins verstehen nur 7% auf den mittleren und unteren Managementebenen die Strategie der Geschäftsleitung (Chamoni, 2002)

Im IS-Report erklärt der Geschäftsführer des renommierten BARC-Institutes Dr. Carsten Bange, warum sich immer mehr Unternehmen mit Planungsanwendungen beschäftigen. Er nennt fünf 'Treiber, die aktuell bei mittelständischen Unternehmen dazu führen, sich auf die Suche nach Business Intelligence-Lösungen zu begeben:

1. Höhere Anforderungen an Transparenz und die Professionalisierung der Entscheidungsfindung
2. Ausbau des Risikomanagements bei den Banken – die Qualität des Controlingsystems beeinflusst das Rating eines Unternehmens und damit mittelbar die Finanzierungskosten
3. Branchenvorschriften, die sich auf mittelständische Zulieferer auswirken und wo es etwas um die Nachverfolgbarkeit einer Produktcharge geht
4. Durch die starke globale Vernetzung von Wertschöpfungsketten fordern Lieferanten und Abnehmern im Rahmen des Supply Chain Managements zunehmenden Informationsaustausch
5. Transparenz über die Performance in verschiedenen Produktionsstätten und internationalen Standorten, was sich nicht mehr wie bisher im ein-Standort Unternehmen durch ständige Vor-Ort-Präsenz sicherstellen lässt. (is-Report 1/2008, Seite 22)

Wie erfüllen viele Controller heute die Anforderungen der Geschäftsleitung?

PROFESSIONAL PLANNER VERSUS EXCEL

IN DIESEM KAPITEL KLÄREN WIR FOLGENDE FRAGEN:

- WARUM WERDEN TABELLENKAKLULATIONSPROGRAMME VON CONTROLLERN HÄUFIG EINGESETZT?
- WAS SIND DIE NACHTEILE VON TABELLENKALKULATIONSPROGRAMMEN IN DER CONTROLLING-PRAXIS?
- WAS IST DER WESENTLICHE UNTERSCHIED ZWISCHEN EXCEL UND PROFESSIONAL PLANNER?

Auch wenn Standardwerkzeuge in der Planung und dem Unternehmens-Reporting eine gute Unterstützung bieten, setzen bisher nur wenige Unternehmen solche Systeme ein. In einer 2004 durchgeführten Studie zur Nutzung und Verbreitung von Performance Management-Systemen in 780 US-Unternehmen wurde festgestellt, dass 47% aller Unternehmen Tabellenkalkulationsprogramme als primäre Applikation für ihr Performance Management benutzen und knapp 26% eine selbst entwickelte oder gekaufte Applikation einsetzen.

Diese Aufgabenstellungen werden von den meisten Unternehmen mit Tabellenkalkulationsprogrammen erfüllt. Es stellte sich aber heraus, dass das Problem von Tabellenkalkulationsprogrammen im Controlling und Berichtswesen vielschichtig ist:

- Tabellenkalkulationsprogramme wie Excel wurden für die Planung und Budgetierung nicht speziell entwickelt
- Es gibt oftmals viele Insellösungen, die vom Controlling eigenständig entwickelt wurden. Über die Entwicklung programmiersprachenähnlicher Makros werden diese dann zusammen gefügt.
- Das Arbeitsbild des Controller wird bestimmt durch die Software-Entwicklung
- Dadurch ist das Tabellenkalkulationsprogramm immer nur so gut wie sein Entwickler
- Tabellenkalkulationsprogramme bringen keine vordefinierten Branchenlösungen oder betriebswirtschaftlichen Rechenlogiken mit.
- Zeilen und Spalten sind endlich. Wie oft haben wir in der Praxis Tabellen vorgefunden die alle verfügbaren Zeilen und Spalten zur Berechnung ausgenutzt haben

- Alle Informationen werden in der Zelle vorgehalten. Das Problem ist die Abstimmung der gleichen Informationen und die mehrfache Datenhaltung.
- Zellen können immer nur eine Zahl oder eine Formel beinhalten. Im Ergebnis ist es für den Anwender sehr schwer eine integrierte Erfolgs- und Liquiditätsplanung selbst zu programmieren, da Zirkelbezüge verwendet werden müssen, welche schnell endlich sind.
- Tabellenkalkulationsprogramme sind nicht Mehr-User-Fähig. Administrationsrechte, Multiuser-Betriebe oder Online-Erfassungen sind schlichtweg unmöglich.
- Nicht zuletzt hält die Entwicklung von eigenen Controlling-Systemen mit Tabellenkalkulationsprogrammen die Controller von ihrer eigentlichen Aufgabe ab: der Erstellung von Entscheidungsvorlagen für das Management. Das Controlling liefern wertvolle Informationen, auf deren Basis die Geschäftsführung dann bewusst Entscheidungen für das Unternehmen treffen muss.

Oehler weist darauf hin, dass die Verbreitung von Standardsoftware dort am Verbreitesten ist, wo Standards gesetzt sind. Die ist vor allem Im Finanz-Umfeld der Fall, wo auch die meisten Standard-Lösungen eingesetzt werden. Eines davon ist Professional Planner (Oehler, 2006).

Der im Markt einzigartige Vorteil von Professional Planner liegt in einer fertig ausprogrammierten betriebswirtschaftlichen Logik, die sofort nach der Installation dem Anwender zur Verfügung steht. Diese betriebswirtschaftliche Logik wird von WINTERHELLER software als BCL (Business Content Library) bezeichnet. Sie ist der wesentliche Unterschied zwischen Professional Planner und einem Tabellenkalkulationsprogramm (z.B. Microsoft Excel). Das Haupteinsatzgebiet von Professional Planner ist die Planung eines Unternehmens oder Unternehmensgruppe (Konzern) und deren betriebswirtschaftliche Analyse. Neben der Erfolgsrechnung leitet Professional Planner die Daten über in die Liquiditätsplanung und erstellt eine Bilanz. Die Zahlen werden in einem umfangreichen Reporting den internen und externen Berichtsempfängern zur Verfügung gestellt.

Für größere Unternehmen mit vielen Beteiligten an den Planungs- und Budgetierungsprozessen erreichen Planungssysteme mit ihren integrierten Funktionen zur Prozessunterstützung sowie durch die Flexibilität zur Anpassung an unternehmensspezifischen Anforderungen häufig eine deutliche Effizienzsteigerung. (Chamoni, Gluchowski, 2004,2006)

Fallbeispiel

Verdeutlichen wir die Unterschiede zwischen einer definierten Controlling-Software und einem selbst zu bauenden Tabellenkalkulationsprogramm an einem Beispiel:

Stellen Sie sich mal vor, dass Sie in einem Tabellenkalkulationsprogramm den Deckungsbeitrag einer Produktgruppe planen möchten. Sie haben in der Spalte A die Beschriftungen der Zahlen und in der Spalte B programmieren Sie die Logik des Deckungsbeitrags bezüglich des Jahres 2007. Hier ziehen Sie von den Umsatzerlösen die Erlösschmälerungen und die variablen Kosten ab. Wenn Sie dann noch die Monate Januar 2007 bis Dezember 2007 planen wollen, können Sie die Formeln der Spalte B nach rechts kopieren und die Zellenbezüge entsprechend anpassen. Und wenn Sie sich in irgendeiner Zelle verschreiben und statt B2 z.B. B22 stehen haben, dann stimmt Ihr Gesamtergebnis nicht mehr. Vielleicht fällt Ihnen der Fehler erst gar nicht auf - oder Sie bemerken ihn doch und sind nun mit der Fehlersuche beschäftigt.

	2009
Umsatzerlöse	1000000
Rabatte	=B2*10%
Skonti	=(B2-B3)*2%
Wareneinsatz	=B2*50%
Vertriebskosten	=B2*30%
Deckungsbeitrag	*=B2-SUMME(B3:B6)*

Abbildung 4: Jahresdeckungsbeitrag im Tabellenkalkulationsprogramm

Jetzt müssen Sie sich das Prinzip in einem System von historisch bedingten und durchaus ausgewachsenen Tabellenkalkulationen vorstellen, die diverse Umsatzbereiche, Kostenarten, Kostenstellen, Profitcenter und verbundene Unternehmen umfassen. Wie hoch schätzen Sie die Wahrscheinlichkeit ein, dass das Ergebnis wirklich stimmig ist? Die Statistiker behaupten, dass je 100 Zeilen einer Tabellenkalkulation mindestens ein schwerer Fehler enthalten ist.

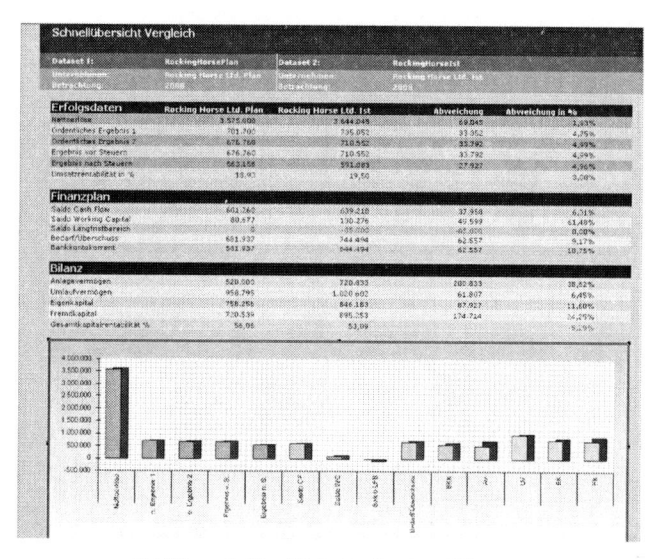

Abbildung 5: Oberfläche Professional Planner

Professional Planner hat das Ziel, Ihnen diese Programmierarbeit durch eine erprobte Rechenlogik zu ersparen. Dadurch werden Fehler vermieden und der Benutzer erhält mehr Sicherheit und Zeit, Daten wirtschaftlich auszuwerten. Darüber hinaus erhalten Sie noch Funktionalitäten, deren Realisation in Tabellenkalkulationsprogrammen entweder sehr schwierig oder einfach unmöglich sind:

Erweiterte Anwendungsmöglichkeiten einer Standard-Planungssoftware:

- Simulation, Forecasting, Soll/Ist Vergleich, Zielwertsuche, Fremdwährungen, Konsolidierungsaufgaben
- Vollständige Kontrolle des Planungsprozesses durch Workflow-Unterstützung, Berechtigungs- und Benachrichtigungssystem
- Flexible Schnittstellen zu allen gängigen Vorsystemen
- Dezentrale Plandatenerfassung über Excel-, Web- oder Citrix-Anbindungen
- Flexible ausbaubare Planungsplattform
- Integration von Erfolgs-, Finanz- und Bilanzplanung
- Einfaches, bekanntes Reporting durch eine Oberfläche mit Tabellenkalkulations-Funktionen
- Kurze Implementierungszeiten

Professional Planner ist mit einer Datenbank verbunden, in der die Felder für die betriebswirtschaftliche Logik festgelegt sind und vom Benutzer nur noch abgerufen und genutzt werden müssen. Wie dieses genau funktioniert, behandeln wir im Kapitel *Die OLCAP Technologie des Professional Planner* auf der Seite *40* detailliert.

DIE OLCAP TECHNOLOGIE DES PROFESSIONAL PLANNER

IN DIESEM KAPITEL KLÄREN WIR FOLGENDE FRAGEN:

- WIE FUNKTIONIERT DIE BETRIEBSWIRTSCHAFTLICHE LOGIK DES PROFESSIONAL PLANNER?
- WAS VERSTEHT MAN UNTER DEN BEGRIFFEN ´BCL´ UND ´OLCAP´?

Professional Planner ist eine standardisierte Controlling-Software mit einer vordefinierten betriebswirtschaftlichen Logik. Diese betriebswirtschaftliche Logik ermöglicht dem Anwender den Aufbau eines eigenen Planungsmodells und einer integrativen Planungsrechnung.

Professional Planner besteht aus einer dreischichtigen Architektur (englisch: three tier architecture), welche über eine Logikschicht verfügt, die die Datenverarbeitung vornimmt. Die Logikschicht beinhaltet die betriebswirtschaftliche Rechenlogik des Professional Planner und wird von WINTERHELLER als ´BCL´ bezeichnet. Um zu verstehen, was ´vordefinierte betriebswirtschaftliche Logik´ in der Praxis bedeutet, muss man verstehen, wie Professional Planner aufgebaut ist und wie das System rechnet.

Begriffsdefinitionen ´BCL´ und ´OLCAP´

Bis zur Version 3.5 des Professional Planners wurde das Zusammenspiel zwischen der betriebswirtschaftlichen Logik der Software, der Datenbank und den Clients mit dem Begriff ´Advanced Business Intelligence´ (ABI) beschrieben. Ab der Version 4.0 entstanden zwei neue Begriffe:

- OLCAP (Online Calculation and Analytical Processing). OLCAP bezieht sich auf die Technologie des Server. Wird oft synonym für BCL, ABI und Rechenschema verwendet. . Der Begriff basiert auf der Technologischen Bezeichnung ´OLAP´. Ein ´C´ für Calculation wurde zwischen ´OL´ und ´AP´ eingefügt.

- BCL (Business Content Library): Synonym für ABI, OLCAP und Rechenschema. Legt in Professional Planner die grundlegenden rechnerischen und unternehmerischen Zusammenhänge innerhalb eines Rechenmodells fest. Die frühere Bezeichnung war Rechenschema oder ABI. Wurde ca. im Jahr 2005 in ´BCL´ umgeändert. BCL ist ein Gruppenbegriff für unterschiedliche Rechenschemen deren Feldbezugslisten miteinander verwandt sind.

Die OLCAP Technologie ermöglicht dem Anwender Simulationen und Rückrechnungen, die in einem reinen OLAP-System oder Tabellenkalkulationsprogramm nur bedingt realisierbar sind. OLAP hingegen hat große Vorteile, wenn es um die Geschwindigkeit der Auswertung von großen Datenmengen geht. Aus diesem Grund werden in der Praxis häufig mehrere Systeme miteinander kombiniert, um die jeweiligen Vorteile maximal einzusetzen.

BESCHREIBUNG DER BETRIEBSWIRTSCHAFTLICHEN RECHENLOGIK (BCL)

Der Professional Planner wird mit einer fertig ausprogrammierten betriebswirtschaftlichen Logik ausgeliefert. Die Rechenlogik wird in einer externen Datei, der Business Content Library (BCL), festgelegt. Diese Logik befindet sich in einer Datei im Installationsverzeichnis und hat die Dateiendung ´*.ped´. und ist eine reine, nicht lesbare Binärdatei, die vom Professional Planner Framework direkt verarbeitet wird. Faktisch kann es mehrere solche Dateien geben, in der verschiedene betriebswirtschaftliche Rechenlogiken hinterlegt sind. Dadurch ist eine Professional Planner Applikation äußerst flexibel.

Wie am Beispiel des Begriffs ´OLCAP´dargestellt, herrschen heute für die betriebswirtschaftliche Logik des Professional Planner mehrere gleichwertige Begriffe. So wird die betriebswirtschaftliche Logik auch heute noch als ABI oder Rechenschema bezeichnet. Ab der Version 4.0 wurde der deutsche Begriff ´Rechenschema´ durch die englisch sprachige Bezeichnung *Business Content Library´* (BCL) ersetzt, was etwas an den Begriff *´BI Content´* aus dem SAP BW erinnert.

Bezeichnung	Synonym	Definition
OLCAP	ABI	Advanced Business Intelligence
	BCL	Business Content Library
	Rechenschema	

Tabelle 1: Synonyme für den Begriff OLCAP

Der User definiert die für ihn gewünschte Rechenlogik an der Oberfläche des Professional Planner in den Tabellenblättern ´Einstellungen´ selbst. So entscheidet der Anwender zum Beispiel, ob er einen Umsatz durch einen einfachen ´Summenwert´ oder durch die Funktion ´Menge mal Preis´ berechnen will.

Im Standard arbeitet Professional Planner mit der Rechenlogik *Finance (bis zur Version 4.3 ´Default´)*. Diese beinhaltet die Erfolgs- und Finanzplanung mit bilanzseitiger Zahlung, inklusive Zahlungsspektrum, Investitionsrechnung und Produktionsplanung. Weitere Rechenlogiken sind bei WINTERHELLER Software zu erwerben. Die im Standard ausgelieferte Rechenlogik deckt 90% aller in der Praxis anfallenden Anforderungen ab. Bei Unternehmen mit Branchenbesonderheiten, individuellen Rechenlogiken oder komplexen Konzernrechenschemen macht es Sinn, die Standard-BCL durch individuelle Rechenlogiken zu erweitern. Dadurch erhält der Kunde eine eigene Rechenlogik (BCL-Rechenlogik), welche seine Anforderungen komplett abbildet.

> ⓘ INFO
> Die Erstellung eines vollständigen Business Content Library Modells kann mitunter recht aufwendig und umfangreich werden, weshalb Professional Planner in der Regel als fertige Applikation eingesetzt wird. So eine Applikation besteht aus dem Professional Planner Framework, einem oder mehreren Business Content Library Modellen und einem vollständigen Satz dazu passender

Erfassungs- und Auswertungsdokumente. Ein Beispiel dafür ist die Applikation Professional Planner 2008, die in diesem Buch beschrieben wird.

BCL-Erweiterungen sind bei großen Projekten üblich. Bisher konnten BCL-Anpassungen nur durch die Fachabteilungen des Herstellers vorgenommen werden. Durch den neuen BCL-Compiler können zertifizierte Berater und Kunden einfache BCL-Anpassungen selbst vornehmen. Komplexere Programmierungen sollten immer noch von ausgebildeten Beratern definiert und dann vom Hersteller programmiert werden.

DIE DREI-SCHICHT-ARCHITEKTUR DES PROFESSIONAL PLANNER

Die Drei-Schicht-Architektur ermöglicht dem Anwender gegenüber einer Tabellenkalkulation neue, komfortable Anwendungen. Das Problem bei Excel zeigt sich unter anderem darin, dass Excel als Einschicht-Architektur konzipiert ist. Das bedeutet, der der Anwender drei Funktionen auf einer Ebene nutzt:

- Die Dateneingabe
- Die Datenspeicherung
- Die Formeln, sprich die betriebswirtschaftliche Logik

Daraus ergibt sich das praktische Problem, dass der Anwender in einer Zelle entweder eine Zahl oder eine Formel führen kann. Überschreibt er eine Formel mit einer Zahl, kommt es schnell zu Fehlberechnungen. Auch sind Berechnungen mit Iterationsprozessen (Zirkelbezug) nur begrenzt möglich. Dieser Iterationsprozess ist aber besonders bei der Zinses-Zins-Betrachtung sehr wichtig.

ⓘ INFO

Beispiel: Sie planen einen Umsatz von € 100.000,-- in der Erfolgsrechnung. Sie erhalten 5% Habenzinsen auf Ihr Bankkonto. Also erhalten Sie (eine Gleichverteilung der Umsätze unterstellt) € 2.500,-- Zinsen pro Jahr. Diese Zinsen müssen Sie wieder in die GuV zurück schreiben. Sie erzielen ein neues Jahresergebnis von € 102.500,-- € p.a. Diese führen im Finanzplan wieder dazu, dass sie Zinseszinsen erhalten. Und so weiter. Diesen Zirkelbezug berechnet der Professional Planner Ihnen iterativ bis auf 16 Stellen hinter dem Komma genau.

Um dieses Problem zu lösen, hat Professional Planner die Dateneingabe, die Datenspeicherung und die betriebswirtschaftliche Berechnung voneinander getrennt. Der Vorteil dieser Drei-Schicht-Architektur liegt in der Dezentralität der Systeme. So kann z. B. die Datenschicht auf einem zentralen Datenbank-Server laufen, die Logikschicht auf Workgroup-Servern, und die Präsentationsschicht befindet sich auf der jeweiligen Workstation des Benutzers.

Die folgende Abbildung zeichnet diese Architektur technisch auf:

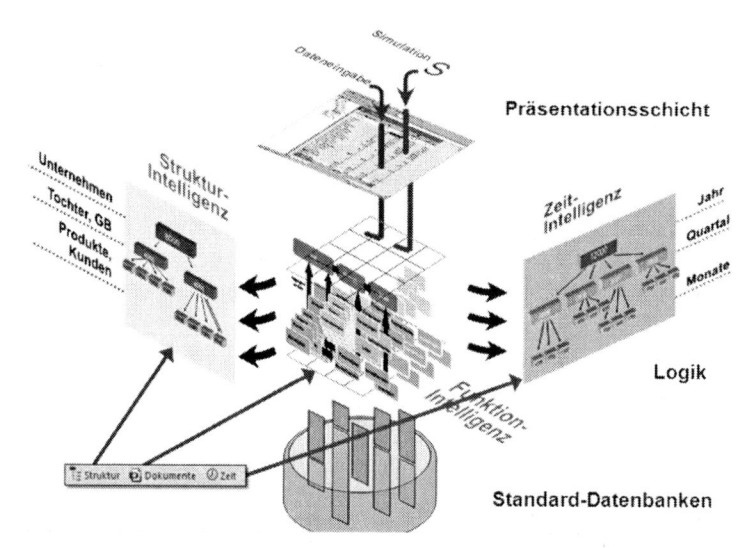

Abbildung 6: Drei-Schicht-Architektur des Professional Planner

DATENHALTUNGSSCHICHT (DATA-SERVER TIER, BACK END)

Alle Daten des Professional Planner werden in einer relationalen Datenbank gespeichert. Als Datenbank empfiehlt WINTERHELLER Software den Microsoft SQL Server oder eine Oracle Datenbank. Bei der Professional-Line wird der SQL Server 2005 Express Edition mit ausgeliefert. Seit 2005 heißt die kostenlose Variante des SQL-Servers nicht mehr MSDE, sondern (angelehnt an die kostenlosen Varianten von Visual Studio) SQL Server 2005 Express Edition. Diese bietet wesentlich weniger Einschränkungen als die alte Microsoft SQL Server Desktop Engine (MSDE) – so gibt es z. B. keine Workload-Beschränkung mehr. Die Datenbank kann auch auf einem zentralen Server abgelegt werden und ermöglicht dadurch mehreren Usern den gleichzeitigen Zugriff.

PRÄSENTATIONSSCHICHT (CLIENT TIER)

Diese, auch Front-End bezeichnete Schicht, ist für die Präsentation der Daten, Benutzereingaben und die Benutzerschnittstelle verantwortlich. Die Reportingoberfläche von Professional Planner ist ein Tabellenkalkulationsprogramm. WINTERHELLER Software arbeitet aus lizenzrechtlichen Gründen mit dem kalifornischen Hersteller Actuate (Produkt: *Formula One*) zusammen. *Formula one* bietet eine Oberfläche im Stil und mit den Funktionen von Excel. Auch die Formeln und Rechenlogiken entsprechen zu über 90% den Möglichkeiten des Marktführers von Microsoft.

Die Excel-ähnliche-Oberfläche wird vor allem von Anwendern geschätzt, die vorher mit dem Tabellenkalkulationsprogramm eigene Controlling-Lösungen programmiert haben. Berichte, Kennzahlen, Summen oder Nebenrechnungen können wie gewohnt weiter in der Oberfläche geführt werden. Der einzige, aber große Unterschied besteht in der fertig zur Verfügung gestellten Rechenlogik. Während die Berechnung bei einem Tabellenkalkulationsprogramm in der einzelnen Zelle stattfindet, wird der eingegebene Wert im Professionell Planner in der BCL verarbeitet.

Stellen Sie sich die Oberfläche als eine Art ´Lochmaske´ vor, in welcher die berechneten Werte des Professional Planner angezeigt werden. Die Berechnung und Speicherung findet allerdings in der BCL und in der Datenbank statt.

An einem einfachen Beispiel verdeutlicht heißt das: Bei der Eingabe einer Umsatzzahl berechnet Ihnen die betriebswirtschaftliche Logik des Professional Planner neu durch:

- *Skonti und Rabatte, Provisionen, den Wareneinsatz, den Deckungsbeitrag, das Ergebnis vor Steuern, den Aufbau der Forderungen, ebenso der Verbindlichkeiten, den Aufbau des Lagers, das neue Finanzsaldo, den neuen Bankkontokorrentstand (unter Berücksichtigung der definierten Zahlungsziele), die zu zahlenden und erhaltenden Zinsen, die Steuerrückstellungen und das Eigenkapital. Gleichzeitig ändern sich die Kennzahlen eines Unternehmens. In einem Konzern natürlich auch noch die Werte der Muttergesellschaften, eventuell noch die Zahlen bei Schwesterunternehmen (z.B. bei Konzernverrechnungen).*

DIE BETRIEBSWIRTSCHAFLTICHE LOGIK DES PROFESSIONAL PLANNER

IN DIESEM KAPITEL KLÄREN WIR FOLGENDE FRAGEN:

- WIE IST PROFESSIONAL PLANNER TESCHNISCH AUFGEBAUT?
- WAS VERSTEHT MAN UNTER FUNKTIONSINTELLIGENZ, ZEITINTELLIGENZ UND STURKTURINTELLIGENZ?
- WIE BAUT DER USER SEIN EIGENES PLANUNGSMODELL AUF?
- WAS KÖNNEN SIE MACHEN, WENN DIE IM STANDARD ANGEBOTENEN RECHENLOGIKEN FÜR DIE EIGENE NUTZUNG NICHT PASSEN?

Professional Planner verfügt über eine dreischichtige Architektur. Im Gegensatz zur zweischichtigen Architektur bei der die Rechenkapazität weitestgehend auf die Client-Rechner ausgelagert wird, um den Server zu entlasten, existiert bei der dreischichtigen Architektur noch eine zusätzliche Schicht, die die Datenverarbeitung vornimmt (Logikschicht = application-server tier, Businessschicht, Middle Tier oder Enterprise Tier). Mehrschichtige Systemarchitekturen wie die dreischichtige Architektur sind gut skalierbar, da die einzelnen Schichten logisch voneinander getrennt sind.

Die Rechenlogik des Professional Planner besteht aus drei selbstständig arbeitenden ´Intelligenzen´:

- Der Funktionsintelligenz (Register Dokumente)
- Der Zeitintelligenz (Register Zeit)
- Der Strukturintelligenz (Register Struktur)

Diese Intelligenzen sind nicht zu verwechseln mit den aus der OLAP-Terminologie entlehnen Begriffen der ´Dimensionen´. Würde man die Dimensionen der OLAP-Technologie heranziehen, könnte der Anwender alleine in der Struktur die Dimensionen Konzernstruktur, Kunde und Artikel untereinander anlegen.

Die Sichtweise des Professional Planner ist etwas anders. Man spricht beim Professional Planner von ´Intelligenzen´. Dieser Begriff verdeutlicht, dass diese drei Ebenen nicht nur Daten wiedergeben, sondern dabei auch Rechnungslogiken vollziehen. Am besten stellen Sie sich die Intelligenzen als Würfel mit drei Seiten vor:

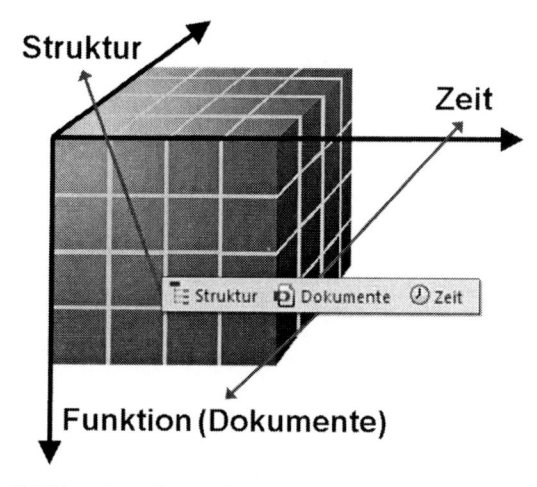

Abbildung 7: Professional Planner Logiken in einem Würfel

Diese drei Seiten des Würfels finden sich im Strukturbaum in den drei Reitern wieder. Im Folgenden werfen wir einen genaueren Blick auf die drei Intelligenzen.

DIE FUNKTIONSINTELLIGENZ

Die Standardlogik mit welcher der Professional Planner ausgeliefert wird, heißt *Finance(de).ped*. Diese nur 377 KByte große Datei ist das eigentliche Kernstück des Professional

Planner. In dieser Datei werden die betriebswirtschaftlichen Verknüpfungen in sogenannten Feldbezügen gespeichert. Diese Feldbezüge sind miteinander verknüpft, so dass ein in sich betriebswirtschaftlich integriertes Modell entsteht.

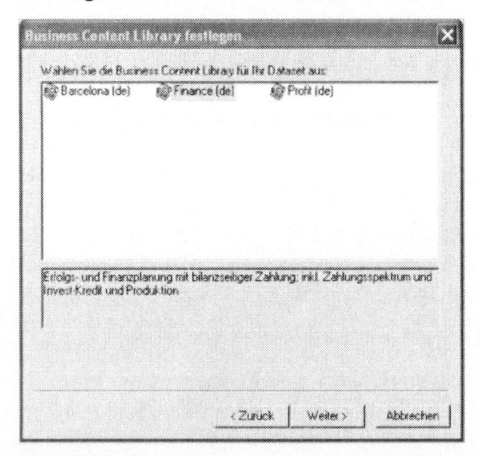

Abbildung 8: Standardrechenschema des Professional Planner

Schauen wir uns das anhand eines Beispiels an, indem wir wieder die Berechnung des Deckungsbeitrags aus dem Kapitel *Professional Planner versus* Excel auf Seite *36* betrachten. Wir haben Umsatzerlöse, Rabatte, Skonti, Wareneinsatz und Vertriebskosten. Aus den Umsatzerlösen minus der Erlösschmälerungen und variablen Kosten errechnet sich der Deckungsbeitrag.

Professional Planner Logik (im Klammern die Bezeichnung des Feldbezuges):
    Nettoerlöse (101)
    ./. Rabatte (102)
    ./. Skonto (104)
    ./. Wareneinsatz (108)
    ./. Vertriebssonderkosten (107)

    = Deckungsbeitrag (114)

Als erstes fällt auf, das die Feldbezüge alle eine eigene Nummer haben. Die Nettoerlöse eine 101, die Rabatte eine 102 usw. Der Feldbezug Deckungsbeitrag mit der Nummer 114 ist ein Feldbezug, der als die Differenz von Erlösschmälerungen und variablen Kosten definiert ist. Wenn Sie in einem Bericht des Professional Planner diesen Feldbezug abfragen, können Sie sicher sein, dass sie ausschließlich auch den Deckungsbeitrag zu sehen bekommen, weil die Feldbezugsnummer systemweit einheitlich ist.

ⓘ INFO

Definition: Feldbezug:
Jeder betriebswirtschaftliche Wert, der in Professional Planner eingegeben oder berechnet wird, ist im Hintergrund mit einem entsprechenden Feldbezug hinterlegt. Dies ist eine für den Anwender nicht sichtbare Variable, die das Feld eindeutig definiert. Mit Hilfe der Feldbezüge erstellen Sie beliebige Auswertungen (siehe Dokumente) selbst. Die Feldbezüge sind wichtig für ein individuelles, eigenes Reporting. Eine komplette Beschreibung der Feldbezugslisten finden Sie im Internet auf der Seite http://competence.winterheller.com/ unter dem Stichwort Feldbezugslisten.

In der Tabellenkalkulation aus der *Abbildung 4: Jahresdeckungsbeitrag im Tabellenkalkulationsprogramm* auf der Seite *38* befindet sich der Deckungsbeitrag in der Zelle B7. Genau auf diese Zelle müssen sie sich beziehen, um den Deckungsbeitrag in einer anderen Zelle weiterzuverarbeiten. Wenn aber nachträglich einige Zeilen oder Spalten eingefügt oder auch gelöscht werden, kann der Deckungsbeitrag in einer ganz anderen Zelle stehen und Sie bekommen einen anderen Wert oder sogar den bekannten #REF – Fehler zu sehen. Das kann Ihnen mit dem Professional Planner nicht passieren.

Des Weiteren fließt das Ergebnis des Deckungsbeitrages (114) auch in andere Feldbezüge wie z.B. Ergebnis vor Steuern (307), Ergebnis nach Steuern (310), Betriebsergebnis (313) hinein. Das Ergebnis nach Steuern (310) fließt wiederum in den Feldbezug Bilanzergebnis Endbestand (722) usw. In der BCL *Finance(de).ped* gibt es über 8.000 derartige betriebswirtschaftliche Verknüpfungen, die Ihnen sofort nach der Installation des Professional Planner zur Verfügung stehen.

DIE ZEITINTELLIGENZ

Neben der Funktionsintelligenz hat die BCL auch eine Zeitintelligenz. Wenn wir noch einmal auf das Beispiel in *Abbildung 4: Jahresdeckungsbeitrag im Tabellenkalkulationsprogramm* auf der Seite *38* eingehen, dann sehen wir, dass wir nur den Deckungsbeitrag für das Jahr 2007 haben. Wenn wir diesen Wert in Excel auf die Monate aufteilen wollen, dann kopieren wir die Formeln aus der Spalte B in die Spalten C bis N und bilden eine Summe in der Zelle B2, um den Jahreswert zu erhalten.

	2009	Januar	Februar	März
Umsatzerlöse	=SUMME(C11:E11)	8000	6000	7000
Rabatte	=B11*10%	=C11*10%	=D11*10%	=E11*10%
Skonti	=(B11-B12)*2%	=(C11-C12)*2%	=(D11-D12)*2%	=(E11-E12)*2%
Wareneinsatz	=B11*50%	=C11*50%	=D11*50%	=E11*50%

Vertriebs-kosten	=B11*30%	=C11*30%	=D11*30%	=E11*30%
Deckungs-beitrag	=B11-SUMME(B12:B15)	=C11-SUMME(C12:C15)	=D11-SUMME(D12:D15)	=E11-SUMME(E12:E15)

	2009	Januar	Februar	März
Umsatzerlöse	21.000,00	8.000,00	6.000,00	7.000,00
Rabatte	2100	800	600	700
Skonti	378	144	108	126
Wareneinsatz	10500	4000	3000	3500
Vertriebskosten	6300	2400	1800	2100
Deckungsbeitrag	**1.722,00**	**656,00**	**492,00**	**574,00**

Abbildung 9: Monatsdeckungsbeitrag im Tabellenkalkulationsprogramm

In Professional Planner definieren Sie stattdessen in einem Einstellungsdialog den Zeithorizont über den sich die Planung erstrecken soll. Die Standardzeitscheiben sind Jahre, Quartale und Monate. Die Monatswerte werden automatisch zu den jeweiligen Quartalswerten addiert und die Quartale zu den Jahreswerten. Eine zusätzliche Formel für die Addition der Monate, wie es in den Tabellenkalkulationen üblich ist, muss hier nicht definiert werden.

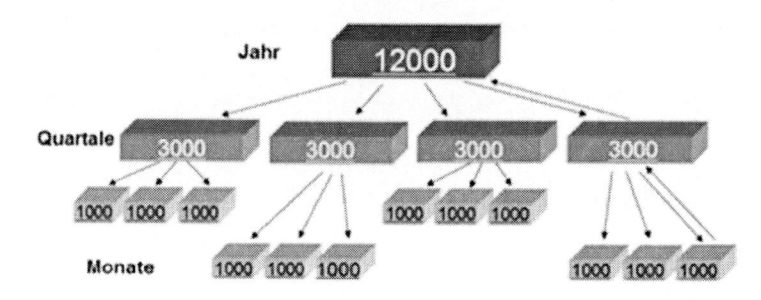

Abbildung 10: Zeitintelligenz

Ändert sich der Wert eines Monats, so werden die Quartals- und Jahreswerte sofort aktualisiert. Darüber hinaus ist es möglich in Professional Planner einen Jahreswert einzugeben und das System verteilt den Wert auf die darunter liegenden Quartale und Monate in einem Top-Down Modus. Dieses Vorgehen ist mit einem Tabellenkalkulations-programm so definitiv nicht möglich.

ⓘ INFO

Sie können im Professional Planner einen Zeitraum von 99 Jahren anlegen. Dies ist in der Praxis aber unüblich. Die Standard-Mehrjahresplanung erstreckt sich bei den meisten Unternehmen über drei bzw. fünf Jahre im Voraus. Bitte beachten Sie beim Anlegen der Zeitebenen, dass jede Zeitperiode (z.B. ein Monat) mit der Anzahl der Elemente multipliziert gespeichert werden muss. Dass heißt, dass eine Drei-Jahres-Planung, wie wir sie unten im Beispiel sehen, mit einer Struktur aus 10.000 Elementen, eine Speicherung von über 6 mal 10.000 Elementen ergeben. In jedem Element sind ca. vier betriebswirtschaftliche Werte gespeichert. So ergibt sich eine theoretische Speicherkapazität von über 240.000 Werten.

Grundsätzlich ist Professional Planner für eine solche Kapazität ausgelegt. Damit ihr System aber performant läuft, ist es sinnvoll, sich vorab genau Gedanken zu machen, wie viele Planungsperioden Sie in der Praxis wirklich benötigen. Oftmals reicht schon im dritten Jahr die Jahressichtweise aus.

Sie können die eingestellten Zeitperioden jederzeit wieder verändern. Im Menüfenster 'Periode festlegen', welches Sie im Menü *Datei / Dataset / Dataset umstellen* finden

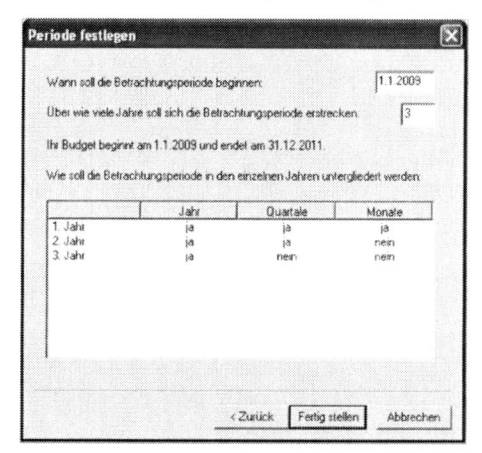

Abbildung 11: Zeitraum im Organisationsbaum Zeit festlegen

Drücken wir bei den oben genannten Einstellungen auf den Button 'Fertig stellen', so erscheint im Reiter 'Zeit' folgender Zeitbaum:

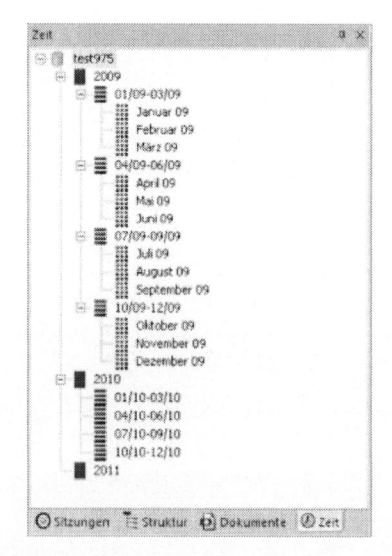

Abbildung 12: Zeitbaum des Professional Planner mit einer drei-Jahres-Planung

Sie haben nun 23 Zeitperioden angelegt (12 Monate im ersten Jahr, 8 Quartale und drei Jahre). Im Hintergrund passiert Folgendes: Durch das Anlegen der Zeitperioden werden alle Berichte (sowohl die 170 mitgelieferten Standardberichte, als auch die von Ihnen individuell erstellten Berichte) für die Monate, die Quartale und Jahre aufgebaut und miteinander verknüpft.

Ein einfaches Beispiel verdeutlicht die betriebswirtschaftliche Logik, die sich in einem solchen Fall abspielt: Sie haben ein Unternehmen mit zwei Profit-Centern, wie im unten genannten Beispiel.

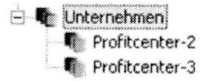

Abbildung 13: Unternehmen mit zwei Profitcenter

Nun legen Sie eine Drei-Jahresplanung an, wie oben gezeigt. Öffnen Sie nun den Bericht ´Gewinn und Verlust-Rechnung´ (GuV), steht Ihnen die GuV für alle Zeitperioden (3 Jahre, 8 Quartale und 12 Monate) und für ein Unternehmen und zwei Profit Center sofort zur Verfügung.

Im folgenden Beispiel haben wir die GuV für das Profit-Center 2 geöffnet und dann durch die Funktion ´alle Ebenen´ im Navigationsfenster alle Zeitebenen geöffnet. Nun geben wir drei Zahlen ein:

Profitcenter-2	2009	01/09-03/09	Januar 09	Februar 09	März 09	04/09-06/09	April 09
Nettoerlöse	350.000	200.000	100.000	0	100.000	150.000	150.000
Rabatte	0	0	0	0	0	0	0
Skonti	0	0	0	0	0	0	0
WES/Material	0	0	0	0	0	0	0
Deckungsbeitrag	**350.000**	**200.000**	**100.000**	**0**	**100.000**	**150.000**	**150.000**
Aufwand = Kosten	0	0	0	0	0	0	0
Ertrag = Leistung	0	0	0	0	0	0	0
Ordentliches Ergebnis 1	**350.000**	**200.000**	**100.000**	**0**	**100.000**	**150.000**	**150.000**
Ord Neutraler Aufwand	0	0	0	0	0	0	0
Ord Neutraler Ertrag	0	0	0	0	0	0	0
Ordentliches Ergebnis 2	**350.000**	**200.000**	**100.000**	**0**	**100.000**	**150.000**	**150.000**
AO Neutraler Aufwand	0	0	0	0	0	0	0
AO Neutraler Ertrag	0	0	0	0	0	0	0

Abbildung 14: GuV im Zeitverlauf

- Im Januar planen wir € 100.000,-- Nettoerlöse
- Im März ebenfalls € 100.000,-- Nettoerlöse
- Im April weitere € 150.000,-- Nettoerlöse

Professional Planner addiert die Werte sofort hoch:

- Im ersten Quartal haben wir nun € 200.000,-- Nettoerlöse geplant,
- Im zweiten Quartal € 150.000,--
- Auf Jahresebene, werden in Summe 350.000,-- Euro angezeigt.

DIE STRUKTURINTELLIGENZ

Nun werden wir unser Tabellenkalkulationsbeispiel etwas erweitern, um den Deckungsbeitrag nach zwei verschiedenen Produktgruppen A und B zu erfassen und die Summe daraus zu bilden. In Excel müssten wir schon eine recht große Tabelle aufbauen und dafür sorgen, dass alle Verknüpfungen zwischen den Zellen richtig sind. Das gleiche gilt natürlich für alle fixen Kostenarten, unterteilt nach Unternehmen die zum Konzern gehören, darunter liegenden Kostenstellen und Profitcentern, um eine vollständige GuV zu berechnen. Um dann noch einen Finanzplan und Planbilanz zu erhalten, müssen wieder Tabellen für die Zahlungen aufgebaut werden. Diese Ergebnisse fließen dann noch in die Tabellen ein, in denen die Bilanzkoten abgebildet sind.

In einem mittelständischen Unternehmen erhalten Sie nach diesem Prinzip beachtlich große und komplexe Tabellensysteme. In der Praxis bedeutet es, dass jemand das System beherrschen und pflegen muss. Meistens sind derartige Tabellenkalkulationen nicht wirklich gut dokumentiert und somit kennt sich ausschließlich derjenige damit aus, der das System aufgebaut hat. Verlässt dieser Mitarbeiter das Unternehmen, nimmt er sein „Expertenwissen" mit und sein Nachfolger kann ´von Vorne´ anfangen.

	A	B	C	D	E
1	Produktgruppe A	2009	Januar	Februar	März
2	Umsatzerlöse	=SUMME(C2:E2)	8000	6000	7000
3	Rabatte	=B2*10%	=C2*10%	=D2*10%	=E2*10%
4	Skonti	=(B2-B3)*2%	=(C2-C3)*2%	=(D2-D3)*2%	=(E2-E3)*2%
5	Wareneinsatz	=B2*50%	=C2*50%	=D2*50%	=E2*50%
6	Vertriebskosten	=B2*30%	=C2*30%	=D2*30%	=E2*30%
7	*Deckungsbeitrag*	*=B2-SUMME(B3:B6)*	*=C2-SUMME(C3:C6)*	*=D2-SUMME(D3:D6)*	*=E2-SUMME(E3:E6)*
8					
9	Produktgruppe B	2009	Januar	Februar	März
10	Umsatzerlöse	=SUMME(C10:E10)	6000	5000	8000
11	Rabatte	=B10*10%	=C10*10%	=D10*10%	=E10*10%
12	Skonti	=(B10-B11)*2%	=(C10-C11)*2%	=(D10-D11)*2%	=(E10-E11)*2%
13	Wareneinsatz	=B10*50%	=C10*50%	=D10*50%	=E10*50%
14	Vertriebskosten	=B10*30%	=C10*30%	=D10*30%	=E10*30%
15	*Deckungsbeitrag*	*=B10-SUMME(B11:B14)*	*=C10-SUMME(C11:C14)*	*=D10-SUMME(D11:D14)*	*=E10-SUMME(E11:E14)*
16					
17	Produktgruppe B	2009	Januar	Februar	März
18	Umsatzerlöse	=SUMME(C18:E18)	=C2+C10	=D2+D10	=E2+E10
19	Rabatte	=B18*10%	=C18*10%	=D18*10%	=E18*10%
20	Skonti	=(B18-B19)*2%	=(C18-C19)*2%	=(D18-D19)*2%	=(E18-E19)*2%
21	Wareneinsatz	=B18*50%	=C18*50%	=D18*50%	=E18*50%
22	Vertriebskosten	=B18*30%	=C18*30%	=D18*30%	=E18*30%

Abbildung 15: Struktur im Tabellenkalkulationsprogramm

Genau das ist der Grund, weswegen Professional Planner entwickelt wurde. Neben der fertigen Funktions- und Zeitintelligenz verfügt Professional Planner über eine Strukturintelligenz. Die Feldbezüge, die wir im Kapitel *Funktionsintelligenz* besprochen haben, werden auf höheren Ebenen addiert, ohne dass der Benutzer dieses explizit festlegen muss.

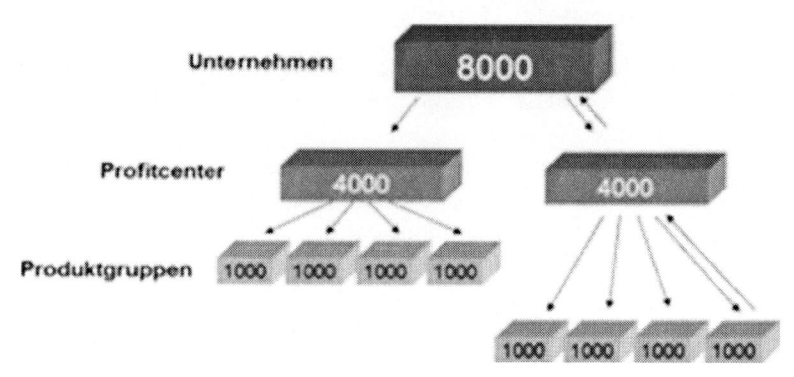

Abbildung 16: Funktionsweise der Strukturintelligenz

Die Werte der Umsatzerlöse der jeweiligen Produktgruppen werden automatisch in der höheren Ebene der Struktur z.B. Profitcenter addiert. Die Werte der Umsatzerlöse der beiden Profitcenter werden zu den Gesamterlösen des Unternehmens addiert. Der Benutzer muss lediglich die Unternehmensstruktur aufbauen und die Werte der

Feldbezüge erfassen. Alle Summen in der Struktur werden automatisch von Professional Planner berechnet.

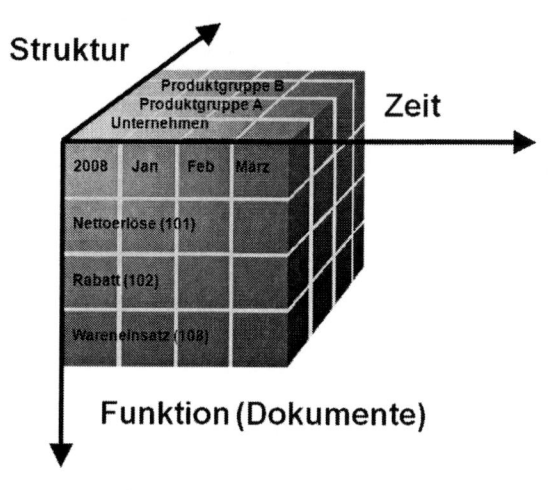

Abbildung 17: Professional Planner Würfel

Stellen wir uns Professional Planner als einen Würfel vor, in dem die Werte berechnet und geordnet in Datenbanktabellen gespeichert werden. Die Kanten des Würfels bilden die Dimensionen Zeit, Struktur und Funktion. Jede Funktion in jeder Zeit und auf jeder Strukturebene kann geplant und abgefragt werden. Die Verwaltung dieses Würfels übernimmt das System selbst. Der Benutzer muss lediglich die Struktur aufbauen, was jedoch recht einfach ist, wie wir noch erfahren werden.

Innerhalb dieser Strukturintelligenz ´gestalten´ Sie ihr Unternehmen. Die Strukturintelligenz finden Sie im Professional Planner im Reiter ´Struktur´ Hier bietet Ihnen Professional Planner betriebs-wirtschaftliche Elemente an, mit denen Sie Ihr Unternehmen nachbilden.

Starten wir mal so einen Strukturaufbau:

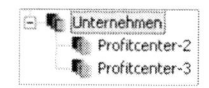

Ausgangssituation ist das Unternehmenselement, welches der Professional Planner automatisch beim Öffnen einer neuen Sitzung anlegt. Als nächsten Schritt legen wir ein neues Element an:

Dies bedienen Sie unter – rechte Maustaste – Element anlegen –

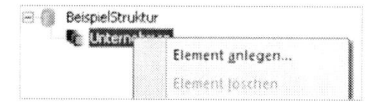

Nun öffnet sich folgendes Menüfenster:

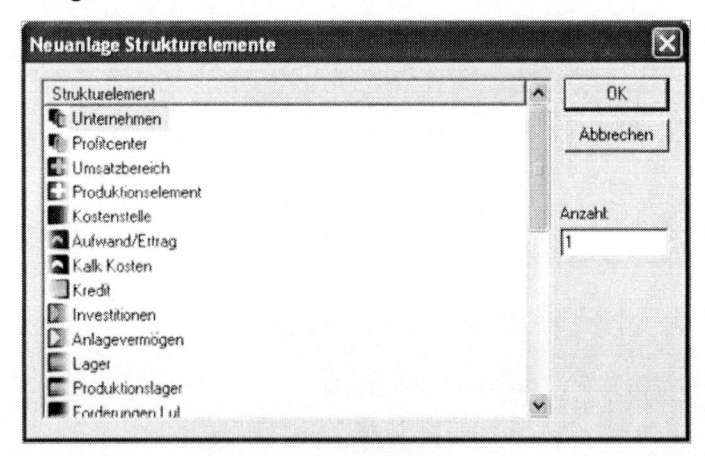

```
Neuanlage Strukturelemente

Strukturelement                    OK
  Unternehmen
  Profitcenter                     Abbrechen
  Umsatzbereich
  Produktionselement
  Kostenstelle                     Anzahl:
  Aufwand/Ertrag                   1
  Kalk Kosten
  Kredit
  Investitionen
  Anlagevermögen
  Lager
  Produktionslager
  Forderungen LuL
```

In diesem Fenster sehen Sie alle betriebswirtschaftliche Elemente des Standard-Rechenschema ´Finance´. Im Default-Standard werden 27 Elemente ausgeliefert. Diese ´Elemente´ sind wie betriebswirtschaftliche Container, welche die gesamte betriebswirtschaftliche Logik beinhalten, die sie für die Erfüllung dieser Funktionen benötigen.

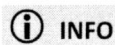

ⓘ INFO

Element, Fähnchen, Baustein:

Die Strukturelemente des Professional Planner Der Strukturaufbau des Professional gestaltet sich durch das Anlegen von sogenannten Strukturelementen. Diese Strukturelemente wurden bis zurVersion4.3 durch Fahnen gekennzeichnet. Seit der Version 2008 werden Quadrate als Piktogramm genutzt. Jedes Element hat ein eigenes Piktogramm. Zur schnellen Orientierung kann man sich auch an den Farben der Quadrate orientieren:

> Grün für Erfolg und Umsatz
> Blau für Liquidität und Kosten
> Gelb und Orange für Bilanz- und Bilanzpositionen

Mit dem Standardrechenschema ´Finance´ werden 27 Elemente ausgeliefert. Alle Elemente haben einen Standardnamen (Unternehmen, Profitcenter, Aufwand/Ertrag uvm.), welchen sie frei verändern und gestalten können. Wichtig sind immer die betriebswirtschaftlichen Funktionen, die Sie mit dem Anlegen eines Elementes haben (siehe Anhang).

Beispiel: Das Strukturelement ´Profitcenter´ wird oft eingesetzt als: Region, Niederlassung, Filiale, Produktgruppe, Produkt, Projekt, Vertriebsmitarbeiter, Kostenstelle (mit eigenem Umsatz) und vieles mehr...

Da die Quadrate (Version 2008) und Fähnchen (bis zur Version 4.3) von WINTERHELLER frei gestaltet wurden, gibt es in der Zwischenzeit viele neue Piktogramme, mit denen Sie

Ihre Struktur visualisieren können (Weltkugel, Maschinenhalle, Mitarbeiter, Teams uvm.) Es ist auch sehr einfach, selbständig Piktogramme zu entwerfen und einzusetzen.

Die im Standard ausgelieferten Elemente beinhalten eine breit angelegte betriebswirtschaftliche Grundlogik. Sollte diese nicht ausreichen, können sehr schnell individuelle Elemente entwickelt werden, welche die Rechenlogiken Ihres Unternehmens abbilden. Diese Informationen finden Sie unter dem Begriff *Rechenschema Anpassung*. Im Anhang können Sie die betriebswirtschaftlichen Funktionen jedes im Standard ausgelieferten Elementes nachlesen.

Noch ein Wort zur Strukturgröße. Wie groß darf eine Struktur werden, dass heißt, wie viele Elemente können Sie innerhalb einer Struktur anlegen? Von Seiten WINTERHELLER Software ist die Anzahl der Strukturelemente unbegrenzt. Allerdings gibt es in der Praxis schon Faktoren, welche die Strukturgröße beeinflussen. Das sind zum Beispiel:

- Art des Rechenschemas (eine Integrierten Erfolgs- und Finanzplanung benötigt mehr Speicher als eine reine Erfolgsplanung)
- Die Art der angelegten Elemente (Unternehmenselemente benötigen mehr Rechnerkapazitäten als reine Umsatzelemente)
- Die Hardware-Ausstattung (ein leistungsfähiger Server verarbeitet mehr Informationen als ein Laptop)
- Die angelegten Zeitreihen (eine Mehrjahresplanung benötigt mehr Kapazitäten als eine Jahresplanung)
- Und einige mehr

Eine Strukturgröße bis 20.000 Elemente sollte grundsätzlich kein größeres Problem darstellen. Wir empfehlen aus Erfahrung aber, den Strukturaufbau und die Strukturgröße grundsätzlich mit einem erfahrenen Consultant der WINTERHELLER Software zu besprechen. Es gibt viele Techniken zur Strukturanlage, die wir in diesem Buch nicht beschreiben können. So gehen Sie sicher, konstant ein leistungsfähiges und performantes System einzusetzen.

Nun zurück zu unserem Beispiel: Wir wählen nun durch anklicken ein Profit Center aus und geben im Feld *Anzahl* den Wert *zwei* ein.

Drücken sie auf OK. Die neue Struktur erscheint nun wie folgt:

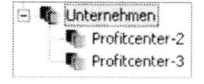

Analysieren wir nun, was bei diesem einfachen Strukturaufbau schon alles passiert ist:

- Sie können nun auf jedem Profitcenter für drei Jahre planen (wir haben ja drei Jahre in der Zeitintelligenz angelegt).
- Sie können auf jedem Profitcenter den Umsatz, die variablen Kosten, und nach dem weiteren Anlegen von Aufwand/Ertragselementen auch fixe Kosten planen.
- Daraus errechnet sich automatisch ein Deckungsbeitrag auf Profitcenter-Ebene
- Die eingegebenen Planzahlen werden zum Unternehmenswert zusammen addiert (wie in der Strukturintelligenz beschrieben).
- Daraus ergibt sich automatisch eine erste Deckungsbeitragsrechnung auf Unternehmensebene
- Der Umsatz wird in die Liquiditätsplanung übernommen.
- Die ersten Werte stehen in der Bilanz
- Außerdem werden alle Berichte mit den ersten Zahlen gefüllt

Selbstverständlich ist dieses Vorgehen nicht aussagekräftig. Aber es ist schon faszinierend, welche Rechenlogik sich hinter so einfachen Beispielen verbirgt.

Denken wir unser Beispiel etwas weiter:

Öffnen Sie drei Mal den Bericht´ *Gewinn und Verlust*´ durch Doppelklick mit dem Cursor im Reiter ´*Dokumente*´.

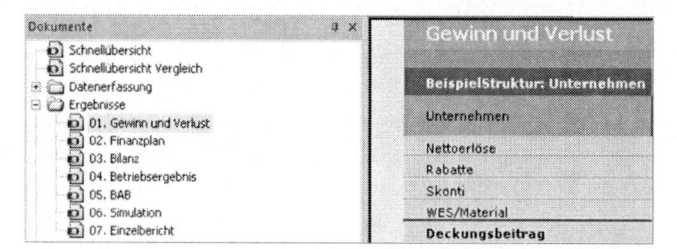

Nun stellen wir die Berichte übereinander. Das schalten Sie im Ordner ´*Fenster*´ - ´*Übereinander*´.

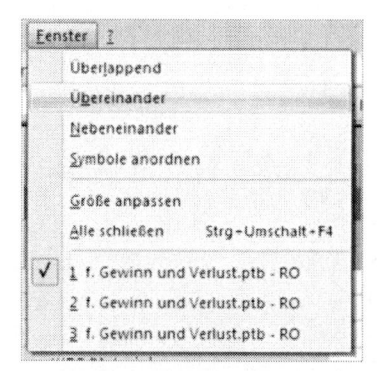

Nun sind alle drei Dokumente geöffnet und stehen untereinander. Durch Drag an Drop ziehen Sie nacheinander die Profitcenter, und dann das Unternehmenselement in die einzelnen Berichte. Sie sehen im unteren Beispiel den untersten Bericht aktiviert (dunkel eingefärbt und das Profitcenter drei ist dunkel hinterlegt).

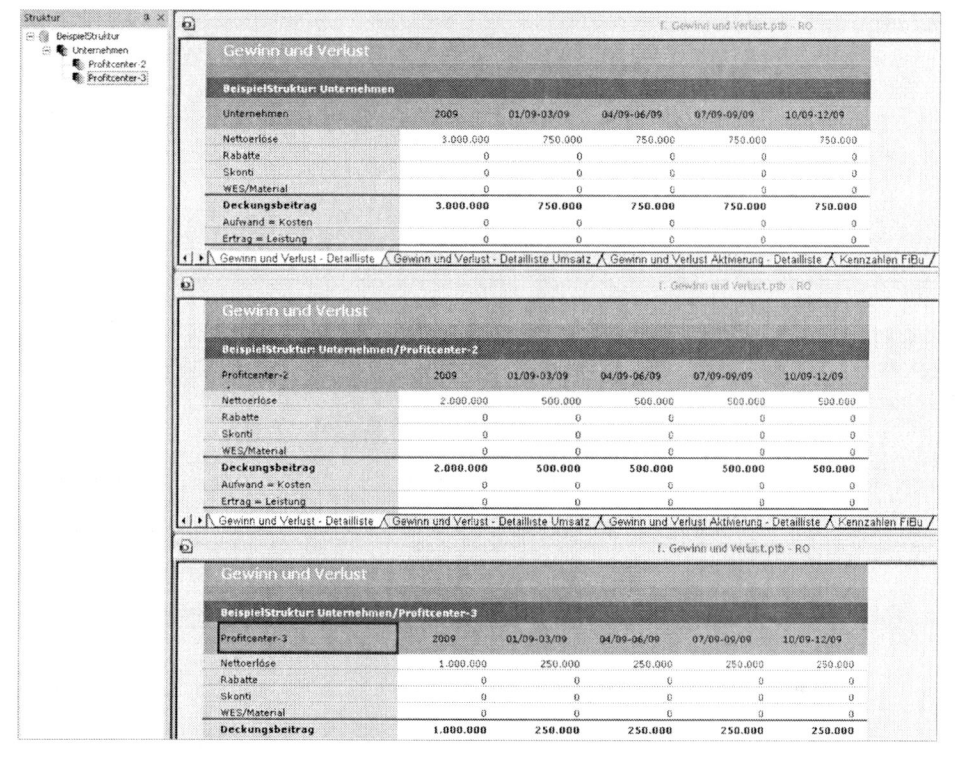

Abbildung 18: Drei GuV-Berichte untereinander, aufgeteilt nach den Strukturen

Schreiben Sie nun in die Nettoerlös-Werte jeder GuV von unten nach oben nacheinander folgende Werte

- Profitcenter 2: € 1.000.000,--
- Profitcenter 1: € 2.000.000,--

Ergibt sich automatisch auf Unternehmensebene die Gesamtsumme von € 3.000.000,--

Schliessen wir alle Berichte und öffnen jetzt den Finanzplan und die Bilanz im Register ´Dokumente´ und stellen diese wiederum nebeneinander, finden wir die ersten, aus unserem Beispiel abgeleiteten Zahlen.

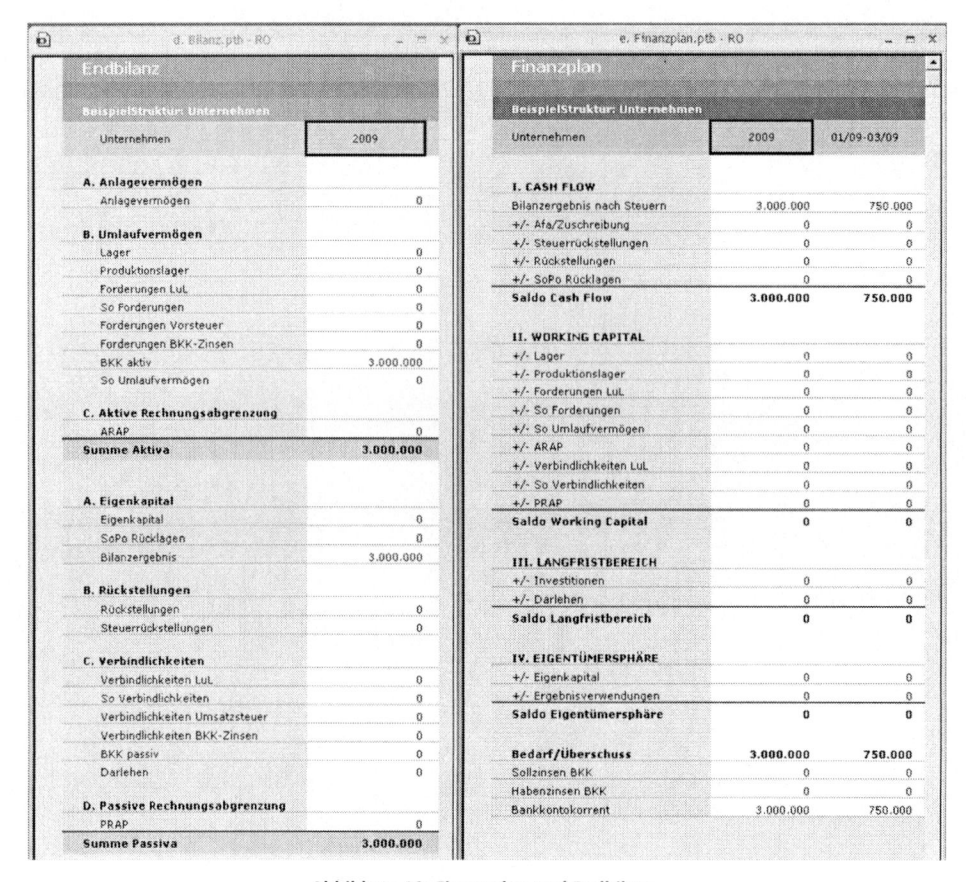

Abbildung 19: Finanzplan und Endbilanz

Ein oft benutzter Vergleich für die Modellierung der Struktur ist die Metapher der LEGO-Bausteine. Wenn jedes Element ein LEGO-Baustein wäre, dann modellieren Sie mit den Bausteinen (Elementen) ihr eigenes Haus. Stein auf Stein, oder in unserem Fall: Element auf Element.

Wie stellen Sie die betriebswirtschaftliche Logik aber nun auf Ihre Bedürfnisse ein? Als Beispiel wollen wir den Umsatz in unserem Umsatzelement nicht als absoluten Wert planen, sondern ´Menge mal Preis´. Für solche Änderungen brauchen Sie keinen Programmierer. Der Professional Planner ist eine Anwendersoftware, bei der Sie viele betriebswirtschaftliche Einstellungen selbst vornehmen können.

Für unser Beispiel bedeutet das:

Wir legen in der Struktur unter dem Profitcenter 3 ein Umsatzelement an (Vorgehensweise wie oben beschrieben). Öffnen Sie nun das Umsatzelement mit dem dazugehörigen Bericht (Beispiel: Umsatzelement mit dem Bericht Umsatz-Deckungsbeitrag)

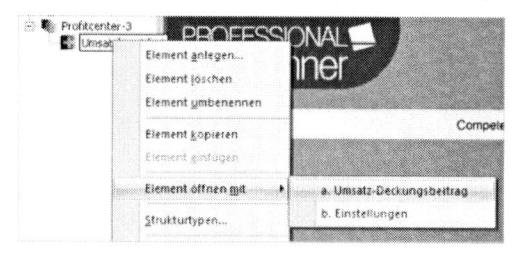

In dem geöffneten Bericht finden Sie links unten weitere, zusammengehörige Berichte (hier Deckungsbeitrag) und die *Einstellungen Umsatz*. Dieses Vorgehen ist an Excel-Tabellenblätter angelehnt, womit sich viele Anwender gut auskennen. Wir wählen die Einstellungen Umsatz aus.

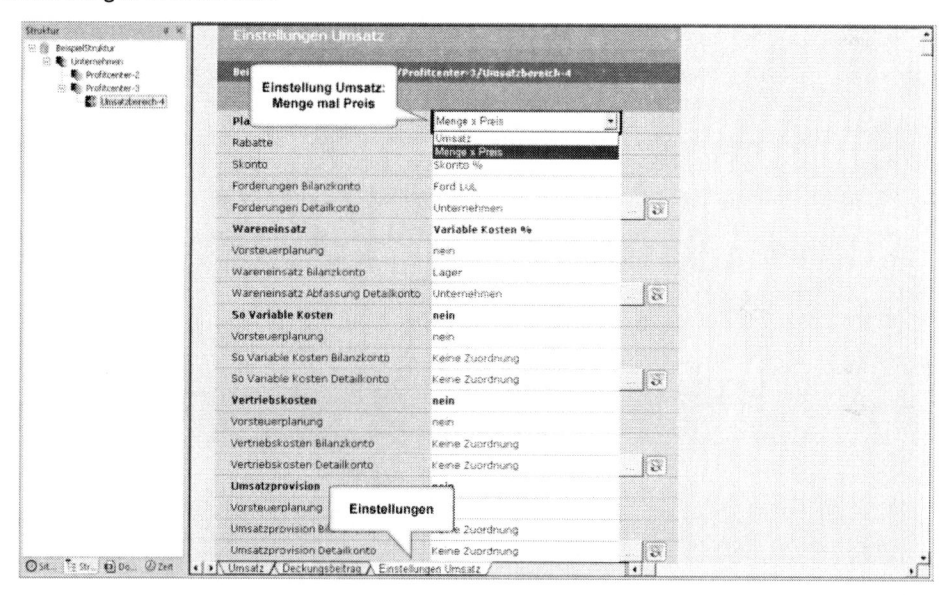

In diesem Fall entscheiden wir uns, anstelle von *Umsatz*, *Menge mal Preis* zu planen. Sobald Sie die Einstellung unter *Planungsmodus Umsatz* ändern, ändert sich der gesamte Bericht für dieses Element und Sie können jetzt neu planen.

Achtung: Diese Änderung gilt nur für dieses eine Element *Umsatzbereich -4*. Haben Sie mehrere Elemente angelegt, können Sie jedem Element eine individuelle Rechenlogik mitgeben. In der Praxis ist das sehr relevant, da Sie z.B. Produkte unterschiedlich beplanen wollen. Sollen gleichartige Strukturelemente gleich geplant werden, lohnt es sich einen Master aufzubauen und diesen mehrfach zu kopieren.

Was aber passiert, wenn die mitgelieferte betriebswirtschaftliche Logik nicht auf Ihre Unternehmensmodell passt?

INDIVIDUALISIEREN DER BCL

Die mitgelieferte betriebswirtschaftliche Logik des Professional Planner muss nicht zwingend vom User eingesetzt werden. In vielen Fällen passt das Rechenmodell, welches bei WINTERHELLER unter der internen Bezeichnung ´Rechenschema´ läuft, nur zum Teil. Die Branche, in der das Unternehmen tätig ist, eigene individuelle Rechenlogiken oder externe Anforderungen können eine eigene Rechenlogik erforderlich machen.

In diesem empfiehlt es sich, das Rechenmodell anzupassen. Dies ist absolut gängig und wurde in vielen Projekten, die wir begleitet oder durchgeführt haben, erfolgreich durchgeführt.

Die Business Content Library (BCL) besteht aus einer einzigen Datei, in der die Logik des Professional Planner ein kompiliert ist (von: to compile= aufstellen, erarbeiten, erstellen). Nach einer kurzen Überlegung wird dem Leser auffallen, dass es doch nicht nur eine einzige betriebswirtschaftliche Logik geben kann, weil die Unternehmen unterschiedlich sind (Branchen, Größe, Strukturen). Natürlich ist jedes Unternehmen irgendwo einzigartig, aber bezüglich des Rechnungswesens haben alle Unternehmen große Gemeinsamkeiten. Die standardmäßige betriebswirtschaftliche Logik des Professional Planner, die von Umsatzerlösen, variablen und fixen Kostenarten, Bilanzpositionen, kalkulatorischen Kosten und Erträgen bis zu statistischen Werten ausgeht, passt auf wahrscheinlich 80% aller Unternehmen. Trotzdem gibt es 20% der Unternehmen, die einer anderen, eigenen Planungslogik folgen. Gründe dafür finden sich oftmals in eigenen Branchenlogiken z.B. einer bestimmten Planungslogik bei projektorientierten Unternehmen; oder rein historisch bedingten Rechenregeln, welche mit dem Unternehmen und dem Reporting gewachsen sind.

Konformität — **Individualität**

Standard Software ohne Anpassungsmöglichkeiten — Excel

Abbildung 20: Konformität versus Individualität bei Controlling Software

Das Problem ist den Herstellern der Standard-Software bekannt. Auf der einen Seite möchte die Geschäftsführung und kaufmännische Leitung eines Unternehmens eine standardisierte Software einsetzen, bei der Sie sicher gehen, dass alle betriebswirtschaftlichen Zusammenhänge richtig berechnet werden, auf der anderen Seite erwarten die Anwender größtmögliche Flexibilität, um die täglichen Anforderungen des Controlling gerecht zu werden.

Wie löst WINTERHELLER Software das Problem?

Der Professional Planner verfügt über eine eigene betriebswirtschaftliche Logik, der BCL (OLCAP-Technologie). Diese kann vom Hersteller oder von ausgebildeten Beratern geändert werden.

ANPASSUNGEN DER RECHENLOGIK DURCH DEN AUFTRAGGEBER

Bis zur Version 4.3 gab es nur eine Möglichkeit die Rechenlogik zu verändern, indem der Kunde sich an den Hersteller wendete und ihn darum bat, diese seinen Bedürfnissen anzupassen. Seit der Version 2008 gibt es den BCL-Designer. Mit ihm wollte man dem versierten User ermöglichen, die Rechenlogik des Professional Planner eigenständig anzupassen.

Durch den Designer kann der Anwender alle Rechenregeln einer Professional Planner Logik völlig frei gestalten. Der Auftraggeber muss dabei ´nur´ die Zusammenhänge innerhalb eines Strukturelementes und zwischen den Strukturelementen mithilfe eines Managers definieren.

Mit dem Designer erstellen ausgebildete Anwender Objekte, die sie dann in die Unternehmensstruktur einbetten, aktiv ihren Platz suchen, selbsttätig die vorgesehenen Verbindungen zu anderen Elementen aufbauen und Daten empfangen und senden können.

Solche Objekte können beispielsweise Stationen, Abteilungen oder Kliniken in einem Krankenhaus, Kostenstellen und Profit Center in einem Industriebetrieb oder Filialen, Abteilungen, Produktgruppen und Produkte in einem Handelsbetrieb sein.

In der Praxis hat sich aber sehr schnell gezeigt, dass es nicht so einfach ist, den BCL-Designer zu bedienen. Die theoretisch möglichen Rechenkombinationen sind so viele, dass ein User, der nicht täglich mit dem System arbeitet, schnell überfordert ist. Und jetzt mal Hand auf das Herz: Wie oft verändert sich bei Ihnen die Art und Weise, wie sie Ihr Controlling durchführen? Mit großer Wahrscheinlichkeit nicht täglich. Von daher empfehlen wir die Definition der Rechenlogik mit einem versierten Berater durchzuführen und dann dem Hersteller einen Auftrag zu erteilen.

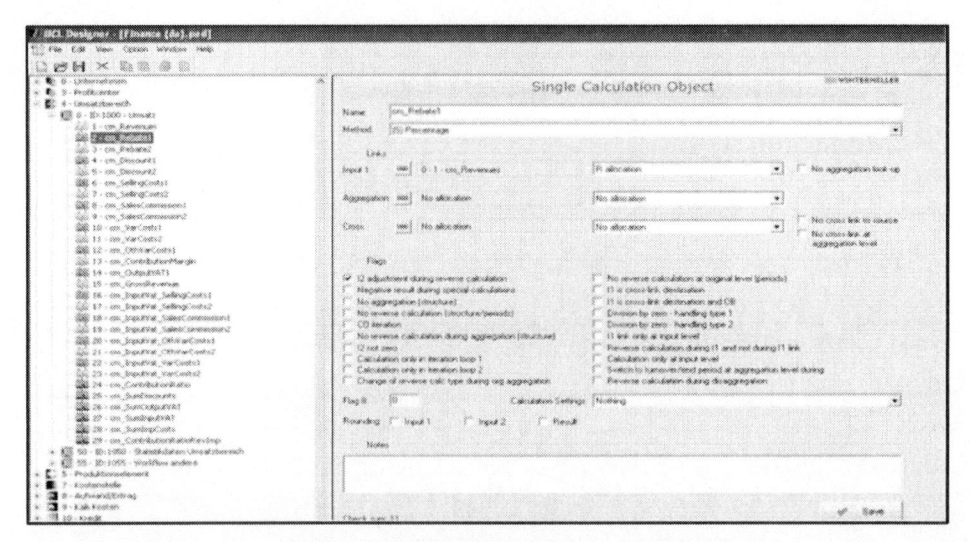

Abbildung 21: Der BCL-Designter des Professional Planner

Abbildung 22: Programmieren im BCL-Designer

ANPASSUNGEN DER RECHENLOGIK DURCH DEN HERSTELLER

Auch heute ist es noch ein gängiger Weg die Rechenlogik anzupassen, wenn Sie nicht ideal passt. Sozusagen ein Maßanzug für die Controlling-Abteilung, denn die BCL ist ein Programm, welches mittels einer regelbasierten Programmiersprache (C++) geschrieben wird und anschließend zu einer Datei wie ´Neue BCL.ped´ kompiliert wird. Aus unserer Erfahrung gehören die Entwicklungsarbeiten in die Hände eines Fachmanns. Wenn Sie sich die BCL vom Hersteller programmieren lassen, haben Sie auch die Garantie, dass sie wirklich in jedem Detail richtig rechnet. Die Entwicklungs- und Testzeiten betragen meistens nur wenige Tage, somit halten sich die Kosten dafür auch im Rahmen.

BEISPIEL FÜR EINE RECHENLOGIK-ÄNDERUNG

Bitte unterscheiden Sie zwischen der individuellen Einrichtung des Professional Planner in einem Projekt, wie Sie Sie im zweiten Teil dieses Buches selbst erlernen können und einer eigenständigen Rechenschema-Anpassung. Bei einer Rechenschema-Anpassung wird das Rechenmodell komplett anders aufgebaut. Ein einfaches Beispiel verdeutlicht dies.

Rechenlogik	Standard	individuell
Menge mal Preis	X	
Menge mal Faktor mal Preis		X
fünf vom Umsatz abhängige Kostenarten	X	
elf vom Umsatz abhängige Kostenarten		X

Tabelle 2: Rechenlogik Standard versus individuell

Die Individualisierung der Rechenlogik des Professional Planner wird meistens zu Beginn eines Projektes durchgeführt. Der Projektleiter nimmt gemeinsam mit dem Auftraggeber die Definition der neuen Rechenlogik im Projekt-Design-Tag vor und leitet diese an die interne Entwicklungsabteilung der WINTERHELLER Software weiter. Nach einigen Tagen Entwicklung mit anschließenden Tests steht die neue BCL dem Benutzer zur Verfügung. Diese Abteilung trägt intern den Namen IT-Consulting. Das IT-Consulting übernimmt viele Aufgaben die direkt oder indirekt mit der BCL des Planner zu tun haben. Dazu gehören:

Entwicklung von Schnittstellen zu Vorsystemen (Import und Export)

- Entwicklung von Detailplanungen
- Entwicklung von Detailanalysen
- Betriebswirtschaftliche Lösungen wie oben beschrieben
- Entwicklung von individuellen Workflows und Planungsprozessen
- Schulungen
- Unterstützung bei der Installation/Konfiguration/Administration

- Projektsupport

In der Praxis erleben wir immer wieder, dass Auftraggeber nicht wissen, ob und wie Sie Ihre Anforderungen in den Professional Planner verwirklichen können. Individuelle Kundenwünsche übernimmt bei WINTERHELLER Software das IT-Consulting. Das IT-Consulting ist die Tuning-Abteilung des Professional Planner. An dieser Stelle wollen wir Ihnen aufzeigen, was sie von dieser Abteilung erwarten können:

Entwicklung von Schnittstellen

Dazu gehört die Entwicklung von Standard-Schnittstellen für gängige Vorsysteme, wie Mesonic, RZL, Navision, SBO, M3, SAP uvm. Genauso wie die Entwicklung von Datenexporte für nachgelagerte Systeme. Zusätzlich erhält man hier Datenübergaben zwischen Professional Planner und dem Analyse-Tool wie zum Konsolidierungswerkzeug.

Detaildatenanalysen

Zu dem Aufgabengebiet der Detaildatenanalysen gehört im IT-Consulting das Entwickeln von Techniken für den Durchgriff auf die Einzelbuchungen und Einzelbeleg. Es können die gebuchten Belegs aus Belegarchiven im Professional Planner angezeigt und direkt auf das Vorsystem durchgegriffen werden.

Betriebswirtschaftliche Lösungen

Unter betriebswirtschaftliche Lösungen werden Lösungen für die Konsolidierung verstanden, z.B. automatische Aufwand-/Ertrag- und Schuldenkonsolidierung sowie IC-Abstimmungsbericht. Das große Thema der Währungsumrechnungen im Plan und Ist sowie die Definitionen von Umlagesystemen und Forecastverteilungen werden nach ihren Anforderungen entwickelt.

Prozessunterstützung

Das IT-Consulting unterstützt Sie bei der Entwicklung einer makrogesteuerten Oberflächenführung und Planungsunterstützung. Es erstellt Ihnen individuelle Oberflächen in dem Corporate Design Ihres Unternehmens, richtet Ihnen zeitgesteuerte Abläufe ein und automatisiert Rechte, Benutzer und Gruppenverwaltungen.

Detailplanungen

Sollten sie im Planungsprozess mit vorgelagerten Detailplanungen arbeiten, finden Sie hier schon entwickelte Lösungen für die Planung der internen Leistungsverrechnung, der Investitionen, des Personals, aber auch der KFZ-Planung, Kapazitätsplanung und Auftragseingangsplanung.

Installationen

Je komplexer die Anwendung, desto umfangreicher wird die Installation der Software-Applikationen. Für einfache Software-Modelle genügt die Standard-Installationsroutine des Professional Planner, bei komplexeren Aufgabenstellungen sollten man Profis hinzuziehen. Zu diesen Themenbereichen gehören die Installation mehrere Applikationen der WINTERHELLER Software, die Installation des Microsoft SQL-Server, Installation und Konfiguration von Citrix Presentation Server, Citrix Web-Interface und Citrix Secure Server sowie die Installation und Administration von Windows-Servern.

Das IT-Consutling unterstützt Sie bei der Anbindung von Oracle und Sybase an Professional Planner, genauso wie den Im- und Export von und nach SAP.

Wir empfehlen Ihnen die Service-Leistungen dieser Abteilung in Anspruch zu nehmen.

INTEGRIERTE ERFOLGS- FINANZ- UND BILANZPLANUNG

IN DIESEM KAPITEL KLÄREN WIR FOLGENDE FRAGEN:

- WAS VERSTEHT MAN UNTER DER INTEGRIERTEN 'ERFOLGS- UND FINANZ-PLANUNG'?
- WARUM IST DIES EIN EINZIGARTIGER VORTEIL DES PROFESSIONAL PLANNER?

In den vorigen Kapiteln haben wir uns mit der Navigation in Professional Planner beschäftigt. Wir haben ein erstes, sehr einfaches Modell aufgebaut und analysiert, welche betriebswirtschaftlichen Funktionen mit dem Strukturaufbau einer gehen. Nun sehen wir uns die betriebswirtschaftliche Logik des Professional Planner etwas genauer an.

Die betriebswirtschaftliche Grundlage für die Funktionsintelligenz der Elemente des Professional Planner war das Standard-Lehrbuch "Die kurzfristige Unternehmensplanung" von Egger/Winterheller, welches noch heute an zahlreichen österreichischen und deutschen Universitäten gelehrt wird.

WINTERHELLER benutzt den Begriff *Integrierte Planung* um die Integration zwischen Erfolg-, Finanz- und Bilanzrechnung zu beschreiben. Vorsicht: Andere Hersteller verwenden den Begriff *Integrierte Planung* schon dann, wenn sie die Integration aus Plan- und Ist-Daten für die Analyse und das Reporting beschreiben. Das macht es dem interessierten Anwender nicht leichter.

Ein finanzwirtschaftlich integriertes Unternehmensbudget besteht aus drei große, miteinander verknüpfte Teilpläne (Egger,Winterheller):

- Dem Leistungsbudget oder Erfolgsrechnung (GuV)
- Dem Finanzbudget
- Der Planbilanz

In Professional Planner sind diese drei Teilpläne von Beginn an fest miteinander verknüpft. Diese Verknüpfung der Teilpläne ist ein wesentliches Argument für Professional Planner. Aus diesem Grund schauen wir uns in diesem Kapitel die betriebswirtschaftliche Rechnung des Systems genauer an.

Diese fertige betriebswirtschaftliche Logik, die Ihnen mit dem Professional Planner zur Verfügung gestellt wird, garantiert Ihnen die automatische, zeitgleiche Abbildung von Geschäftsvorfällen in der Erfolgs-, Vermögens- und Liquiditätsphäre eines Unternehmens.

Diese betriebswirtschaftliche Logik wird von WINTERHELLER software auch als BCL (Business Content Library) oder ABI (Advanced Business Intelligence) bezeichnet.

Dieser Prozess der automatischen zeitlichen Abbildung in allen Sphären des Unternehmens unterscheidet Professional Planner grundlegend von anderen im Unternehmen bisher eingesetzter Planungs- und Analyse-Instrumenten. Diese Instrumente bilden in der Regel nur eine der Dimensionen ab.

Wiederholen wir noch einmal kurz die Alternativen zu Professional Planner und analysieren, welche Software-Instrumente bisher für die betriebswirtschaftliche Analyse und Planung eingesetzt werden?

- **Finanzbuchhaltung (FIBU):** Die FIBU ist eine kontenorientierte Vergangenheitsbetrachtung der Erfolgs- und Vermögenssphäre. Die FIBU ist eine geschäftsjahresbezogene Abbildung von Geschäftsvorfällen nach steuerrechtlichen und handelsrechtlichen Vorschriften. Die FIBU ist vergangenheitsorientiert und daher nur bedingt für Planungs- und Controllingzwecke einsetzbar.
- **Kostenrechnung (KORE):** Die KORE verknüpft die Erfolgsdaten der Finanzbuchhaltung mit weiteren Informationen zur Ermittlung der Wirtschaftlichkeit von Prozessen, Produkten, Kostenstellen und einigen mehr. Obwohl die KORE im Wesentlichen vergangenheitsorientiert ist, wird sie auch oftmals für Planungszwecke eingesetzt. Nachteil der Kostenrechnung: Die starre Definition der Abhängigkeiten erschweren oftmals den Einsatz der KORE für dynamische Planungs- und Simulationsprozesse.
- **Enterprise Ressource Planning-Systeme (ERP):** Der Focus von ERP-Systemen liegt in der Abbildung der Geschäftsprozessen eines Unternehmens. Schwerpunkt der ERP-Systeme ist die Planung und Kontrolle einer wirtschaftlich optimalen Nutzung der dem Unternehmen zur Verfügung stehenden Ressourcen für Beschaffung-, Produktion- und Absatz. Hochverdichtete Informationen aus ERP Systemen sind daher nur für die Planung des Unternehmenserfolgs einsetzbar. Sie berücksichtigen in keiner Weise die Abbildung der Bilanz und Finanzierung des Unternehmens.

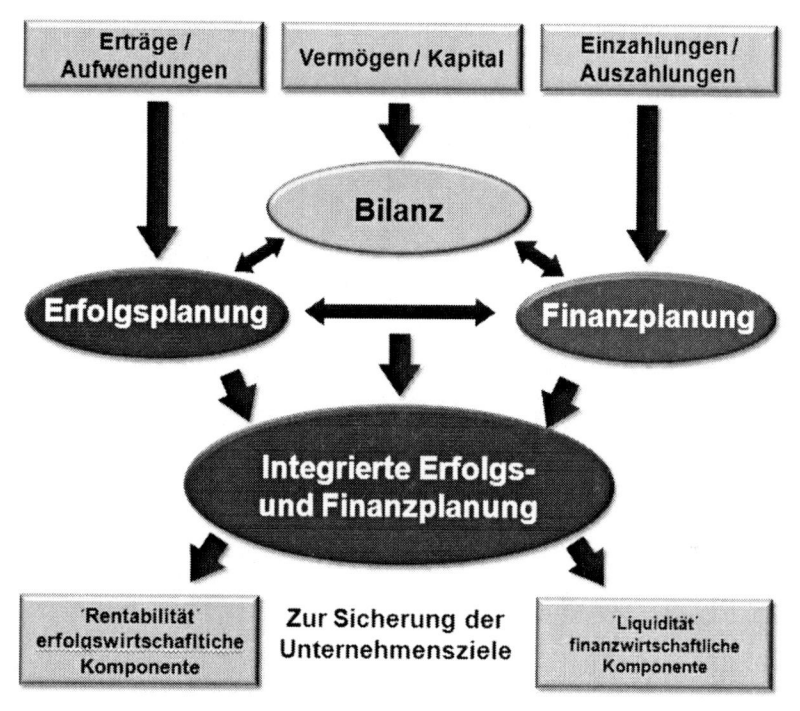

Abbildung 23: Grob, Heinz: Controllingsoftware zur integrierten Erfolgs- und Finanzplanung, in Wisu, 12/98, Seite 1443 bis 1451, hier 1445

- **Business-Intelligence-Werkzeuge (BI):** Die Stärke von BI-Software ist die Fähigkeit Massendaten zu sammeln und aufzubereiten. Diese dienen als Basis für operative und strategische Unternehmensentscheidungen. Meist passiert dies auf Basis von multidimensionalen Datenbanken (OLAP=Online analytical prozessing) und darauf entwickelten Analysewerkzeugen. BI-Werkzeuge bieten vielfältige Analysemöglichkeiten, konzentrieren sich aber im Wesentlichen auf vergangenheitsbezogene Datenströme. BI-Werkzeuge werden oftmals für Vertriebsanalysen, Marketinganalysen, Produktionsplanung und viele mehr eingesetzt. OLAP-Werkzeuge basieren oftmals auf einem weitgehend starren Datenmodell, bieten keine oder nur geringe betriebswirtschaftliche Modelle an und sind daher nur sehr eingeschränkt für dynamische Planungs- und Simulationszwecke auf Unternehmensebene einsetzbar. Ihr Schwerpunkt liegt im Reporting und Analyse des Erfolgsbereiches.
- **Tabellenkalkulationsprogramme (Excel):** Das am weitesten verbreitete Werkzeug zur Visualisierung von Plan- und Istdaten die i.d.R. Microsoft EXCEL. Grund für die Verbreitung ist die hohe Verfügbarkeit im Unternehmensumfeld und die leichte Bedienung der Software. Mit Excel können Daten aus allen Unternehmensbereichen sowohl

vergangenheits- als auch zukunftsorientiert abgebildet werden (Erfolg, Vermögen, Liquidität). Excel ist für die Abbildung dynamischer Planungsprozesse nur bedingt geeignet, da die Abhängigkeiten durch starre Modelle vom Anwender selbst definiert werden müssen. Weiterer Nachteil ist die hohe Fehleranfälligkeit durch die Vermischung von Eingaben und berechneten Werten.

Wie arbeitet nun die betriebswirtschaftliche Logik (BCL) des Professional Planner?

Professional Planner ist speziell für die Anforderungen eines Management-Informations-System erarbeitet worden. Es verbindet die Stärken der oben beschriebenen Werkzeuge für die Planung und das betriebswirtschaftliche Reporting. Dabei importiert Professional Planner die für das Management-Informations-System benötigten Informationen aus den im Unternehmen vorhandenen Software-Werkzeugen (ERP, WAWI; FIBU) und stellt diese den erarbeiteten Planungsdaten gegenüber.

Außerdem werden die Informationen von Professional Planner zu einer integrierten Darstellung der Erfolgs-, Vermögens- und Liquiditätssituation eines Unternehmens(-gruppe) berechnet.

Wie können wir uns die fertige Logik nun vorstellen?

Wir möchten die betriebswirtschaftliche Logik des Professional Planner an vier einfachen, aber im Controlling zur Tagesarbeit gehörenden Geschäftsvorfällen, exemplarisch demonstrieren.

FALLBEISPIEL 1: PLANEN VON UMSATZERLÖSEN

Sie planen einen Umsatzerlös von € 100.000,-- In der folgenden Tabelle werden die Auswirkungen in den Bereichen Erfolgsrechnung, Bilanz und Finanzplan dargestellt.

Erfolgswirksam (GuV)	Liquiditätswirksam (Finanz)	Vermögenswirksam (Bilanz)
In der Gewinn-und-Verlust-Rechnung werden die Umsätze als Nettoerlöse abgebildet.	Durch die Einstellung von Zahlungszielen bei Forderungen aus LuL, lässt sich die Umwandlung von Forderungen in die dem Unternehmen zur Verfügung stehenden Liquidität abbilden. Die Einstellung der Fälligkeit für Umsatzsteuerzahlungen macht den Liquiditätsbedarf für Umsatzsteuerzahlungen sichtbar.	Die Bruttoerlöse (Nettoerlöse zzgl. Umsatzsteuer) führen zu einer Erhöhung der Forder-ungen aus Lieferungen und Leistungen. Gleichzeitig werden die Verbindlichkeiten aus der Umsatzsteuer erfasst.

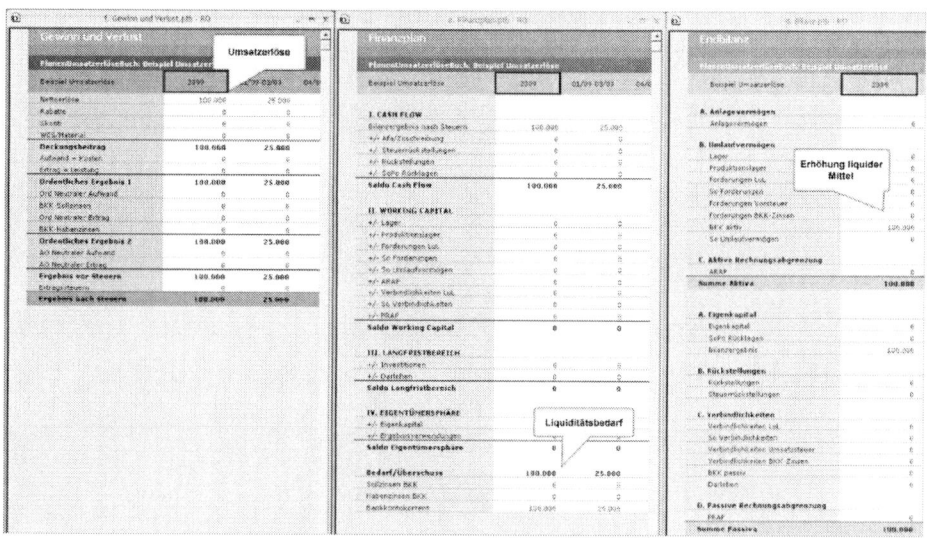

Abbildung 24: Planen von Umsatzerlösen

FALLBEISPIEL 2: PLANEN VON AUFWAND UND ERTRAG

Sie planen im März einen Instandhaltungsaufwand in Höhe von netto € 80.000,-- (zzgl. 19% Umsatzsteuer, die sie ihrem Lieferanten nach 30 Tagen begleichen. Für die Umsatzsteuervoranmeldung besteht eine Dauerfristverlängerung).

Erfolgswirksam (GuV)	Vermögenswirksam (Bilanz)	Liquiditätswirksam
Die Aufwands- und Ertragspositionen werden mit ihrem Nettowert in die GuV übertragen.	Aufwands- und Ertragspositionen werden direkt mit der verfügbaren Liquidität verrechnet; entweder über das Bankenkontokorrent (BKK), bzw. können Forderungen oder Verbindlichkeiten zugeordnet werden (mit der Möglichkeit der Einstellung eines Zahlungsziels). Soweit Aufwands- und Ertragspositionen eine Umsatz-/Vorsteuerauswirkung zugeordnet wurden, wird zeitgleich die Forderung aus Vorsteuer bzw. die Verbindlichkeit aus Umsatzsteuer erfasst.	Der Liquiditätsbedarf bzw. -zufluss kann durch Einstellungen der Zahlungsziele in der Bilanzzuordnung auf der Zeitachse abgebildet werden.

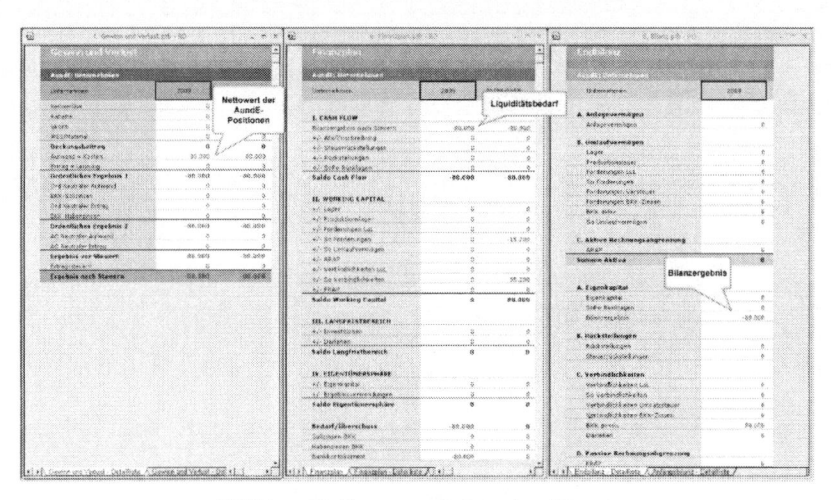

Abbildung 25: Planen von Aufwand und Ertrag

FALLBEISPIEL 3: PLANEN VON INVESTITIONEN UND ABSCHREIBUNGEN (EINSTELLUNGEN ÜBER STRUKTURELEMENT 'INVESTITION')

Wir planen im Mai eine Nettoinvestition in Höhe von € 50.000,-- (zzgl. 19% Umsatzsteuer, die sie ihrem Lieferanten nach 30 Tagen begleichen. Für die Umsatzsteuervoranmeldung besteht eine Dauerfristverlängerung).

Erfolgswirksam (GuV)	Vermögenswirksam (Bilanz)	Liquiditätswirksam
Die Abschreibungen werden für die gesamte Dauer der Abschreibungen als Aufwand in die GuV übertragen.	Investitionen erhöhen das Anlagevermögen. Für die gesamte Dauer der Nutzung verringert die Abschreibung direkt den Bestand des Anlagevermögens. Der Bruttowert der Investition wird als Verbindlichkeit erfasst. Die enthaltene Vorsteuer wird in den Bereich Vorsteuer/ Umsatzsteuer übertragen	Der Zahlungsabfluss wird in Abhängigkeit vom eingestellten Zahlungsziel bei den Verbindlichkeiten als Liquiditätsbedarf im Bereich Langfristbereich/Investition sichtbar. Abschreibungen sind als nicht zahlungswirksame Positionen Bestandteil des Cash Flow.

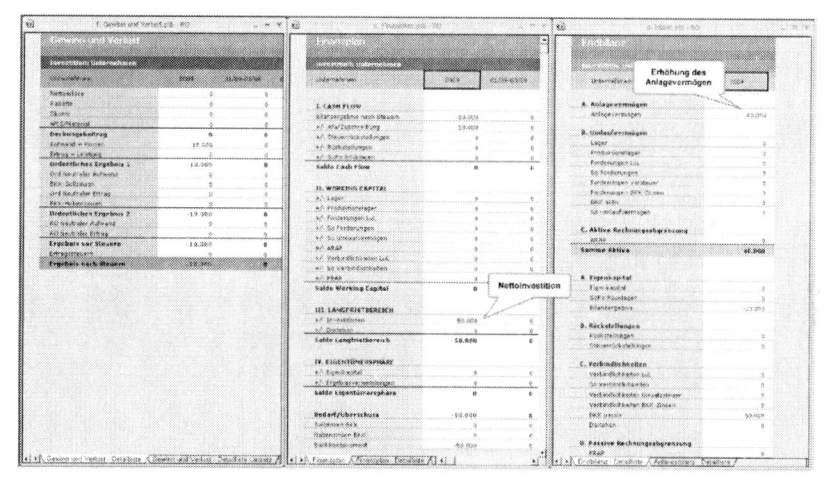

Abbildung 26: Planen von Investitionen

FALLBEISPIEL 4: PLANEN DER DARLEHEN (EINSTELLUNGEN ÜBER STRUKTURELEMENT ´DARLEHEN´)

Wir planen die Aufnahme eines Darlehens in Höhe von € 150.000,--. Das Darlehen wir mit 6% p.a. verzinst. Das Darlehen hat eine Laufzeit von 60 Monaten und wird in 15 gleichen Quartalsraten getilgt.

Erfolgswirksam (GuV)	Vermögenswirksam (Bilanz)	Liquiditätswirksam
Die Zinsen werden für die gesamte Dauer des Darlehens als Aufwand in die GuV übertragen.	Das Darlehen wird (zum Zeitpunkt des Zuflusses) als Darlehensverbindlichkeit erfasst. Für die gesamte Laufzeit des Darlehens werden die Tilgungen direkt mit der Darlehensrestschuld verrechnet.	Der Liquiditätszufluss wird im Langfristbereich ausgewiesen. Die Tilgung wird als Liquiditätsbedarf im Langfristbereich angezeigt.

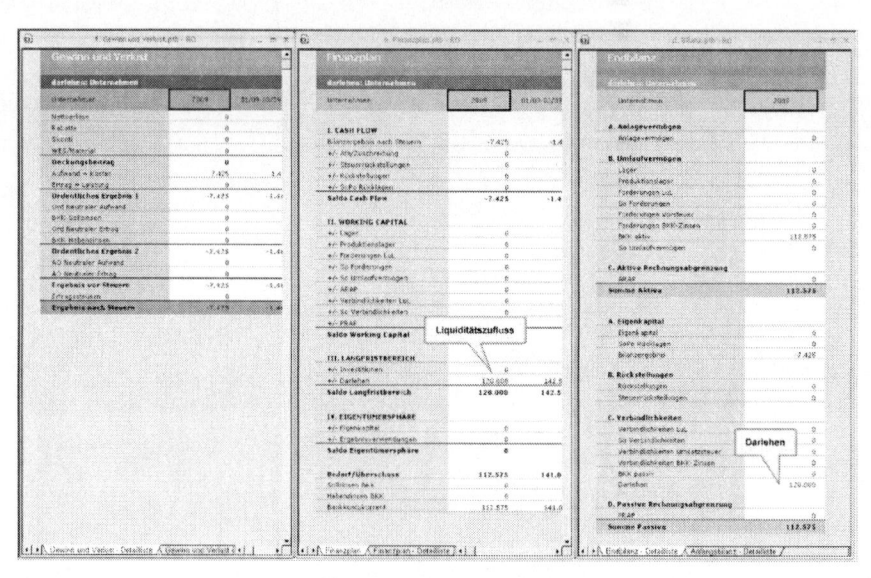

Abbildung 27: Planen von Darlehen

Diese Beispiele zeigen dem betriebswirtschaftlich kundigen Leser exemplarisch, welche betriebswirtschaftlichen Berechnungen von Professional Planner bei vier typischerweise anfallenden Geschäftsvorfällen durchgeführt werden. An so einfachen Beispielen ist das Zusammenspiel zwischen den einzelnen Teilplänen Erfolg, Vermögen (Bilanz) und Liquidität gut nachzuvollziehen.

PROFESSIONAL PLANNER ERFOLGREICH EINFÜHREN

In diesem Buch wollen wir uns nicht allgemein mit der Auswahl von Software in Unternehmen beschäftigen. Dazu finden Sie im Fachhandel sehr gute weiterführende Fachliteratur. Ziel dieses Kapitels ist es, Ihnen aus unserer praktischen Erfahrung einzelne Projektstufen zu beschreiben, die Sie berücksichtigen sollten, wenn Sie sich für die Einführung von Professional Planner in Ihrem Unternehmen entscheiden.

ALLGEMEINE GRÜNDE FÜR EIN EIGENES PROJEKT

WIR BEANTWORTEN IN DIESEM KAPITEL FOLGENDE FRAGEN:

- WARUM SOLLTE DIE EINFÜHRUNG DES PROFESSIONAL PLANNER DURCH EIN PROFESSIONELLES PROJEKTMANAGEMENT UNTERSTÜTZT WERDEN?

Viele Controller arbeiten schon heute mit einer eigenen Controlling-Software. Diese basiert oftmals auf einem Tabellenkalkulationsprogramm wie Excel und benötigt wenig Unterstützung von der EDV-Abteilung oder externen Experten. Durch die freien Gestaltungsmöglichkeiten von Excel ist der Controller weitestgehend unabhängig von anderen Abteilungen oder Lieferanten. Daraus entstehen aber auch schon die ersten Probleme: Der Controller ist oftmals Einzelkämpfer und in Personalunion Software-Programmierer, Software-Nutzer, Testabteilung und Auftraggeber für Updates und Weiterentwicklungen. Mit wachsenden Anforderungen an die Planung, das Berichtswesen oder den betriebswirtschaftlichen Aufgabenstellungen werden dann oftmals auch die Grenzen des selbstentwickelten Tabellenkalkulationsprogrammes erkannt. Viele Anwender sind auf einer Stufe angekommen, bei der Sie merken, dass ein weiterer Fortschritt nur mit neuen, professionelleren Werkzeugen möglich ist.

Der Controller benötigt eine neue technische Basis, um den gestiegenen Anforderungen hinsichtlich Planung, Analyse und Berichtswesens zu erfüllen. Getrieben durch die Anforderungen der Geschäftsführung, durch die Aufgabenstellungen der Investoren oder externer Berichtsempfänger (Banken, Wirtschaftsprüfer) setzen sich viele Controller mit der Einführung eines Management-Informations-System (MIS) auseinander.

Egal woher der Stein des Anstoßes kommt, die kaufmännischen Mitarbeiter stehen nun vor der Aufgabe, zusammen mit anderen Fachabteilungen (wie der IT) eine passende Software auszusuchen und das Projekt zum Erfolg zu führen. Mitarbeiter des Controllings und kaufmännischer Abteilungen haben oftmals wenig Erfahrung mit der Einführung eines entsprechenden Software-Projektes. Nun sind Sie dafür verantwortlich, dass ein Projekt mit einem Umfang von 50.000,-- € bis über 300.000,-- € ein Erfolg wird.

Auch der Softwarehersteller und das sie begleitende Beratungsunternehmen hat ein eigenes Interesse, dass Ihr Projekt ein Erfolg wird. Die Anbieter wissen aus Erfahrung, dass ausschließlich zufriedene Kunden ihre Lösungen weiter empfehlen. Auch rechnen der Software Hersteller und das Beratungsunternehmen bei einem Projekterfolg mit weiteren Aufträgen, wie z. B. Einrichtung einer legalen Konsolidierung oder Analyse der Daten. Dieses Kapitel soll Ihnen die Grundlagen des Projektmanagement, speziell für die Einführung von Professional Planner in Ihrem Unternehmen, vermitteln.

DEFINITION PROJEKT

WIR BEANTWORTEN IN DIESEM KAPITEL FOLGENDE FRAGEN:

- WAS VERSTEHEN WIR UNTER DEM BEGRIFF ´PROJEKT´?
- WAS IST DIE BESONDERE KOMPLEXITÄT EINES PROFESSIONAL PLANNER PROJEKTES?

Ziel dieses Kapitels ist es, Ihnen aus unserer praktischen Erfahrung einzelne Projektstufen zu beschreiben, die Sie berücksichtigen sollten, wenn Sie sich für die Einführung von Professional Planner in Ihrem Unternehmen entscheiden.

Eine allgemeine Analyse - bestehend aus Pflichtenheft, Analyse der Wettbewerber und des Marktes, sowie eines Präsentationszyklus mit anschließendem Show-Case - streifen wir in diesem Buch nur am Rande.

Der Begriff des Projektes ist in unsere Alltagssprache übergegangen. Aus diesem Grund wollen wir hier nur einige für unser IT-Projekt wichtige Detaildefinitionen besprechen. Grundsätzlich kann gesagt werden, dass ein Projekt ein einmaliges Vorhaben auf Zeit bezeichnet. Ob es nun die Einführung einer neue Software ist, wie in diesem Buch beschrieben, die Reorganisation von Soft- und Hardware, das Aufsetzen neuer Release-Stände uvm. Immer handelt es sich um eine Aufgabenstellung, die sich von den iterativen Routinetätigkeiten unterscheiden und eine separate organisatorische Gestaltung benötigen.

Es wurde sogar in einer Deutschen Industrienorm definiert:

ⓘ INFO Projekt

„Vorhaben, das im Wesentlichen durch die Einmaligkeit der Bedingungen in ihrer Gesamtheit gekennzeichnet ist, wie z.B. Zielvorgabe, zeitliche, finanzielle, personelle und andere Begrenzungen; Abgrenzung gegenüber anderen Vorhaben; projektspezifische Organisation."

– DIN 69901 DES DEUTSCHEN INSTITUTS FÜR NORMUNG E.V.

Eine Aufgabenstellung kann und sollte in der Regel als Projekt betrachtet werden, sofern das zu lösende Problem relativ komplex erscheint, der Lösungsweg zunächst unbekannt ist, aber bereits eine Zielrichtung und ein Zeitrahmen vorliegen, und/oder Bereichs-/fachübergreifende Zusammenarbeit erforderlich ist.

Die Komplexität des Problems liegt beispielsweise darin, dass

- es eine Vielzahl von Lösungswegen gibt, deren Erfolg zu Projektbeginn unbekannt ist
- das Ziel bei genauer Analyse widersprüchliche Teilziele enthält (Zielkonflikte)
- die involvierten und zusammen arbeitenden Organisationen oder Instanzen verschiedenen Sachlogiken gehorchen
- die einzelnen Maßnahmen zur Zielerreichung vielfältig ineinander greifen.

Die Einführung des Professional Planner in ihrem Unternehmen beinhaltet zwei unterschiedlich komplexe Aufgabenstellungen:

1. Sie führen eine *Software* in Ihrem Unternehmen ein. Die Integration der Software in Ihre IT-Landschaft muss von der EDV gesteuert und verantwortet werden.
2. Professional Planner beinhaltet eine *betriebswirtschaftliche Komplexität*, in dem es die Erfolgsrechnung ihres Unternehmens, die Liquiditätsseite und die Bilanzrechnung miteinander verknüpft.

Die Besonderheit der Komplexität von Professional Planner Projekten ist z.B. darin begründet, dass mehrere betriebswirtschaftliche Bereiche zusammen arbeiten, die vorher oftmals eigenständig tätig waren. Zu benennen sind hier beispielhaft:

- Geschäftsführung
- kaufmännische Leitung
- Controlling
- Finanzbuchhaltung
- Cash-Management
- Bilanzrechnung
- Gruppencontrolling
- Konsolidierung
- IT-Abteilung
- Und einige mehr

Diese interdisziplinäre Zusammenarbeit der verschiedenen Abteilungen Ihres Unternehmens mit dem Ziel der erfolgreichen Professional Planner Einführung in Ihrem Unternehmen, sind Gründe, warum die Einführung von Professional Planner als ein eigenständiges, professionell geleitetes Projekt definiert werden sollte.

ZIELE UND AUFGABENSTELLUNGEN EINES PROFESSIONAL PLANNER PROJEKTES

WIR BEANTWORTEN IN DIESEM KAPITEL FOLGENDE FRAGEN:

- IN WELCHER AUSGANGSSITUATION BEFINDET SICH IHR UNTERNEHMEN?
- WELCHE ZIELE WERDEN MIT DER EINFÜHRUNG DER CONTROLLINGSOFTWARE IN IHREM UNTERNEHMEN VERBUNDEN?
- WIE KÖNNEN SIE DIE PROJEKTZIELE IN EINE ERFOLGVERSPRECHENDE REIHENFOLGE BRINGEN?

Vor der Definition des Projektzieles sollten Sie sich einige Gedanken über die spezifische Situation ihres Unternehmens machen. Jedes Unternehmen befindet sich in einer eigenen, individuellen Lage. Aus dieser Tatsache ergeben sich oftmals weiterführende Aufgabenstellungen, die für die Projektbetrachtung bedeutend sind. Einige Fragen, die Sie vorab beantworten sollten, sind:

- In welcher Branche befindet sich ihr Unternehmen? (Dienstleistung, Handel, Produktion)
- In welcher Situation befindet sich ihr Unternehmen? (Konsolidierungsphase, Expansion)
- Welche Größe hat Ihre Unternehmen? (klein, mittel, groß)
- Wie ist die Eigentümersituation? (inhabergeführt oder börsennotiert)
- Welche Systeme setzt Ihr Unternehmen heute schon ein? (FIBU, ERP, Data-Warehouse)
- Welches Zahlen und Datenmaterial stellt Ihr Vorsystem zur Verfügung?
- Welche Anforderungen werden Ihnen von internen und externen Abteilungen aufgetragen? (z.B. internes versus externes Berichtswesen)

Der Erwerb einer Software, in unserem Fall Professional Planner, geschieht selten zum Selbstzweck, sondern ist meist mit dem Erreichen bestimmter Ziele verbunden. Die Software soll definierte Leistungspakete schneller oder effizienter gestalten bzw. qualitativ verbessern. Im konkreten Fall können die Ziele des Projektes heißen:

- Aufbau eines Management-Informations-System für die Geschäftsführung
- Verkürzen des Planungszyklus ihres Unternehmens
- Gestalten eines zeitnahen Berichtswesen
- Verbesserung der Berichts- und Analysequalität im Unternehmen
- Steigerung der Datenqualität durch eine integrierte Erfolgs- und Liquiditätsrechnung

- Einsetzen einer standardisierten Software und damit Unabhängigkeit von einzelnen Entwicklern
- Automatische Datenübernahme der Istdaten aus Vorsystemen
- Möglichkeiten der Varianten und Simulationsrechnungen
- Und einige mehr...

Neben dem Definieren der allgemeinen Projektziele ist es wichtig, diese durch Detailinformationen zu konkretisieren. Vor allem die qualitativen Faktoren, wie z. B. Bedienungskomfort und Akzeptanz der Software bei den Usern, sind in der täglichen Praxis Faktoren, die über den Erfolg oder Misserfolg eines Projektes wesentlich entscheiden.

Folgende Detailanforderungen zur Einführung des Professional Planner hören wir oft in unserer täglichen Praxis:

- Die Softwarelösung soll für den Benutzer schnell zu erlernen sein und über eine einfache Bedienung verfügen
- Der Anwender will vorhandenes (Excel-) Wissen weiter nutzen können
- Der Software-Anbieter soll Branchen-Know-how vorweisen können
- Mittelfristig sollen Mitarbeiter Ihres Unternehmens die Software selbst bedienen
- Die gesamten Total Costs of Ownership sollen ein vorgegebenes Budget nicht überschreiten (Budgetrestriktion)
- Die Einführungszeit soll eine bestimmte Zeitspanne nicht überschreiten (Zeitrestriktion)
- Weitere, eigene Ziele

Diese Ziele und Detailaufgaben sollten mit Unterstützung eines ausgebildeten Beraters in einem Workshop analysiert werden. Die Analyse, Definition und Gewichtung der Ziele ist Aufgabe eines Analyseworkshops. Der Analyseworkshop hat bei WINTERHELLER Software den internen Projektnamen ´Projekt-Design-Tag´ (PDT).

Ein Projekt-Design-Tag wird in der Regel von einem externen Berater organisiert und moderiert. Der Berater kennt die Möglichkeiten des Professional Planner, nimmt ihre Anforderungen in einem detaillierten Projektplan auf und stellt Ihre Ziele und die Möglichkeiten der Software in einem logischen Zusammenhang gegenüber.

 Aus unserer Erfahrung ist es dabei hilfreich, neben der qualitativen Einordnung der Ziele auch eine chronologische Einordnung vorzunehmen. Dazu bietet es sich an, Ihre Anforderungen und Ziele zu klassifizieren und in eine Reihenfolge zu setzen.

Diese Projektinhalte der einzelnen Projektstufen werden im Auswahlworkshop definiert. Doch dazu im Kapitel ´Vorgehen in PP-Projekten´ mehr.

WAS VERSTEHT MAN UNTER PROJEKTMANAGEMENT

WIR BEANTWORTEN IN DIESEM KAPITEL FOLGENDE FRAGEN:
- WELCHE DREI BESTIMMUNGSGRÖSSEN BEEINFLUSSEN IHR PROJEKT?
- WELCHE AUFGABEN HAT DER PROJEKTMANAGER DES PP-PROJEKTES?

Die Größe eines Projektes wird von durch drei Bestimmungsgrößen, die miteinander in Beziehung stehen, bestimmt:

- Die Qualität des Projektes (Projektziele)
- Die zeitliche Limitierung der Projektdurchführung (Zeit)
- Die zur Verfügung stehenden Ressourcen (interne Kapazitäten, externe Kapazitäten, Budget)

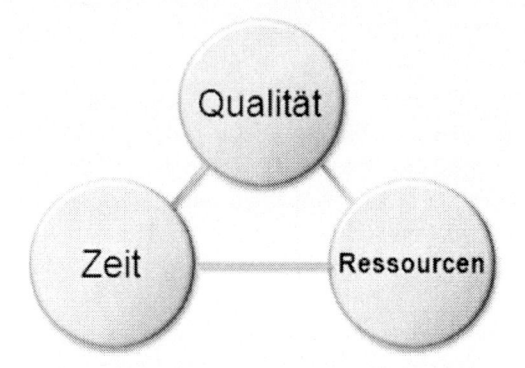

Abbildung 28: Bestimmungsgrößen eines Projektes

Man spricht dabei vom ´magischen Dreieck´. Jede einzelne Komponente beeinflusst die beiden anderen Erfolgsfaktoren. Die Veränderung der einen Größe beeinflusst die anderen Größen. Wir nennen hier einige Beispiele:

- Sie wollen eine konzernweite dezentrale Planung mit dem Planner umsetzen, haben aber nur ein Budget für ein integriertes Erfolgsmodell (Definition des Faktors Qualität, Begrenzung des Faktors Budget)
- Sie müssen in sechs Wochen ein Budget abgeben. Die Kapazitäten orientieren sich daran. (Begrenzung des Faktors Zeit)
- Sie haben wenig persönliche Kapazitäten, da Ihre Projektmitarbeiter in anderen Projekten stark integriert sind, sollen aber schnellstens ein Management-Informations-System aufbauen (Begrenzung des Faktors Ressourcen)

Als Projektleiter ist es nun Ihre Aufgabe das Projekt zu managen. Managen ist auch ein Begriff, der in unserer Alltagssprache eingezogen ist. Der Management-Begriff ist meistens aufgaben- und prozessorientiert und daher in vier Phasen sehr gut ein teilbar:

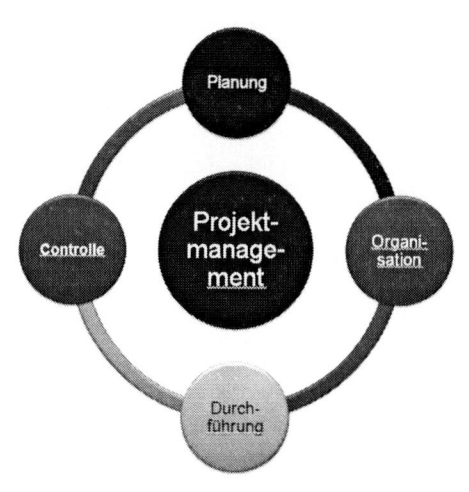

Abbildung 29: Vier Phasen des Projektmanagement

Ein Projektmanager muss daher alle Phasen organisieren und kontrollieren. Das Ziel des Projektmanagers ist es, alle Beteiligten zufrieden ans Ziel zu bringen und das Projekt erfolgreich zu führen.

Doch wie definiert man ´Erfolg´ in Professional Planner Projekten?

DEFINIEREN VON PROJEKTERFOLGSFAKTOREN FÜR PP-PROJEKTE

WIR BEANTWORTEN IN DIESEM KAPITEL FOLGENDE FRAGEN:

- WELCHE ZIELE UND ERFOLGSFAKTOREN WERDEN MIT DER EINFÜHRUNG DES PROFESSIONAL PLANNER VON VIELEN UNTERNEHMEN VERFOLGT?
- KANN MAN DEN ERFOLG EINES PROFESSIONAL PLANNER PROJEKTES MESSEN?
- WELCHE ZEHN ERFOLGSFAKTOREN SIND FÜR EIN PROFESSIONAL PLANNER PROJEKT ENTSCHEIDEND?

„Ein Projekt ist dann erfolgreich, wenn alle vom Auftraggeber gesetzten Projektziele vollständig erreicht wurden". So beschreiben es Wieczorrek und Mertens in Ihrem Buch. Leider erleben wir in der Praxis, dass diese idealistische Ansicht nicht immer durchgehalten wird. Dafür gibt es viele Gründe und Ursachen. Doch dazu später mehr.

Betrachten wir zuerst einmal die Erfolgsfaktoren, die bei Professional Planner Projekten am meisten genannt werden. Da gibt es zwei Unterscheidungen´:

- **Quantitative Erfolgsfaktoren von PP-Projekten**
  Die Investition in Professional Planner müssen sich für das Unternehmen rechnen. Das entsteht oftmals durch Zeitersparnis (z.B. Beschleunigung des Reporting durch automatische Reporterstellung oder Zeitersparnis bei der Datenübernahme durch den automatisierten Datenimport). Hier besteht in der Praxis aber das Problem, dass es keine oder wenig Vergleichsfaktoren gibt, sprich, dass keiner die Zeit aufgeschrieben hat, die vor der Einführung von Professional Planner für bestimmte Aufgaben benötigt wurde.
- **Qualitative Faktoren**
  Durch den Einsatz von Professional Planner werden bestimmte Aufgaben oftmals qualitativ besser gemacht als vorher. Dabei müssen wir zwei Bereiche unterscheiden:
  - Bestehende Qualitäten verbessern: als Beispiel dient die Reduzierung von Formelfehlern durch eine fertige betriebswirtschaftliche Intelligenz, welche in selbst erarbeiteten Excel-Tabellen häufig anzutreffen sind.
  - Neue Qualitäten: Als Beispiel kann die integrierte Erfolgs- und Finanzplanung genannt werden, die erst mit der Einführung von Professional Planner zur Verfügung steht.

In der Praxis ist es oftmals schwer festzustellen, ob der Nutzen (Ertrag) eines Projektes die eingesetzten Mittel (Investitionen) übersteigen, da keine Vergleichswerte vorliegen.

In einer Studie der Standish Group werden zehn Erfolgsfaktoren definiert, die zum Erreichen der Projektziele beitragen. Wir haben diese Erfolgsfaktoren unter Berücksichtigung der Einführung des Proffessional Planner einmal definiert:

1. **Top-Management Engagement**

Je größer und komplexer ein Projekt ist, desto bedeutender ist der Teilnahme des Managements für den Projekterfolg. Dies gilt auch für die Einführung einer Controlling-Software. Das Top-Management sollte sich nicht nur für das Projekt interessieren, sondern dies auch durch aktive Unterstützung und Anwesenheit zeigen. Es wirkt motivierend auf die Projektmitglieder und bindet das Projekt in die Unternehmensstrategie und deren Visionen ein. Nur so können frühzeitig Korrekturen an den Projektzielen vorgenommen werden.
In der Praxis erleben wir leider immer wieder, dass das Top-Management sich zwar über das Projekt intern berichten lässt, aber weder Verkäufer noch Projektleiter persönlich kennen. Aus unserer Erfahrung sind PP-Projekte dann erfolgreicher, wenn das Top-Management sehr früh, am besten schon in der Auswahlphase, eingebunden wird.

2. Nutzer-Einbeziehung

Für das Professional Planer Projekt bedeutet das: Nur wenn Sie die Nutzer von der Software überzeugen, wenn ihre Ideen eingebracht werden, wenn die User frühzeitig an der Verwirklichung mitarbeiten konnten, ist der langfristige Erfolg des Projektes sicherzustellen. Wenn die Projektergebnisse nicht den Erwartungen der Anwender entsprechen, wird das Projekt scheitern, weil es nicht angenommen wird.

3. Erfahrene Projektleitung

Für den Projekterfolg ist die richtige Projektleitung ein wesentliches Kriterium. Hier spielt auf der einen Seite eine Fach- und Methodenkompetenz eine große Rolle, aber auch eine Identifikation mit der Aufgabe, Erfahrungen mit anderen IT-Projekten und Führungsqualitäten, um das Projekt auch durch schweres Fahrwasser zu leiten. Von daher sollte er als Motivator geeignet sein, situativ führen und Konflikte lösen können.

4. Unternehmensstrategie

Die Unternehmensstrategie wird in PP-Projekten oftmals zu wenig beachtet. Lieber beschäftigt man sich der sechsten Umlage als die Frage zu beantworten, WOFÜR das Unternehmen Professional Planner eigentlich benötigt.

Ein Beispiel: Wenn die Geschäftsführung beschließt, die Kostenführerschaft in der Branche zu übernehmen, sollte Professional Planner so aufgebaut werden, dass es leicht möglich ist, die Kosten transparent auszuwerten und über Plan-Ist-Vergleiche zu steuern.

Dieser Punkt korreliert sehr stark mit dem ersten Erfolgsfaktor: Engagement des Managements, welche die Unternehmensstrategie erläutern und einbringen kann.

5. Überschaubare Projektgröße

Die Einhaltung der zeitlichen Vorgaben und des Budgets sind die schwierigsten Aufgaben eines Projektmanagements. Oftmals werden in einer sehr frühen Phase diese beiden Größen schon festgeschrieben. Die Aufwände späterer Projektphasen sind in dieser Phase noch gar nicht definiert. Aus diesem Grund empfehlen wir bei der Umsetzung eines Controlling-Projektes immer Zwischenstufen und Meilensteine einzuplanen, die schnell erreicht werden können und leicht zu überprüfen sind.

6. Standardisierte Software-Infrastruktur

Dieser Punkt spricht uns sehr aus dem Herzen. ´Wieczorek und Mertens´ machen in Ihrem Buch ´Management von IT-Projekten´ deutlich, dass es für IT-Projekte „entscheidend ist, dass die Systemanforderungen auf Basis einer funktionsfähigen standardisierten Software-Infrastruktur umgesetzt werden." (Wieczorek; Mertens, 2007). Die Software muss sich in die bestehende Software-IT-Landschaft integrieren.

WINTERHELLER Software geht daher den Weg der Microsoft Partnerschaft mit einer offenen, meist bekannten Datenbanktechnologie (Microsoft SQL Server oder Oracle).

7. Anforderungsmanagement

Der Erfolg eines Projektes hängt auch damit zusammen, inwieweit die Projektanforderungen erfüllt werden. Das hört sich leichter an, als es in der Praxis wirklich ist. Oftmals erleben wir in unseren Projekten, dass die Projektanforderungen und Ziele im Projektverlauf noch einmal geändert werden und dann überarbeitet werden müssen (Rework). Sehr häufig wird bei einem erfolgreichen Projekt der Projektumfang schleichend erweitert, wodurch bestehende Planungen überholt sind (Scope Creep).

Aus unserer Erfahrung bedarf es eines eindeutigen Auftrages, einer klaren Projektleitung und einer Transparenz, welche Projektleistungen für die gesetzten Ziele aufgewandt wurden, und welche aufgrund geänderter Anforderungen neu hinzu gekommen sind.

8. Standardisierter Projektverlauf

Sowohl innerhalb eines Unternehmens, aber auch bei Anbietern von Software-Implementierungen sollte es einen klaren und standardisierten Projektverlauf geben, der unabhängig von den Rahmenbedingungen erfolgreich eingeführt wird. Die Durchführung einzelner Projetkaufgaben, sollte anhand von einheitlicher und verbindlicher Vorgaben vonstatten gehen.

Ein guter Projektstandard zeigt sich auch durch seine Flexibilität aus, sich den gegeben Anforderungen anzupassen. Trotzdem stellt man immer wieder fest, dass 80% eines Professional Planner Projektes standardisierte Aufgaben sind, die eingehalten werden müssen.

9. Zuverlässige Aufwandschätzung

Um ein ordentliche Projektbudget zu kalkulieren, muss auch der erwartete Projektaufwand im Vorfeld seriös kalkuliert werden. Die Durchführung einer Aufwandschätzung erfolgt im Laufe eines IT-Projektes mehrmals mit unterschiedlichen Detaillierungsgraden. Um einen groben ersten Überblick zu erhalten dient der Analyse-Workshop, der bei größeren Projekten grundsätzlich vor dem Erwerb der Software durchgeführt werden sollte. Es sollte aber allen klar sein, dass dies allerhöchstens Schätzungen sein können, die auf Erfahrungswerten mit vergleichbaren Projekten basieren. Je detaillierter die Projektziele und Aufgaben definiert werden, desto genauer kann der Projektleiter den Projektumfang schätzen. Es gilt die Regel: Je früher im Projektverlauf geschätzt wird, desto ungenauer ist das geschätzte Projektvolumen, je später, desto genauer kann der Projektumfang geschätzt werden.

10. **Weitere Erfolgsfaktoren**

Neben den genannten, gibt es weitere Faktoren, die den Erfolg eines Projektes ausmachen. Die Einarbeitung von Meilensteinen, die Absprachen und Zusammenarbeit der einzelnen Abteilungen, die regelmäßige Projektdokumentation, aber auch Vertrauen in die Projektmitarbeit und des Projektleiter sind entscheiden für den Projekterfolg. Alles das erleben wir immer auch bei der Einführung von Professional Planner.

Zusammengefasst kann man sagen, dass ein Professional Planner Projekt in weiten Teilen auch von der Professionalität des Projektmanagements abhängig ist. In der Praxis steht im Focus oftmals die technischen Anforderungen der Software, was sie leistet und erfüllt. In der Praxis wird deutlich, dass das Projektmanagement mindestens die gleiche Bedeutung am Projekterfolg hat.

INSTRUMENTE EINES PROFESSIONAL PLANNER-PROJEKTES

WIR BEANTWORTEN IN DIESEM KAPITEL FOLGENDE FRAGEN:

- AUS WELCHEN ABTEILUNGEN (PERSONEN) BESTEHT EIN PP-PROJEKTTEAM?
- WELCHE SPEZIFISCHEN AUFGABEN HAT DER AUFTRAGGEBER EINES PP-PROJEKTES, DER PROJEKTLEITER UND DAS PROJEKTTEAM?
- WELCHE AUFGABEN HAT DER LENKUNGSAUSSCHUSS IM PP-PROJEKT?
- AUS WIE VIELEN MITGLIEDERN BESTEHT DIE OPTIMALE PROJEKTGRÖSSE?

In unserer langjährigen Erfahrung haben wie immer wieder festgestellt, dass die Zielerreichung von Professional Planner-Projekten entscheidend von der Akzeptanz des Projektes im Unternehmen, der Führung durch klare Vorgaben und deren Kontrolle geprägt sind.

Da viele Professional Planner Anwender aus dem kaufmännischen Bereich kommen und mit der Einführung einer Controlling-Software erstmals ein IT-Projekt aufsetzen bzw. verantworten müssen, widmen wir in diesem Buch einige Seiten dem optimalen Management von IT-Projekten. Dabei sind vorab einige Projektrollen zu definieren.

Projektrollen
Projektauftraggeber (PAG)
Projektentscheider

Projektleiter / Projektmanager (PL, PM)
Teilprojektleiter (TPL)
Projektmitarbeiter
Steering Committee / Projektlenkungsausschuss (PLA)

Abbildung 30: Rollen in einem Projekt

AUFTRAGGEBER

Der Auftraggeber ist für die Beauftragung des IT-Projektes verantwortlich. Damit hat er die ihm zugehörigen Rechte, aber auch Pflichten. Auftraggeber sind ist in den meisten Fällen die Geschäftsführung/Vorstand eines Unternehmens. Damit ist der Auftraggeber verschieden mit dem Projektleiter, der ihm meist weisungsgebunden ist. Um ein erfolgreiches Professional Planner Projekt sicherzustellen, kann der Auftraggeber folgendes beisteuern:

- Abstimmung des Projektauftrags mit dem IT-Abteilung und dem zukünftigen Lenkungsausschuss
- Sicherstellung, dass die Projektziele im Einklang mit den generellen Unternehmenszielen und Leitlinien befindet.
- Sicherstellung, das der von ihm bestellte Projektleiter den Auftrag richtig verstanden hat und im Sinne des Unternehmens umsetzt.
- Sicherstellung der Bedeutung des Projektes für das Unternehmen im Management und Betrieb.
- Die Koordination der Projektvorbereitung
- Bereitstellung des Projektbudgets
- Unterstützung bei der Wahl der Projektorganisationsform
- Unterstützung bei Problemen und Konflikten
- Überwachung des Projektstatus
- Kontrolle und Abnahme des Projektes entsprechende der Beauftragung
- Entlastung des Projektleiters nach Abschluss des Projektes
- Entwicklung von neuen Visionen und Aufgaben und damit weiteren Projektschritten

Wir erleben in der Praxis leider immer wieder, dass das Management die Investitionshöhe beurteilt, sich aber nicht aktiv am Projekt beteiligt. Aus unserer Erfahrung kann das, gerade wenn es zu Problemen und Spannungen kommt, von Nachteil für den Projekterfolg sein.

Im extremen Fall hat der Auftraggeber das Recht, den Projektleiter bei Nichterreichung der Ziele auszutauschen. Von daher sollte er frühestmöglich über den Projekterfolg informiert werden.

PROJEKTLEITUNG

Der Projektleiter übernimmt für die Dauer des Projektes die Leitungsfunktion. Er berichtet dem Auftraggeber (Management) und dem IT-Lenkungsausschuss.

Der Projektleiter hat sowohl eine disziplinarische Weisungsbefugnis, als auch eine fachliche Zuordnung. Disziplinarisch ist ein Projektleiter weiterhin seinem direkten Vorgesetzten in der Linienorganisation unterstellt. Fachlich ist er allerdings dem Auftraggeber des Projektes, bzw. dem IT-Lenkungsausschuss unterstellt.

Die Projektleitung von PP-Projekten übernimmt oftmals die kaufmännische Abteilung. Damit haben sie zwei Aufgaben zu erfüllen:

- Sie müssen die Integration einer neuen Software in das Unternehmen sicherstellen
- Sie haben als Aufgabe die betriebswirtschaftliche Definition des Projektes.

Hier ist es enorm wichtig, dass ein Projektleiter vom Auftraggeber definiert wird, der sowohl über technisches Verständnis als auch über betriebswirtschaftliches Fach-Knowhow verfügt. Eine gute Reputation bei der Geschäftsführung krönen die Fähigkeiten dann ab. Die Aufgaben eines Projektleiters für PP-Projekte sind:

- Fach- und Termingerechte Abwicklung der Projektschritte im Sinne der Projektziele
- Kalkulation und Kontrolle des genehmigten Budgets
- Definition des Projektumfanges, der Meilensteine und der Projektziele
- Planung, Kontrolle und Steuerung der einzelnen Projektstufen
- Fachliche/betriebswirtschaftliche Führung der Projektmitarbeiter
- Laufende Information des Auftraggeber und des IT-Lenkungsausschuss
- Schaffung der Voraussetzungen für die Projektdurchführung
- Feststellung des Projektabschlusses
- Projektmarketing, dass heißt Betroffene zu Beteiligten machen und für das eigene Projekt im Unternehmen zu werben

Aus unserer Erfahrung kommt der Auswahl des Projektleiters eine Schlüsselrolle zu. Neben den Fachkompetenzen, die bei der Einführung von Professional Planner sicher in der betriebswirtschaftlichen Aufgabenstellung liegen, sind weiche Faktoren wie Motivations-, Kommunikationsfähigkeit und strukturiertes Vorgehen die wesentlichen Kernkompetenzen eines PP-Projektleiters. EDV-Kenntnisse haben dabei aber auch noch nie geschadet.

PROJEKTMITGLIEDER

Ein Projekt besteht nicht nur aus dem Projektleiter und dem externen Berater. Auf beiden Seiten, (intern wie extern) kommen viele Spezialisten zum Einsatz, die für den Gesamtprojekterfolg entscheidend sein können.

Projektmitglieder eines PP-Projektes kommen zumeist aus folgenden Abteilungen:

- Kaufmännisch, wie Controlling, Rechnungswesen, Finanzbuchhaltung
- EDV, wie IT und Datenbankadministratoren
- Vertrieb und Kostenstellenleitung, bei dezentraler Plandatenerfassung und Reporting

Es ist wichtig, alle Bereiche, welche durch die Einführung von Professional Planner tangiert werden, im Projektteam zu berücksichtigen. Aus unserer Erfahrung ist es für die Einführung des Professional Planner hilfreich, zum Start alle Projektmitglieder über den Inhalt, die Ziele und den Umfang des Projektes zu informieren. Ein informierter Projektmitarbeiter ist meistens motivierter und engagierter bei der Sache und wird dem Projektleiter mit seinem Know-how zur Verfügung stehen.

Projektmitglieder	Auftraggeber							Auftragnehmer						
	Geschäftsführer	kfm. Leiter	Konzerncontroller	Controller	IT/EDV	Vertriebsleitung	weitere	Geschäftsführer	Projektleiter	Projektmitarbeiter	Verkäufer	Entwicklung	Support	Weitere
Projektrollen														
Projektauftraggeber	x							x						
Projektentscheider,		x												
Projektleiter / Projektmanager		x							x					
Teilprojektleiter		x	x							x				
Projektmitarbeiter			x	x							x			
Projektunterstützung													x	
Steering Committee / Projektlenkungsausschuss	x	x		x				(x)	x					

Abbildung 31: Übersicht der Projektteilnehmer

Wir wollen nun genau definieren, welche Mitarbeiter Sie bei einem Professional Planner Projekt einplanen und integrieren sollten. Dies wird am besten durch die untenstehende Grafik deutlich.

Wir beschreiben an dieser Stelle die Aufgaben und Funktionen der einzelnen Projektteilnehmer:

	Projektrollen	Aufgaben
Kunde / Auftraggeber	Geschäftsführung	Die Geschäftsführung beauftragt das Projekt. Von daher ist es wichtig, die Geschäftsführung frühzeitig in das Projekt einzubeziehen, die Anforderungen aufzunehmen und regelmäßig zu reporten. Die zuständige Geschäftsführung sollte beim Projekt-Design-Tag dabei sein. Sie ist selbstverständlich Mitglied des Lenkungsausschuss.
	kfm. Leiter	Der kaufmännische Leiter leitet meist das Professional Planner Projekt. Die kaufmännische Leitung ist das Bindeglied zwischen Geschäftsführung und Fachabteilungen. Das heißt, er organisiert die internen Ressourcen, definiert die Inhalte und kontrolliert den Projektfortschritt. Er ist für die Zielerreichung zuständig und reportet der Geschäftsführung. Mitglied des Lenkungsausschuss.
	Controller	Der Controller arbeitet meist mit der Software und ist daher an der operativen Umsetzung intensiv beteiligt. Sollte frühzeitig (am besten schon bei der Auswahl der Software) beteiligt werden, damit er die Entscheidung mitträgt. Er wird später am intensivsten mit dem Produkt arbeiten.
	IT/EDV	Die IT sollte frühzeitig, am besten noch vor dem Projektstart, über die Absicht der Software-Implementierung informiert werden. So kann die EDV-Abteilung ihre Anforderungen zeitig definieren. Die IT interessiert sich für folgende Fragestellungen: Passt Professional Planner in unsere IT-Strategie? Auf welcher Technologie baut Professional Planner auf? Welche Hardware-Anforderungen müssen erfüllt werden? Wie funktioniert der Datentransfer (Datenimport)?
	Vertriebsleitung	Typisches Beispiel für Teilprojekte. Zum Beispiel Vertriebsplanung. Nur einzuplanen bei der Umsetzung dieses Teilprojektes.
Auftragnehmer / Software-Lieferant, Beratungsunternehmen	Geschäftsführer	Wird selten im Projektmanagement benötigt. Erst bei sehr großen Projekten sollten Sie die Geschäftsführung des Anbieters zum Kick-off einladen. Kann dafür Sorge tragen, dass die benötigten Kapazitäten pünktlich zur Verfügung stehen.
	Projektleiter	Ihr Ansprechpartner hinsichtlich der Projektumsetzung. Organisiert die benötigten Ressourcen, definiert die Inhalte und kontrolliert den Projektfortschritt. Er ist für die Zielerreichung zuständig. Mitglied des Lenkungsausschuss.
	Projektmitarbeiter	Er übernimmt einfache Aufgaben, wie Schulungen.

Spezialist	Kommt nur punktuell zum Einsatz. Übernimmt Spezialaufgaben innerhalb des Projektes. Wird vom Projektleiter angefordert.
Verkäufer	Ihr wichtigster Ansprechpartner vor dem Projektstart. Ein guter Verkäufer ist immer Schnittstelle zwischen dem Auftraggeber und den internen Spezialisten. Er stellt Ihnen die Software vor und berät Sie hinsichtlich eines erfolgreichen Projektstarts. Auch nach dem Kontakt steht er Ihnen als Kontakt zur Verfügung. Sollte Mitglied im Lenkungsausschuss sein.
Support	Der Support, insbesondere die Hotline ist ihre Verbindung zum Hersteller. Sie beantwortet Ihre Fragen, hilft ihnen bei Funktionsstörungen, Unregelmäßigkeiten oder allen anderen Problemen mit der Software. Achtung: Die Hotline ersetzt ihnen keine Beratung. Dafür ist sie nicht ausgebildet. Sie beantwortet Ihnen alle Fragen zur Software, aber keine zum Projekt.

Abbildung 32: Aufgabe der Projektmitglieder

Professional Planner Projekte können auch aus mehreren Produkten der Professional Planner World bestehen (zusätzlich zu den bekannten Funktionalitäten des Professional Planner auch legale Konsolidierung und multidimensionales Analysieren und Reporten). Danach richtet sich auch der Umfang Ihrer Projektteilnehmer. In Projekten mit einem Produkt der Professional Planner World und einer Einzelplatzinstallation kann ein Projekt im Minimalfall von einem einzigen Mitarbeiter durchgeführt werden. Bei größeren Netzwerkinstallationen und mehreren Produkten ist häufig ein ganzes Projektteam erforderlich, in dem jedes Teammitglied über bestimmte spezielle Kenntnisse verfügt.

Optimale Teamgröße

Die optimale Größe eines Projektteams ist selbstverständlich immer Fallweise zu beurteilen und hängt grundsätzlich von der Aufgabenstellung und der Fachkompetenzen der Projektmitarbeiter ab. Trotzdem hat sich eine Teamgröße von drei bis fünf Mitgliedern als optimal herausgestellt. (Grupp, 2001) Diese können selbstverständlich wieder drei bis fünf Projektmitglieder führen. Durch diese ´überschaubare´ Teamgröße sind die Kommunikationswege und Koordinationsaufgaben sehr gering und damit effektiv zu steuern.

LENKUNGSAUSSCHUSS

In jedem Fachbuch zum Thema IT-Projektleitung findet man den Lenkungsausschuss. Es ist das organisationsübergreifende und projektbegleitende Medium, welches alle Teilprojekte plant, steuert und kontrolliert.

In der Praxis sind die Projekte, in denen ein Lenkungsausschuss installiert wird, aber die Minderheit. Vor allem, wenn das IT-Projekt gut startet, wird aus Zeit- und Kapazitätsgründen schnell auf den Lenkungsausschuss verzichtet. Eskaliert das Projekt oder laufen Teilbereiche nicht optimal, gibt es dann kein Gremium welches übergreifend Entscheidungen treffen kann, um das Projekt schnell wieder zu stabilisieren. Von daher richten auch wir an dieser Stelle einen Appell an die Einrichtung eines Lenkungsausschuss.

Der IT-Lenkungsausschuss setzt sich unter der Führung des zuständigen Mitglieds der Geschäftsführung zusammen. Neben der Geschäftsführung nehmen alle wesentlichen Führungskräfte der vom Projekt beteiligten Abteilungen teil (bei PP-Projekten zumeist die kaufmännische Leitung, Leitung Controlling und Buchhaltung, EDV, Vertrieb u.e.m.)

Der IT-Lenkungsausschuss sollte in einem dreimonatigen Abstand tagen. Neben einem Rückblick, welche Projektstufen, erfolgreich umgesetzt wurden, werden kritische Phasen angesprochen, Engpässe bestimmt (z.B. Kapazitäten durch Urlaubsplanung), nächste Schritte und Arbeitspakete verabschiedet.

Der Lenkungsausschuss verfasst Beschlüsse, wie das Projekt gesteuert wird, welche Zeiträume dafür zur Verfügung stehen und welches Budget. Seine Beschlüsse sind für alle Projektmitglieder bindend.

Aus unserer Erfahrung ist es hilfreich, wenn alle Mitglieder des IT-Lenkungsausschuss vor dem Treffen über den Projektstand und den anstehenden Entscheidungen informiert werden, wodurch sich die Effektivität des Ausschusses erhöht. Alle Beteiligte wissen, welche Tagesordnungspunkte und Entscheidungen sie erwarten.

AUSWAHL DES RICHTIGEN VERTRIEBSWEGES UND BERATUNGSPARTNERS

WIR BEANTWORTEN IN DIESEM KAPITEL FOLGENDE FRAGEN:

- IN WELCHEN SITUATIONEN SOLLTEN SIE AUF EXTERNE KRÄFTE ZURÜCKGREIFEN?
- WIE FINDEN SIE DIE FÜR IHR PROJEKT PASSENDE EXTERNE BETREUUNG?

Es gibt mehrere Möglichkeiten, Professional Planner käuflich zu erwerben oder projektbegleitende Beratung einzukaufen. Neben eigenen Niederlassungen der WINTERHELLER Software gibt es auch viele erfolgreiche und erfahrene Vertriebspartner. In diesem Kapitel wollen wir Ihnen Kriterien für die Auswahl des für Sie geeigneten Vertriebsweges oder Beratungspartners näher bringen.

BEAUFTRAGUNG VON EXTERNEN KRÄFTEN

Der Erfolg eines Projektes ist immer auch abhängig vom richtigen externen Berater. Was der richtige Berater ist, hängt natürlich sehr stark vom Umfang und Aufgabenstellung Ihres

Projektes ab. Von daher beschäftigen wir uns hier mit der Frage, wie Sie die richtige fachmännische Unterstützung für ihr Projekt finden.

Externe fachmännische Unterstützung für ihr Projekt erhalten Sie beim Hersteller WINTERHELLER Software, als auch bei vielen qualifizierten und zertifizierten Beratungspartnern. Die Zusammenarbeit mit Partnern können mehrere Ursachen haben. Oftmals bringen die Beratungshäuser erweiterte Kenntnisse mit, die sie als projektbegleitendes Unternehmen sehr attraktiv machen. Als Beispiele können genannt werden:

- Spezielle Branchenkenntnisse (und deren technische Lösung)
- Fachkenntnisse über die Vorsysteme (SAP, Microsoft Dynamics NAV/Navision, DATEV)
- Eigene Software-Applikationen auf Basis der Professional Planner-Technologie (zum Beispiel Manager zur Handhabung großer Konzernstrukturen)
- Projekterfahrung (Spezialisiert auf den Mittelstand oder Konzernerfahrung)
- Service-Funktionen (Unterstützung bei begleitenden Aufgaben rund um das Projekt (z.B. Vereinheitlichung von Kontenrahmen, Begleitung bei Planungsprozessen)
- Modernes Projektmanagement und Projektdokumentation

Grundsätzlich gilt, dass die Partner von WINTERHELLER Software zertifiziert sein sollten oder sich im Prozess der Zertifizierung befinden. Dies ist ein Qualitätsmerkmal, dass WINTERHELLER Software seinen Kunden zur Verfügung stellt. Eine Liste der aktuell zertifizierten Partnerunternehmen erhalten Sie bei WINTERHELLER Software. Alternativ können Sie sich von dem für Sie zuständigen Vertriebsmitarbeiter einen oder mehrere Partner empfehlen lassen, die für Ihr Unternehmen und Projekt besonders geeignet sind.

INTERNATIONALER VERTRIEB VON PROFESSIONAL PLANNER

Europaweit ist WINTERHELLER derzeit über Vertriebspartnerschaften vertreten. Daher ist es auch üblich, dass die aktuellen Versionen in verschiedenen Sprachen angeboten werden. WINTERHELLER Software bietet aber auch die BCL, die Standard-Berichte und das Handbuch in folgenden Sprachen an:

- Deutsch
- Englisch
- Schwedisch

DIREKTVERTRIEBSWEG HERSTELLER

Eigene Niederlassungen der WINTERHELLER Software finden Sie in Österreich, Deutschland, Schweiz und Schweden. Die Niederlassungen sind derzeit in

- Österreich: Wien
- Deutschland: München, Stuttgart, Düsseldorf, Berlin und Hamburg
- Schweden: Stockholm

Wenn Sie wissen, welche Software Sie benötigen, ist der direkte Vertriebsweg in den deutschsprachigen Ländern und Schweden für Sie der kürzeste.

Entscheiden Sie die Software über WINTERHELLER Software direkt zu erwerben, gehen Sie wie folgt vor: Der schnellste Weg ist es, sich mit dem für Ihr Gebiet zuständigen Vertriebsteam telefonisch verbinden zu lassen. Ein Vertriebsteam besteht bei WINTERHELLER Software aus einem Innendienst-Mitarbeiter und einem Vertriebsmitarbeiter. Jedes Team ist für ein zugewiesenes Postleitzahlengebiet zuständig. Die Telefonnummern der Niederlassung finden Sie im Internet unter www.professionalplanner.de oder im Anhang ´Adressen´.

Haben Sie noch keine Erfahrung mit dem Produkt, vereinbaren Sie mit dem Vertriebsmitarbeiter einen individuellen Präsentationstermin in Ihrem Büro oder in einer Niederlassung der WINTERHELLER Software. Lassen Sie sich die Software präsentieren und besprechen Sie die Anforderungen, die Sie an das Projekt stellen. Hierbei hilft Ihnen die Checkliste ´Softwareauswahl´ dieses Buches weiter.

WINTERHELLER Software besitzt eigene Berater (Consultant), welche die Software schulen und coachen. Traditionell ist WINTERHELLER Software aber kein Beratungsunternehmen. Von daher ist die Anzahl der Berater im Verhältnis zur Kundenanzahl sehr gering. Die Berater sind gut auf die WINTERHELLER-Produkte ausgebildet und eignen sich für ein Kundenklientel, welches schnellstmöglich selbständig arbeiten will und nur einen Trainer für die Einführung sucht.

PARTNERUNTERNEHMEN

Wie jeder Software-Anbieter arbeitet auch WINTERHELLER Software mit externen Dienstleistern zusammen. Diese vertreiben und/oder beraten auf Professional Planner. Da das Partnermodell bei WINTERHELLER Software regelmäßigen Anpassungen unterliegt, können wir an dieser Stelle nur allgemeine Informationen über das Partnerkonzept der WINTERHELLER Software wiedergeben.

Bei WINTERHELLER Software unterscheidet man mehrere Arten von Vertriebspartnerschaften:

- (Certified) Business-Partner
- (Certified) Solution Partner

BUSINESS-PARTNER

Unter *Business-Partner* versteht man bei WINTERHELLER Software Beratungsfirmen, Agenturen und Partnerunternehmen, welche die Software vertreiben. Diese müssen nicht unbedingt auch in der Lage sein, die Software zu implementieren. Partner, die sich von WINTERHELLER Software zertifizieren lassen, erhalten den Status ´Certified´ *Business-Partner*.

Es gibt einige *Business-Partner*, welche sich darauf spezialisiert haben, Interessenten ausschließlich zu akquirieren und die Projekteinführung dafür ausgebildeten Partner-Unternehmen zu überlassen. Partner, die darauf ausgebildet sind, Professional Planner zu implementieren, bezeichnet WINTERHELLER Software als *Solution-Partner*

SOLUTION-PARTNER

Solution-Partner (Solution =engl.: Lösung) haben die Kenntnisse und Fähigkeiten Professional Planner bei einem Kunden zu schulen und einzusetzen. In vielen Fällen sind *Solution-Partner* auch *Business-Partner*, da sich diese Kombination in der Praxis bewährt hat. Achten Sie darauf, dass der *Solution-Partner* von WINTERHELLER Software auf die von Ihnen gewünschte Software-Version zertifiziert ist (z.B. ´Certified Solution-Partner´ für die Professional Edition).

GRÜNDE FÜR DEN EINSATZ VON PARTNER-UNTERNEHMEN

Es gibt durchaus berechtigte Gründe, sich einem Partner-Unternehmen der WINTERHELLER Software zuzuwenden. Der erste Grund für die Zusammenarbeit mit einem Partnerunternehmen ist oft der einfachste: Es gibt in Ihrer regionalen Nähe keine Niederlassung der WINTERHELLER Software. Dies gilt vor allem für das nicht deutschsprachige Ausland. Hier ist ein Partner der einzige und direkte Ansprechpartner für den Professional Planner Interessenten. Aber auch innerhalb Deutschland gibt es gute Argumente für die Auswahl eines Partnerunternehmens.

Es gibt viele Partner die ein ausgesprochen hohes Niveau bei der Software-Implementierung mitbringen. Einige Partnerunternehmen sind seit vielen Jahren Implementierungspartner der WINTERHELLER Software und besitzen einen großen Erfahrungsschatz aus vielen erfolgreich umgesetzten Projekten.

Die Beratung durch Partnerunternehmen ist oft ganzheitlicher als die Beratung durch den Hersteller. Einige Partnerunternehmen haben sich auf Schnittstellen zu bestimmten Vorsystemen spezialisiert. Andere Partnerunternehmen bringen spezielles Branchen-Know-how mit. Einige haben sogar spezielle Branchenlösungen entwickelt, die am Markt von WINTERHELLER software angeboten werden.

Es ist uns unmöglich hier alle Partnerunternehmen der WINTERHELLER Software aufzuzählen. Eine vollständige und aktuelle Liste der Partnerunternehmen erhalten sie unter www.winterheller.de.

VORGEHEN IN PP-PROJEKTEN

WIR BEANTWORTEN IN DIESEM KAPITEL FOLGENDE FRAGEN:

- AUS WELCHEN TEILPROJEKTEN BESTEHT EIN PP-PROJEKT?
- WARUM SOLLTEN SIE IHR PROFESSIONAL PLANNER PROJEKT IMMER EINFACH UND KLAR HALTEN?
- WIE ERMITTELN SIE DEN PROJEKTUMFANG IHRES PROFESSIONAL PLANNER PROJEKTES?
- WAS SIND DIE INHALTE DES ANALYSETAGES (PROJEKT-DESIGN-TAGES)

Die Einführung einer Controlling-Software wie Professional Planner erfolgt meistens in mehreren, aufeinander folgenden Phasen:

- Definition der Projekt-Anforderungen
- Ausschreibung, Auswahl und Entscheidung des Systems
- Definition und Analyse des Projektumfanges, dessen Ziele und Meilensteine
- Erwerb der Software
- Schulung der Software
- Die Realisierung und Umsetzung (Beratung)
- Die weitere Begleitung durch Wartung und Support

PRINZIP DER EINFACHHEIT

Vielleicht haben Sie von dem K.I.S.S.-Prinzip schon einmal gehört: (engl: Keep it simple and stupid; zu deutsch: ´Halte es einfach und klar´). Dieses Designprinzip aus der Gestaltungslehre beschreibt die möglichst einfache, minimalistische sowie im Nachhinein leicht verständliche Lösung eines Problems, welche meistens als die optimale Lösung angesehen wird.

Die Zufriedenheit des Auftraggeber im Projekt kommt aus unserer Erfahrung nicht mit einer genialen technischen Lösung, sondern mit einer einfachen Lösung, die der Auftraggeber bedienen kann und versteht. Es müssen beide Seiten (Auftraggeber und Berater) genau analysieren, welche Anforderungen von der Software wirklich umgesetzt werden müssen. Auf diese Anforderungen sollten sich beide Seiten im ersten Schritt konzentrieren.

Sie können ihrem zuständigen Berater dabei helfen, die richtige Lösung für Sie zu finden. Gehen Sie davon aus, dass Sie als Berater einen erfahrenen Spezialisten haben, der Professional Planner sehr gut kennt. Berater sind aber meistens sehr serviceorientiert, so dass er Ihnen i.d.R. keinen Wunsch abschlägt. Oftmals sieht er auch die Umsetzung der Aufgabe als eine sehr interessante technische Problemstellung an, die es zu lösen gilt.

Das ist völlig in Ordnung, wenn Sie sich als Auftraggeber über die ´Nebenwirkungen´ im Klaren sind, welche die Realisierung der Aufgabe mit sich bringt. Die bekanntesten ´Nebenwirkungen´ sind zusätzlich anfallende Leistungstage und damit weiteres Budget, höhere Abhängigkeiten von externen Spezialisten, im Grenzfall aber auch der Verlust von Performance, die der User mit der Life-Schaltung beobachten kann.

Wir empfehlen ein Projekt zu Beginn einfach zu halten und erst nach den ersten realisierten Erfolgen weiter zu entwickeln. Meist hat der Auftraggeber dann auch Freude daran, zusätzliche Lösungen zu implementieren.

Wenn Sie Ihre Projektanforderungen klar definieren und sich nicht durch neue technische Möglichkeiten irritieren lassen, fällt es dem Berater viel einfacher, Ihnen eine genial einfache Lösung zu präsentieren, die oftmals jahrelang dem Anwender erfolgreich dient. Die erfolgreichsten Projekte sind aus unserer Erfahrung meistens diejenigen, in denen eindeutige Aufgabenstellungen in einem definierten Zeitraum mit klaren Strukturen und motivierten Mitarbeitern umgesetzt werden.

Einfachheit heißt nicht, auf Funktionalitäten zu verzichten. Einfachheit heißt, in der Startphase des Projektes die primären Projektziele von den sekundären und tertiären zu unterscheiden. Man kann auch sagen, die wichtigen von den weniger wichtigen Projektzielen zu trennen.

👉 TIPP

Ein schneller Erfolg mit Professional Planner kann wie folgt aussehen: Sie bauen Ihr Unternehmen auf aggregierter Ebene mit den Standard-Funktionalitäten des Professional Planner nach. In der ersten Stufe konzentrieren Sie sich nur auf die Abbildung der Erfolgsseite (GuV) und arbeiten mit den von WINTERHELLER Software angebotenen Standard-Berichten. Sie werden sehen, schon nach wenigen Tagen (Wochen) berichten Sie über Erfolge. Die genannten Ziele können Sie schon alleine durch das Lesen dieses Buches erreichen.

ERMITTLUNG UND ANALYSE DES PROJEKTUMFANGES

Der Mensch ist auf das Stolz, was er selbst aufgebaut, entwickelt oder erzeugt hat. Eigenentwicklungen versteht er besser, akzeptiert er stärker und präsentiert die Lösungen anderen Personen mit Stolz und Zufriedenheit. Auf einmal sind Probleme belanglos, die bei einem Projekt, das von einem externen Berater durchgeführt worden wäre, zu einer Krise geführt hätten. Aus diesem Grund haben wir in unseren Projekten immer die

Erfahrung gemacht, dass es wichtig ist, den Auftraggeber von Anfang an in die Projektarbeit einzubinden.

Von daher gehen die Projektbegleitungen bei WINTERHELLER Software und deren Beratungspartnern von dem Coaching-Ansatz aus. Das bedeutet, dass der Berater den Projektmitgliedern mehr in der Form eines Trainers als eines Spielers zur Verfügung steht. Der Berater führt Schulungen durch, berät den Auftraggeber beim Design der Strukturen, baut die Struktur aber selbst nicht auf. Nur in schwierigen Fällen greift er ein und löst komplexe Aufgaben. Ihr Projektteam bekommt vom Projektleiter Aufgaben, die selbständig abgearbeitet und deren Ergebnisse mit dem Berater besprochen werden.

Zur Analyse der vier wichtigen Aufgaben eines Professional Planner Projektes haben wir das ´Planquadrat´ entwickelt. Es zeigt sehr einfach die vier Aufgabengruppen, die vor jedem PP-Projekt beantwortet werden sollten:

1. Aus welchen Vorsystemen kommen die Ist-Daten?
2. Welche Analysen sollen mit dem System durchgeführt werden?
3. Welche Berichte sollen sich daraus ableiten?
4. Woher kommen die Planzahlen und wie werden diese erfasst (Workflow)?

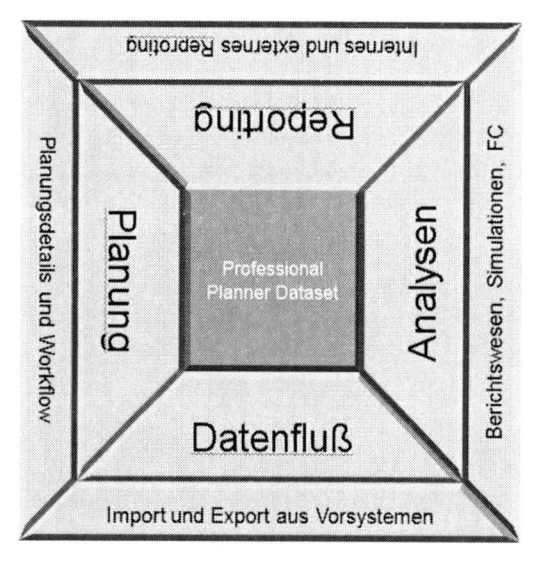

Abbildung 33: Das Planquadrat. Die einfache Analyse aller PP-Aufgaben

Im Folgenden schauen wir uns diese vier Aufgabenbereiche genauer an. Die Einführung einer Controlling-Software wie Professional Planner erfolgt meistens in mehreren, aufeinanderfolgenden Phasen:

- Definition der Projekt-Anforderungen

- Ausschreibung, Auswahl und Entscheidung des Systems
- Definition und Analyse des Projektumfanges, dessen Ziele und Meilensteine
- Erwerb der Software
- Schulung der Software
- Die Realisierung und Umsetzung (Beratung)
- Die weitere Begleitung durch Wartung und Support

Ein Berater kennt die Möglichkeiten des Professional Planner, nimmt ihre Anforderungen in einem detaillierten Projektplan auf und stellt Ihre Ziele und die Möglichkeiten der Software in einem logischen Zusammenhang gegenüber.

Aus unserer Erfahrung ist es dabei hilfreich, die Ziele in verschiedene Kategorien einzuteilen:

1. Stufe	2. Stufe	3. Stufe
sofort umzusetzen	mittelfristig umzusetzen	später umzusetzen
Zeitraum von einem bis zu sechs Monaten	Zeitraum von einem bis drei Jahren	kein fester Zeitrahmen
Teilprojekt 1	Teilprojekt 2	Teilprojekt 3-n

Abbildung 34: Zielkategorien eines Projektes

Diese Projektinhalte der einzelnen Projektstufen werden gemeinsam mit einem erfahrenen Berater im Auswahlworkshop definiert. Ergebnis des Auswahlworkshops (oder Projekt-Design-Tages) ist eine konkrete Empfehlung hinsichtlich folgender Inhalte:

- Definition der Projektziele und Meilensteine
- Empfehlung einer Software und deren Konfiguration (Basis des Software-Angebotes)
- Anzahl der Schulungstage
- Anzahl der benötigten internen und externen Projekttage (die des Auftraggeber und die der Berater)
- Die Zusammenstellung des Projektteams

Über die Kalkulation der benötigten Beratungstage möchten wir hier einige Worte verlieren. Oftmals werden nur die externen, vom Berater geleisteten Projekttage vom Projektleiter gesehen. Der Grund ist dafür ganz einfach: Der Projektleiter des Auftraggeber erhält dafür eine externe Rechnung, die vom Auftraggeber beglichen werden muss. Dadurch ist der externe Beratungsaufwand wertmäßig (Menge mal Preis) sehr gut kalkulierbar. Der interne Projektumfang wird weniger detailliert analysiert, da die Kosten für den Controlling-Mitarbeiter über den monatlich ausgezahlten Lohn sowieso anfallen.

Um den genauen Umfang eines Projektes zu kalkulieren, sollten sowohl die externen, als auch die internen Projettage addiert werden.

Aufwand	Externer Aufwand			Interner Aufwand		
Projektstufen	Anzahl Berater	Tage	Summe	Anzahl Mitarbeiter	Tage	Summe
z.B. Grundlagen-Schulung	1	2	2	4	2	8
Projektstufe 2						
Projektstufe n						
Summe			**4**			**8**

Abbildung 35: Aufwandskalkulation

Die Anzahl der Beratungstage Ihres Projektes (Anzahl der zu leistenden internen und externen Beratungstage) hängt von mehreren Faktoren ab:

1. Von den freien Kapazitäten Ihrer Mitarbeiter. Ganz einfach ausgedrückt: Je mehr Sie selbst machen, desto weniger externe Unterstützung benötigen Sie.
2. Vom Zeitdruck: Haben Sie einen festen Termin, benötigen Sie ggfls. mehr externe Kapazitäten.
3. Von der Komplexität der Aufgabenstellung: Eine einfache Erfolgsrechnung benötigt in der Regel weniger Kapazitäten als eine komplexe Konzernumlage.

Außerdem ist die Qualität des Projektmanagement eine wesentliche Größe, die in der Praxis immer wieder Beratungstage treibt. Einige in der Praxis erkannte Faktoren nennen wir hier:

- Gibt es klare Zielvorgaben?
- Gibt es ein festes Projektteam?
- Wird dem Projektteam freie Zeit für das Projekt eingeräumt?
- Gibt es definierte Projektstufen(Meilensteine), die einzuhalten sind?
- Haben sich alle Projektbeteiligten auf ein gemeinsames Projektziel verständigt?
- Arbeitet man vorwiegend mit der Standardausstattung der Software oder müssen Anpassungen vorgenommen werden?
- Ist die Unterstützung der Geschäftsführung gesichert?
- Und einige mehr...

All dies sind Faktoren, welche den Projektumfang eines Professional Planner Projektes entscheidend beeinflussen. Aus unserer Erfahrung sind die erfolgreichsten Projekte meistens diejenigen mit klar erkennbaren Zielen und Strukturen.

DER PROJEKT-DESIGN-TAG (PDT)

Der ´Projekt-Design-Tag´ ist eine gebräuchliche Bezeichnung bei WINTERHELLER Software. Bei anderen Beratungsunternehmen firmiert dieser Tag auch unter dem Namen ´Analyse-Workshop´ oder ´Projekt-Definition´. Der Projekt-Design-Tag dient der Untersuchung der gegenwärtigen Situation des Auftraggeber und der detaillierten Festlegung der einzelnen Projektschritte. In einfachen Fällen handelt es sich wirklich um einen Tag. In komplexeren Fällen kann es sich durchaus um mehrere Tage handeln an denen der Consultant gemeinsam mit dem Projektteam des Auftraggeber eine Reihe von Fragestellungen klärt.

Eine Checkliste über die Vorbereitung und die Inhalte eines Projekt-Design-Tages finden sie im Anhang dieses Buches. Es gibt drei Zeitpunkte, an denen der PDT Sinn macht:

1. Vor der Beauftragung der Software und Beratung (das macht bei größeren und komplexeren Projekten Sinn, wenn Sie sicher gehen wollen, dass die Software Ihre Anforderungen wirklich abdeckt.)

Nach der Bestellung der Software. Hier gibt es wieder zwei Alternativen:

2. vor der Grundlagenschulung (das ist dann sinnvoll, wenn Sie schnell den Beratungsaufwand prognostizieren wollen)
3. Nach der Grundlagenschulung. Diese Variante empfehlen wir, da aus unserer Erfahrung dann beide Seiten (Berater und Auftraggeber) mit einem vergleichbaren Vorwissen in den PDT gehen und die Projektanforderungen schnell in die Sprache des Professional Planner übersetzen können.

Die Tagesordnungspunkte für die Agenda eines mittelständischen Unternehmens können wie folgt aussehen (mit freundlicher Unterstützung der avantum consult AG):

Agenda Projekt Design-Tag

1. Teil Allgemeines

Tagesziele	Abgleich der Erwartungen an Professional Planer als Planung- und das Reporting-System
	Einbindung von Professional Planner in die vorhandene Systemlandschaft
	Definition des voraussichtlichen Projektumfanges
	Bestimmung des Investitionsumfanges
Teilnehmerkreis	Zeitweise: kfm. Leitungen (Geschäftsführung, Ltr. Controlling uvm.)
	Zukünftige Projektverantwortliche aus den Bereichen Rechnungswesen, Planung und Betriebsabrechnung
	Zeitweise: EDV-Mitarbeiter

2. Teil Agenda		
Begrüßung	Vorstellung des Anbieters	
	Vorstellung des Interessenten/Auftraggeber	
Kurze Wiederholung der Präsentation		
Unternehmensüberblick	Allgemeines	
	Legale Struktur, Segmente	
	Organigramm	
	Umsatzarten und Umsatzgliederung	
	Niederlassungen, Vertriebsstrukturen	
	Mengengerüste	
Berichtswesen	Berichtswesen heute	
	Berichtswesen zukünftig	
Planungsprozeß	Abbildung des Planungsprozesses	
	Workflow-Abbildung	
	Teilpläne	
	evtl. Besonderheiten	
Anwender	Anzahl	
	Aufgaben/ Funktion	
Integration von Professional Planner in die bestehende IT-Landschaft	Allgemeines	
	Schnittstellen zu anderen Systemen (ERP, FIBU, WAWI, HR EXCEL uvm)	
Projektplanung	Projektteam	
	Zeitrahmen	
	Zeitliche Engpässe	
	Sonstige Rahmenbedingungen	
Kalkulation	Anzahl der benötigten Lizenzen	
	Hardware-Anforderungen	
	Datenbank-Anforderungen	
3. Weiteres Vorgehen		
Termine	Termine für Schulung, Installation und vieles mehr	

Fragen Offene Fragen aufnehmen und klären

Offene Aufgaben verteilen (wer-macht-was-bis-wann)

ERMITTLUNG DES PROJEKTUMFANGES

Ergebnis des Auswahlworkshops (oder Projekt-Design-Tages) ist eine konkrete Empfehlung hinsichtlich folgender Inhalte:

- Definition der Projektziele und Meilensteine
- Empfehlung einer Software und deren –Konfiguration (Basis des Software-Angebotes)
- Anzahl der Schulungstage
- Anzahl der benötigten internen und externen Projekttage (die des Auftraggeber und die der Berater)
- Die Zusammenstellung des Projektteams

In der Praxis erhalten wir in der Projektkalkulation immer wieder die gleiche Frage: Mit wie viel Beratungsaufwand rechnen Sie? Diese Informationen benötigen Auftraggeber aus mehreren Gründen:

- Sie müssen Ihr Projektbudget kalkulieren.
- Sie müssen intern einen Investitionsantrag stellen, der die Gesamtprojektkosten beinhalten
- Sie können daraus den Projektaufwand für Ihre eigenen Ressourcen ableiten

Grundsätzlich kann der genaue Beratungsaufwand nur durch einen Analyse-Workshop (Projekt-Design-Tag) definiert und fachkundig geschätzt werden. Alle vorher genannten Werte sind Erfahrungswerte der Berater aus vergleichbaren Projekten, die Ihnen einen Anhalt geben, aber nicht verifiziert sind.

Die Anzahl der Beratungstage ist im Grunde immer abhängig von einigen Faktoren:

- Dem Projektziel (komplex dauert länger als einfach)
- Der Arbeit, die der Auftraggeber selbst übernimmt (Arbeit die der Auftraggeber übernimmt, muss der Berater nicht leisten)
- Dem zur Verfügung stehenden Projektzeitraum (schnell bedeutet mehr Stress und damit direkte Kapazitäten als langsam)

Die Beratungstage werden dann meistens in drei Kategorien eingeteilt:

- **Schulungen** - diese benötigen Sie, um die Grundfunktionen der Software kennen zu lernen und selbstständig anzuwenden. Die Anzahl der Schulungstage sind normiert und von jedem User zu absolvieren.

- **Mindestberatungstage** - aufgrund der Erfahrung des Projektleiters brauchen Sie diese Beratungstage mindestens, um Ihr Projektziel sicher zu erreichen
- **Weitere Beratungstage** – je nachdem welche Aufgabenstellungen im Laufe des Projektes hinzukommen oder wenn Ihnen einfach die Zeit dazu fehlt, bestimmte Aufgaben selbst zu erledigen, können zusätzliche Beratungstage hinzukommen.

Abbildung 36: Typische Projektschritte eines Projektes mit mittlerer Komplexität

Bitte versuchen Sie nicht an der falschen Stelle zu sparen und das Projekt künstlich preiswert zu halten. Schätzen Sie Ihre Fähigkeiten richtig ein und berücksichtigen Sie bei den eingeplanten Beratungstagen immer einige Tage als Sicherheitspuffer.

TIPP

Kalkulieren Sie immer mit zehn Prozent mehr Beratungstagen als vom Beratungshaus angegeben. Dieser Sicherheitspuffer sorgt dafür, dass bei kleineren Abweichungen das Projektbudget nicht sofort überschritten wird. Im Gegensatz zu den Softwarekosten kommen die Beratungstage nur dann auf Sie zu, wenn Sie diese auch abrufen. Von daher können Sie intern mit mehr Kosten für Beratung rechnen. Sollten Sie die zusätzlichen Beratungstage nicht benötigen, werden sie Ihnen auch nicht in Rechnung gestellt.

TERMINPLAN FESTLEGEN

Eine weitere kritische Größe in Professional Planner-Projekten ist die Terminplanung. Es gibt mehrere Methoden sich dem Endtermin zu nähern:

1. Festlegung des Endtermins durch den Auftraggeber. Dann müssen die Termine rückwärtig berechnet werden.

2. Festlegung des Start-Termins und der Schulung sowie der ersten Projektinhalte. Dann dauert ein Projekt so lange, wie es dauert. Das Ende ist inhaltlich, aber nicht zeitlich bestimmt.

In jedem Fall wird durch den Projektumfang auch der zeitliche Rahmen des Projektes festgelegt. Der Projektleiter hat nun dafür Sorge zu tragen, dass der Projektumfang in einheitliche Arbeitspakete zerteilt, in Meilensteine festgelegt und mit Pufferzeiten versehen wird. Pufferzeiten sind Ausweichtermine, in denen Arbeiten nachgeholt oder geprüft werden können.

Die terminliche Projektplanung selbst erfolgt dadurch, dass alle Projektstufen und Inhalte hinsichtlich ihrer zeitlichen Dimension betrachtet werden. Dabei werden die Ergebnisse der Projektstruktur-, der Ablaufplanung- und der Einsatzmittelplanung als Grundlage verwendet.

Grundsätzlich sollte bei der Projektplanung immer berücksichtigt werden, dass die Projektmitglieder nur in den seltensten Fällen ihre gesamte Zeit für das Professional Planner Projekt aufbringen können. In den meisten Projekten werden die Mitarbeiter durch die täglich anfallenden Routineaufgaben, durch Urlaub, Krankheiten und Sonderaufgaben von dem Professional Planner Projekt abgelenkt. In der Regel ist es üblich, dass von den Projetmitgliedern maximal ein bis zwei Tage der Woche für das Controlling-Projekt zur Verfügung gestellt werden können.

Von daher müssen die Projektzeiten variabel gehalten werden. Wir empfehlen, dass der Projektleiter zwischen folgenden Terminen unterscheidet:

- Dem frühesten Anfangstermin
- Dem spätesten Anfangstermin
- Dem frühesten Endtermin
- Den spätesten Endtermin

Die Verfahren der Terminplanung (Listentechnik, Balkentechnik oder Netzplantechnik) werden hier nicht weiter beschrieben. In der Planung von Professional Planner Projekten wird in der Praxis zumeist auf die Listentechnik zurück gegriffen. Diese Technik zur Ermittlung des Zeit und Budgetplanes ist die effizienteste und pragmatischste Form der Projektplanung.

Die Ermittlung des Projektterminplanes durch die

- Vorwärtsterminierung
- Rückwärtsterminierung

werden im Folgenden genauer beschrieben.

VORWÄRTSTERMINIERUNG

Bei der Vorwärtsterminierung werden zuerst die Arbeitspakete mit Zeitwerten gewichtet. Ein Beispiel: die Standard-Grundlagenschulung dauert zwei Tage. Das Nacharbeiten der Grundlagenschulung wird noch einmal eine Woche in Anspruch nehmen. Ergebnis der Analyse sind die frühesten Anfangs- und Endzeitpunkte aller Vorgänge in Relation zum Nullzeitpunkt.

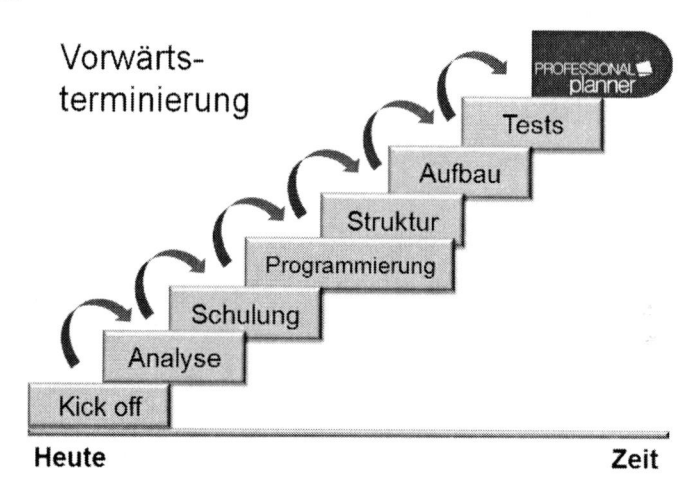

Abbildung 37: Kalkulation des Projektzeitbedarfs

Es ist zu beachten, dass die Verzögerung eines Arbeitspaketes oder Vorganges alle anderen Arbeitspakete ebenfalls verzögert, sollte dafür keine Einsparung erfolgen. Bei dieser Methode werden in der Praxis oftmals den täglichen Routineaufgaben viel Spielraum und Bedeutung eingeräumt, da ja kein Druck besteht, das Projekt zu einem bestimmten Zeitpunkt fertig zu stellen. Positiv an der Vorgehensweise ist, dass dem Qualitätsmanagement und der Optimierung mehr Zeit eingeräumt wird, als es in einem Projekt mit eng gestecktem Zeitraum zur Verfügung steht.

Durch simple Addition dieser Einzelzeitreihen ergibt sich der gesamte Zeitbedarf für das Projekt. Eine Beispielrechnung sieht wie folgt aus:

Vorwärtsterminierung					
Arbeitspaket	Inhalte	Dauer in Tagen Minimum	Dauer in Tagen Maximum	frühester Anfang Termin	spätester Anfangstermin
1	Analyseworkshop	1	2	Start-1	Start-2
2	Kick-Off	1	1	Start	Start
3	Grundlagenschulung	2	2	2	2

4	Strukturdesigntag	1	2	3	4
5	GuV-Aufbau	1	3	4	7
6	Finanz-Aufbau	1	3	5	10
7	Bilanz-Aufbau	1	3	6	13
8	Reporting-Schulung	1	1	7	14
9	Aufbau Berichtswesen	2	3	9	17
10	Datenimport-Schulung	0,5	1	9,5	18
11	Datenimport	1	2	10,5	20
12	Testen	1	3	11,5	23
13	Optimierung	1	3	12,5	26
14	Dokumentation	2	3	14,5	29
	Summe	16,5	32		

Tabelle 3: Ermittlung des Zeitbedarfs eines Projektes

RÜCKWÄRTSTERMINIERUNG

Bei der Rückwärtsterminierung wird zu Beginn eines Projektes ein Endzeitpunkt, meist die Projektabnahme, definiert. Von diesem Zeitpunkt ausgehend werden nun alle Arbeitspakete mit Zeitwerten gewichtet und vom Endzeitpunkt abgerechnet. Interessant ist es dann, ob man überhaupt noch genug Zeit hat das Projekt mit den angestrebten Arbeitspaketen in der verbleibenden Zeit fertig zu stellen, oder ob die verbliebene Zeit dafür nicht mehr reicht.

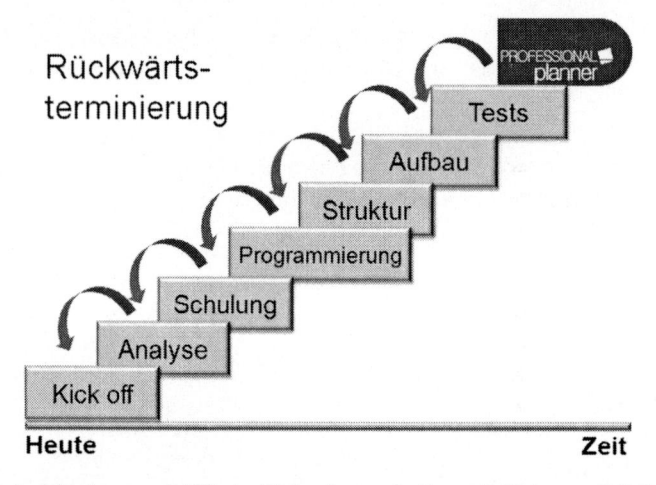

Abbildung 38: Projektplanung mit Hilfe der Rückrechnung. In diesem Fall ist genug Zeit für das Projekt vorhanden.

In der oben sehen wir, dass eine Rückrechnung vom Fertigstellungstermin ergibt, dass alle Teilaufgaben des Projektes termingerecht erledigt werden können. Dem Projektteam bleibt genug Zeit für ein entspanntes Arbeiten.

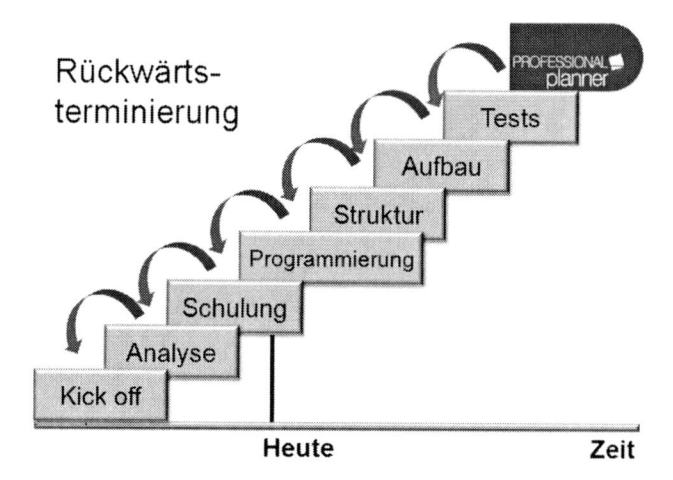

Abbildung 39: Projektplanung mit Hilfe der Rückrechnung. In diesem Fall ist der Fertigstellungstermin zu kurzfristig, um alle Projektaufgaben zu schaffen.

In der zweiten Abbildung hingegen sehen wir, dass vor dem Hintergrund des Fertigstellungstermins und des heutigen Datums nicht alle Aufgaben termingerecht abgearbeitet werden können. Der Fertigstellungstermin ist zu kurzfristig angesetzt worden. Das Projekt befindet sich schon vor dem Beginn in einem Verzug. In diesem Fall müssen jetzt schon Anpassungen vorgenommen werden.

- Verschiebung des Fertigstellungstermins nach hinten
- Reduktion des Projektumfanges
- Eventuell hinzufügen von weiteren Personalressourcen, wobei diese Option mit Vorsicht zu genießen ist, weil mehr Personal in einem Projekt gewöhnlich auch mehr Koordinationsarbeit bedeutet, was wiederum den Vorteil von mehr Personalressourcen aufheben oder sogar ins Negative umkehren kann.

Das unten stehende Rechenbeispiel verdeutlich es: Wenn die Geschäftsführung den Endtermin auf Ende September fixiert, Sie aber Mitte August schreiben, ist der verbleibende Zeitraum (ca. sechs Wochen) nicht mehr ausreichend um das Projekt in der vorgegebenen Weise abzuschließen. Selbst wenn Sie jeden Tag arbeiten würden (was unrealistisch ist), benötigen Sie noch zwei Tage mehr. (sechs Wochen á 5 Arbeitstage = 30 Arbeitstage).

Beispiel:

Arbeitspaket	Inhalte	Rückwärtsterminierung			
		Dauer in Tagen Minimum	Dauer in Tagen Maximum	frühester Anfang Termin	spätester Anfangstermin
1	Analyseworkshop	2	2	-17,5	-32
2	Kick-Off	1	1	-15,5	-30
3	Grundlagenschulung	2	2	-14,5	-29
4	Strukturdesigntag	1	2	-12,5	-27
5	GuV-Aufbau	1	3	-11,5	-25
6	Finanz-Aufbau	1	3	-10,5	-22
7	Bilanz-Aufbau	1	3	-9,5	-19
8	Reporting-Schulung	1	1	-8,5	-16
9	Aufbau Berichtswesen	2	3	-7,5	-15
10	Datenimport-Schulung	0,5	1	-5,5	-12
11	Datenimport	1	2	-5	-11
12	Testen	1	3	-4	-9
13	Optimierung	1	3	-3	-6
14	Dokumentation	2	3	-2	-3
	Endtermin			Ziel	Ziel
	Summe	18	32		

Tabelle 4: Ermittlung des Zeitbedarfs durch Rückwärtsrechnung

Konsequenz dieses Projektvorgehens ist ein gewisser Druck, das Projekt zum Endzeitpunkt fertig stellen zu wollen. Oftmals wird dadurch aber die Qualität zu wenig beachtet. So erleben wir immer wieder, dass auf Qualitätssicherung wie Testen, Prüfen und Dokumentieren verzichtet wird.

ANALYSE DER RICHTIGEN SOFTWARE-GRÖSSE

Am Ende des Auswahl-Prozesses steht der Interessent oftmals vor der Frage, wie viele Lizenzen für sein Unternehmen und für die Erreichung seiner Ziele die richtigen sind. Die Frage nach der geeigneten Anzahl der Lizenzen ist nur Fallweise zu beantworten. Jedes Projekt muss individuell betrachtet werden und bedarf einer eigenen Analyse.

In diesem Kapitel wollen wir Ihnen eine praktische Hilfestellung geben, wie Sie die für Ihr Projekt passende Software-Konfiguration finden.

Die Anzahl der anzubindenden User wird von Laien oftmals pauschal mit ´circa zwanzig´ beantwortet. Für ein detailliertes Angebot oder eine genauere Analyse der benötigten Lizenzen ist diese Betrachtung meist zu ungenau. Da auch WINTERHELLER Software wie die meisten Software-Hersteller differenzierte Lizenzrechte anbietet, sollten Sie sich die Mühe machen, genau zu analysieren, wer in Ihrem Unternehmen was planen und berichten soll.

Workflow-Prozess spielt eine wesentliche Rolle

Bei der Bestimmung der User-Anzahlen spielt die Analyse des derzeitigen oder gewünschten zukünftigen Workflow-Prozesses eine bedeutende Rolle. Es ist zu analysieren, welche Abteilungen Zahlen für die Planung liefern, Reports erhalten, Simulationen durchführen oder Strukturen anlegen und Berichte aufbauen. Erst mit dieser Information kann ein Vertreter des Herstellers genau bestimmen, welche Lizenzen Sie benötigen. Um schnell zu einer Analyse zu kommen, empfehlen wir Ihnen die Situation in Ihrem Unternehmen anhand einer Tabelle zu analysieren. Schreiben Sie auf, welche Abteilungen planen und wie viele Mitarbeiter der Abteilungen Zahlen liefern, Daten erhalten, Berichte verfassen oder Reports erhalten.

Die folgende Grafik zeigt Ihnen, wie Sie sich diesem System nähern können:

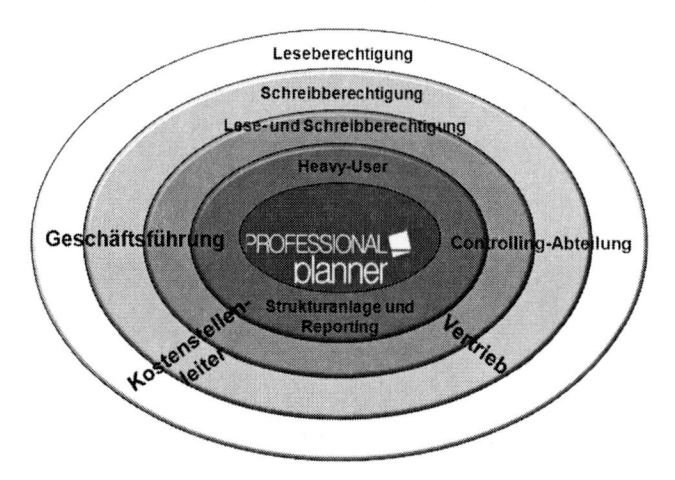

Abbildung 40: Klassifikation der User-Gruppen.

In den Mittelpunkt Ihrer Analyse stellen Sie einfach ein Professional Planner Dataset. Von diesem ausgehend zeichnen Sie weitere Kreise. Je weiter die Kreise von dem Dataset entfernt sind, desto weniger arbeiten die User mit Professional Planner.

Die einzelnen User-Gruppen können wie folgt unterschieden werden:

- Key- oder Power-User (meist Controller oder kaufmännische Mitarbeiter), welche im Rahmen ihrer Administrationsrechte Strukturen anlegen oder Berichte aufbauen.
- Active-User mit Lese- und Schreibberechtigung (oftmals Abteilungsleiter oder Produktmanager, die planen und analysieren, aber keine Strukturen im System aufbauen)
- User mit Schreibberechtigung (Kostenstellenverantwortliche oder Mitarbeiter des Vertriebs)
- User mit Leseberechtigung (Vorstände, und so weiter)

Problematischer wird es bei Konzernen. Hier kommt die Dimension ´Unternehmensgruppentiefe´ hinzu. Die User sind nicht nur nach den Funktionen und Abteilungen zu differenzieren, sondern auch nach der Gesellschaftsebene (Holding oder Tochtergesellschaften).

Um Ihnen eine Übersicht zu geben, mit wie vielen Leuten Sie an dem System arbeiten, planen oder berichten, haben wir die untenstehende Tabelle entwickelt. Mit dieser Tabelle erhalten sie schnell einen Überblick, wie viele Kollegen zukünftig online oder offline auf dem System arbeiten werden.

Mit diesen Informationen kann ein Vertriebsmitarbeiter, Consultant oder zertifizierter Partner der WINTERHELLER Software ein aussagekräftiges Software-Angebot entwickelt.

		Kalkulation der User		
		Power User	Lese/Schreib-Berechtigung	Schreib-berechtigung
		alle Funktionen	online	offline
Geschäftsführung			2	
Controlling	kfm. Leitung	1		
	Fachanwender	3		
EDV	Leitung	1		
	Fachanwender		1	
Vertrieb	Leitung		1	
	Fachanwender			
Produktion	Leitung			
	Fachanwender			
Personalwesen	Leitung			
	Fachanwender			
Marketing	Leitung			

		Fachanwender			
Kostenstellen-verantwortliche					
Tochtergesellschaften	Geschäftsführung				
	Controlling		3		
Weitere Anwender					
Summer der Anwender			5	7	0

Tabelle 5: Kalkulation der User-Anzahl

Dieses Beispiel zeigt, wie eine Anwender-Kalkulation bei einem mittelständischen Unternehmen mit drei Tochtergesellschaften aussehen kann. Aufgrund der Informationen entwickeln dann die Vertreter der WINTERHELLER Software oder des Implementierungshauses alternative Software-Konfigurationen.

VERSIONSAUSWAHL

Viele Interessenten stehen nach einem Auswahlprozess vor der Frage, mit welcher Software-Konfiguration sie ihre Anforderungen optimal umsetzen. Um diese Frage zu beantworten, muss man wissen, welche technischen Lösungen von WINTERHELLER Software angeboten werden, um die Anforderungen in Ihrem Unternehmen zu erfüllen.

DIE ANGEBOTENEN PROFESSIONAL PLANNER PRODUKTE

WINTERHELLER Software bietet seinen Kunden verschiedene Software-Konfigurationen an, um den unterschiedlichen Ansprüchen der Kunden gerecht zu werden.

Am besten vergleicht man die verschiedenen Konzepte mit dem Kauf eines Automobils: Jeder Hersteller bietet mehrere Größenklassen an, die den Wünschen des Kunden entsprechen. Die Softwareklassen unterscheiden sich in der Ausstattung, dem Komfort und den Möglichkeiten, welche das Modell anbietet. Grundsätzlich basieren aber alle Lösungen auf der gleichen Technologie in unserem Fall der BCL und OLCAP-Technologie.

Zuerst einmal unterscheidet WINTERHELLER Software zwei technische Konzepte, die in mehreren Versionen angeboten werden:

- Das Named User Konzept
- Das Concurrent User Konzept

Zusätzlich entscheiden die Anzahl der User über die Investitionsgröße. Außerdem sind die Produkte durch Zusatztools erweiterbar. WINTERHELLER Software bietet ferner regelmäßig Sonderpakete an, die auf bestimmte Zielgruppen zugeschnitten sind. Schauen wir uns die beiden oben genannten Systeme genauer an.

DAS NAMED USER KONZEPT DER PROFESSIONAL EDITION

Die Software mit dem Named-User-Konzept wird von WINTERHELLER Software als Professional Line angeboten. Die Professional Edition entwickelte WINTERHELLER Software für Kleinunternehmen mit einem oder wenigen Anwendern. Bei diesem Konzept erhält jeder Anwender eine eigene Lizenznummer und ist damit dem System namentlich bekannt. Dieses Prinzip ist für wenige Anwender und kleinere Unternehmen sowie Berater geeignet.

> (i) **INFO Exkurs Named User**
>
> *Mit dem Named User-Konzept wird eine spezielle Form der Software-Lizensierung beschrieben, in der jede Lizenz einem definierten Benutzer zugeordnet wird. Beim Named-User-Modell des Professional Planner erhält der Kunde eine Lizenznummer, mit der er sich am Rechner anmeldet. Versucht ein zweiter Benutzer sich mit derselben Lizenznummer anzumelden, wird der Zugriff verweigert. Bei diesem Prinzip muss der Auftraggeber genau wissen, wie viele Mitarbeiter seines Unternehmens den Professional Planner bedienen, Planungsdaten liefern oder Berichte online einlesen.*

Der Vorteil dieses Systems: Sie bezahlen nur die Anzahl an User, die Sie benötigen. Nachteil: Sie sind recht unflexibel und können die User-Zahl nicht variieren, um z.B. den Planungsprozess zu optimieren. Des Weiteren müssen Sie beim Erwerb der Software schon wissen, wie viele User Sie einsetzen werden.

Für wen ist die Professional Edition geeignet?

Die Professional Edition in der Grundversion ist für alle Anwender geeignet, die nicht gleichzeitig an einer Datenbank arbeiten müssen. Das können z.B. Unternehmensberater sein, bei denen jeder Software-Anwender einen anderen Mandanten betreut.

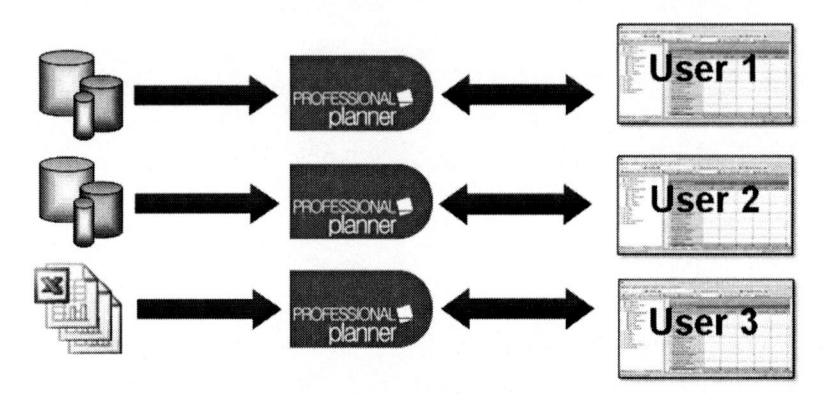

Abbildung 41: Aufbau der Named User-Variante

Standard-Angebot 1		
Produkt	**Anzahl**	**Anmerkungen**
Key-User	nach Bedarf	Arbeiten an der Struktur und bauen Reports
Excel-Services für Excel 2007	nach Bedarf	empfohlen für die dezentrale Datenerfassung mit Excel 2007
Zusatztools	je 1 maximal	z.B. Umlagemanager, Intercompany-Manager, Basel II Manager, Trendmanager

Abbildung 42: Standard Angebot einer Named User Variante

Die Professional Edition der WINTERHELLER Software ist vom Hersteller beim Ausbau nicht begrenzt. Theoretisch können sie über die Professional Edition auch hundert User anbinden. Allerdings wird schon ab einer geringen Anzahl von Usern (zwischen fünf und zehn) die nächst höhere Enterprise Edition lukrativ. Diese biete für eine breitere Anwendung der Controlling-Software die attraktiveren Preise (siehe unten). Damit Sie gleichzeitig auf einem Server arbeiten können, empfiehlt es sich, die Workgroup-Lizenz zu erwerben. Mit der Workgroup setzen Sie die Software auf einem Server auf und arbeiten mit bis zu fünf Personen an einem System.

PROFESSIONAL LINE MIT SERVER/WORKGROUP

Wenn Sie sich für den Einsatz einer Business-Intelligence Software wie Professional Planner in Ihrem Unternehmen entscheiden, ist oftmals ein Projektziel, die Arbeitsprozesse zu beschleunigen und effizienter zu gestalten. Ein immer wieder in der Praxis beschriebener Nachteil beim dem Arbeiten mit Excel ist das Fehlen der Möglichkeit, mit mehreren Planungsverantwortlichen an einer gemeinsamen Datenbasis zu arbeiten.

Hier bietet das **Konzept der Workgroup** eine große Unterstützung. Eine Workgroup macht dann Sinn, wenn Sie in einem mittelständischen Unternehmen mit mehreren Mitarbeitern gleichzeitig an einem Dataset arbeiten müssen. Das ist zum Beispiel dann der Fall, wenn Sie in Ihrem Unternehmen dezentral Plandaten erfassen oder den Planungsprozess durch den Verzicht auf Abstimmungsprozesse beschleunigen wollen.

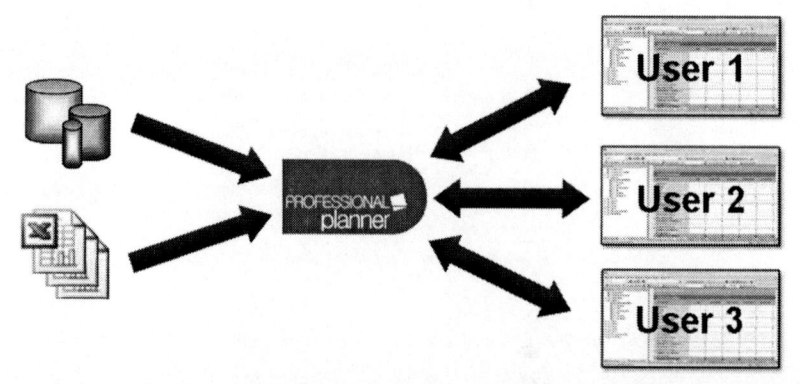

Abbildung 43: Aufbau der Named User Version mit Server

ⓘ INFO Workgroup

Workgroup: Englisch für Arbeitsgruppe. Unter dem EDV Begriff Workgroup versteht man in der Regel alle Computeranwender, die an einem gleichen Projekt arbeiten. In einigen Fällen bezeichnet man als Workgroup Computeranwender, die Mitarbeitern derselben Abteilung bzw. desselben Ressorts angehören. Durch Workgroup Computing wird versucht die Zusammenarbeit durch rechnergestützte, vernetzte Systeme zu erleichtern bzw. erst zu ermöglichen. Bei WINTERHELLER Software können dabei mehrere 'Named User'-Lizenzen simultan an einem Dataset arbeiten. Das Konzept beinhaltet in der neuen Version sogar Administrationsrechte.

Standard-Angebot 2		
Produkt	**Anzahl**	**Anmerkungen**
Key-User	nach Bedarf	Arbeiten an der Struktur und im Reporting
Excel-Services für Excel 2007	nach Bedarf	empfohlen für die dezentrale Datenerfassung mit Excel 2007
Planungs- und Reporting-Client (Active User)	nach Bedarf	Ohne Arbeiten an der Struktur und im Reporting
Zusatztools	je 1 maximal	z.B. Umlagemanager, Intercompany-Manager, Basel II Manager, Trendmanager
Workgroup-Server	1	Ab zwei Personen empfohlen, bei Einsatz von Planungs- und Reporting-Client Pflicht.
Microsoft Datenbank SQL Server 2005 Standard	Anzahl aller User (Power sowie Planung&Reporting)	Optional, wenn nicht im Unternehmen vorhanden (mit der EDV abklären)
Entwicklungs- und Testsystem	1	bei Bedarf

Abbildung 44: Standard Angebot einer Professional Edition mit Workgroup

Für wen ist die Professional Edition mit Workgroup geeignet?

Die Profit Edition mit Workgroup ist für mittelständische Unternehmen geeignet, bei denen mehrere User gleichzeitig mit der Planungs- und Controllingsoftware arbeiten. Die User können Strukturen anlegen, Berichte erstellen, Plandaten online eingeben oder Reports abrufen. Die Workgroup bietet auch Möglichkeiten der Administration und Rechtevergabe. Diese Möglichkeiten bietet sehr umfangreich die Enterprise Edition.

DAS CONCURRENT USER KONZEPT DER ENTERPRISE EDITION

Die Enterprise Edition des Professional Planner wurde für den Einsatz bei größeren Unternehmen und Unternehmensgruppen entwickelt. Das Konzept der Enterprise Edition unterstützt explizit die dezentrale Datenerfassung und die Verteilung von Berichten und Dokumenten an mehrere User mit einem ausgefeilten Administrationssystem.

Die Professional Planner Enterprise Edition verfügt über ein anderes Lizenzmodell als die Professional Edition. Das Concurrent User-Modell (gleichzeitige User) erlaubt es Ihnen, Professional Planner jedem Mitarbeiter in Ihrem Unternehmen zur Verfügung zu stellen. Dazu bietet Ihnen Professional Planner anwenderorientierte Oberflächen. Es ist für den Benutzer aber auch möglich, eigene Oberflächen zu kreieren (individuelle Wokspaces).

Die Enterprise Edition des Professional Planner beinhaltet folgenden Umfang:

- Power User
- Planungs- und Reporting-Clients (Active User)
- Excel Services 2007
- Professional Planner Collector
- 1 Server ´Produktivsystem´
- 1 Server ´Testsystem´

Die Anzahl der eingesetzten Key-User und Planungs- und Reporting-Clients (Active-User) sind in der Enterprise Version nicht begrenzt. Es ist nur der gleichzeitige Zugriff auf den Server begrenzt. Dieses System bezeichnet man als ´Concurrent User´. Diese Dezentralität ist dann ideal, wenn in Ihrem Unternehmen Plandaten dezentral erfasst werden oder verschiedene Personen(-gruppen) in ihrem Unternehmen Berichte online erhalten. Gerade im Planungszeitraum ist das Einsammeln der Plandaten oftmals sehr aufwändig. Mit dem Concurrent User-Modell kann der Workflow-Prozess beim Einsammeln der Plandaten optimiert werden und dadurch den Planungsprozess verkürzen und so Zeit einsparen.

Allerdings wird der gleichzeitige Zugriff auf das Dataset auf eine bestimmte Anzahl begrenzt. Das Einstiegsmodell ist jetzt nur noch ein Concurrent User. Dieses System ist aber im Vergleich zur Professional Edition recht teuer. Interessant wird das System erst ab zwei oder mehr Concurrent User. Bei einem 2-Concurrent-User-Modell erhalten zwei Mitarbeiter GLEICHZEITIG die Möglichkeit, am System zu arbeiten.

> **TIPP**
>
> Um zu wissen, welche Version für Sie die richtige ist, geben wir Ihnen im Kapitel: 'Wer arbeitet mit der Business-Intelligence Software?' einige praktische Tipps.

Der Einsatz des Professional Planner in der Enterprise Variante kann mehrere Ziele verfolgen:

- Der Planungsprozess soll durch die dezentrale Online-Eingabe beschleunigt werden.
- Jeder User soll nur dass sehen, was seiner Position (Rolle) betrifft (Administrationsrechte)
- Es gibt verschiedene Fachanwendungen (Personalcontrolling, Vertriebscontrolling, Produktionscontrolling) mit eigenen Aufgabenstellungen
- Die Berichte sollen schnell (sofort) nach dem Abschluss den Verantwortlichen im Unternehmen zur Verfügung stehen.
- Berichte werden verstärkt online abgerufen
- Viele Unternehmen werden nach dem MBO-Prinzip (Management by Objectives) geführt. Das heißt, Sie vereinbaren regelmäßig Ziele mit Ihren Mitarbeitern und messen diese daran. Bei diesem Prinzip ist es wichtig, Plan/Ist-Analysen als Führungsinstrument zur Verfügung zu stellen.

In diesen Fällen empfiehlt es sich, auf das Concurrent User-Prinzip der Enterprise Edition zurückzugreifen.

> **(i) INFO Concurrent User**
>
> *Diese Lizenzform basiert auf der Anzahl simultaner Benutzer einer Software. Besonders eignet es sich für Applikationen, die zwar von vielen Benutzern benötigt, aber nur unregelmäßig und zu unterschiedlichen Zeiten tatsächlich eingesetzt werden. Typischerweise werden derartige Programme auf einem Server ausgeführt, mit dem die Nutzer über das Netzwerk verbunden sind.*
>
> *Beim Concurrent User Modell (gleichzeitige User) stellen Sie so vielen Usern, wie Sie möchten, das System zur Verfügung. Es werden nur die gleichzeitigen Zugriffe auf das System begrenzt.*
>
> *Das bedeutet, dass Controller, Geschäftsführer oder Kostenstellenverantwortliche mit dem Professional Planner arbeiten. Beispiel: In einer Abteilung haben 50 Kollegen Professional Planner auf ihrem Rechner. Gleichzeitig arbeiten jedoch immer nur 10 Mitarbeiter mit dieser Software. Auf Basis einer Concurrent User Lizenz würden also 10 CC-Lizenzen genügen. Bereits der elfte gleichzeitige Zugriff würde von der Software verweigert.*

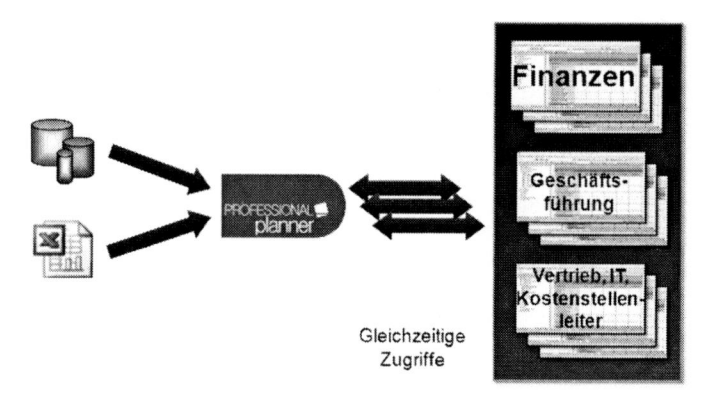

Abbildung 45: Aufbau der Concurrent User-Version

Standard-Angebot 3		
Produkt	**Anzahl**	**Anmerkungen**
Key-User	Anzahl der Concurrent User	
Planungs- und Reporting-Client (Active User)	Anzahl der Concurrent User	
Microsoft Datenbank SQL Server 2005 Enterprise	Anzahl aller User	Alternativ: Prozessor-Lizenz mit unbeschränktem Zugriff (bitte mit Ihrer EDV klären)

Abbildung 46: Standard-Angebot einer Enterprise Edition

BUDGETERMITTLUNG

Um eine Software wie Professional Planner im Unternehmen durchzusetzen, werden von den Entscheidern (Vorstände, Geschäftsführung) oftmals Investitionspläne für das erwartete Projektbudget gefordert. Ziel des Investitionsplanes ist es, die benötigten Aufwände des Einführungsprojektes hinsichtlich der erwartenden Software-Investitionen, der Anzahl der Schulungs- und Beratungstage multipliziert mit den Tagessätzen, Kosten für Hardware und evtl. entstehende Sonderkosten vorhergesagt werden. Dies soll zu einem frühen Projekttermin erfolgen. Später, in weiteren Projektstufen kann diese Aufwandschätzung mit feineren Detailierungsgraden überprüft und ggfls. angepasst werden.

Die in der Initialisierungsphase (erste Phase vor dem Projektstart) durchgeführte Aufwandschätzung hat die Aufgabe die Projektkosten den Projektnutzen gegenüberzustellen, um die Lösung zu wählen deren Wirtschaftlichkeit am Größten ist.

Gängige Kostenarten, die in Software-Projekten anfallen sind:

- Interne und extern benötigte Personalkapazitäten
- Software-Kosten
- Hardware-Kosten
- Datenbanken
- Infrastruktur
- Nebenkosten (z.B. Spesen, Reisekosten)
- Sowie der jährlich anfallende Support

Doch wie schätzt man nun in der Praxis ein verlässliches Projektbudget? In der Theorie werden mehrere Schätzverfahren genannt, die wiederum aus Kombinationen mehrerer Schätzmethoden basieren können. In diesem Buch werden wir nur die Schätzmethoden erklären, welche wir in der täglichen Praxis erleben. Sie basieren auf den Tatsachen, dass es meist eine definierte Zeit- und Budgetrestriktion gibt. Die hier genannten Schätzmethoden werden in der Praxis eingesetzt, um schnell eine effektive und pragmatische Aufwandschätzung zu erhalten. Interessanterweise können wir aus der Praxis berichten, dass die genannten Kalkulationen auch meist eingehalten werden.

EINFLUSSFAKTOREN FÜR DEN PROJEKTAUFWAND

Es gibt zwei Arten, welche den Projektumfang eines Professional Planner –Projektes bestimmen:

- Die qualitativen Faktoren (ergebnisorientierte Aufwandschätzungen) und
- Die quantitativen Faktoren (abwicklungsorientierte Aufwandschätzungen)

Bei den qualitativen Faktoren, sollten Sie den Umfang der angestrebten Projektziele hinsichtlich ihrer Qualität und Komplexität bestimmen.

- Eine integrierte Erfolgs-und Finanzplanung mit interner Konsolidierung und umfangreicher stufenweisen Deckungsbeitragsrechnung dauert länger als eine einfache Erfolgsrechnung. Daher ist der Funktionsumfang, welche die Professional Planner Lösung später erhalten soll, ein wesentlicher Aufwandstreiber.
- Die Komplexität resultiert auch daraus, wie vielschichtig, umfassend und verteilt das System später aufgebaut werden soll.
- Nicht zuletzt sollte man auch de Frage beantworten, wie benutzerfreundlich und stabil ein System aufgebaut werden soll. Testphasen und Optimierung benötigen Zeit, die auf Wunsch eingeplant werden müssen. Grundsätzlich gilt: *Je mehr Personen an dem System arbeiten, desto einfacher (benutzerfreundkicher) sollte es aufgebaut werden.*

Bei den quantitativen Faktoren (abwicklungsorientierte Aufwandschätzungen) betrachtet man die harten Fakten, welche den Projektumfang bestimmen. Dazu gehören,

- Die Anzahl der Projektmitglieder und deren Wissensstand. Je mehr Projektmitglieder, desto komplexer wird es. Je weniger Software-Erfahrung (auch Excel und SQL-Erfahrung), desto mehr Schulungstage sollten Sie im Projektbudget einplanen.
- Die eingesetzten Software-Tools. Arbeiten Sie mit stabilen Vorsystemen, wie ERP. WAWI, FIBU oder andere Systemen, aus denen Professional Planner seine Daten in einer sauber organisierten Form importieren kann, oder gilt es im Projekt die Daten der Vorsysteme erst zu prüfen, bereinigen und evtl. neu zu organisieren.
- Die Anzahl der benötigten Software-Tools und deren Komplexität. Bleiben Sie in dem in diesem Buch beschriebenen Standard des Professional Planner, benötigen Sie weniger Ressourcen, als wenn Sie eine Individualprogrammierung anstreben.

☝ **TIPP – Je mehr, desto besser**

Bitte beachten Sie: Die Dauer eines Projektes steht in Korrelation zu den oben genannten Einflussfaktoren. Sie ist antiproportional zu der Menge der einzusetzenden Einsatzmittel.

Das bedeutet: Je schneller sie fertig werden wollen, desto mehr Projektkapazitäten in Form von technischen Ressourcen oder internem und externen Personal benötigen sie. Dabei sollten sie aber auch berücksichtigen, dass Sie bei zunehmender Arbeitsgruppengröße einen zunehmenden Koordinierungsaufwand einplanen müssen. Eine Regel besagt, dass pro sieben Beratungstage ein Tag Projektkoordination einzuplanen sind. Eine andere, dass ab sieben Projektmitglieder eine Person abstellt werden muss, um dieses Projektteam zu koordinieren.

KICK-OFF

Nachdem die Software installiert wurde, kann rein technisch gesehen mit der eigentlichen Projektarbeit begonnen werden. Bevor Sie sich in die operative Arbeit stürzen, sollte das Projekt mit einem Kick-Off – Meeting gestartet werden. Das Kick-Off ist eine Veranstaltung, die meistens nur wenige Stunden dauert, aber für das Projekt von entscheidender Bedeutung ist.

An dem Kick-off-Meeting nehmen folgende Unternehmensbereiche teil:

- Auf Kundenseite:
    - Der Projektleiter
    - Das operative Projektteam
    - Ein Vertreter der Geschäftsführung
    - Ein Vertreter der EDV
- Vom Hersteller/Beratungsunternehmen:
    - Der Projektleiter
    - Die operativen Consultants
    - Evtl. der zuständige Verkäufer

Die Geschäftsführung hat die Investition in den Professional Planner genehmigt und sie kann im Kick-Off – Meeting entscheidende Hinweise an das Projektteam und den Consultant geben. Im Kick-Off werden die Projektziele festgelegt und die Funktionsweise der Gesamtlösung. Alle Beteiligten gewinnen ein gemeinsames Verständnis über die Projektziele und -inhalte.

Beim Kick-Off - Meeting erfolgt auch schon die erste Konkretisierung der Grobplanung. Zumindest sollte der Termin der ersten Projektstufe festgelegt werden, denn die Zeitplanung für die einzelnen Projektschritte beginnt eigentlich mit dem Endtermin. Ist dieser gemeinsam festgelegt, kann die Zeitreihe rückwärts gerechnet werden.

Das dritte wichtige Ziel des Kick-Off Meetings ist die Festlegung der Rollen und Verantwortlichkeiten in dem Projekt. Es muss festgelegt werden, wer der Projektleiter ist, wie viele Projektmitarbeiter vorhanden sind und welche Qualifikationen sie aufweisen.

Beispiel einer Agenda eines Kick-Off – Meetings:

- Begrüßung durch den Projektleiter
- Vorstellungsrunde der Projektmitarbeiter
- Konkretisierung der Grobplanung
- Ausgangssituation, Projektumfeld
- Projektziele (Gesamtziel, Teilziele, messbare Ergebnisse)
- Projektphasen, Meilensteine
- Projektrisiken und -chancen
- Regeln der Zusammenarbeit
- Offene Punkte
- Weitere Vorgangsweise

Es ist empfehlenswert ein Protokoll zu verfassen, welches als Grundlage für die weiteren Schritte des Projektes dient.

EINSATZ VON PROTOTYPEN IM AUSWAHLPROZESS

Um den Erfolg des Projektes zu sichern, werden in vielen IT-Projekten in der Auswahlphase Prototypen eingesetzt. Prototypen können zum Beispiel sicherstellen, dass Benutzeranforderungen in der Definitionsphase genauer getroffen oder dass technische Schwierigkeiten in einer frühen Phase des Projektes erkannt und gelöst werden. Wieczorek und Mertens empfehlen den Einsatz von Prototypen besonders bei *„projektierenden Systemen, die dialogorientiert sind, bei denen die Anforderungen zu Projektbeginn noch unstrukturiert sind, oder technische Lösungen mit einem erheblichen Neuerungsfaktor umgesetzt werden sollen."* (Wieczorek, Mertens, 2005)

Und damit beschreiben die beiden auch schon sehr gut, wann ein Prototyp des Professional Planner zum Einsatz kommen kann:

Solange Sie sich in dem in diesem Buch beschriebenen Standard der integrierten Erfolgs- und Finanzplanung bewegen, benötigen Sie keine Prototypen, denn die Technologie und Software ist tausendfach geprüft. Das wäre so, als wenn Sie die Funktion eines Toasters testen wollten.

Sobald Sie aber vom Standard abweichende Anforderungen besitzen, sollten Sie den Einsatz eines Prototypen in Betracht ziehen. Dies gilt vor allem um folgende Fragestellungen zu beantworten:

- Versteht der Auftragnehmer unser Modell? Kann unsere Denk- und Rechenart mit dem Modell überhaupt umgesetzt werden? (Hohe individuelle Anforderungen)
- Arbeiten wir mit Rechenlogiken, die für das Projekt neu entwickelt werden müssen? (Neuigkeiten)
- Erwarten wir zur Umsetzung unserer Anforderungen einen besonders hohen Budgetumfang? (empfohlen wird dann die Abbildung einer Teilaufgabe, die beispielhaft für das Gesamtprojekt steht)

Mit dem Prototyp wird „ so früh wie möglich", und ohne Prototyp „ so spät wie möglich" implementiert. Es versteht sich als Ehrenhaft, die Aufwendungen des Herstellers und Beratungsunternehmen für die Definition und Erstellung des Prototyps zu bezahlen. Die Vorteile eines Prototyps für den Interessenten liegen ja vor allem darin, dass das Risiko einer Fehlinvestition verringert werden soll. Denn Prototypen bieten dem Interessenten folgende Vorteile:

- Prototypen können schnell und preiswert realisiert werden (Software wird für den Zeitraum der Entwicklung des Prototypen kostenfrei zur Verfügung gestellt)
- Prototypen können leicht verändert und erweitert werden
- Ein Prototyp bildet die kritischen Erfolgsfaktoren des späteren Modells ab
- Ein Prototyp erleichtert die Kommunikation zwischen Entwickeln und Auftraggeber (Benutzer), da sie überprüfen können, ob beide Seiten das gleiche verstanden haben.
- Prototypen bilden exemplarisch einen Ausschnitt aller Funktionalitäten des Systems ab.

In der Sprache des Professional Planner bedeutet das: Wenn Sie eine eigene, vom Standard abweichende Rechenlogik in der Betriebswirtschaftslehre einsetzen, oder das anstehende Projekt so umfangreich ist, dass Sie die Sicherheit benötigen, dass WINTERHELLER Software Ihre Anforderungen versteht und abbilden kann, sollten Sie den Einsatz eines Prototypen in Erwägung ziehen. Ob der Prototyp später im Projekt wieder eingesetzt wird, oder verworfen werden muss, ist fallweise zu entscheiden. Aus unserer Erfahrung sind Prototypen aber meist so aufgebaut, dass sie später als Grundlage für das Gesamtmodell genutzt werden können.

SCHULUNGEN

Die Anzahl der Schulungstage stehen für jeden Professional Planner-Anwender fest. Die Schulungen sind standardisiert und von jedem User mindestens einmal im Leben zu durchlaufen. Das Schulungskonzept des Professional Planner umfasst derzeit:

- 2 Tage Grundlagenschulung (Pflicht) – (Professional Planner Basis 1/Code: 111)
- 1 Tag Reporting Schulung (Pflicht) – (Professional Planner Basis 2/Code 112)
- Fortgeschrittenen Schulungen (optional) – (Aufbau 1 bis Aufbau 3/Code 113 bis 115)

Das Schulungsprogramm unterscheidet zwischen offenen Schulungen und individuellen Schulungen. Offene Schulungen werden regelmäßig in den Niederlassungen der WINTERHELLER Software angeboten. Zu den offenen Schulungen kann sich jeder User selbst anmelden. Individuelle Schulungen werden mit dem Auftraggeber direkt vereinbart. Hier sind Termine und Teilnehmerzahlen persönlich vereinbar. Ab drei Teilnehmern lohnt sich meistens der Wechsel von einer offenen Schulung zu einer individuellen Schulung. Grundsätzlich sind alle Schulungen (offen oder individuelle) normiert und damit inhaltlich gleich. Weitere Informationen über die Schulungen erhalten Sie im Internet auf der Seite: *www.winterheller.de*

Als nächsten Schritt empfehlen wir allen Projektmitgliedern eine Basisschulung. Bevor Sie mit der Strukturierung des eigenen Modells beginnen, sollten Sie wissen, wie der Professional Planner grundsätzlich funktioniert. WINTERHELLER Software bezeichnet die Grundlagenschulung als *´Fundamentales of Professional Planner´*. Die Reportingschulung heißt bei WINTERHELLER *´Fundamentals of Professional Planner Reporting´*. Die Basisschulung ist zweitägig, die Reportingschulung eintägig.

In der Praxis hat es sich immer wieder gezeigt, dass es günstig ist, dem Leitfaden dieser Schulungen zu folgen, weil sie didaktisch so aufgebaut sind, dass jede wichtige Funktionalität der Software durchgenommen wird. Die Agenda der Grundlagenschulung sieht zum Beispiel so aus:

Fundamentals of Professional Planner (2 Tage)

- Aufbau von Professional Planner
- Programmoberfläche
- Erfolgsplanung
- Finanzplanung
- Bilanzplanung
- Simulation und Zielwertsuche

- Auswertung der Ergebnisse
- Mehrjahresplanung
- Verwendung alternativer betriebswirtschaftlicher Rechenlogiken (BCL)
- Berechnung von Unternehmenskennzahlen
- Grafische Auswertung der Ergebnisse
- Soll-Ist-Vergleich anhand von Standarddokumenten

Die Agenda der Reporting-Schulung sieht so aus: Fundamentals of PP Reporting (1 Tag)

- Erstellen von eigenen Berichten (GuV, Bilanz, spezielle Auswertungen)
- Aufbau von Soll-Ist-Vergleichen anhand von eigenen Dokumenten
- Gestalten von Grafiken innerhalb eines Berichtes
- Datenbankabfragen

Manche Kunden äußern den Wunsch auf die Basisschulungen zu verzichten und anstelle der vorgefertigten Beispiele sofort an dem eigenem Fall zu arbeiten. In der täglichen Projektpraxis hat sich dieser Weg als wenig erfolgreich erwiesen. Das Problem liegt hier darin, dass in diesem Fall die Projektteammitglieder dazu gezwungen werden, einen Fall in der Software zu lösen, ohne vorher gelernt zu haben, wie die Software wirklich funktioniert. Das führt zu mehr Verwirrung bei den Teilnehmern als es dem Projekt gut tut. Wir empfehlen Ihnen deshalb die Basisschulungen wie vorgesehen an den vorgefertigten Beispielen nachzuvollziehen und erst dann über die Lösung des eigenen Projektfalles nachzudenken.

Nach den Basisschulungen, in denen meistens auch Exkurse in die Themen des eigentlichen Projektes gemacht werden, ist das gesamte Projektteam vorbereitet, um an der Lösung der eigenen Anforderungen an das System zu arbeiten.

TESTPHASE

Professional Planner wird oftmals im Unternehmen eingesetzt um eine Aufgabe besser oder anders zu machen. Eine immer wieder genannte Aufgabe ist die Unterstützung der Planung. Da der eigentliche Produktivzeitraum aber meist keine Zeit für Änderungen und Korrekturen zulässt, ist es für einen reibungslosen Verlauf wichtig, das System vorab ausgiebig zu testen. Diesen Zeitraum sollten Sie in Ihrem Projektverlauf einplanen und Zeit und Kapazitäten dafür zur Verfugung stellen.

👆 TIPP

Ganz wichtig ist die direkte Kommunikation und Präsentation der Zwischenergebnisse an die Geschäftsleitung. Im Endeffekt dienen die Ergebnisse des Projektes der Geschäftsleitung und sollen ihr die Steuerung des Unternehmens erleichtern und Kosten für die Aufbereitung der Zahlen sparen. Die Geschäftsleitung ist meistens diejenige Stelle, die das Projekt ins Leben ruft und die Mittel dafür freistellt. Damit sollte sie auch laufend informiert werden, wie die Zwischenergebnisse des Projektes erreicht werden.

ABSCHLUSS EINES PROJEKTES

Wenn sie hier angekommen sind, haben Sie schon alle Phasen des Projektes durchlaufen. Der Abschluss eines Professional Planner-Projektes stellt die letzte Phase dar, mit der das Projekt abgeschlossen wird. Um auch in diesem Projektschritt alle Faktoren zu berücksichtigen sollte auch hier systematisch vorgegangen werden. Wir empfehlen folgendermaßen vorzugehen:

- Präsentation und Abnahme der Projektergebnisse vor dem Lenkungsausschuss
- Übergabe der Projektergebnisse bzw. eines erstellten IT-Systems an spätere Systemverantwortliche
- Analyse und Beurteilung der Projektergebnisse und des Projektverlaufs
- Sicherstellung von Erfahrungswerten für die nächsten Projektschritte
- Entwicklung von Marketingmaßnahmen für das Projekt (Vorstellung vor einem großen Anwenderkreis, vor dem Vorstand oder dem Aufsichtsrat) . Denken sie immer an die Definition von Öffentlichkeitsarbeit: tue Gutes und rede darüber. Wenn Sie Stolz auf die Ergebnisse Ihres Professional Planner Projektes sind, sollten Sie dies auch kommunizieren.
- Erstellung eines Projektabschlußberichtes
- Auflösung des Projektes - Definition weiterer Projektumfänge

Die Inhalte eines Projektabschlußberichtes sind in der DIN 69901 nachzulesen. Sie sind allgemein gehalten und passen daher auch auf ein Professional Planner Projekt. Wir sparen uns an dieser Stelle diese Inhalte noch einmal aufzuführen.

Lieber verlieren wir noch einige Worte zum Thema Erfahrungssicherung. Am Ende eines Projektes, vor allem dann, wenn es positiv verlaufen ist, werden in erster Linie die Erfolge und Zielerreichungen des Projektes kommuniziert. Aus unserer Erfahrung lernt man aber am meisten aus Fehlentscheidungen, Fehlinterpretationen, Grenzen, Irrtümern oder einfach aus Problemen. Jedes Projektmitglied sollte akzeptieren, dass Fehler oder Irrtümer zu einem Projekt dazugehören. ´Nur wer nicht arbeitet, macht keine Fehler´ ist eine Weisheit, die wir aus unserer täglichen Praxis unterschreiben können. Deshalb sollte der Projektleiter eine offene, erfahrungsorientierte Kommunikation mit seinen Projektmitarbeitern, aber auch mit den Mitarbeitern der WINTERHELLER Software pflegen, um aus den Erfahrungen zu lernen.

Neben den qualitativen Faktoren sollten auch die quantitativen Faktoren, wie Budgetgröße, Aufwand in Personentagen, verwandte Vorgehensmodell oder geplanter Zeitrahmen erfasst und später in einem Soll/IST-Vergleich analysiert werden. Bei großen, auffälligen

Abweichungen sollte vorurteilsfrei überprüft werden, welche Faktoren zu diesen Entwicklungen geführt haben.

Die gewonnen Erfahrungen werden für weitere Projektschritte genutzt. So werden Planungsgenauigkeit und Effizienz kontinuierlich gesteigert.

DOKUMENTATION

Es muss auch darauf geachtet werden, dass ein Projekt stets dokumentiert wird. Der einfache Grund dafür liegt darin, dass Mitarbeiter Ihren Arbeitsplatz wechseln können, neue Mitarbeiter hinzukommen oder aufgrund externer Faktoren im Projekt größere Pausen entstehen. Damit sich neue Mitarbeiter in die Softwarelösung schnell einarbeiten können, ist ein Handbuch erforderlich. Mit solchen Hilfswerkzeugen wächst der Bedienungskomfort der Software enorm. Die Erstellung einer Projektdokumentation bedeutet natürlich einen bestimmten Aufwand. Dieser Aufwand ist jedoch viel geringer als der Aufwand für die zusätzliche Beratung, die sich aus dem Fehlen einer fehlenden Dokumentation ergeben.

WEITERE PROJEKT-SCHRITTE FESTLEGEN

´Nach dem Projekt ist vor dem Projekt´. Mit dem erfolgreichen Erreichen der ersten Projektziele ist der Ausbau des Systems meist noch nicht abgeschlossen. Weitere Ausbauschritte können in Angriff genommen werden. Die aus unserer täglichen Praxis sehr häufig genannten weiteren Ausbaustufen sind:

- Roll out auf die Tochtergesellschaften. Das gilt vor allem dann, wenn man sich in der ersten Projektstufe auf einen zentralen Aufbau des Professional Planner konzentriert hat. In weiteren Stufen werden dann die Tochtergesellschaften, Kostenstellen, Vertriebsbüros oder Niederlassungen angebunden. Dieser Schritt geht oftmals einher mit einer Umstellung des Named-User Modells der Professional Line auf das Concurrent User Modell der Enterprise Edition
- Aufbau einer Bilanz und Liquiditätsrechnung. Das gilt dann, wenn sich der Anwender in der ersten Projektstufe nur auf den Aufbau der Erfolgsrechnung (GuV) konzentriert hat.
- Entwicklung und Einsatz von Individuellen Managern zur Steigerung der Bedienungsfreundlichkeit
- Ausbau und Automatisierung des Berichtswesens
- Entwicklung und Abbildung des Planungs-Workflow in und mit Professional Planner
- Aufbau eigener Szenarien und Simulationsmodelle
- Entwicklung von mehrstufigen Deckungsbeitragsrechnungen incl. umfangreicher Umlagesysteme

- Kombination mit weiteren Tools und Produkten der WINTERHELLER Software. Beispielhaft kann hier das Analyse-Werkzeug Professional Analyser oder die legale Konsolidierungssoftware genannt werden.
- Und viele mehr.

Wichtig ist, das System weiter zu entwickeln und so am Leben zu halten. Aus unserer Erfahrung sind Modelle, die weiter entwickelt und kontinuierlich den Anforderungen angepasst werdem, auch nach Jahren noch erfolgreich und zur Zufriedenheit der Anwender im Einsatz.

TEIL II PRAXISBEISPIEL

SONNENSCHEINGRUPPE

BESCHREIBUNG DES UNTERNEHMENS

Der Sonnenschein Konzern ist ein traditionsreiches Unternehmen im Bereich der Produktion und des Handels mit Holzdekorplatten. Der Hauptsitz der Sonnenschein Gruppe ist in Düsseldorf. Das Unternehmen wird von einem kaufmännischen und einem technischen Geschäftsführer geleitet. Das Unternehmen hat mehrere Filialen. Der Großhandel mit den Holzdekorplatten wird aus Düsseldorf und München gesteuert. Die Produktion befindet sich in Köln. Von dort werden die Produkte an die Baumärkte und andere gewerbliche Abnehmer verschickt. Zu der Unternehmensgruppe gehört auch ein Ingenieurbüro, die Sonnenschein Engineering GmbH aus Hamburg, die vor allem Beratungsleistungen in Form von Projekten an die Produktion und Handels GmbH liefert. Obwohl das Ingenieursbüro zu 100% der Sonnenschein Gruppe gehört, führt es als selbständiges Unternehmen auch andere Projekte außerhalb dieser Gruppe.

Kurzprofil des Sonnenschein Konzerns

- Aufgabengebiet: Produktion und Handel mit Holzdekorplatten
- Umsatz pro Jahr in €: 40 Millionen
- Mitarbeiter: 250 Angestellte
- Sitz der Gesellschaft: Düsseldorf
- Niederlassungen in Düsseldorf, München, Köln und Hamburg

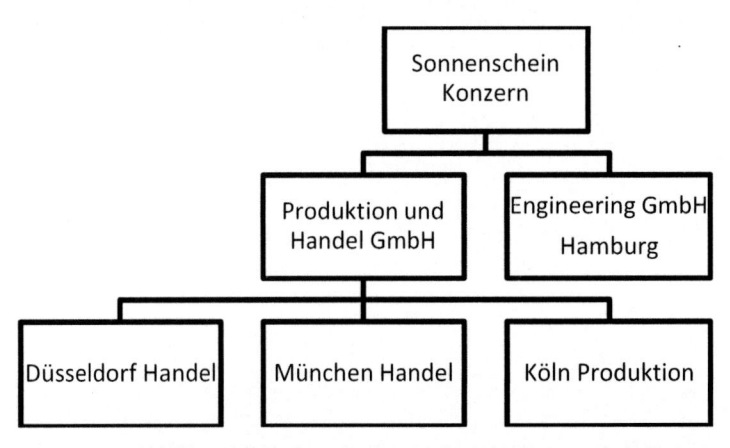

Abbildung 47: Die Organisationsstruktur des Sonnenschein Konzerns

Definition des Projektzieles

- Alle Daten für die Planung und das Reporting an einem Ort zu haben.
- Alle beteiligten Personen sollen einen Zugang zu diesem System erhalten. Der Zugang soll durch ein Berechtigungssystem gesteuert werden.
- Die Benutzer sollen an ihre jeweiligen Bedürfnisse angepasste Oberflächen erhalten.
- Das System soll Simulationen und Szenarien unterstützen. Die verschiedenen Szenarien sollen archivierbar sein.
- Das System soll eine integrierte Erfolgs- Finanz- und Bilanzplanung unterstützen.
- Die Einführung des Systems soll mit keinem großen Programmier- und Schulungsaufwand verbunden sein, um die Beratungskosten im Rahmen zu halten.
- Die Benutzer sollen das System nach dem Projekt selber pflegen und an neue Anforderungen anpassen können.

Definition des Projektumfangs

Die Projektziele lassen darauf schließen, dass es sich hierbei um ein Projekt der Enterprise Line handelt. Am Ende des Projektes werden das ERP System und der Professional Planner eingesetzt. Die bisherigen Tabellenkalkulationen werden durch den Professional Planner im Budgetierungsprozess weitgehend ersetzt. Einige Detailkalkulationen auf Abteilungsebene werden jedoch weiter mit Hilfe eines Tabellenkalkulationsprogramms durchgeführt.

Zeitrahmen

Die Planungsperiode beginnt Ende September eines Jahres. Bis dann müssen alle Systeme getestet und einsatzbereit sein.

Engpässe

- In den Monaten Januar und Februar ist das Projektteam mit den Arbeiten für den Jahresabschluss beschäftigt
- Vom 21 Juni bis zum 03 August sind Sommerferien und viele Mitarbeiter des Projektteams befinden sich im Urlaub.

Aktuelles Berichtswesen

Bei dem Sonnenschein Konzern wird das ERP System im Bereich der Finanzbuchhaltung und Warenwirtschaft eingesetzt. Im Bereich der Planung und des Berichtswesens werden bisher Tabellenkalkulationen eingesetzt. Im Laufe der Zeit ist ein recht umfassendes Gebilde aus verschiedenen Tabellenkalkulationen entstanden, wobei noch verschiedene

Versionen dieser Tabellen existieren. Die Ergebnisse dieser Tabellen werden von den Mitarbeitern der Controllingabteilung zusammengeführt und in das ERP System geladen, um dann Plan-Ist-Vergleiche durchzuführen. Da aber das ERP System über keine Möglichkeiten einer grafischen Darstellung der Zahlen in Form von Charts erlaubt, wird für die Berichtszwecke ein drittes Tool eingesetzt, welches auf die zuvor geladenen Plan- und Istdaten zugreifen kann.

Planungsprozess

Der Planungsprozess bei dem Sonnenschein Konzern verläuft in einem Gegenstromverfahren. Das heißt, dass die Fachabteilungen zuerst im Bottom - Up - Modus ihre Pläne anhand von den Vorjahreszahlen machen. Der Gesamtplan gelangt zu der Geschäftsleitung der Produktion und Handel GmbH wo sie noch um bestimmte Werte im Top - Down – Modus korrigiert wird. Im Einzelnen sieht der typische Ablauf folgendermaßen aus:

- Der Vertriebsleiter liefert die budgetierten Absatzmengen und Preise
- Der Controller und der kaufmännische Leiter schätzen die Fixkosten
- Der Produktionsabteilung werden die budgetierten Absatzmengen mitgeteilt
- Der Produktionsleiter plant die Produktion und meldet der Handelsgesellschaft die errechneten Standardherstellungskosten
- Die Herstellungskosten werden den Umsätzen gegenübergestellt, um die Marge auszurechnen
- Mit der Engineering GmbH werden die budgetierten Beratungsumsätze geplant
- Die Controllingabteilung plant die Investitionen und Kredite
- Die Bilanzplanung wird durchgeführt
- Die Budgets der Produktion und Handel GmbH und der Engineering GmbH werden konsolidiert
- Die Ergebnisse werden der Geschäftsleitung vorgestellt
- Die Geschäftsleitung korrigiert im Top - Down - Modus die Werte und passt sie an die Strategische Ziele der Unternehmung an
- Das Controlling prüft das Budget auf Plausibilität und übergibt die Endergebnisse an die Geschäftsleitung

Verbesserungspotential

Die Erstellung der Teilpläne, deren Zusammenführung, das Rückladen in das ERP System und die Auswertung in einem Berichtssystem machen den Controllingprozess sehr mühsam und zeitaufwendig. Der Sonnenschein Konzern möchte nach dem Projekt eine

50% Zeitersparnis im Budgetierungsprozess erreichen. Die eingesparte Zeit soll der Analyse der Unternehmenszahlen zu Gute kommen.

Schnittstellen

Die Istdaten sollen aus dem ERP – System automatisch ein Mal im Monat in den Professional Planner geladen werden. Dadurch sollen Plan-Ist-Vergleiche, als auch Forecast-Rechnungen ermöglicht werden. Es wird der im Lieferumfang enthaltene Standardimportmanager benutzt. Spezielle Anpassungen dieser Schnittstelle sind nicht notwendig.

Projektplan

Aufgrund der Ergebnisse der vorherigen Punkte baute der Consultant gemeinsam mit dem Kunden ein Projektplan auf, um eine Übersicht, einen Leitfaden und ein Kontrollinstrument zu haben.

Es wurde ein Projektplan aufgestellt, der Coaching – Tage mit dem Consultant vorsieht und auch die Eigenleistung des Kunden berücksichtigt. Es wurden feste Termine vereinbart und auch das Team zusammengestellt.

Das System baut automatisch eine Übersicht der einzelnen Aufgaben in einem sog. Gantt-Chart auf. Das Gantt-Chart visualisiert den Verlauf der einzelnen Aufgaben eines Projektes in einem Balkendiagramm. Üblicherweise wird auch der Fertigstellungsgrad einer Aufgabe farblich dargestellt und die modernen Projektplanungssysteme erlauben auch die Reihenfolge der Aufgaben: Start-Finish, Start-Start, Finish-Start und Finish-Finish. Eine Finish-Start Beziehung zwischen zwei Aufgaben sagt z.B. aus, dass die nächste Aufgabe erst begonnen werden kann, wenn die vorherige Aufgabe vollständig abgeschlossen worden ist. Der Vorteil derartiger logischer Verknüpfungen liegt darin, dass wenn sich eine Aufgabe zeitlich verschiebt, dann verschieben sich auch alle Aufgaben automatisch mit, die von dieser Aufgabe abhängig sind.

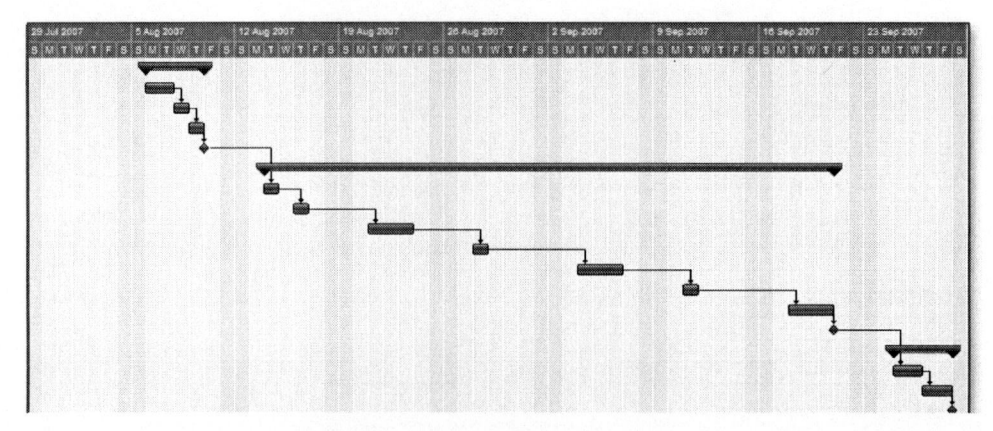

Abbildung 48: Projektplan als Gantt-Chart

Eine gute Eigenschaft der Projektplanungssysteme ist, dass man sowohl interne als auch externe Ressourcen erfassen kann, die für die Durchführung des Projektes notwendig sind. Externe Kosten sind diejenigen, die einem Kunden seitens des Consultants in Rechnung gestellt werden. In unserem Beispiel sind es der markierte Tagessatz und die An- und Abreise zum Einsatzort.

STRUKTURAUFBAU – GUV

Bevor die Unternehmensstrukturen in Professional Planner abgebildet werden können, ist es empfehlenswert erst einen Blick in die vorhandenen Systeme eines Unternehmens zu werfen. In einem Finanzbuchhaltungs- oder ERP-System werden wir zumindest einen Kontenplan vorfinden. Üblicherweise befinden sich in solchen Systemen noch weitere Informationen, besonders wenn das Unternehmen die Vorsysteme auch noch für Kostenrechnungszwecke eingerichtet hat. In diesem Fall werden wir auch noch einen Kostenstellenplan finden können. Es kommt auch vor, dass in einem Konzern ein Konzerneinheitlicher Konten- und Kostenstellenplan genutzt wird. Es ist jedoch eher die Seltenheit, weil meistens Konzerne historisch gewachsene Gebilde sind, in denen ein Unternehmen ein anderes Unternehmen erworben hat. Das führt dann dazu, dass in jedem der Unternehmen ein anderes Finanzbuchhaltungs- und Kostenrechnungssystem mit unterschiedlichen Sachkonten- und Kostenartennummern genutzt wird.

Der Blick in die Vorsysteme zur Anfang des Projektes ist auch deswegen so wichtig, weil der Vergleich der Budgetdaten mit den Istdaten meistens gewünscht wird. Nun kann man sich leicht vorstellen, dass man nur das budgetieren sollte, wozu man auch die Istdaten später abrufen kann, damit die Vergleiche eine sinnvolle Aussage liefern können.

> **TIPP**
>
> Lassen Sie sich von der IT - Abteilung Übersichten der Unternehmen, Kostenstellen, Kostenarten und Sachkonten aus dem Vorsystem erstellen bevor Sie über die Planungsstruktur nachdenken. Sie können dann schnell feststellen, welche Werte in der Finanzbuchhaltung und Kostenrechnung überhaupt gebucht werden.

ⓘ INFO Sonnenschein

Das Projektteam hat den IT – Leiter gebeten zuerst eine Liste der Kostenarten zu erstellen. Zusätzlich sind noch weitere Dimensionen in dieser Liste enthalten. Die Dimension 1 bezeichnet das Unternehmen Produktion und Handel GmbH, dem die Nummer 1 in dem ERP – System zugeordnet wurde. In der Dimension 2 befinden sich die Nummern der Filialen. Die Filiale Düsseldorf trägt die Nummer 10 und die Filiale München die Nummer 20. In der Dimension 3 befinden sich die Nummern der Kostenarten.

Dimension Kostenart	Sachkonto
04200 Raumkosten	04210 Mieten
04200 Raumkosten	04280 Sonstige Raumkosten
04200 Raumkosten	04260 Instandhaltung betrieblicher Räume
04200 Raumkosten	04250 Reinigung
04200 Raumkosten	04240 Gas, Strom, Wasser
04200 Raumkosten	04230 Heizung

Tabelle 6: Zusammenfassung der Kostenarten

> **TIPP**
>
> Kostenarten sind nichts anderes als zusammengefasste Sachkonten. Meistens wird auf der Ebene der Kostenarten je Organisationseinheit wie z.B. eine Kostenstelle budgetiert. Wenn die Kostenarten in Ihrem Vorsystem schon hinterlegt sind, dann braucht man sie nur abzufragen. Wenn nicht, dann können auch die Sachkonten abgefragt werden und dann im Zuge des Datenimports in der Struktur des Professional Planner entsprechend zusammenfassenden Elementen zugeordnet werden. Kostenarten werden in ERP – Systemen in den so genannten Dimensionen abgelegt d.h. jeder Kostenart wird mindestens ein GuV Sachkonto zugeordnet.

QUELLEN FÜR DEN STRUKTURAUFBAU

Diese Tabelle zeigt die Umsatzbereiche und variable Kostenarten, die auch je Umsatzbereich bei der Sonnenschein GmbH gebucht werden. Diese Aufstellung erinnert sehr an das Umsatzkostenverfahren oder die im angloamerikanischen Bereich standardmäßig ausgewiesene Costs of Goods Sold, weil der Wareneinsatz je Produktart ausgewiesen wird.

Produktion und Handel GmbH		Dimension 1	Dimension 2	Dimension 3	Beschreibung
08210	Umsatzerlöse Arbeitsplatten	1	10	08210	Filiale Düsseldorf
08220	Umsatzerlöse Dekorplatten	1	10	08220	Filiale Düsseldorf
08230	Umsatzerlöse Verbundplatten	1	10	08230	Filiale Düsseldorf
08710	Gewährte Skonti Arbeitsplatten	1	10	08710	Filiale Düsseldorf
08720	Gewährte Skonti Dekorplatten	1	10	08720	Filiale Düsseldorf
08730	Gewährte Skonti Verbundplatten	1	10	08730	Filiale Düsseldorf
08310	Gewährte Rabatte Arbeitsplatten	1	10	08310	Filiale Düsseldorf
08320	Gewährte Rabatte Dekorplatten	1	10	08320	Filiale Düsseldorf
08330	Gewährte Rabatte Verbundplatten	1	10	08330	Filiale Düsseldorf
04010	Wareneinsatz Arbeitsplatten	1	10	04010	Filiale Düsseldorf
04020	Wareneinsatz Dekorplatten	1	10	04020	Filiale Düsseldorf
04030	Wareneinsatz Verbundplatten	1	10	04030	Filiale Düsseldorf
04761	Verkaufsprovisionen Arbeitsplatten	1	10	04761	Filiale Düsseldorf
04762	Verkaufsprovisionen Dekorplatten	1	10	04762	Filiale Düsseldorf
04763	Verkaufsprovisionen Verbundplatten	1	10	04763	Filiale Düsseldorf
04571	Transport Arbeitsplatten	1	10	04571	Filiale Düsseldorf
04572	Transport Dekorplatten	1	10	04572	Filiale Düsseldorf
04573	Transport Verbundplatten	1	10	04573	Filiale Düsseldorf
08210	Umsatzerlöse Arbeitsplatten	1	20	08210	Filiale München
08220	Umsatzerlöse Dekorplatten	1	20	08220	Filiale München
08230	Umsatzerlöse Verbundplatten	1	20	08230	Filiale München
08710	Gewährte Skonti Arbeitsplatten	1	20	08710	Filiale München
08720	Gewährte Skonti Dekorplatten	1	20	08720	Filiale München
08730	Gewährte Skonti Verbundplatten	1	20	08730	Filiale München
08310	Gewährte Rabatte Arbeitsplatten	1	20	08310	Filiale München
08320	Gewährte Rabatte Dekorplatten	1	20	08320	Filiale München
08330	Gewährte Rabatte Verbundplatten	1	20	08330	Filiale München
04010	Wareneinsatz Arbeitsplatten	1	20	04010	Filiale München
04020	Wareneinsatz Dekorplatten	1	20	04020	Filiale München
04030	Wareneinsatz Verbundplatten	1	20	04030	Filiale München
04761	Verkaufsprovisionen Arbeitsplatten	1	20	04761	Filiale München
04762	Verkaufsprovisionen Dekorplatten	1	20	04762	Filiale München
04763	Verkaufsprovisionen Verbundplatten	1	20	04763	Filiale München
04571	Transport Arbeitsplatten	1	20	04571	Filiale München
04572	Transport Dekorplatten	1	20	04572	Filiale München
04573	Transport Verbundplatten	1	20	04573	Filiale München

Abbildung 49: Umsatz und variable Kostenarten bei der Produktion und Handel GmbH

Produktion und Handel GmbH		Dimension 1	Dimension 2	Dimension 3	Beschreibung
04120	Gehälter	1	10	04120	Filiale Düsseldorf
04130	Sozialversicherungen/Steuern	1	10	04130	Filiale Düsseldorf
04200	Raumkosten	1	10	04200	Filiale Düsseldorf
04900	Sonstige Aufwendungen	1	10	04900	Filiale Düsseldorf
04120	Gehälter	1	20	04120	Filiale München
04130	Sozialversicherungen/Steuern	1	20	04130	Filiale München
04200	Raumkosten	1	20	04200	Filiale München
04900	Sonstige Aufwendungen	1	20	04900	Filiale München
04920	Fertigungskontrolle (FGK)	1	30	04920	Filiale Köln
04910	Lagerhaltung (MGK)	1	30	04910	Filiale Köln
04120	Gehälter	1	30	04120	Filiale Köln
04130	Sozialversicherungen/Steuern	1	30	04130	Filiale Köln
04200	Raumkosten	1	30	04200	Filiale Köln
04900	Sonstige Aufwendungen	1	30	04900	Filiale Köln
04120	Gehälter	1	40	04120	Verwaltung
04130	Sozialversicherungen/Steuern	1	40	04130	Verwaltung
04200	Raumkosten	1	40	04200	Verwaltung
04900	Sonstige Aufwendungen	1	40	04900	Verwaltung
04780	Fremdarbeiten Projekte (IC)	1	40	04780	Verwaltung
02100	Zinsen und ähnliche Aufwendungen	1	40	02100	Verwaltung
02650	Sonstige Zinsen, ähnliche Erträge	1	40	02650	Verwaltung
04830	Abschreibungen auf Sachanlagen	1	40	04830	Verwaltung
04260	Instandhaltung betrieblicher Räume	1	40	04260	Verwaltung

Abbildung 50: Fixe Kostenarten bei der Produktion und Handel GmbH

Als nächsten Bereich in der Liste der Kostenarten erkennen wir die Struktur der fixen Kostenarten, die auf den Ebenen der Filiale Düsseldorf, München, Köln und der Verwaltung erfasst werden.

Produktion und Handel GmbH		Dimension 1	Dimension 2	Dimension 3	Beschreibung
00100	Immaterielle Vermögensgegenstände	1	0	00100	Unternehmen
00200	Sachanlagen	1	0	00200	Unternehmen
00300	Finanzanlagen	1	0	00300	Unternehmen
03970	Lager Weichholz	1	0	03970	Unternehmen
03971	Lager Hartholz	1	0	03971	Unternehmen
03972	Lager Beschichtung	1	0	03972	Unternehmen
03973	Lager Chemiekalien	1	0	03973	Unternehmen
07110	Fertige Erzeugnisse Arbeitsplatten	1	0	07110	Unternehmen
07111	Fertige Erzeugnisse Dekorplatten	1	0	07111	Unternehmen
07112	Fertige Erzeugnisse Verbundplatten	1	0	07112	Unternehmen
01410	Forderungen LuL Inland	1	0	01410	Unternehmen
01420	Forderungen LuL Ausland	1	0	01420	Unternehmen
00800	Stammkapital	1	0	00800	Unternehmen
00810	Kapitalrücklage	1	0	00810	Unternehmen
00820	Gewinnrücklage	1	0	00820	Unternehmen
00950	Rückstellungen für Pensionen	1	0	00950	Unternehmen
00970	Sonstige Rückstellungen	1	0	00970	Unternehmen
01610	Verbindlichkeiten LuL	1	0	01610	Unternehmen
01630	Verbindlichkeiten LuL (IC)	1	0	01630	Unternehmen
01740	Verbindlichkeiten aus Lohn und Gehalt	1	0	01740	Unternehmen
01741	So Verb. Provisionen	1	0	01741	Unternehmen
01742	So Verb. Sozialvers./Steuern	1	0	01742	Unternehmen
01705	Darlehen KTO 232323	1	0	01705	Unternehmen
01706	Darlehen KTO 858585	1	0	01706	Unternehmen

Abbildung 51: Bilanzpositionen bei der Produktion und Handel GmbH

Nicht zuletzt sehen wir auch die Bilanzpositionen, die es auf der Ebene des Unternehmens gibt. Diese wurden bei dem Sonnenschein Konzern bis jetzt noch nicht budgetiert, weil das Unternehmen kein entsprechendes System dafür gehabt hat. Die Istdaten können natürlich leicht aus dem ERP System abgefragt werden.

Engineering GmbH		Dimension 1	Dimension 2	Dimension 3	Beschreibung
08240	Umsatzerlöse Projekte Dritte	2	50	08240	Filiale Hamburg
08245	Umsatzerlöse Projekte (IC)	2	50	08245	Filiale Hamburg
04010	Wareneinsatz Projekte Dritte	2	50	04010	Filiale Hamburg
04020	Wareneinsatz Projekte (IC)	2	50	04020	Filiale Hamburg
04761	Verkaufsprovisionen Projekte Dritte	2	50	04761	Filiale Hamburg
04762	Verkaufsprovisionen Projekte (IC)	2	50	04762	Filiale Hamburg
04120	Gehälter	2	50	04120	Filiale Hamburg
04130	Sozialversicherungen/Steuern	2	50	04130	Filiale Hamburg
04900	Sonstige Aufwendungen	2	50	04900	Filiale Hamburg
04120	Gehälter	2	60	04120	Verwaltung
04130	Sozialversicherungen/Steuern	2	60	04130	Verwaltung
04200	Raumkosten	2	60	04200	Verwaltung
04900	Sonstige Aufwendungen	2	60	04900	Verwaltung
02100	Zinsen und ähnliche Aufwendungen	2	60	02100	Verwaltung
02650	Sonstige Zinsen, ähnliche Erträge	2	60	02650	Verwaltung
04830	Abschreibungen auf Sachanlagen	2	60	04830	Verwaltung
04260	Instandhaltung betrieblicher Räume	2	60	04260	Verwaltung
04142	Reduktion der Pensionsrückstellungen	2	60	04142	Verwaltung
00100	Immaterielle Vermögensgegenstände	2	0	00100	Unternehmen
00200	Sachanlagen	2	0	00200	Unternehmen
00300	Finanzanlagen	2	0	00300	Unternehmen
01410	Forderungen LuL Inland	2	0	01410	Unternehmen
01430	Forderungen LuL (IC)	2	0	01430	Unternehmen
00800	Stammkapital	2	0	00800	Unternehmen
00810	Kapitalrücklage	2	0	00810	Unternehmen
00820	Gewinnrücklage	2	0	00820	Unternehmen
00950	Rückstellungen für Pensionen	2	0	00950	Unternehmen
00970	Sonstige Rückstellungen	2	0	00970	Unternehmen
01740	Verbindlichkeiten aus Lohn und Gehalt	2	0	01740	Unternehmen
01610	Verbindlichkeiten LuL	2	0	01610	Unternehmen
01741	So Verb. Provisionen	2	0	01741	Unternehmen
01742	So Verb. Sozialvers./Steuern	2	0	01742	Unternehmen

Abbildung 52: Umsatzbereiche, Kostenarten und Bilanzpositionen bei der Engineering GmbH

Die gleiche Übersicht kann aus dem ERP System für die Engineering GmbH gewonnen werden. Nach der Analyse dieser Übersichten, kann damit begonnen werden die Struktur im Professional Planner abzubilden.

BENUTZEROBERFLÄCHE

Die Benutzeroberfläche des Professional Planner beruht auf einem Tabellenkalkulationsprogramm von Actuate® Formula One®. Über diese Benutzeroberfläche administrieren Sie das gesamte Programm, bauen Unternehmensstrukturen und Berichte auf und vieles mehr. Die Benutzeroberflächen sind an Ihre individuellen Bedürfnisse anpassbar.

Praktische Übung

Sie öffnen den Professional Planner über das Startmenü, indem Sie das Symbol Professional Planner 2008 aus dem Menü Start / Alle Programme / Winterheller / Professional Planner 2008 auswählen.

Standardmäßig werden die vordefinierten Oberflächen Key User und IT User ausgeliefert.

Key User – das ist die vollständige Oberfläche für den operativen Mitarbeiter. Sie dient der Administration, dem Aufbaut von Strukturen, Reports, Dateneingaben und –ausgaben.

IT User – eine im Funktionsumfang ebenfalls Oberfläche für Benutzer der IT – Abteilung, die mit administrativen Aufgaben bezüglich des PP beschäftigt sind.

Wenn Sie auf die Verknüpfung *Professional Planner 2008* in Ihrem Startmenü klicken, wird immer die Oberfläche geöffnet, die Sie zuletzt geöffnet haben.

Die Benutzeroberfläche besteht aus fünf Hauptteilen

- Menüleiste
- Symbolleiste
- Navigationsbäume
- Workspace
- Statusleiste

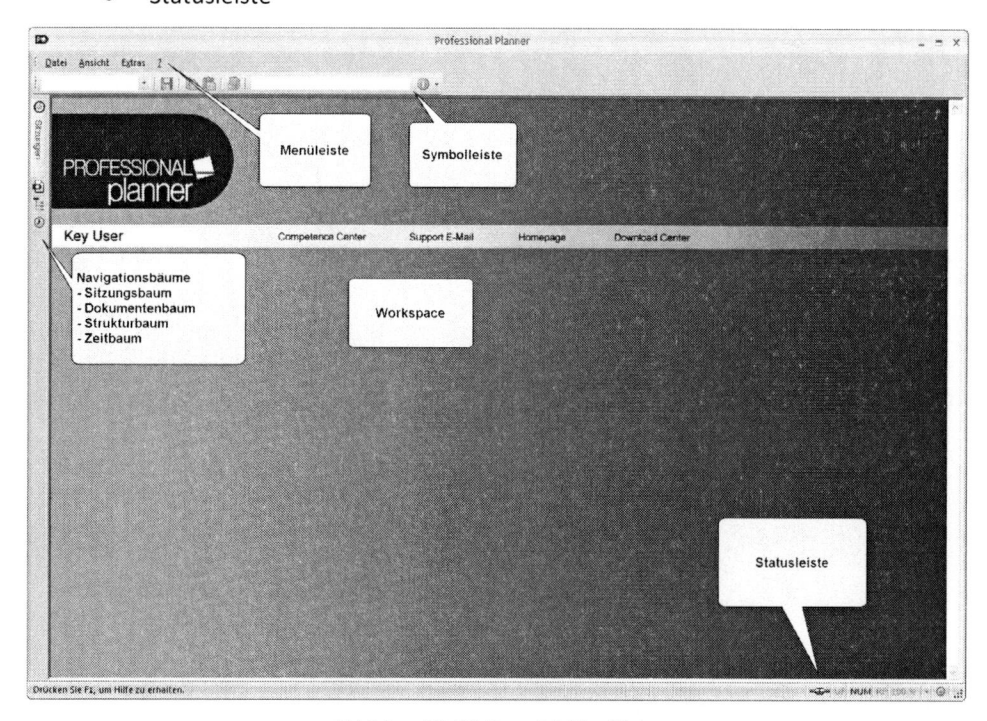

Abbildung 53: PP Financial Oberfläche

Die Navigationsbäume können ausgeklappt werden, indem Sie mit der Maus darauf zeigen. Sie können diese auch andocken, indem Sie das Symbol für „Auto ausblenden" in der linken oberen Ecken anklicken.

NEUES DATASET ANLEGEN

Bevor Sie mit dem Aufbau der Struktur beginnen können, müssen Sie eine neue Sitzung und ein neues Dataset anlegen. Eine neue Sitzung ist eine Verknüpfung zu einem oder mehreren Datasets. Ein Dataset ist ein Satz von Tabellen innerhalb einer Datenbank. In unserem Beispiel beziehen wir uns auf den Microsoft SQL Server 2005.

 Praktische Übung

1. Wählen Sie den Punkt *Neu* aus dem Menü *Datei / Sitzung*
2. Geben Sie *Sonnenschein* als Sitzungsnamen ein und bestätigen Sie mit OK.

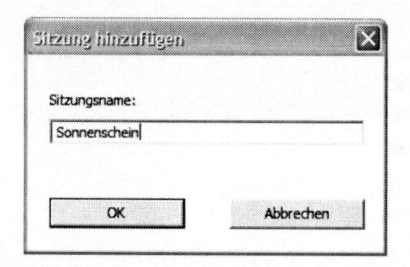

Abbildung 54: Den Sitzungsnamen Sonnenschein vergeben

3. Wählen Sie den Punkt *Sonnenschein* aus dem Menü *Datei / Sitzung / Aktivieren*
4. Wählen Sie den Punkt *Neu* aus dem Menü *Datei / Dataset*
5. Im Dialogfeld *Dataset anlegen* geben Sie *SonnenscheinPlan* als Dateiname ein und klicken auf *Erweitert.* Bitte beachten Sie der der Name des Datasets nur Groß- und Kleinbuchstaben und Zahlen enthalten darf. Es dürfen keine Leerstellen oder Sonderzeichen wie (* # - _ & % $ § [ ] ? { } < > ! usw.) benutzt werden, sonst bekommen Sie eine Fehlermeldung mit der Bitte den Namen zu korrigieren.

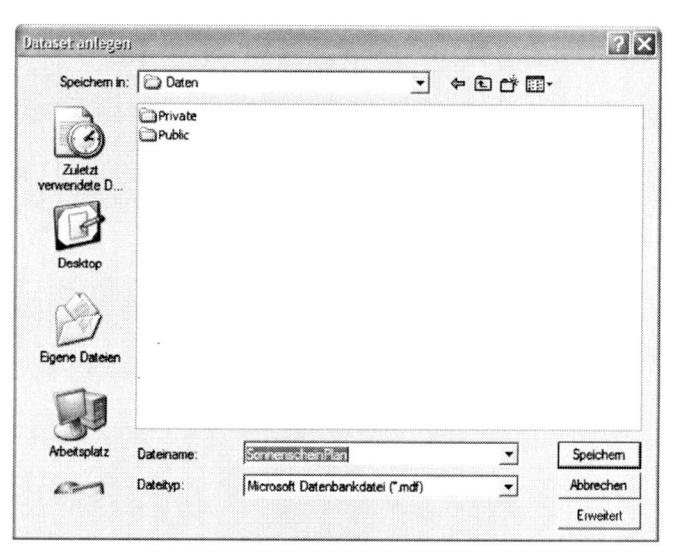

Abbildung 55: Dateiname SonnenscheinPlan

6. Klicken Sie auf *Erweitert* und Sie gelangen in das Dialogfeld in dem Sie die das Rechenschema oder anders genannt Business Content Library auswählen können. Standardmäßig werden die Rechenschemen Finance (de) und Profit (de) ausgeliefert. Sie können aber auch eigene angepasste Rechenschemen haben. Bitte aktivieren Sie das Rechenschema *Finance (de)* und klicken auf die Schaltfläche *Weiter*.

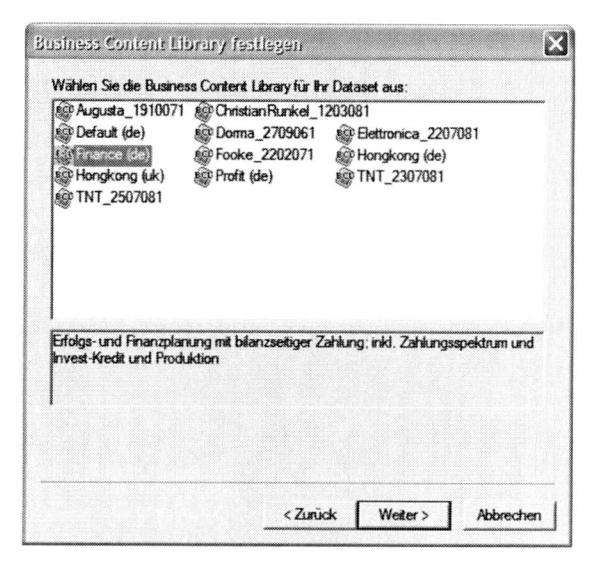

Abbildung 56: Rechenschema Finance(de) auswählen

137

7. Im letzten Dialogfeld wählen Sie die Zeit, die Sie budgetieren möchten. In unserem Beispiel möchten wir die Jahre 2007, 2008 und 2009 in unser Dataset übernehmen. Das bedeutet dass wir am 01.01.2007 mit der Betrachtungsperiode starten und 3 Jahre erzeugen. Die ersten zwei Jahre sollen die Zeitelemente Jahr, Quartal und Monat beinhalten und das dritte Jahr wird nur auf Quartalsebene geplant. Zu diesem Zweck klicken Sie mit der linken Maustaste auf das „Ja" im dritten Jahr und es ändert sich in ein „Nein".

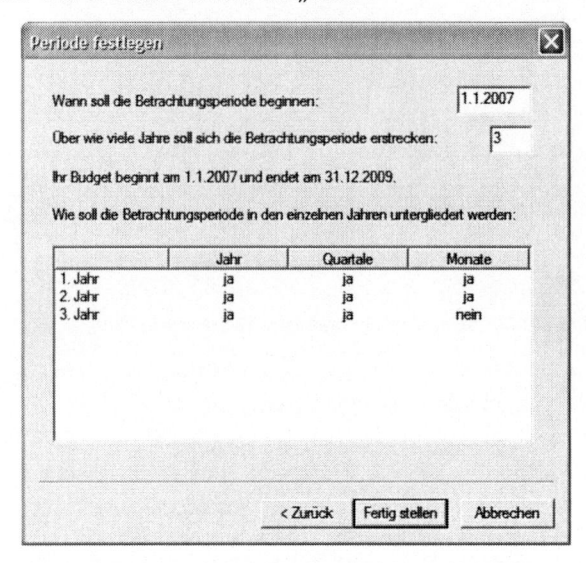

Abbildung 57: Periodenanfang auf 1.1.2007 festlegen mit 3 Jahren Planungshorizont

8. Anschließend klicken Sie auf die Schaltfläche *Fertig stellen* und dann auf *Speichern.* Ein neues Dataset wird erzeugt.

Im Sitzungsbaum können Sie sehen, dass eine neue Sitzung und ein neues Dataset mit dem Namen *SonnenscheinPlan* angelegt wurden.

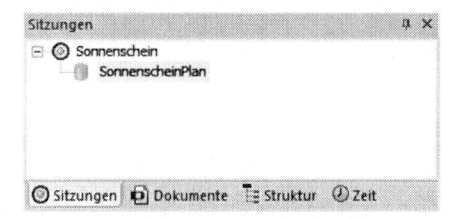

Abbildung 58: Sitzungsbaum

Im Strukturbaum können Sie sehen, dass in dem neuen Dataset das erste Unternehmenselement angelegt wurde. Weitere Strukturelemente gibt es noch nicht. Das

Unternehmenselement beinhaltet jedoch alle Grundfunktionalitäten eines Rechenschemas, in unserem Beispielfall des Rechenschemas Finance (de).

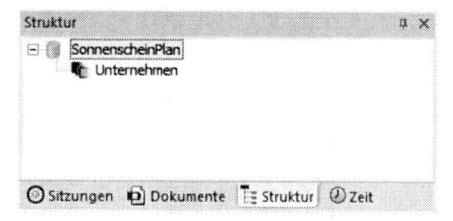

Abbildung 59: Strukturbaum

Im Registerblatt *Zeit* sehen Sie die Jahre 2007 und 2008 mit den Elementen Jahr, Quartal und Monat und das Jahr 2009, welches nur die Elemente Jahr und Quartal enthält.

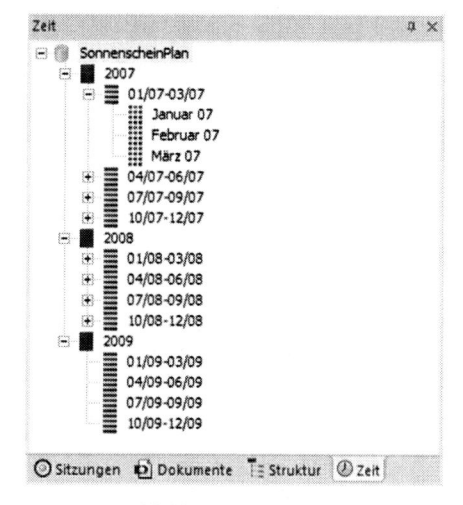

Abbildung 60: Zeitbaum

EINSTELLUNGEN DES UNTERNEHMENSELEMENTS

In Professional Planner kann der Umsatz und die variablen Kosten auf unterschiedliche Weisen geplant werden. Bevor die Struktur aufgebaut wird, können wir schon einige wichtige Einstellungen auf dem neu entstandenen Unternehmenselement im Dataset *SonnenscheinPlan* getroffen werden. Dazu öffnen wir das Dokument *Einstellungen*.

Praktische Übung

1. Aktivieren Sie den Strukturbaum

2. Klicken Sie mit der rechten Maustaste auf das Unternehmenselement
3. Wählen Sie *Element öffnen mit* und wählen Sie das Dokument *Einstellungen*

Sie sehen jetzt sämtliche Einstellungen, die man auf einem Unternehmenselement treffen kann. Wenn Sie zu der Stelle *Planungsmodus Umsatz* scrollen, sehen die Standardeinstellungen bezüglich der Umsatzplanung.

In dem Standardrechenschema Finance (de) können Sie folgende Positionen mit verschiedenen Einstellungen planen.

Position	Planungsmodus	Vorsteuer	Verknüpfung mit einem Bilanzkonto
Umsätze	Umsatz		Alle Typen der Bilanzkonten
	Menge x Preis		
Rabatte	Nein		
	Rabatt / Einheit		
	Rabat in %		
Skonti	Nein		
	Skonto in %		
Wareneinsatz	Nein	Nein	Keine Zuordnung
	Variable Kosten / Einheit	Vorsteuer in %	Lager
	Variable Kosten %		Produktionslager
	Abschlag in %		Verbindlichkeiten LuL
	Aufschlag in %		
Sonstige variable Kosten	Nein	Nein	Keine Zuordnung
	Sonstige Variable Kosten in %	Vorsteuer in %	Lager
	Sonstige variable Kosten / Einheit		Produktionslager
			Verbindlichkeiten LuL
Vertriebssonderkosten	Nein	Nein	Keine Zuordnung
	Vertriebssonderkosten / Einheit	Vorsteuer in %	Alle Typen der Bilanzkonten
	Vertriebsonderkosten in %		
Umsatzprovisionen	Nein	Nein	Keine Zuordnung
	Umsatzprovision in %	Vorsteuer in %	Alle Typen der Bilanzkonten

Abbildung 61: Mögliche Einstellungen im Umsatzbereich

Planungsmodus Umsatz	Umsatz
Rabatte	Rabatt %
Skonto	Skonto %
Forderungen Bilanzkonto	Ford LuL
Forderungen Detailkonto	Unternehmen
Wareneinsatz	Variable Kosten %
Vorsteuerplanung	nein
Wareneinsatz Bilanzkonto	Lager
Wareneinsatz Abfassung Detailkonto	Unternehmen
So Variable Kosten	nein
Vorsteuerplanung	nein
So Variable Kosten Bilanzkonto	Keine Zuordnung
So Variable Kosten Detailkonto	Keine Zuordnung
Vertriebskosten	nein
Vorsteuerplanung	nein
Vertriebskosten Bilanzkonto	Keine Zuordnung
Vertriebskosten Detailkonto	Keine Zuordnung
Umsatzprovision	nein
Vorsteuerplanung	nein
Umsatzprovision Bilanzkonto	Keine Zuordnung
Umsatzprovision Detailkonto	Keine Zuordnung

Abbildung 62: Standardeinstellungen Umsatzbereich

Bezüglich unserer Struktur treffen wir auf den jeweiligen Positionen folgende Einstellungen:

Position	Planungsmodus	Vorsteuer	Verknüpfung mit einem Bilanzkonto
Umsätze	Menge x Preis		Forderungen LuL
Rabatte	Rabat in %		
Skonti	Skonto in %		
Wareneinsatz	Variable Kosten / Einheit	Nein	Produktionslager
Sonstige variable Kosten	Nein	Nein	Keine Zuordnung
Vertriebssonderkosten	Vertriebssonderkosten / Einheit	Nein	Verbindlichkeiten LuL
Umsatzprovisionen	Umsatzprovision in %	Nein	Sonstige Verbindlichkeiten

Abbildung 63: Einstellungen Umsatzbereich

Praktische Übung

1. Klicken Sie auf die Zelle *Umsatz* neben der Zelle *Planungsmodus Umsatz* im Dokument *Einstellungen*

2. Wählen Sie *Menge x Preis* aus

3. Fahren Sie in gleicher Weise mit den übrigen Einstellungen aus der *Abbildung 63: Einstellungen Umsatzbereich* fort

Planungsmodus Umsatz	Menge x Preis
Rabatte	Rabatt %
Skonto	Skonto %
Forderungen Bilanzkonto	Ford LuL
Forderungen Detailkonto	Unternehmen
Wareneinsatz	**Variable Kosten / Einheit**
Vorsteuerplanung	nein
Wareneinsatz Bilanzkonto	Produktionslager
Wareneinsatz Abfassung Detailkonto	Unternehmen
So Variable Kosten	**nein**
Vorsteuerplanung	nein
So Variable Kosten Bilanzkonto	Keine Zuordnung
So Variable Kosten Detailkonto	Keine Zuordnung
Vertriebskosten	**Vertriebskosten / Einheit**
Vorsteuerplanung	nein
Vertriebskosten Bilanzkonto	Verb LuL
Vertriebskosten Detailkonto	Unternehmen
Umsatzprovision	**Umsatzprovision %**
Vorsteuerplanung	nein
Umsatzprovision Bilanzkonto	So Verbindlichkeiten
Umsatzprovision Detailkonto	Unternehmen

Abbildung 64: Einstellungen des Umsatzbereiches

UMSATZBEREICHE

Zum Sonnenschein Konzern gehören zwei Unternehmen: die *Produktion und Handel GmbH* und die *Engineering GmbH*, in denen Umsätze und variable Kosten bezüglich dieser Umsätze geplant und gebucht werden.

Produktion und Handel GmbH		Dimension 1	Dimension 2	Dimension 3	Beschreibung
08210	Umsatzerlöse Arbeitsplatten	1	10	08210	Filiale Düsseldorf
08220	Umsatzerlöse Dekorplatten	1	10	08220	Filiale Düsseldorf
08230	Umsatzerlöse Verbundplatten	1	10	08230	Filiale Düsseldorf
08710	Gewährte Skonti Arbeitsplatten	1	10	08710	Filiale Düsseldorf
08720	Gewährte Skonti Dekorplatten	1	10	08720	Filiale Düsseldorf
08730	Gewährte Skonti Verbundplatten	1	10	08730	Filiale Düsseldorf
08310	Gewährte Rabatte Arbeitsplatten	1	10	08310	Filiale Düsseldorf
08320	Gewährte Rabatte Dekorplatten	1	10	08320	Filiale Düsseldorf
08330	Gewährte Rabatte Verbundplatten	1	10	08330	Filiale Düsseldorf
04010	Wareneinsatz Arbeitsplatten	1	10	04010	Filiale Düsseldorf
04020	Wareneinsatz Dekorplatten	1	10	04020	Filiale Düsseldorf
04030	Wareneinsatz Verbundplatten	1	10	04030	Filiale Düsseldorf
04761	Verkaufsprovisionen Arbeitsplatten	1	10	04761	Filiale Düsseldorf
04762	Verkaufsprovisionen Dekorplatten	1	10	04762	Filiale Düsseldorf
04763	Verkaufsprovisionen Verbundplatten	1	10	04763	Filiale Düsseldorf
04571	Transport Arbeitsplatten	1	10	04571	Filiale Düsseldorf
04572	Transport Dekorplatten	1	10	04572	Filiale Düsseldorf
04573	Transport Verbundplatten	1	10	04573	Filiale Düsseldorf

Abbildung 65: Konten der Umsatzbereiche in der Filiale Düsseldorf

Engineering GmbH		Dimension 1	Dimension 2	Dimension 3	Beschreibung
08240	Umsatzerlöse Projekte Dritte	2	50	08240	Filiale Hamburg
08245	Umsatzerlöse Projekte (IC)	2	50	08245	Filiale Hamburg
04010	Wareneinsatz Projekte Dritte	2	50	04010	Filiale Hamburg
04020	Wareneinsatz Projekte (IC)	2	50	04020	Filiale Hamburg
04761	Verkaufsprovisionen Projekte Dritte	2	50	04761	Filiale Hamburg
04762	Verkaufsprovisionen Projekte (IC)	2	50	04762	Filiale Hamburg

Abbildung 66: Konten der Umsatzbereiche Filiale Hamburg

Die Umsatzbereiche unterscheiden sich nach den Produktgruppen bzw. nach den Dienstleistungen, die diese beiden Unternehmen abgeben. Bei der *Produktion und Handel GmbH* unterscheiden wir die Umsätze und variable Kostenarten nach den Produktgruppen: *Arbeitsplatten, Dekorplatten und Verbundplatten*. Bei der *Engineering GmbH* unterscheiden wir Dienstleistungen nach *Projekten Dritte* und *Projekten (IC)*. Die Abkürzung IC bedeutet in diesem Fall Intercompany d.h. diese Projekte werden bei der *Produktion und Handel GmbH* gemacht. Die Unterscheidung der Projekte nach denen, die außerhalb und nach denen, die innerhalb des Konzerns geleistet werden ist wegen der späteren Konsolidierung wichtig.

Praktische Übung

1. Wechseln Sie zum Strukturbaum

2. Klicken Sie mit der rechten Maustaste auf das Unternehmenselement und wählen Sie im Kontextmenü den Punkt *Element anlegen…*

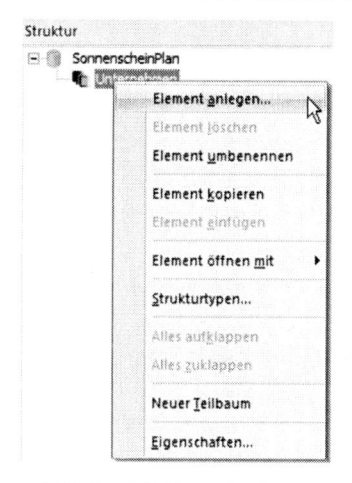

Abbildung 67: Element anlegen

3. Im Dialogfeld *Neuanlage Strukturelemente* wählen Sie ein Element für ein Unternehmen und bestätigen Sie mit OK

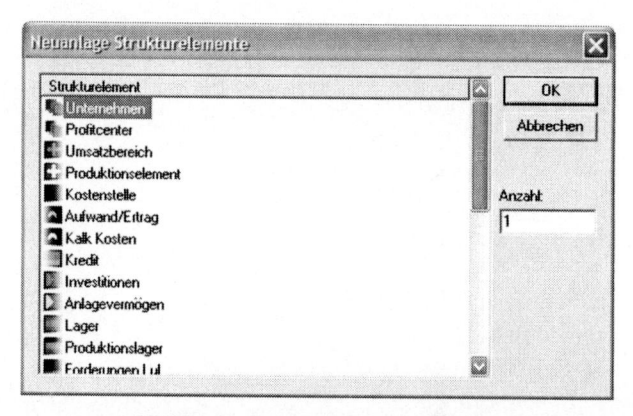

Abbildung 68: Neuanlage Strukturelemente

4. Ein neues Unternehmenselement unter dem ursprünglichen Unternehmenselement ist entstanden. Das Element heißt *Unternehmen-2*. Die 2 symbolisiert die sog. Organisations-ID. Professional Planner vergibt jedem von Ihnen erzeugtem Element eine eindeutige Nummer. Wenn Sie das Element *Unternehmen-2* löschen und anschließend neu anlegen würden, dann würde das neu erzeugte Element *Unternehmen-3* heißen. Die Organisations-ID wird mit einem Löschvorgang eines Elements ebenfalls gelöscht und kommt in diesem Dataset nie wieder vor.

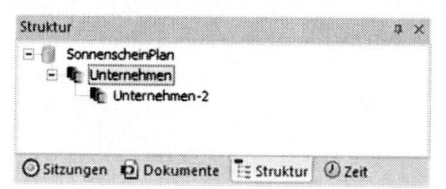

Abbildung 69: Unternehmenselement angelegt

5. Klicken Sie das Element *Unternehmen-2* mit der rechten Maustaste an und wählen Sie aus dem Kontextmenü den Punkt *Element umbenennen*. Tragen Sie den Namen *Produktion und Handel GmbH* ein. Das obere Element wird in *Sonnenschein Gruppe* umbenannt.

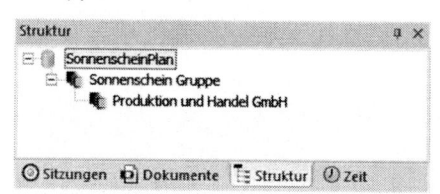

Abbildung 70: Unternehmenselement umbenannt

Sie haben eben Ihr erstes Strukturelement in Professional Planner angelegt. Da wir in unserem Beispiel der *Sonnenschein Gruppe* mit einem Konzern zu tun haben, war es wichtig unter dem ersten Unternehmenselement noch ein Unternehmenselement für die *Produktion und Handel GmbH* anzulegen. In einem Projekt muss aus einer Fülle von Elementen das richtige ausgewählt werden. Ein Unternehmenselement repräsentiert dabei immer ein selbständiges Unternehmen, in dem ein Einzeljahresabschluss gemacht wird. Andere Strukturelementtypen repräsentieren die organisatorische Hierarchie des Unternehmens.

TIPP

Bitte analysieren Sie vor einem Projekt zuerst Ihre Vorsysteme. In den meisten mittelständischen Unternehmen sind derartige Strukturen bereits in einem ERP System hinterlegt. Die Strukturen bestehen aus Unternehmen, Kostenstellen, Profit Centern, Abteilungen, Produktgruppen, Produkten, Kostenarten, Sachkonten etc. Erfahrungsgemäß macht es keinen Sinn eine Planungsstruktur in Professional Planner anzulegen, die sich nicht mit den Strukturen in Ihren Vorsystemen deckt. Nach dem Aufbau der Struktur importieren Sie die Istdaten aus Ihrem Vorsystem und spätestens dann merken Sie dass Sie nicht einen Datensatz z.B. Materialaufwand über fünf Produktgruppen in Professional Planner willkürlich verteilen können. Rein technisch wäre es sogar über den Top Down Import Option möglich aber meistens wird diese Vorgehensweise nicht als sehr sinnvoll erachtet. Sie brauchen dann schon fünf Datensätze bezüglich des Materialverbruchs in jeder Produktgruppe, damit der spätere Plan-Ist-Vergleich in einen Sinn ergibt.

Die Analyse der Strukturdaten aus dem ERP System bei der *Handel und Produktion GmbH* zeigt uns, dass es in diesem Unternehmen eine *Filiale Düsseldorf* gibt, in der die Produktgruppen *Arbeitsplatten, Dekorplatten und Verbundplatten* verkauft werden.

Praktische Übung

1. Klicken Sie mit der rechten Maustaste auf das Element *Handel und Produktion GmbH*
2. Wählen Sie den Punkt *Element anlegen...* aus
3. Wählen Sie ein Profitcenter aus und bestätigen Sie mit OK
4. Klicken Sie auf das neu angelegte Element *Profitcenter-3* mit der rechten Maustaste und wählen Sie erneut aus dem Kontextmenü den Punkt *Element anlegen...*
5. Wählen Sie ein *Umsatzbereich* und ändern Sie die Anzahl von 1 in 3 und bestätigen Sie mit OK

6. Anschließen klicken Sie mit der rechten Maustaste auf das Element *Profitcenter-3* und benennen Sie es in *Filiale Düsseldorf* um und die Umsatzelemente in *08210 Arbeitsplatten, 08220 Dekorplatten* und *08230 Verbundplatten* um. Sie erhalten dabei folgende Konstruktion:

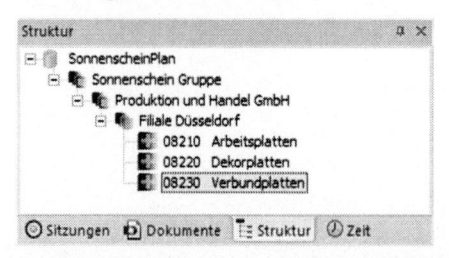

Abbildung 71: Umsatzelemente in der Filiale Düsseldorf

7. Wechseln Sie zum Dokumentenbaum, öffnen den Ordner *Datenerfassung* und klicken auf das Dokument *Umsatz Deckungsbeitrag*. Das Dokument zeigt die Werte, die Sie im Umsatzbereich planen können. Gemäß unseren Einstellungen aus dem Punkt *Einstellungen des Unternehmenselements* können wir jetzt die Absatzmenge, den Absatzpreis, die Umsatzsteuer, Rabatte %, Skonto %, Variable Kosten / Einheit, Umsatzprovision % und Vertriebskosten / Einheit planen.

8. Wechseln Sie zurück zum Strukturbaum. In der linken oberen Zelle des Dokuments *Umsatz-Deckungsbeitrag.PTB* sehen Sie die Sonnenschein Gruppe. Das ist der Name des obersten Strukturelements. Wenn Sie mit der linken Maustaste auf das Element *Produktion und Handel GmbH* in der Unternehmensstruktur klicken, dann wird sich auch der Name in dieser Zelle entsprechend ändern. Das gleiche geschieht, wenn Sie auf die weiteren Elemente in der Unternehmensstruktur klicken. Das bedeutet, dass Sie nur ein Dokument brauchen, um alle Werte aus dem Umsatzbereich einzusehen und ggf. zu editieren.

Umsatz								
SonnenscheinPlan: Sonnenschein Gruppe/Produktion und Handel GmbH								
Produktion und Handel GmbH	Menge	Nettopreis	USt %	Rabatt %	Skonto %	Var Kosten/EH	Provision %	Vertrieb/EH
2007	0	0,00	N.V.	N.V.	N.V.	0,00	N.V.	0,00
Januar 07	0	0,00	N.V.	N.V.	N.V.	0,00	N.V.	0,00
Februar 07	0	0,00	N.V.	N.V.	N.V.	0,00	N.V.	0,00
März 07	0	0,00	N.V.	N.V.	N.V.	0,00	N.V.	0,00
April 07	0	0,00	N.V.	N.V.	N.V.	0,00	N.V.	0,00
Mai 07	0	0,00	N.V.	N.V.	N.V.	0,00	N.V.	0,00
Juni 07	0	0,00	N.V.	N.V.	N.V.	0,00	N.V.	0,00
Juli 07	0	0,00	N.V.	N.V.	N.V.	0,00	N.V.	0,00
August 07	0	0,00	N.V.	N.V.	N.V.	0,00	N.V.	0,00
September 07	0	0,00	N.V.	N.V.	N.V.	0,00	N.V.	0,00
Oktober 07	0	0,00	N.V.	N.V.	N.V.	0,00	N.V.	0,00
November 07	0	0,00	N.V.	N.V.	N.V.	0,00	N.V.	0,00
Dezember 07	0	0,00	N.V.	N.V.	N.V.	0,00	N.V.	0,00

\\ Umsatz /\ Deckungsbeitrag /\ Einstellungen Umsatz /

Abbildung 72: Register Umsatz im Dokument Umsatz-Deckungsbeitrag.PTB

9. Wenn Sie auf das Blatt *Deckungsbeitrag* im Dokument *Umsatz-Deckungsbeitrag.PTB* klicken, sehen Sie die Positionen für *Nettoerlöse* und die entsprechenden variablen Kostenarten wie *Rabatte, Skonti, Vertriebssonderkosten, Umsatzprovisionen* und den *Wareneinsatz*. Aus diesen Werten entsteht ein Deckungsbeitrag. Je nach geschalteter Ebene in der Struktur des Unternehmens ergibt sich daraus ein Deckungsbeitrag pro Produktgruppe, Profitcenter oder Unternehmen.

Deckungsbeitrag					
SonnenscheinPlan: Sonnenschein Gruppe/Produktion und Handel GmbH					
Produktion und Handel GmbH	2007	01/07-03/07	04/07-06/07	07/07-09/07	10/07-12/07
Nettoerlöse	0	0	0	0	0
Rabatte	0	0	0	0	0
Skonti	0	0	0	0	0
Vertriebssonderkosten	0	0	0	0	0
Umsatzprovision	0	0	0	0	0
WES/Material	0	0	0	0	0
Deckungsbeitrag	0	0	0	0	0

\\ Umsatz /\ Deckungsbeitrag /\ Einstellungen Umsatz /

Abbildung 73: Register Deckungsbeitrag im Dokument Umsatz-Deckungsbeitrag

In dem dritten Blatt des Dokumentes *Umsatz-Deckungsbeitrag.PTB* finden Sie wieder die Einstellungen, die wir auch schon mit einem anderen Dokument *Einstellungen* auf dem Unternehmenselement vorgenommen haben. Es ist im Prinzip eine Kopie des Dokumentes *Einstellungen* im Dokument. Auf diese Art und Weise können Sie auch die Einstellungen pro Umsatzelement ändern.

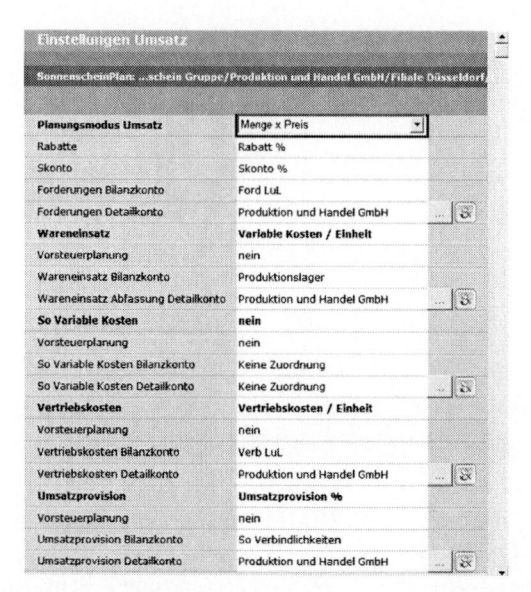

Abbildung 74: Register Einstellungen Umsatz im Dokument Umsatz-Deckungsbeitrag

Es wird langsam klar, dass ein Umsatzelement nicht nur die Absatzmenge, Absatzpreis und den daraus folgenden Umsatz aufnehmen kann, sondern auch noch variable Kostenarten. Die Differenz führt zu einem Deckungsbeitrag.

Damit können wir später alle Werte der Kostenarten bezüglich der Produktgruppen *Arbeitsplatten, Dekorplatten* und *Verbundplatten* der Filiale Düsseldorf in die drei Umsatzbereiche aufnehmen.

Die Umsatzstruktur der Filiale München ist laut *Abbildung 49: Umsatz und variable Kostenarten bei der Produktion und Handel GmbH* auf der Seite 132 identisch aufgebaut. Wir können die Filiale Düsseldorf einfach kopieren.

Praktische Übung

1. Klicken Sie mit der rechten Maustaste auf das Element *Filiale Düsseldorf* und wählen Sie aus dem Kontextmenü den Punkt *Element Kopieren* aus

2. Klicken Sie mit der rechten Maustaste auf das Element *Produktion und Handel GmbH* und wählen Sie aus dem Kontextmenü den Punkt *Element Einfügen* aus

3. Das Dialogfeld *Strukturelemente einfügen* bestätigen sie mit OK Das Ergebnis ist, dass Sie jetzt die *Filiale Düsseldorf* doppelt in der Struktur vorhanden ist.

An dieser Stelle wird uns noch mal die Bedeutung der zuvor erwähnten Organisations-ID in bewusst. In den Unternehmensstrukturen ist es ohne weiteres möglich zwei Elemente auf der gleichen Ebene anzulegen, die identisch heißen. Der Professional Planner unterscheidet die Elemente nach der Organisations-ID, die bei jedem Element der Struktur unterschiedlich ist.

4. Anschließend können Sie wieder mit der rechten Maustaste auf das untere Element *Filiale Düsseldorf* klicken und aus dem Kontextmenü den Punkt *Element umbenennen* auswählen und das den Namen *Filiale München* vergeben. Wenn Sie noch das [+] Zeichen neben dem Filialelement anklicken, dann erhalten Sie folgendes Bild.

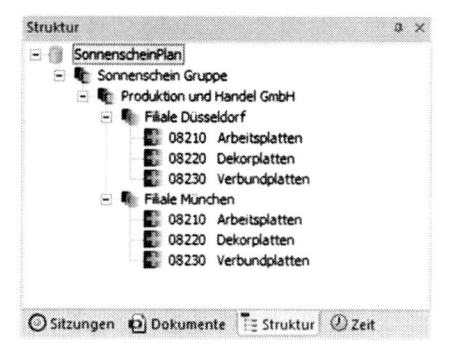

Abbildung 75: Umsatzstruktur in Düsseldorf und München

FIXE KOSTEN

In der letzten Spalte unseres Auszugs aus dem ERP System sehen wir, dass die fixen Kosten bei der Produktion und Handel GmbH über die Filiale Düsseldorf, München, Köln und die Verwaltung verteilt sind. Schauen Sie sich bitte dazu die *0 Quellen für den Strukturaufbau* auf der Seite *132*. Die Kostenarten in den Filialen Düsseldorf und München sind identisch. In Köln sehen wir den Unterschied, dass es dort zwei weitere Kostenarten gibt *Fertigungskontrolle (FGK)* und die *Lagerhaltung (MGK)*. Sie ahnen schon dass es sich bei diesen Kostenarten um Fertigungsgemeinkosten (FGK) und Materialgemeinkosten (MGK) handelt wie sie in Produktionsunternehmen üblicherweise anfallen. Das ist wiederum ein Hinweis darauf, dass Köln die Produktionsstätte ist.

In der Verwaltung sehen wir ebenfalls zusätzliche Kostenarten im Vergleich zu den Filialen Düsseldorf und München. Zuerst haben wir da die Kostenart *Fremdarbeiten Projekte (IC)*. In dieser Kostenart befinden sich alle Werte für Projektleistungen, die von der *Produktion und Handel GmbH* innerhalb des Konzerns bezogen werden. Diese Kostenart muss gesondert ausgewiesen werden, damit sie dann im Zuge der Konsolidierung extrahiert und auf Konzernebene eliminiert werden kann. Darüber hinaus haben wir in der Verwaltung auch noch weitere Kostenarten, die dem gesamten Unternehmen zugeordnet werden: *Zinsen und ähnliche Aufwendungen, Sonstige Zinsen und ähnliche Erträge, Abschreibungen auf Sachanlagen, Instandhaltung betrieblicher Räume* und die *Zuführung zu Pensionsrückstellungen*.

Für derartige Kostenarten gibt es die *Aufwand/Ertrag* Elemente. Diese Elemente können entweder als Aufwand oder als Ertrag eingestellt werden. Bezüglich des Aufwandes ist die Interpretation der Einstellung der Elemente relativ eindeutig. Ein Ertrag unterscheidet sich vom Umsatz insofern, dass ein Umsatz aus Tätigkeiten entsteht, die zu der Haupterwerbsquelle des Unternehmens gehören. In dem Beispiel Produktion und Handel GmbH ist es der Verkauf der Holzdekorplatten. Ein Ertrag hingegen wäre z.B. ein Zinsertrag aus einem gewährten Darlehn.

Praktische Übung

1. Klicken Sie mit der rechten Maustaste auf das Element *Filiale Düsseldorf* und wählen Sie aus dem Kontextmenü den Punkt *Element anlegen...* aus

2. Wählen Sie im Dialogfenster *Neuanlage Strukturelemente* das Element *Aufwand/Ertrag* aus und tragen Sie eine vier unter *Anzahl der Elemente* ein. Bestätigen Sie mit OK.

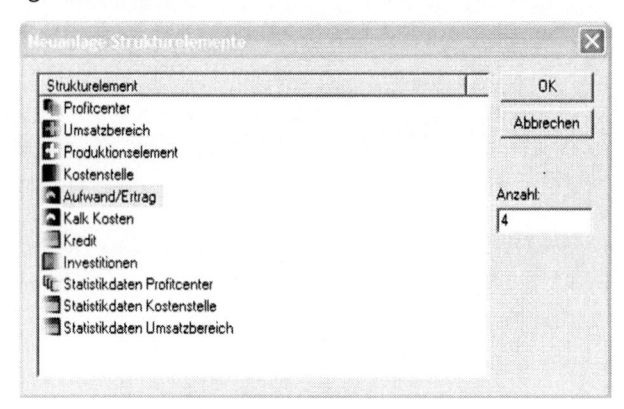

Abbildung 76: Aufwand- und Ertragselemente auswählen

Sie erhalten vier neue *Aufwand/Ertrag* Elemente. Die Zahlen hinter den Elementen repräsentieren die vom Professional Planner automatisch generierten Organisations-ID und müssen mit denen in dem Buch keinesfalls 1:1 übereinstimmen falls Sie abweichend von diesem Szenario inzwischen einige Elemente gelöscht und wieder neu angelegt haben.

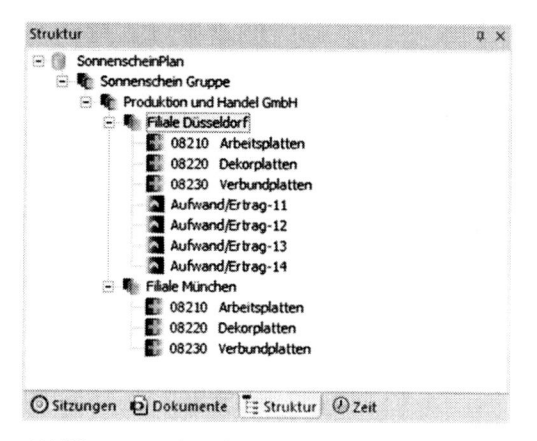

Abbildung 77: Aufwand- und Ertragselemente angelegt

3. Benennen Sie die Elemente um, indem Sie mit der rechten Maustaste auf jedes der Elemente klicken und den Punkt *Element umbenennen* aus dem Kontextmenü auswählen:

   a. *04120 Gehälter*

   b. *04130 Sozialversicherungen/Steuern*

   c. *04200 Raumkosten*

   d. *04900 Sonstige Aufwendungen*

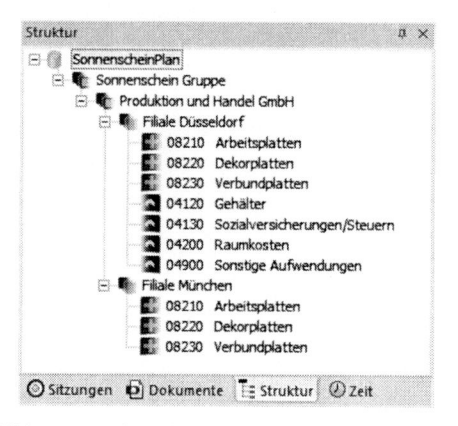

Abbildung 78: Aufwand- und Ertragselemente umbenannt

👉 TIPP

Sie können natürlich jedes Element manuell umbenennen. Wenn Sie viele Elemente umzubenennen haben, dann funktioniert eine andere Methode viel schneller. Sie können die Namen der Elemente aus Tabellenkalkulationen kopieren. Danach öffnen Sie das Dokument *Kennungen* aus dem Dokumentenbaum unter *Toolbox / Einstellungslisten*. Sie Schalten das Dokument mit einem Klick der linken Maustaste auf die Filiale Düsseldorf, aktivieren den Button *Schalten Drill Down Originalebene*. Die Namen der Elemente unter der Filiale Düsseldorf werden aufgelistet. Anschließend können sie die zuvor kopierten Namen der Elemente aus einer Tabellenkalkulation einfügen. Die Elementnamen werden dadurch umbenannt. Auf diese Weise können Sie sich viel Tipparbeit beim Bau von Unternehmensstrukturen ersparen.

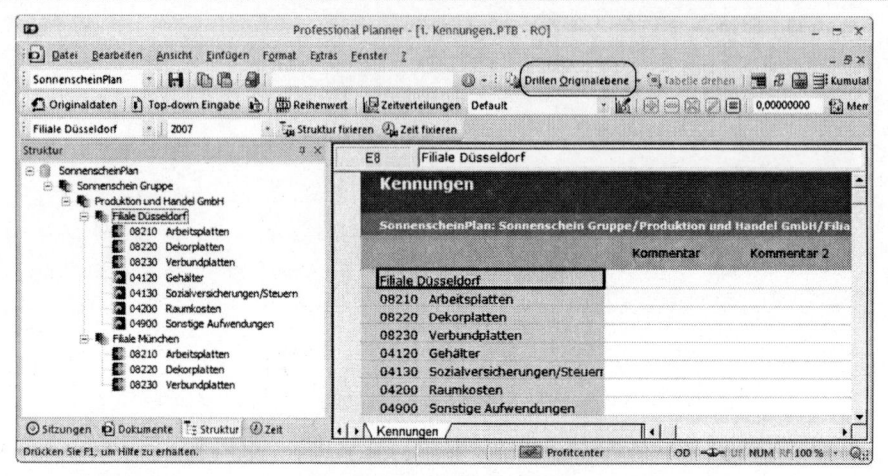

Abbildung 79: Schnelles umbenennen der Elemente mit dem Dokument Kennungen

Die gleichen fixen Kostenarten gibt es auch in der Filiale München. Wir können die Elemente aus der Filiale Düsseldorf einfach in die Filiale Düsseldorf kopieren.

🖥 Praktische Übung

1. Markieren Sie mit der linken Maustaste das Element *04120 Gehälter* in der Filiale Düsseldorf. Halten Sie die *Umschalt-Taste* gedrückt und klicken Sie auf das Element *04900 Sonstige Aufwendungen*. Dadurch werden alle vier Aufwand/Ertrag Elemente markiert.

2. Klicken Sie mit der rechten Maustaste in die markierte Fläche der vier Aufwand/Ertrag Elemente und wählen Sie den Punkt *Element kopieren* aus dem Kontextmenü

3. Klicken Sie mit der rechten Maustaste auf die *Filiale München*, wählen Sie den Punkt *Element Einfügen* aus dem Kontextmenü und bestätigen Sie mit OK

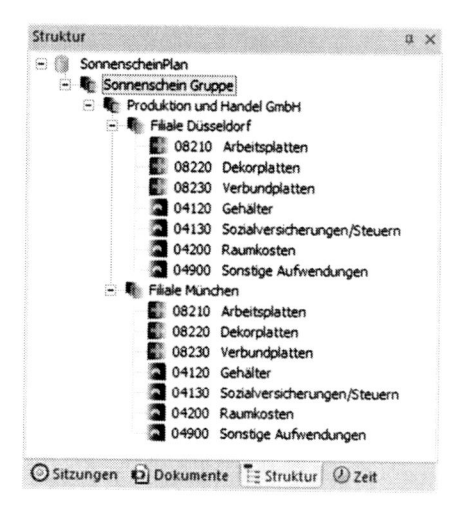

Abbildung 80: Aufwand- und Ertragselemente kopiert

Wenn wir uns noch mal die *0 Quellen für den Strukturaufbau* auf der Seite *132* anschauen, dann erkennen wir, dass wir noch zwei weitere Organisationseinheiten in der Handel und Produktion GmbH benötigen. Es sind die *Filiale Köln* und die *Verwaltung*. Die Filiale Köln werden wir als ein weiteres Profitcenter und die Verwaltung werden wir als eine Kostenstelle definieren. Der wesentliche Unterschied zwischen einem Profitcenter und einer Kostenstelle in Professional Planner ist, dass Profitcenter auch Umsatzbereiche aufnehmen können. Sie können sogar Umsätze und variable Kosten direkt auf einem Profitcenter erfassen, wenn Sie keine weiteren Umsatzbereiche unterscheiden möchten. Eine Kostenstelle kann nur weitere Kostenstellen, Aufwand/Ertrag Elemente, Kalkulatorische Kosten, Kredite, Investitionen und statistische Daten aufnehmen. Eine Kostenstelle kann jedoch keine Umsatzbereiche aufnehmen.

TIPP

Aus den Projekten mit Professional Planner kennen wir die Situation, dass die Kostenstellen in seinem Unternehmen sehr wohl Umsatzbereiche aufnehmen können. Es ist auch in Professional Planner kein Problem – Sie nehmen dafür Profitcenter und betrachten diese Elemente einfach als Kostenstellen.

🖥️ Praktische Übung

1. Klicken Sie mit der rechten Maustaste auf das Unternehmenselement *Produktion und Handel GmbH* und wählen Sie den Punkt *Element Anlegen...* aus dem Kontextmenü. Im Dialogfenster *Neuanlage Strukturelemente* wird erkennbar, dass unter der *Produktion und Handel GmbH* keine weiteren Unternehmenselemente mehr anlegen können. Das ist deswegen so, weil unter dem Unternehmenselement bereits die Profitcenter *Filiale Düsseldorf* und *Filiale München* angelegt wurden. Der Professional Planner wird in dieser Konstellation keine Anlage der Unternehmenselemente auf dieser Ebene mehr zulassen.
2. Wählen Sie das Element *Profitcenter* und bestätigen Sie mit OK
3. Klicken Sie noch mal mit der rechten Maustaste auf das Element *Handel und Produktion GmbH* und wählen Sie den Punkt *Element Anlegen...* aus dem Kontextmenü.
4. Wählen Sie das Element *Kostenstelle* und bestätigen Sie mit OK.
5. Benennen Sie das Profitcenter als *Filiale Köln* und die Kostenstelle als *Verwaltung*
6. Die Kostenarten
    a. 04120 Gehälter
    b. 04130 Sozialversicherungen/Steuern
    c. 04200 Raumkosten
    d. 04900 Sonstige Aufwendungen

können wieder aus der *Filiale Düsseldorf* in die *Filiale Köln* und in die *Verwaltung* kopiert werden.

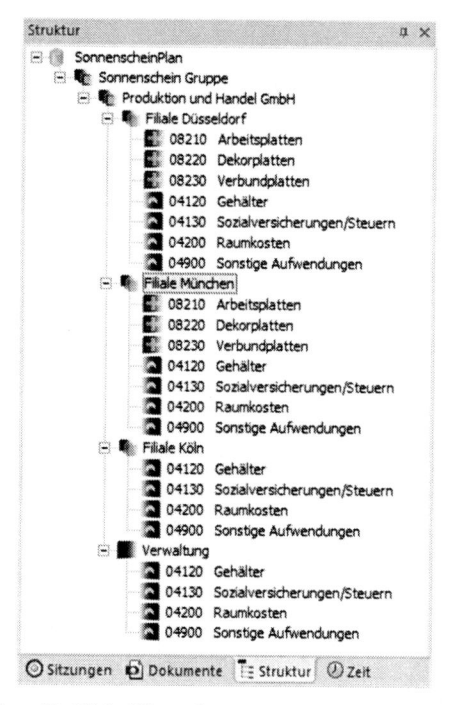

Abbildung 81: Filiale Köln und Kostenstelle Verwaltung angelegt

7. In der *Filiale Köln* erzeugen Sie zwei neue Aufwand/Ertrag Elemente und benennen diese mit Hilfe des Kontextmenüs, das Sie mit der rechten Maustaste aktivieren können in: *04920 Fertigungskontrolle (FGK)* und
04910 Lagerhaltung (MGK) um.

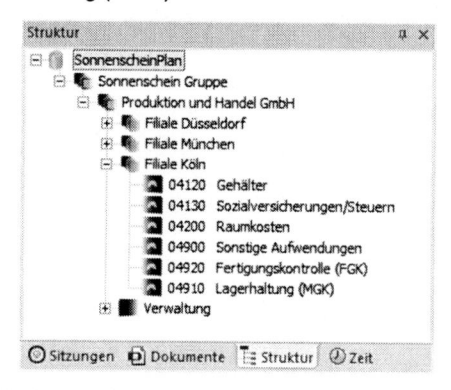

Abbildung 82: Gemeinkosten in der Filiale Köln angelegt

155

Nun stellen wir uns mal vor, dass wir die Reihenfolge der Elemente in der Filiale Köln ändern möchten, Wir möchten, dass die Elemente *04920 Fertigungskontrolle (FGK)* und *04910 Lagerhaltung (MGK)* vor allen anderen Elementen stehen. Wir können sie nacheinander nach oben befördern.

8. Klicken Sie mit der rechten Maustaste auf das Element *04920 Fertigungskontrolle (FGK)* und ziehen Sie es mit gedrückter rechter Maustaste auf das Element *04120 Gehälter* in der Filiale Köln.

9. Klicken Sie auf den Punkt *Davor Einfügen*. Wiederholen Sie den Schritt 9 und Schritt 10 auch bei dem Element *04910 Lagerhaltung (MGK)* bis sie in folgender Reihenfolge stehen.

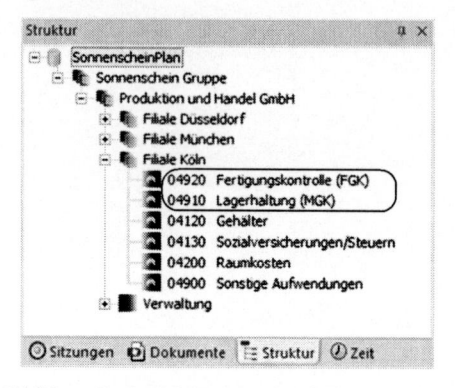

Abbildung 83: Gemeinkosten vor Gehälter eingefügt

10. Legen Sie sechs weitere Aufwand/Ertrag Elemente in der Kostenstelle Verwaltung und benennen Sie diese um in:

    a. 04780 Fremdarbeiten Projekte (IC)

    b. 02100 Zinsen und ähnliche Aufwendungen

    c. 02650 Sonstige Zinsen, ähnliche Erträge

    d. 04830 Abschreibungen auf Sachanlagen

    e. 04260 Instandhaltung betrieblicher Räume

    f. 04141 Zuführung zu Pensionsrückstellungen

Die Struktur der *Produktion und Handel GmbH* sollte anschließend folgendes Aussehen annehmen:

```
Struktur
└ SonnenscheinPlan
  └ Sonnenschein Gruppe
    └ Produktion und Handel GmbH
      └ Filiale Düsseldorf
          08210  Arbeitsplatten
          08220  Dekorplatten
          08230  Verbundplatten
          04120  Gehälter
          04130  Sozialversicherungen/Steuern
          04200  Raumkosten
          04900  Sonstige Aufwendungen
      └ Filiale München
          08210  Arbeitsplatten
          08220  Dekorplatten
          08230  Verbundplatten
          04120  Gehälter
          04130  Sozialversicherungen/Steuern
          04200  Raumkosten
          04900  Sonstige Aufwendungen
      └ Filiale Köln
          04920  Fertigungskontrolle (FGK)
          04910  Lagerhaltung (MGK)
          04120  Gehälter
          04130  Sozialversicherungen/Steuern
          04200  Raumkosten
          04900  Sonstige Aufwendungen
      └ Verwaltung
          04120  Gehälter
          04130  Sozialversicherungen/Steuern
          04200  Raumkosten
          04900  Sonstige Aufwendungen
          04780  Fremdarbeiten Projekte (IC)
          02100  Zinsen und ähnliche Aufwendungen
          02650  Sonstige Zinsen, ähnliche Erträge
          04830  Abschreibungen auf Sachanlagen
          04260  Instandhaltung betrieblicher Räume
          04141  Zuführung zu Pensionsrückstellungen
```

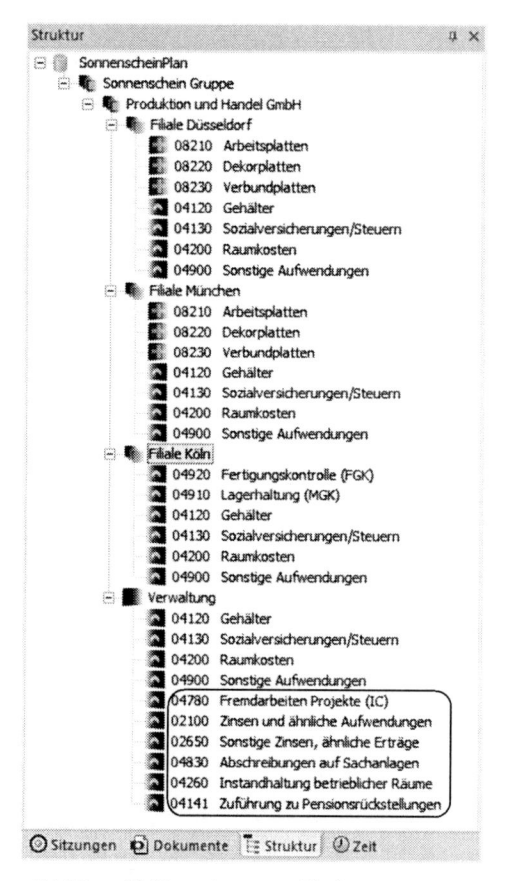

Abbildung 84: Verwaltungsspezifische Kostenarten

PRODUKTIONSELEMENTE

Die Arbeitsplatten, Dekorplatten und Verbundplatten werden bei der *Produktion und Handel GmbH* in der *Filiale Köln* produziert. Wenn wir davon ausgehen, dass im Budgetierungsprozess die Produktionsmenge immer der Absatzmenge entspricht, dann wären wir mit der Struktur der Erfolgsrechnung schon fertig. Wir nehmen in unserem Beispiel jedoch an, dass die Produktionsmenge nicht der Absatzmenge in jedem Monat und Jahr 1:1 entspricht und deswegen müssen wir die Bestandsveränderungen an Halb- und Fertigfabrikaten planen.

Das Rechenschema Finance(de).ped verfügt über spezielle Strukturelemente, mit denen ein einfacher Serienproduktionsprozess abgebildet werden kann. Zuerst wird die

Produktionsmenge festgelegt. Sie können auch sofort direkte Kosten erfassen, die bei der Produktion eines Produktes anfallen, ohne dass sie von der Produktionsmenge abhängig wären. Darüber hinaus können sie maximal fünf verschiedene Produktionsfaktoren planen, die linear von der Produktionsmenge abhängig sind, z.B. Rohstoffe, Halbfabrikate oder Akkordarbeit. Es können auch Gemeinkosten erfasst werden, die von dem Faktorverbrauch abhängig sind.

Aus den Eingangsgrößen werden die Herstellungskosten eines bestimmten Produktes berechnet und dem Produktionslager (Halbfabrikate/Fertigfabrikate Lager) zugeordnet. Wenn die Produkte über die Umsatzelemente verkauft werden und die Herstellungskosten als Wareneinsatz erfasst werden, dann wird das Produktionslager wieder entlastet. Aus der Differenz zwischen der Zuführung aus der Produktion zu dem Produktionslager und der Abführung durch den Verkauf, ergibt sich in jeder Periode eine Bestandsveränderung an Halb- und Fertigfabrikaten.

Schauen wir uns einen einfachen Fall an. Um ein Produkt X herstellen zu können brauchen wir eine bestimmte Menge an einem Rohstoff und eine bestimmte Menge an Arbeit. Die Produktionsmenge (PM) ist 1000 Stück. Von dem Rohstoff brauchen wir pro Stück des Produktes 2 Mengeneinheiten (ME) zu 1,5 EUR/ME. Das ergibt 3.000 EUR. Darüber hinaus entfallen noch 20% Materialgemeinkosten (MGK) von 600 EUR auf die Materialeinzelkosten. Alles zusammen ergibt 3.600 EUR für den Faktor 1.

Bei der Arbeit brauchen wir 0,5 ME zu 30 EUR/ME. Das ergibt 15.000 EUR. Darauf entfallen 30% Fertigungsgemeinkosten (FGK) von 4.500 EUR. Alles zusammen ergibt 19.500 EUR beim Faktor 2. Die Werte werden dem Produktionslager (HF/FF Lager) zugeordnet und der Lagerbestand erhöht sich deshalb um 23.100 EUR. Das sind die gesamten Herstellungskosten des Produktes X. Wenn man diese Herstellungskosten durch 1.000 Stück teilt, erhält man die Stückherstellungskosten von 23,10 EUR.

Faktor 1			Produktionslager
Rohstoff			(Halb-/Fertigfabrikate Lager)
PM 1.000 x 2 ME x 1,5 EUR	= 3.000 EUR		Herstellungskosten
MGK 20%	= 600 EUR		
Summe	= 3.600 EUR		Faktor 1 = 3.600 EUR
			Faktor 2 = 19.500 EUR
Faktor 2			Summe = 23.100 EUR
Arbeit			23,10 EUR/Stück
PM 1.000 x 0,5 ME x 30 EUR	= 15.000 EUR		
FGK 30%	= 4.500 EUR		
Summe	= 19.500 EUR		

Abbildung 85: Kalkulation der Herstellungskosten

Wenn die 23,10 EUR in den Umsatzbereichen als Wareneinsatz pro verkaufte Menge eingesetzt werden, dann wird das Produktionslager um diesen Betrag entlastet. Es ergibt sich eine einfache Deckungsbeitragskalkulation und eine automatische Berechnung der Bestandsveränderung aus der Differenz zwischen der produzierten und abgesetzten Menge des Produktes X:

Absatzmenge	900	Stück
Absatzpreis	30,00	EUR/Stück
Umsatz	27.000,00	EUR
Wareneinsatz	23,10	EUR/Stück
Kosten	20.790,00	EUR
Deckungsbeitrag	6.210,00	EUR
Produktionsmenge	1.000,00	Stück
Bestandsveränderung	2.300,00	EUR

Abbildung 86: Beispiel für Bestandsveränderung

Praktische Übung

1. Klicken Sie mit der rechten Maustaste auf die *Filiale Köln* und wählen Sie den Punkt *Element anlegen...* aus dem Kontextmenü.

2. Wählen Sie das *Produktionselement* und schreiben Sie eine 3 in das Fenster *Anzahl der Elemente*.

3. Anschließend können Sie die Produktionselemente umbenennen, indem Sie mit der rechten Maustaste auf die Elemente klicken und den Punkt *Element umbenennen* aus dem Kontextmenü auswählen. Die Elementnamen sind *Produktion Arbeitsplatten, Produktion Dekorplatten, Produktion Verbundplatten*. Die Struktur in der Filiale Köln sollte folgendermaßen aussehen:

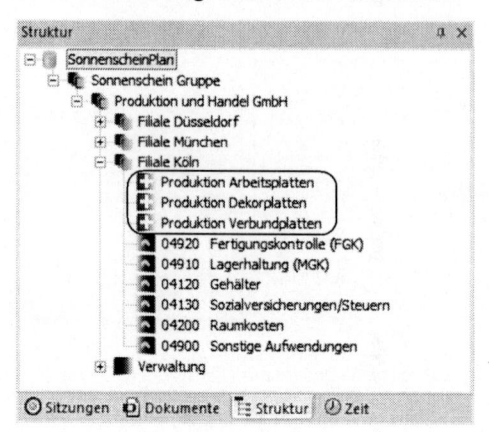

Abbildung 87: Produktionselemente angelegt

Die Produktionselemente können jetzt Werte aus der Warenwirtschaft aufnehmen, die typischerweise nicht in der Finanzbuchhaltung gespeichert werden z.B. Produktionsmenge, Rezepturen, Faktorverbrauch pro Produktgruppe, Preise und Mengen der einzelnen Faktoren und Gemeinkostensätze. Diese Werte befinden sich typischerweise in Warenwirtschaftssystemen.

STRUKTURAUFBAU – BILANZ

Die Besonderheit des Professional Planner ist die Fähigkeit der integrierten Erfolgs- und Finanzplanung. Solange es um die Erfolgsseite geht, ist die Sache noch theoretisch recht einfach. Es handelt sich um Summen von Erlösen und Aufwendungen die vor dem Hintergrund der Zeit und der organisatorischen Struktur eines Unternehmens wie Tochtergesellschaften, Profitcenter, Kostenstellen, Produktgruppen, Kostengruppen, Sachkonten betrachtet werden. Die letzte Zeile dieser Betrachtung heißt Gewinn.

Nun ist jedem Kaufmann bekannt, dass Umsätze nicht unbedingt gleichzeitig Einzahlungen, Aufwendungen nicht gleichzeitig Auszahlungen und Gewinne nicht gleichzeitig Geldüberschüsse sind. Zwischen dem Erfolg und dem Cash gibt es Unterschiede, die sich daraus ergeben, dass es z.B. Zahlungsziele auf den Rechnungen gibt – kaufe heute und zahle nach 30 Tagen. Nach diesem Prinzip entstehen Forderungen und Verbindlichkeiten in der Bilanz.

Im Finanzbereich können auch noch andere Geldbewegungen entstehen z.B. wenn das Unternehmen einen Darlehen aufnimmt oder eine Investition tätigt. Ein neuer Gesellschafter wird aufgenommen und das Stammkapital erhöht wird oder eine Venture Capital Gesellschaft sich an dem Unternehmen Beteiligt und einige Millionen Euro in die Kapitalrücklage gebucht wird. Diese Sachverhalte spielen sich in der Bilanz des Unternehmens ab.

Integrierte Erfolgs- und Finanzplanung

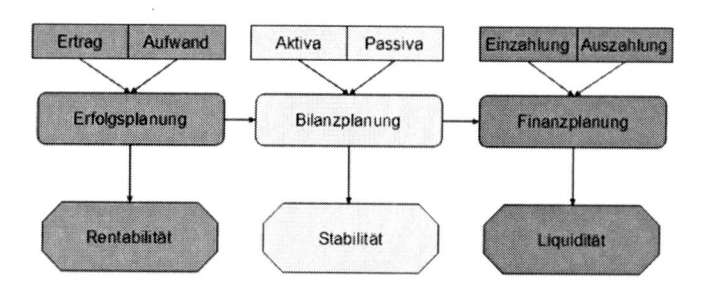

Abbildung 88: Integration der GuV, Bilanz und Cash Flow

Dieses Bedeutet, dass wir weitere Elemente in Professional Planner benötigen. Welche es sind sagt uns wieder die Analyse des Bilanzbereiches des ERP – Systems.

TIPP

Im Punkt *0 Quellen für den Strukturaufbau* auf der Seite *132* wird bewusst von Positionen gesprochen und nicht von Bilanzsachkonten. Natürlich ist es möglich in Professional Planner Strukturen auf Sachkontenebene abzubilden. In der Praxis hat sich jedoch herausgestellt, dass die wenigsten Unternehmen eine Bilanzplanung auf Sachkontenebene durchführen. Die Bilanzplanung ist etwas was vor dem Einsatz des Professional Planner meistens überhaupt nicht gemacht wurde. Es liegt meistens daran, dass derartige Kalkulationen in Tabellenkalkulationen äußerst schwierig abzubilden sind. Wir empfehlen die Bilanzplanung auf der Ebene der Bilanzpositionen z.B. HGB Positionen der arabischen oder römischen Zahlen für die es in den meisten ERP Systemen auch Summenpositionen gibt, die für den Datenimport abgefragt werden können.

Bitte wundern Sie sich nicht, dass in der Liste der Bilanzpositionen der Gewinn nicht auftaucht. Dieser wird in Professional Planner automatisch aus dem Anfangsbestand und den Ergebnissen der Gewinn und Verlustrechnung berechnet und braucht auch nicht gesondert importiert werden.

💻 Praktische Übung

1. Im Grunde genommen ist die Bilanz in Professional Planner jetzt schon vorhanden. Diese können Sie sich anschauen, wenn Sie mit der der rechten Maustaste auf des Unternehmenselement *Produktion und Handel GmbH* klicken und aus dem Kontextmenü den Punkt *Element öffnen mit... Bilanz* auswählen.

2. Von jedem Positionstyp ist eine Position schon vorhanden und mit dem Gesamtsystem integriert. Es ist momentan nur so, dass Sie z.B. nur eine Position für Anlagevermögen haben. Wenn Sie jedoch das Anlagevermögen in *Immaterielle Vermögensgegenstände, Sachanlagen* und *Finanzanlagen* unterscheiden möchten, dann müssen Sie diese Position erweitern. Das geschieht durch die Anlage von weiteren Bilanzelementen. In diesem Fall brauchen Sie drei Bilanzelemente vom Typ Anlagevermögen.

Endbilanz

SonnenscheinPlan: Sonnenschein Gruppe

Sonnenschein Gruppe	2007
A. Anlagevermögen	
Anlagevermögen	0
B. Umlaufvermögen	
Lager	0
Produktionslager	0
Forderungen LuL	0
So Forderungen	0
Forderungen Vorsteuer	0
Forderungen BKK-Zinsen	0
BKK aktiv	0
So Umlaufvermögen	0
C. Aktive Rechnungsabgrenzung	
ARAP	0
Summe Aktiva	**0**
A. Eigenkapital	
Eigenkapital	0
SoPo Rücklagen	0
Bilanzergebnis	0
B. Rückstellungen	
Rückstellungen	0
Steuerrückstellungen	0
C. Verbindlichkeiten	
Verbindlichkeiten LuL	0
So Verbindlichkeiten	0
Verbindlichkeiten Umsatzsteuer	0
Verbindlichkeiten BKK-Zinsen	0
BKK passiv	0
Darlehen	0
D. Passive Rechnungsabgrenzung	
PRAP	0
Summe Passiva	**0**

Abbildung 89: Standardbilanz Professional Planner

In der *Abbildung 90: Verfügbare* Bilanzelemente auf der Seite *163* sind unter anderem alle Bilanzelemente aufgelistet, die Sie in Ihrem Projekt nutzen können. Es ist auch nicht ganz unerheblich, welche Elemente Sie für die Bilanzpositionen nehmen. Es gibt z.B. Bilanzelemente für Forderungen aus LuL und Sonstiges Umlaufvermögen. Beide repräsentieren zwei verschiedene betriebswirtschaftliche Sachverhalte und sollten entsprechend auch in Professional Planner berücksichtigt werden.

Bilanzelemente können in Professional Planner ausschließlich unter Unternehmenselementen angelegt werden. Es ist nicht möglich ein Bilanzelement unter einem Profitcenter-, Kostenstelle-, Umsatzbereich- oder Aufwand/Ertrag Element anzulegen.

```
Anlagevermögen
Lager
Produktionslager
Forderungen LuL
So Forderungen
So Umlaufvermögen
ARAP
Eigenkapital
SoPo Rücklagen
Rückstellungen
Verbindlichkeiten LuL
So Verbindlichkeiten
Darlehen
PRAP
```

Abbildung 90: Verfügbare Bilanzelemente

Praktische Übung

1. Klicken Sie mit der rechten Maustaste auf das Unternehmenselement *Handel und Produktion GmbH* und wählen Sie den Punkt *Element anlegen...* aus dem Kontextmenü aus.

2. Markieren Sie das Element *Anlagevermögen* und schreiben Sie eine 3 in das Fenster *Anzahl der Elemente*.

3. Klicken Sie mit der rechnen Maustaste auf die neu angelegten Elemente und benennen Sie diese um: *00100 Immaterielle Vermögensgegenstände, 00200 Sachanlagen, 00300 Finanzanlagen*.

```
Struktur                                              ⌐ ×
  ⊟  SonnenscheinPlan
      ⊟    Sonnenschein Gruppe
            ⊟    Produktion und Handel GmbH
                  ⊞    Filiale Düsseldorf
                  ⊞    Filiale München
                  ⊞    Filiale Köln
                  ⊟    Verwaltung
                        00100   Immaterielle Vermögensgegenstände
                        00200   Sachanlagen
                        00300   Finanzanlagen

  ⊙ Sitzungen   ⊡ Dokumente   ⋮≡ Struktur   ⊙ Zeit
```

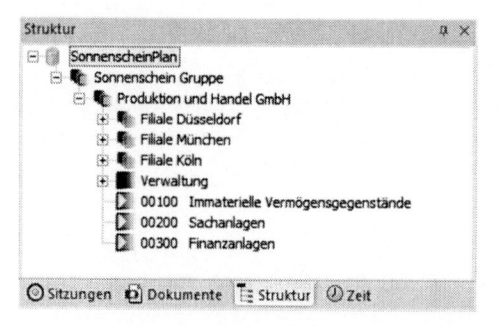

Abbildung 91: Elemente des Anlagevermögens angelegt

4. Analog gehen Sie bei den vier Lagerpositionen 03970 *Lager Weichholz*, *03971 Lager Hartholz*, *03972 Lager Beschichtung*, *03973 Lager Chemikalien* vor. Dafür wählen Sie bei der Anlage vier Elemente vom Typ *Lager* aus und benennen diese entsprechend um.

5. Für die drei Positionen *07110 Fertige Erzeugnisse Arbeitsplatten*, *07111 Fertige Erzeugnisse Dekorplatten*, *07112 Fertige Erzeugnisse Verbundplatten* nehmen Sie das Element *Produktionslager*.

6. Auf der Aktivseite haben wir noch zwei Positionen *01410 Forderungen LuL Inland*, *01420 Forderungen LuL Ausland*. Für diese Positionen nehmen Sie das Elemente *Forderungen LuL* und benennen Sie diese entsprechend um. Die Struktur der Aktivseite sollte so aussehen:

```
Struktur                                              ⌐ ×
  ⊟  SonnenscheinPlan
      ⊟    Sonnenschein Gruppe
            ⊟    Produktion und Handel GmbH
                  ⊞    Filiale Düsseldorf
                  ⊞    Filiale München
                  ⊞    Filiale Köln
                  ⊟    Verwaltung
                        00100   Immaterielle Vermögensgegenstände
                        00200   Sachanlagen
                        00300   Finanzanlagen
                        03970   Lager Weichholz
                        03971   Lager Hartholz
                        03972   Lager Beschichtung
                        03973   Lager Chemikalien
                        07110   Fertige Erzeugnisse Arbeitsplatten
                        07111   Fertige Erzeugnisse Dekorplatten
                        07112   Fertige Erzeugnisse Verbundplatten
                        01410   Forderungen LuL Inland
                        01420   Forderungen LuL Ausland

  ⊙ Sitzungen   ⊡ Dokumente   ⋮≡ Struktur   ⊙ Zeit
```

Abbildung 92: Lager und Forderungen LuL angelegt

7. Nun nehmen wir uns die Passivseite der Bilanz vor und legen die Positionen *00800 Stammkapital*, *00810 Kapitalrücklage* und *00820 Gewinnrücklage*. Neh-

men Sie dafür den Elementtyp *Eigenkapital* und benennen die neu angelegten Elemente entsprechend um.

8. Als weiteres legen Sie die Positionen *00950 Rückstellungen für Pensionen* und *00970 Sonstige Rückstellungen* an. Für diese Positionen nehmen Sie den Elementtyp *Rückstellungen*.

9. Es folgen die Positionen *01610 Verbindlichkeiten LuL*, *01630 Verbindlichkeiten LuL (IC)* und *01740 Verbindlichkeiten aus Lohn und Gehalt*. Dafür nehmen Sie den Elementtyp *Verbindlichkeiten LuL*. Die Abkürzung IC bedeutet Intercompany und meint, dass dort die Verbindlichkeiten LuL gegenüber den Gesellschaften des Konzerns erfasst werden.

10. Es werden noch die Positionen *01741 So Verb. Provisionen*, *01742 So Verb. Sozialvers./Steuern* benötigt. Für diese Positionen wählen Sie den Elementtyp *Sonstige Verbindlichkeiten* aus.

11. Als letztes kommen die Positionen *01705 Darlehen KTO 232323* und *01706 Darlehen KTO 858585*. Für diese Positionen nehmen Sie den Elementtyp *Darlehen*.

Abbildung 93: Elemente der Passivseite der Bilanz angelegt

In dem Dokument *Bilanz* können Sie auch die kursiv dargestellten Detailpositionen sehen, wenn Sie im Professional Planner die Schaltfläche *Detailliste Aktivieren* aktivieren oder alternativ die F7 Taste drücken.

Endbilanz	
SonnenscheinPlan: Sonnenschein Gruppe	
Sonnenschein Gruppe	2007
A. Anlagevermögen	
Anlagevermögen	0
00100 Immaterielle Vermögensgegenstände	*0*
00200 Sachanlagen	*0*
00300 Finanzanlagen	*0*
B. Umlaufvermögen	
Lager	0
03970 Lager Weichholz	*0*
03971 Lager Hartholz	*0*
03972 Lager Beschichtung	*0*
03973 Lager Chemikalien	*0*
Produktionslager	0
07110 Fertige Erzeugnisse Arbeitsplatten	*0*
07111 Fertige Erzeugnisse Dekorplatten	*0*
07112 Fertige Erzeugnisse Verbundplatten	*0*
Forderungen LuL	0
01410 Forderungen LuL Inland	*0*
01420 Forderungen LuL Ausland	*0*
So Forderungen	0
Forderungen Vorsteuer	0
Forderungen BKK-Zinsen	0
BKK aktiv	0
So Umlaufvermögen	0
C. Aktive Rechnungsabgrenzung	
ARAP	0
Summe Aktiva	**0**

Abbildung 94: Bilanz mit eingeschalteter Detailanzeige (F7)

EINSTELLUNGEN DER STRUKTURELEMENTE

Nachdem alle Strukturelemente anhand der Listen aus dem ERP System aufgebaut wurden, müssen diese noch eingestellt werden. Im Punkt *Einstellungen des Unternehmenselements* auf Seite *139* haben wir schon einige Einstellungen vorgenommen. In Professional Planner kann jedes Element noch einzeln eingestellt werden. Die Einstellungen betreffen solche Sachen wie Verbindungen zwischen den einzelnen Elementen, und die Art der Rechenlogik. Man kann z.B. die Umsätze eines bestimmten Umsatzbereiches einem Element vom Typ Forderungen LuL zuordnen, um anschließend anhand von Zahlungszielen die Endbestände auf diesem Element beeinflussen, die wiederum in den Finanzplan einfließen. Man kann aber auch entscheiden, ob der Wareneinsatz dem Produktionslager, einem RHB Lager, direkt den Verbindlichkeiten aus Lieferungen und

Leistungen oder auch überhaupt keinem anderen Bilanzelement zugeordnet werden soll. Wenn Umsätze oder Kosten keinen Bilanzelementen zugeordnet werden, dann nimmt der Professional Planner automatisch an, dass sie unverzüglich bezahlt werden.

EINSTELLUNGEN UMSATZBEREICHE

Praktische Übung

1. Sie können natürlich jedes Element in der Struktur des Professional Planner anklicken und den Punkt *Element öffnen mit... Einstellungen* auswählen. In diesem Dokument können Sie die Einstellungen einzeln vornehmen.

Abbildung 95: Dokument Einstellungen

2. Wenn Sie jedoch mehrere Elemente eines Typs einstellen möchten, dann eignen sich die *Einstellungslisten* besser dafür. Wählen Sie das Dokument *a. Umsatz Einstellungen* aus dem Verzeichnis *Toolbox / Einstellungslisten*.

3. Klicken Sie auf *Drillen alle Ebenen* und Sie sehen die Auflistung aller Umsatzbereiche in den Profitcentern Filiale Düsseldorf und München.

	Bezeichnung	Planungsmodus	Rabatte	Skonto	Forderungen Bilanzkonto	Forderungen Detailkonto
Sonnenschein Gruppe	Unternehmen	Menge x Preis	Rabatt %	Skonto %		
Produktion und Handel GmbH	Unternehmen	Menge x Preis	Rabatt %	Skonto %		
Filiale Düsseldorf	Profitcenter	Menge x Preis	Rabatt %	Skonto %		
08210 Arbeitsplatten	Umsatzbereich	Menge x Preis	Rabatt %	Skonto %	Ford LuL	01410 Forderungen LuL Inland
08220 Dekorplatten	Umsatzbereich	Menge x Preis	Rabatt %	Skonto %	Ford LuL	01410 Forderungen LuL Inland
08230 Verbundplatten	Umsatzbereich	Menge x Preis	Rabatt %	Skonto %	Ford LuL	01410 Forderungen LuL Inland
Filiale München	Profitcenter	Menge x Preis	Rabatt %	Skonto %		
08210 Arbeitsplatten	Umsatzbereich	Menge x Preis	Rabatt %	Skonto %	Ford LuL	01410 Forderungen LuL Inland
08220 Dekorplatten	Umsatzbereich	Menge x Preis	Rabatt %	Skonto %	Ford LuL	01410 Forderungen LuL Inland
08230 Verbundplatten	Umsatzbereich	Menge x Preis	Rabatt %	Skonto %	Ford LuL	01410 Forderungen LuL Inland
Filiale Köln	Profitcenter	Menge x Preis	Rabatt %	Skonto %	Ford LuL	01410 Forderungen LuL Inland

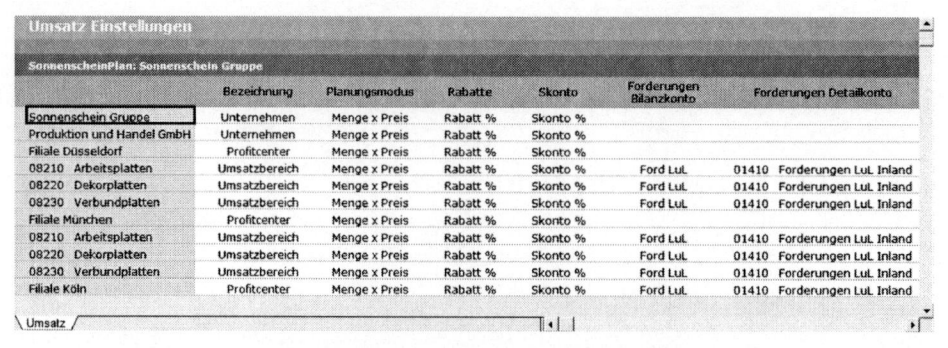

Abbildung 96: Einstellungsliste Umsatzbereiche

4. Da diese Tabelle ziemlich breit ist, können Sie die Zellen Fixieren, damit Sie dann nach rechts scrollen können und immer noch sehen auf welche Elemente sich die weiteren Einstellungen beziehen. Dazu stellen Sie den Cursor auf die Zelle *Unternehmen* in der Spalte *Bezeichnung* und klicken auf *Tabelle Fixieren* in der Symbolleiste. Das Dialogfenster *Tabelle Fixieren* können Sie mit OK bestätigen.

ⓘ INFO

Bei der *Produktion und Handel GmbH* verkauft die *Filiale Düsseldorf* die Produkte im Inland. Die *Filiale München* ist ausschließlich ins europäische EU Ausland. Deswegen gibt es auch für zwei Sachverhalte verschiedene Bilanzpositionen *01410 Forderungen LuL Inland* und *01420 Forderungen LuL Ausland*.

Praktische Übung

1. In Professional Planner kann jedes Umsatzelement separat eingestellt werden. Die Standardeinstellung für die Erlöse ist die Hauptbilanzposition *Forderungen LuL*. Wir haben in der Bilanzstruktur zwei Elemente vom Typ Forderungen LuL angelegt: *01410 Forderungen LuL Inland* und *01420 Forderungen LuL Ausland*. Der Professional Planner unterscheidet zwischen den Einstellungen des Bilanzpositionstyps und des Detailelementes der Bilanzposition. Wenn der Typ der Bilanzposition *Ford LuL* heißt, dann wird der Professional Planner alle so eingestellten Elemente auf das erste Detailelement in der Struktur verknüpfen. In unserem Fall befindet sich das Detailelement *01410 Forderungen LuL Inland* höher in der Struktur als das Detailelement *01420 Forderungen LuL Ausland*. Somit wurden alle Umsatzbereiche auf das Detailelement *01410 Forderungen LuL Inland* zugeordnet.

Umsatz Einstellungen			
SonnenscheinPlan: Sonnensc			
	Forderungen Bilanzkonto	Forderungen Detailkonto	Gegenkonto ID
Sonnenschein Gruppe			
Produktion und Handel GmbH			
Filiale Düsseldorf			
08210 Arbeitsplatten	Ford LuL	01410 Forderungen LuL Inland	50
08220 Dekorplatten	Ford LuL	01410 Forderungen LuL Inland	50
08230 Verbundplatten	Ford LuL	01410 Forderungen LuL Inland	50
Filiale München			
08210 Arbeitsplatten	Ford LuL	01410 Forderungen LuL Inland	50
08220 Dekorplatten	Ford LuL	01410 Forderungen LuL Inland	50
08230 Verbundplatten	Ford LuL	01410 Forderungen LuL Inland	50

Abbildung 97: Ursprüngliche Verknüpfung der Forderungen LuL

2. Das können wir ändern, indem wir die Elemente in der Filiale München auf das Element *01420 Forderungen LuL Ausland* zuordnen. Klicken Sie auf die Schaltfläche mit den drei Punkten neben dem Element 08210 Arbeitsplatten in der Filiale München und wählen Sie in dem Dialogfenster mit der Struktur das Element 01420 Forderungen LuL Ausland aus.

3. Nun sehen Sie, dass einerseits die Verknüpfung zwischen dem Element 08210 Arbeitsplatten in der Filiale München und dem Bilanzelement 01420 Forderungen LuL Ausland erstellt wurde. Andererseits hat sich auch die Nummer in der Spalte Gegenkonto ID geändert. Diese Spalte beinhaltet nichts anderes als die *Organisations-ID* des Bilanzelementes mit dem Namen *01420 Forderungen LuL Ausland*.

Umsatz Einstellungen			
SonnenscheinPlan: Sonnensc			
	Forderungen Bilanzkonto	Forderungen Detailkonto	Gegenkonto ID
Sonnenschein Gruppe			
Produktion und Handel GmbH			
Filiale Düsseldorf			
08210 Arbeitsplatten	Ford LuL	01410 Forderungen LuL Inland	50
08220 Dekorplatten	Ford LuL	01410 Forderungen LuL Inland	50
08230 Verbundplatten	Ford LuL	01410 Forderungen LuL Inland	50
Filiale München			
08210 Arbeitsplatten	Ford LuL	01420 Forderungen LuL Ausland	51
08220 Dekorplatten	Ford LuL	01420 Forderungen LuL Ausland	51
08230 Verbundplatten	Ford LuL	01420 Forderungen LuL Ausland	51
Filiale Köln	Ford LuL	01410 Forderungen LuL Inland	50

Abbildung 98: Korrigierte Verknüpfung der Forderungen LuL

4. Sie können auch direkt in der Spalte *Gegenkonto ID* bei den übrigen Umsatzbereichen der Filiale München die Organisations-ID (hier 51) eintragen und die Verknüpfungen werden automatisch umgeschaltet. Das Funktioniert so lange, wie lange der Elementtyp in der Spalte *Forderungen Bilanzkonto* auf Forderungen LuL eingestellt ist. Wäre es z.B. auf *Sonstige Forderungen* eingestellt, dann

müssten Sie zuerst den Typ ändern, um dann die Organisations-ID direkt in die Spalte *Gegenkonto ID* eintragen zu können.

5. Der nächste Bereich, den Sie auf den Umsatzbereichen einstellen ist der *Wareneinsatz*. Da wir in einem Produktionsunternehmen sind, werden die Holzdekorplatten zuerst erstellt und dem Produktionslager zugeordnet. Beim Verkauf werden sie wieder aus dem Produktionslager ausgebucht. Vergleichen Sie bitte dazu den Punkt *Produktionselemente* auf der Seite 157.

Umsatz Einstellungen				
SonnenscheinPlan: Sonnensc				
	Wareneinsatz Bilanzkonto	Wareneinsatz Abfassung Detailkonto		Gegenkonto ID
Sonnenschein Gruppe				
Produktion und Handel GmbH				
Filiale Düsseldorf				
08210 Arbeitsplatten	Produktionslager	07110	Fertige Erzeugnisse Arbeitsplatten	47
08220 Dekorplatten	Lager	03970	Lager Weichholz	43
08230 Verbundplatten	Lager	03970	Lager Weichholz	43
Filiale München				
08210 Arbeitsplatten	Produktionslager	07110	Fertige Erzeugnisse Arbeitsplatten	47
08220 Dekorplatten	Lager	03970	Lager Weichholz	43
08230 Verbundplatten	Lager	03970	Lager Weichholz	43
Filiale Köln	Lager	03970	Lager Weichholz	43

Abbildung 99: Ursprüngliche Verknpfung des Wareneinsatzes

6. In diesem Fall sind die Arbeitsplatten in den Filialen Düsseldorf und München richtig eingestellt. Die Dekorplatten sind aber mit dem RHB – Lager verknüpft. Ändern Sie in der Spalte *Wareneinsatz Bilanzkonto* den Typ *Lager* in *Produktionslager*, indem Sie auf die Zellen mit dem Eintrag *Lager* anklicken und aus der Drop Down Liste *Produktionslager* auswählen.

7. Der Typ der Bilanzposition ist jetzt richtig gesetzt. Es ist vorläufig noch so, dass der Wareneinsätze aller Umsatzelemente auf das erste Element vom Typ *Produktionslager* verbunden sind. Das hat damit zu tun, dass das Element *07110 Fertige Erzeugnisse Arbeitsplatten* an der ersten Stelle stehen und der Professional Planner verknüpft immer automatisch auf das erste Element von dem jeweiligen Typ.

8. Nach der Änderung der Einstellungen im Bereich des Wareneinsatzes sollte der Bereich folgendermaßen aussehen.

	Wareneinsatz Bilanzkonto	Wareneinsatz Abfassung Detailkonto	Gegenkonto ID
Sonnenschein Gruppe			
Produktion und Handel GmbH			
Filiale Düsseldorf			
08210 Arbeitsplatten	Produktionslager	07110 Fertige Erzeugnisse Arbeitsplatten	47
08220 Dekorplatten	Produktionslager	07111 Fertige Erzeugnisse Dekorplatten	48
08230 Verbundplatten	Produktionslager	07112 Fertige Erzeugnisse Verbundplatten	49
Filiale München			
08210 Arbeitsplatten	Produktionslager	07110 Fertige Erzeugnisse Arbeitsplatten	47
08220 Dekorplatten	Produktionslager	07111 Fertige Erzeugnisse Dekorplatten	48
08230 Verbundplatten	Produktionslager	07112 Fertige Erzeugnisse Verbundplatten	49
Filiale Köln	Lager	03970 Lager Weichholz	43

Abbildung 100: Korrigierte Verknüpfung des Wareneinsatzes

9. Der Wareneinsatz in der Filiale Köln kann auf *Keine Zuordnung* eingestellt werden, weil in diesem Profitcenter keine Umsatzbereiche gibt, die einer Einstellung bedürften.

10. Als nächstes widmen wir uns den Einstellungen der Transportkosten, die in Professional Planner durch den Feldbezug *Vertriebskosten* repräsentiert werden. Diese werden auf die Verbindlichkeiten LuL und auf das Detailelement *01610 Verbindlichkeiten LuL* abgegrenzt. Dadurch kann während der Planungsphase angenommen werden, dass die Rechnungen für die Transportkosten mit einem Zahlungsziel von z.B. 45 Tagen bezahlt werden, was zum Aufbau der Verbindlichkeiten aus LuL führen muss bis die Zahlung tatsächlich erfolgt.

	Vertriebskosten Bilanzkonto	Vertriebskosten Detailkonto	Gegenkonto ID
Sonnenschein Gruppe			
Produktion und Handel GmbH			
Filiale Düsseldorf			
08210 Arbeitsplatten	Verb LuL	01610 Verbindlichkeiten LuL	57
08220 Dekorplatten	Verb LuL	01610 Verbindlichkeiten LuL	57
08230 Verbundplatten	Verb LuL	01610 Verbindlichkeiten LuL	57
Filiale München			
08210 Arbeitsplatten	Verb LuL	01610 Verbindlichkeiten LuL	57
08220 Dekorplatten	Verb LuL	01610 Verbindlichkeiten LuL	57
08230 Verbundplatten	Verb LuL	01610 Verbindlichkeiten LuL	57
Filiale Köln	Keine Zuordnung	Keine Zuordnung	0

Abbildung 101: Verknüpfungen der Vertriebskosten

11. Den letzten Feldbezug, den wir einstellen müssen sind die Umsatzprovisionen. Diese werden auf die Bilanzposition Sonstige Verbindlichkeiten und das Detailelement *01741 So. Verb. Provisionen* verknüpft.

		Umsatzprovision Bilanzkonto	Umsatzprovision Detailkonto	Gegenkonto ID	
Sonnenschein Gruppe					
Produktion und Handel GmbH					
Filiale Düsseldorf					
08210	Arbeitsplatten	So Verbindlichkeiten	01741	So Verb. Provisionen	60
08220	Dekorplatten	So Verbindlichkeiten	01741	So Verb. Provisionen	60
08230	Verbundplatten	So Verbindlichkeiten	01741	So Verb. Provisionen	60
Filiale München					
08210	Arbeitsplatten	So Verbindlichkeiten	01741	So Verb. Provisionen	60
08220	Dekorplatten	So Verbindlichkeiten	01741	So Verb. Provisionen	60
08230	Verbundplatten	So Verbindlichkeiten	01741	So Verb. Provisionen	60
Filiale Köln		Keine Zuordnung		Keine Zuordnung	0

Abbildung 102: Verknüpfungen der Umsatzprovisionen

EINSTELLUNGEN AUFWAND/ERTRAG

Bezüglich der Verknüpfungen zwischen Aufwandsarten und Bilanzkonten entsteht innerhalb des Professional Planner immer die Frage – müssen alle Aufwandsarten irgendwelchen Bilanzkonten zugeordnet werden. Die einfache Antwort lautet hier NEIN. Die Zuordnung einer Kostenart wie z.B. Raumkosten zu einem Bilanzelement wie Verbindlichkeiten LuL macht keinen Sinn, wenn wir annehmen, dass die Miete z.B. immer im gleichen Monat bezahlt wird, in dem der Aufwand entsteht. Auf Monatsbasis kann sich so nie eine Verbindlichkeit aufbauen. Wenn wir aber eine Kostenart wie z.B. Sozialversicherungen/Steuern betrachten, dann werden wir feststellen, dass die Sozialversicherungsbeiträge und Steuern immer erst im nächsten Monat abgeführt werden müssen als der eigentliche Aufwand entsteht. Das bedeutet es entsteht immer eine Verbindlichkeit aus Sozialversicherungen und Steuern zum Ende eines Monats. Derartige Überlegungen entscheiden darüber ob eine Kostenart auf ein Bilanzkonto abgegrenzt werden soll oder nicht. Wenn eine Kostenart nicht auf ein Bilanzkonto abgegrenzt werden soll, dann nimmt der Professional Planner immer an, dass der Aufwand sofort bezahlt wird, was sich auch sofort in der reduzierten Liquidität spiegelt.

Praktische Übung

1. Im Dokumentenbaum im Verzeichnis *Toolbox / Einstellungslisten* finden Sie das Dokument *Aufwand-Ertrag Einstellungen*.

2. Ein Klick auf *Drillen alle Ebenen* in der Symbolleiste listet die Einstellungen aller Aufwand-Ertrag Elemente in der Filiale Düsseldorf, München und Köln. Jetzt können wieder die Einstellungen bezüglich der Erfolgswirkung, des Bilanzkontos und des Detailkontos vorgenommen werden.

3. In der Erfolgswirkung kann zuerst zwischen *Aufwendungen* und *Erträgen* unterschieden werden. Das heißt, dass die Werte eines Aufwand/Ertrag Elements sich je nach Einstellung entweder gewinnerhöhend oder gewinnsenkend auswirken. Die Aufwendungen und Erträge werden nach *Sonstigen*,

Abschreibungen respektive *Zuschreibungen* und *Zinsen* unterschieden. Darüber hinaus wird noch unterschieden ob es sich hierbei um einen *Aufwand, Neutralen Aufwand* oder *Außerordentlichen Aufwand* respektive *Ertrag, Neutralen Ertrag* oder *Außerordentlichen Ertrag* handelt. Diese Einstellungen helfen später bei speziellen Auswertungen der Zahlen, wo es darauf ankommt nicht nur nach Aufwand oder Ertrag zu unterscheiden, sondern noch nach der genauen Art der Aufwandes und Ertrages.

4. Stellen Sie die Elemente nach Maßgabe der *Abbildung 103: Einstellungen der Aufwand-Ertrag Bereiche* auf Seite 173 ein und achten Sie jeweils auf die Erfolgswirkung, Bilanzkonto und Detailkonto:

	Bezeichnung	Erfolgswirkung	Bilanzkonto	Detailkonto	Gegenkonto ID
Sonnenschein Gruppe	Unternehmen				
Produktion und Handel GmbH	Unternehmen				
Filiale Düsseldorf	Profitcenter				
04120 Gehälter	Aufwand/Ertrag	Aufwand Sonstiger	Keine Zuordnung	Keine Zuordnung	0
04130 Sozialversicherungen/Steuern	Aufwand/Ertrag	Aufwand Sonstiger	So Verbindlichkeiten	01742 So Verb. Sozialvers./Steuern	61
04200 Raumkosten	Aufwand/Ertrag	Aufwand Sonstiger	Keine Zuordnung	Keine Zuordnung	0
04900 Sonstige Aufwendungen	Aufwand/Ertrag	Aufwand Sonstiger	Verb LuL	01610 Verbindlichkeiten LuL	57
Filiale München	Profitcenter				
04120 Gehälter	Aufwand/Ertrag	Aufwand Sonstiger	Keine Zuordnung	Keine Zuordnung	0
04130 Sozialversicherungen/Steuern	Aufwand/Ertrag	Aufwand Sonstiger	So Verbindlichkeiten	01742 So Verb. Sozialvers./Steuern	61
04200 Raumkosten	Aufwand/Ertrag	Aufwand Sonstiger	Keine Zuordnung	Keine Zuordnung	0
04900 Sonstige Aufwendungen	Aufwand/Ertrag	Aufwand Sonstiger	Verb LuL	01610 Verbindlichkeiten LuL	57
Filiale Köln	Profitcenter				
04920 Fertigungskontrolle (FGK)	Aufwand/Ertrag	Aufwand Sonstiger	Keine Zuordnung	Keine Zuordnung	0
04910 Lagerhaltung (MGK)	Aufwand/Ertrag	Aufwand Sonstiger	Keine Zuordnung	Keine Zuordnung	0
04120 Gehälter	Aufwand/Ertrag	Aufwand Sonstiger	Keine Zuordnung	Keine Zuordnung	0
04130 Sozialversicherungen/Steuern	Aufwand/Ertrag	Aufwand Sonstiger	So Verbindlichkeiten	01742 So Verb. Sozialvers./Steuern	61
04200 Raumkosten	Aufwand/Ertrag	Aufwand Sonstiger	Keine Zuordnung	Keine Zuordnung	0
04900 Sonstige Aufwendungen	Aufwand/Ertrag	Aufwand Sonstiger	Verb LuL	01610 Verbindlichkeiten LuL	57
Verwaltung	Kostenstelle				
04120 Gehälter	Aufwand/Ertrag	Aufwand Sonstiger	Keine Zuordnung	Keine Zuordnung	0
04130 Sozialversicherungen/Steuern	Aufwand/Ertrag	Aufwand Sonstiger	So Verbindlichkeiten	01742 So Verb. Sozialvers./Steuern	61
04200 Raumkosten	Aufwand/Ertrag	Aufwand Sonstiger	Keine Zuordnung	Keine Zuordnung	0
04900 Sonstige Aufwendungen	Aufwand/Ertrag	Aufwand Sonstiger	Verb LuL	01610 Verbindlichkeiten LuL	57
04780 Fremdarbeiten Projekte (IC)	Aufwand/Ertrag	Aufwand Sonstiger	Verb LuL	01630 Verbindlichkeiten LuL (IC)	58
02100 Zinsen und ähnliche Aufwendungen	Aufwand/Ertrag	Aufwand Zinsen	Keine Zuordnung	Keine Zuordnung	0
02650 Sonstige Zinsen, ähnliche Erträge	Aufwand/Ertrag	Neutraler Ertrag Zinsen	Keine Zuordnung	Keine Zuordnung	0
04830 Abschreibungen auf Sachanlagen	Aufwand/Ertrag	Aufwand Abschreibung	Anlagevermögen	00200 Sachanlagen	41
04260 Instandhaltung betrieblicher Räume	Aufwand/Ertrag	Aufwand Sonstiger	Verb LuL	01610 Verbindlichkeiten LuL	57
04141 Zuführung zu Pensionsrückstellungen	Aufwand/Ertrag	Aufwand Sonstiger	Rückstellungen	00950 Rückstellungen für Pensionen	55

Abbildung 103: Einstellungen der Aufwand-Ertrag Bereiche

Achten Sie bitte besonders darauf, dass die Elemente Zinsen und ähnliche Aufwendungen, Sonstige Zinsen, ähnliche Erträge und Abschreibungen auf Sachanlagen eine andere Einstellung in der Erfolgswirkung haben.

EINSTELLUNGEN PRODUKTIONSELEMENTE

Die Produktionselemente sind Kalkulationselemente, die dazu in der Lage sind aus fünf verschiedenen Einsatzfaktoren die Herstellungskosten eines bestimmten Produktes zu berechnen und automatisch einem HF/FF Lager (Produktionslager) zuzuordnen. Dadurch erhöht sich im ersten Schritt der Bestand des HF/FF Lagers. Durch den Verkauf der Produkte über die Umsatzbereiche und die Eintragung der Herstellungskosten auf dem Feldbezug *Wareneinsatz* der Umsatzbereiche wird der Bestand des HF/FF Lagers (Produktionslagers) reduziert.

Dazu sind natürlich die entsprechenden Einstellungen der Umsatzbereiche notwendig – insbesondere die Verknüpfung des Wareneinsatzes mit den entsprechenden Legern *07110 Fertige Erzeugnisse Arbeitsplatten, 07111 Fertige Erzeugnisse Dekorplatten* und *07112 Fertige Erzeugnisse Verbundplatten*. Diese Einstellungen haben wir schon im Punkt *Einstellungen Umsatzbereiche* auf der Seite *167* vorgenommen.

🖥 Praktische Übung

1. Öffnen Sie das Dokument *Produktion Einstellungen* im Verzeichnis *Toolbox / Einstellungslisten* des Dokumentenbaums.

2. Klicken Sie mit der linken Maustaste auf die Filiale Köln sodass dieses Profitcenter in dem Dokument aktiv wird.

3. Mit *Drillen Originalebene* aus der Symbolleiste schalten Sie das Dokument auf die Originalebene der Produktionselemente.

4. Da dieses Dokument relativ viele Spalten hat, ist es empfehlenswert es zu fixieren, damit man anschließend zu den weiteren Einstellungsspalten nach rechts scrollen kann und immer noch sieht welche Elemente eingestellt werden. Dazu stellen Sie den Cursor auf die Zelle *Profitcenter* und klicken auf den Schalter *Tabelle Fixieren* aus der Symbolleiste und bestätigen das Dialogfenster *Tabelle fixieren* mit OK.

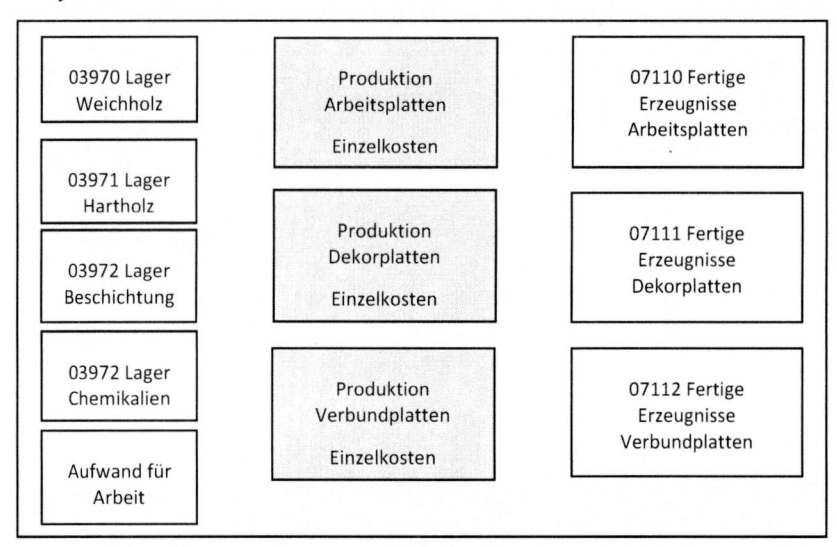

03970 Lager Weichholz	Produktion Arbeitsplatten Einzelkosten	07110 Fertige Erzeugnisse Arbeitsplatten
03971 Lager Hartholz	Produktion Dekorplatten Einzelkosten	07111 Fertige Erzeugnisse Dekorplatten
03972 Lager Beschichtung		
03972 Lager Chemikalien	Produktion Verbundplatten Einzelkosten	07112 Fertige Erzeugnisse Verbundplatten
Aufwand für Arbeit		

Abbildung 104: Produktionsprozess

In *Abbildung 104: Produktionsprozess* auf Seite 174 sehen Sie schematisch dargestellt, wie die Produktionselemente funktionieren. Im Standard Professional Planner können fünf verschiedene Produktionsfaktoren unterschieden werden. In unserem Fall sind es *Weichholz, Hartholz, Beschichtungsmaterial, Chemikalien* und die direkte *Arbeit*, die in die Herstellungskosten der Holzplatten hineinfließen. Es können die Einzelkosten als auch Gemeinkostenzuschläge auf jeden dieser Produktionsfaktoren angewendet werden. Die so errechneten Herstellungskosten der Holzplatten werden anschließend den entsprechenden Lagerelementen zugewiesen.

Praktische Übung

1. Als erstes sehen Sie, dass die Zuordnungen der drei Produktionselemente zu den jeweiligen Produktionslagern geändert werden müssen. Die *Arbeitsplatten* sind richtig zugeordnet. Die *Dekorplatten* und die *Verbundplatten* müssen geändert werden. Dieses erreichen Sie, indem Sie auf das Symbol mit den drei Punkten neben der Spalte *Gegenkonto* klicken. Die Struktur wird angezeigt und Sie ändern die Verknüpfung zum Element *07111 Fertige Erzeugnisse Dekorplatten*, indem Sie darauf klicken und das Dialogfenster mit OK bestätigen.

2. Das gleiche machen Sie mit der Verknüpfung des Produktionselements *Verbundplatten*, indem es mit dem Produktionslagerelement *07112 Fertige Erzeugnisse Verbundplatten* verbinden.

		Zuordnung Produktionslager		Gegenkonto ID
Filiale Köln	Profitcenter			
Produktion Arbeitsplatten	Produktionselement	07110	Fertige Erzeugnisse Arbeitsplatten	47
Produktion Dekorplatten	Produktionselement	07111	Fertige Erzeugnisse Dekorplatten	48
Produktion Verbundplatten	Produktionselement	07112	Fertige Erzeugnisse Verbundplatten	49

Abbildung 105: Richtige Zuordnungen zu den Produktionslegern

3. Als nächsten Schritt schauen wir uns die Einstellungen der einzelnen Faktoren an. **Faktor 1** ist **Weichholz** und sollte mit dem RHB Lager *03970 Lager Weichholz* verbunden werden. Das ist an dieser Stelle auch der Fall. Der Grund dafür ist, dass Professional Planner bestimmte Standardeinstellungen bei der Anlage der Elemente trifft. Es verbindet immer automatisch auf das erste Element eines bestimmten Typs, das in der Struktur vorgefunden wird. Das erste Element vom Typ *Lager* ist in unserer Struktur *03970 Lager Weichholz*.

	Faktor 1 Vorsteuer	Faktor 1 Bilanzkonto	Faktor 1 Detailkonto		Gegenkonto ID
Filiale Köln	nein				
Produktion Arbeitsplatten	nein	Lager	03970	Lager Weichholz	43
Produktion Dekorplatten	nein	Lager	03970	Lager Weichholz	43
Produktion Verbundplatten	nein	Lager	03970	Lager Weichholz	43

Abbildung 106: Verknüpfung Detailkonto Faktor 1

4. Die Verknüpfung beim **Faktor 2** sollte **Hartholz** werden. Hier klicken Sie wieder auf den Schalter mit den drei Punkten neben der Spalte *Gegenkonto* des Faktors 2 und wählen das Element *03971 Lager Hartholz*.

Abbildung 107: Verknüpfung Detailkonto Faktor 2

5. Die Verknüpfung beim **Faktor 3** sollte **Beschichtungsmaterial** werden. Hier klicken Sie wieder auf den Schalter mit den drei Punkten neben der Spalte *Gegenkonto* des Faktors 3 und wählen das Element *03972 Lager Beschichtung*.

Abbildung 108: Verknüpfung Detailkonto Faktor 3

6. Die Verknüpfung beim **Faktor 4** sollte **Chemikalien** werden. Hier klicken Sie auf den Schalter mit den drei Punkten neben der Spalte *Gegenkonto* des Faktors 4 und wählen das Element *03973 Lager Chemikalien*.

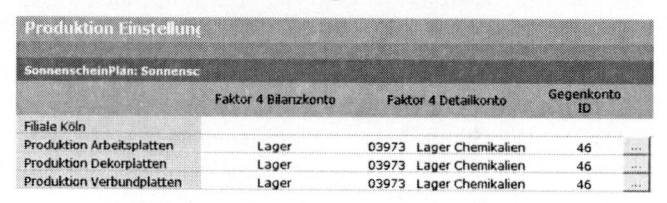

Abbildung 109: Verknüpfung Detailkonto Faktor 4

7. Beim Faktor 5 sind die Einstellungen etwas anders. Beim **Faktor 5** handelt es sich um **direkte Arbeit**. Diesen Faktor beziehen wir nicht aus einem Lager. In Professional Planner kann man in der Spalte *Faktor 5 Bilanzkonto* die Einstellungen *Erfolgswirksam, Lager, Produktionslager* und *Verbindlichkeiten LuL* nehmen.

   a. **Erfolgswirksam** – ist die Einstellung für Faktoren, die im Produktionsprozess verbraucht werden und auch sofort in die GuV als *Ertrag aus Aktivierung* einfließen. Diese Einstellung steigert die Leistung auf die GuV und wird gleichzeitig in der Bilanz auf dem FF Lager durch eine

Gegenbuchung aktiviert.

Buchungssatz:

FF Lager (Bilanz) an *Bestandsveränderungen (GuV)*.

Das Problem an dieser Stelle ist, dass man gleichzeitig diesen Wert vollständig über die GuV Aufwand/Ertrag Element wieder als Aufwand abbauen muss, damit die GuV stimmt, sonst erhöht sich der Gewinn alleine dadurch, dass man auf Lager produziert. Üblicherweise entsteht der Gewinn aber erst dann, wenn die Ware verkauft wird. Wenn man Kosten aktiviert, dann müssen sie erst entstanden sein!

b. **Lager** – diese Einstellung sorgt dafür, dass der Faktor aus dem RHB Lager entnommen wird und dem Produktionsprozess hinzugefügt wird.

c. **Produktionslager** – diese Einstellung kann genommen werden, wenn der Faktor ein Halbfabrikat ist, welches in einem früheren Produktionsprozess von einem anderem Produktionselement einem Produktionslager hinzugefügt worden ist.

d. **Verbindlichkeiten LuL** – diese Einstellung kann genommen werden, wenn der Faktor nicht aus einem Lager entnommen wird, jedoch auf ein Verbindlichkeitskonto fließen sollte. Es ist z.B. nützlich für direkte Fertigungslöhne, die über das Bilanzkonto *01740 Verbindlichkeiten aus Lohn und Gehalt* abgegrenzt werden kann.

8. Wir entscheiden uns für die Einstellung **Verbindlichkeiten LuL** bei dem **Faktor 5**, welcher als direkte Arbeit interpretiert wird. Anschließend stellen wir die Bilanzposition *01740 Verbindlichkeiten aus Lohn und Gehalt* als Abgrenzung ein. Damit sind alle notwendigen Einstellungen der der Produktionselemente getroffen.

Produktion Einstellung			
SonnenscheinPlan: Sonnensc			
	Faktor 5 Bilanzkonto	Faktor 5 Detailkonto	Gegenkonto ID
Filiale Köln			
Produktion Arbeitsplatten	Verbindlichkeiten LuL	01740 Verbindlichkeiten aus Lohn und Gehalt	59
Produktion Dekorplatten	Verbindlichkeiten LuL	01740 Verbindlichkeiten aus Lohn und Gehalt	59
Produktion Verbundplatten	Verbindlichkeiten LuL	01740 Verbindlichkeiten aus Lohn und Gehalt	59

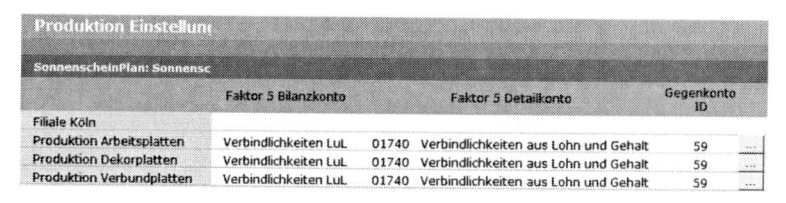

Abbildung 110: Verknüpfung Detailkonto Faktor 5

EINSTELLUNGEN BILANZKONTEN

Im letzten Schritt an dieser Stelle nehmen wir und die Einstellungen der Bilanzkonten vor. In dem Standardrechenschema *Default (de).ped* werden die Zahlungen gesteuert. Hier können die Zahlungsmodalitäten hinterlegt werden und die Lagerbewirtschaftung gesteuert werden.

Praktische Übung

1. Öffnen Sie das Dokument *Bilanz Einstellungen* im Verzeichnis *Toolbox / Einstellungslisten*.

2. Klicken Sie mit der linke Maustaste im Strukturbaum auf das Unternehmenselement *Produktion und Handel GmbH* sodass dieses Element in dem Dokument aktiv wird.

3. Klicken Sie auf *Drillen Originalebene* in der Symbolleiste damit die Bilanzelemente aufgelistet werden.

4. In diesem Punkt stellen wir nur die Verbindung zwischen den Konten des Anlagevermögens und dem Konto *01610 Verbindlichkeiten LuL*. Wir benötigen es deswegen, weil wir annehmen, dass wenn wir in Sachanlagen investieren, dann werden die Investitionen nicht im gleichen Monat bezahlt, sondern erst späten. Somit müssen die Beträge aus Anlagenkäufen erst dem Konto *01610 Verbindlichkeiten LuL* zugeordnet werden.

5. Die restlichen Einstellungen der Lager, Forderungen LuL, Verbindlichkeiten LuL und Sonstigen Verbindlichkeiten lassen wir vorerst so wie sie sind.

Bilanz Einstellungen					
SonnenscheinPlan: Sonnenschein Gruppe/Produktion und Handel GmbH					
		Bezeichnung	Anlagevermögen Verb Hauptbilanz	Anlagevermögen Verb Detailkonto	Gegenkonto ID
Produktion und Handel GmbH		Unternehmen			
00100	Immaterielle Vermögensgege	Anlagevermögen	Verb LuL	01610 Verbindlichkeiten LuL	57
00200	Sachanlagen	Anlagevermögen	Verb LuL	01610 Verbindlichkeiten LuL	57
00300	Finanzanlagen	Anlagevermögen	Verb LuL	01610 Verbindlichkeiten LuL	57

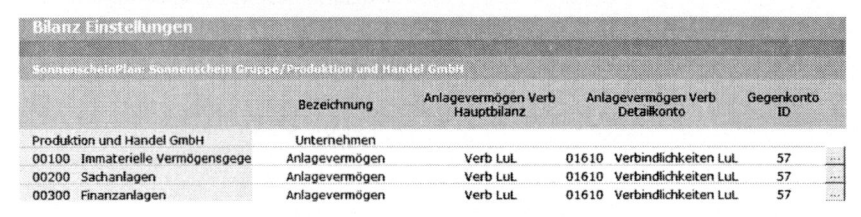

Abbildung 111: Einstellungen Anlagevermögen

AUSBAU DER KONZERNSTRUKTUR

Die Struktur der *Produktion und Handel GmbH* ist jetzt fertig. Alle Elemente sind angelegt und die Einstellungen und Verknüpfungen wurden gemacht. Zu dem Unternehmen

Sonnenschein Gruppe gehört auch die *Engineering GmbH*. Werfen wir noch mal einen Blick auf den Auszug aus dem ERP System aus dem Punkt *0 Quellen für den Strukturaufbau* von der Seite 132.

Die Struktur der *Engineering GmbH* unterscheidet sich von der Struktur der *Produktion und Handel GmbH*, weil beide Unternehmen unterschiedlichen Geschäftsbereichen angehören. Grundsätzlich haben wir aber in unserem Beispiel das Glück, dass beide Unternehmen den gleichen Kontenplan und Kostenarten benutzen. Das sieht man beispielsweise an der Kostenart *04120 Gehälter*, die in beiden Unternehmen die gleiche Bezeichnung und Nummer trägt. Wenn so eine Situation im Professional Planner Projekt angetroffen wird, dann ist es immer empfehlenswert Unternehmensstrukturen zu kopieren und ggf. etwas anzupassen. Dadurch wird viel Zeit gespart. In vielen Projekten werden auch Musterprofitcenter oder Musterkostenstellen definiert, die dann so oft kopiert werden, wie oft man sie in der Unternehmensstruktur braucht. In Projekten mit eine höheren Anzahl von Kostenstellen oder Profitcentern ist die Pflege leichter, wenn die Strukturen dieser Elemente ähnlich sind.

STRUKTUR KOPIEREN

Praktische Übung

1. Klicken Sie das Unternehmenselement *Produktion und Handel GmbH* mit der rechten Maustaste an und wählen Sie den Punkt *Element kopieren* aus dem Kontextmenü

2. Klicken Sie mit der rechten Maustaste auf das Unternehmenselement *Sonnenschein Gruppe* und wählen Sie den Punkt *Element einfügen* aus dem Kontextmenü aus.

3. Das Dialogfenster *Strukturelemente einfügen* können Sie mit OK bestätigen.

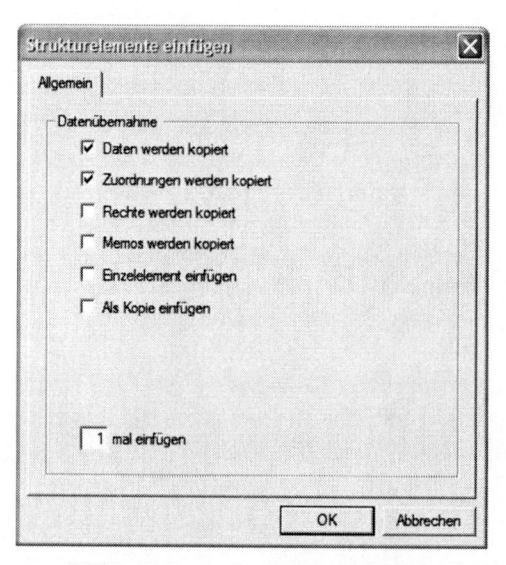

Abbildung 112: Strukturelemente einfügen

4. In der Statusleiste sehen Sie einen Balken, der Ihnen den Fortschritt des Kopiervorgangs anzeigt.

Abbildung 113: Balken in der Statusleiste beim Einfügen der Elemente

5. Ist dieser Balken durchgelaufen, dann haben wir als Ergebnis das Element *Produktion und Handel GmbH* in der Struktur vorerst doppelt.

GUV STRUKTUR ANPASSEN (ENGINEERING GMBH)

1. Klicken Sie auf das untere Element *Produktion und Handel GmbH* mit der rechten Maustaste und wählen Sie den Punkt *Element umbenennen*. Tragen Sie den Namen *Engineering GmbH* ein.

2. Klicken Sie auf das [+] neben dem Unternehmenselement *Engineering GmbH* und die Struktur wird aufgerollt. Jetzt müssen wir die überflüssigen Strukturelemente löschen und die verbleibenden Elemente auf ihre Einstellungen noch mal prüfen.

3. Löschen Sie die Profitcenter *Filiale München* und *Filiale Köln* aus der Struktur der *Engineering GmbH*, indem Sie mir der rechten Maustaste auf diese Elemente klicken und den Punkt *Element löschen* aus dem Kontextmenü auswählen.

4. Benennen Sie die *Filiale Düsseldorf* in der Struktur der *Engineering GmbH* in *Filiale Hamburg* um.

5. Klicken Sie auf das [+] neben der Filiale Hamburg und die Verwaltung, so dass die Unterstrukturen aufgerollt werden.

6. Benennen Sie den Umsatzbereich *08210 Arbeitsplatten* in *08240 Umsatzerlöse Projekte Dritte* und *08220 Dekorplatten* in *08245 Umsatzerlöse Projekte (IC)*.

7. Löschen Sie den Umsatzbereich *08230 Verbundplatten*.

8. Löschen Sie das Aufwand/Ertrags Element *04200 Raumkosten* in der Filiale Hamburg.

9. Löschen Sie das Element *04780 Fremdarbeiten Projekte (IC)* aus der Kostenstelle *Verwaltung*.

10. Benennen Sie das Element *04141 Zuführung zu Pensionsrückstellungen* in *04142 Reduktion der Pensionsrückstellungen* in der Kostenstelle Verwaltung. Die Struktur der Filiale Hamburg und der Kostenstelle Verwaltung sollte folgendermaßen aussehen.

Abbildung 114: Struktur der Engineering GmbH

GUV STRUKTUR EINSTELLEN (ENGINEERING GMBH)

Praktische Übung

1. Öffnen Sie wieder das Dokument *Umsatz Einstellungen* aus dem Verzeichnis *Toolbox / Einstellungslisten* im Dokumentenbaum.

2. Schalten Sie das Dokument auf die *Engineering GmbH* und klicken Sie auf *Drillen alle Ebenen* in der Symbolleiste, um die Umsatzbereiche aufzulisten.

3. Stellen Sie das Forderungen Detailkonto bei dem Umsatzelement 08245 Umsatzerlöse Projekte (IC) auf *01420 Forderungen LuL Ausland*

Umsatz Einstellungen			
SonnenscheinPlan: Sonnenschein Grup			
	Forderungen Bilanzkonto	Forderungen Detailkonto	Gegenkonto ID
Engineering GmbH			
Filiale Hamburg			
08240 Umsatzerlöse Projekte Dritte	Ford LuL	01410 Forderungen LuL Inland	112
08245 Umsatzerlöse Projekte (IC)	Ford LuL	01420 Forderungen LuL Ausland	113

Abbildung 115: Einstellungen der Forderungen LuL bei der Engineering GmbH

4. Stellen Sie das Wareneinsatz Bilanzkonto auf *01610 Verbindlichkeiten LuL* bei beiden Umsatzbereichen.

Umsatz Einstellungen			
SonnenscheinPlan: Sonnenschein Grup			
	Wareneinsatz Bilanzkonto	Wareneinsatz Abfassung Detailkonto	Gegenkonto ID
Engineering GmbH			
Filiale Hamburg			
08240 Umsatzerlöse Projekte Dritte	Verbindlichkeiten LuL	01610 Verbindlichkeiten LuL	119
08245 Umsatzerlöse Projekte (IC)	Verbindlichkeiten LuL	01610 Verbindlichkeiten LuL	119

Abbildung 116: Einstellungen des Wareneinsatzes bei der Engineering GmbH

5. Schalten Sie die Vertriebskosten aus, indem Sie zuerst das Listenfeld auf den Elementen *08240 Umsatzerlöse Projekte Dritte* und *08245 Umsatzerlöse Projekte (IC)* in der Spalte Vertriebskosten auf **nein** Schalten. Anschließend können Sie auch die Vertriebskosten der Filiale Hamburg und der Engineering GmbH auf **nein** stellen. Dieses geht nur in der Reihenfolge von dem untersten zum obersten Element. Dann lösen Sie noch die Verknüpfung Vertriebskosten Bilanzkonto.

Umsatz Einstellungen				
SonnenscheinPlan: Sonnenschein Grup				
	Vertriebskosten	Vertriebskosten Bilanzkonto	Vertriebskosten Detailkonto	Gegenkonto ID
Engineering GmbH	nein			
Filiale Hamburg	nein			
08240 Umsatzerlöse Projekte Dritte	nein	Keine Zuordnung	Keine Zuordnung	0
08245 Umsatzerlöse Projekte (IC)	nein	Keine Zuordnung	Keine Zuordnung	0

Abbildung 117: Einstellungen der Vertriebskosten bei der Engineering GmbH

6. Öffnen Sie das Dokument *Aufwand-Ertrag Einstellungen*, schalten Sie es auf die das Unternehmenselement *Engineering GmbH* und klicken Sie auf *Drillen alle Ebenen* in der Symbolleiste.

7. Stellen Sie das Element 04142 *Reduktion der Pensionsrückstellungen* in der Spalte Erfolgswirkung auf *Ertrag Sonstiger* und stellen Sie sicher, dass die Ver-

knüpfung des Bilanzkontos auf dem Typ *Rückstellungen* und Detailkonto *00950 Rückstellungen für Pensionen* bleibt.

Aufwand-Ertrag Einstellungen				
SonnenscheinPlan: Sonnenschein Gruppe/Engineer				
	Erfolgswirkung	Bilanzkonto	Detailkonto	Gegenkonto ID
Engineering GmbH				
Filiale Hamburg				
04120 Gehälter	Aufwand Sonstiger	Keine Zuordnung	Keine Zuordnung	0
04130 Sozialversicherungen/Steuern	Aufwand Sonstiger	So Verbindlichkeiten	01742 So Verb. Sozialvers./Steuern	123
04900 Sonstige Aufwendungen	Aufwand Sonstiger	Verb LuL	01610 Verbindlichkeiten LuL	119
Verwaltung				
04120 Gehälter	Aufwand Sonstiger	Keine Zuordnung	Keine Zuordnung	0
04130 Sozialversicherungen/Steuern	Aufwand Sonstiger	So Verbindlichkeiten	01742 So Verb. Sozialvers./Steuern	123
04200 Raumkosten	Aufwand Sonstiger	Keine Zuordnung	Keine Zuordnung	0
04900 Sonstige Aufwendungen	Aufwand Sonstiger	Verb LuL	01610 Verbindlichkeiten LuL	119
02100 Zinsen und ähnliche Aufwendungen	Aufwand Zinsen	Keine Zuordnung	Keine Zuordnung	0
02650 Sonstige Zinsen, ähnliche Erträge	Neutraler Ertrag Zinsen	Keine Zuordnung	Keine Zuordnung	0
04830 Abschreibungen auf Sachanlagen	Aufwand Abschreibung	Anlagevermögen	00200 Sachanlagen	103
04260 Instandhaltung betrieblicher Räume	Aufwand Sonstiger	Verb LuL	01610 Verbindlichkeiten LuL	119
04142 Reduktion der Pensionsrückstellungen	Ertrag Sonstiger	Rückstellungen	00950 Rückstellungen für Pensionen	117

Abbildung 118: Einstellungen der Aufwand- und Ertragselemente bei der Engineering GmbH

EINSTELLUNGEN BILANZELEMENTE (ENGINEERING GMBH)

1. Löschen Sie folgende Bilanzelemente in der Engineering GmbH:

    03970   Lager Weichholz

    03971   Lager Hartholz

    03972   Lager Beschichtung

    03973   Lager Chemikalien

    07110   Fertige Erzeugnisse Arbeitsplatten

    07111   Fertige Erzeugnisse Dekorplatten

    07112   Fertige Erzeugnisse Verbundplatten

TIPP

Es ist wichtig zu beachten, dass der Professional Planner keine Bilanzelemente löschen wird, mit denen andere Elemente verbunden sind. Wenn Sie z.B. den Wareneinsatz eines Umsatzbereiches mit einem Lager in der Bilanz verknüpft haben, dann wird der Professional Planner das Lagerelement nicht löschen können, wenn die Bestände nicht alle null sind. Sie müssen in diesem Fall zuerst die Verknüpfungen in dem Dokument *Einstellungen* lösen, und dann können Sie das Bilanzelement löschen.

2. Benennen Sie das Bilanzelement *01420 Forderungen LuL Ausland* in *01430 Forderungen LuL (IC)*

3. Löschen Sie das Bilanzelement *01630 Verbindlichkeiten LuL (IC)*

4. Löschen Sie auch die Bilanzelemente *01705 Darlehen KTO 232323* und *01706 Darlehen KTO 858585*. Anschließend sollte die Struktur der Engineering GmbH folgendes aussehen haben:

```
Struktur                                              ╤ ×
□ ● SonnenscheinPlan
  □ ● Sonnenschein Gruppe
    ⊞ ● Produktion und Handel GmbH
    □ ● Engineering GmbH
      □ ● Filiale Hamburg
          ● 08240  Umsatzerlöse Projekte Dritte
          ● 08245  Umsatzerlöse Projekte (IC)
          ● 04120  Gehälter
          ● 04130  Sozialversicherungen/Steuern
          ● 04900  Sonstige Aufwendungen
      □ ● Verwaltung
          ● 04120  Gehälter
          ● 04130  Sozialversicherungen/Steuern
          ● 04200  Raumkosten
          ● 04900  Sonstige Aufwendungen
          ● 02100  Zinsen und ähnliche Aufwendungen
          ● 02650  Sonstige Zinsen, ähnliche Erträge
          ● 04830  Abschreibungen auf Sachanlagen
          ● 04260  Instandhaltung betrieblicher Räume
          ● 04142  Reduktion der Pensionsrückstellungen
          ● 00100  Immaterielle Vermögensgegenstände
          ● 00200  Sachanlagen
          ● 00300  Finanzanlagen
          ● 01410  Forderungen LuL Inland
          ● 01420  Forderungen LuL (IC)
          ● 00800  Stammkapital
          ● 00810  Kapitalrücklage
          ● 00820  Gewinnrücklage
          ● 00950  Rückstellungen für Pensionen
          ● 00970  Sonstige Rückstellungen
          ● 01610  Verbindlichkeiten LuL
          ● 01740  Verbindlichkeiten aus Lohn und Gehalt
          ● 01741  So Verb. Provisionen
          ● 01742  So Verb. Sozialvers./Steuern
○ Sitzungen  ● Dokumente  ≡ Struktur  ⊘ Zeit
```

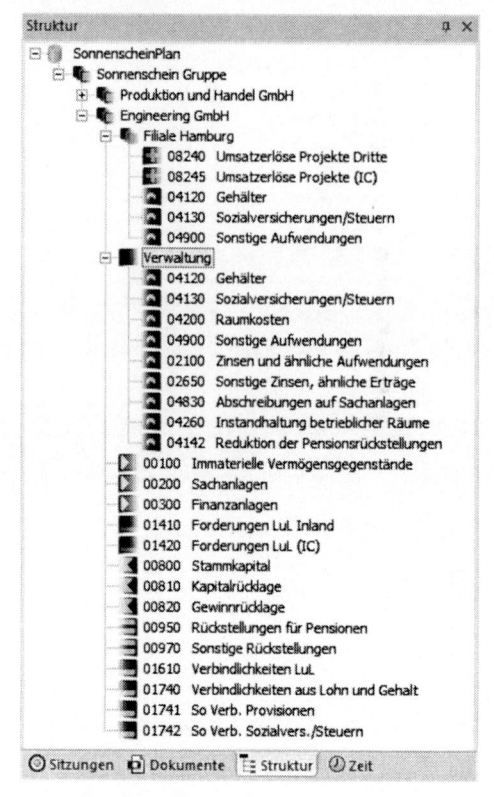

Abbildung 119: Fertige Struktur der Engineering GmbH

REORGANISATION DER STRUKTUR

☝ **TIPP**

Nach dem Aufbau einer Struktur hat es sich in den Projekten mit Professional Planner gezeigt, dass es ratsam ist eine sog. **Reorganisation** des Datasets durchzuführen. Eine Reorganisation berechnet die Datenbank neu. Das ist manchmal notwendig, damit eventuelle **Inkonsistenzen** aufgelöste werden können. Eine Inkonsistenz der Datenbank tritt auf, wenn Summenebenen wie z.B. das Profitcenter *Filiale Hamburg* nicht die richtigen Summen der darunter liegenden Elemente wie z.B. *08240 Umsatzerlöse Projekte Dritte* und *08245 Umsatzerlöse Projekte (IC)* auf der Originalebene zeigen.

Filiale Hamburg	120
08240 Umsatzerlöse Projekte Dritte	100
08245 Umsatzerlöse Projekte (IC)	100

Wenn der Umsatz auf dem Element *08240 Umsatzerlöse Projekte Dritte* 100 € beträgt und der Umsatz auf dem Element *08245 Umsatzerlöse Projekte IC* auch 100 € beträgt, dann sollte die Summe der Umsätze auf der Ebene der Profitcenters Hamburg 200 € betragen. Eine inkonsistente Datenbank kann beispielsweise nur 120 € anzeigen.

In diesem Fall muss eine Reorganisation der Datenbank durchgeführt werden, damit die Werte von unten nach oben neu berechnet werden. Anschließend sollte die Datenbank in den Professional Planner noch mal neu geladen Werten.

Die Funktion **Dataset umstellen** reorganisiert das Dataset auch, wobei Sie hier noch die Möglichkeit haben weitere Einstellungen zu treffen, wie eine anderes Rechenschema auswählen, zusätzliche Zeitperioden hinzuzufügen, das gesamte Dataset auf Null stellen, Zeitperioden abschneiden und existierende Importtabellen übernehmen. Bei einer Datasetumstellung müssen Sie jedoch einen neuen Namen für das Dataset vergeben.

Praktische Übung

1. Wechsel Sie zum Sitzungsbaum und klicken Sie mit der rechten Maustaste auf das Dataset Symbol
2. Wählen Sie die Option *Dataset reorganisieren* aus dem Kontextmenü
3. Bestätigen Sie den Dialog mit OK
4. Warten Sie bis die Reorganisation vollständig durchgelaufen ist.
5. Der Professional Planner wird anschließend melden, dass die Reorganisation beendet wurde.

Schließen Sie den Professional Planner und öffnen Sie ihn erneut. Aktivieren Sie die Sitzung erneut und laden Sie das Dataset in den Professional Planner.

Im Installationsordner des Professional Planners z.B. *C: \ Programme \ Winterheller \ Professional Planner 2008 \ Daten* finden Sie jetzt das gesichertes Dataset vor der Reorganisation *SonnenscheinPlanbak.mdf* und das reorganisierte Dataset *SonnenscheinPlan.mdf*. Wenn das Dataset im Professional Planner gerade geöffnet ist, dann sehen Sie auch die Log – Datei des MS SQL Servers *SonnenscheinPlan_log.LDF*.

IMPORT DER VORJAHRESWERTE

Nachdem die Struktur aufgebaut, eingestellt und reorganisiert wurde, kann man an den Import der Vorjahreswerte denken. Dieser Schritt ist normalerweise vor der Budgetierung notwendig. Letztendlich können Sie nur so sicherstellen, dass die Elemente der Struktur auch richtig eingestellt wurden. Das Ziel des Import der Vorjahreswerte in einem Professional Planner Projekt ist einerseits sich davon zu überzeugen, dass die Werte aus der Finanzbuchhaltung auch 1:1 nach dem Import in Professional Planner erscheinen, der Gewinn mit dem FIBU Gewinn übereinstimmt und die Bilanz aufgeht. Andererseits braucht man für den Prozess der Budgetierung auch irgendeine Vorlage, um zu sehen, wie sich die Zahlen im letzen Jahr entwickelt haben. Eine Ausnahme davon sind nur die sog. Zero-Based Budgets bei denen jeder Budgetverantwortliche jede Ausgabe für das Budgetierungsjahr neu begründen muss. Es ist bei dieser Art der Budgetierung nicht selbstverständlich, dass man das gleiche Budget im nächsten Jahr bekommt, weil es im letzten Jahr auch schon da war. Der amerikanische Präsident Jimmy Carter hat z.B. diese Art der Budgetierung in den 70er Jahren bevorzugt, um „alte Zöpfe" abzuschneiden. Man muss jedoch auch dazu bemerken, dass diese Art der Budgetierung extrem aufwendig ist und es eignet sich eigentlich nur für Krisenzeiten, in denen man das Budget abspecken muss. Nicht zuletzt möchte man nach der Budgeterstellung auch noch Plan-Ist-Vergleiche machen, für die man dann auch laufend Daten aus dem Vorsystem in den Professional Planner laden muss.

Der Import der Werte aus einem ERP-, Finanzbuchhaltungs-, Kostenrechnungs- oder Warenwirtschaftssystem ist erfahrungsgemäß einer der aufwendigsten Schritte in einem Professional Planner Projekt. Zuerst muss festgestellt werden wo sich die Daten befinden und in welcher Form sie vorliegen. Je nach Projektschwerpunkt können alle Daten in der Finanzbuchhaltung vorliegen, was noch den einfachsten Fall darstellt. Es kann aber auch sein, dass die Daten über verschiedene Systeme verteilt sind und erst zusammengebracht werden müssen.

 Dann müssen die Daten aus den Vorsystemen extrahiert werden und da sind einige Produkte diesbezüglich einfacher als die anderen. Anschließend müssen die Daten mittels einer Schnittstelle in den Professional Planner übertragen werden und auf Richtigkeit geprüft werden. Schon die Extraktion der Daten aus dem Vorsystem bedarf meistens der Mitarbeit der IT – Abteilung. Deswegen sollte die IT – Abteilung immer so frühzeitig wie möglich über das Professional Planner Projekt informiert werden.

Der Professional Planner verfügt über verschiedene Schnittstellen.

1. Die wichtigste und am meisten genutzte Schnittstelle ist der **Standard Importmanager**. Es braucht eine recht einfach aufgebaute Quelltabelle, die als TXT – Datei, als Datenbanktabelle oder Abfrage vorliegen muss. Wenn ein Vorsystem dazu in der Lage ist eine Summen und Saldenliste mit einer Angabe der Profit-

center und Kostenstelle auszugeben, dann ist es das was man braucht. Danach kann mittels eines Mappings die Zuordnung der einzelnen Datensätzen zu den Strukturelementen der Professional Planner erfolgen.

2. Seit der Professional Planner Version 4.3 gibt es auch ein **Importtool**, welches in der Lage ist nicht nur Werte aus Vorsystemen zu importieren, sondern auch die gesamte Unternehmensstruktur automatisch aufzubauen. Hierzu muss man bemerken, dass die Quelltabelle, die für dieses Importtool notwendig ist sich natürlich stark an den Bedürfnissen des Professional Planner richtet, d.h. dass in dieser Tabelle Spezifische Strukturangaben und Einstellungen mitgeliefert werden müssen. Diese Angaben befinden sich normalerweise in keinem ERP System, FIBU, KORE oder Warenwirtschaftssystem. Um die Tabelle in dieser Form so zu erhalten, müssen die Vorsysteme angepasst werden oder die Daten müssen in eine separate Datenbank extrahiert werden um die Professional Planner spezifischen Daten ergänzt werden. Da dieses Thema IT – technisch recht komplex ist, würde es den Rahmen dieses Buches sprengen. Wir werden jedoch auf diese Importtechnik in anderen Büchern dieser Reihe eingehen.

3. Ebenfalls gibt es im Professional Planner seit der Version 4.3 auch ein **Exporttool**. Damit ist es möglich die Daten aus Professional Planner wieder zu extrahieren und in andere Systeme weiterzugeben. Der Export der Budgetwerte kann in bestimmten Fällen durchaus Sinn machen. Das liegt daran, dass der Professional Planner einerseits über eine komplexe Planungslogik verfügt. Diese Logik ist vielen Systemen auf dem Markt weit überlegen. Andererseits macht ein Budget nur dann Sinn, wenn man auch Istdaten hat, mit denen man das Budget vergleichen kann. Solange man die Plan-Ist-Vergleiche auf Monatsbasis macht ist es alles noch kein Problem. Stellen wir uns mal jedoch vor, dass wir über große Strukturen und große Datenvolumina verfügen und gleichzeitig ein Real Time System für Plan-Ist-Vergleiche benötigen. Es gäbe keine Möglichkeit die sich stündlich ändernden Istdaten eines FIBU Systems laufend in den Professional Planner zu kopieren, um sie dort mit den Budgetdaten zu vergleichen. Die Budgetdaten ändern sich meistens nicht so oft, wie die Istdaten, die laufend in einem ERP System erfasst werden. So ist es an dieser Situation günstiger die Budgetdaten im Professional Planner zu berechnen und die Ergebnisse in das ERP System zurückzuspielen, um dort das Plan-Ist-Reporting vorzunehmen. Um den Export der Budgetdaten vorzunehmen sind solide technische Kenntnisse des Datenbanktabellenaufbaus notwendig. Auch hier würde die Thematik den Umfang dieses Buches sprengen und wir verweisen an dieser Stelle auf die Dokumentation des Herstellers und auf weiterführende Literatur aus dieser Reihe.

Wir werden uns also in diesem Kapitel ganz ausführlich dem Standard-Importmanager widmen, weil es die auf dem Markt die meist genutzte und durchaus etablierte Methode ist Daten in den Professional Planner zu übernehmen. Die Datenübernahme machen wir anhand eines typischen Beispiels, wie es in den mittelständischen Unternehmen jeden Tag vorkommt. Das Beispiel des Imports wie auch unsere Struktur ist für Übungszwecke natürlich Volumenmäßig recht übersichtlich. Prinzipiell spielt es jedoch keine Rolle, ob Sie 1.000 Datensätze oder 50.000 Datensätze importieren. Die Vorgehensweise bei der Einrichtung des Standartimportmanagers ist jedenfalls gleich.

Bei der Anlage der Unternehmensstruktur aus dem Kapitel *Strukturaufbau – GuV* auf der Seite 130 und *Strukturaufbau – Bilanz* auf der Seite 160 haben wir uns dazu entschlossen die Kostenartennummern und Kontennummern in die Bezeichnungen der Elemente zu übernehmen. Beim Importmanager werden uns die Sachen jetzt behilflich sein.

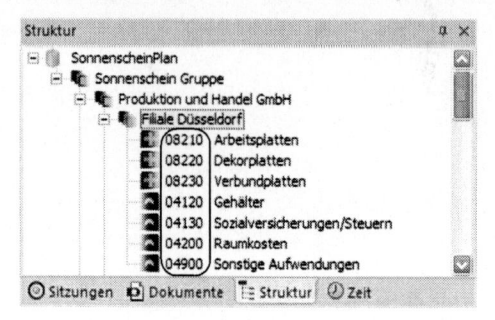

Abbildung 120: Nach Kostenarten und Konten nummerierte Struktur

Als nächstes schauen wir uns mal die Importquelle an. Wir haben eine Microsoft Access Datenbank 2007 mit drei verschiedenen Tabellen zur Verfügung. Sie enthalten die Importdaten für die Anfangsbestände der Bilanz 2007, die monatlichen GuV – Werte des Jahres 2007 und die monatlichen Bilanzendbestände des Jahres 2007. Man kann sagen, dass dieses die gesamten Daten des Jahresabschlusses 2007 darstellen.

DIE IMPORTQUELLE

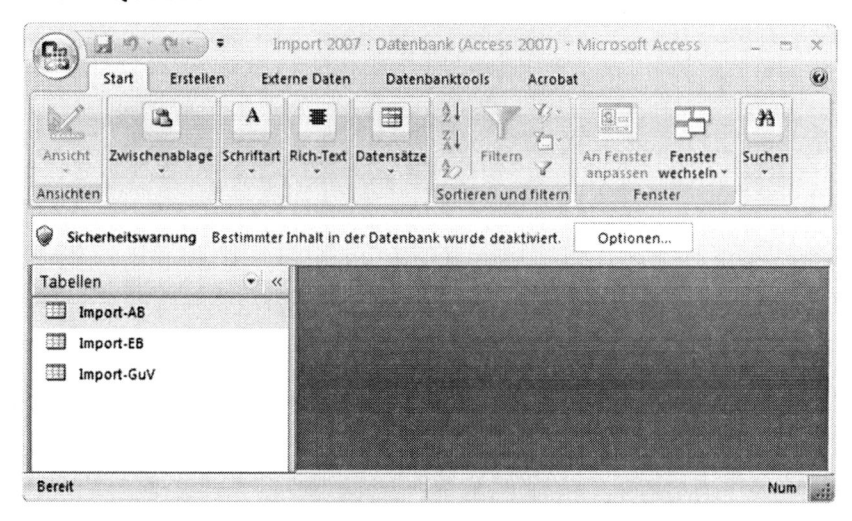

Abbildung 121: Importquellen in einer Access 2007 Datenbank

👉 TIPP

Der Standard Importmanager erwartet die Importwerte in einem bestimmten Format. Dabei wird bei den Werten unterschieden, ob es sich um GuV Werte oder Bilanzwerte handelt. Nehmen wir an, dass Sie die Daten monatlich in ein Professional Planner Dataset importieren möchten. In diesem Fall müssen wir dafür sorgen, dass Sie eine Summen und Salden Liste aus Ihrem Finanzbuchhaltungsprogramm erzeugen und in Form einer TXT, CSV Datei oder in Form einer Datenbanktabelle zur Verfügung stellen.

Kostenstelle	Konto	Zeit	Soll	Haben	Soll-Haben	Kontoname
815	8400	31.01.2007	0	125000	-125000	Umsatzerlöse
815	4210	31.01.2007	10000	0	10000	Miete
815	4110	31.01.2007	30000	0	30000	Löhne
815	4120	31.01.2007	32000	0	32000	Gehälter
820	8400	31.01.2007	0	180000	-180000	Umsatzerlöse
820	4210	31.01.2007	15000	0	15000	Miete
820	4110	31.01.2007	35000	0	35000	Löhne
820	4120	31.01.2007	33000	0	33000	Gehälter

Die Spalten Kostenstelle und Konto sind Kennungen, die notwendig sind, damit die Datensätze auf die entsprechenden Elemente des Importmanagers zugesteuert werden können.

Bei einer Summen und Saldenliste werden meistens die Spalten *Soll*, *Haben* und *Soll minus Haben* erstellt, so wie der *Kontoname* exportiert. Streng genommen braucht der Professional Planner nur die Spalte *Soll minus Haben*. Im Importmanager selbst, kann diese Differenz auch mittels einer Formel erzeugt werden. Für den Import der **GuV – Daten** brauchen wir also **Bewegungsdaten** auf den entsprechenden Konten eines Monats.

Bilanzkonten sind dagegen Bestandskonten. Für den Import der **Bilanzdaten** in den Professional Planner benötigen wird die **kumulierten Endbestände** des jeweiligen Monats.

Konto	Zeit	Soll	Haben	Soll-Haben	Soll-Haben Kumuliert	Kontoname
210	31.01.2007	10000	2000	8000	8000	Maschinen
210	28.02.2007	15000	2500	12500	20500	Maschinen
210	31.03.2007	0	2500	-2500	18000	Maschinen

In der Tabelle wurde beispielhaft dargestellt, wie sich die kumulierten Endbestände auf dem Sachkonto 210 Maschinen in einer Summen und Saldenliste in den Monaten Januar bis März 2007 errechnen.

Einer der häufigsten Fehler im Zusammenhang mit dem Import der Istwerte aus einem Finanzbuchhaltungssystem in den Professional Planner liegt darin, dass es nicht zwischen **Bewegungsdaten** für die Abfrage der **GuV Werte** und **kumulierten Endbeständen** für die Abfrage der **Bilanzwerte** unterschieden wird. Es werden häufig auch für die Bilanz die Bewegungsdaten (Bestandsveränderungen) abgefragt, was leider aus der Sicht der Professional Planner falsch ist. Sie können in Professional Planner auf monatlicher, Quartalsweiser und jährlicher Ebene nur die kumulierten Endbestände der Bilanzkonten importieren aber nicht die Bestandsveränderungen. Bei den GuV Werten ist es umgekehrt. Da werden die Bewegungsdaten importiert.

Dementsprechend sind auch die Importtabellen in unserer Access Datenbank *Import 2007.accdb* aufgebaut.

ID	Beschreibung_Dim_3	Dimension_1	Dimension_2	Dimension_3	Beschreibung_Dim_1	Beschreibung_Dim_2	Zeit	Soll	Haben
1	08210 Umsatzerlöse Arbeitsplatten	1	10	8210 PH	Filiale Düsseldorf		01.01.2007	0	548619,8
2	08220 Umsatzerlöse Dekorplatten	1	10	8220 PH	Filiale Düsseldorf		01.01.2007	0	504629,3
3	08230 Umsatzerlöse Verbundplatten	1	10	8230 PH	Filiale Düsseldorf		01.01.2007	0	522800,4
4	08710 Gewährte Skonti Arbeitsplatten	1	10	8710 PH	Filiale Düsseldorf		01.01.2007	16458,59	0
5	08720 Gewährte Skonti Dekorplatten	1	10	8720 PH	Filiale Düsseldorf		01.01.2007	15138,88	0
6	08730 Gewährte Skonti Verbundplatten	1	10	8730 PH	Filiale Düsseldorf		01.01.2007	15684,01	0
7	08310 Gewährte Rabatte Arbeitsplatten	1	10	8310 PH	Filiale Düsseldorf		01.01.2007	54861,98	0
8	08320 Gewährte Rabatte Dekorplatten	1	10	8320 PH	Filiale Düsseldorf		01.01.2007	50462,93	0
9	08330 Gewährte Rabatte Verbundplatte	1	10	8330 PH	Filiale Düsseldorf		01.01.2007	52280,04	0
10	04010 Wareneinsatz Arbeitsplatten	1	10	4010 PH	Filiale Düsseldorf		01.01.2007	274309,91	0
11	04020 Wareneinsatz Dekorplatten	1	10	4020 PH	Filiale Düsseldorf		01.01.2007	252314,63	0
12	04030 Wareneinsatz Verbundplatten	1	10	4030 PH	Filiale Düsseldorf		01.01.2007	261400,2	0
13	04761 Verkaufsprovisionen Arbeitsplatt	1	10	4761 PH	Filiale Düsseldorf		01.01.2007	16458,59	0

Abbildung 122: Aufbau der Importtabelle für die GuV Werte

- **ID** – Das ist eine fortlaufende Nummer des Primärschlüssels dieser Datenbanktabelle und spielt für den Import in den Professional Planner keine Rolle.

- **Dimension_1** – ERP und Finanzbuchhaltungssysteme verfügen über die Möglichkeit die Finanzbuchhaltungsdaten detaillierter zu strukturieren als nur bezüglich der Sachkonten oder Personenkonten. In sog. Dimensionen können die Unternehmensnummer, die Kostenstellennummer, die Sachkontonummer, der Kostenträger usw. erfasst werden. In diesem Beispiel befinden sich in der Dimension 1 die Kennungen der Unternehmen. Die *1* steht für die *Produktion und Handel GmbH* die *2* steht für die *Engineering GmbH*.

- **Dimension_2** – hier befindet sich die Kostenstellen bzw. Profitcenternummer

- **Dimension_3** – hier befindet sich die Sachkontonummer bzw. die Kostenartnummer

- **Beschreibung_Dim_1** – Das ist der Name der der Dimension *PH* für *Produktion und Handel GmbH* und *EN* für die *Engineering GmbH*

- **Beschreibung_Dim_2** – ist die volle Bezeichnung des Profitcenters bzw. der Kostenstelle

- **Beschreibung_Dim_3** – ist der Name der Kostenart bzw. des Sachkontos. In unserem Übungsbeispiel steht davor noch die Nummer der Kostenart bzw. Sachkontos.

- **Zeit** – ist das Datum zu dem diese Datensätze abgefragt worden sind. In unseren Beispieldaten wurde das Datum immer auf den ersten des jeweiligen Monats gestellt. In echten Systemen hätte man möglicherweise den letzten Tag des Monats dort stehen gehabt. Da die kleinste Zeiteinheit in Professional Planner als Budgetierungssystem ein Monat ist und der Professional Planner kein eingebautes Kalendarium hat, spielt es auch keine Rolle, ob in dieser Spalte 01.01.2007 oder 31.01.2007 steht. Entscheidend ist, dass es sich bei der Abfrage um die Daten des Januars handelt. Sie werden bei Import alle dem Zeitelement Januar in Professional Planner zugeordnet.

- **Soll** – in dieser Spalte stehen alle Sollbuchungen. In der GuV handelt es sich dabei meistens um Aufwandskonten oder Aufwandskostenarten

- **Haben** – in dieser Spalte stehen die Habenbuchungen. In der GuV handelt es sich dabei meistens um Erlöse.

> **TIPP**
>
> Bitte beachten Sie, dass die **Spaltenüberschriften** der Quelltabellen nur *Groß-, Kleinbuchstaben, Zahlen* und *Unterstriche* enthalten dürfen. Ein häufiger Fehler liegt dann vor, wenn in den Spalten Strichzeichen, Leerzeichen oder andere Sonderzeichen enthalten. Der Importmanager wird eine Fehlermeldung ausgeben und Sie können die Spaltennamen im Importmanager noch umbenennen. Wir empfehlen Ihnen jedoch dafür zu sorgen, dass die Spaltennamen mit den Professional Planner Konventionen möglichst übereinstimmen, damit es dann im täglichen Betrieb keine Probleme damit gibt.

Wenn man sich die spalten Dimension_1, Dimension_2 und Dimension_3 genauer anschaut, dann sieht man, dass sich in diesem Spalten die Struktur widerspiegelt. Sie geben uns an, auf welche Elemente der Struktur diese Datensätze zugeordnet werden müssen. Der Standard Importmanager erlaubt die Zuordnung der Datensätze nach vielen verschiedenen Kriterien, wie der Name des Elements oder die interne Organisations-ID der Strukturelemente. In der Projektpraxis haben sich jedoch am meisten die Zuordnungen auf die sog. **Gruppenfelder** oder **Kommentarfelder** erwiesen.

1. **Gruppenfelder** – sind Feldbezüge im Professional Planner Dataset in denen numerische Werte hinterlegt werden können. Sie können sich im Bereich von -2^{31} bis 2^{31}-1 was den Zahlen -2.147.483.648 bis 2.147.483.647 entspricht. Das ist die Bandbreite des Datentyps *Integer* in der Datenbank. Diese Zahlen können als Kennungen auf allen Elementtypen in Professional Planner dienen. Das Intervall dürfte für die meisten Kennungszwecke erst mal ausreichen. Kostenstellen oder Kontonummern sind meisten vier, fünf oder sechsstellige Zahlen. Es gibt insgesamt 10 Gruppenfelder per Element.

2. **Kommentarfelder** – unterscheiden sich von den Gruppenfeldern dadurch, dass sie Texte aufnehmen können.

KENNUNGEN

Um die Kennungen im Bereich der Gruppenfelder und Kommentarfelder zu vergeben ist es am besten mit dem Dokument *Kennungen* aus dem Dokumentenpfad *Toolbox / Einstellungslisten* zu arbeiten.

Praktische Übung

1. Öffnen Sie das Dokument *Kennungen*. In der linken Ecke des Dokuments sehen Sie die Ebene auf die das Dokument aktuell geschaltet ist, dann folgen die Kommentarfelder, die Bezeichnung des Elements, die Organisations-ID des Elements und dann die Gruppenfelder. Drillen Sie das Dokument *Kennungen* mit *Drillen nächste Ebene* in der Symbolleiste auf die nächste Ebene. Die Unternehmenselemente der *Produktion und Handel GmbH* und der *Engineering GmbH* erscheinen in der Liste.

2. Tragen Sie die Kürzel *PH* neben dem Element *Produktion und Handel GmbH* und *EN* neben dem Element *Engineering GmbH* in der Spalte Kommentar.

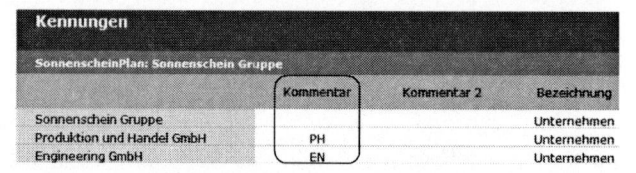

Abbildung 123: Kennungen im Feld Kommentar

3. Als nächstes schalten Sie das Dokument auf die Ebene der *Produktion und Handel GmbH*, indem Sie das entsprechende Element per Drag & Drop in das Dokument ziehen. Sie sehen die nächste Ebene unter dem Element *Produktion*

und Handel GmbH. Das sind die Profitcenter, die Kostenstelle und die Bilanzkonten.

4. Tragen Sie die Kostenstellennummern in die Spalte *Gruppenfeld 1* ein. Es ist die *10* für die *Filiale Düsseldorf*, *20* für die *Filiale München*, *30* Für die *Filiale Köln* und *40* für die *Verwaltung*. Schalten Sie das Dokument auf das Unternehmenselement *Engineering GmbH*. In der *Engineering GmbH* tragen Sie in das Gruppenfeld 1 die *50* auf das die *Filiale Hamburg* und *60* auf die *Verwaltung*.

Kennungen	
SonnenscheinPlan: Sonnenschein Gr.	
	Gruppenfeld 1
Produktion und Handel GmbH	0
Filiale Düsseldorf	10
Filiale München	20
Filiale Köln	30
Verwaltung	40

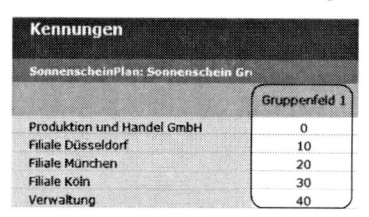

Abbildung 124: Kennungen im Gruppenfeld 1 Produktion und Handel GmbH

5. Als nächstes ziehen Sie die Filiale Düsseldorf per Drag & Drop in das Dokument. Sie sehen die nächste Ebene unter der Filiale Düsseldorf. Jetzt tragen wir die Nummern der Elemente in die Spalte Gruppenfeld 2. Die führenden nullen werden nicht übernommen.

Kennungen		
SonnenscheinPlan: Sonnenschein Gr.		
	Gruppenfeld 1	Gruppenfeld 2
Filiale Düsseldorf	10	0
08210 Arbeitsplatten	0	8210
08220 Dekorplatten	0	8220
08230 Verbundplatten	0	8230
04120 Gehälter	0	4120
04130 Sozialversicherungen/Steuern	0	4130
04200 Raumkosten	0	4200
04900 Sonstige Aufwendungen	0	4900

Abbildung 125: Kennungen im Gruppenfeld 2 Filiale Düsseldorf

6. Diesen Vorgang wiederholen Sie bis alle **Umsatzbereiche** und **Aufwand/Ertrag Elemente** in der *Produktion und Handel* und in der *Engineering GmbH* entsprechend nummeriert sind. Die Ausnahme sind nur die Produktionselemente in der Filiale Köln. Sie werden nicht nummeriert, weil in unserem Beispiel keine Werte auf diese Kalkulationselemente importiert werden.

7. Im nächsten Schritt nummerieren Sie die **Bilanzkonten**. Diese nummerieren Sie im Gruppenfeld 3. Damit wir uns die Arbeit erleichtern und die Übersichtlichkeit erhören, können wir die Art der Elemente, auf die das Dokument schalten soll beschränken. Wählen Sie das Menü *Datei / Eigenschaften*. In dem Dialogfeld nehmen Sie das Register *Struktur*. Jetzt können Sie alle Elemente ausschalten, die in diesem Dokument nicht gelistet werden sollen. Da wir die

Bilanzkoten nummerieren möchten, ist es günstig, wenn das Dokument nur die Bilanzkonten anzeigt. Das bedeutet, dass wir nur noch das Unternehmen und die Bilanzkoten einschalten und alles andere ausschalten.

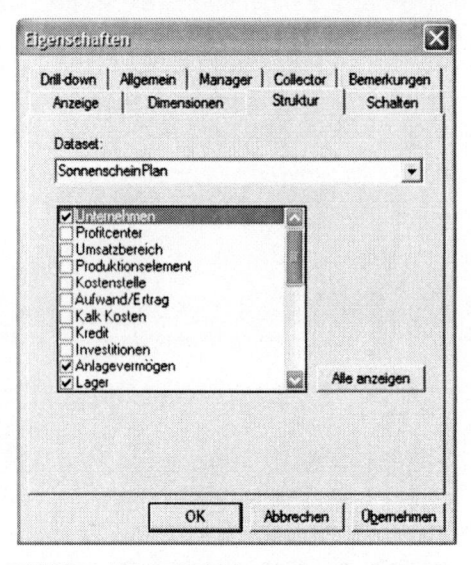

Abbildung 126: Auswahl der Strukturelementtypen

8. Bestätigen Sie die Auswahl mit OK. Wenn Sie jetzt das Dokument auf die Originalebene des Unternehmenselements *Produktion und Handel GmbH* schalten, dann sehen Sie nur noch die Bilanzkoten aber Keine Profitcenter, Kostenstellen, Umsatzbereiche, Aufwand/Ertrag Elemente etc.

9. Tragen Sie die Kontonummern in das Gruppenfeld 3 ein. Machen Sie es sowohl bei der *Produktion und Handel GmbH* als auch bei der *Engineering GmbH*.

Kennungen

SonnenscheinPlan: Sonnenschein Gruppe/Prod

		Gruppenfeld 1	Gruppenfeld 2	Gruppenfeld 3
	Produktion und Handel GmbH	0	0	0
00100	Immaterielle Vermögensgegenstände	0	0	100
00200	Sachanlagen	0	0	200
00300	Finanzanlagen	0	0	300
03970	Lager Weichholz	0	0	3970
03971	Lager Hartholz	0	0	3971
03972	Lager Beschichtung	0	0	3972
03973	Lager Chemikalien	0	0	3973
07110	Fertige Erzeugnisse Arbeitsplatten	0	0	7110
07111	Fertige Erzeugnisse Dekorplatten	0	0	7111
07112	Fertige Erzeugnisse Verbundplatten	0	0	7112
01410	Forderungen LuL Inland	0	0	1410
01420	Forderungen LuL Ausland	0	0	1420
00800	Stammkapital	0	0	800
00810	Kapitalrücklage	0	0	810
00820	Gewinnrücklage	0	0	820
00950	Rückstellungen für Pensionen	0	0	950
00970	Sonstige Rückstellungen	0	0	970
01610	Verbindlichkeiten LuL	0	0	1610
01630	Verbindlichkeiten LuL (IC)	0	0	1630
01740	Verbindlichkeiten aus Lohn und Gehalt	0	0	1740
01741	So Verb. Provisionen	0	0	1741
01742	So Verb. Sozialvers./Steuern	0	0	1742
01705	Darlehen KTO 232323	0	0	1705
01706	Darlehen KTO 858585	0	0	1706

Abbildung 127: Bilanzkennungen Produktion und Handel GmbH

Kennungen

SonnenscheinPlan: Sonnenschein Gruppe/Engi

		Gruppenfeld 1	Gruppenfeld 2	Gruppenfeld 3
	Engineering GmbH	0	0	0
00100	Immaterielle Vermögensgegenstände	0	0	100
00200	Sachanlagen	0	0	200
00300	Finanzanlagen	0	0	300
01410	Forderungen LuL Inland	0	0	1410
01420	Forderungen LuL (IC)	0	0	1420
00800	Stammkapital	0	0	800
00810	Kapitalrücklage	0	0	810
00820	Gewinnrücklage	0	0	820
00950	Rückstellungen für Pensionen	0	0	950
00970	Sonstige Rückstellungen	0	0	970
01610	Verbindlichkeiten LuL	0	0	1610
01740	Verbindlichkeiten aus Lohn und Gehalt	0	0	1740
01741	So Verb. Provisionen	0	0	1741
01742	So Verb. Sozialvers./Steuern	0	0	1742

Abbildung 128: Bilanzkennungen Engineering GmbH

TIPP

Wenn Sie eine Tabellenkalkulation haben in der die Kontonummern oder Kostenartennummern schon vorhanden sind, dann können Sie recht schell diese aus der Konto- oder Kostenartennummern kopieren und in die Gruppenfelder des Dokuments *Kennungen* einfügen.

Wenn Sie im Projekt mit großen Strukturen zu tun haben, die sich wiederholen z.B. immer der gleiche Aufbau einer Kostenstelle mit den gleichen Kostenarten darunter, dann ist es empfehlenswert zuerst die Bilanzkonten aufzubauen, dann die Musterkostenstelle anzulegen und alle Elemente entsprechen zu Verknüpfen und zu nummerieren. Als letzten Schritt müssen Sie nur noch die Kostenstelle X – mal kopieren und umbenennen. Dadurch sparen Sie sich sehr viel Arbeit während des Strukturaufbaus.

DER IMPORTMANAGER

Der Standard Importmanager ist das momentan populärste Werkzeug, um Daten in den Professional Planner zu übernehmen. Wie schon der Name sagt, kann man Daten nur aus einem anderen System in den Professional Planner importieren, man kann aber mit diesem Werkzeug keine Daten exportieren, um sie wieder in andere Systeme zu übernehmen. Da wir an dieser Stelle des Projektes die Istdaten aus dem ERP System in den Professional Planner aus der Access Datenbank *Import 2007.accdb* übernehmen möchten, reichen die Funktionalitäten des Standard Importmanagers völlig aus. Sie können mit Hilfe dieses Werkzeugs Daten aus Textdateien oder über ODBC oder OLEDB die Daten direkt aus Datenbanken kopieren, wenn es einen entsprechenden Treiber für die jeweilige Datenbank gibt. Mittlerweile gibt es für jede Standarddatenbank den passenden ODBC Treiber oder OLEDB Provider.

In der Praxis kann man sagen, dass wenn ein Finanzbuchhaltungssystem oder ein ERP System Textdateien exportieren kann oder wenn es eine Standarddatenbank benutzt, dann können die Daten in den Professional Planner mir höchster Wahrscheinlichkeit übernommen werden. Wichtig ist nur, dass das Format der Textdateien oder Datenbanktabellen beschrieben im Punkt *Die Importquelle* auf der Seite *189* beibehalten wird. Das Format der Daten kann entweder direkt in den ERP Systemen erzeugt werden oder vor allem wenn die Daten aus verschiedenen Quellen erst zusammengeführt werden müssen, dann kann man sich z.B. der Integration Services des SQL Servers 2005 (SSIS) bedienen.

Den Importmanager starten Sie, über das Menü *Datei / Neu*. Wählen Sie den Punkt *Import Manager* aus der Liste aus und bestätigen Sie mit OK.

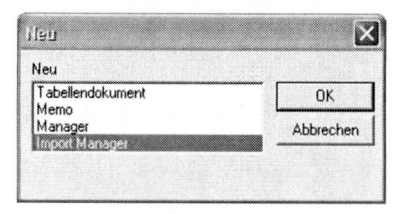

Abbildung 129: Standard Importmanager starten

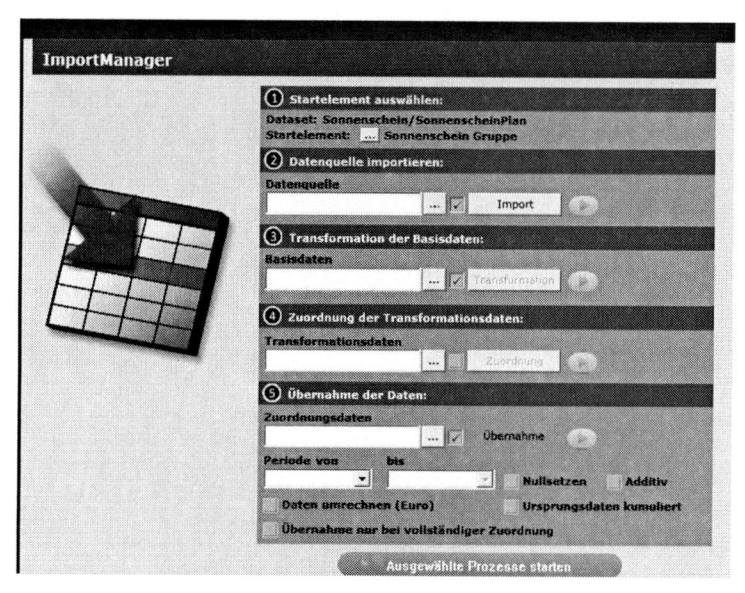

Abbildung 130: Oberfläche des Importmanagers

Der Importvorgang verläuft in fünf Schritten.

1. **Festlegen des Startelements** ab dem Sie mit dem Import anfangen möchten. In einer Konzernstruktur müssen Sie nicht immer die Werte für alle Konzernunternehmen importieren, sondern können sich dafür entscheiden die Werte eines Unternehmens zu übernehmen.

2. **Kopieren der Quelltabellen** in das Dataset der Professional Planner.

3. **Transformation** der Daten in das Professional Planner Format. Innerhalb der Transformation können Daten gefiltert, gruppiert, selektiert, Spaltenwerte addiert, subtrahiert, multipliziert und dividiert werden. Es können auch verschiedene BASIC Funktionen mit den Daten verwendet werden, um sie weiter zu verarbeiten.

4. **Zuordnung** der Daten zu den Professional Planner Elementen. Jedem Element der Unternehmensstruktur, die wir zuvor aufgebaut haben müssen die passenden Datensätze aus der Finanzbuchhaltung oder Kostenrechnung zugeordnet werden. Dieses geschieht auf der Basis eines manuellen oder automatischen Mappings.

5. **Übernahme** der Daten in die Strukturelemente. Dieser Vorgang befördert die Werte in die Datenbanktabellen, in denen Sie in die Budgetierungslogik des Systems eingebunden werden.

Die Datei des Importmanagers *Datei.FZU* muss einmalig eingestellt werden. Wenn dieses geschehen ist, können die Daten Monat für Monat relativ einfach importiert werden. Nur wenn neue Datensätze mit bis dahin unbekannten Kennungen wie Unternehmenskennungen, Kostenstellen, Kostenarten oder Sachkonten erscheinen, dann müssen diese wieder bearbeitet werden, damit der Importmanager sie auf die richtigen Elemente zuordnen kann.

BILANZIMPORT ANFANGSBESTAND

IMPORT DER ROHDATEN AB

Praktische Übung

Wir importieren die Tabelle mit den Anfangsbeständen der Bilanzkonten in den Professional Planner.

1. Öffnen Sie einen neuen Importmanager, indem Sie das den Punkt *Import Manager* aus dem Menü *Datei / Neu* auswählen.

2. Speichern Sie die Datei unter dem Namen *Import-AB.fzu* in einem Ordner Ihrer Wahl.

3. Da wir sowohl die Werte für die *Produktion und Handel GmbH* als auch für die *Engineering GmbH* in einem Zug übernehmen möchten, bleibt das Startelement auf der obersten ebene in der Struktur *Sonnenschein Gruppe* geschaltet.

4. Klicken Sie auf den Schalter *Import* unter dem Punkt *Datenquelle importieren*. Im nächsten Dialogfenster *Import* können Sie sich entscheiden, ob Sie die Daten aus einer Textdatei oder aus einer OLEDB Datenquelle beziehen möchten. Da Sie den Import aus einer Access Datenbank beziehen möchten, entschieden Sie sich für die OLEDB Datenquelle indem Sie diese Option wählen.

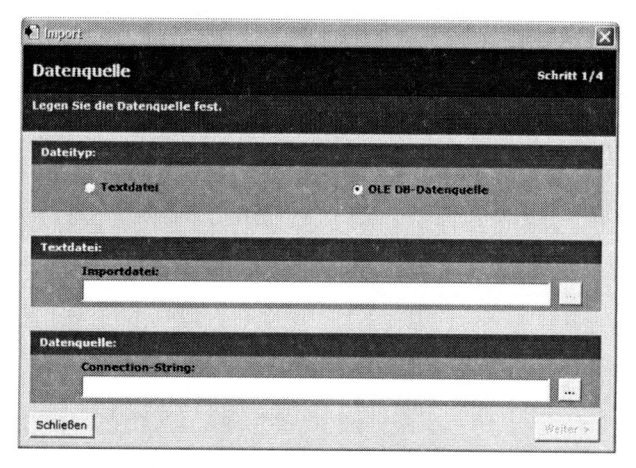

Abbildung 131: Auswahl der Datenquelle

5. Anschließend klicken Sie auf den Schalter mit den drei Punkten im Feld *Datenquelle Connections String*, um die Verbindung zu der Access Datenbank herzustellen.

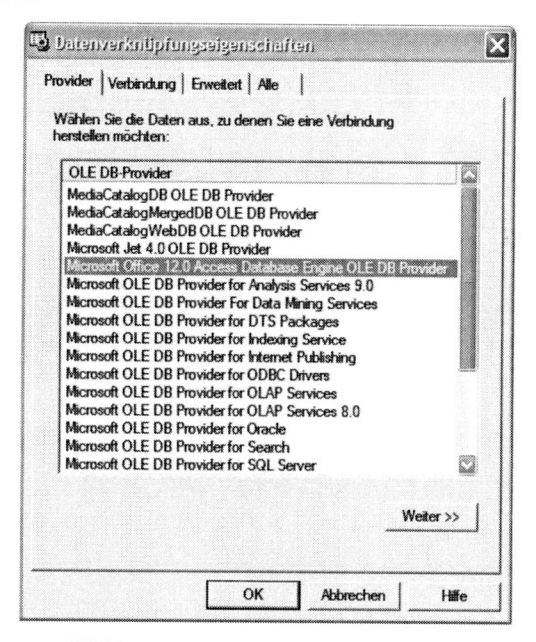

Abbildung 132: Auswahl des OLE DB Providers

6. Wählen Sie in dem Dialogfenster *Datenverknüpfungseigenschaften* den richtigen Treiber, mit dem Sie sich mit der Access Datenbank verbinden können. Für

Access 2007 ist der *Microsoft Office 12.0 Access Database Engine OLE DB Provider* geeignet. Klicken Sie auf *Weiter*.

7. Im nächsten Dialogfenster wählen Sie den Speicherort der Datenbank aus. Der Benutzername bleibt *Admin* und Sie markieren auch die Option *Kein Kennwort*. In diesem Dialogfenster können Sie auch die Verbindung testen.

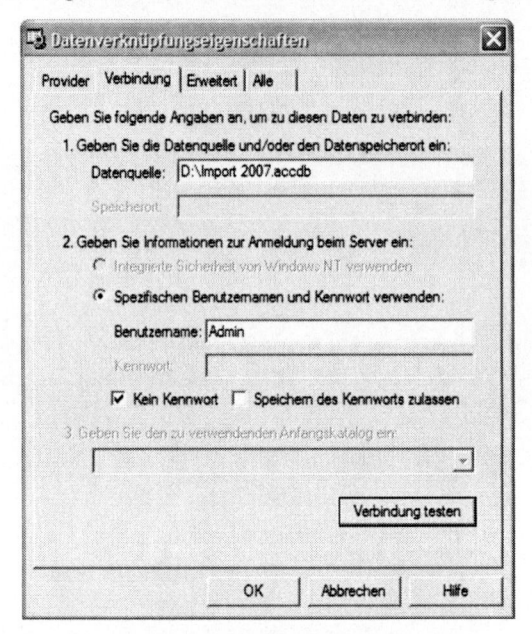

Abbildung 133: Auswahl der Datenquelle

8. Sie bestätigen das Dialogfenster mit OK. Sie sehen den Connection String zu der Access Datenbank. Klicken auf *Weiter* im Dialogfenster des Importmanagers. Im nächsten Dialogfenster können Sie die Importquelle aus der Datenbank weiter spezifizieren. Es kann eine Abfrage, eine Tabelle oder ein eigenerstellter SQL Text auf eine Abfrage oder Tabelle sein. Klicken Sie auf die Option *Tabelle* und wählen Sie *Import-AB* Tabelle aus.

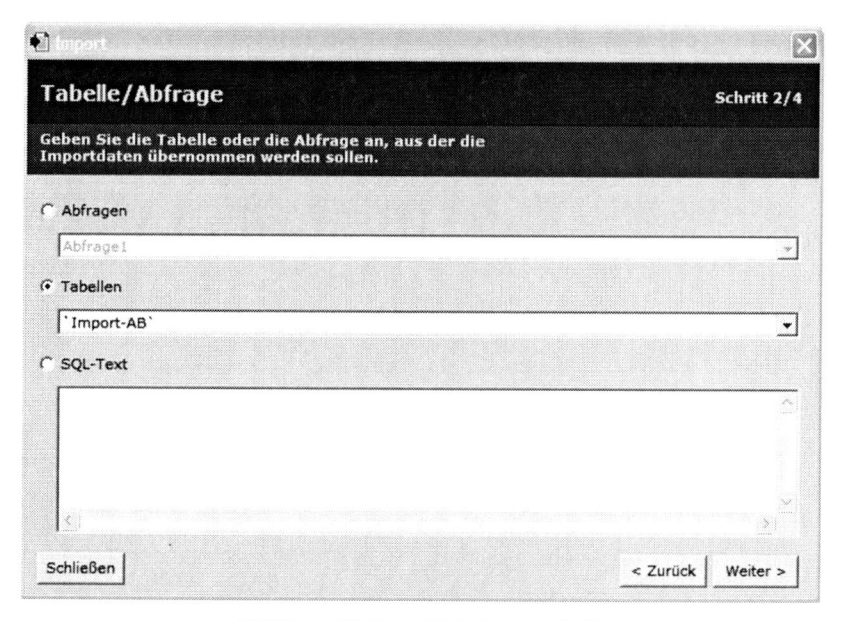

Abbildung 134: Auswahl der Importtabelle

9. Klicken Sie auf *Weiter* in dem Dialogfenster *Tabelle / Abfrage*.

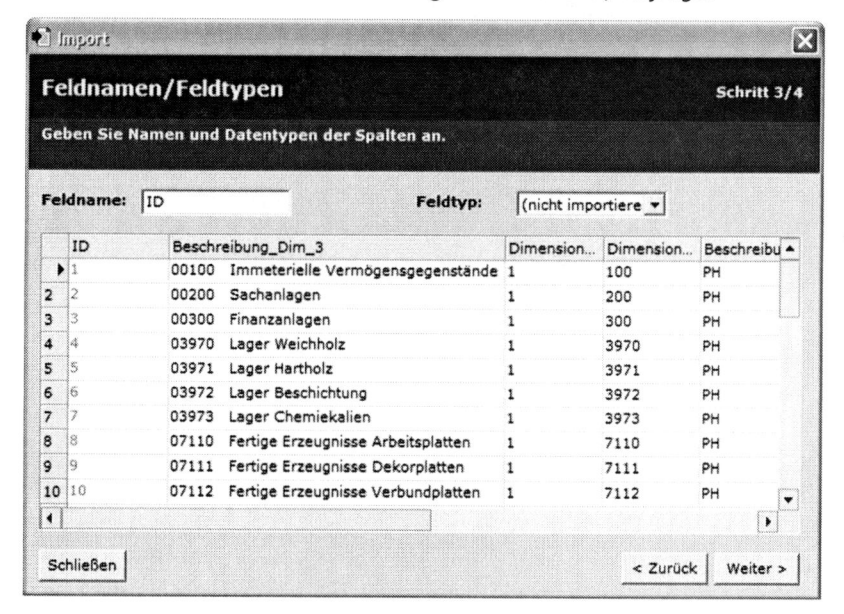

Abbildung 135: Auswahl der zu importierenden Feldnamen und Feldtypen

201

10. Im nächsten Dialogfenster *Feldnamen / Feldtypen* können Sie zwei Sachen machen: Sie können bestimmte Spalten, die sich in der Quelltabelle befinden aus dem Kopiervorgang ausschließen. Sie können auch wenn nötig die Spaltenbezeichnungen ändern. Die Spalte mit der Identifikationsnummer des jeweiligen Datensatzes wird in Professional Planner nicht ausgewertet und auch nicht benötigt. Deswegen werden wir diese Spalte nicht übernehmen. Zuerst klicken Sie mit dem Cursor auf eine Zelle der Spalte mit der Bezeichnung *ID*. Den Schalter *Feldtyp* stellen Sie auf *(nicht importieren)*. In dem Fenster *Feldname* könnten Sie noch die originalen Spaltennamen ändern. Das ist vor allem dann notwendig, wenn ein Spaltenname *Beschreibung Dim 3* wäre. In diesem Spaltennamen befinden sich Leerzeichen, die der Importmanager nicht akzeptiert. Die Spaltennamen können nur Großbuchstaben, Kleinbuchstaben, Zahlen und Unterstriche enthalten. An dieser Stelle könnten Sie den Namen der Spalte in *Beschreibung_Dim_3* ändern, indem Sie die Leerstellen mit Unterstrichen ersetzen. Da aber die Spaltennamen in unserem Beispiel alle schon in der Access Datenbank mit dem Importmanager kompatibel sind, brauchen wird keine Veränderungen vorzunehmen. Klicken Sie auf *Weiter*.

11. Im nächsten Dialogfenster *Import abschließen* sehen Sie noch die Vorschau auf die Daten, die importiert werden. Wenn die Option *Import sofort durchführen* eingehackt ist, dann werden die Daten in diesem Vorgang sofort in das Dataset kopiert sobald Sie auf *Fertig* klicken.

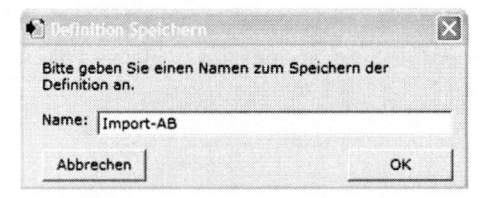

Abbildung 136: Importdefinition der Rohdaten für den Anfangsbestand speichern

12. Als letzten Schritt vergeben Sie im Dialogfenster *Definition Speichern* den Namen *Import-AB,* damit eindeutig ist, dass es sich hierbei um die Daten des Anfangsbestandes der jeweiligen Bilanzkonten handelt. Bestätigen Sie mit OK.

Die Besitzer eines SQL Servers 2005 können sich an dieser Stelle schon mal anschauen, wohin die Daten aus der Access Datenbank in das Dataset kopiert wurden. Die Tabellen des Systems können im *Microsoft SQL Server Management Studio* eingesehen werden.

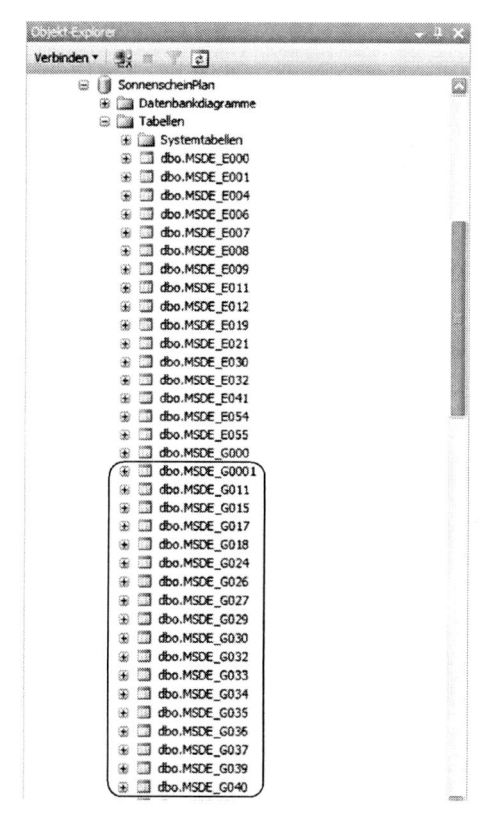

Abbildung 137: Datenbanktabellen für den Import

An dieser Stelle sind für uns vor allem die Tabellen mit der Erweiterung „G" interessant, weil Sie alle zu dem Importmanager gehören. Sie fangen mit der Tabelle G000 an und enden mit G040. Die Daten aus der Access Datenbank landeten in der Tabelle G0001. Wenn Sie diese öffnen werden Sie eine 1:1 Kopie der Tabelle *Import-AB* aus der Access Datenbank sehen.

Beschreibung_Dim_3		Dimension_1	Dimension_3	Beschreibung_Dim_1	Zeit	AB
00100	Immeterielle Vermögensgegenstände	1	100	PH	01.01.2007 00:00:00	400000
00200	Sachanlagen	1	200	PH	01.01.2007 00:00:00	5000000
00300	Finanzanlagen	1	300	PH	01.01.2007 00:00:00	1500000
03970	Lager Weichholz	1	3970	PH	01.01.2007 00:00:00	418810
03971	Lager Hartholz	1	3971	PH	01.01.2007 00:00:00	416480
03972	Lager Beschichtung	1	3972	PH	01.01.2007 00:00:00	490630
03973	Lager Chemiekalien	1	3973	PH	01.01.2007 00:00:00	479790
07110	Fertige Erzeugnisse Arbeitsplatten	1	7110	PH	01.01.2007 00:00:00	1689510,89
07111	Fertige Erzeugnisse Dekorplatten	1	7111	PH	01.01.2007 00:00:00	1697980,38
07112	Fertige Erzeugnisse Verbundplatten	1	7112	PH	01.01.2007 00:00:00	1612720,59
01410	Forderungen LuL Inland	1	1410	PH	01.01.2007 00:00:00	3505234
01420	Forderungen LuL Ausland	1	1420	PH	01.01.2007 00:00:00	1200000

Abbildung 138: Kopierte Importdaten in der Professional Planner Tabelle G0001

TRANSFORMATION AB

Praktische Übung

Nachdem sich die Rohdaten in der G0001 Tabelle des SQL Servers befinden, müssen sie in das Format des Importmanagers transformiert werden. Der Schritt der Transformation erlaubt und noch eine weitere Bearbeitung der Rohdaten.

1. Klicken Sie in der Oberfläche des Importmanagers unter *Transformation der Basisdaten* auf den Schalter *Transformation*. Dieses Fenster besteht aus drei Teilen. Die Rohdaten sind im oberen Teil. Es werden höchstens 50 Datensätze angezeigt. Sie können durch die Datensätze blättern, indem Sie den Startdatensatz für die Anzeige festlegen. Wenn Sie z.B. 51 eintragen, dann werden Sie die Datensätze 51 bis 101 sehen und so weiter. Der mittlere Teil des Fensters dient der eigentlichen Transformation. Sie teilen dem Professional Planner vor allem mit, in welcher Spalte der Rohtabelle welche Daten sich befinden. Im unteren Fenster sehen Sie das Ergebnis der Datentransformation. Im Moment sind noch die Spalten *Period, Value* und *Identifier00* als *fehlt* gekennzeichnet, weil noch keine Transformationsvorschrift vorgegeben wurde.

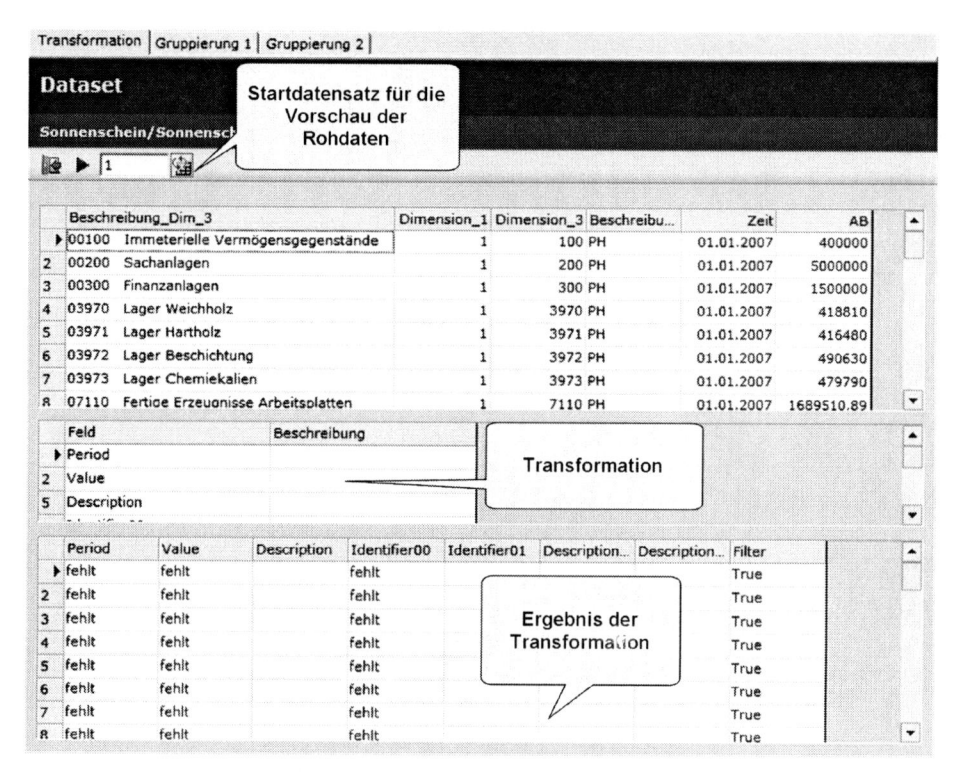

Abbildung 139: Transformationsfenster im Importmanager

2. Wenn Sie mit dem Cursor in das Feld *Beschreibung* klicken und anschließend die erste Zelle in der Rohdatentabelle *Zeit* anklicken, dann sehen Sie das Ergebnis der Transformation in der Spalte *Period* der Ergebnistabelle. Das Datum wurde in das numerische Format überführt. Die Zahl 39083 entspricht dem numerischen Wert des Datums 01/01/2007. Das Datum bei PC beginnt nämlich mit 1 was dem 01/01/1900 entspricht, d.h. seit dem sind 39083 Tage vergangen.

3. Die erste Transformation, die wir vornehmen werden ist den Monatswert aus dem Datum 01/01/2007 zu extrahieren. Dafür haben wir die BASIC Funktion `datepart`. Damit kann man Datumsteile extrahieren. Klicken Sie doppelt in die Zelle mit der Zeit und schreiben Sie die Funktion `datepart("m", Zeit)` und schauen Sie sich die Ergebnistabelle an. Die Periode wurde jetzt in eine 1 umgewandelt. Dieses entspricht dem Monat des Datums in der Rohdatentabelle.

Beschreibung_Dim_3		Dimension_1	Dimension_3	Beschreibu...	Zeit	AB
▶ 00100	Immaterielle Vermögensgegenstände	1	100 PH		01.01.2007	400000
2 00200	Sachanlagen	1	200 PH		01.01.2007	5000000
3 00300	Finanzanlagen	1	300 PH		01.01.2007	1500000
4 03970	Lager Weichholz	1	3970 PH		01.01.2007	418810
5 03971	Lager Hartholz	1	3971 PH		01.01.2007	416480
6 03972	Lager Beschichtung	1	3972 PH		01.01.2007	490630
7 03973	Lager Chemiekalien	1	3973 PH		01.01.2007	479790
8 07110	Fertige Erzeugnisse Arbeitsplatten	1	7110 PH		01.01.2007	1689510.89

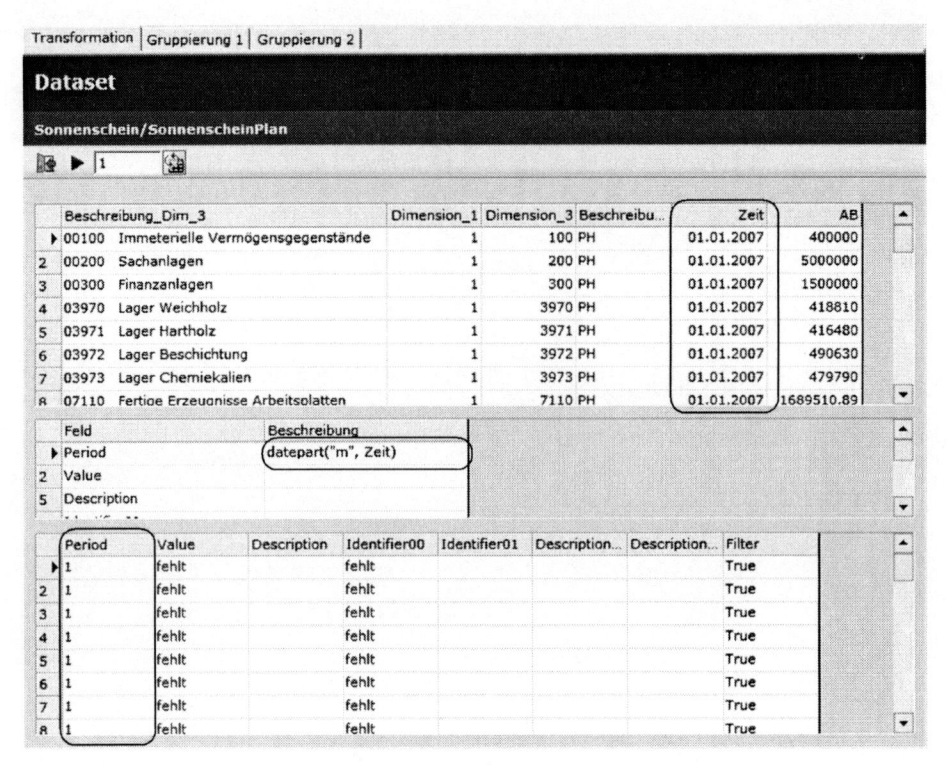

Feld	Beschreibung
▶ Period	datepart("m", Zeit)
2 Value	
5 Description	

Period	Value	Description	Identifier00	Identifier01	Description...	Description...	Filter
▶ 1	fehlt		fehlt				True
2 1	fehlt		fehlt				True
3 1	fehlt		fehlt				True
4 1	fehlt		fehlt				True
5 1	fehlt		fehlt				True
6 1	fehlt		fehlt				True
7 1	fehlt		fehlt				True
8 1	fehlt		fehlt				True

Abbildung 140: Zweite Transformation des Datums

4. Allerdings sind wir an dieser Stelle noch lange nicht fertig, weil wir zuerst noch verstehen müssen, wie der Professional Planner eigentlich die Zeit Systemintern verwaltet.

TIPP

Zeitverwaltung in Professional Planner

Der Professional Planner hat kein Kalendarium. Die Monate, Quartale und Jahre erhalten eine bestimmte fortlaufende Zeit-ID, mit der man die Zeit eindeutig identifizieren kann.

Die Monate werden von 1 bis n fortlaufend nummeriert. Das heißt, dass wenn Sie das Dataset vom Januar 2007 bis Dezember 2009 eingestellt haben, dann entspricht die 1 dem Januar 2007, die 2 dem Februar 2007 und die 36 dem Dezember 2009. Wenn Sie jedoch ein abweichendes Wirtschaftsjahr eingestellt hätten z.B. beginnend im April 2007, dann würde die 1 dem April 2007 entsprechen.

Die Quartale werden von -1 bin n fortlaufend nummeriert.

Die Jahre werden mit 10001 beginnend fortlaufend nummeriert. Das bedeutet dass in unserem Fall die 10001 dem Jahr 2007 entspricht, die 10002 dem Jahr 2008 und die 10003 dem Jahr 2009.

Datum	Monate	Quartale	Jahre
Januar 07	1		
Februar 07	2	-1	
März 07	3		
April 07	4		
Mai 07	5	-2	
Juni 07	6		
Juli 07	7		
August 07	8	-3	
September 07	9		
Oktober 07	10		
November 07	11	-4	
Dezember 07	12		10001
Januar 08	13		
...		-5	
Dezember 08	24		10002

Abbildung 141: Zeit-ID

5. Da Sie die Anfangsbestände des Jahres 2007 importieren, muss die Zeit auf 10001 (Jahr 2007) eingestellt werden. Die Anfangsbestände werden im Professional Planner in den Jahreswert geschrieben. Das bedeutet, dass Sie zu der Formel datepart („m", Zeit) dahingehend ergänzen müssen, dass Sie noch die 10000 addieren. Daraus wird dann die Formel datepart („m", Zeit)+10000, die uns die Professional Planner spezifische Jahreskennung 10001 für das Jahr 2006 erzeugt. Alternativ könnten Sie auch die 10001 direkt in das Feld *Beschreibung* neben der Zeile *Period* erfassen können, damit die 10001 in die Ergebnistabelle übernommen wird.

	Transformation	Gruppierung 1	Gruppierung 2				

Dataset

Sonnenschein/SonnenscheinPlan

	Beschreibung_Dim_3		Dimension_1	Dimension_3	Beschreibu...	Zeit	AB
▶	00100	Immaterielle Vermögensgegenstände	1	100	PH	01.01.2007	400000
2	00200	Sachanlagen	1	200	PH	01.01.2007	5000000
3	00300	Finanzanlagen	1	300	PH	01.01.2007	1500000
4	03970	Lager Weichholz	1	3970	PH	01.01.2007	418810
5	03971	Lager Hartholz	1	3971	PH	01.01.2007	416480
6	03972	Lager Beschichtung	1	3972	PH	01.01.2007	490630
7	03973	Lager Chemiekalien	1	3973	PH	01.01.2007	479790
8	07110	Fertige Erzeugnisse Arbeitsplatten	1	7110	PH	01.01.2007	1689510.89

	Feld	Beschreibung
▶	Period	datepart("m", Zeit)+10000
2	Value	
5	Description	

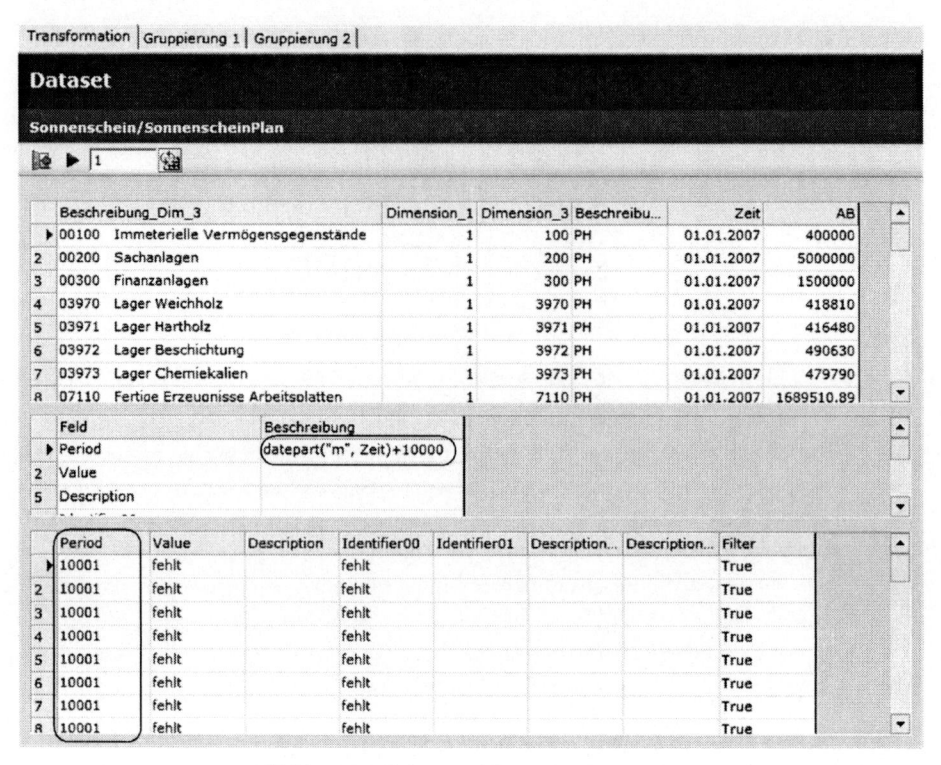

	Period	Value	Description	Identifier00	Identifier01	Description...	Description...	Filter
▶	10001	fehlt		fehlt				True
2	10001	fehlt		fehlt				True
3	10001	fehlt		fehlt				True
4	10001	fehlt		fehlt				True
5	10001	fehlt		fehlt				True
6	10001	fehlt		fehlt				True
7	10001	fehlt		fehlt				True
8	10001	fehlt		fehlt				True

Abbildung 142: Dritte Transformation des Datums

6. Als nächstes müssen Sie auch noch die anderen Spalten transformieren. Stellen Sie den Cursor auf die Zelle neben *Value* und klicken mit der linken Maustaste auf die erste Zelle in der Spalte *AB* in der Rohdatentabelle. Damit wird dem Professional Planner mitgeteilt, in welcher Spalte die eigentlichen Anfangsbestände der jeweiligen Sachkonten in den zwei Unternehmen Produktion und Handel GmbH und Engineering GmbH stehen.

7. Description ordnen Sie der Spalte *Beschreibung_Dim_3*. Diese Einstellung werden wir bei der Zuordnung der Datensätze noch brauchen.

8. Identifier00 ordnen Sie der Spalte *Dimension_1*. In dieser Spalte steht die Kennung, die dem Professional Planner eine Auskunft darüber gibt, zu welchem Unternehmen die Datensätze gehören. Die 1 bezieht sich auf die Produktion und Handel GmbH und die 2 auf die Engineering GmbH.

9. Identifier01 ordnen Sie der Spalte *Dimension_3*. In dieser Spalte steht die Sachkontonummer der Anfangsbestände

10. Description00 ordnen Sie der Spalte *Beschreibung_Dim_1*. In dieser Spalte stehen die Kürzel PH für Produktion und Handel GmbH und EN für die Engineering GmbH.

11. Description01 ordnen Sie der Spalte *Beschreibung_Dim_3*. In dieser Spalte stehen die Kontonamen und die Sachkontonummern.

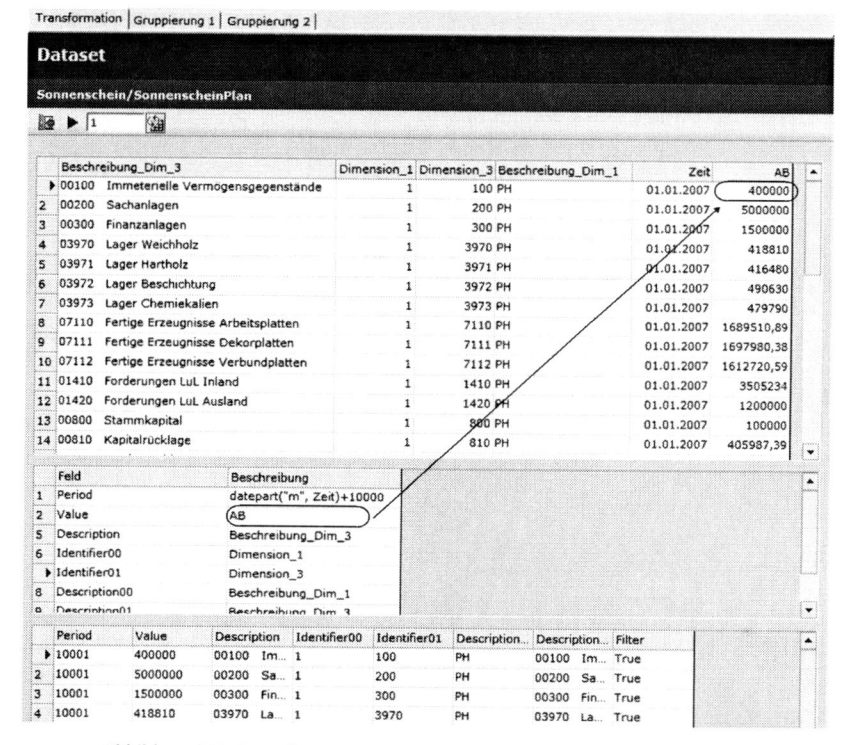

Abbildung 143: Transformation der weiteren Spalten der Rohdatentabelle

12. Klicken Sie anschließend in der oberen linken Ecke auf den Schalter mit dem Pfeil *Transformation starten*, um den Transformationslauf auszulösen.

13. Geben Sie der Transformation den Namen *Import-AB* und bestätigen Sie mit OK. Die Transformation läuft einige Sekunden und Sie sehen wieder das Hauptfenster des Importmanagers. Sie sehen die Information, dass die Transformation fertig ist.

14. Im SQL Server Management Studion können Sie sich In der Tabelle G027 des SQL Servers 2005 anschauen, wo der Transformationsname *Import-AB* in der Datenbank gespeichert wurde.

15. In der Tabelle G035 des SQL Servers 2005 können Sie sich anschauen, wo das Ergebnis der Transformation gespeichert wurde.

16. Die Daten sind in der Datenbank schon gespeichert. Das FZU – Dokument brauchen Sie jedoch, um beim nächsten öffnen des Dokuments automatisch auf die Inhalte der Tabellen und Einstellungen zugreifen zu können. Deswegen müssen Sie das FZU – Dokument abspeichert.

Nachdem die Daten transferiert wurden, muss nach das eigentliche Mapping durchgeführt werden. Hier hat der Professional Planner die Möglichkeit einer automatischen Zuordnung. Wir möchten Ihnen diese Funktionalität anhand der Konten des Anlagevermögens demonstrieren. Die Idee der automatischen Zuordnung ist folgende:

Auf der einen Seite haben wir die Strukturelemente des Professional Planner *00100 Immaterielle Vermögensgegenstände, 00200 Sachanlagen* und *00300 Finanzanlagen* in bei der *Produktion und Handel GmbH* und auch bei der *Engineering GmbH*. Auf der anderen Seite haben wir die Datensätze in der Datenbank. Jeder Datensatz trägt in Dimension 1 die Kennung des Unternehmens *1 für Produktion und Handel GmbH* und *2 für die Engineering*. In der Dimension 2 befinden sich die Nummern der entsprechenden Sachkonten. Der Importmanager wird sequentiell zuerst nach Übereinstimmungen der Dimension 1 suchen. Anschließend wird nach Übereinstimmungen der Dimension 2 gesucht. Auf diesem Weg können alle Datensätze den entsprechenden Elementen zugeordnet werden.

Wenn zwei Datensätze aus der Datenbank dem gleichen Strukturelement zugeordnet werden, dann werden die Werte der Datensätze vom Importmahnanger summiert und die Summe dem Strukturelement zugeordnet.

ZUORDNUNG AB

Praktische Übung

1. Klicken Sie im Hauptfenster des Importmanagers auf den Schalter *Zuordnung*.

2. Benennen Sie die Zuordnung als *Import-AB*. Sie können verschiedene Zuordnungen in einem Dataset speichern z.B. eine für die Anfangsbestände der Bilanzkonten, eine andere für die Endbestände der Bilanzkonten und noch eine für die GuV Sachkonten oder Kostenarten. Je nach dem welchen Datenbestand Sie importieren möchten, können Sie auf die eine oder andere Zuordnung zugreifen.

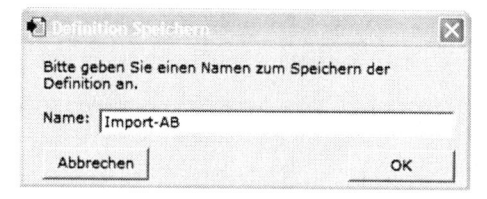

Abbildung 144: Importdefinition der Zuordnungen beim Anfangsbeständen speichern

3. Es wird das Hauptfenster der Zuordnung geöffnet. Sie sehen die Kennung des Unternehmens in der Spalte *Kennung1*, die Nummer des Sachkontos in der Spalte *Kennung2* und die Beschreibung des Sachkontos in der Spalte *Beschreibung*. Über dem Fenster befinden sich die Register *Manuell*, *Kennung 1*, *Kennung 2* und *Nullsetzen*.

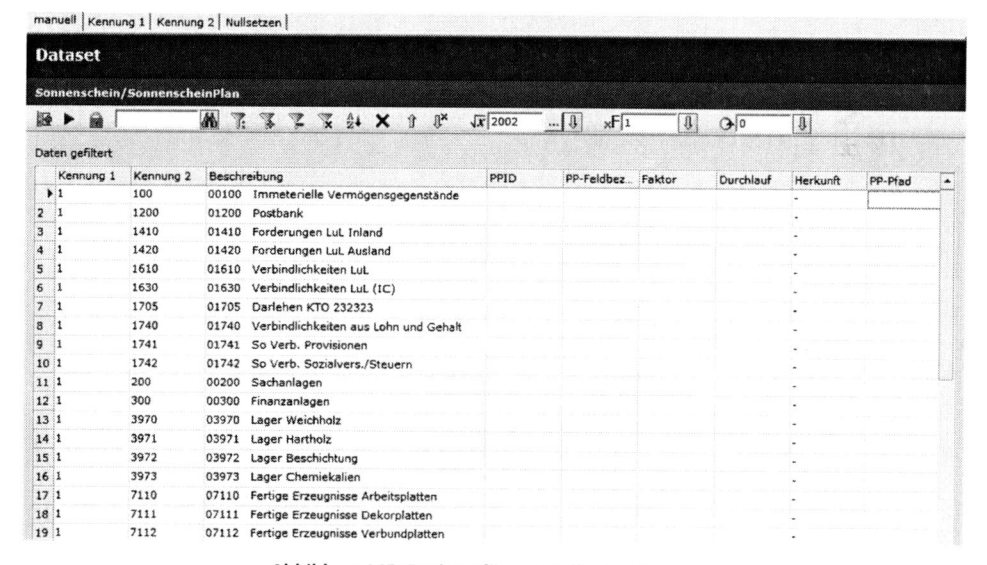

	Kennung 1	Kennung 2	Beschreibung	PPID	PP-Feldbez..	Faktor	Durchlauf	Herkunft	PP-Pfad
1	1	100	00100 Immaterielle Vermögensgegenstände					-	
2	1	1200	01200 Postbank					-	
3	1	1410	01410 Forderungen LuL Inland					-	
4	1	1420	01420 Forderungen LuL Ausland					-	
5	1	1610	01610 Verbindlichkeiten LuL					-	
6	1	1630	01630 Verbindlichkeiten LuL (IC)					-	
7	1	1705	01705 Darlehen KTO 232323					-	
8	1	1740	01740 Verbindlichkeiten aus Lohn und Gehalt					-	
9	1	1741	01741 So Verb. Provisionen					-	
10	1	1742	01742 So Verb. Sozialvers./Steuern					-	
11	1	200	00200 Sachanlagen					-	
12	1	300	00300 Finanzanlagen					-	
13	1	3970	03970 Lager Weichholz					-	
14	1	3971	03971 Lager Hartholz					-	
15	1	3972	03972 Lager Beschichtung					-	
16	1	3973	03973 Lager Chemiekalien					-	
17	1	7110	07110 Fertige Erzeugnisse Arbeitsplatten					-	
18	1	7111	07111 Fertige Erzeugnisse Dekorplatten					-	
19	1	7112	07112 Fertige Erzeugnisse Verbundplatten					-	

Abbildung 145: Register für manuelle Zuordnungen

4. Klicken Sie auf das Register *Kennung 1*. Klicken Sie auch auf den Schalter *Sperre*, um die Zuordnungssperre zu lösen. Das Aussehen des Schalters ändert sich was bedeutet, dass Sie jetzt Zuordnungen machen können. Die Sperre schützt Sie vor unbeabsichtigten Veränderungen in den Zuordnungen.

5. Klicken Sie auf das Register *Kennung 1*. Als nächstes müssen wir das Kriterium auswählen, nach dem die *Kennung 1* zugeordnet werden soll. Dieses können Sie mit dem Auswahlschalter *Feldbezug* 4759 machen. Standardmäßig ist dieser Schalter auf den Feldbezug Organisations-ID (4959) eingestellt. Wenn Sie auf Schalter *Feldbezug auswählen* neben der Feldbezugsnummer klicken,

211

dann öffnet sich das Dialogfenster *Feldbezugauswahl* in dem Sie alle Feldbezüge des aktuellen Rechenschemas sehen.

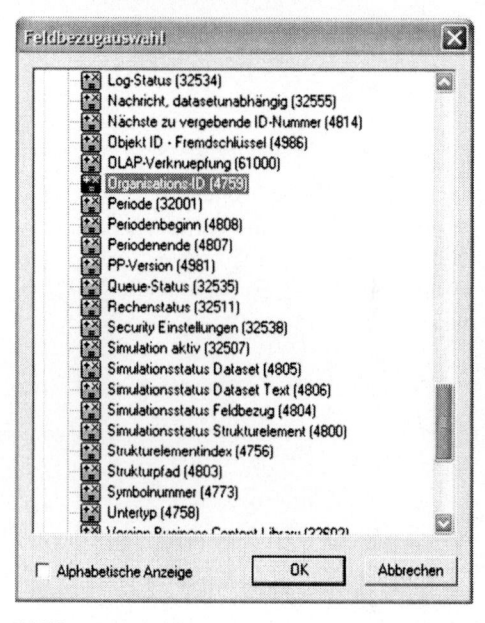

Abbildung 146: Feldbezug Organisations-ID auswählen

6. Faktisch ist das die Stelle, an der Sie zum ersten Mal mit dem Aufbau der Logik des Professional Planner konfrontiert werden. Für den Benutzer besteht die Logik des Professional Planner aus einer Liste von sog. Feldbezügen. Es sind eindeutig nummerierte Objekte in der Datenbank. Die Objekte sind geordnet in Gruppen und jedes dieser Objekte hat eine spezielle Funktion in dem System. Die Organisations-ID ist z.B. eine eindeutige Nummer eines jeden Strukturelementes. Es gibt aber auch Feldbezüge für die Zeit (Periode 32001), Anlagevermögen Anfangsbestand (2200), Anlagevermögen Endbestand (700) oder Nettoerlöse (101) usw. Scrollen Sie die Liste rauf und runder und schauen Sie sich die Feldbezüge an.

7. Als Kriterium für die Zuordnung der Kennung 1 nehmen wir den Feldbezug *Kommentar (4762)* aus der Gruppe *Index* weil es der Feldbezug ist, auf dem wir im Punkt *Kennungen* auf der Seite 192 die Kennungen *PH* für das Unternehmen Produktion und Handel GmbH und *EN* für das Unternehmen Engineering GmbH vergeben haben. Die Inhalte des Feldbezugs *Kommentar (4762)* werden Ihnen jetzt helfen die Zuordnung zu treffen. Bestätigen Sie die Auswahl mit OK.

8. In dem Auswahlfenster für die Feldbezüge erscheint jetzt die Nummer 4762, die dem Kommentar entspricht.

9. Als nächstes stellen Sie den Cursor in das Feld *Übersetzung* neben der Kennung 1 und ziehen per Drag & Drop das Unternehmenselement *Produktion und Handel GmbH* in die Zelle. Der Inhalt des Feldbezugs 4762 auf diesem Element erscheint in der Zelle. Es sind die Buchstaben *PH*. Stellen Sie den Cursor in die Zelle *Übersetzung* neben der Kennung 2 und ziehen Sie per Drag & Drop auch das Unternehmenselement *Engineering GmbH* in die Zelle. Nun erscheint der Inhalt des Feldbezugs 4762 auf diesem Element in der Zelle. Es sind die Buchstaben *EN*.

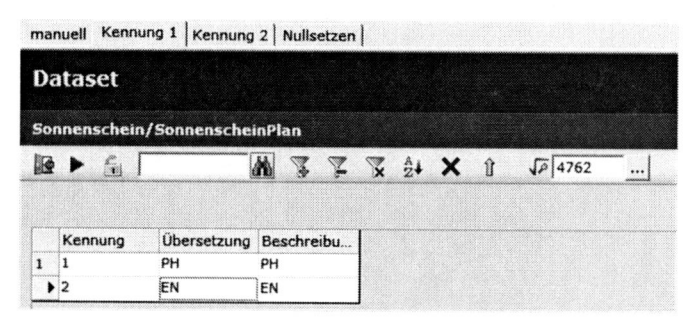

Abbildung 147: Zuordnungen im Register Kennung 1

10. Klicken Sie auf das Register *Kennung 2*. Es öffnet sich ein Fenster, in dem Sie weiteren Einstellungen treffen können. Zum einen haben Sie wieder das Auswahlfenster für das Kriterium nachdem die Kennung 2 (Sachkontonummer) gesucht werden soll. Weiter rechts haben auch ein Auswahlfenster für den Feldbezug, auf den der Anfangsbestandswert im Professional Planner geschrieben werden soll. Zugegebenermaßen ähneln sich die beiden Auswahlfenster aber das zweite hat noch einen kleinen Pfeil dabei. An der Dritten Stelle finden Sie ein Fenster mit dem Sie den Faktor bestimmen können mit dem die Ursprungswerte multipliziert werden können. An letzter Stelle finden Sie ein Fenster für die Reihenfolge, in der die Datensätze übernommen werden sollen. Dieses spielt im Prinzip eine Rolle, wenn Sie in einem Zug die GuV und Bilanzdatensätze übernehmen möchten. In diesem Fall stellen Sie alle GuV Datensätze auf 0 und alle Bilanzdatensätze auf 1. Das bedeutet, dass die GuV Datensätze zuerst übernommen werden und dann werden die Bilanzdatensätze übernommen. Wenn Sie das umgekehrt gemacht hätten, dann würden die GuV Datensätze die zuvor Importierten Bilanzbestände aufgrund der Integration des Systems überschreiben und Sie hätten falsche Endbestände ausgewiesen. Da wir aber in diesem Lauf nur die Anfangsbestände importieren möchten, können wir die Einstellung auf 0 belassen.

11. Zuerst ändern wir wieder das Kriterium nach dem die Bilanzsachkonten in der Struktur gesucht werden können. Wir wählen das Gruppenfeld 3 (4765), weil es genau der Feldbezug ist den wir im Punkt *Kennungen* auf der Seite 192 für die Nummerierung der Bilanzelemente ausgewählt haben.

12. Im Fenster für den Feldbezug auf das die Werte importiert werden sollen wählen wir aus der Gruppe *Bilanz Aktiva – Anlagevermögen* den Feldbezug *AB Anfangsbestand (2200)*. Wenn Sie die Auswahl mit OK bestätigen, ändert das Fenster den Inhalt und zeig den Feldbezug 2200. Wenn Sie die Feldbezüge mal auswendig kennen, dann ist es auch möglich diese direkt in das Fenster zu schreiben, ohne den Umweg über den Dialog mit der Auswahl von allen Feldbezügen zu gehen.

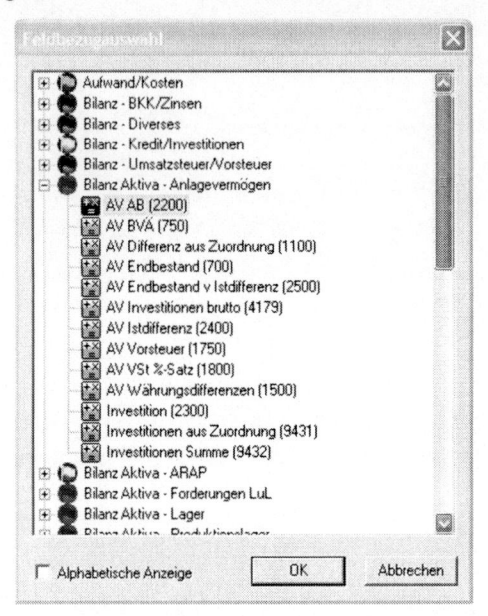

Abbildung 148: Feldbezug Anlagevermögen Anfangsbestand auswählen

13. Stellen Sie den Cursor in der Spalte *Übersetzung* im Datensatz neben der Kennung 100 (Zeile 1) und ziehen Sie per Drag & Drop das Bilanzelement *00100 Immaterielle Vermögensgegenstände* aus der *Produktion und Handel GmbH* auf diese Zelle. Es erscheint der Inhalt der Gruppenfelds 3, welches in diesem Fall 100 ist. Jetzt ist dem Importmanager bekannt, dass wenn ein Datensatz mit der Kontonummer 100 kommt, dann soll es auf ein Element mit der Kennung 100 im Gruppenfeld 3 verbunden werden. Gleichzeitig soll der Wert des Anfangsbestandes auf den Feldbezug *AV Anfangsbestand (2200)* zugesteuert werden.

Dieser Wert soll mit dem Faktor 1 multipliziert werden, was dafür sorgt, dass er Ursprungswert aus der Access Datenbank nicht verändert wird.

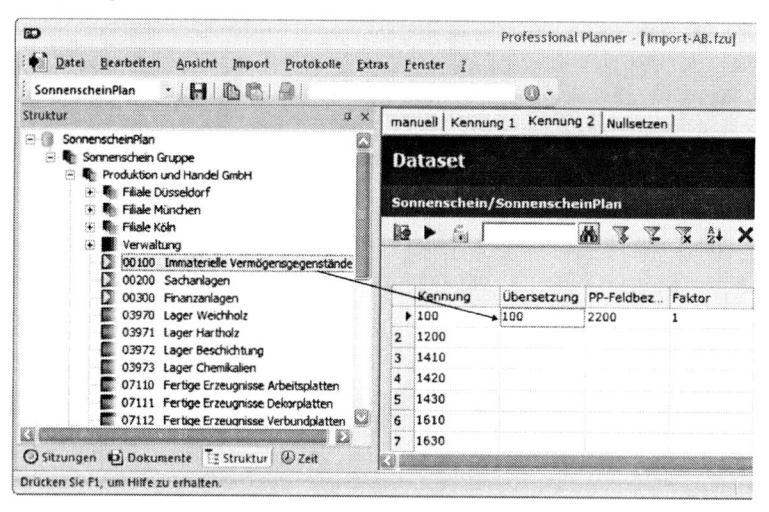

Abbildung 149: Zuordnung per Drag and Drop

14. Stellen Sie den Cursor in der Spalte *Übersetzung* in die Zelle neben der Kennung 200 (Zeile 12) und ziehen Sie per Drag & Drop das Bilanzelement *00200 Sachanlagen* in die Zelle. Nun wird der Inhalt des Gruppenfeldes 3 gleich 200 in der Zelle angezeigt.

15. Verfahren Sie aus analog mit der Kennung 300 (Zeile 13) und ziehen Sie das Bilanzelement *00300 Finanzanlagen* in die entsprechende Zelle per Drag & Drop hinein.

16. Als nächstes werden wir die Zeilen 14, 15,16 und 17 zuordnen. Beachten Sie jedoch dabei, dass es sich bei diesen Datensätzen um die Anfangsbestände für die *Leger* handelt. Das bedeutet, dass Sie den Feldbezug ändern müssen, auf den die Werte zugeordnet werden sollen. Klicken Sie auf den Schalter mit den drei Punkten neben dem Auswahlfenster für die Feldbezüge und wählen Sie aus der Gruppe *Bilanz Aktiva – Lager* den Feldbezug *Lager Anfangsbestand (2201)* auswählen. Anschließend ziehen Sie wieder per Drag & Drop die Elemente *03970 Lager Weichholz, 03971 Lager Hartholz, 03972 Lager Beschichtung* und *03973 Lager Chemikalien* in die entsprechenden Zeilen. Achten Sie bitte darauf, dass Sie vor dem Drag & Drop zuerst in der richtigen Zelle der Spalte *Übersetzung* stehen, sonst wird immer die letzte Auswahl geändert!

17. Als nächstes werden die Elemente *07110 Fertige Erzeugnisse Arbeitsplatten, 07111 Fertige Erzeugnisse Dekorplatten* und *07112 Fertige Erzeugnisse Verbundplatten* in den Zeilen 18, 19 und 20. Der Feldbezug für diese Datensätze ist

Produktionslager Anfangsbestand (2234) aus der Gruppe *Bilanz Aktiva – Produktionslager*. Ziehen Sie die Bilanzelemente in die entsprechenden Zeilen.

18. Die Zeilen 3, 4 und 5 enthalten Datensätze bezüglich der Forderungen LuL. Der richtige Feldbezug ist *Forderungen LuL Anfangsbestand (2203)* aus der Gruppe *Bilanz Aktiva – Forderungen LuL*. Beim Drag & Drop beachten Sie, dass das Element *01430 Forderungen LuL (IC)* in der Engineering GmbH vorhanden ist, und Sie genau dieses Element in die Zeile ziehen sollten.

19. Die Zeilen 6, 7 und 9 beinhalten die Datensätze für die Verbindlichkeiten LuL. Der richtige Feldbezug ist *Verbindlichkeiten LuL Anfangsbestand (2211)* aus der Gruppe *Bilanz Passiva – Verbindlichkeiten LuL*.

20. In der Zeile 8 befindet sich ein Datensatz bezüglich eines Darlehns. Der richtige Feldbezug ist *Darlehen Anfangsbestand (2218)* aus der Gruppe *Bilanz Passiva – Darlehn*.

21. Die Zeilen 10 und 11 beinhalten Datensätze aus der Kategorie der Sonstigen Verbindlichkeiten. Der richtige Feldbezug ist *So. Verbind Anfangsbestand (2212)* aus der Gruppe *Bilanz Passiva – So Verbindlichkeiten*.

22. Die Zeilen 21, 22 und 23 beinhalten die Datensätze aus der Kategorie Eigenkapital. Der Feldbezug ist hier *Eigenkapital Anfangsbestand (2219)* aus der Gruppe *Bilanz Passiva – Eigenkapital*.

23. Die Zeilen 24 und 25 beinhalten die Datensätze aus der Kategorie Rückstellungen. Als Feldbezug nehmen Sie *Rückstellungen Anfangsbestand (2216)* aus der Gruppe *Bilanz Passiva – Rückstellungen*.

24. In der Zeile 2 befindet sich ein Datensatz bezüglich des Anfangsbestandes des Bankkontos. In Professional Planner ist es ein besonderer Feldbezug, der nur auf der Ebene eines Unternehmens definiert ist. Der Feldbezug ist *BKK Saldo Anfangsbestand (2207)* aus der Gruppe *Bilanz BKK/Zinsen*. Allerdings werden wird diesen Feldbezug später gesondert zuordnen müssen.

25. Die Zuordnungstabelle solle bis dahin so aussehen:

	Kennung	Übersetzu...	PP-Feldbez...	Fakt...	Durchl...	Herku...	Beschreibung	
▶	100	100	2200	1	0	M	00100	Immaterielle Vermögensgegenstände
2	1200					-	01200	Postbank
3	1410	1410	2203	1	0	M	01410	Forderungen LuL Inland
4	1420	1420	2203	1	0	M	01420	Forderungen LuL Ausland
5	1430	1430	2203	1	0	M	01430	Forderungen LuL (IC)
6	1610	1610	2211	1	0	M	01610	Verbindlichkeiten LuL
7	1630	1630	2211	1	0	M	01630	Verbindlichkeiten LuL (IC)
8	1705	1705	2218	1	0	M	01705	Darlehen KTO 232323
9	1740	1740	2211	1	0	M	01740	Verbindlichkeiten aus Lohn und Gehalt
10	1741	1741	2212	1	0	M	01741	So Verb. Provisionen
11	1742	1742	2212	1	0	M	01742	So Verb. Sozialvers./Steuern
12	200	200	2200	1	0	M	00200	Sachanlagen
13	300	300	2200	1	0	M	00300	Finanzanlagen
14	3970	3970	2201	1	0	M	03970	Lager Weichholz
15	3971	3971	2201	1	0	M	03971	Lager Hartholz
16	3972	3972	2201	1	0	M	03972	Lager Beschichtung
17	3973	3973	2201	1	0	M	03973	Lager Chemiekalien
18	7110	7110	2234	1	0	M	07110	Fertige Erzeugnisse Arbeitsplatten
19	7111	7111	2234	1	0	M	07111	Fertige Erzeugnisse Dekorplatten
20	7112	7112	2234	1	0	M	07112	Fertige Erzeugnisse Verbundplatten
21	800	800	2219	1	0	M	00800	Stammkapital
22	810	810	2219	1	0	M	00810	Kapitalrücklage
23	820	820	2219	1	0	M	00820	Gewinnrücklage
24	950	950	2216	1	0	M	00950	Rückstellungen für Pensionen
25	970	970	2216	1	0	M	00970	Sonstige Rückstellungen

Abbildung 150: Ausgefüllte Zuordnungstabelle

26. Als letzten Schritt aktivieren Sie die automatische Zuordnung, indem auf den Schalter *Automatische Zuordnung starten* in der linken oberen Ecke klicken.

27. Der Importmanager hat alle Datensätze automatisch zugeordnet, bis auf die zwei Postbankkonten. Da diese nur auf der Ebene der Unternehmenselemente definiert sind, müssen Sie noch zusätzlich manuell zugeordnet werden. Wählen Sie den Feldbezug *BKK Saldo Anfangsbestand (2207)* aus der Gruppe *Bilanz BKK/Zinsen* und ziehen Sie per Drag & Drop die Elemente *Produktion und Handel GmbH* und *Engineering GmbH* in die entsprechenden Zeilen und sie werden exakt auf die Organisations-ID dieser Elemente verknüpft.

	Kennung 1	Kennung 2	Beschreibung	PPID	PP-Feldbez.	Faktor
▶	1	1200	01200 Postbank	2	2207	1
2	2	1200	01200 Postbank	64	2207	1

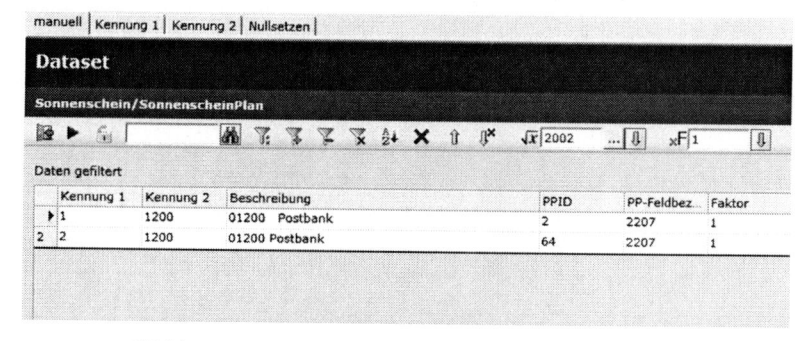

Abbildung 151: Zuordnung der Bankkonten im Register manuell

28. Wenn Sie den Filter auf *Fehlende Zuordnungen* stellen, dann sollte kein Datensatz in dem Fenster angezeigt werden. Dieses bedeutet, dass alle Datensätze aus der Tabelle Import-AB der Access Datenbank im Professional Planner zugeordnet wurden.

29. Sie können die Ansicht mit verlassen und Sie kommen wieder zurück in das Hauptfenster des Importmanagers.

30. Sie werden darüber informiert, dass die Zuordnung der Transformationsdaten fertig ist.

ÜBERNAME AB

Um die Daten zu übernehmen wählen Sie das Jahr 2007 aus und klicken auf den Schalter unter dem Punkt *Übernahme der Daten*. Der Professional Planner fängt an die Daten aus der Tabelle G0001 im SQL Server 2005 unter Berücksichtigung der Transformation und Zuordnung auf die Feldbezüge für die Anfangsbestände der Bilanzelemente zu übernehmen.

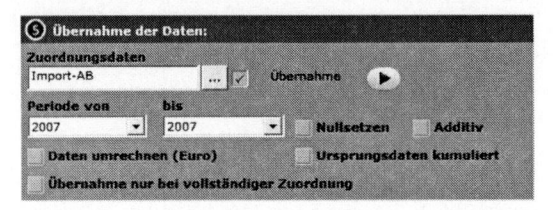

Abbildung 152: Einstellungen des Importmanager bei der Übernahme der Anfangsbestände

PROTOKOLLE

Im Menü *Protokolle* des Importmanagers können Sie den ganzen Vorgang der Transformation der Zuordnung und der Übernahme der Daten nachschauen.

Falls irgendetwas nicht funktionieren sollte, dann wir der Importmanager Sie in diesen Protokolle darüber informieren.

Das Ergebnis des Import sehen wir im Dokument *Bilanz* aus dem Verzeichnis *Ergebnisse* des Dokumentenbaums. Wenn Sie das Symbol *Detailliste* aus der Symbolleiste anklicken oder alternativ die F7 drücken, dann sehen Sie die Werte der Detailbilanzkonten, die vom Professional Planner übernommen worden sind.

Anfangsbilanz	
SonnenscheinPlan: Sonnenschein Gruppe	
Sonnenschein Gruppe	2007
A. Anlagevermögen	
Anlagevermögen	8.434.212
B. Umlaufvermögen	
Lager	1.805.710
Produktionslager	5.000.212
Forderungen LuL	4.971.154
So Forderungen	0
Forderungen Vorsteuer	0
Forderungen BKK-Zinsen	0
Bankkontokorrent	-582.302
So Umlaufvermögen	0
C. Aktive Rechnungsabgrenzung	
ARAP	0
A. Eigenkapital	
Eigenkapital	1.063.324
SoPo Rücklagen	0
Bilanzergebnis	10.626.488
B. Rückstellungen	
Rückstellungen	1.270.402
Steuerrückstellungen	0
C. Verbindlichkeiten	
Verbindlichkeiten LuL	3.692.265
So Verbindlichkeiten	276.507
Verbindlichkeiten Umsatzsteuer	0
Verbindlichkeiten BKK-Zinsen	0
Darlehen	2.700.000
D. Passive Rechnungsabgrenzung	
PRAP	0
Bilanzsumme	**20.211.288**

Abbildung 153: Importierte Anfangsbilanz

Anfangsbilanz

SonnenscheinPlan: Sonnenschein Gruppe

Sonnenschein Gruppe	2007
A. Anlagevermögen	
Anlagevermögen	8.434.212
0100 Immaterielle Vermögensgegenstände	700.000
00200 Sachanlagen	6.200.000
00300 Finanzanlagen	1.534.212
B. Umlaufvermögen	
Lager	1.805.710
03970 Lager Weichholz	418.810
03971 Lager Hartholz	416.480
03972 Lager Beschichtung	490.630
03973 Lager Chemikalien	479.790
Produktionslager	5.000.212
07110 Fertige Erzeugnisse Arbeitsplatten	1.689.511
07111 Fertige Erzeugnisse Dekorplatten	1.697.980
07112 Fertige Erzeugnisse Verbundplatten	1.612.721
Forderungen LuL	4.971.154
01410 Forderungen LuL Inland	3.746.798
01420 Forderungen LuL Ausland	1.200.000
01430 Forderungen LuL (IC)	24.356
So Forderungen	0
Forderungen Vorsteuer	0
Forderungen BKK-Zinsen	0
Bankkontokorrent	-582.302
So Umlaufvermögen	0
C. Aktive Rechnungsabgrenzung	

Abbildung 154: Die Aktivseite der importierten Anfangsbilanz - Detailanzeige

GUV IMPORT

IMPORT DER ROHDATEN GUV

Praktische Übung

1. Öffnen Sie ein neues Importmanager Dokument und speichern Sie es unter dem Namen *Import-GuV.fzu* ab.

2. Verbinden Sie sich mit der Access Importdatenbank wie im Punkt *Import der Rohdaten AB* auf Seite 198 beschrieben. Wählen Sie diesmal die Tabelle *Import-GuV* als Quelle aus und nennen Sie den Importvorgang *Import-GuV*.

TRANSFORMATION GUV

Wenn wir uns noch mal die Quelltabelle für die GuV Daten *Import-GuV* aus der Datenbank *Import 2007.accdb* anschauen, dann merken wir, dass wir jetzt mit drei Kennungen für die Datensätze zu tun haben. Es ist die *Dimension_1* mit der Unternehmensnummer – die Nummer 1 steht für die Produktion und Handel GmbH und die 2 für die Engineering GmbH. Die *Dimension_2* beinhaltet die Nummern der Profitcenter und der Kostenstellen in den jeweiligen Unternehmen. Die *Dimension_3* trägt die Sachkontonummer oder die Kostenartnummer.

Wenn Sie ein neues Importdokument öffnen, dann ist es standardmäßig auf die Verarbeitung von zwei Kennungen eingestellt. Der Importmanager kann jedoch bis zu 16 derartige Kennungen verwalten. Sie können sich es auch im Microsoft SQL Server 2005 anschauen, indem Sie die Spalten der Tabelle G030 betrachten.

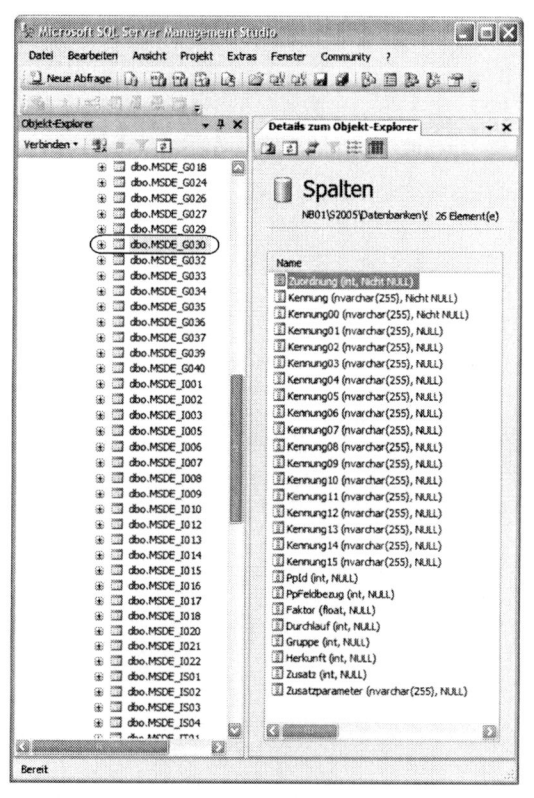

Abbildung 155: Spalten der Tabelle G030 des Importmanagers

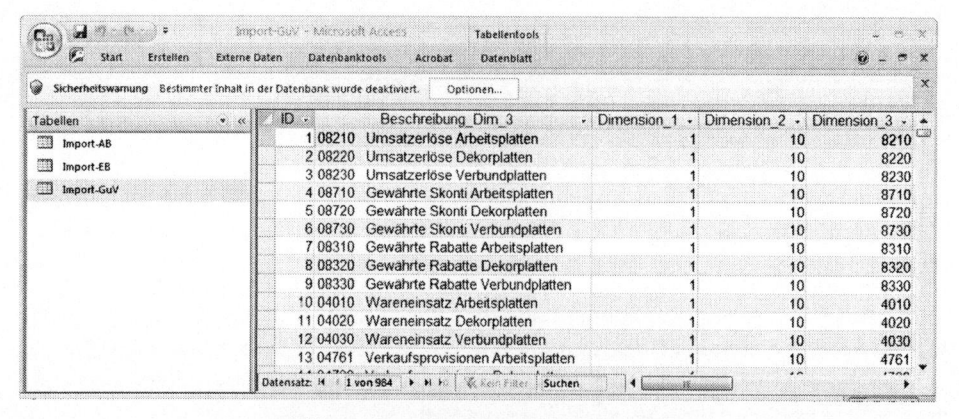

Abbildung 156: Struktur der Access Quelltabelle

Praktische Übung

Bei dem Import der GuV brauchen wir drei Kennungen und die werden wir im Menü *Datei/Eigenschaften* der FZU Dokumente in der Option *Maximale Anzahl der Kennungen* eingestellt.

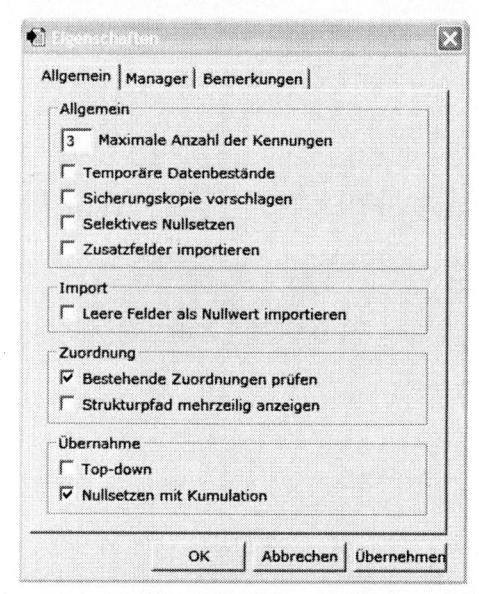

Abbildung 157: Einstellung der Anzahl der Kennungen

1. Nachdem die Anzahl der Kennungen auf drei gesetzt wurde, klicken Sie auf den Schalter *Transformation* und ordnen die Spalten der Quelltabelle entsprechen zu.

2. Für Periode nehmen Sie die Spalte *Zeit* und ergänzen sie durch die bekannte Formel `datepart("m", Zeit)`, um die Monate aus dem Datumsfeld zu extrahieren.

3. Für *Value* haben wir zwei Spalten. Soll und Haben. Die Umsätze und andere Erträge werden in der Finanzbuchhaltung im Haben gebucht und stehen deshalb in der Habenspalte. Die Aufwendungen werden in der Finanzbuchhaltung im Soll gebucht und stehen deshalb in der Sollspalte. Der Professional Planner hat keine Soll und Habenspalte wie es die Finanzbuchhaltungssysteme. Wir können aber in der Transformation des Importmanagers das Saldo Soll – Haben bilden und so die Zahlen auf die Elemente zusteuern. Dazu stellen Sie den Cursor in die Spalte *Beschreibung* neben Value und klicken auf die erste Zelle der Sollspalte. Mit einem Doppelklick auf die Zelle wechseln Sie in den Editiermodus und schreiben ein Minuszeichen hinter dem Wort *Soll*. Anschließend klicken Sie auf die Spalte *Haben*. In der Spalte *Value* der Ergebnistabelle steht jetzt die Differenz der Zahlen *Soll-Haben*. Dabei werden die Umsätze und Erträge negativ und die Aufwendungen positiv dargestellt.

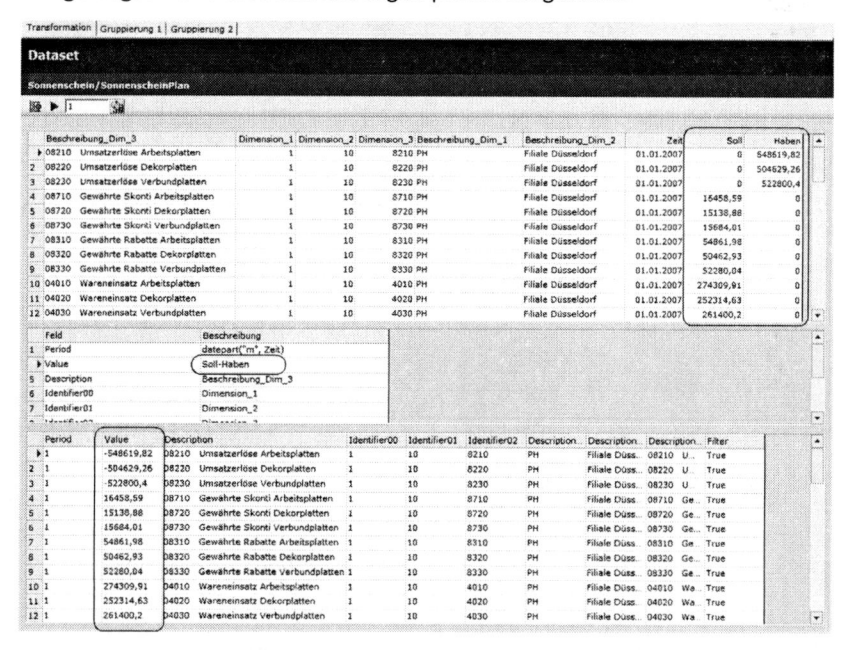

Abbildung 158: Die Soll-Haben Transformation

4. Stellen Sie den Cursor in die Spalte *Description* neben der Zeile *Description* und klicken Sie auf die erste Zelle der Spalte *Beschreibung_Dim_3* in der Quelltabelle der Transformation.

5. Bei *Kennung00* klicken Sie auf die erste Zeile der Spalte *Dimension_1*.
6. Bei *Kennung01* klicken Sie auf die erste Zeile der Spalte *Dimension_2*.
7. Bei *Kennung02* klicken Sie auf die erste Zeile der Spalte *Dimension_3*.
8. Bei *Beschreibung00* klicken Sie auf die erste Zeile der Spalte *Beschreibung_Dim_1*.
9. Bei *Beschreibung01* klicken Sie auf die erste Zeile der Spalte *Beschreibung_Dim_2*.
10. Bei *Beschreibung02* klicken Sie auf die erste Zeile der Spalte *Beschreibung_Dim_3*.

	Feld	Beschreibung
▶	Period	datepart("m", Zeit)
2	Value	Soll-Haben
5	Description	Beschreibung_Dim_3
6	Identifier00	Dimension_1
7	Identifier01	Dimension_2
8	Identifier02	Dimension_3
9	Description00	Beschreibung_Dim_1
10	Description01	Beschreibung_Dim_2
11	Description02	Beschreibung_Dim_3
12	Filter	True

Abbildung 159: Die vollständige GuV Transformation

11. Mit dem Schalter *Transformation starten* in der linken oberen Ecke lösen Sie den Transformationslauf aus. Benennen Sie die Transformation als *Import-GuV* und bestätigen Sie das Dialogfenster mit OK. Sie gelangen wieder zum Hauptbildschirm des Importmanagers.

ZUORDNUNG GUV

1. Klicken Sie in der Hauptansicht des Importmanagers auf *Zuordnung* und benennen Sie die Zuordnung auch *Import-GuV*. Im ersten Register der Zuordnung *manuell* sehen wir diesmal die drei Kennungen in der Tabelle und auch drei weitere Register Kennung 1, Kennung 2 und Kennung 3.

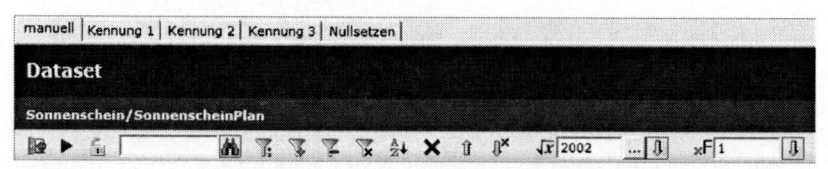

Abbildung 160: Register Manuell

2. Klicken Sie auf das Register *Kennung 1*. Um neue Zuordnungen machen zu können muss wieder die *Zuordnungssperre* durch einen Klick aufgehoben werden bis sie wieder geöffnet ist.

3. Legen Sie das Kriterium nach dem die Zuordnung der Kennung 1 festgelegt werden soll als Feldbezug *Kommentar (4762)* aus der Gruppe *Index*. Ziehen Sie anschließend per Drag & Drop die Unternehmenselemente *Produktion und Handel GmbH* und *Engineering GmbH* in die entsprechenden Zellen in der Spalte *Übersetzung* so dass die Inhalte des Feldbezugs *Kommentar (4762)* in den Zellen erscheinen – *PH* für Produktion und Handel GmbH und *EN* für Engineering GmbH.

4. Klicken Sie auf das Register *Kennung 2*. Diesmal ist das Kriterium nach dem die Kennung 2 in der Struktur gesucht werden soll der Feldbezug *Gruppenfeld 1 (4763)* aus der Gruppe *Index*. Diese Kennung befindet sich auf allen Profitcentern und Kostenstellen in der Struktur der Unternehmen *Produktion und Handel GmbH* und *Engineering GmbH*.

5. Ziehen Sie die Profitcenter und Kostenstellen per Drag & Drop in die entsprechenden Zellen der Spalte *Übersetzung*. Die erste Zeile mit der Beschreibung *Unternehmen* lassen wir erst mal unberücksichtigt.

6. Klicken Sie auf das Register *Kennung 3* und stellen Sie das Kriterium nach dem die Konten bzw. Kostenarten in der Struktur gesucht werden sollen auf den Feldbezug *Gruppenfeld 2 (4764)*.

In dem letzten Registerblatt der Kennung 3 müssen die Importdatensätze den jeweiligen Elementen der Professional Planner gemäß den Feldbezügen, die auf diesen Elementen definiert sind, zugeordnet werden. Standardmäßig ist der Feldbezug *Aufwand/Ertrag Nettoerfolg (2002)* aus der Gruppe *Aufwand/Kosten* voreingestellt. Dieser Feldbezug ist auf den Aufwand/Ertrag Elementen definiert und passt zu einer ganzen Reihe von Elementen in unserer Unternehmensstruktur.

Praktische Übung

1. Ziehen Sie per Drag & Drop die Aufwand/Ertrag Elemente in die Spalte *Übersetzung* hinein. Sie sehen, dass der Inhalt des Feldbezugs *Gruppenfeld 2 (4764)* der jeweiligen Elemente in dieser Spalte gezeigt wird. Sie könnten auch die Kennungen der Spalte *Kennung* in die Spalte *Übersetzung* kopieren, weil die Zahlen identisch sind. Sie müssen nur dann daran denken, dass auch der Feldbezug auf den die Datensätze importiert werden sollen (hier 2002 für die Aufwand/Ertrag Elemente), der Faktor und der Durchlauf richtig gesetzt werden. Dieses kann durch einen Klick auf die Pfeile neben den entsprechenden Schaltern erle-

digt werden. Das Kopieren von Kennungen statt Drag & Drop erspart bei längeren Zuordnungslisten viel Arbeit.

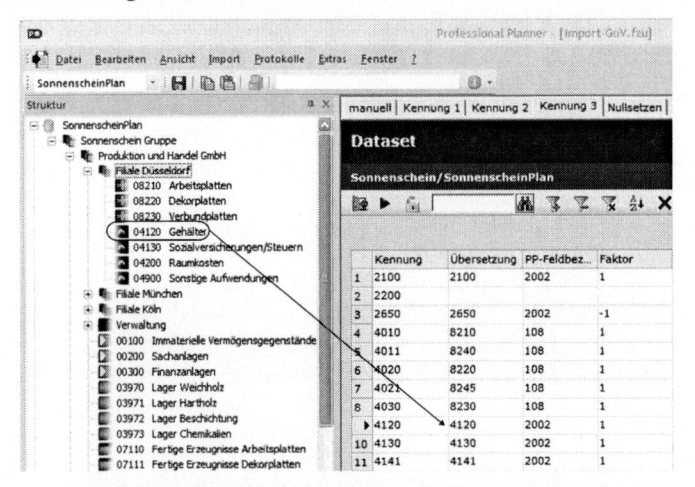

Abbildung 161: Zuordnung per Drag and Drop bei den Gehältern

2. Nachdem Sie die Datensätze für die Aufwand/Ertrags Elemente zugeordnet haben, können Sie mit Hilfe von des Auswahlfilters die schon zugeordneten Daten vorübergehend ausblenden, damit nur noch diejenigen Datensätze sichtbar bleiben, die noch nicht zugeordnet sind. Stellen Sie den Cursor auf eine leere Zelle in der Spalte *Übersetzung* und klicken Sie auf das Symbol.

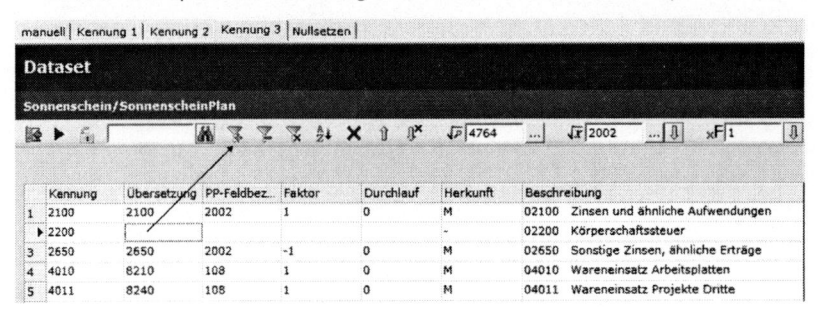

Abbildung 162: Leere Übersetzungen filtern

3. Jetzt werden wir die Datensätze bezüglich der Umsatzerlöse, Gewährten Rabatten, Gewährten Skonti, des Wareneinsatzes, des Transports und der Umsatzprovisionen zuordnen. All diese Größen sind auf dem Element *Umsatzbereich* definiert. In der Unternehmensstruktur unterscheiden wir die Umsatzbereiche nach Arbeitsplatten, Dekorplatten, Verbundplatten bei der *Produktion und Handel GmbH* und nach Umsatzerlösen Projekte Dritte und Pro-

jekte (IC) bei der *Engineering GmbH*. Genau diesen Elementen entsprechend den definierten Feldbezügen werden wird die Importdatensätze zuordnen.

4. Zuerst ändern wir den Feldbezug ![√x|101 ...⇩] auf *Nettoerlöse (101)* aus der Gruppe *Deckungsbeitrag*.

5. Anschließend ziehen Sie per Drag & Drop die Umsatzelemente in die entsprechenden Zeilen der Spalte *Übersetzung*. Da der Auswahlfilter auf die leeren Datensätze eingestellt ist, verschwinden die zugeordneten Datensätze aus der Tabelle und es verbleiben tatsächlich nur die noch leeren Zuordnungen sichtbar. Sie können die Ansicht natürlich ändern, indem Sie den Auswahlfilter mit dem Schalter für den *Auswahlbasierten Filter* wieder lösen. Nun sehen Sie sowohl die zugeordneten als auch die nicht zugeordneten Datensätze. Wenn Sie den Cursor in der Spalte *PP Feldbezug* auf der 101 platzieren und den Auswahlfilter nochmal anklicken, dann sehen Sie nur die Datensätze, die dem Feldbezug *Nettoerlöse (101)* zugeordnet wurden. Die Kennung entspricht dem Inhalt der Feldbezugs 2 (4764). Nun können Sie den Filter wieder lösen.

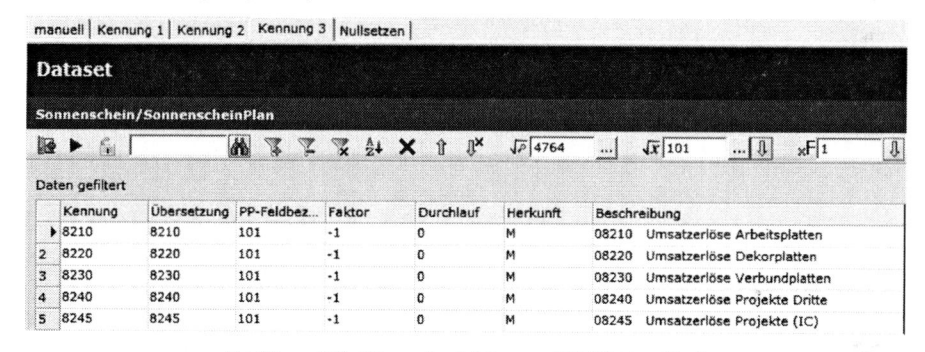

Abbildung 163: Filtern des Feldbezugs 101 (Nettoerlöse)

6. Als nächstes werden wir die Datensätze des Wareneinsatzes zuordnen. Dazu wählen Sie zuerst den Feldbezug *Wareneinsatz (108)* aus der Gruppe *Deckungsbeitrag* aus und Ziehen wieder die Umsatzbereiche in die entsprechenden Datensätze mittels Drag & Drop hinein.

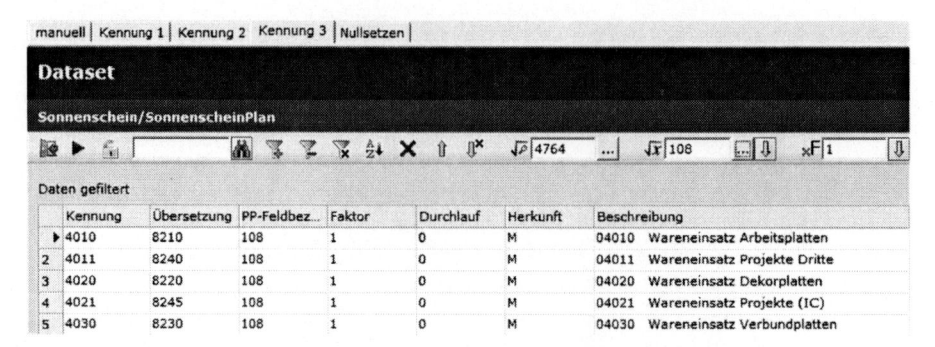

Abbildung 164: Filtern des Feldbezugs 108 (Wareneinsatz)

7. Diesmal sehen Sie, dass die Kennung 4010 dem Umsatzbereich mit der die Kennung 8210 zugeordnet wurde. Das ist auch richtig so, weil der Wareneinsatz auf dem gleichen Element definiert ist, wie auch die Umsätze. Das gleiche Betrifft die Datensätze für Transport, Rabatte, Skonti und Umsatzprovisionen. Bei den Zuordnungen von mehreren Konten zu einem Strukturelement muss nur sichergestellt werden, dass der Importmanager das entsprechende Element findet und der Wert dem richtigen Feldbezug zugeordnet wird.

8. Als nächste ordnen wir die Datensätze bezüglich des Transports. Dafür wählen Sie den Feldbezug *Vertriebssonderkosten (107)* aus der Gruppe *Deckungsbeitrag* aus und ziehen wieder die Umsatzbereiche auf die entsprechenden Datensätze per Drag & Drop im Importmanager.

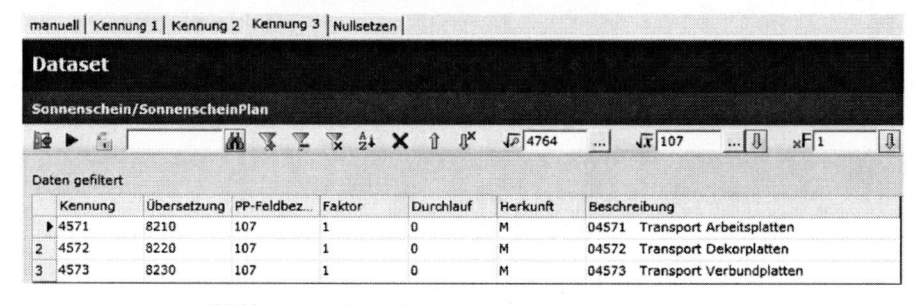

Abbildung 165: Filtern des Feldbezugs 107 (Vertriebskosten)

9. Die Datensätze der Verkaufsprovisionen werden dem Feldbezug *Umsatzprovision (109)* aus der Gruppe *Deckungsbeitrag* zugeordnet. Sie ziehen wieder die Umsatzbereiche auf die entsprechenden Datensätze der Verkaufsprovisionen.

Kennung	Übersetzung	PP-Feldbez...	Faktor	Durchlauf	Herkunft	Beschreibung	
▶ 4761	8210	109	1	0	M	04761	Verkaufsprovisionen Arbeitsplatten
2 4762	8220	109	1	0	M	04762	Verkaufsprovisionen Dekorplatten
3 4763	8230	109	1	0	M	04763	Verkaufsprovisionen Verbundplatten
4 4765	8240	109	1	0	M	04765	Verkaufsprovisionen Projekte Dritte
5 4766	8245	109	1	0	M	04766	Verkaufsprovisionen Projekte (IC)

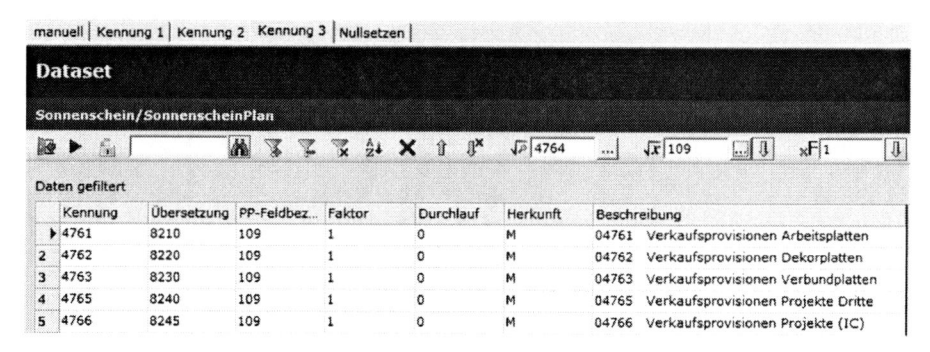

Abbildung 166: Filtern des Feldbezugs 109 (Umsatzprovision)

10. Die Datensätze der Gewährten Rabatte werden dem Feldbezug *Rabatte (102)* ebenfalls aus der Gruppe *Deckungsbeitrag* zugeordnet.

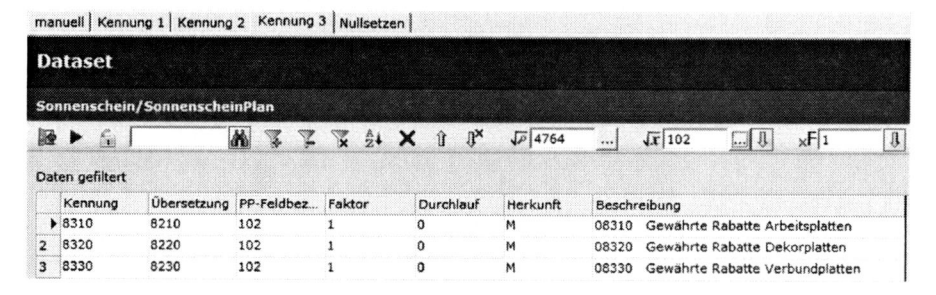

Kennung	Übersetzung	PP-Feldbez...	Faktor	Durchlauf	Herkunft	Beschreibung	
▶ 8310	8210	102	1	0	M	08310	Gewährte Rabatte Arbeitsplatten
2 8320	8220	102	1	0	M	08320	Gewährte Rabatte Dekorplatten
3 8330	8230	102	1	0	M	08330	Gewährte Rabatte Verbundplatten

Abbildung 167: Filtern des Feldbezugs 102 (Rabatte)

11. Die Datensätze der der gewährten Skonti werden dem Feldbezug *Skonto (104)* aus der Gruppe *Deckungsbeitrag* zugeordnet.

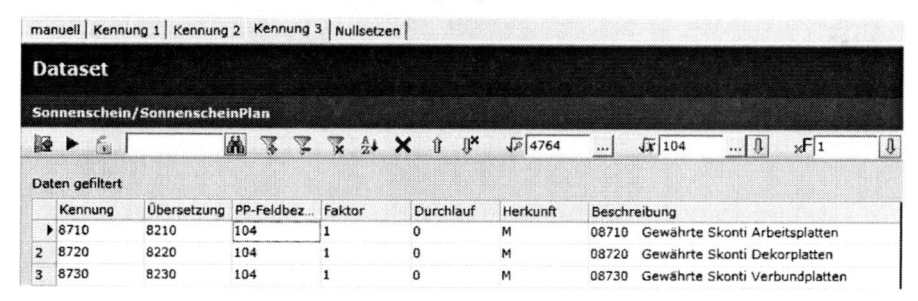

Kennung	Übersetzung	PP-Feldbez...	Faktor	Durchlauf	Herkunft	Beschreibung	
▶ 8710	8210	104	1	0	M	08710	Gewährte Skonti Arbeitsplatten
2 8720	8220	104	1	0	M	08720	Gewährte Skonti Dekorplatten
3 8730	8230	104	1	0	M	08730	Gewährte Skonti Verbundplatten

Abbildung 168: Filtern des Feldbezugs 104 (Skonto)

Als nächsten Schritt müssen noch die Spalte *Faktor* beachten. Die Quelltabelle der Access Datenbank enthält in jedem Datensatz im Bereich der GuV die Spalten Soll und Haben. Aufwendungen sind Sollbuchungen. Umsätze und Erträge sind Habenbuchungen. In der Transformation des Imports haben wir die Differenz Soll-Haben gebaut, die auf die

Elemente des Professional Planner importiert wird. Das bedeutet, dass die Umsätze und Erträge zu negativen Zahlen umgerechnet werden. Die Aufwendungen werden als positive Zahlen dargestellt.

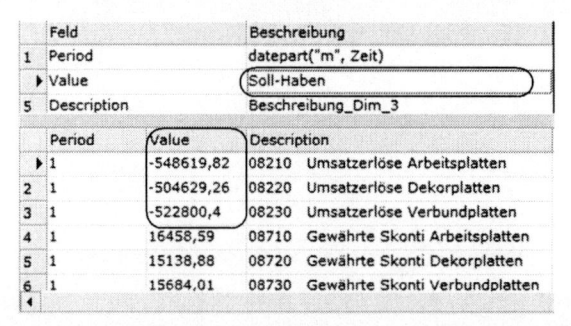

	Feld	Beschreibung
1	Period	datepart("m", Zeit)
▶	Value	Soll-Haben
5	Description	Beschreibung_Dim_3

	Period	Value	Description	
▶ 1	1	-548619,82	08210	Umsatzerlöse Arbeitsplatten
2	1	-504629,26	08220	Umsatzerlöse Dekorplatten
3	1	-522800,4	08230	Umsatzerlöse Verbundplatten
4	1	16458,59	08710	Gewährte Skonti Arbeitsplatten
5	1	15138,88	08720	Gewährte Skonti Dekorplatten
6	1	15684,01	08730	Gewährte Skonti Verbundplatten

Abbildung 169: Spalte Value als Spalte Soll minus Spalte Haben errechnet

Praktische Übung

1. Da der Professional Planner sowohl die Umsätze als auch die Erträge als positive Zahlen verwaltet, müssen diese Datensätze vor dem Import mit einem Faktor von -1 multipliziert werden. Deswegen ändern wir die Faktoren bei diesen Datensätzen.

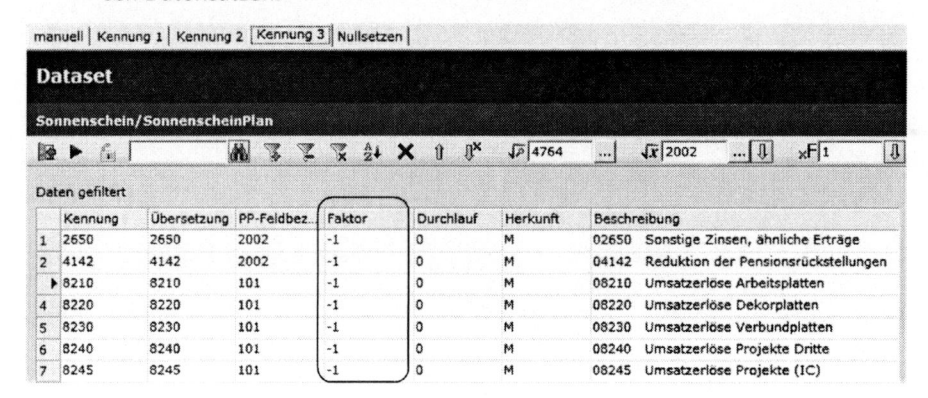

	Kennung	Übersetzung	PP-Feldbez...	Faktor	Durchlauf	Herkunft	Beschreibung
1	2650	2650	2002	-1	0	M	02650 Sonstige Zinsen, ähnliche Erträge
2	4142	4142	2002	-1	0	M	04142 Reduktion der Pensionsrückstellungen
▶ 3	8210	8210	101	-1	0	M	08210 Umsatzerlöse Arbeitsplatten
4	8220	8220	101	-1	0	M	08220 Umsatzerlöse Dekorplatten
5	8230	8230	101	-1	0	M	08230 Umsatzerlöse Verbundplatten
6	8240	8240	101	-1	0	M	08240 Umsatzerlöse Projekte Dritte
7	8245	8245	101	-1	0	M	08245 Umsatzerlöse Projekte (IC)

Abbildung 170: Einen Umrechnungsfaktor bei Umsätzen und Erträgen auf minus 1 setzen

2. Es betrifft natürlich die *Umsatzerlöse* aber auch die *Sonstigen Zinsen und ähnliche Erträge* als auch die *Reduktion der Pensionsrückstellungen*, die ebenfalls einen Ertrag darstellen, da sie der Rückstellung (vorweggenommener Aufwand) entgegenwirken.

3. Jetzt kann die automatische Zuordnung ausgelöst werden. Der Importmanager hat alle Datensätze den Strukturelementen zugeordnet, die er gefunden hat. Es sind jedoch noch vier Datensätze für die *Gewerbesteuer* und *Körperschafts-*

steuer der beiden Unternehmen verblieben. Die nicht zugeordneten Datensätze sehen Sie in dem Register *manuell* wenn der Filter auf *Fehlende Zuordnungen* eingestellt ist.

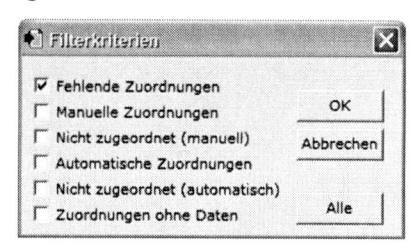

Abbildung 171: Fehlende Zuordnungen filtern

4. Das liegt daran, dass die Kennung 2 eine 0 ausweist. Die Steuern werden nicht nach Profitcentern oder Kostenstellen gebucht, sondern sind nur auf den Unternehmenselementen relevant. Für die Steuern gibt es in Professional Planner spezielle Feldbezüge. Wenn wir annehmen, dass die Gewerbesteuer von der Körperschaftssteuer abzugsfähig ist, dann kann es auch so in der Steuerberechnung des Professional Planner berücksichtigt werden.

5. Ändern Sie die Auswahl des Feldbezugs auf *Steuer 1 Mindeststeuer (939)* aus der Gruppe *Bilanz Passiva - Ertragssteuern*.

6. Die *Gewerbesteuer* wird den jeweiligen Datensätzen zugeordnet, indem Sie die Unternehmenselemente auf die Spalte PPID der entsprechenden Datensätze zuordnen.

7. Anschließend ändern Sie die Einstellung der Feldbezüge auf *Steuer 2 Mindeststeuer (940)* aus der Gruppe *Bilanz Passiva – Ertragssteuern*. Auf diesen Feldbezug werden die Datensätze der Körperschaftssteuer zugeordnet.

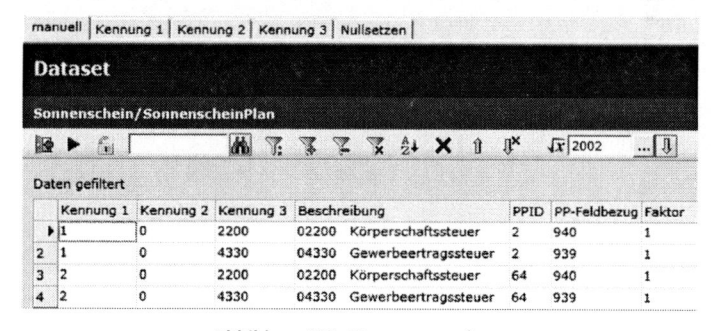

	Kennung 1	Kennung 2	Kennung 3	Beschreibung	PPID	PP-Feldbezug	Faktor
1	1	0	2200	02200 Körperschaftssteuer	2	940	1
2	1	0	4330	04330 Gewerbeertragssteuer	2	939	1
3	2	0	2200	02200 Körperschaftssteuer	64	940	1
4	2	0	4330	04330 Gewerbeertragssteuer	64	939	1

Abbildung 172: Steuern zuordnen

8. Wenn Sie den Filter auf *Fehlende Zuordnungen* einstellen, dann sollten Sie keine nicht zugeordneten Datensätze mehr sehen. Damit wären die Zuordnungen im Bereich der GuV abgeschlossen. Bestätigen Sie mit OK.

9. Klicken Sie auf das Registerblatt *Nullsetzen*, um die Nullsetzungen für die GuV zu bestimmen. Wir erinnern uns aus der Definition der Imports der Bilanzendbestände, dass die Nullsetzungsfunktion alle definierten Feldbezüge in einem Dataset vor dem Import der Datensätze mit einer Null überschreibt, um keine Vermischung zwischen alten und neuen Daten zuzulassen. Nur diejenigen Feldbezüge werden zur Nullsetzung aktiviert, die in dem GuV Import relevant sind. Das bedeutet, dass die Feldbezüge *Sonstige Variable Kosten (111)* und *Kalkulatorische Kostenart Erfolg (2102)*, die wir in diesem Dataset gar nicht benutzen wie auch die *Feldbezüge aller Bilanzkonten*, die in diesem Importlauf gar nicht angesprochen werden, von der Nullsetzung ausgenommen werden.

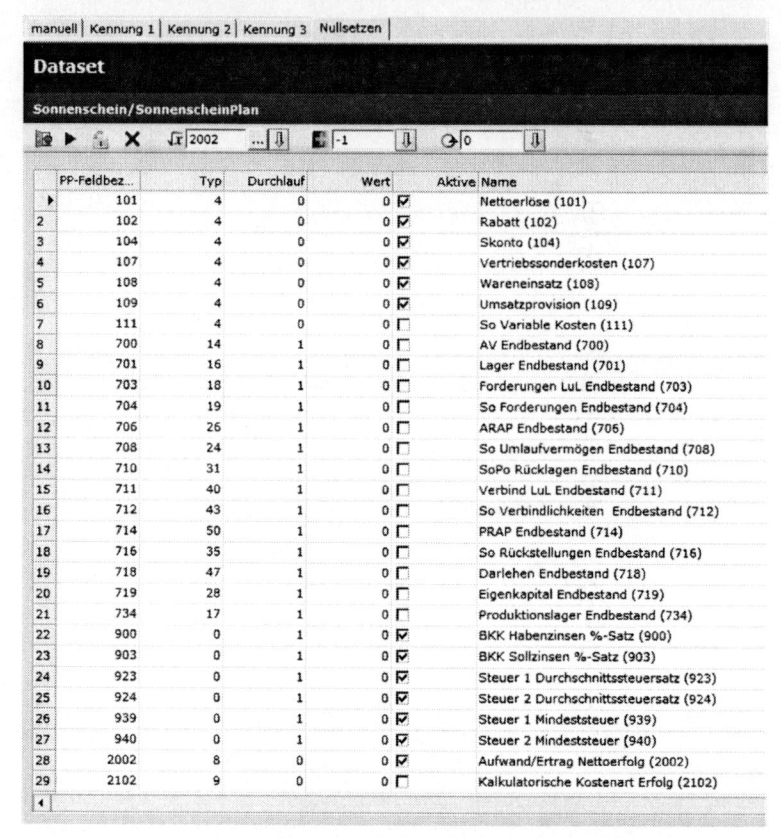

	PP-Feldbez...	Typ	Durchlauf	Wert	Aktive	Name
1	101	4	0	0	☑	Nettoerlöse (101)
2	102	4	0	0	☑	Rabatt (102)
3	104	4	0	0	☑	Skonto (104)
4	107	4	0	0	☑	Vertriebssonderkosten (107)
5	108	4	0	0	☑	Wareneinsatz (108)
6	109	4	0	0	☑	Umsatzprovision (109)
7	111	4	0	0	☐	So Variable Kosten (111)
8	700	14	1	0	☐	AV Endbestand (700)
9	701	16	1	0	☐	Lager Endbestand (701)
10	703	18	1	0	☐	Forderungen LuL Endbestand (703)
11	704	19	1	0	☐	So Forderungen Endbestand (704)
12	706	26	1	0	☐	ARAP Endbestand (706)
13	708	24	1	0	☐	So Umlaufvermögen Endbestand (708)
14	710	31	1	0	☐	SoPo Rücklagen Endbestand (710)
15	711	40	1	0	☐	Verbind LuL Endbestand (711)
16	712	43	1	0	☐	So Verbindlichkeiten Endbestand (712)
17	714	50	1	0	☐	PRAP Endbestand (714)
18	716	35	1	0	☐	So Rückstellungen Endbestand (716)
19	718	47	1	0	☐	Darlehen Endbestand (718)
20	719	28	1	0	☐	Eigenkapital Endbestand (719)
21	734	17	1	0	☐	Produktionslager Endbestand (734)
22	900	0	1	0	☑	BKK Habenzinsen %-Satz (900)
23	903	0	1	0	☑	BKK Sollzinsen %-Satz (903)
24	923	0	1	0	☑	Steuer 1 Durchschnittssteuersatz (923)
25	924	0	1	0	☑	Steuer 2 Durchschnittssteuersatz (924)
26	939	0	1	0	☑	Steuer 1 Mindeststeuer (939)
27	940	0	1	0	☑	Steuer 2 Mindeststeuer (940)
28	2002	8	0	0	☑	Aufwand/Ertrag Nettoerfolg (2002)
29	2102	9	0	0	☐	Kalkulatorische Kostenart Erfolg (2102)

Abbildung 173: Nullsetzung beim GuV Import

10. Klicken Sie auf das Türsymbol, um den Zuordnungsteil zu verlassen.

ÜBERNAHME GUV

1. Um die Daten tatsächlich zu importieren, wählen Sie die Perioden *Januar 07 bis Dezember 07* und hacken die Optionen *Nullsetzen* und *Übernahme nur bei vollständiger Zuordnung* aus.

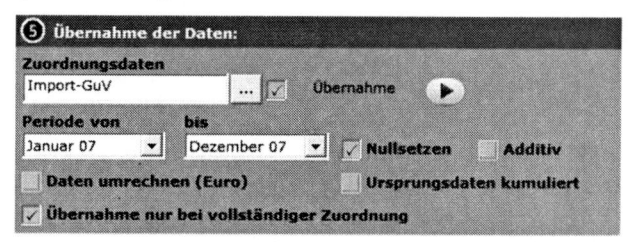

Abbildung 174: Einstellungen bei der Übernahme der GuV

2. Mit einem Klick auf *Übernahme* lösen Sie den Import der GuV – Daten aus. Warten Sie bis der Balken vollständig durchgelaufen ist.

3. Sie können auch den Schalter *Ausgewählte Prozesse starten* anklicken, dann wird der Importmanager diejenigen Prozesse starten, die eingehackt sind – in diesem Fall *Import, Transformation, Zuordnung* und *Übernehme*.

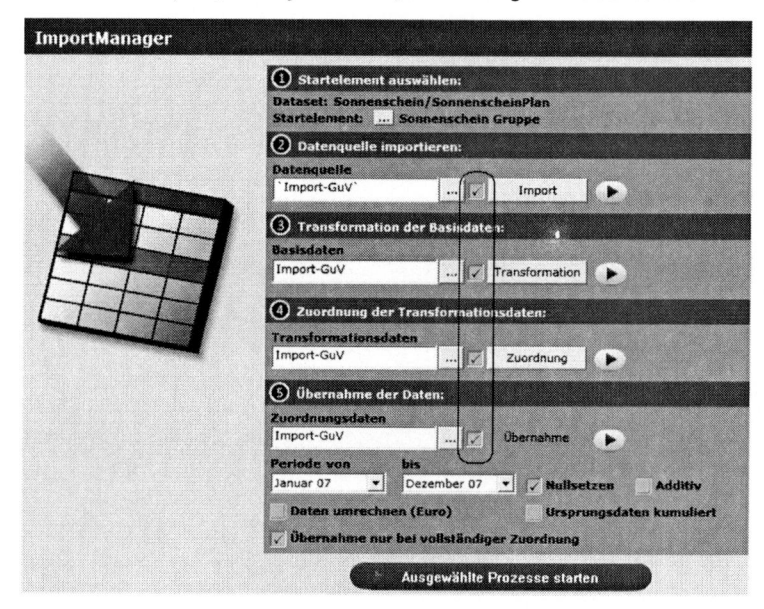

Abbildung 175: Ausgewählte Prozesse starten

Den Effekt des GuV Imports können Sie im Dokument Gewinn und Verlust aus dem Dokumentenverzeichnis *Ergebnisse* sehen.

Gewinn und Verlust					
SonnenscheinPlan: Sonnenschein Gruppe					
Sonnenschein Gruppe	2007	01/07-03/07	04/07-06/07	07/07-09/07	10/07-12/07
Nettoerlöse	41.788.341	10.315.578	10.574.778	10.470.511	10.427.474
Rabatte	3.920.333	966.773	992.912	982.740	977.908
Skonti	1.176.100	290.032	297.874	294.822	293.373
Vertriebssonderkosten	392.033	96.677	99.291	98.274	97.791
Umsatzprovision	1.331.201	328.903	336.613	333.409	332.276
WES/Material	20.377.168	5.028.219	5.158.257	5.106.633	5.084.059
Deckungsbeitrag	**14.591.506**	**3.604.974**	**3.689.831**	**3.654.634**	**3.642.067**
Aufwand = Kosten	13.919.367	3.474.435	3.499.909	3.476.395	3.468.628
Ertrag = Leistung	0	0	0	0	0
Ordentliches Ergebnis 1	**672.139**	**130.539**	**189.921**	**178.239**	**173.439**
Ord Neutraler Aufwand	0	0	0	0	0
BKK-Sollzinsen	0	0	0	0	0
Ord Neutraler Ertrag	7.733	1.536	1.982	1.990	2.225
BKK-Habenzinsen	0	0	0	0	0
Ordentliches Ergebnis 2	**679.872**	**132.075**	**191.903**	**180.229**	**175.664**
AO Neutraler Aufwand	0	0	0	0	0
AO Neutraler Ertrag	0	0	0	0	0
Ergebnis vor Steuern	**679.872**	**132.075**	**191.903**	**180.229**	**175.664**
Ertragssteuern	252.720	63.180	63.180	63.180	63.180
Ergebnis nach Steuern	**427.152**	**68.895**	**128.723**	**117.049**	**112.484**

Abbildung 176: GuV 2007 nach dem Import

BILANZIMPORT ENDBESTAND

IMPORT DER ROHDATEN EB

Praktische Übung

1. Öffnen Sie einen neuen Importmanager und speichern Sie es unter dem Namen *Import-EB.fzu* ab.

2. Verbinden Sie sich mit der Access Importdatenbank wie im Punkt *Import der Rohdaten AB* auf Seite 198 beschrieben. Wählen Sie allerdings diesmal die Tabelle *Import-EB* als Quelle aus und nennen Sie dien Importvorgang *Import-EB*.

TRANSFORMATION EB

Praktische Übung

Bei der Transformation verfahren Sie fast identisch wie im Punkt *Transformation AB* auf der Seite 204 mit dem Unterschied, dass Sie zu der datepart Funktion keine 10000 addieren, sondern es in der Form `datepart("m", Zeit)` belassen. Die Endbestände möchten wir monatlich importieren und nicht nur einmal jährlich.

Klicken Sie nach den Einstellungen anschließend auf ▶ um die Transformation auszulösen. Im Dialogfenster *Definition Speichern* tragen Sie den Namen *Import-EB* und bestätigen mit OK.

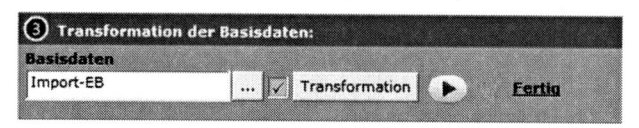

Abbildung 177: Transformation EB fertiggestellt

Der Importmanager informiert Sie darüber, dass die Transformation der Endbilanzbestände *Import-EB* fertiggestellt wurde.

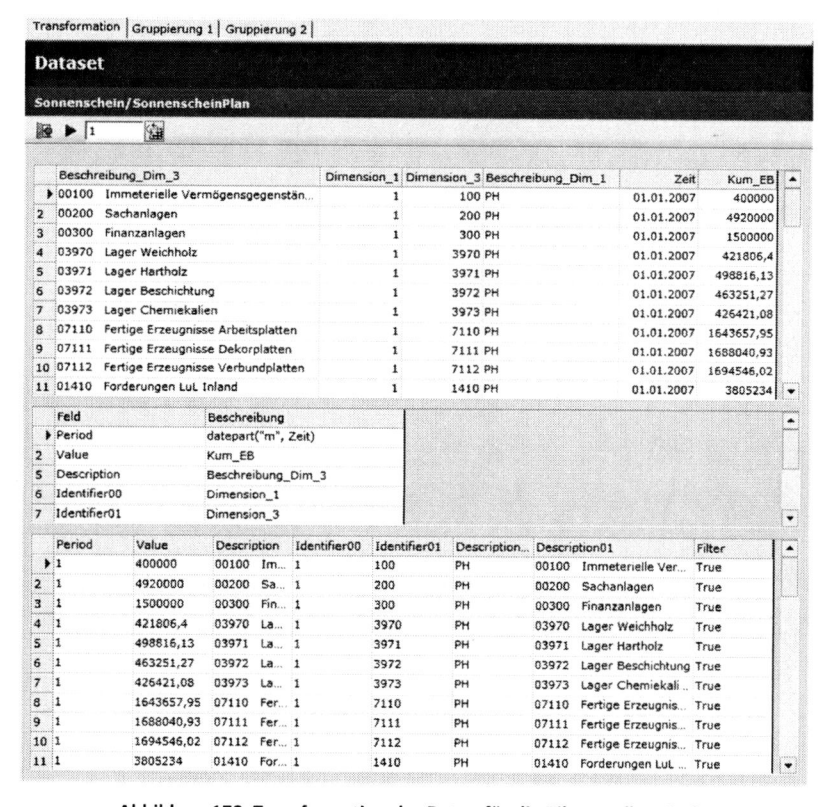

Abbildung 178: Transformation der Daten für die Bilanzendbestände

ZUORDNUNG EB

🖥 Praktische Übung

1. An dieser Stelle werden wir versuchen die Zuordnungen, die wir schon für die Anfangsbilanzkonten durchgeführt haben zu kopieren und an die Feldbezüge der Endbilanz anzupassen. Wählen Sie den Punkt Extras/Zuordnung kopieren.

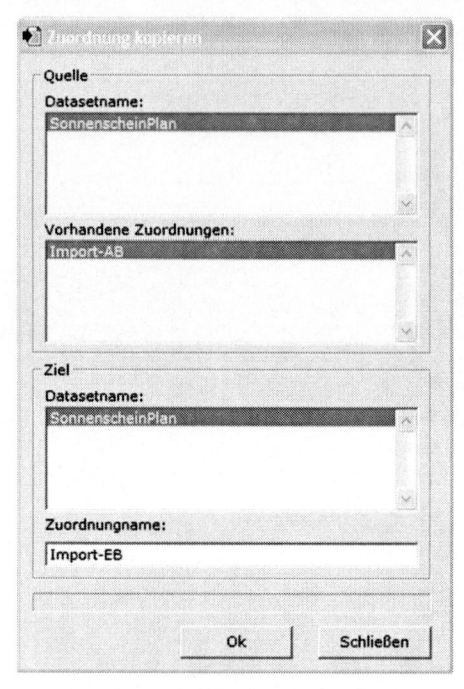

Abbildung 179: Zuordnungen kopieren

2. Mit diesem Werkzeug können wir Zuordnungen innerhalb eines Dataset oder sogar zwischen verschiedenen Dataset kopieren, wenn die Datasets in einer Sitzung aktiv sind. Ändern Sie den Zuordnungsnamen zu *Import-EB* und bestätigen Sie mit OK. Nach dem Kopiervorgang können Sie das Dialogfenster schließen.

3. In dem Bereich *Zuordnung der Transformationsdaten* klicken Sie auf ⋯ und wählen die Zuordnung *Import-EB*. Bestätigen Sie mit OK.

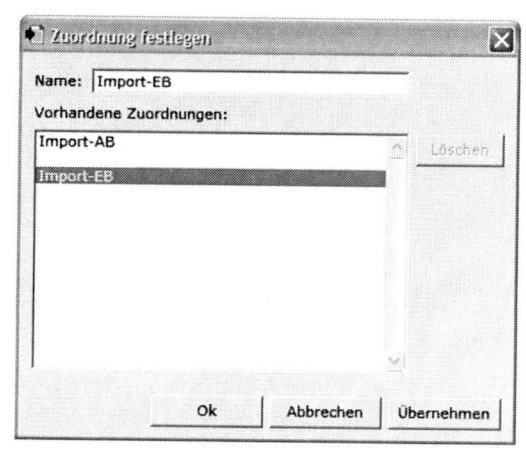

Abbildung 180: Zuordnungen festlegen

4. Anschließend klicken Sie auf den Schalter „Zuordnung" und wechseln zu dem Register *Kennung 2*.

5. Die Kennung 1200 Postbank ist blau gekennzeichnet. Das bedeutet, dass die Zuordnung in der Datenbank noch existiert aber in dem Importlauf gab es keinen Datensatz mit der Kennung 1200. Da in Professional Planner das BKK Konto die ausgleichende Variable in der Bilanz ist, brauchen wir eigentlich diese Zuordnung in der Endbilanz gar nicht und können diese Zeile mit ✘ löschen. Das BKK – Konto wird in der Endbilanz immer den richtigen Wert annehmen, wenn die Bilanzsumme stimmt und alle anderen Endbestände richtig übernommen wurden. Sie können allerdings nur neue Zuordnungen machen oder löschen, wenn der Button für die Zuordnungssperre 🔓 geöffnet ist.

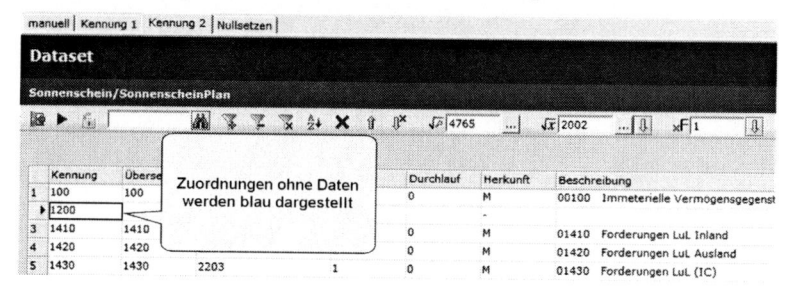

Abbildung 181: Zuordnungen ohne Daten

6. Im nächsten Schritt müssen wir die Feldbezüge von den Anfangsbeständen in die Feldbezüge der Endbestände ändern. Man kann sich die Filterfunktion hier zu Nutze machen. Stellen Sie den Cursor in die erste Zeile der Spalte *PP Feldbezug* auf 2200 und aktivieren sie den Filter.

237

7. Sie werden die Konten *00100 Immaterielle Vermögensgegenstände, 00200 Sachanlagen* und *00300 Finanzanlagen* sehen. Es ist immer noch der Feldbezug *AV Anfangsbestand (2200)* eingestellt, weil wir die gesamte Zuordnung kopiert haben. Diesen Feldbezug ändern wird nun in *AV Endbestand (700)*. Wenn Sie auf den Pfeil nach unten bei der Auswahl des Feldbezugs klicken, dann werden die Datensätze nacheinander korrigiert und verschwinden aus dem Filter. Den Filter lösen Sie wieder mit *Filter entfernen* und erhalten die vollständige Liste der Datensätze.

8. Analog verfahren Sie mit allen anderen Bilanzkonten, indem Sie die Feldbezüge von den Anfangsbeständen in die jeweiligen Endbestände ändern. In der Feldbezugsauswahl klicken Sie auf wenn Sie die Feldbezüge über die Gruppen auswählen möchten. Wenn Sie die Spalte PP-Feldbezug mit sortieren, dann sollten Sie anschließend folgende Zuordnungen erhalten.

	Kennung	Übersetzung	PP-Feldbezug	Faktor	Durchlauf	Herkunft	Beschreibung	
▶	100	100	700	1	0	M	00100	Immaterielle Vermögensge
2	1410	1410	703	1	0	M	01410	Forderungen LuL Inland
3	1420	1420	703	1	0	M	01420	Forderungen LuL Ausland
4	1430	1430	703	1	0	M	01430	Forderungen LuL (IC)
5	1610	1610	711	1	0	M	01610	Verbindlichkeiten LuL
6	1630	1630	711	1	0	M	01630	Verbindlichkeiten LuL (IC)
7	1705	1705	718	1	0	M	01705	Darlehen KTO 232323
8	1740	1740	711	1	0	M	01740	Verbindlichkeiten aus Lohn
9	1741	1741	712	1	0	M	01741	So Verb. Provisionen
10	1742	1742	712	1	0	M	01742	So Verb. Sozialvers./Steue
11	200	200	700	1	0	M	00200	Sachanlagen
12	300	300	700	1	0	M	00300	Finanzanlagen
13	3970	3970	701	1	0	M	03970	Lager Weichholz
14	3971	3971	701	1	0	M	03971	Lager Hartholz
15	3972	3972	701	1	0	M	03972	Lager Beschichtung
16	3973	3973	701	1	0	M	03973	Lager Chemiekalien
17	7110	7110	734	1	0	M	07110	Fertige Erzeugnisse Arbeits
18	7111	7111	734	1	0	M	07111	Fertige Erzeugnisse Dekorp
19	7112	7112	734	1	0	M	07112	Fertige Erzeugnisse Verbun
20	800	800	719	1	0	M	00800	Stammkapital
21	810	810	719	1	0	M	00810	Kapitalrücklage
22	820	820	719	1	0	M	00820	Gewinnrücklage
23	950	950	716	1	0	M	00950	Rückstellungen für Pensione
24	970	970	716	1	0	M	00970	Sonstige Rückstellungen

Abbildung 182: Zuordnungen Endbilanz

9. Es gibt noch ein viertes Register in der Zuordnung des Importmanagers – *Nullsetzen*. Diese Funktion ist sehr nützlich, wenn man einen Import mehrmals durchführen möchte. Damit es zu keiner Vermischung der Werte aus dem ersten Importlauf und dem zweiten Importlauf kommt, können Sie die Nullsetzung aktivieren. Die Werte werden in der ausgewählten Periode zuerst nullgesetzt bevor der Import erneut vorgenommen wird. Die Nullsetzung ist konfigurierbar. Sie können bestimmen welche Feldbezüge nullgesetzt werden sollen, auf welchem Elementtyp sie Nullgesetzt werden, in welchem Lauf, welcher Wert

soll bei der Nullsetzung geschrieben werden (meistens 0), ob nur werte mit bestimmten Werten in den Gruppenfeldern nullgesetzt werden sollen und ob eine bestimmte Definition aktiv ist oder nicht. Eie Nullsetzung ist auf bestimmte Feldbezüge schon voreingestellt. Wir ändern einige dieser Einstellungen. Da wir uns im Bereich der Endbestände der Bilanz und befinden, möchten wir nicht das die Feldbezüge für die Umsätze oder Kosten nullgesetzt werden. Deswegen werden wir diese Nullsetzungen deaktivieren. Zum anderen werden wir noch einige Elementtypen ändern, bei den Elementen, die wir nicht in der Struktur angelegt haben.

Elementname	Elementtyp	Elementname	Elementtyp
Unternehmen	0	Sonstiges Umlaufvermögen	24
Profitcenter	3	ARAP	26
Umsatzbereich	4	Eigenkapital	28
Produktionselement	5	Sonderposten Rücklagen	31
Kostenstelle	7	Rückstellungen	35
Aufwand/Ertrag	8	Verbindlichkeiten LuL	40
Kalk. Kosten	9	Sonstige Verbindlichkeiten	43
Kredit	10	Darlehen	47
Investitionen	11	PRAP	50
Anlagevermögen	14	Statistikdaten Unternehmen	51
Lager	16	Statistikdaten Profitcenter	52
Produktionslager	17	Statistikdaten Kostenstelle	53
Forderungen LuL	18	Statistikdaten Umsatzbereich	54
Sonstige Forderungen	19		

Abbildung 183: Elementtypen

10. Bei allen Feldbezügen, die die GuV Feldbezüge wie Umsätze, variable Kostenarten, Fixe und Kalkulatorische Kostenarten und Steuern betreffen wurden bei diesem Importvorgang von der Nullsetzung ausgenommen. Bei den Bilanzelementen, die zwar im Professional Planner immer intern auf dem Unternehmenselement existieren aber wir dafür in der Struktur keine Detailbilanzelemente angelegt haben, wurde der Elementtyp geändert. Das Betrifft die Feldbezüge *ARAP Endbestand (706), Sonstige Forderungen Endbestand (704), Sonstiges Umlaufvermögen (708), PRAP Endbestand (714)* und *Rücklagen Endbestand (710)*. Diese Elemente sind in unserer Struktur nur auf den Unternehmenselementen definiert, weil wir keine gesonderten Bilanzelemente von diesem Typ angelegt haben. Nichtsdestotrotz sind diese Feldbezüge im System vorhanden und können auf der Ebene der Unternehmenselemente genutzt werden. Sie müssen allerdings in diesem Fall auch auf der Ebene des Unternehmenselements nullgesetzt werden.

	PP-Feldbezug	Typ	Durchlauf	Wert	Aktive	Name
1	101	4	0	0	☐	Nettoerlöse (101)
2	102			0	☐	Rabatt (102)
3	104			0	☐	Skonto (104)
4	107	Hier Nullsetzung ausschalten		0	☐	Vertriebssonderkosten (107)
5	108			0	☐	Wareneinsatz (108)
6	109			0	☐	Umsatzprovision (109)
7	111	4	0	0	☐	So Variable Kosten (111)
8	700	14	1	0	☑	AV Endbestand (700)
9	701	16	1	0	☑	Lager Endbestand (701)
10	703	18	1	0	☑	Forderungen LuL Endbestand (703)
11	704	0	1	0	☑	So Forderungen Endbestand (704)
12	706	0	1	0	☑	ARAP Endbestand (706)
13	708	0	1	0	☑	So Umlaufvermögen Endbestand (708)
14	710	0	1	0	☑	SoPo Rücklagen Endbestand (710)
15	711	40	1	0	☑	Verbind LuL Endbestand (711)
16	712	43	1	0	☑	So Verbindlichkeiten Endbestand (712)
17	714	0	1	0	☑	PRAP Endbestand (714)
18	716	35	1	0	☑	So Rückstellungen Endbestand (716)
19	718	47	1	0	☑	Darlehen Endbestand (718)
20	719	28	1	0	☑	Eigenkapital Endbestand (719)
21	734	17	1	0	☑	Produktionslager Endbestand (734)
22	900	0	1	0	☐	BKK Habenzinsen %-Satz (900)
23	903			0	☐	BKK Sollzinsen %-Satz (903)
24	923	Hier Nullsetzung ausschalten		0	☐	Steuer 1 Durchschnittsteuersatz (923)
25	924			0	☐	Steuer 2 Durchschnittsteuersatz (924)
26	939			0	☐	Steuer 1 Mindeststeuer (939)
27	940	0	1	0	☐	Steuer 2 Mindeststeuer (940)
28	2002	8	0	0	☐	Aufwand/Ertrag Nettoerfolg (2002)
29	2102	9	0	0	☐	Kalkulatorische Kostenart Erfolg (2102)

Abbildung 184: Nullsetzung bei Bilanzendbeständen

11. Sie können die Zuordnungssperre 🔒 wieder aktivieren. Es ist auch recht empfehlenswert, damit sie sich durch Zufall die mühsam definierten Zuordnungen nicht durch einen unachtsamen Klick auf irgendein Element ungewollt verändern. Der Standard Importmanager trifft bei den Zuordnungen keine Annahmen darüber, welche Feldbezüge auf welchen Elementen überhaupt sinnvoll sind. Ein Beispiel: Sie können den Feldbezug *AV Endbestand (700)* eingestellt haben und dann klicken Sie durch Unachtsamkeit auf ein Element vom *Typ Forderungen LuL*. Auf diesem Element ist der Feldbezug *AV Endbestand (700)* nicht definiert. Der Importmanager wird diese falsche Zuordnung jedoch zulassen. Wenn Sie anschließend die automatische Zuordnung starten, wird der Importmanager zwar die Zuordnung nicht akzeptieren können und im Protokoll eine Fehlermeldung ausgeben aber bei großen Strukturen und vielen Datensätzen kann die Suche nach der falschen Zuordnung einige Zeit dauern. Somit achten Sie auf die Zuordnungen und schalten Sie die Zuordnungssperre wieder ein, wenn Sie mit der Arbeit fertig sind.

12. Anschließend können Sie die automatische Zuordnung ▶ auslösen und anschließend das Fenster mit *Zurück zur Startseite* 🏠 verlassen.

ÜBERNAHMEEINSTELLUNGEN EB

Wählen Sie die Periode *Januar 07* bis *Dezember 07* aus. Wählen Sie auch die Option *Nullsetzen* und *Übernahme nur bei vollständiger Zuordnung*. Die erste Option sorgt dafür, dass die von Ihnen vorhin eingestellte Nullsetzung auch bei der Übernahme ausgeführt wird. Die zweite Option ist sehr nützlich, wenn neue Datensätze kommen. In diesem Fall bekommen Sie bei der Übernahme eine Fehlermeldung, dass nicht alle Datensätze zugeordnet sind. Der Importmanager übernimmt dann überhaupt keine Daten solange Sie nicht wieder in die Zuordnung gehen und dafür sorgen, dass die zusätzlichen Datensätze erst zugeordnet werden. Ist die Option *Übernahme nur bei vollständiger Zuordnung* nicht ausgewählt, dann wir der Importmanager die Daten unvollständig übernehmen.

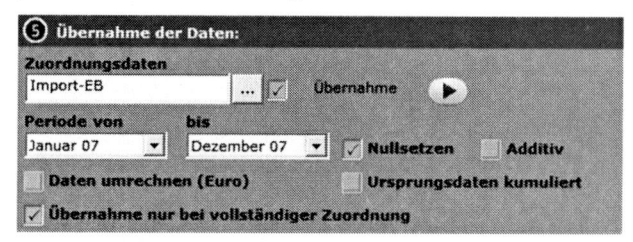

Abbildung 185: Endbilanz Übernahmeeinstellungen

ÜBERNAHME EB

Um den Importvorgang zu vervollständigen, öffnen wir wieder das zuvor erstellte Dokument *Import-EB.fzu*. Damit können wir die Endbestände der Bilanzkonten für die Monate Januar bis Dezember 2007 importieren.

Klicken Sie diesmal auf den Schalter *Ausgewählte Prozesse starten*. Damit werden der Import der Rohdaten, die Transformation, die automatische Zuordnung und die Übernahme durchgeführt.

Nachdem die Prozesse durchgelaufen sind sehen Sie auf der Oberfläche des Importmanagers nacheinander, dass die Transformation, die Zuordnung und die Übernahme fertig sind.

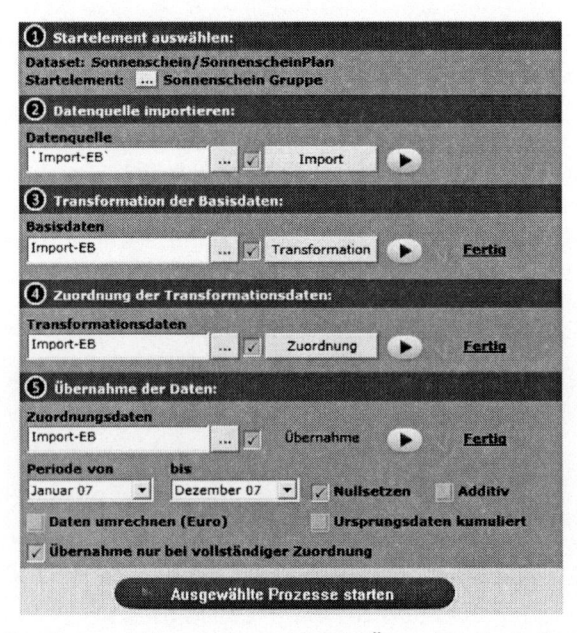

Abbildung 186: Einstellungen des Importmanagers bei der Übernahme der Endbestände der Bilanz

Das Ergebnis des Imports der Bilanzendbestände können Sie im Dokument *Bilanz* aus dem Dokumentenverzeichnis *Ergebnisse* sehen.

Endbilanz

SonnenscheinPlan: Sonnenschein Gruppe

Sonnenschein Gruppe	2007
A. Anlagevermögen	
Anlagevermögen	7.354.212
B. Umlaufvermögen	
Lager	1.799.968
Produktionslager	5.016.568
Forderungen LuL	5.763.154
So Forderungen	0
Forderungen Vorsteuer	0
Forderungen BKK-Zinsen	0
BKK aktiv	0
So Umlaufvermögen	0
C. Aktive Rechnungsabgrenzung	
ARAP	0
Summe Aktiva	**19.933.902**
A. Eigenkapital	
Eigenkapital	1.097.270
SoPo Rücklagen	0
Bilanzergebnis	11.053.640
B. Rückstellungen	
Rückstellungen	1.749.565
Steuerrückstellungen	252.720
C. Verbindlichkeiten	
Verbindlichkeiten LuL	3.052.092
So Verbindlichkeiten	276.507
Verbindlichkeiten Umsatzsteuer	0
Verbindlichkeiten BKK-Zinsen	0
BKK passiv	202.107
Darlehen	2.250.000
D. Passive Rechnungsabgrenzung	
PRAP	0

Abbildung 187: Endbilanz 2007 Sonnenschein Gruppe

Noch deutlicher sehen Sie den Effekt eines Importes von Bilanzendbeständen, indem Sie z.B. das Element *01410 Forderungen LuL Inland* in der *Produktion und Handel GmbH* mit der rechten Maustaste anklicken und den Punkt *Forderungen LuL* aus dem Kontextmenü *Element öffnen mit* auswählen.

Forderungen LuL

SonnenscheinPlan: Sonnenschein Gruppe/Produktion und Handel GmbH/01410 Forderungen LuL Inland

01410 Forderungen LuL Inland	Anfangsbestand	Zuordnungen	Z-Ziel	Korrektur Zahlung	Einzahlungen	Umbuchungen	BVA	Endbestand	Istdifferenz
2007	3.505.234	17.044.306	0	0	17.044.306	0	600.000	4.105.234	600.000
Januar 07	3.505.234	1.371.163	0	0	1.371.163	0	300.000	3.805.234	300.000
Februar 07	3.805.234	1.389.794	0	0	1.389.794	0	100.000	3.905.234	100.000
März 07	3.905.234	1.346.587	0	0	1.346.587	0	-200.000	3.705.234	-200.000
April 07	3.705.234	1.392.940	0	0	1.392.940	0	130.000	3.835.234	130.000
Mai 07	3.835.234	1.522.452	0	0	1.522.452	0	120.000	3.955.234	120.000
Juni 07	3.955.234	1.470.260	0	0	1.470.260	0	-180.000	3.775.234	-180.000
Juli 07	3.775.234	1.351.544	0	0	1.351.544	0	180.000	3.955.234	180.000
August 07	3.955.234	1.468.230	0	0	1.468.230	0	-720.000	3.235.234	-720.000
September 07	3.235.234	1.442.711	0	0	1.442.711	0	1.270.000	4.505.234	1.270.000
Oktober 07	4.505.234	1.428.572	0	0	1.428.572	0	-1.070.000	3.435.234	-1.070.000
November 07	3.435.234	1.403.529	0	0	1.403.529	0	770.000	4.205.234	770.000
Dezember 07	4.205.234	1.456.526	0	0	1.456.526	0	-100.000	4.105.234	-100.000

Abbildung 188: Forderungen LuL Inland bei der Produktion und Handel GmbH

Was auffällt ist die Spalte *Istdifferenz*. Durch die Verknüpfung der Umsatzerlöse zu den Forderungen LuL ergibt sich der Wert in der Spalte *Zuordnungen*. Im Januar 2007 sind es 1.371.163 EUR. Die Logik des Professional Planner nimmt standardmäßig an, dass diese Forderungen sofort bezahlt werden, weil das Zahlungsziel momentan auf 0 Tage gesetzt ist. Der Anfangsbestand im Januar 2007 betrug 3.505.234 EUR. Tatsächlich waren die Forderungen LuL im Januar 2007 in der Finanzbuchhaltung 3.805.234 EUR. Somit um 300.000 höher als es sich aus der GuV Zuordnung und den bisherigen Einstellungen ergeben hätte. Daraus ergeben sich die Bestandsveränderung und die Istdifferenz.

Das Bedeutet, dass Forderungen LuL im Januar 2007 aufgebaut wurden. Im Februar 2007 wurden weitere 100.000 EUR an Forderungen LuL aufgebaut. Erst im März 2007 wurden diese wieder um 200.000 EUR abgebaut.

☝ TIPP

Import GuV vor Bilanz

Bitte beachten Sie, dass Sie immer zuerst die GuV Datensätze und danach die Bilanzendbestände importieren. In unserem Fall haben wir diese Reihenfolge dadurch sichergestellt, dass wir zuerst das Dokument *Import-GuV.fzu* ausgeführt haben und danach das Dokument *Import-EB.fzu*.

Es ist auch möglich die GuV – Datensätze und Bilanzendbestände über ein FZU Dokument zu importieren. In diesem Fall muss bei der Zuordnung darauf geachtet werden, dass der *Durchlauf* bei den GuV Datensätzen auf 0 und bei den Bilanzdatensätzen auf 1 eingestellt ist. Somit werden die GuV Datensätze zuerst und die Bilanzendbestände anschließend importiert.

Die vorgeschriebene Reihenfolge hängt mit der integrierten Logik des Professional Planner zusammen. Die GuV Feldbezüge können mit den Bilanzfeldbezügen verknüpft werden und beeinflussen dadurch die Endbestände der Bilanzkonten gemäß diversen Einstellungen wie Zahlungsziele. Das ist für die Planung sehr nützlich. Wenn aber bestimmte Endbestände aus der Finanzbuchhaltung importiert werden sollen, dann müssen sie als letzte importiert werden, damit sie in dem jeweiligen Monat nicht mehr von irgendwelche GuV werten beeinflusst werden können.

So vorbereitet kann jetzt mit der eigentlichen Aufgabe der Professional Planner begonnen werden – der Planung und Budgetierung. Wir haben die Anfangsbestände des Jahres 2007 importiert. Wir haben auch alle GuV Datensätze und die Bilanzendbestände der Monate Januar 2007 bis Dezember 2007 importiert. Somit haben wir eine Zahlenvorlage für die Budgetierung der Jahre 2008 und 2009. Diese Vorlage wird und wichtige Informationen bezüglich der aktuellen Lage des Unternehmens geben. Bestimmte Berichte und Kennzahlen werden uns schon einen ersten Hinweis darauf geben, was in diesem Unternehmen in den nächsten zwei Jahren verbessert werden sollte. Hinzu werden natürlich die Hinweise der Geschäftsleitung in das Budget eingearbeitet werden.

BUDGETIERUNG BOTTOM UP

ⓘ INFO

Bei der Sonnenschein Gruppe hat das Projekt mittlerweile ein fortgeschrittenes Stadium erreicht. Während des Budgetierungsprozesses nutzt das Unternehmen das *Gegenstromverfahren*. Das bedeutet, dass die Geschäftsleitung im *Top down* Modus vorerst grobe Vorgaben bezüglich des Budgets vorgibt. Die Filialen nehmen diese Vorgaben auf und budgetieren im *Bottom up* Modus die Details wie Umsätze und Kosten der jeweiligen Produktgruppen als auch die Fixkosten. Den Filialleitern vor Ort sind diese detaillierten Daten und die genauen Zusammenhänge zwischen den Zahlen besser bekannt als der Geschäftsleitung. Es werden auch Annahmen bezüglich der Planbilanzen vorgenommen. Ein so vorbereitetes Budget wird der Geschäftsleitung wieder vorgelegt. Diese akzeptiert die Zahlen oder korrigiert sie, damit sie zu den strategischen Zielen des Unternehmens passen. Diese Informationen gehen wieder an die Filialen und werden in Detailzahlen umgewandelt. Diese „Knetphase" kann mehrere Durchgänge haben, bis das Gesamtgebilde in sich schlüssig wird.

Natürlich ist ein datenbankbasiertes Planungssystem wie Professional Planner eine große Hilfe, weil alle Daten an einem Ort in einer Datenbank vorgehalten werden und durch das Netzwerk von jedem, der den Zugang zu der Datenbank hat eingesehen und entsprechend seinen Berechtigungen im System beeinflusst werden können.

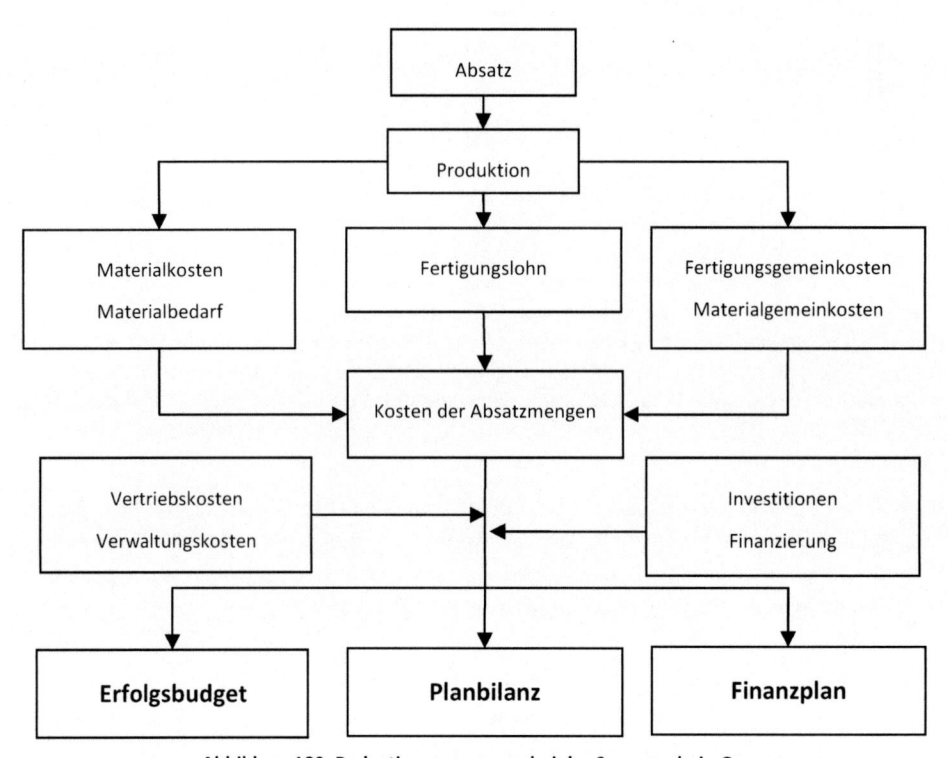

```
                    ┌──────────┐
                    │  Absatz  │
                    └────┬─────┘
                         ▼
                　┌──────────────┐
        ┌────────│  Produktion  │────────┐
        │        └──────┬───────┘        │
        ▼               ▼                ▼
┌───────────────┐ ┌──────────────┐ ┌──────────────────────┐
│ Materialkosten│ │Fertigungslohn│ │Fertigungsgemeinkosten│
│ Materialbedarf│ │              │ │ Materialgemeinkosten │
└───────┬───────┘ └──────┬───────┘ └──────────┬───────────┘
        │                ▼                    │
        └──────▶┌──────────────────────┐◀─────┘
                │Kosten der Absatzmengen│
                └──────────────────────┘
┌─────────────────┐                    ┌──────────────┐
│ Vertriebskosten │──▶              ◀──│ Investitionen│
│Verwaltungskosten│                    │ Finanzierung │
└────────┬────────┘                    └──────┬───────┘
         ▼                ▼                   ▼
┌─────────────────┐ ┌──────────────┐  ┌──────────────┐
│  Erfolgsbudget  │ │  Planbilanz  │  │  Finanzplan  │
└─────────────────┘ └──────────────┘  └──────────────┘
```

Abbildung 189: Budgetierungsprozess bei der Sonnenschein Gruppe

Wie an der *Abbildung 189* sichtbar fängt der Budgetierungsprozess mit Annahmen bezüglich des Absatzes der jeweiligen Produktgruppen. Diese werden von dem Vertriebsleiter der *Produktion und Handel GmbH* und von dem Geschäftsführer der *Engineering GmbH* gemacht. Danach werden die Produktionskosten bestimmt. Anschließend werden Annahmen bezüglich der Vertriebs- und Verwaltungskosten getroffen. Nachdem das Erfolgsbudget erstellt wurde, werden noch sich daraus ergebenden Annahmen zur Investitionen und der Finanzierung getroffen. Aus diesen Teilplänen entsteht ein integriertes Budget. Das Ergebnis ist ein Erfolgsbudget, eine Planbilanz und ein daraus folgender Finanzplan.

In der Sonnenschein Gruppe ist es natürlich notwendig auch noch eine Plankonsolidierung vorzunehmen, und die konzerninternen Kaufe, Verkäufe, Forderungen und Verbindlichkeiten zu eliminieren. Dieses wird üblicherweise als der letzte Schritt der Budgeterstellung durchgeführt.

ANALYSE DER IST-ZAHLEN

Bevor mit der Budgetierung angefangen wird, sollten nach dem Import die Zahlen zuerst analysiert werden. Es hilft zu verstehen in welcher Lage sich das Unternehmen gegenwärtig befindet und was die finanziellen Ziele der nächsten zwei Jahre vor diesem Hintergrund sein können.

Praktische Übung

1. Aktivieren Sie die Sitzung in der sich das Dataset *SonnenscheinPlan* befindet.
2. Öffnen Sie das Dokument *Gewinn und Verlust* aus dem Ordner *Ergebnisse* im Dokumentenbaum.

Gewinn und Verlust					
SonnenscheinPlan: Sonnenschein Gruppe					
Sonnenschein Gruppe	2007	01/07-03/07	04/07-06/07	07/07-09/07	10/07-12/07
Nettoerlöse	41.788.341	10.315.578	10.574.778	10.470.511	10.427.474
Rabatte	3.920.333	966.773	992.740	982.007	977.908
Skonti	1.176.100	290.032	297.874	294.822	293.373
Vertriebssonderkosten	392.033	96.677	99.291	98.274	97.791
Umsatzprovision	1.331.201	328.903	336.613	333.409	332.276
WES/Material	20.377.168	5.028.219	5.158.257	5.106.633	5.084.059
Deckungsbeitrag	**14.591.506**	**3.604.974**	**3.689.831**	**3.654.634**	**3.642.067**
Aufwand = Kosten	13.919.367	3.474.435	3.499.909	3.476.395	3.468.628
Ertrag = Leistung	0	0	0	0	0
Ordentliches Ergebnis 1	**672.139**	**130.539**	**189.921**	**178.239**	**173.439**
Ord Neutraler Aufwand	0	0	0	0	0
BKK-Sollzinsen	0	0	0	0	0
Ord Neutraler Ertrag	7.733	1.536	1.982	1.990	2.225
BKK-Habenzinsen	0	0	0	0	0
Ordentliches Ergebnis 2	**679.872**	**132.075**	**191.903**	**180.229**	**175.664**
AO Neutraler Aufwand	0	0	0	0	0
AO Neutraler Ertrag	0	0	0	0	0
Ergebnis vor Steuern	**679.872**	**132.075**	**191.903**	**180.229**	**175.664**
Ertragssteuern	252.720	63.180	63.180	63.180	63.180
Ergebnis nach Steuern	**427.152**	**68.895**	**128.723**	**117.049**	**112.484**

Abbildung 190: GuV 2007 Sonnenschein Gruppe

3. Das Dokument öffnet im ersten Jahr des Datasets d.h. im Jahr 2007 und zeigt die Quartale des Jahres.
4. Sie können sich auch andere Zeitebenen anzeigen lassen, indem mit den Schaltern *Drillen gleiche Ebene*, *Drillen nächste Ebene*, *Drillen alle Ebenen* und *Drillen Originalebene* arbeiten. Die Originalebene in Professional Planner ist immer die unterste Ebene.

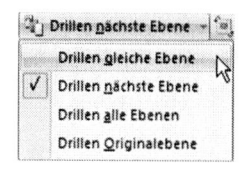

Abbildung 191: Drillen der verschiedenen Ebenen

5. Diese Schalter sind nicht in allen Zellen der Tabelle aktiv sondern nur in den Zellen, die die Einstellung *Drill Down Zeit* haben. In dem Dokument *Gewinn und Verlust* sind es die Zellen, in der die Jahre, Quartale und Monate stehen.

| Sonnenschein Gruppe | 2007 | 01/07-03/07 | 04/07-06/07 | 07/07-09/07 | 10/07-12/07 |

Abbildung 192: Zeitschiene

6. Wenn Sie den Cursor in den Jahreswert 2007 stellen und *Drillen nächste Ebene* anklicken, dann werden die Spalten in der die Quartale stehen zuerst zusammengezogen und Sie sehen jetzt nur noch die Jahreszahlen.

7. Öffnen Sie auch die Dokumente *Bilanz* und *Finanzplan* aus dem Ordner *Ergebnisse*. Stellen Sie den Cursor ebenfalls in die Zelle mit dem Jahr 2007 und klicken Sie auf *Drillen nächste Ebene*.

8. Bitte Schalten Sie alle Dokumente auf die *Produktion und Handel GmbH*, indem Sie das Unternehmenselement nacheinander in jedes dieser Dokumente per Drag & Drop ziehen.

9. Anschließend blenden Sie den Organisationsbaum mit einem Klick auf *Auto ausblenden* vorübergehend aus, damit die Workspace - Fläche vergrößert wird.

10. Wählen Sie den Punkt *Nebeneinander* aus dem Menü *Fenster* aus.

Die Gewinn und Verlust Rechnung, die Endbilanz und der Finanzplan sind die drei Basisdokumente eines integrieren Systems. Diese Dokumente dienen uns als eine Ausgangsbasis für die Analyse der *Produktion und Handel GmbH*.

Wir stellen fest, dass im Jahr 2007 ein Gewinn nach Steuern von 309.389 EUR erwirtschaftet worden ist.

Das Bilanzergebnis ist auch positiv und beträgt 10.255.376 EUR. Das heißt, dass sich hierbei nicht um den Gewinn des Jahres 2007, sondern um einen kumulierten Gewinn der vorherigen Jahre handelt. Dieser Feldbezug heißt *Bilanzergebnis Endbestand (722)*. Es kumuliert alle Gewinne/Verluste aller Jahre. In der Praxis gibt es gewöhnlich dafür das Konto *Gewinn und Verlustvortrag*. Ein derartiges Element kann in Professional Planner auch angelegt werden. Es wäre ein Bilanzelement vom Typ *Eigenkapital*. Wenn man die Struktur so einrichtet, dann muss man jedoch stets daran denken, die Gewinne vom Feldbezug *Bilanzergebnis Endbestand (722)* auf das Eigenkapitalelement mit dem Namen *Gewinn und Verlustvortrag* jährlich umzubuchen.

Der Finanzplan ist in Professional Planner wie eine typische Kapitalflussrechnung aufgebaut. Es fängt mit dem Bilanzergebnis nach Steuern (Gewinn). Der *Cash Flow* wird dadurch berechnet, dass zuerst die nicht zahlungswirksamen Größen wie die AfA, Rückstellungen und Rücklagen aus der GuV heraus gerechnet werden. Danach folgt das *Working Capital*. Das sind Lager, Forderungen, Verbindlichkeiten und RAP. Im *Langfristbereich* sehen wir die finanzielle Wirkung von Investitionen und Darlehen. Anschließend folgt die *Eigentümersphäre* in der die Bewegungen des Eigenkapitals gespiegelt werden wie eine Kapitalerhöhung, Ausgabe neuer Aktien oder die Ausschüttung. Daraus ergibt sich ein Überschuss oder Bedarf an finanziellen Mitteln. Das Geld wird eventuell noch verzinst und daraus ergibt sich der Bankkontokorrent am Ende jeder Periode.

An dem Finanzplan der Produktion und Handel GmbH sehen wir dass der Bankkontokorrent mit -382.259 EUR im Minus steht. Der Cash Flow von 1.952.552 EUR ist ganz gut. Das Problem ist das Working Capital mit Forderungen LuL von -700.000 EUR und Verbindlichkeiten LuL von -640.162 EUR. In einer Kapitalflussrechnung werden die Bestände der jeweiligen Bilanzpositionen miteinander verglichen. Forderungen LuL -700.000 EUR bedeutet, dass Forderungen LuL aufgebaut wurden und das bedeutet wiederum, dass das Geld später eingezahlt wurde, was natürlich eine negative Wirkung auf die finanzielle Position des Unternehmens hat. Bei den Verbindlichkeiten LuL von -640.162 EUR ist es umgekehrt. Hier bedeutet die negative Zahl, dass Verbindlichkeiten abgebaut wurden indem wir gezahlt haben. Das verschlechtert die finanzielle Position des Unternehmens auch.

Wenn wir die drei Basisreports auf die *Engineering GmbH* schalten, werden wir feststellen, dass diese Gesellschaft natürlich im Volumen viel kleiner ist aber auch recht gute Zahlen vorweisen kann.

Zum Umschalten zwischen den Unternehmenselementen müssen Sie nicht immer den Strukturbaum dazu bemühen, sondern können die entsprechenden Schalter *Strukturauswahl* in der Menüleiste benutzen. Mit diesen Schaltern können Sie ein Element in der Struktur auswählen oder die Betrachtungsperiode ändern.

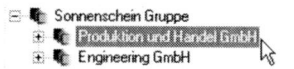

Abbildung 193: Unternehmenselemente

In Jahr 2007 hat die Engineering GmbH einen Gewinn von 117.762 EUR erwirtschaftet. Diese Gesellschaft hat auch ein positives Saldo auf dem Bankkontokorrent von 180.151 EUR und der kumulierte Gewinn (Bilanzergebnis) beträgt 798.263 EUR.

Für einen schnellen Überblick der finanziellen Situation der beiden Unternehmen werden wir den sog. Quicktest hinzuziehen. Dieser wurde von dem Wiener Wirtschaftsprofessor Peter Kralicek entwickelt und erlaubt eine schnelle Fundamentalanalyse eines Unternehmens.

🖥 Praktische Übung

1. Schließen Sie die Dokumente *Gewinn und Verlust, Bilanz* und *Finanzplan* indem Sie den Punkt *alle schließend* aus dem Menü *Fenster* auswählen.

2. Öffnen Sie das Dokument *Quickkennzahlen* aus dem Ordner *Cockpit* im Dokumentenbaum.

3. Schalten Sie das Dokument auf das Unternehmenselement *Produktion und Handel GmbH*.

Quickkennzahlen Bewertung

Dataset:	SonnenscheinPlan
Unternehmen:	Produktion und Handel GmbH
Betrachtung:	2007

	Eigenkapitalquote in %	Schuldtilgungsdauer in Jahren	Gesamtkapitalrentabilität in %	Cash Flow Leistungsrate
Sehr gut (1)	1	1		
Gut (2)				
Mittel (3)				
Schlecht (4)			4	4
Insolvenzgefährdet (5)				
Einzelwert	58,91	1,26	3,74	4,98

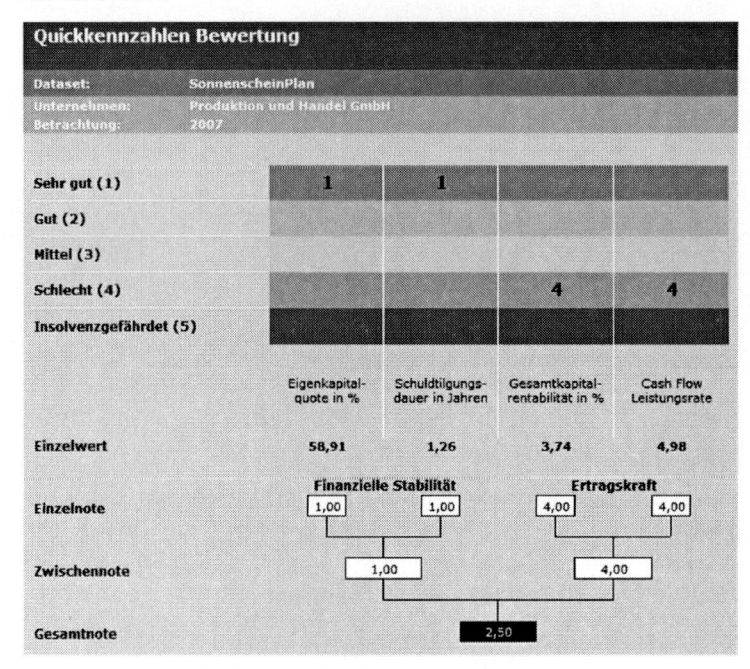

Finanzielle Stabilität | Ertragskraft
Einzelnote: 1,00 | 1,00 | 4,00 | 4,00
Zwischennote: 1,00 | 4,00
Gesamtnote: 2,50

Abbildung 194: Quicktest nach Kralicek Produktion und Handel GmbH

Dieser Test bewertet folgende Kennzahlen:

- **Eigenkapitalquote in %**: durch diese Kennzahl wird untersucht, ob das Unternehmen zu viel Fremdkapital hat oder nicht.

- **Schuldentilgungsdauer in Jahren**: diese Kennzahl zeigt uns, ob ein Unternehmen relativ d.h. im Vergleich zum Jahres – Cash Flow zu viel Fremdkapital hat oder nicht. Es beantwortet die Frage, wie viele Jahre es theoretisch gedauert hätte, um aus dem Cash Flow das Fremdkapital abzubauen.

- **Gesamtkapitalrentabilität**: diese Kennzahl zeigt uns die Verzinsung des gesamten eingesetzten Kapitals in einem Unternehmen. Daran kann man ablesen, ob es sich lohnt das Unternehmen fortzuführen, oder lohnt es sich das Kapital höher verzinslichen Investitionen zuzuführen.

- **Cashflow - Leistungsrate**: diese Kennzahl drückt den Cash Flow in Prozent der Gesamtleistung aus und wird auch als Maßstab für die Innenfinanzierungskraft interpretiert. Sie sagt aus, in welchem Maß die Betriebsleistung zum Innenfinanzierungspotential wird. Es wird ausgesagt, wie viel Prozent der Betriebsleistung für Investitionen, Schuldentilgung, und Gewinnausschüttungen zur Verfügung stehen. Diese Kennzahl ist auch ein Maßstab für die Ertragskraft.

Kennzahl\Note	1	2	3	4	5
Eigenkapitalquote in %	>30	>20	>10	>0	<=0
Schuldtilgungsdauer in Jahren	<=3	<=5	<=12	<=30	>30
Gesamtkapitalrentabilität in %	>15	>12	>8	>0	<=0
Cash Flow Leistungsrate	>10	<=10	<=8	<=5	<=0

Abbildung 195: Kriterien für den Quicktest

Für die Kennzahlen hat Herr Prof. Kralicek auch bestimmte Kriterien festgelegt, die darüber entscheiden, ob die Werte der jeweiligen Kennzahlen als seht gut, gut, durchschnittlich, schlecht zu bezeichnen sind oder sogar schon eine Insolvenzgefahr signalisieren.

Für die *Produktion und Handel GmbH* ergibt sich daraus, dass das Unternehmen zwar nicht zu viel Fremdkapital hat aber dafür die Gesamtkapitalrentabilität und die Cash Flow Leistungsrate ziemlich schlecht sind. Diese Kennzahlen wurden mit der Note 4 bewertet.

Wenn wir das Quickkennzahlen Dokument auf die *Engineering GmbH* schalten, dann ergibt sich daraus ein viel positiveres Bild. Die Gesamtnote für das Unternehmen ist bei 1,5 in einem sehr gutem Bereich.

Quickkennzahlen Bewertung

Dataset:	SonnenscheinPlan			
Unternehmen:	Engineering GmbH			
Betrachtung:	2007			

Sehr gut (1)	1	1		1
Gut (2)				
Mittel (3)			3	
Schlecht (4)				
Insolvenzgefährdet (5)				
	Eigenkapital-quote in %	Schuldtilgungs-dauer in Jahren	Gesamtkapital-rentabilität in %	Cash Flow Leistungsrate
Einzelwert	61,17	1,14	8,92	11,08
	Finanzielle Stabilität		**Ertragskraft**	
Einzelnote	1,00	1,00	3,00	1,00
Zwischennote	1,00		2,00	
Gesamtnote		1,50		

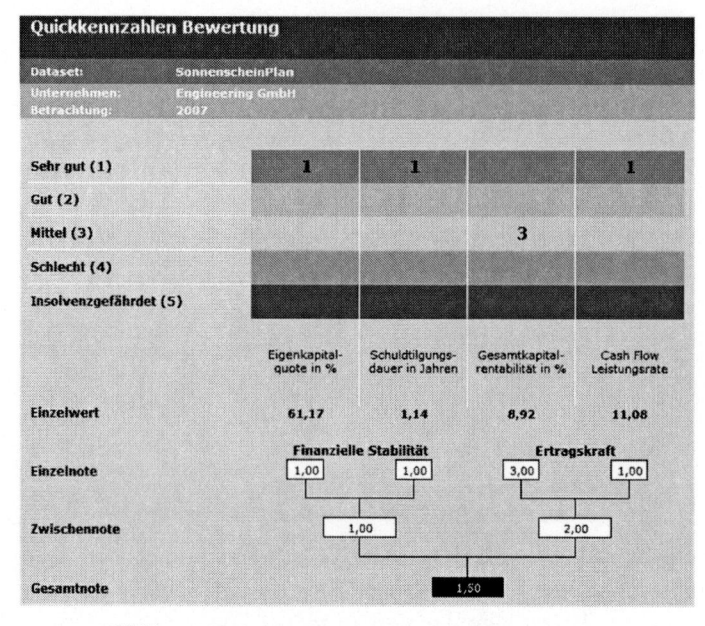

Abbildung 196: Quicktest nach Kralicek Engineering GmbH

Das Dokument hat noch ein Register *Quickkenzahlen Berechnung*: In diesem Bereich können Sie die Berechnungen der Kenzahlen genau nachvollziehen.

Quickkennzahlen Berechnung

Dataset:	SonnenscheinPlan			
Unternehmen:	Sonnenschein Gruppe			
Betrachtung:	2007			

Analysebereich		Kennzahl	Formel	Aussage über...
Finanzielle Stabilität	Finanzierung	Eigenkapital-quote in % 59,39	$\frac{Eigenkapital}{Gesamtkapital} \times 100$ $\frac{11.920.360,75}{20.072.594,85} \times 100$	Kapitalkraft
	Liquidität	Schuldtilgungs-dauer in Jahren 1,24	$\frac{Fremdkapital - Flüssige Mittel}{Jahres-Cash Flow} \times 100$ $\frac{8.152.234,10 - 5.367.154,00}{2.239.034,72} \times 100$	Verschuldung
Ertragskraft		Gesamtkapital-rentabilität in % 4,24	$\frac{Ergebnis\ vor\ Steuern}{Gesamtkapital} \times 100$ $\frac{851.161,73}{20.072.594,85} \times 100$	Rendite
	Erfolg	Cash Flow Leistungsrate 5,36	$\frac{Cash\ Flow}{Betriebsleistung} \times 100$ $\frac{2.239.034,72}{41.804.697,05} \times 100$	Finanzielle Leistungs-fähigkeit

Abbildung 197: Quickkennzahlen Berechnungen

BUDGETZIELE

Die kurzen Tests haben uns gezeigt, wo der eigentliche Handlungsbedarf bei der Erstellung der Budgets liegt, wenn eine wertorientierte Unternehmensführung zugrunde gelegt wird:

- Verbesserung der Liquidität bei der *Produktion und Handel GmbH*. Das **Bankkonto** soll wieder in ein **positives Saldo** wechseln, damit die Zinsen für das Kontokorrent reduziert werden können.

- Die Rentabilität der der *Produktion und Handel GmbH* soll verbessert werden. Eine **Gesamtkapitalrentabilität** von 3,74% ist zu gering und soll auf **über 10%** erhört werden.

Die Gesamtkapitalrentabilität kann in Professional Planner noch genauer betrachtet werden, wenn Sie das Dokument *DuPont Kennzahlen* aus dem Ordner *Cockpit* im Dokumentenbaum öffnen und auf das Unternehmenselement *Produktion und Handel GmbH* schalten.

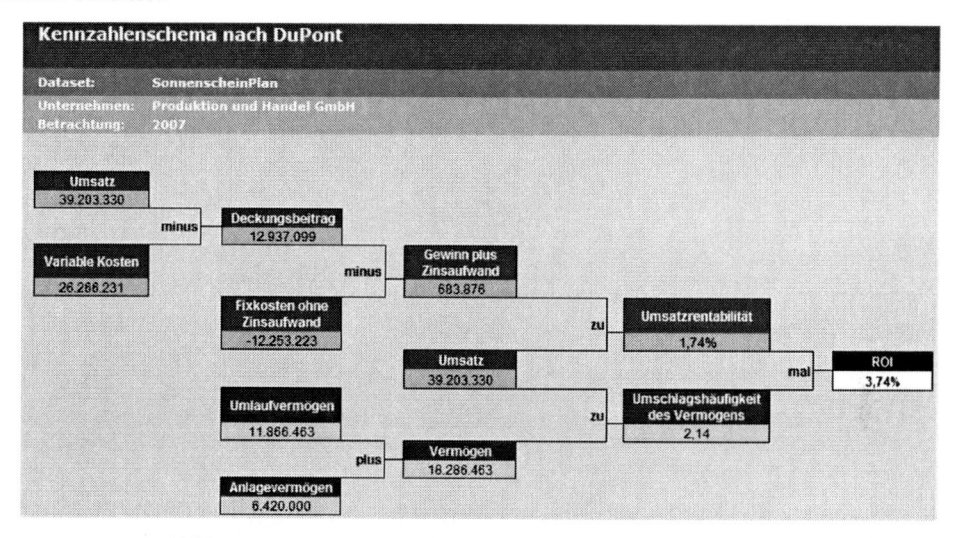

Abbildung 198: Du Pont Kennzahlen bei der Produktion und Handel GmbH

Die Du Pont Kenzahlen sind eins der ältesten Kennzahlensysteme und wurden bei dem Chemiekonzern E. I. du Pont de Nemours and Company (kurz: DuPont) im Jahr 1919 entwickelt und werden dort bis heute eingesetzt. Im Mittelpunkt dieses Systems steht der **Return on Investment** (Gesamtkapitalrendite). Daran wird die Ertragsrate des eingesetzten Kapitals gemessen. Oberstes Ziel der Unternehmensführung bei dieser Betrachtungsweise ist somit nicht die Gewinnmaximierung, sondern die Maximierung des Ergebnisses pro eingesetzte Kapitaleinheit. Das Du Pont Schema ist ein in sich geschlossenes System von sich gegenseitig bedingenden Zielgrößen.

Mit diesen Grundannahmen gehen wir in den Budgetierungsprozess hinein. Wir orientieren uns dabei an dem Schema aus der *Abbildung 189: Budgetierungsprozess bei der Sonnenschein Gruppe* auf der Seite 246.

ERFASSUNG DER UMSÄTZE UND DER VARIABLEN KOSTEN

ⓘ INFO

Der Vertriebsleiter der *Produktion und Handel GmbH* und der Geschäftsführer der *Engineering GmbH* planen die Werte in den Umsatzbereichen. Es werden die Absatzmengen, Verkaufspreise, Umsatzsteuersatz und die variablen Kosten des Umsatzes wie Rabatte, Skonti, Wareneinsatz, Umsatzprovision und die Transportkosten geplant. Dabei werden die Werte des vergangenen Jahres 2007 als Basis genommen und um neue Überlegungen bezüglich der Zahlen für die nächsten zwei Jahre ergänzt.

Praktische Übung

1. Öffnen Sie das Dokument *Umsatz-Deckungsbeitrag* aus dem Ordner *Datenerfassung* im Dokumentenbaum.

Sonnenschein Gruppe	Menge	Nettopreis	USt %	Rabatt %	Skonto %	Var Kosten/EH	Provision %	Vertrieb/EH
2007	41.788.341	1,00	0,00	9,38	3,11	0,49	3,52	0,01
Januar 07	3.524.002	1,00	0,00	9,39	3,11	0,49	3,51	0,01
Februar 07		1,00	0,00	9,35	3,09	0,49	3,52	0,01
März 07		1,00	0,00	9,37	3,10	0,49	3,52	0,01
April 07		1,00	0,00	9,36	3,10	0,49	3,52	0,01
Mai 07	3.588.997	1,00	0,00	9,40	3,11	0,49	3,51	0,01
Juni 07	3.496.397	1,00	0,00	9,40	3,11	0,49	3,51	0,01
Juli 07	3.349.964	1,00	0,00	9,37	3,10	0,49	3,52	0,01
August 07	3.660.668	1,00	0,00	9,39	3,11	0,49	3,51	0,01
September 07	3.459.879	1,00	0,00	9,39	3,11	0,49	3,51	0,01
Oktober 07	3.473.279	1,00	0,00	9,38	3,11	0,49	3,52	0,01
November 07	3.432.220	1,00	0,00	9,39	3,11	0,49	3,51	0,01
Dezember 07	3.521.975	1,00	0,00	9,37	3,10	0,49	3,52	0,01

Abbildung 199: Dokument Umsatz-Deckungsbeitrag Register Umsatz

2. Dieses Dokument besteht aus drei Tabellenblättern: *Umsatz, Deckungsbeitrag* und *Einstellungen Umsatz*.

3. Außer den Werten für die Feldbezüge Menge, Nettopreis, USt%, Rabatt%, Skonto%, Variable Kosten/EH, Provisionen% und Vertriebskosten% befindet sich in der linken oberen Ecke der Pfad zu dem aktiven Element in der Unternehmensstruktur. Eine Zelle darunter befindet sich der Feldbezug, der Sie den Namen des aktiven Elementes anzeigt. Die Zeilen darunter zeigen die aktuelle Periodenauswahl.

Deckungsbeitrag					
SonnenscheinPlan: Sonnenschein Gruppe					
Sonnenschein Gruppe	2007	01/07-03/07	04/07-06/07	07/07-09/07	10/07-12/07
Nettoerlöse	41.788.341	10.315.578	10.574.778	10.470.511	10.427.474
Rabatte	3.920.333	966.773	992.912	982.740	977.908
Skonti	1.176.100	290.032	297.874	294.822	293.373
Vertriebssonderkosten	392.033	96.677	99.291	98.274	97.791
Umsatzprovision	1.331.201	328.903	336.613	333.409	332.276
WES/Material	20.377.168	5.028.219	5.158.257	5.106.633	5.084.059
Deckungsbeitrag	**14.591.506**	**3.604.974**	**3.689.831**	**3.654.634**	**3.642.067**

\ Umsatz /\ Deckungsbeitrag /\ Einstellungen Umsatz /

Abbildung 200: Dokument Umsatz-Deckungsbeitrag Register Deckungsbeitrag

4. Klicken Sie auf das Tabellenblatt *Deckungsbeitrag*. Hier sind die importierten Zahlen sichtbar. Gegenwärtig ist das Dokument auf das oberste Element in der Unternehmensstruktur *Sonnenschein Gruppe* geschaltet. Somit sehen Sie die Summe aller Nettoerlöse, Rabatte, Skonti, Vertriebssonderkosten (Transportkosten), Umsatzprovision und Wareneinsatz/Material der gesamten Sonnenschein Gruppe.

5. Bei dem Import der Nettoerlöse, Rabatte, Skonti, Vertriebssonderkosten (Transportkosten), Umsatzprovision und Wareneinsatz/Material hat der Professional Planner die Werte in dem Umsatzregister des Dokuments Umsatz-Deckungsbeitrag der Menge zugeordnet. Der Preis wird standardmäßig auf 1 eingestellt. In der Gleichung Menge x Preis = Nettoerlöse wird bei einer Änderung der Nettoerlöse die Menge angepasst. Das ist so im Rechenschema Finance (de).ped bestimmt. Im Zuge eines Projektes kann aber die sog. Rückrechnung auf die Menge bei Bedarf in eine Rückrechnung auf den Preis geändert werden, indem das Rechenschema diesbezüglich umprogrammiert wird.

TIPP

Wenn Sie für das Controlling der Vergangenheitsdaten auch noch die Absatzmengen und die Absatzpreise haben möchten, dann können diese auch mit Hilfe des Importmanagers übernommen werden. Die Quelle für derartige Daten sind am häufigsten die Warenwirtschaftssysteme.

Der Import von Absatzmengen und Absatzpreisen gestaltet sich in der Praxis allerdings nicht ganz trivial. Es liegt daran, dass die Warenwirtschaftssysteme Sollpreise und Sollmengen speichern. Auf den echten Rechnungen, die der Kunde bekommt und die in dem Finanzbuchhaltungssystem gebucht werden befinden sich häufig auch noch andere Sachverhalte wie Boni, Gutschriften etc. Diese beeinflussen dann den Gewinn. In Professional Planner brauchen wir einen mit der Finanzbuchhaltung stimmigen Gewinn, damit die Integration mit der Bilanz und in Folge dessen mit dem Finanzplan aufgeht.

In der Praxis wurden bisher solche Probleme mit sog. Korrekturposten erledigt, die derartige Unterschiedsbeträge aufgenommen haben, damit der Gewinn im Professional Planner mit dem Gewinn in der Finanzbuchhaltung übereinstimmen.

Wenn wir die Istdaten nur als einen Anhaltspunkt für die Budgetierung nehmen und keine Vergleiche von Mengen oder Preisen anstreben, dann werden die importierten Daten aus der Finanzbuchhaltung ohne Mengen und Preise durchaus ausreichend sein.

PRODUKTION UND HANDEL GMBH

In der Tabelle *Tabelle 7: Budgetzahlen der Umsatzbereiche Düsseldorf und München* auf der Seite 256 finden Sie Annahmen bezüglich der Planzahlen der Umsatzbereiche in der Filiale Düsseldorf. Die Absatzmengen kommen aus dem Warenwirtschaftssystem und repräsentieren die Werte für 2007. Die variablen Kostenarten orientieren sich an den Vergangenheitswerten. Zu diesem Zeitpunkt kann der Wert für den Wareneinsatz noch nicht erfasst werden, weil die Produktionsplanung in der Filiale Köln noch nicht stattgefunden hat und somit sind die geplanten Herstellungskosten für die Jahre 2008 und 2009 noch nicht bekannt.

Feldbezug	Arbeitsplatten Düsseldorf	Dekorplatten Düsseldorf	Verbundplatten Düsseldorf	Arbeitsplatten München	Dekorplatten München	Verbundplatten München
Menge (m²)	92.100	92.700	95.000	94.400	92.200	93.500
Preis (EUR)	70	75	73	70	75	73
Umsatzsteuer (%)	19	19	19	0	0	0
Rabatte (%)	10	10	10	10	10	10
Skonti (%)	3	3	3	3	3	3
Wareneinsatz /EH (EUR)	-	-	-	-	-	-
Umsatzprovision (%)	3	3	3	3	3	3
Vertriebskosten /EH (Transport) (EUR)	0,7	0,7	0,7	0,7	0,7	0,7

Tabelle 7: Budgetzahlen der Umsatzbereiche Düsseldorf und München

📖 Praktische Übung

1. Öffnen Sie das Dokument *Umsatz-Deckungsbeitrag* und schalten Sie das Dokument auf das Element *08210 Arbeitsplatten* in der Filiale Düsseldorf.

2. Im Tabellenblatt *Umsatz* stellen Sie den Cursor auf die Zelle mit dem Jahr 2007 und klicken auf *Drillen gleiche Ebene*. Die Monate werden zusammengezogen und sie sehen nur noch den Jahreswert.

Umsatz

SonnenscheinPlan: ... GmbH/Filiale Düsseldorf/08210 Arbeitsplatten

08210 Arbeitsplatten	Menge	Nettopreis	USt %	Rabatt %	Skonto %	Var Kosten/EH	Provision %	Vertrieb/EH
2007	6.446.518	1,00	0,00	10,00	3,33	0,50	3,33	0,01

Abbildung 201: Drillen gleiche Ebene nach dem ersten Klick

3. Klicken Sie noch mal auf *Drillen gleiche Ebene*. Diesmal sehen Sie alle drei Jahre untereinander.

Umsatz

SonnenscheinPlan: ... GmbH/Filiale Düsseldorf/08210 Arbeitsplatten

08210 Arbeitsplatten	Menge	Nettopreis	USt %	Rabatt %	Skonto %	Var Kosten/EH	Provision %	Vertrieb/EH
2007	6.446.518	1,00	0,00	10,00	3,33	0,50	3,33	0,01
2008	0	0,00	N.V.	N.V.	N.V.	0,00	N.V.	0,00
2009	0	0,00	N.V.	N.V.	N.V.	0,00	N.V.	0,00

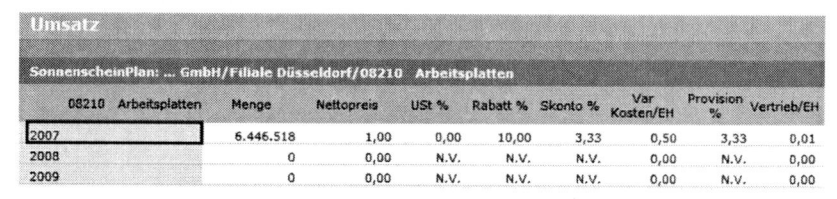

Abbildung 202: Drillen gleiche Ebene nach dem zweiten Klick

4. Stellen Sie den Cursor auf das Jahr 2008 und klicken Sie auf *Drillen Originalebene*. Jetzt sind die dazugehörigen Monate sichtbar.

5. Tragen Sie die Werte aus der *Tabelle 7: Budgetzahlen der Umsatzbereiche Düsseldorf* in die Jahreszeile des Jahres 2008. Dabei wird der Professional Planner die Werte auf die Monate entsprechend verteilen. Da die Monatswerte überall Null sind, werden die Zahlen auch gleichmäßig auf die Monate verteilt.

Umsatz

SonnenscheinPlan: ... GmbH/Filiale Düsseldorf/08210 Arbeitsplatten

08210 Arbeitsplatten	Menge	Nettopreis	USt %	Rabatt %	Skonto %	Var Kosten/EH	Provision %	Vertrieb/EH
2007	6.446.518	1,00	0,00	10,00	3,33	0,50	3,33	0,01
2008	92.100	70,00	19,00	10,00	3,00	0,00	3,00	0,70
Januar 08	7.675	70,00	19,00	10,00	3,00	0,00	3,00	0,70
Februar 08	7.675	70,00	19,00	10,00	3,00	0,00	3,00	0,70
März 08	7.675	70,00	19,00	10,00	3,00	0,00	3,00	0,70
April 08	7.675	70,00	19,00	10,00	3,00	0,00	3,00	0,70
Mai 08	7.675	70,00	19,00	10,00	3,00	0,00	3,00	0,70
Juni 08	7.675	70,00	19,00	10,00	3,00	0,00	3,00	0,70
Juli 08	7.675	70,00	19,00	10,00	3,00	0,00	3,00	0,70
August 08	7.675	70,00	19,00	10,00	3,00	0,00	3,00	0,70
September 08	7.675	70,00	19,00	10,00	3,00	0,00	3,00	0,70
Oktober 08	7.675	70,00	19,00	10,00	3,00	0,00	3,00	0,70
November 08	7.675	70,00	19,00	10,00	3,00	0,00	3,00	0,70
Dezember 08	7.675	70,00	19,00	10,00	3,00	0,00	3,00	0,70
2009	0	0,00	N.V.	N.V.	N.V.	0,00	N.V.	0,00

Abbildung 203: Umsatz Arbeitsplatten monatlich

6. Stellen Sie den Cursor auf die Zelle mit dem Jahr 2008 und doppelklicken Sie. Die Monate werden reduziert. Doppelklicken Sie noch mal auf das Jahr 2008 und Sie werden die nächste Ebene der Quartale unter dem Jahr 2008 sehen.

7. Stellen Sie den Cursor auf die Zelle mit dem Jahr 2009 und doppelklicken Sie ebenfalls darauf. Sie sehen jetzt die Quartale der Jahre 2008 und 2009.

8. Tragen Sie die gleichen Werte für die Arbeitsplatten in Düsseldorf in die Quartale des Jahres 2009. Der Professional Planner verteilt die Werte ebenfalls gleichmäßig auf die Quartale des Jahres 2009. Sie können dazu auch die Werte der Jahreszeile 2008 kopieren und im Jahr 2009 einfügen.

08210 Arbeitsplatten	Menge	Nettopreis	USt %	Rabatt %	Skonto %	Var Kosten/EH	Provision %	Vertrieb/EH
2007	6.446.518	1,00	0,00	10,00	3,33	0,50	3,33	0,01
2008	92.100	70,00	19,00	10,00	3,00	0,00	3,00	0,70
01/08-03/08	23.025	70,00	19,00	10,00	3,00	0,00	3,00	0,70
04/08-06/08	23.025	70,00	19,00	10,00	3,00	0,00	3,00	0,70
07/08-09/08	23.025	70,00	19,00	10,00	3,00	0,00	3,00	0,70
10/08-12/08	23.025	70,00	19,00	10,00	3,00	0,00	3,00	0,70
2009	92.100	70,00	19,00	10,00	3,00	0,00	3,00	0,70
01/09-03/09	23.025	70,00	19,00	10,00	3,00	0,00	3,00	0,70
04/09-06/09	23.025	70,00	19,00	10,00	3,00	0,00	3,00	0,70
07/09-09/09	23.025	70,00	19,00	10,00	3,00	0,00	3,00	0,70
10/09-12/09	23.025	70,00	19,00	10,00	3,00	0,00	3,00	0,70

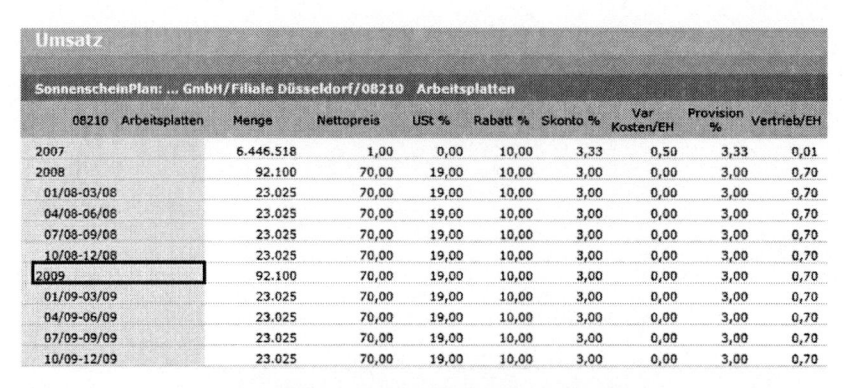

Abbildung 204: Umsatz Arbeitsplatten Quartalsweise

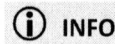

(i) INFO

Der Vertriebsleiter möchte eine jährliche Steigerungsrate der Absatzmenge von 10% berücksichtigen.

Dafür kann der Faktor in der Eingabeleiste genutzt werden. Damit können Werte in den Zellen berechnet werden. Sie können Werte zu den bestehenden Werten der Zellen addieren, subtrahieren, multiplizieren oder dividieren. Den Zellen kann auch mit dem Gleichheitszeichen ein bestimmter Wert zugewiesen werden.

Abbildung 205: Rechenleiste mit einem Faktor für weitere Berechnungen

9. Tragen Sie in das kleine Fenster die 1,1 ein. Stellen Sie den Cursor auf den Jahreswert der Menge des Jahres 2008. Klicken Sie auf das Multiplikationszeichen, um den ursprünglichen Wert 92.100 mit 1,1 zu multiplizieren, was einer Steigerung um 10% gleich ist. Sie werden 101.310 erhalten.

10. Stellen Sie den Cursor auf den Jahreswert der Menge der Jahres 2009. Klicken Sie auf das Multiplikationszeichen, um den ursprünglichen Wert 92.100 mit 1,1 zu multiplizieren, was einer Steigerung um 10% gleich ist und anschließend klicken Sie noch mal auf das Multiplikationszeichen, um die 101.310 wieder um 10% zu erhöhen. Dadurch erreichen Sie die Menge 111.441 im Jahr 2009.

Umsatz

SonnenscheinPlan: ... GmbH/Filiale Düsseldorf/08210 Arbeitsplatten

08210 Arbeitsplatten	Menge	Nettopreis	USt %	Rabatt %	Skonto %	Var Kosten/EH	Provision %	Vertrieb/EH
2007	6.446.518	1,00	0,00	10,00	3,33	0,50	3,33	0,01
2008	101.310	70,00	19,00	10,00	3,00	0,00	3,00	0,70
01/08-03/08	25.328	70,00	19,00	10,00	3,00	0,00	3,00	0,70
04/08-06/08	25.328	70,00	19,00	10,00	3,00	0,00	3,00	0,70
07/08-09/08	25.328	70,00	19,00	10,00	3,00	0,00	3,00	0,70
10/08-12/08	25.328	70,00	19,00	10,00	3,00	0,00	3,00	0,70
2009	111.441	70,00	19,00	10,00	3,00	0,00	3,00	0,70
01/09-03/09	27.860	70,00	19,00	10,00	3,00	0,00	3,00	0,70
04/09-06/09	27.860	70,00	19,00	10,00	3,00	0,00	3,00	0,70
07/09-09/09	27.860	70,00	19,00	10,00	3,00	0,00	3,00	0,70
10/09-12/09	27.860	70,00	19,00	10,00	3,00	0,00	3,00	0,70

Abbildung 206: Umsatz Arbeitsplatten nach 10% Steigerung

TIPP

Der Professional Planner arbeitet standardmäßig in einem Auto Commit Modus. Jeder Wert, den Sie verändern wird direkt und sofort in die Datenbank geschrieben. Das bedeutet **es gibt keinen rückgängig Knopf in Professional Planner**. Wenn Sie sich in Ihrer Eingabe vertan haben, können Sie den „falschen" Wert nur durch einen „richtigen" Wert überschreiben. Das geht natürlich nur solange Sie den „richtigen" Wert noch kennen. Wenn nicht, dann wäre es günstig, wenn Sie eine Kopie des Datasets gehabt hätten, das Sie gerade bearbeiten.

Eine Kopie des Datasets erstellen Sie zuvor im Sitzungsbaum, indem Sie auf das aktuelle Dataset mit der rechten Maustaste anklicken und den Punkt *Dataset speichern unter...* aus dem Kontextmenü auswählen.

11. **Wiederholen Sie die letzen Schritte 5 bis 10** auch für die die anderen Umsatzbereiche der Filiale Düsseldorf und München. Orientieren Sie sich bei den Werten an der *Tabelle 7: Budgetzahlen der Umsatzbereiche Düsseldorf und München* auf Seite 256. Vergessen Sie auch nicht die Mengensteigerungen zu berücksichtigen wie im Punkt 9 und 10 beschrieben!

12. Zur Prüfung der der Ergebnisse wechseln Sie in das Tabellenblatt *Deckungsbeitrag* und Schalten Sie das Dokument auf die Ebene des Unternehmenselements *Produktion und Handel GmbH*. Stellen Sie den Cursor auf die linke obere Zelle mit dem Namen des Unternehmenselements und klicken Sie auf *Tabelle drehen* in der Ansichtsleiste.

Produktion und Handel GmbH	2007	01/07-03/07	04/07-06/07	07/07-09/07	10/07-12/07
Nettoerlöse	39.203.330	9.667.728	9.929.120	9.827.398	9.779.084
Rabatte	3.920.333	966.773	992.912	982.740	977.908
Skonti	1.176.100	290.032	297.874	294.822	293.373
Vertriebssonderkosten	392.033	96.677	99.291	98.274	97.791
Umsatzprovision	1.176.100	290.032	297.874	294.822	293.373
WES/Material	19.601.665	4.833.864	4.964.560	4.913.699	4.889.542
Deckungsbeitrag	**12.937.099**	**3.190.350**	**3.276.610**	**3.243.042**	**3.227.098**

Abbildung 207: Quartalsweise Deckungsbeitrag der Produktion und Handel GmbH

13. Durch die Drehung der Tabelle tauschen die Zellen mit der Elementbezeichnung und der Periode die Plätze. Die Periode ist jetzt links und die Elementbezeichnung rechts.

2007	Produktion und Handel GmbH
Nettoerlöse	39.203.330
Rabatte	3.920.333
Skonti	1.176.100
Vertriebssonderkosten	392.033
Umsatzprovision	1.176.100
WES/Material	19.601.665
Deckungsbeitrag	**12.937.099**

Abbildung 208: Tabelle drehen

14. Wenn Sie den Cursor wieder in die Zelle mit der Elementbezeichnung stellen und *Drillen nächste Ebene* anklicken sehen Sie die Werte für die Profitcenter in der *Produktion und Handel GmbH*. Durch einen Klick auf *Drillen alle Ebenen* könnten Sie sogar die Werte der einzelnen Umsatzbereiche sehen. In der Filiale Köln haben wir keine Umsatzbereiche. Somit ist sie an dieser Stelle auf null gesetzt.

2007	Produktion und Handel GmbH	Filiale Düsseldorf	Filiale München	Filiale Köln
Nettoerlöse	39.203.330	19.591.157	19.612.174	0
Rabatte	3.920.333	1.959.116	1.961.217	0
Skonti	1.176.100	587.735	588.365	0
Vertriebssonderkosten	392.033	195.912	196.122	0
Umsatzprovision	1.176.100	587.735	588.365	0
WES/Material	19.601.665	9.795.578	9.806.087	0
Deckungsbeitrag	**12.937.099**	**6.465.082**	**6.472.017**	**0**

Abbildung 209: Deckungsbeiträge der Filialen in 2007

15. Mit der Zeitauswahl über dem Dokument können Sie auch das Jahr 2008 und 2009 auswählen, um die Budgetwerte für die Umsatzbereiche der Filialen Düsseldorf und München zu vergleichen.

Deckungsbeitrag

SonnenscheinPlan: Sonnenschein Gruppe/Produktion und Handel GmbH

2008	Produktion und Handel GmbH	Filiale Düsseldorf	Filiale München	Filiale Köln
Nettoerlöse	44.751.300	22.367.950	22.383.350	0
Rabatte	4.475.130	2.236.795	2.238.335	0
Skonti	1.208.285	603.935	604.350	0
Vertriebssonderkosten	431.123	215.446	215.677	0
Umsatzprovision	1.208.285	603.935	604.350	0
WES/Material	0	0	0	0
Deckungsbeitrag	**37.428.477**	**18.707.840**	**18.720.637**	**0**

\ Umsatz \ Deckungsbeitrag \ Einstellungen Umsatz /

Abbildung 210: Deckungsbeiträge der Filialen in 2008

Deckungsbeitrag

SonnenscheinPlan: Sonnenschein Gruppe/Produktion und Handel GmbH

2009	Produktion und Handel GmbH	Filiale Düsseldorf	Filiale München	Filiale Köln
Nettoerlöse	49.226.430	24.604.745	24.621.685	0
Rabatte	4.922.643	2.460.475	2.462.169	0
Skonti	1.329.114	664.328	664.785	0
Vertriebssonderkosten	474.235	236.991	237.245	0
Umsatzprovision	1.329.114	664.328	664.785	0
WES/Material	0	0	0	0
Deckungsbeitrag	**41.171.324**	**20.578.624**	**20.592.701**	**0**

\ Umsatz \ Deckungsbeitrag \ Einstellungen Umsatz /

Abbildung 211: Deckungsbeiträge der Filialen in 2009

ENGINEERING GMBH

ⓘ INFO

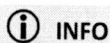

Auch der Geschäftsführer der *Engineering GmbH* hat angefangen die Umsatzbereiche der Projekte zu planen. Er orientiert sich an den Werten des Jahres 2007 und ergänzt diese um weitere Überlegungen zu den Budgetjahren 2008 und 2009. Hierbei soll die Verteilung der Umsatzerlöse des Jahres 2007 als eine Vorgabe für die Jahre 2008 und 2009 dienen. Da es sich bei diesem Unternehmen um ein Dienstleistungsunternehmen handelt wird der Umsatz nicht nach *Menge x Preis* sondern absolut in EUR geplant. Als variable Kosten gilt der Wareneinsatz, wobei es sich hier um Kosten für freie Mitarbeiter handelt, die in den Projekten eingesetzt werden. Das Vertriebspersonal bekommt eine Umsatzprovision für verkaufte Projekte. Dabei wird immer die Umsatzsteuer von 19% berücksichtigt.

Die Projekte werden wegen der späteren Konsolidierung nach *Umsatzerlösen Projekte Dritte* und *Umsatzerlöse Projekte Intercompany (IC)* unterschieden.

🖥 Praktische Übung

1. Öffnen Sie das Dokument Umsatz-Deckungsbeitrag aus dem Ordner *Datenerfassung* im Dokumentenbaum und schalten Sie es auf das Element *08240 Umsatzerlöse Projekte Dritte* in der *Engineering GmbH* in der *Filiale Hamburg*.

2. Wechseln Sie zuerst zu dem Tabellenblatt *Einstellungen Umsatz*.

3. In unserem Fall wird den *Planungsmodus Umsatz* von Menge x Preis auf *Umsatz* geändert und die *Rabatte und Skonti* ausgeschaltet, weil sie nicht benutzt werden. Der *Wareneinsatz* wird von *Variablen Kosten / Einheit* auf *Variable Kosten in %* umgestellt.

Einstellungen Umsatz	
SonnenscheinPlan: ...chein Gruppe/Engineering GmbH/Filiale Hamburg/08240 Um	
Planungsmodus Umsatz	Umsatz
Rabatte	nein
Skonto	nein
Forderungen Bilanzkonto	Ford LuL
Forderungen Detailkonto	01410 Forderungen LuL Inland
Wareneinsatz	**Variable Kosten %**
Vorsteuerplanung	nein
Wareneinsatz Bilanzkonto	Verbindlichkeiten LuL
Wareneinsatz Abfassung Detailkonto	01610 Verbindlichkeiten LuL
So Variable Kosten	**nein**
Vorsteuerplanung	nein
So Variable Kosten Bilanzkonto	Keine Zuordnung
So Variable Kosten Detailkonto	Keine Zuordnung
Vertriebskosten	**nein**
Vorsteuerplanung	nein
Vertriebskosten Bilanzkonto	Keine Zuordnung
Vertriebskosten Detailkonto	Keine Zuordnung
Umsatzprovision	**Umsatzprovision %**
Vorsteuerplanung	nein
Umsatzprovision Bilanzkonto	So Verbindlichkeiten
Umsatzprovision Detailkonto	01741 So Verb. Provisionen

Abbildung 212: Einstellungen Umsatzerlöse Projekte Dritte

4. Die gleichen Einstellungen treffen Sie bei dem Element *08245 Umsatzerlöse Projekte (IC)* mit der Ausnahme des Forderungskonto, welche auf 01430 Forderungen LuL (IC) bleibt.

5. Anschließend Treffen Sie die Einstellungen auf der Ebene des Profitcenters *Filiale Hamburg* und dann auf der Ebene des Unternehmenelements *Engineering GmbH*. Somit werden auch die richtigen Aggregationen der Nettoerlöse, Umsatzprovisionen und WES/Material auf diesen Ebenen gezeigt.

Einstellungen Umsatz	
SonnenscheinPlan: Sonnenschein Gruppe/Engineering GmbH	
Planungsmodus Umsatz	Umsatz
Rabatte	nein
Skonto	nein
Wareneinsatz	Variable Kosten / Einheit
Vorsteuerplanung	nein
So Variable Kosten	nein
Vorsteuerplanung	nein
Vertriebskosten	nein
Vorsteuerplanung	nein
Umsatzprovision	Umsatzprovision %
Vorsteuerplanung	nein

Abbildung 213: Einstellungen des Unternehmenselements Engineering GmbH

6. Wechseln Sie in das Tabellenblatt *Deckungsbeitrag* und schalten sie die Perioden mit *Drillen Originalebene* so dass Sie die monatliche Verteilung der Umsatzzahlen im Jahr 2007 sehen.

7. Die Verteilung der Nettoerlöse kopieren Sie vom Jahr 2007 in das Jahr 2008, indem Sie die Zeile vom Januar 2007 bis Dezember 2007 markieren und kopieren. Der Kopierbefehl kann über das Kontextmenü der rechten Maustaste, über das Menü Bearbeiten oder über den Button *Kopieren* erreicht werden. Sie können auch die Tastenkombination [STRG] + [C] benutzen.

8. Schalten Sie das Dokument auf das Jahr 2008 und fügen Sie die Nettoerlöse wieder ein. Der Jahreswert der Nettoerlöse wird vom Professional Planner automatisch berechnet.

Deckungsbeitrag					
SonnenscheinPlan: ...chein Gruppe/Engineering GmbH/Filiale Hamburg/08240 Umsatzerlöse Projekte Dritte					
08240 Umsatzerlöse Projekte Dritte	2008	Januar 08	Februar 08	März 08	April 08
Nettoerlöse	2.285.010	189.640	192.641	190.569	196.842
Umsatzprovision	0	0	0	0	0
WES/Material	0	0	0	0	0
Deckungsbeitrag	2.285.010	189.640	192.641	190.569	196.842

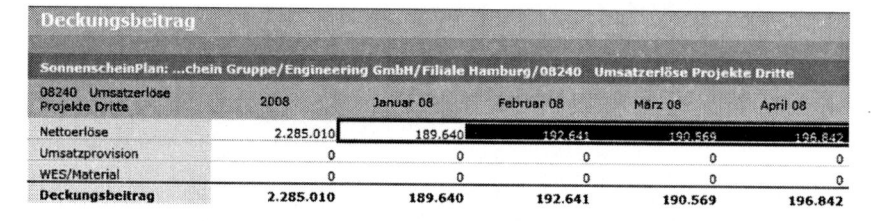

Abbildung 214: Einfügen der Nettoerlöse im Jahr 2008

9. Markieren Sie das Jahr 2008 und doppelklicken Sie zwei Mal auf den, um die Quartale des Jahres 2008 zu sehen.

10. Markieren Sie die Nettoerlöse für die Quartale, kopieren Sie diese.

11. Schalten Sie das Dokument auf das Jahr 2009 und fügen sie die Quartalswerte ein.

Deckungsbeitrag					
SonnenscheinPlan: ...chein Gruppe/Engineering GmbH/Filiale Hamburg/08240 Umsatzerlöse Projekte Dritte					
08240 Umsatzerlöse Projekte Dritte	2009	01/09-03/09	04/09-06/09	07/09-09/09	10/09-12/09
Nettoerlöse	2.285.010	572.850	570.657	568.113	573.390
Umsatzprovision	0	0	0	0	0
WES/Material	0	0	0	0	0
Deckungsbeitrag	2.285.010	572.850	570.657	568.113	573.390

Abbildung 215: Einfügen der Nettoerlöse im Jahr 2009

12. Wechseln Sie in das Tabellenblatt *Umsatz* und schalten Sie das Dokument so, dass Sie den Jahreswerte für 2006 und die Jahres und Quartalswerte für 2007 und 2008 sehen. Das erreichen Sie durch die Schalter *Drillen gleiche Ebene* und *Drillen nächste Ebene*.

13. Geben Sie die Jahreswerte für die Umsatzsteuer 19%, Variable Kosten 30% und Umsatzprovision 6% ein.

Umsatz				
SonnenscheinPlan: ...le Hamburg/08240 Umsatzerlöse Projekte Dritte				
08240 Umsatzerlöse Projekte Dritte	Nettoumsatz	USt %	Var Kosten %	Provision %
2007	2.285.010	0,00	30,00	6,00
2008	2.285.010	19,00	30,00	6,00
01/08-03/08	572.850	19,00	30,00	6,00
04/08-06/08	570.657	19,00	30,00	6,00
07/08-09/08	568.113	19,00	30,00	6,00
10/08-12/08	573.390	19,00	30,00	6,00
2009	2.285.010	19,00	30,00	6,00
01/09-03/09	572.850	19,00	30,00	6,00
04/09-06/09	570.657	19,00	30,00	6,00
07/09-09/09	568.113	19,00	30,00	6,00
10/09-12/09	573.390	19,00	30,00	6,00

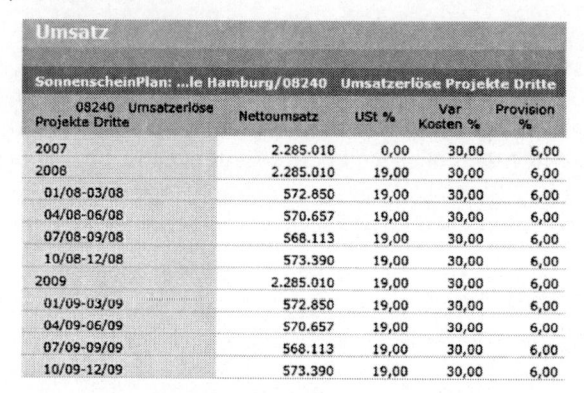

Abbildung 216: Erfassung der Umsatzsteuer, der variablen Kosten und der Provisionen

14. Bei der Engineering GmbH wird ein Wachstum des Umsatzes von 5% jährlich angenommen. Tragen Sie in das Fenster des Faktors 1,05 ein.

Abbildung 217: Faktor 1,05 für die Berechnung einer 5% Steigerung

15. Stellen Sie den Cursor auf den Nettoumsatz des Jahres 2008 und klicken Sie auf das Multiplikationszeichen, um die 2.285.010 EUR mit 1,05 zu multiplizieren was einer Erhöhung des Wertes um 5% gleicht. Sie erhalten 2.399.261 EUR.

16. Stellen Sie den Cursor auf den Nettoumsatz des Jahres 2009 und klicken Sie auf das Multiplikationszeichen, um die 2.285.010 EUR mit 1,05 zu multiplizieren. Anschließend klicken Sie noch mal auf das Multiplikationszeichen, um den Wert 2.399.261 EUR noch mal um 5% zu erhöhen, was dem absoluten Wert von 2.519.224 EUR entspricht.

08240 Umsatzerlöse Projekte Dritte	Nettoumsatz	USt %	Var Kosten %	Provision %
2007	2.285.010	0,00	30,00	6,00
2008	2.399.261	19,00	30,00	6,00
01/08-03/08	601.493	19,00	30,00	6,00
04/08-06/08	599.190	19,00	30,00	6,00
07/08-09/08	596.518	19,00	30,00	6,00
10/08-12/08	602.059	19,00	30,00	6,00
2009	2.519.224	19,00	30,00	6,00
01/09-03/09	631.567	19,00	30,00	6,00
04/09-06/09	629.150	19,00	30,00	6,00
07/09-09/09	626.344	19,00	30,00	6,00
10/09-12/09	632.162	19,00	30,00	6,00

Abbildung 218: Umsatzerlöse Projekte Dritte nach 5% Erhöhung

17. Wiederholen Sie die Schritte 5 bis 16 auch für den Umsatzbereich *08245 Umsatzerlöse Projekte (IC)* bis Sie folgende Werte erreichen.

08245 Umsatzerlöse Projekte (IC)	Nettoumsatz	USt %	Var Kosten %	Provision %
2007	300.000	0,00	30,00	6,00
2008	315.000	19,00	30,00	6,00
01/08-03/08	78.750	19,00	30,00	6,00
04/08-06/08	78.750	19,00	30,00	6,00
07/08-09/08	78.750	19,00	30,00	6,00
10/08-12/08	78.750	19,00	30,00	6,00
2009	330.750	19,00	30,00	6,00
01/09-03/09	82.688	19,00	30,00	6,00
04/09-06/09	82.688	19,00	30,00	6,00
07/09-09/09	82.688	19,00	30,00	6,00
10/09-12/09	82.688	19,00	30,00	6,00

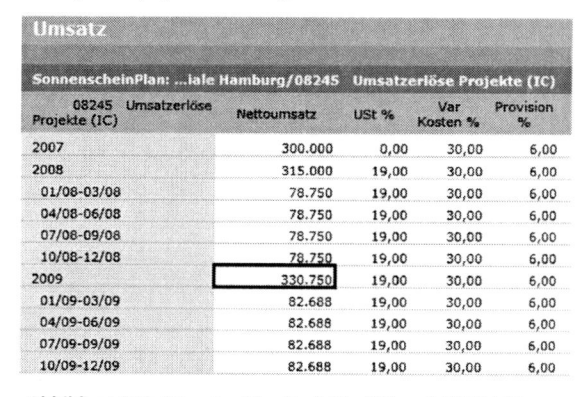

Abbildung 219: Umsatzerlöse Projekte (IC) nach 5% Erhöhung

ERFASSUNG DER FIXEN KOSTEN

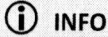

ⓘ INFO

Die Leiter der Controllingabteilung der beiden Gesellschaften *Produktion und Handel GmbH* und *Engineering GmbH* schätzen die fixen Aufwendungen für die Jahre 2008 und 2009. In den ersten Planungsannahmen wird von einer Inflationsrate von 2% ausgegangen. Ansonsten nehmen die beiden Controller an, dass der Ertrag der Firma erhöht werden soll. Es sollen also Kosten eingespart werden. Die Lohnbuchhaltung und größere Teile des Marketings sollen unter das Outsourcing fallen. Dadurch können die Gehälter und die darauf angerechneten Aufwendungen für Sozialversicherungen und Steuern um 5% eingespart werden. Durch die Sparmaßnahmen werden die Sonstigen Aufwendungen sogar um 7% im Vergleich zum Vorjahr fallen.

🖥 Praktische Übung

1. Öffnen Sie das Dokument *Aufwand-Ertrag* aus dem Ordner Datenerfassung.

2. Da jedes Dokument standardmäßig immer auf der höchsten Ebene der Struktur und der Zeit geöffnet wird, sehen Sie den gesamten kostengleichen Aufwand und den ordentlich neutralen Ertrag. Das Dokument zeigt auch den Leistungsgleichen Ertrag, ordentlich neutralen Aufwand, außerordentlich neutralen Aufwand, außerordentlich neutralen Ertrag und kalkulatorische Werte wie Zusatzkosten, Zusatzleistungen, interne Belastungen und interne Minderungen anzeigen kann. In welcher dieser Spalten die Zahlen angezeigt werden hängt von den Einstellungen der Aufwand/Ertrag Elemente ab. Diese können Sie immer in dem Tabellenblatt *Einstellungen Aufwand-Ertrag* auf den jeweiligen Elementen einstehen.

3. Stellen Sie den Cursor auf das Jahr 2007 und klicken Sie zweimal auf *Drillen gleiche Ebene*.

4. Markieren Sie jetzt die Jahre 2007, 2008 und 2009 und klicken Sie auf *Drillen Originalebene*.

5. Klicken Sie oder ziehen Sie per Drag & Drop das erste Aufwand/Ertrag Element *04120 Gehälter* in der Filiale Düsseldorf in das Dokument hinein. In der linken oberen Ecke sehen Sie die Elementbezeichnung 04120 Gehälter. Die Aufwand/Ertrag Elemente verfügen jedenfalls über die Menge x Preis = Nettowert Planungslogik. Da wir die Werte für das Jahr 2007 auf den Feldbezug *Aufwand/Ertrag Nettoerfolg (2002)* importiert haben und der Preis standardmäßig auf 1 eingestellt ist, hat der Professional Planner über die Rückrechnung dafür gesorgt, dass die Menge dem Nettowert gleich ist, damit die Gleichung *Menge x Preis = Nettowert* aufgeht. Wenn Sie die Menge und/oder den Preis ändern, dann ändert sich der Nettowert. Wenn Sie den Nettowert ändern, dann ändert sich die Menge. Diese Logik funktioniert analog zu der Logik der Umsatzbereiche.

Element	2008	2009	MwSt.
Filiale Düsseldorf			
04120 Gehälter	1.231.200	1.231.200	0
04130 Sozialversicherungen/Steuern	820.800	820.800	0
04200 Raumkosten	244.800	249.696	19
04900 Sonstige Aufwendungen	166.494	166.494	19
Filiale München			
04120 Gehälter	1.321.488	1.321.488	0
04130 Sozialversicherungen/Steuern	880.992	880.992	0
04200 Raumkosten	244.800	249.696	19
04900 Sonstige Aufwendungen	166.513	166.513	19
Filiale Köln			
04920 Fertigungskontrolle (FGK)	360.000	360.000	0
04910 Lagerhaltung (MGK)	420.000	420.000	0
04120 Gehälter	1.067.040	1.067.040	0
04130 Sozialversicherungen/Steuern	711.360	711.360	0
04200 Raumkosten	489.600	499.392	19
04900 Sonstige Aufwendungen	161.236	161.236	19
Verwaltung			
04120 Gehälter	889.200	889.200	0
04130 Sozialversicherungen/Steuern	592.800	592.800	0
04200 Raumkosten	244.800	249.696	19
04900 Sonstige Aufwendungen	179.842	179.842	19
04780 Fremdarbeiten Projekte (IC)	315.000	330.750	19
02100 Zinsen und ähnliche Aufwendungen	0	0	0
02650 Sonstige Zinsen, ähnliche Erträge	0	0	0
04830 Abschreibungen auf Sachanlagen	0	0	0
04260 Instandhaltung betrieblicher Räume	367.200	374.544	19
04141 Zuführung zu Pensionsrückstellungen	22.800	22.800	0

Abbildung 220: Fixe Aufwendungen und MwSt. für Produktion und Handel GmbH

6. Erfassen Sie die fixen Kosten für die Jahre 2008 und 2009 aus der *Abbildung 220: Fixe Aufwendungen und MwSt. für Produktion und Handel GmbH* auf der Seite 267 in der Jahreszeile in der Spalte Nettowert, damit sie gleichmäßig über die Monate verteilt werden. Klicken Sie ein Element nach dem anderen in der *Produktion und Handel GmbH* und erfassen Sie die Budgetwerte unter der Berücksichtigung der jeweiligen Mehrwertsteuer.

7. Die *02100 Zinsen und ähnliche Aufwendungen, 02650 Sonstige Zinsen und ähnliche Erträge* und die *04830 Abschreibungen auf Sachanlagen* werden wir nicht direkt auf die jeweiligen Aufwand/Ertrag Elemente schreiben, sondern lassen diese von speziellen Feldbezügen von Professional Planner später automatisch berechnen.

Aufwand-Ertrag

SonnenscheinPlan: ...I GmbH/Filiale Düsseldorf/04120 Gehälter

04120 Gehälter	Menge	Preis	Nettowert	Wert aus Zuordnung	MwSt %
2007	1.296.000	1,00	1.296.000,00	0,00	0,00
Januar 07	108.000	1,00	108.000,00	0,00	0,00
Februar 07	108.000	1,00	108.000,00	0,00	0,00
März 07	108.000	1,00	108.000,00	0,00	0,00
April 07	108.000	1,00	108.000,00	0,00	0,00
Mai 07	108.000	1,00	108.000,00	0,00	0,00
Juni 07	108.000	1,00	108.000,00	0,00	0,00
Juli 07	108.000	1,00	108.000,00	0,00	0,00
August 07	108.000	1,00	108.000,00	0,00	0,00
September 07	108.000	1,00	108.000,00	0,00	0,00
Oktober 07	108.000	1,00	108.000,00	0,00	0,00
November 07	108.000	1,00	108.000,00	0,00	0,00
Dezember 07	108.000	1,00	108.000,00	0,00	0,00
2008	1.231.200	1,00	1.231.200,00	0,00	0,00
Januar 08	102.600	1,00	102.600,00	0,00	0,00
Februar 08	102.600	1,00	102.600,00	0,00	0,00
März 08	102.600	1,00	102.600,00	0,00	0,00
April 08			102.600,00	0,00	0,00
Mai 08			102.600,00	0,00	0,00
Juni 08			102.600,00	0,00	0,00
Juli 08			102.600,00	0,00	0,00
August 08			102.600,00	0,00	0,00
September 08	102.600	1,00	102.600,00	0,00	0,00
Oktober 08	102.600	1,00	102.600,00	0,00	0,00
November 08	102.600	1,00	102.600,00	0,00	0,00
Dezember 08	102.600	1,00	102.600,00	0,00	0,00
2009	1.231.200	1,00	1.231.200,00	0,00	0,00
01/09-03/09	307.800	1,00	307.800,00	0,00	0,00
04/09-06/09	307.800	1,00	307.800,00	0,00	0,00
07/09-09/09	307.800	1,00	307.800,00	0,00	0,00
10/09-12/09	307.800	1,00	307.800,00	0,00	0,00

Erfassung der Budgetzahlen in den Jahreszeilen

Abbildung 221: Eingabe der Jahreswerte und die automatische Gleichverteilung

8. Erfassen Sie mit dem gleichen Dokument *Aufwand-Ertrag* die Zahlen für die *Filiale Hamburg* und die *Verwaltung* in der *Engineering GmbH*.

Element		2008	2009	MwSt
Engineering GmbH				
Filiale Hamburg				
04120	Gehälter	477.360	486.907	0
04130	Sozialversicherungen/Steuern	318.240	324.605	0
04900	Sonstige Aufwendungen	92.000	93.840	19
Verwaltung		0	0	
04120	Gehälter	190.944	194.763	0
04130	Sozialversicherungen/Steuern	127.296	129.842	0
04200	Raumkosten	61.200	62.424	19
04900	Sonstige Aufwendungen	116.952	119.291	19
02100	Zinsen und ähnliche Aufwendungen	819	835	
02650	Sonstige Zinsen, ähnliche Erträge	1.768	1.803	
04830	Abschreibungen auf Sachanlagen	120.000	120.000	
04260	Instandhaltung betrieblicher Räume	12.240	12.485	19
04142	Reduktion der Pensionsrückstellungen	5.000	5.500	0

Abbildung 222: Fixe Aufwendungen für Engineering GmbH

9. Das Zwischenergebnis können Sie sich mit dem Dokument Gewinn und Verlust aus dem Verzeichnis *Ergebnisse* Sie drillen die Zeit auf die gleiche Ebene, um die Zahlen in den jeweiligen Jahren 2007 bis 2009 vergleichen zu können. Sie können das Dokument zwischen den Unternehmenselementen *Produktion und Handel GmbH, Engineering GmbH* und der *Sonnenschein Gruppe* schalten

Gewinn und Verlust

SonnenscheinPlan: Sonnenschein Gruppe/Produktion und Handel GmbH

Produktion und Handel GmbH	2007	2008	2009
Nettoerlöse	39.203.330	44.751.300	49.226.430
Rabatte	3.920.333	4.475.130	4.922.643
Skonti	1.176.100	1.208.285	1.329.114
Vertriebssonderkosten	392.033	431.123	474.235
Umsatzprovision	1.176.100	1.208.285	1.329.114
WES/Material	19.601.665	0	0
Deckungsbeitrag	**12.937.099**	**37.428.477**	**41.171.324**
Aufwand = Kosten	12.429.710	10.897.965	10.945.539
Ertrag = Leistung	0	0	0
Ordentliches Ergebnis 1	**507.389**	**26.530.512**	**30.225.785**
Ord Neutraler Aufwand	0	0	0
BKK-Sollzinsen	0	0	0
Ord Neutraler Ertrag	6.000	0	0
BKK-Habenzinsen	0	0	0
Ordentliches Ergebnis 2	**513.389**	**26.530.512**	**30.225.785**
AO Neutraler Aufwand	0	0	0
AO Neutraler Ertrag	0	0	0
Ergebnis vor Steuern	**513.389**	**26.530.512**	**30.225.785**
Ertragssteuern	204.000	0	0
Ergebnis nach Steuern	**309.389**	**26.530.512**	**30.225.785**

Abbildung 223: GuV Zwischenergebnis Produktion und Handel GmbH

Gewinn und Verlust

SonnenscheinPlan: Sonnenschein Gruppe/Engineering GmbH

Engineering GmbH	2007	2008	2009
Nettoerlöse	2.585.010	2.714.261	2.849.974
Umsatzprovision	155.101	162.856	170.998
WES/Material	775.503	814.278	854.992
Deckungsbeitrag	**1.654.407**	**1.737.127**	**1.823.983**
Aufwand = Kosten	1.489.657	1.517.051	1.544.992
Ertrag = Leistung	0	5.000	5.500
Ordentliches Ergebnis 1	**164.749**	**225.076**	**284.491**
Ord Neutraler Aufwand	0	0	0
BKK-Sollzinsen	0	0	0
Ord Neutraler Ertrag	1.733	1.768	1.803
BKK-Habenzinsen	0	0	0
Ordentliches Ergebnis 2	**166.482**	**226.844**	**286.294**
AO Neutraler Aufwand	0	0	0
AO Neutraler Ertrag	0	0	0
Ergebnis vor Steuern	**166.482**	**226.844**	**286.294**
Ertragssteuern	48.720	0	0
Ergebnis nach Steuern	**117.762**	**226.844**	**286.294**

Abbildung 224: GuV Zwischenergebnis Engineering GmbH

Sie werden feststellen, dass bei der *Produktion und Handel GmbH* der Bereich des Wareneinsatzes (WES) in den Jahren 2008 und 2009 noch nicht erfasst wurde und somit der Gewinn noch viel zu hoch ausgewiesen wird. Es liegt daran, dass wir die Herstellkosten der jeweiligen Produkte mittels einer Produktionsplanung berechnen und diese erst dann auf den Umsatzelementen erfassen wollen.

PLANUNG DER PRODUKTION

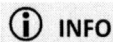

ⓘ **INFO**

Die Produktionsplanung bei der *Produktion und Handel GmbH* erfolgt, nachdem die Absatzpläne der Verkaufsabteilung in das System eingegeben wurden.

Produktion und Handel GmbH	Absatzmengen		
	Arbeitsplatten	Dekorplatten	Verbundplatten
2008	205.150	203.390	207.350
2009	225.665	223.729	228.085

Gleichzeitig wurden nach dem jetzigen Zwischenstand recht hohe Lagerbestände an fertigen Erzeugnissen festgestellt, die in den nächsten Perioden stark abgebaut werden sollen.

Die Lagerkonten sehen Sie im Dokument Bilanz, wenn Sie den Schalter *Detailliste anzeigen (F7)* einschalten. Daran gemessen wurde ein Produktionsplan gemäß Abbildung 226: Produktionsplan auf Seite 271 vorgeschlagen und in das System eingegeben.

Endbilanz

SonnenscheinPlan: Sonnenschein Gruppe/Produktion und

Produktion und Handel GmbH	2007
A. Anlagevermögen	
Anlagevermögen	5.940.000
00100 Immaterielle Vermögensgegenstände	400.000
00200 Sachanlagen	4.040.000
00300 Finanzanlagen	1.500.000
B. Umlaufvermögen	
Lager	1.799.968
03970 Lager Weichholz	475.682
03971 Lager Hartholz	470.652
03972 Lager Beschichtung	430.144
03973 Lager Chemikalien	423.489
Produktionslager	5.016.568
07110 Fertige Erzeugnisse Arbeitsplatten	1.682.546
07111 Fertige Erzeugnisse Dekorplatten	1.652.078
07112 Fertige Erzeugnisse Verbundplatten	1.681.944
Forderungen LuL	5.405.234
01410 Forderungen LuL Inland	4.105.234
01420 Forderungen LuL Ausland	1.300.000
So Forderungen	0
Forderungen Vorsteuer	0
Forderungen BKK-Zinsen	0
BKK aktiv	0
So Umlaufvermögen	0
C. Aktive Rechnungsabgrenzung	
ARAP	0

Abbildung 225: Lagerbestände bei der Produktion und Handel GmbH

	2008		2009	
Arbeitsplatten	Menge	Preis EUR	Menge	Preis EUR
Produktionsmenge	180.000		220.000	
Weichholz	3,50	2,00	3,50	2,00
Hartholz	3,70	2,20	3,70	2,20
Beschichtung	2,60	1,50	2,60	1,50
Chemikalien	2,80	1,70	2,80	1,70
Variable Arbeitsleistung	0,10	75,00	0,10	75,00
Dekorplatten	Menge	Preis EUR	Menge	Preis EUR
Produktionsmenge	180.000		220.000	
Weichholz	4,00	2,00	4,00	2,00
Hartholz	4,00	2,20	4,00	2,20
Beschichtung	3,00	1,50	3,00	1,50
Chemikalien	3,00	1,70	3,00	1,70
Variable Arbeitsleistung	0,10	75,00	0,10	75,00
Verbundplatten	Menge	Preis EUR	Menge	Preis EUR
Produktionsmenge	180.000		220.000	
Weichholz	3,80	2,00	3,80	2,00
Hartholz	3,90	2,20	3,90	2,20
Beschichtung	2,60	1,50	2,60	1,50
Chemikalien	2,80	1,70	2,80	1,70
Variable Arbeitsleistung	0,10	75,00	0,10	75,00

Abbildung 226: Produktionsplan

🖥 Praktische Übung

Für die Erfassung der Produktionsplanung haben wir die Produktionselemente in der Filiale Köln angelegt – *Produktion Arbeitsplatten, Dekorplatten, Verbundplatten*. Sie können das Standarddokument *Produktion* aus dem Verzeichnis *Datenerfassung* des Dokumentenbaums verwenden, um den Produktionsplan einzugeben oder Sie können mit der rechten Maustaste auf ein der Produktionselemente klicken und aus dem Kontextmenü *Element öffnen mit* das Dokument *Produktion* öffnen.

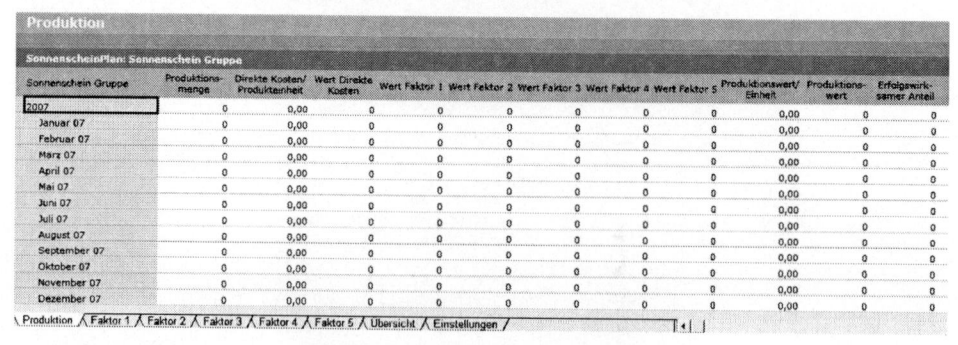

Abbildung 227: Standarddokument Produktion

Dieses Standarddokument besteht aus mehreren Blättern:

- **Produktion** – hier erhalten Sie eine Übersicht der Werte der einzelnen Produktionsfaktoren.

- **Faktor 1 bis 5** – diese Blätter sind alle identisch aufgebaut. Sie können in diesen Blättern die Einsatzmenge und Preis als auch die variablen Gemeinkosten der einzelnen Produktionsfaktoren erfassen. Im Rechenschema Finance(de).ped können Sie bis zu fünf verschiedene Produktionsfaktoren erfassen. In unserem Fall sind es die Rohstoffe *Weichholz, Hartholz, Beschichtung, Chemikalien* und *variable direkte Arbeit*.

- **Übersicht** – in diesem Blatt erhalten Sie die Übersicht über die Produktionsmenge, Direkte Kosten pro Produkteinheit, die Mengen und Preise der jeweiligen Einsatzfaktoren und den Prozentsatz der Gemeinkosten bzw. Gemeinkosten pro Einheit, was abhängig von den Einstellungen eines Produktionselements ist.

- **Einstellungen** – hier können Sie die errechneten Herstellungskosten einem bestimmten Produktionslager (HF/FF Lager) und die Einsatzfaktoren bestimmten Rohstofflagerelementen zuordnen. Hier wird auch eingestellt, ob eine Vorsteuer bei den Einsatzfaktoren berechnet werden soll.

```
⊟ ▸ Filiale Köln
   ▸ Produktion Arbeitsplatten
   ▸ Produktion Dekorplatten
   ▸ Produktion Verbundplatten
   04920  Fertigungskontrolle (FGK)
   04910  Lagerhaltung (MGK)
   04120  Gehälter
   04130  Sozialversicherungen/Steuern
   04200  Raumkosten
   04900  Sonstige Aufwendungen
```

Abbildung 228: Produktionselemente in der Filiale Köln

☝ TIPP

Damit sich diese Übung für Sie leichter gestaltet, haben wir das Standarddokument *Produktion* etwas erweitert und als **Produktion-Sonnenschein.PTB** abgespeichert. Sie können sich das Dokument von der Internetseite www.unitedbudgeting.com herunterladen. In diesem Punkt werden wir uns auch auf dieses Dokument beziehen.

In diesem Dokument wurden die Faktoren entsprechend unserem Beispiel umbenannt und die Feldbezüge der Einzelkostenwerte, Gemeinkostenwerte, Einzelkostenwert pro Produkteinheit und Gemeinkosten pro Produkteinheit bei den jeweiligen Produktionsfaktoren zusätzlich abgefragt, um die Übersichtlichkeit zu erhöhen.

🖥 Praktische Übung

1. Öffnen Sie das Dokument *Produktion-Sonnenschein.PTB*

2. Schalten Sie das Dokument auf das Element *Produktion Arbeitsplatten* in der Filiale Köln

3. Im Blatt Produktion Schalten Sie die Zeit auf das Jahr 2008 und klicken zweimal auf *Drillen gleiche Ebene* damit Sie Jahreszeilen für das Jahr 2008 und 2009 erhalten, die für die Produktionsplanung relevant sind.

4. Geben Sie die Werte aus *Abbildung 226: Produktionsplan* von der Seite 271 ein. Zuerst geben Sie in dem Blatt *Produktion* im Jahr 2008 die Produktionsenge 180.000 und im Jahr 2009 die Produktionsmenge 220.000 ein.

Produktion	
SonnenscheinPlan: ...del GmbH/Filiale	
Produktion Arbeitsplatten	Produktions- menge
2008	180.000
2009	220.000

Abbildung 229: Produktionsmengen der Jahre 2008 und 2009

5. Danach schalten Sie das Dokument in die Tabelle *Weichholz,* klicken wieder zweimal auf *Drillen gleiche Ebene*. Sie sehen, dass die Produktionsmengen

übernommen wurden. Geben Sie in der Spalte *Menge/Produkteinheit* 3,5 und in der Spalte Preis 2,0 in den Jahren 2008 und 2009 ein.

Weichholz			
SonnenscheinPlan: ...del GmbH/Filiale Köln/Produktion Arbeitsplat			
Produktion Arbeitsplatten	Produktionsmenge	Menge/Produkteinheit	Preis
2008	180.000	3,50	2,00
2009	220.000	3,50	2,00

Abbildung 230: Faktormenge und Faktorpreis beim Weichholz

6. Schalten Sie nacheinander die Tabellen *Hartholz, Beschichtung, Chemikalien* und *Variable Arbeitskosten* und geben die jeweiligen Werte für die Mengen und Preise der Faktoren aus *Abbildung 226: Produktionsplan* von der Seite 271 ein.

7. Wiederholen Sie die Eingabe der Werte wie im vorherigen Punkt auch für die Elemente *Produktion Dekorplatten* und *Produktion Verbundplatten* für die Jahre 2008 und 2009.

8. Nach der Eingabe der Werte erhalten sie in der Tabelle *Produktion* folgende Werte für die variablen Einzelkosten der Faktoren. In der Spalte *Produktionswert* können Sie die bisher geplanten Herstellungskosten ablesen und in der Spalte *Produktionswert/Einheit* sehen Sie die Stückherstellungskosten. Darüber hinaus sehen Sie auch den Wert der jeweiligen Produktionsfaktoren *Weichholz, Hartholz, Beschichtung, Chemikalien* und *Variable Arbeitskosten*.

Produktion										
SonnenscheinPlan: ...del GmbH/Filiale Köln/Produktion Arbeitsplatten										
Produktion Arbeitsplatten	Produktionsmenge	Direkte Kosten/ Produkteinheit	Wert Direkte Kosten	Weichholz	Hartholz	Beschichtung	Chemikalien	Var. Arbeit	Produktionswert/ Einheit	Produktionswert
2008	180.000	0,00	0	1.260.000	1.465.200	702.000	856.800	1.350.000	31,30	5.634.000
2009	220.000	0,00	0	1.540.000	1.790.800	858.000	1.047.200	1.650.000	31,30	6.886.000

Abbildung 231: Produktionswerte Arbeitsplatten

Produktion										
SonnenscheinPlan: ...andel GmbH/Filiale Köln/Produktion Dekorplatten										
Produktion Dekorplatten	Produktionsmenge	Direkte Kosten/ Produkteinheit	Wert Direkte Kosten	Weichholz	Hartholz	Beschichtung	Chemikalien	Var. Arbeit	Produktionswert/ Einheit	Produktionswert
2008	180.000	0,00	0	1.440.000	1.584.000	810.000	918.000	1.350.000	33,90	6.102.000
2009	220.000	0,00	0	1.760.000	1.936.000	990.000	1.122.000	1.650.000	33,90	7.458.000

Abbildung 232: Produktionswerte Dekorplatten

Produktion										
SonnenscheinPlan: ...del GmbH/Filiale Köln/Produktion Verbundplatten										
Produktion Verbundplatten	Produktionsmenge	Direkte Kosten/ Produkteinheit	Wert Direkte Kosten	Weichholz	Hartholz	Beschichtung	Chemikalien	Var. Arbeit	Produktionswert/ Einheit	Produktionswert
2008	180.000	0,00	0	1.368.000	1.544.400	702.000	856.800	1.350.000	32,34	5.821.200
2009	220.000	0,00	0	1.672.000	1.887.600	858.000	1.047.200	1.650.000	32,34	7.114.800

Abbildung 233: Produktionswerte Verbundplatten

9. In der *Abbildung 228: Produktionselemente in der Filiale Köln* auf der Seite 273 sehen Sie noch zwei *Aufwand/Ertrags Elemente – 04920 Fertigungskontrolle (FGK)* mit **360.000 EUR** und *04910 Lagerhaltung (MGK)* mit **420.000 EUR** in jedem Jahr. Diese zwei Elemente wurden als **Fertigungsgemeinkosten** und **Materialgemeinkosten** deklariert und betragen zusammen **780.000 EUR**. Diese Gemeinkosten können über die Produktionselemente mit in die Herstellungskosten aufgenommen werden und auf den Elementen *07110 Fertige Erzeugnisse Arbeitsplatten, 07111 Fertige Erzeugnisse Dekorplatten* und *07112 Fertige Erzeugnisse Verbundplatten* **bilanziell aktiviert** werden.

10. Die Materialgemeinkosten der Lagerhaltung 420.000 EUR jährlich beziehen sich auf das *Weichholz, Hartholz, Beschichtung und Chemikalien* aller drei Produkte. Es wäre natürlich möglich die Kosten durch drei Produkte und vier Faktoren zu teilen und jedem dieser Faktoren in jedem Produkt 35.000 EUR an Gemeinkosten zuordnen. Der Einfachheit halber werden wir jedoch die gesamten Gemeinkosten der Lagerhaltung dem Faktor *Weichholz* zuordnen d.h. 420.000 EUR / 3 Produkte = **140.000 EUR** pro Produkt und Jahr. Die Fertigungsgemeinkosten der Fertigungskontrolle 360.000 EUR teilen wir durch die 3 Produkte und ordnen so **120.000 EUR** dem Faktor *Variable Arbeitskosten* zu.

11. Schalten Sie das Dokument *Produktion-Sonnenschein*.PTB auf das Element *Produktion Arbeitsplatten*, wählen Sie die Tabelle *Weichholz* und erfassen Sie in der Spalte *GK Wert* je 140.000 in den Jahren 2008 und 2009. Aus den Angaben wurden automatisch die Materialgemeinkosten als Prozentsatz errechnet, 11,11 % für das Jahr 2008 und 9,09 % für das Jahr 2009. Die Degression der Gemeinkosten liegt daran, dass der Wert von 140.000 in den Jahren konstant aber die Produktionsmenge sich von 180.000 auf 220.000 erhöht hat und somit die Bezugsgröße der variablen Einzelkosten in der Spalte *EK Wert* größer geworden ist.

Weichholz									
SonnenscheinPlan: ...del GmbH/Filiale Köln/Produktion Arbeitsplatten									
Produktion Arbeitsplatten	Produktionsmenge	Menge/ Produkteinheit	Preis	MGK Weichholz %	EK Wert	GK Wert	EK / Menge	GK / Menge	Wert Weichholz
2008	180.000	3,50	2,00	11,11	1260000,00	140000,00	7,00	0,78	1.400.000
2009	220.000	3,50	2,00	9,09	1540000,00	140000,00	7,00	0,64	1.680.000

Abbildung 234: Gemeinkosten des Faktors Weichholz

12. Sie erfassen die 140.000 EUR an Materialgemeinkosten in den Jahren 2008 und 2009 auch auf den Elementen *Produktion Dekorplatten* und *Produktion Verbundplatten*.

13. Anschließend schalten Sie in die Tabelle *Variable Arbeitskosten* und erfassen je Produkt die 120.000 EUR an Fertigungsgemeinkosten für die Fertigungskontrolle in den Jahren 2008 und 2009.

Produktion Arbeitsplatten	Produktions- menge	Menge/ Produkteinheit	Preis	FGK Var. Arbeit %	EK Wert	GK Wert	EK / Menge	GK / Menge	Wert Var. Arbeit
2008	180.000	0,10	75,00	8,89	1350000,00	120000,00	7,50	0,67	1.470.000
2009	220.000	0,10	75,00	7,27	1650000,00	120000,00	7,50	0,55	1.770.000

Abbildung 235: Gemeinkosten des Faktors variable Arbeit

14. Wenn Sie jetzt das Dokument *Produktion-Sonnenschein* auf das Profitcenter Köln schalten, dann sehen Sie im Register *Produktion* in der Spalte **Erfolgswirksamer Anteil** die **780.000 EUR** an Material- und Fertigungsgemeinkosten.

Filiale Köln	Produktionswert/ Einheit	Produktions- wert	Erfolgswirk- samer Anteil
2008	33,96	18.337.200	780.000
2009	33,70	22.238.800	780.000

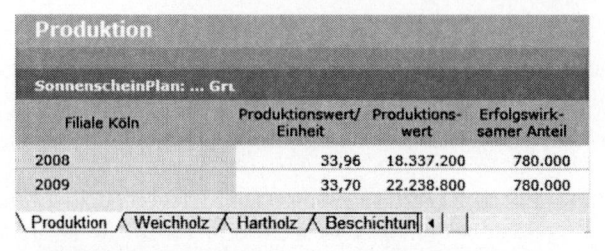

Abbildung 236: Erfolgswirksamer Anteil der Gemeinkosten

15. Den gleichen Wert von 780.000 EUR werden Sie im Dokument *Gewinn und Verlust* in der Tabelle *Gewinn und Verlust Aktivierung- Detailliste* sehen, wenn Sie auf den Schalter *Detailliste anzeigen (F7)* klicken.

Gewinn und Verlust		
SonnenscheinPlan: Sonnenschein Gruppe		
Sonnenschein Gruppe	2008	2009
Nettoerlöse	47.465.561	52.076.404
Rabatte	4.475.130	4.922.643
Skonti	1.208.285	1.329.114
Vertriebssonderkosten	431.123	474.235
Umsatzprovision	1.371.141	1.500.112
WES/Material	814.278	854.992
Deckungsbeitrag	**39.165.604**	**42.995.308**
Aufwand = Kosten	12.415.016	12.490.531
02100 Zinsen und ähnliche Aufwendungen	819	835
04120 Gehälter	5.177.232	5.190.598
04130 Sozialversicherungen/Steuern	3.451.488	3.460.399
04141 Zuführung zu Pensionsrückstellungen	22.800	22.800
04200 Raumkosten	1.285.200	1.310.904
04260 Instandhaltung betrieblicher Räume	379.440	387.029
04780 Fremdarbeiten Projekte (IC)	315.000	330.750
04830 Abschreibungen auf Sachanlagen	120.000	120.000
04900 Sonstige Aufwendungen	883.037	887.216
04910 Lagerhaltung (MGK)	420.000	420.000
04920 Fertigungskontrolle (FGK)	360.000	360.000
Ertrag = Leistung	785.000	785.500
04142 Reduktion der Pensionsrückstellungen	5.000	5.500
davon Aktivierung Produktion	780.000	780.000
Ordentliches Ergebnis 1	**27.535.588**	**31.290.277**

Abbildung 237: Ertrag aus Aktivierung gleicht der Summe der Gemeinkosten

16. In der Zeile *Ertrag = Leistung davon Aktivierung Produktion* werden Sie immer die Summe der Gemeinkosten gespiegelt sehen. In diese Zeile fließen auch die Werte der *direkten Produktionskosten* und der Faktoren die auf *Erfolgswirksam* bei den Einstellungen des Produktionsdokuments definiert wurden. Diese Werte müssen immer Gegenelemente von Typ Aufwand/Ertrag haben, die den Wert vom Gewinn subtrahieren, sonst wird das Ergebnis falsch dargestellt. Wenn Sie die Produktionsmenge verändern, dann wird der PP die Gemeinkosten prozentuell in den Produktionselementen auch verändern. Das bedeutet, dass Sie danach wieder den Wert der Aufwandselemente entsprechend korrigieren müssen! Es liegt einfach daran, dass der PP eine Linearität des Verhältnisses der Gemeinkosten zu den Einzelkosten in den Produktionselementen unterstellt und diesen Wert auch in der Bilanz aktiviert. Gleichzeitig werden aber die Zugrundeliegenden Gemeinkosten nicht automatisch auf den Aufwandselementen angepasst und der Unterschiedsbetrag fliest mit der Zeile *Ertrag = Leistung davon Aktivierung Produktion* als Ertrag in die GuV.

> **TIPP**
>
> In der Praxis muss es nicht zwingend so sein, dass z.B. bei einer Steigerung der Produktionsmenge auch die Gemeinkosten automatisch steigen. Allerdings müsste dann wenigstens der Prozentsatz der Gemeinkosten in den Produktionselementen angepasst werden, wenn die Gemeinkosten unabhängig von der Produktionsmenge sind.
>
> Da Professional Planner weder die zugrundliegenden Gemeinkosten auf den Aufwand/Ertrag Elementen noch die Prozentsätze in den Produktionselementen bei einer Steigung der Produktionsmenge automatisch anpasst, kommt es zu dem Effekt, dass ohne die Korrektur der Aufwand/Ertrag Elemente bezüglich der Gemeinkosten der Gewinn mit der steigenden Produktionsmenge wächst, weil mehr Gemeinkosten aktiviert werden als überhaupt angefallen sind.
>
> Somit steigt der Gewinn auch dann, wenn Sie die Mehrproduktion gar nicht absetzen! Diesen gewinnerhöhenden Effekt können Sie vermeiden, wenn Sie bei den Produktionselementen ausschließlich mit variablen Einzelkosten arbeiten und auf die Aktivierung von Gemeinkosten über die Produktionselemente komplett verzichten.

17. Nachdem die Herstellungskosten der Arbeitsplatten, Dekorplatten und Verbundplatten über die Produktionselemente berechnet wurden und durch die Verknüpfung mit den Produktionslagerelementen die Herstellungskosten auch aktiviert wurden, können die Herstellungskosten pro Stück auf die Umsatzelemente übertragen werden.

18. Schalten Sie das Dokument *Produktion-Sonnenschein.PTB* auf das Element *Produktion Arbeitsplatten* und klicken Sie auf die Tabelle *Übersicht*. In der Zeile *Produktionswert/Einheit* sehen Sie die Werte 32,74 EUR für das Jahr 2008 und 32,48 EUR für das Jahr 2009.

Produktionsübersicht		
SonnenscheinPlan: ...nenschein Gruppe/Produktion und Hande		
Produktion Arbeitsplatten	2008	2009
Produktionsmenge	180.000	220.000
Direkte Kosten/Produkteinheit	0,00	0,00
Produktionswert/Einheit	32,74	32,48
Menge/Weichholz	3,50	3,50
Preis 1	2,00	2,00
Gemeinkosten % 1	11,11	9,09
Menge/Hartholz	3,70	3,70
Preis 2	2,20	2,20
Gemeinkosten % 2	0,00	0,00
Menge/Beschichtung	2,60	2,60
Preis 3	1,50	1,50
Gemeinkosten % 3	0,00	0,00
Menge/Chemikalien	2,80	2,80
Preis 4	1,70	1,70
Gemeinkosten % 4	0,00	0,00
Menge/Var. Arbeit	0,10	0,10
Preis 5	75,00	75,00
Gemeinkosten % 5	8,89	7,27

Abbildung 238: Übersicht der Produktionskosten

19. Klicken Sie mit der rechten Maustaste auf das Element *08210 Arbeitsplatten* in der Filiale Düsseldorf, wählen Sie *Umsatz-Deckungsbeitrag* aus dem Kontextmenü *Element öffnen mit* und tragen Sie in die Spalte *Var Kosten/EH* die 32,74 EUR für das Jahr 2008 und 32,48 EUR für das Jahr 2009 ein. Am besten kopieren Sie die Werte aus der Tabelle *Produktionsübersicht*, weil die vom Professional Planner kalkulierten Werte eigentlich 32,7444444444444 und 32,4818181818182 sind und die fehlenden Werte hinter dem Komma zu Rundungsdifferenzen führen könnten.

Umsatz								
SonnenscheinPlan: ... GmbH/Filiale Düsseldorf/08210 Arbeitsplatten								
08210 Arbeitsplatten	Menge	Nettopreis	USt %	Rabatt %	Skonto %	Var Kosten/EH	Provision %	Vertrieb/EH
2008	101.310	70,00	19,00	10,00	3,00	32,74	3,00	0,70
2009	111.441	70,00	19,00	10,00	3,00	32,48	3,00	0,70

Abbildung 239: Manuelle Übertragung der Herstellkosten in die Umsatzbereiche als variable Kosten/Einheit

20. Das gleichen *variablen Kosten/EH* kopieren Sie auf das Element *08210 Arbeitsplatten* in der Filiale München.

21. Anschließend wiederholen Sie die Schritte 18 bis 20 analog für die Dekorplatten und Verbundplatten in Düsseldorf und München bis alle Umsatzelemente die entsprechenden Werte aus der Produktionsplanung in die *variablen Kosten/EH* übertragen wurden.

☝ TIPP

An dieser Stelle ist klar, dass im Standard Professional Planner die Produktionselemente und die Umsatzelemente nicht miteinander verbunden sind. Somit verbleibt nur das Kopieren und Einfügen der errechneten Herstellkosten auf die Umsatzelemente. Ändert sich etwas an den Herstellungskosten, dann müssen sie erneut kopiert und eingefügt werden. Da dieses Verfahren in großen Strukturen nicht praktikabel ist, werden in den Projekten häufig BASIC Makros geschrieben, die derartige Aufgaben automatisieren können.

Endbilanz

SonnenscheinPlan: Sonnenschein Gruppe

Sonnenschein Gruppe		2007	2008	2009
A. Anlagevermögen				
	Anlagevermögen	7.354.212	7.234.212	7.114.212
00100	Immaterielle Vermögensgegenstände	700.000	700.000	700.000
00200	Sachanlagen	5.120.000	5.000.000	4.880.000
00300	Finanzanlagen	1.534.212	1.534.212	1.534.212
B. Umlaufvermögen				
	Lager	1.799.968	1.799.968	1.799.968
03970	Lager Weichholz	475.682	475.682	475.682
03971	Lager Hartholz	470.652	470.652	470.652
03972	Lager Beschichtung	430.144	430.144	430.144
03973	Lager Chemikalien	423.489	423.489	423.489
	Produktionslager	5.016.568	2.442.334	1.856.481
07110	Fertige Erzeugnisse Arbeitsplatten	1.682.546	859.023	675.014
07111	Fertige Erzeugnisse Dekorplatten	1.652.078	825.372	694.552
07112	Fertige Erzeugnisse Verbundplatten	1.681.944	757.939	486.915
	Forderungen LuL	5.763.154	5.763.154	5.763.154
01410	Forderungen LuL Inland	4.438.798	4.438.798	4.438.798
01420	Forderungen LuL Ausland	1.300.000	1.300.000	1.300.000
01430	Forderungen LuL (IC)	24.356	24.356	24.356
	So Forderungen	0	0	0
	Forderungen Vorsteuer	0	0	0
	Forderungen BKK-Zinsen	0	0	0
	BKK aktiv	0	9.135.848	18.326.428
	So Umlaufvermögen	0	0	0
C. Aktive Rechnungsabgrenzung				
	ARAP	0	0	0
Summe Aktiva		**19.933.902**	**26.375.516**	**34.860.242**

Abbildung 240: Die Aktivseite der Bilanz nach der Produktionsplanung

Da wir bei der Produktionsplanung geringere Produktionsmengen als Verkaufsmengen in den Jahren 2008 und 2009 berücksichtigt haben, werden auch die Endbestände der Lagerelemente für fertige Erzeugnisse abgebaut, was die finanzielle Situation des Unternehmens an dieser Stelle verbessern wird.

👆 TIPP

Planen Sie sich einfach reich!

Zum besseren Verständnis der Funktionsweise der Produktionselemente machen wir einen Exkurs und versuchen uns reich zu planen. Nehmen wir an, dass wir eine Ware produzieren für die wir Rohstoffe als Einzelkosten (EK) und einen Anteil an Gemeinkosten (GK) brauchen. Die EK und GK werden über das Produktionselement in der Bilanz auf dem Produktionslager aktiviert. Anschließend wird die Ware zum Einstandspreis über den Wareneinsatz verkauft.

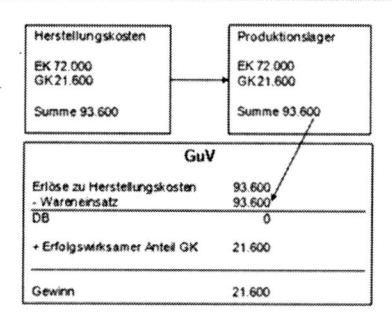

Herstellungskosten		Produktionslager	
EK	72.000	EK	72.000
GK	21.600	GK	21.600
Summe	93.600	Summe	93.600

GuV	
Erlöse zu Herstellungskosten	93.600
- Wareneinsatz	93.600
DB	0
+ Erfolgswirksamer Anteil GK	21.600
Gewinn	21.600

Professional Planner wird den Anteil der Gemeinkosten GK in Höhe von 21.600 EUR über den Feldbezug *Ertrag aus Aktivierung (3704)* der GuV hinzurechnen. Dadurch haben Sie einen Deckungsbeitrag von 0 EUR und gleichzeitig einen Gewinn von 21.600 EUR. In der Bilanz werden Sie den Gewinn auf dem Feldbezug *Bilanzergebnis Endbestand (722)* sehen. Da der Professional Planner die Bilanz immer über die Liquidität ausgleicht führt unser Beispiel automatisch zu einer Zunahme an Cash auf dem Feldbezug *BKK positiv Endbestand (720)*.

Die gleiche wundersame Geldvermehrung erfahren Sie, bei der Benutzung des Feldbezugs *Direkte Produktionskosten (3703)* oder wenn Sie einen Faktor des Produktionselements als *Erfolgswirksam* einstellen.

Der einzige Ausweg aus der Situation bei der Produktionsplanung führt über die Erfassung der Gemeinkosten, der direkten Produktionskosten oder der erfolgswirksamen Faktoren als Aufwand auf einem Aufwand/Ertrag Element in der Struktur.

GuV	
Erlöse zu Herstellungskosten	93.600
- Wareneinsatz	93.600
DB	0
+ Erfolgswirksamer Anteil GK	21.600
- A/E Element Fixkosten	21.600
Gewinn	0

Jetzt beträgt der Gewinn 0 EUR wie es auch sein sollte, wenn man die Ware zum Einstandspreis verkauft. Das Problem ist nur, wenn Sie die Produktionsmenge verändern, dann werden sich wider die Gemeinkosten, die direkten Produktionskosten oder der Wert der erfolgswirksamen Faktoren auf dem Produktionselement ändern. Damit müssen Sie wieder den Aufwand auf dem Aufwand/Ertrag Element manuell ändern, damit die GuV, die Bilanz und der Finanzplan stimmen.

Abschließend lässt sich sagen, dass der Einsatz der Produktionsplanung des Rechenschemas Profit(de).ped in den Projekten durch folgende Punkte limitiert ist:

- Die Anzahl der Produktionsfaktoren ist auf fünf Faktoren pro Produktionselement beschränkt. Wenn Sie vor haben 20 Produktionsfaktoren zu nutzen, muss das Rechenschema umprogrammiert werden.

- Wenn Sie mit Gemeinkosten, direkten Produktionskosten oder Faktoren, die als erfolgswirksam eingestellt sind planen, dann müssen diese Werte in der Struktur in Aufwand/Ertrag Elementen gespiegelt werden, denn es können nur Kosten aktiviert werden, die auch tatsächlich angefallen sind. Aufgrund der fehlenden Verknüpfung zwischen den Produktionselementen und den Aufwand/Ertrag Elementen müssen die absoluten Kosten aus diesem Bereich immer auf den Aufwand/Ertrag Elementen oder auf den Produktionselementen manuell angepasst werden, wenn sich die Produktionsmenge ändert.

- Aufgrund der fehlenden Verknüpfung zwischen den errechneten Herstellungskosten in den Produktionselementen und den variablen Kosten der Umsatzelemente müssen diese auch manuell übertragen und bei Änderungen manuell gepflegt werden.

PLANUNG DER INVESTITIONEN

ⓘ INFO

In der *Produktion und Handel GmbH* muss in der Filiale Köln eine Produktionsmaschine ersetzt werden. Die Investition erstreckt sich über 2.000.000 EUR und die Nutzungsdauer beträgt 10 Jahre. Diese Maschine soll linear abgeschrieben werden.

Investitionen können in Professional Planner auf zwei verschiedenen Wegen geplant werden. Im Dokument Anlagevermögen, das Sie öffnen können, wenn Sie mit der rechten Maustaste auf ein Elementtyp Anlagevermögen klicken und *Anlagevermögen* aus dem Kontextmenü *Element öffnen mit* auswählen, befinden sich fünf Spalten, die für die Investitionsplanung zuständig sind. Die Spalte *Investitionen* dient der direkten Erfassung von Investitionen. Zahlen in dieser Spalte erhöhen direkt den Endbestand des Anlagevermögens. Der Professional Planner macht standardmäßig die Gegenbuchung auf dem Bankkontokorrent unter der Annahme, dass die Investition sofort bezahlt wird. Wenn das Anlagevermögenselement mit Verbindlichkeiten LuL verknüpft ist, dann richtet sich die Bezahlung nach den Einstellungen des Verbindlichkeitselements. In der Spalte *VSt%* kann noch die Vorsteuer erfasst werden, die bei der Anschaffung der Investition fällig ist. In der Spalte *Zuordnungen* werden die Abschreibungen abgegrenzt.

Diese Art der Investitionsplanung erlaubt jedoch nicht die dazugehörige Abschreibung automatisch zu berechnen.

Anlagevermögen

SonnenscheinPlan: Sonnenschein Gruppe/Produktion und Handel GmbH/00200 Sachanlagen

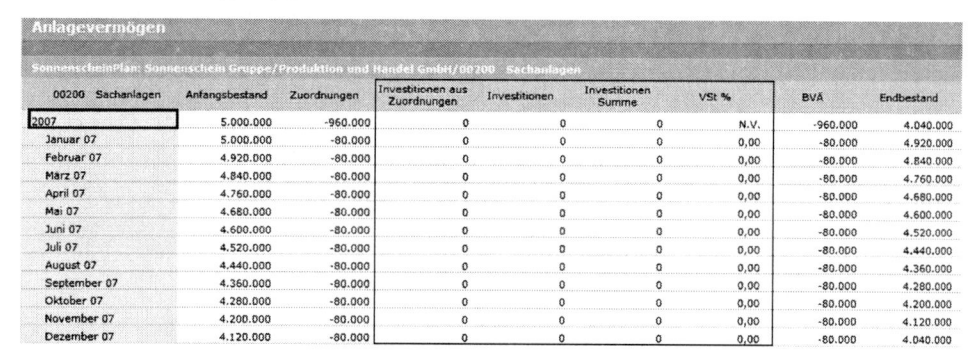

00200 Sachanlagen	Anfangsbestand	Zuordnungen	Investitionen aus Zuordnungen	Investitionen	Investitionen Summe	VSt %	BVA	Endbestand
2007	5.000.000	-960.000	0	0	0	N.V.	-960.000	4.040.000
Januar 07	5.000.000	-80.000	0	0	0	0,00	-80.000	4.920.000
Februar 07	4.920.000	-80.000	0	0	0	0,00	-80.000	4.840.000
März 07	4.840.000	-80.000	0	0	0	0,00	-80.000	4.760.000
April 07	4.760.000	-80.000	0	0	0	0,00	-80.000	4.680.000
Mai 07	4.680.000	-80.000	0	0	0	0,00	-80.000	4.600.000
Juni 07	4.600.000	-80.000	0	0	0	0,00	-80.000	4.520.000
Juli 07	4.520.000	-80.000	0	0	0	0,00	-80.000	4.440.000
August 07	4.440.000	-80.000	0	0	0	0,00	-80.000	4.360.000
September 07	4.360.000	-80.000	0	0	0	0,00	-80.000	4.280.000
Oktober 07	4.280.000	-80.000	0	0	0	0,00	-80.000	4.200.000
November 07	4.200.000	-80.000	0	0	0	0,00	-80.000	4.120.000
Dezember 07	4.120.000	-80.000	0	0	0	0,00	-80.000	4.040.000

Abbildung 241: Investitionen im Dokument Anlagevermögen

Diese Aufgabe wird von einem Hilfselement *Investitionen* erledigt, welches mit dem entsprechendem Anlagevermögenselement und Abschreibungselement verknüpft wird. Die Investitionen werden auf die Spalte *Investitionen aus Zuordnungen* und die kalkulierten Abschreibungen über eine Verknüpfung mit einem Aufwand/Ertrag Element auf die Spalte *Zuordnungen* der jeweiligen Anlagevermögenselemente abgegrenzt.

Praktische Übung

1. Klicken Sie mit der rechten Maustaste auf die Filiale Köln und wählen Sie aus dem Kontextmenü den Punkt *Element anlegen...*

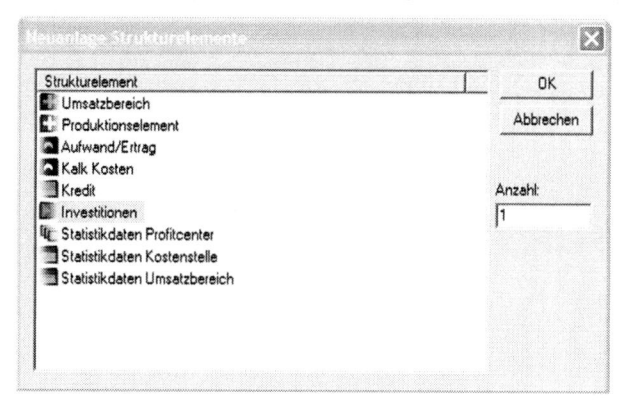

Abbildung 242: Ein Investitionselement anlegen

2. Wähen Sie den Elementtyp *Investitionen* aus und benennen Sie es um in *Maschine*.

3. Klicken Sie mit der rechten Maustaste auf das Element *Maschine* und öffnen Sie das Dokument *Abschreibungsberechnung* aus dem Kontextmenü *Element öffnen mit*. Das Dokument besteht aus drei Tabellen – *Abschreibung pagatorisch*, *Abschreibung kalkulatorisch* und *Einstellungen Abschreibungsberechnung*.

4. Zuerst aktivieren Sie die Tabelle *Einstellungen Abschreibungsberechnung*, um das Element mit den Anlagevermögen und Abschreibungselement zu verknüpfen. In der Zeile *Afa Einstellungen pag* wählen Sie die Option *Lineare Afa Quote*. Das Wort Quote heißt, dass die lineare Abschreibung ohne die in Deutschland früher gültige Halbjahresregelung berechnet wird, bei der man für Investitionen, die in der ersten Jahreshälfte beschafft wurden auch eine volle Abschreibung ansetzen durfte. Die Einstellung *Quote* heißt, dass für Investitionen, die z.B. im März angeschafft werden auch die Abschreibung ab März berechnet wird.

5. Klicken Sie auf den Schalter mit den drei Punkten neben *Afa pag Zuordnung*. Es öffnet sich das Dialogfenster *Strukturauswahl* in dem Sie das Element *04830 Abschreibungen auf Sachanlagen* aus der Kostenstelle Verwaltung in der *Produktion und Handel GmbH* nehmen.

6. Klicken Sie auf den Schalter mit den drei Punkten neben der *Investitionszuordnung* und wählen Sie das Element *00200 Sachanlagen* aus dem Unternehmen *Produktion und Handel GmbH*.

Einstellungen Abschreibungsberechnung	
SonnenscheinPlan: Sonnenschein Gruppe/Produktion und Handel GmbH/Fi	
Afa Einstellungen pag	Degressive/Lineare Afa Quote
Afa Einstellungen kalk	Lineare Afa
Afa pag Zuordnung	04830 Abschreibungen auf Sachanlag
Afa kalk Zuordnung	Keine Zuordnung
Investitionszuordnung	00200 Sachanlagen

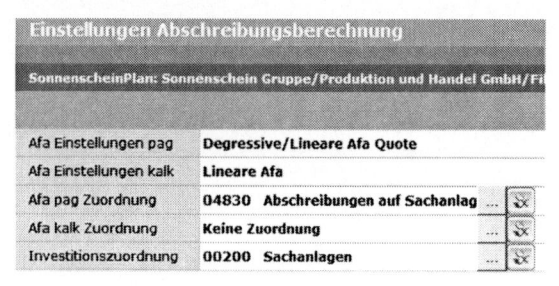

Abbildung 243: Einstellungen des Investitionselements

7. Anschließend aktivieren Sie die Tabelle *Abschreibung pag* und schalten das Dokument mit der Zeitauswahl auf das Jahr 2008.

8. In der Spalte *Investition* erfassen Sie im März die 2.000.000 EUR und daneben in der Spalte *Nutzungsdauer* 120 Monate für 10 Jahre.

Abschreibung pagatorisch

SonnenscheinPlan: Sonnenschein Gruppe/Produktion und Handel GmbH/Filiale Köln/Maschine

Maschine	Anfangsbestand	Investitionen	Nutzungsdauer	Restnutzungsdauer	Degressive Afa %	Ordentliche Afa
2008	0	2.000.000	120	110	0,00	166.667
Januar 08	0	0	0	0	0,00	0
Februar 08	0	0	0	0	0,00	0
März 08	0	2.000.000	120	119	0,00	16.667
April 08	1.983.333	0	0	118	0,00	16.667
Mai 08	1.966.667	0	0	117	0,00	16.667
Juni 08	1.950.000	0	0	116	0,00	16.667
Juli 08	1.933.333	0	0	115	0,00	16.667
August 08	1.916.667	0	0	114	0,00	16.667
September 08	1.900.000	0	0	113	0,00	16.667
Oktober 08	1.883.333	0	0	112	0,00	16.667
November 08	1.866.667	0	0	111	0,00	16.667
Dezember 08	1.850.000	0	0	110	0,00	16.667

Abbildung 244: Erfassung der Investition und der Nutzungsdauer

9. Sie sehen in der Spalte *Ordentliche Afa* die monatlichen Abschreibungsbeträge und in der Spalte *EB pag* den um die Abschreibungen reduzierten Endbestand dieser Anlage. Sie können auch noch in der Spalte *Korrektur Afa* zusätzliche Beträge als Abschreibung erfassen, wenn Sie die Anlage in einem bestimmten Monat z.B. außerordentlich komplett abschreiben möchten ohne bis zum Ende der Laufzeit zu warten.

10. Die Tabelle der *Abschreibung kalk* könnten Sie zusätzlich nutzen, um kostenrechnerisch diese Anlage anders als bilanziell abzuschreiben. Dafür müssten Sie aber bei der Zuordnung die Kalkulatorischen Elemente auswählen, deren Werte nur in das Betriebsergebnis statt in die GuV einfließen.

11. Wenn Sie jetzt das Element *04830 Abschreibungen auf Sachanlagen* aus der Verwaltung der *Produktion und Handel GmbH* mit dem Dokument Aufwand-Ertrag öffnen und es auf das Jahr 2008 schalten, dann sehen Sie in der Spalte *Wert aus Zuordnung* die errechnete Abschreibung aus dem Investitionselement *Maschine*. Die Verknüpfung zwischen den beiden Elementen hat für den Übertrag der Werte gesorgt.

Aufwand-Ertrag				
SonnenscheinPlan: ...ung/04830 Abschreibungen auf Sachanlagen				
04830 Abschreibungen auf Sachanlagen	Menge	Preis	Nettowert	Wert aus Zuordnung
2008	0	0,00	166.666,67	166.666,67
Januar 08	0	1,00	0,00	0,00
Februar 08	0	1,00	0,00	0,00
März 08	0	1,00	16.666,67	16.666,67
April 08	0	1,00	16.666,67	16.666,67
Mai 08	0	1,00	16.666,67	16.666,67
Juni 08	0	1,00	16.666,67	16.666,67
Juli 08	0	1,00	16.666,67	16.666,67
August 08	0	1,00	16.666,67	16.666,67
September 08	0	1,00	16.666,67	16.666,67
Oktober 08	0	1,00	16.666,67	16.666,67
November 08	0	1,00	16.666,67	16.666,67
Dezember 08	0	1,00	16.666,67	16.666,67

Abbildung 245: Zugeordnete Abschreibungen aus der Investitionsplanung

12. Wenn Sie das Element *00200 Sachanlagen* mit dem Dokument *Anlagevermögen* öffnen, dann sehen Sie auch die 2.000.000 EUR Investition, die sich in der Spalte *Investitionen aus Zuordnungen* befindet. In der Spalte *Zuordnungen* finden Sie die Abschreibungen wieder, die vom Investitionselement auf das Abschreibungselement und vom Abschreibungselement auf das Anlagevermögenselement verknüpft wurde.

13. Sie erfassen auch in diesem Dokument 19% VSt. die auf den Einkauf der Maschine entfallen. Am einfachsten geht es, wenn Sie den Cursor in den Jahreswert des Jahres 2008 in der Spalte VSt% stellen, den Schalter *Reihenwert* anklicken und anschließend über die Tastatur eine 19 eingeben und Enter drücken. Dadurch wird die 19 in die Jahre 2008 und 2009 geschrieben.

Anlagevermögen

SonnenscheinPlan: Sonnenschein Gruppe/Produktion und Handel GmbH/00200 Sachanlagen

00200 Sachanlagen	Anfangsbestand	Zuordnungen	Investitionen aus Zuordnungen	Investitionen	Investitionen Summe	VSt %
2008	4.040.000	-166.667	2.000.000	0	2.000.000	19,00
Januar 08	4.040.000	0	0	0	0	19,00
Februar 08	4.040.000	0	0	0	0	19,00
März 08	4.040.000	-16.667	2.000.000	0	2.000.000	19,00
April 08	6.023.333	-16.667	0	0	0	19,00
Mai 08	6.006.667	-16.667	0	0	0	19,00
Juni 08	5.990.000	-16.667	0	0	0	19,00
Juli 08	5.973.333	-16.667	0	0	0	19,00
August 08	5.956.667	-16.667	0	0	0	19,00
September 08	5.940.000	-16.667	0	0	0	19,00
Oktober 08	5.923.333	-16.667	0	0	0	19,00
November 08	5.906.667	-16.667	0	0	0	19,00
Dezember 08	5.890.000	-16.667	0	0	0	19,00
2009	5.873.333	-200.000	0	0	0	N.V.
01/09-03/09	5.873.333	-50.000	0	0	0	19,00
04/09-06/09	5.823.333	-50.000	0	0	0	19,00
07/09-09/09	5.773.333	-50.000	0	0	0	19,00
10/09-12/09	5.723.333	-50.000	0	0	0	19,00

Abbildung 246: Zugeordnete Abschreibungen auf dem Konto Sachanlagen

PLANUNG VON KREDITEN

ⓘ INFO

Die Geschäftsleitung der *Produktion und Handel GmbH* entscheidet sich die Investition in die neue Maschine zu Hälfte aus einem neuen Darlehen zu bestreiten und die andere Hälfte wird aus dem laufenden Cash Flow bezahlt.

Die Kreditplanung verläuft prinzipiell ähnlich wie die Investitionsplanung. Sie kann auf zwei verschiedenen Wegen durchgeführt werden. Entweder direkt über das Dokument *Darlehen* oder über ein Kalkulationselement *Kredite*.

Wenn Sie das Darlehenselement *01706 Darlehen KTO 858585* mit dem Dokument *Darlehen* öffnen, sehen Sie die Spalten *Aufbau* und *Abbau*. Werte, die Sie in die Spalten eintragen werden den Endbestand des Darlehens entweder erhöhen oder senken. Der Professional Planner macht die Gegenbuchung standardmäßig auf dem Bankkontokorrent und interpretiert die Darlehnsaufnahme als eine Einzahlung. Diese Methode erlaubt uns jedoch nicht die Tilgung oder die Zinsen zu berechnen und entsprechend in der Planung automatisch zu berücksichtigen.

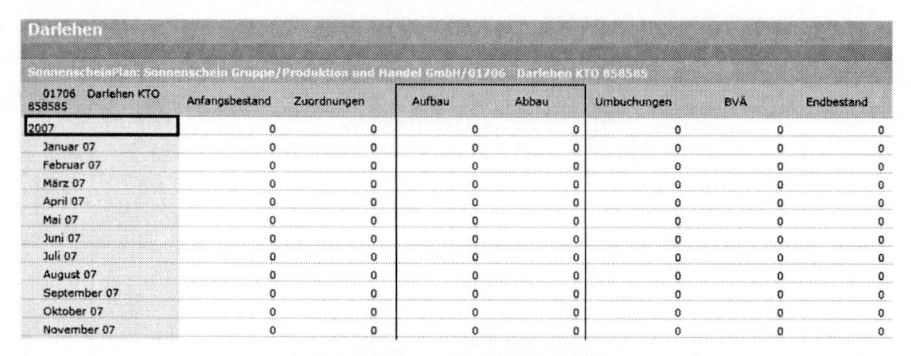

		Anfangsbestand	Zuordnungen	Aufbau	Abbau	Umbuchungen	BVA	Endbestand
01706 858585	Darlehen KTO							
2007		0	0	0	0	0	0	0
Januar 07		0	0	0	0	0	0	0
Februar 07		0	0	0	0	0	0	0
März 07		0	0	0	0	0	0	0
April 07		0	0	0	0	0	0	0
Mai 07		0	0	0	0	0	0	0
Juni 07		0	0	0	0	0	0	0
Juli 07		0	0	0	0	0	0	0
August 07		0	0	0	0	0	0	0
September 07		0	0	0	0	0	0	0
Oktober 07		0	0	0	0	0	0	0
November 07		0	0	0	0	0	0	0

Abbildung 247: Darlehen Dokument

Deswegen werden wird die Kreditplanung über das spezielle Element Kredite vornehmen.

Praktische Übung

1. Klicken Sie mit der rechten Maustaste auf die Filiale Köln und wählen Sie aus dem Kontextmenü den Punkt *Element anlegen*...

2. Wählen Sie das Element *Kredit* und benennen Sie es um in Kredit.

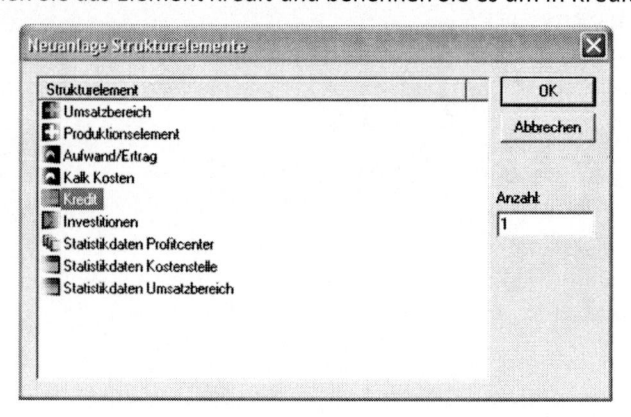

Abbildung 248: Anlage eines neuen Kreditelements

3. Klicken Sie mit der rechten Maustaste auf das Element Kredit und wählen Sie das Dokument *Zinsberechnung* aus dem Menü *Element öffnen mit*. Das Dokument besteht aus zwei Tabellen *Zinsberechnung* und *Einstellungen Zinsberechnung*.

4. Zuerst aktivieren Sie die Tabelle *Einstellungen Zinsberechnung*, um die Art des Krediates auszuwählen und das Element mit dem Zinselement und dem Darlehenselement zu verknüpfen.

5. In der Zeile *Zinsenfälligkeit* und *Tilgungsfrequenz* wählen Sie Monate.

6. Die *Kreditart* ist eine Annuität mit der Zinsberechnung nach Tilgung (ZnT) und der nachschüssigen Zahlungen (N) d.h. am Ende des Monats. Das ist auch die Standardeinstellung des Elements Kredite. Die anderen Einstellungen sind *Tilger* und *Endfällig*. Bei einem Tilger wird angenommen, dass immer ein gleichbleibender Tilgungsbetrag zurückgezahlt wird und bei einem Endfälligen Kredit wird angenommen, dass nur die Zinszahlungen geleistet werden und am Ender der Laufzeit der gesamte Kreditbetrag in einer Summe zurückgezahlt wird.

7. Bei *Kredit Bilanzkonto AB* wird *Darlehen* ausgewählt. Bei *Kredit Detailkonto AB* wird mit einem Klick auf den Schalter mit den drei Punkten das Element *01706 Darlehen KTO 858585* ausgewählt.

8. Bei *Kredit Bilanzkonto Veränderungen* wählen Sie ebenfalls *Darlehen* und anschließend mit einem Klick auf den Schalter mit den drei Punkten das Element *01706 Darlehen KTO 858585*. Somit zeigen die Optionen alle auf das gleiche Darlehenselement.

9. Die *Zinsen Zuordnung* erfolgt mit einem Klick auf den Schalter mit den drei Punkten auf das Element *02100 Zinsen und ähnliche* Aufwendungen in der Kostenstelle Verwaltung der Produktion und Handel GmbH.

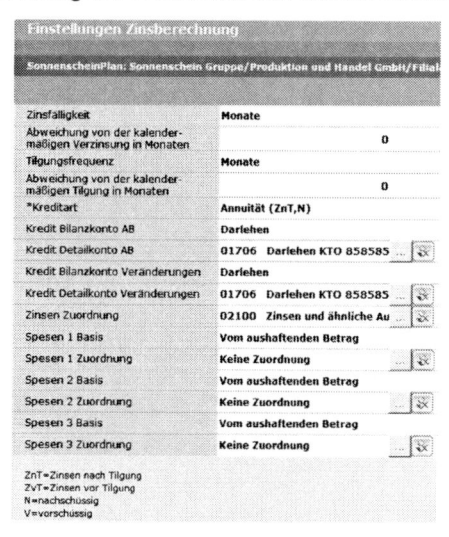

Abbildung 249: Einstellungen Kreditelement

10. So vorbereitet kann der Kredit geplant werden. Aktivieren Sie die Tabelle Zinsberechnung und erfassen Sie 1.000.000 EUR in der Spalte *Kreditaufnahme* im

März 2008. In der Spalte *Laufzeit* erfassen Sie 120 Monate für 10 Jahre. In der Spalte *Zinsen* erfassen Sie durchgehend 7% sowohl im Jahr 2008 als auch im Jahr 2009. Es ist wichtig, dass die 7% in allen Perioden dieser Jahre stehen, weil der Zins auch monatlich berechnet wird. Am besten nutzen Sie den Schalter *Reihenwert*. Damit werden die 7% durchgehend bis zum Ende der definierten Perioden eines Datasets geschrieben.

Kredit	Anfangsbestand	Kreditaufnahme	Laufzeit	Restlaufzeit	Annuität	Tilgung	Sondertilgung	Summe Tilgungen	Zinsen %
2008	0	1.000.000	120	110	115.642	59.191	0	59.191	7,00
Januar 08	0	0	0	0	0	0	0	0	7,00
Februar 08	0	0	0	0	0	0	0	0	7,00
März 08	0	1.000.000	120	119	11.564	5.764	0	5.764	7,00
April 08	994.236	0	0	118	11.564	5.798	0	5.798	7,00
Mai 08	988.437	0	0	117	11.564	5.832	0	5.832	7,00
Juni 08	982.605	0	0	116	11.564	5.867	0	5.867	7,00
Juli 08	976.738	0	0	115	11.564	5.901	0	5.901	7,00
August 08	970.837	0	0	114	11.564	5.936	0	5.936	7,00
September 08	964.902	0	0	113	11.564	5.970	0	5.970	7,00
Oktober 08	958.931	0	0	112	11.564	6.005	0	6.005	7,00
November 08	952.926	0	0	111	11.564	6.041	0	6.041	7,00
Dezember 08	946.885	0	0	110	11.564	6.076	0	6.076	7,00
2009	940.809	0	0	98	138.770	75.755	0	75.755	7,00
01/09-03/09	940.809	0	0	107	34.693	18.443	0	18.443	7,00
04/09-06/09	922.366	0	0	104	34.693	18.770	0	18.770	7,00
07/09-09/09	903.596	0	0	101	34.693	19.102	0	19.102	7,00
10/09-12/09	884.494	0	0	98	34.693	19.440	0	19.440	7,00

Abbildung 250: Krediterfassung im Dokument Zinsberechnung

11. In der Spalte *Annuität* sehen Sie die gleichbleibenden Zahlungen in den jeweiligen Perioden. In der Spalte *Tilgung* sehen Sie den Tilgungsanteil an der Annuität, der im Laufe der Zeit zunimmt. In der Spalte *Zinsen Erfolg* sehen Sie den Zinsanteil an der Annuität, der im Laufe der Zeit abnimmt.

12. In der Spalte Sondertilgung können Sie z.B. tilgungsfreie Perioden erfassen, indem Sie die berechneten Werte aus der Spalte *Tilgung* mit einem Minuszeichen erfassen, so dass in der Spalte *Summe Tilgung* eine 0 steht.

13. Wenn Sie die Einstellung *Zinsenfälligkeit* auf Quartale, Halbjahr oder Jahre einstellen, dann wird der PP die noch nicht fälligen Zinszahlungen dem Darlehnselement gutschreiben und nicht einem Element Verbindlichkeiten gegenüber Kreditinstituten was betriebswirtschaftlich richtiger wäre.

14. Öffnen Sie das Element *02100 Zinsen und ähnliche Aufwendungen* mit dem Dokument *Aufwand-Ertrag* und Schalten das Jahr auf 2008. In der Spalte Wert aus Zuordnung sehen Sie den Zinsanteil an der Annuität, der Monatlich gezahlt wird.

Aufwand-Ertrag

SonnenscheinPlan: ...g/02100 Zinsen und ähnliche Aufwendungen

02100 Zinsen und ähnliche Aufwendungen	Menge	Preis	Nettowert	Wert aus Zuordnung
2008	0	0,00	56.450,96	56.450,96
Januar 08	0	1,00	0,00	0,00
Februar 08	0	1,00	0,00	0,00
März 08	0	1,00	5.799,71	5.799,71
April 08	0	1,00	5.765,88	5.765,88
Mai 08	0	1,00	5.731,86	5.731,86
Juni 08	0	1,00	5.697,64	5.697,64
Juli 08	0	1,00	5.663,22	5.663,22
August 08	0	1,00	5.628,59	5.628,59
September 08	0	1,00	5.593,77	5.593,77
Oktober 08	0	1,00	5.558,74	5.558,74
November 08	0	1,00	5.523,50	5.523,50
Dezember 08	0	1,00	5.488,05	5.488,05

Abbildung 251: Zugeordnete Zinsen aus der Kreditplanung

15. Öffnen Sie das Element *01706 Darlehen KTO 858585* mit dem Dokument *Darlehn* und schalten Sie es ebenfalls auf das Jahr 2008. In der Spalte *Zuordnungen* sehen Sie die Darlehnsaufnahme und die Reduktion des Endbestandes um den Tilgungsanteil an der Annuität.

Darlehen

SonnenscheinPlan: Sonnenschein Gruppe/Produktion und Handel GmbH/01706 Darlehen KTO 858585

01706 Darlehen KTO 858585	Anfangsbestand	Zuordnungen	Aufbau	Abbau	Umbuchungen	BVÄ	Endbestand
2008	0	940.809	0	0	0	940.809	940.809
Januar 08	0	0	0	0	0	0	0
Februar 08	0	0	0	0	0	0	0
März 08	0	994.236	0	0	0	994.236	994.236
April 08	994.236	-5.798	0	0	0	-5.798	988.437
Mai 08	988.437	-5.832	0	0	0	-5.832	982.605
Juni 08	982.605	-5.867	0	0	0	-5.867	976.738
Juli 08	976.738	-5.901	0	0	0	-5.901	970.837
August 08	970.837	-5.936	0	0	0	-5.936	964.902
September 08	964.902	-5.970	0	0	0	-5.970	958.931
Oktober 08	958.931	-6.005	0	0	0	-6.005	952.926
November 08	952.926	-6.041	0	0	0	-6.041	946.885
Dezember 08	946.885	-6.076	0	0	0	-6.076	940.809

Abbildung 252: Errechnete und zugeordnete Tilgungen

PLANUNG DER ERTRAGSSTEUERN

In Professional Planner können Sie die Ertragssteuern dynamisch kalkulieren. Die Steuerberechnung funktioniert ausschließlich auf dem Elementtyp Unternehmen.

🖥 Praktische Übung

1. Öffnen Sie das Dokument S*teuern* aus dem Verzeichnis *Datenerfassung* im Dokumentenbaum. Das Dokument besteht aus den Tabellen *Steuerrückstellungen, Steuervorauszahlungen, Steuerberechnung, Steuertabelle 1, Steuertabelle 2,*

Steuerstufen und *Einstellungen Steuer*. Die Steuern, die Sie in der Steuertabelle 1 berechnen sind von der Bemessungsgrundlage, der Steuertabelle 2 abziehbar.

2. Schalten Sie die *Steuertabelle 1* auf das Jahr 2008. Anschließend klicken Sie zweimal auf *Drillen gleiche Ebene*.

3. Schalten Sie das Dokument auf das Unternehmen *Produktion und Handel GmbH*.

4. In der Spalte *Durchschnittssteuersatz* erfassen Sie einen Steuersatz von 5%. für die Jahre 2008 und 2009. Anschließend erfassen wir eine *Kürzung* von 10.000 EUR und eine *Hinzurechnung* von 5.000 EUR pro Jahr.

Steuertabelle 1

SonnenscheinPlan: Sonnenschein Gruppe/Produktion und Handel GmbH

Produktion und Handel GmbH	Durchschnitts-steuersatz	Absolute Steuerkorrektur	Mindeststeuer	Hinzurechnungen	Kürzungen
2008	5,00	0	0	5.000	10.000
2009	5,00	0	0	5.000	10.000

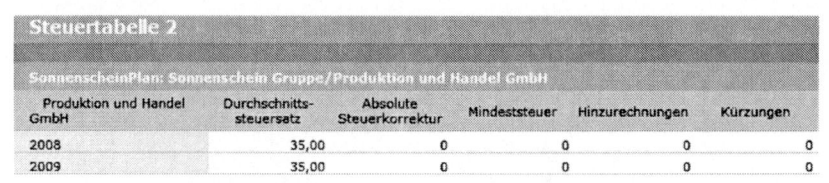

Abbildung 253: Produktion und Handel GmbH Steuer 1

5. Steuertabelle 2 schalten Sie in der Zeit ähnlich wie die Steuertabelle 1, so dass Sie die beiden Jahre sehen.

6. Anschließend erfassen Sie einen Durchschnittssteuersatz von 35% im Jahr 2008 und 2009.

Steuertabelle 2

SonnenscheinPlan: Sonnenschein Gruppe/Produktion und Handel GmbH

Produktion und Handel GmbH	Durchschnitts-steuersatz	Absolute Steuerkorrektur	Mindeststeuer	Hinzurechnungen	Kürzungen
2008	35,00	0	0	0	0
2009	35,00	0	0	0	0

Abbildung 254: Produktion und Handel GmbH Steuer 2

7. Der Vollständigkeit halber schalten Sie die Steuertabelle 1 auf das Unternehmen *Engineering GmbH* und erfassen einen Durchschnittssteuersatz von 30% in den Jahren 2008 und 2009.

Steuertabelle 1

SonnenscheinPlan: Sonnenschein Gruppe/Engineering GmbH

Engineering GmbH	Durchschnitts-steuersatz	Absolute Steuerkorrektur	Mindeststeuer	Hinzurechnungen	Kürzungen
2008	30,00	0	0	0	0
2009	30,00	0	0	0	0

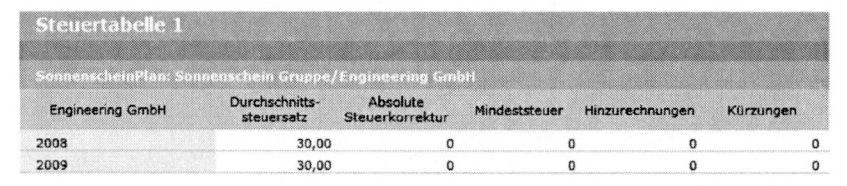

Abbildung 255: Engineering GmbH Steuer 1

8. Jetzt können Sie in der Tabelle *Steuerberechnung* sehen, wie Professional Planner die Steuer kalkuliert hat. Schalten Sie zuerst auf das Unternehmenselement *Produktion und Handel GmbH* und schalten Sie mit *Drillen gleiche Ebene* die Perioden so, dass Sie die Jahre 2008 und 2009 nebeneinander sehen.

Steuerberechnung		
SonnenscheinPlan: Sonnenschein Gruppe/Produktion und Handel GmbH		
	2008	2009
STEUER 1		
Ergebnis vor Steuern	6.175.960	7.918.117
Hinzurechnung/Kürzung Aufwand/Ertrag	0	0
Ertragssteuerbasis	6.175.960	7.918.117
Hinzurechnungen	5.000	5.000
Kürzungen	10.000	10.000
Steuerbasis 1	6.170.960	7.913.117
Absolute Steuerkorrektur	0	0
Mindeststeuer	0	0
Steueraufwand 1	**308.548**	**395.656**
STEUER 2		
Ergebnis vor Steuern	6.175.960	7.918.117
Hinzurechnung/Kürzung Aufwand/Ertrag	0	0
Ertragssteuerbasis	6.175.960	7.918.117
Steuer 1	308.548	395.656
Hinzurechnungen	0	0
Kürzungen	0	0
Steuerbasis 2	5.867.412	7.522.461
Absolute Steuerkorrektur	0	0
Mindeststeuer	0	0
Steueraufwand 2	**2.053.594**	**2.632.861**
Ertragssteuern gesamt	**2.362.142**	**3.028.517**

Abbildung 256: Steuerberechnung Produktion und Handel GmbH

9. In der ersten Zeile sehen Sie unter Steuer 1 das Ergebnis vor Steuern aus der GuV. Darunter werden die Hinzurechnungen oder Kürzungen aus den Elementen Aufwand/Ertrag berücksichtigt. Sie werden nur Werte in dieser Zeile sehen, wenn Sie ein Aufwand/Ertrag Element in der Zeile *Ertragsteuer Hinzurechnung/ Kürzung* die Optionen *Steuerwirksame Hinzurechnung* oder *Steuerwirksame Kürzung* auswählen. Die Option *Default* spielt keine Werte in diese Zeile hinein, was auch die Standardeinstellung der Aufwand/Ertrag Elemente ist. Darunter kommt die erste Ertragssteuerbasis. Es werden auch die Hinzurechnungen und Kürzungen berücksichtigt, die Sie in der *Steuertabelle 1* erfasst haben. Das ganze führt zu der Steuerbasis 1. Es kann noch eine absolute Steuerkorrektur oder eine Mindeststeuer berücksichtigt werden, die Sie ebenfalls in der *Steuertabelle 1* erfassen. Schließlich wird der **Steueraufwand 1** nach Maßgabe des Durchschnittssteuersatzes errechnet.

10. Weiter unter Steuer 2 wird zuerst wieder das Ergebnis vor Steuern aus der GuV zugrunde gelegt. Es erfolgen ebenfalls die Hinzurechnungen oder Kürzungen aus dem Bereich der Aufwand/Ertrag Elemente. Vor der so errechneten Ertragssteuerbasis wird die Steuer 1 abgezogen. Es werden noch die Hinzurechnungen und Kürzungen aus der *Steuertabelle 2* dieses Dokuments berücksichtigt. So ergibt sich die *Steuerbasis 2*. Unter Berücksichtigung des Durchschnittssteuersatzes aus der *Steuertabelle 2* errechnet sich der **Steueraufwand 2**.

11. Nach der Berücksichtigung der Absoluten Steuerkorrektur und der Mindeststeuer aus der *Steuertabelle 2* errechnet sich die **Ertragssteuer gesamt**, die in der GuV in der Zeile *Ertragssteuer* ausgewiesen wird.

Gewinn und Verlust

SonnenscheinPlan: Sonnenschein Gruppe/Produktion und Handel

Produktion und Handel GmbH	2008	2009
Nettoerlöse	44.751.300	49.226.430
Rabatte	4.475.130	4.922.643
Skonti	1.208.285	1.329.114
Vertriebssonderkosten	431.123	474.235
Umsatzprovision	1.208.285	1.329.114
WES/Material	20.911.434	22.824.654
Deckungsbeitrag	**16.517.043**	**18.346.671**
Aufwand = Kosten	11.121.083	11.208.554
Ertrag = Leistung	780.000	780.000
Ordentliches Ergebnis 1	**6.175.960**	**7.918.117**
Ord Neutraler Aufwand	0	0
BKK-Sollzinsen	0	0
Ord Neutraler Ertrag	0	0
BKK-Habenzinsen	0	0
Ordentliches Ergebnis 2	**6.175.960**	**7.918.117**
AO Neutraler Aufwand	0	0
AO Neutraler Ertrag	0	0
Ergebnis vor Steuern	**6.175.960**	**7.918.117**
Ertragssteuern	2.362.142	3.028.517
Ergebnis nach Steuern	**3.813.818**	**4.889.600**

Abbildung 257: GuV Produktion und Handel GmbH nach Steuern

Diese Steuerkalkulation wird ständig angepasst je nach dem wie das *Ergebnis vor Steuern* im Budgetierungsprozess durch die Umsätze, Erträge und Aufwendungen verändert wird.

FINANZPLAN UND PLANBILANZ

Nachdem Sie alle GuV relevante Sachverhalte für die Jahre 2008 und 2009 bei den Unternehmen *Produktion und Handel GmbH* und *Engineering GmbH* geplant haben, wird es Zeit einen Blick in die bisherige Planbilanz und den Finanzplan zu werfen.

Wie in der *Abbildung 258: Bilanz und Finanzplan* auf der Seite 296 dargestellt hängen die GuV, die Bilanz und der Finanzplan in Professional Planner unzertrennlich miteinander zusammen. In der Endbilanz sehen Sie die Zeile *Bilanzergebnis* in der alle *Ergebnisse nach Steuern* aus der GuV plus des Anfangsbestandes kumuliert werden.

Das Bilanzergebnis des Jahres 2008 wird als Ausgangspunkt für den Finanzplan genommen. Der **Finanzplan** ist wie eine typische **Kapitalflussrechnung** aufgebaut. Es werden die Differenzen zwischen dem Anfangsbestand und Endbestand der jeweiligen Bilanzpositionen betrachtet und die partiellen Wirkungen dieser Bilanzpositionen auf die Liquidität des Unternehmens gezeigt.

Wenn der Anfangsbestand der Forderungen aus LuL eines bestimmten Monats 100.000 EUR und der Endbestand 150.000 EUR beträgt, dann heißt es, dass das Unternehmen Forderungen aus LuL aufbaut. Die Kunden werden ihre Rechnungen später zahlen. Im Finanzplan wird sich dann die Zahl -50.000 EUR zeigen, weil die spätere Zahlung eine negative Wirkung auf die Liquidität des Unternehmens in diesem Monat hat.

Wenn der Anfangsbestand bei den Verbindlichkeiten aus LuL eines bestimmten Monats 100.000 EUR und der Endbestand 150.000 EUR beträgt, dann heißt es, dass das Unternehmen Verbindlichkeiten aus LuL aufbaut. Das Unternehmen zahlt die Lieferantenrechnungen später. Im Finanzplan wird die Zahl +50.000 EUR ausgewiesen, wie die spätere Zahlung eine positive Wirkung auf die Liquidität des Unternehmens in diesem Monat hat.

Der **indirekte Finanzplan** des Professional Planner unterscheidet sich von den **direkten Finanzplänen**, in denen die Ein- und Auszahlungsströme der jeweiligen Umsätze, Erträge, Aufwendungen, Investitionen, Darlehen und Eigenkapitalbewegungen dargestellt werden. Ein derartiger direkter Finanzplan ist kein Bestandteil des Professional Planner Softwarepakets - kann allerdings individuell im Zuge der Projektarbeit als Bericht erstellt werden.

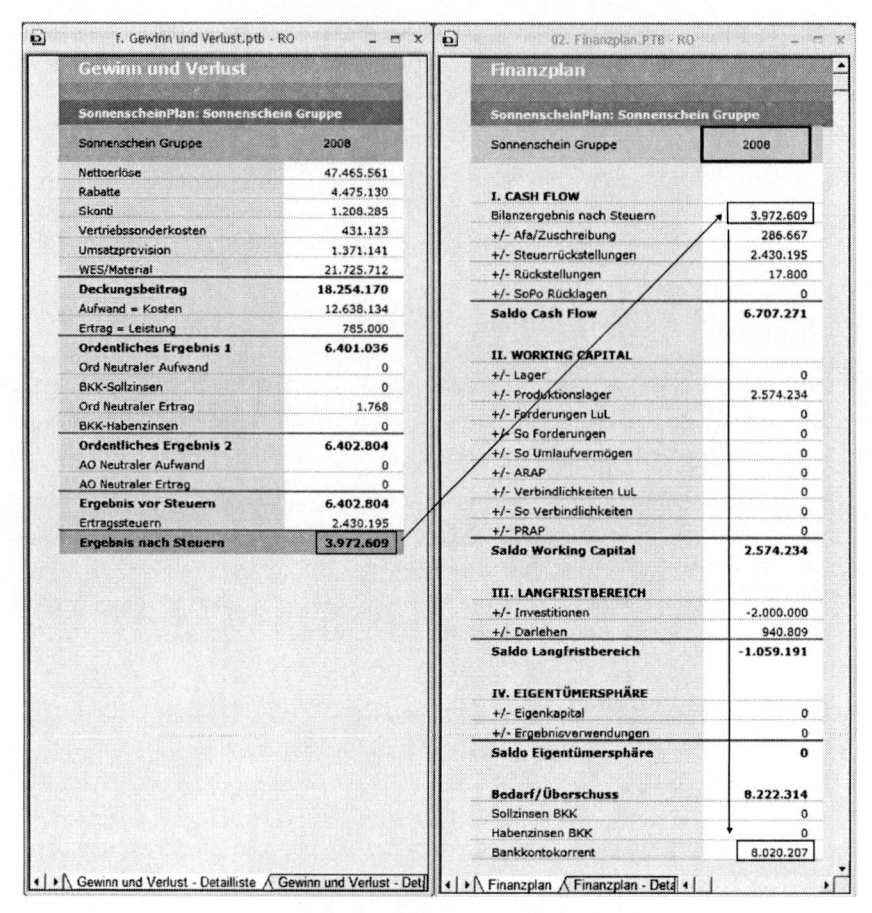

Gewinn und Verlust	
SonnenscheinPlan: Sonnenschein Gruppe	
Sonnenschein Gruppe	2008
Nettoerlöse	47.465.561
Rabatte	4.475.130
Skonti	1.208.285
Vertriebssonderkosten	431.123
Umsatzprovision	1.371.141
WES/Material	21.725.712
Deckungsbeitrag	**18.254.170**
Aufwand = Kosten	12.638.134
Ertrag = Leistung	785.000
Ordentliches Ergebnis 1	**6.401.036**
Ord Neutraler Aufwand	0
BKK-Sollzinsen	0
Ord Neutraler Ertrag	1.768
BKK-Habenzinsen	0
Ordentliches Ergebnis 2	**6.402.804**
AO Neutraler Aufwand	0
AO Neutraler Ertrag	0
Ergebnis vor Steuern	**6.402.804**
Ertragssteuern	2.430.195
Ergebnis nach Steuern	**3.972.609**

Finanzplan	
SonnenscheinPlan: Sonnenschein Gruppe	
Sonnenschein Gruppe	2008
I. CASH FLOW	
Bilanzergebnis nach Steuern	3.972.609
+/- Afa/Zuschreibung	286.667
+/- Steuerrückstellungen	2.430.195
+/- Rückstellungen	17.800
+/- SoPo Rücklagen	0
Saldo Cash Flow	**6.707.271**
II. WORKING CAPITAL	
+/- Lager	0
+/- Produktionslager	2.574.234
+/- Forderungen LuL	0
+/- So Forderungen	0
+/- So Umlaufvermögen	0
+/- ARAP	0
+/- Verbindlichkeiten LuL	0
+/- So Verbindlichkeiten	0
+/- PRAP	0
Saldo Working Capital	**2.574.234**
III. LANGFRISTBEREICH	
+/- Investitionen	-2.000.000
+/- Darlehen	940.809
Saldo Langfristbereich	**-1.059.191**
IV. EIGENTÜMERSPHÄRE	
+/- Eigenkapital	0
+/- Ergebnisverwendungen	0
Saldo Eigentümersphäre	**0**
Bedarf/Überschuss	**8.222.314**
Sollzinsen BKK	0
Habenzinsen BKK	0
Bankkontokorrent	8.020.207

Abbildung 258: Bilanz und Finanzplan

Im ersten Teil des Finanzplans sehen Sie die **Cash Flow** Berechnung. Es fängt an mit dem Ergebnis nach Steuern (Gewinn) der um die Ab-/Zuschreibungen, Rückstellungen, Steuerrückstellungen und Sonderposten mit Rücklagenanteil oder auch sonstige Rücklagen korrigiert wird. In dem keinen Beispiel in der Abbildung 259: Gewinn und Cash Flow auf der Seite 297 sehen Sie wie der Cash Flow indirekt aus dem Gewinn ermittelt wird. Die Zahlungsunwirksamen Größen der GuV wie die Abschreibung und die Rückstellungen werden dem Gewinn wieder hinzugerechnet.

GuV	2007		Finanzplan	2007
Umsatz	120		Gewinn	24
Wareneinsatz	60		Abschreibungen	4
			Rückstellungen	2
Deckungsbeitrag	**60**		**Cash Flow**	**30**
Personalaufwand	20			
Miete	10			
Abschreibung	4			
Rückstellungen	2			
Gewinn	24			

Abbildung 259: Gewinn und Cash Flow

In der *Abbildung 260: Zahlungsrelevante Größen der GuV* auf der Seite 297 sehen Sie, die Gegenrechnung, die von den Umsätzen den zahlungsrelevanten Wareneinsatz, Personalaufwand und die Miete abzieht.

Zahlungsrelevant	2007
Umsatz	120
Wareneinsatz	60
Personalaufwand	20
Miete	10
Einzahlungen - Auszahlungen	**30**

Abbildung 260: Zahlungsrelevante Größen der GuV

Im Bereich des **Working Capital** werden die Differenzen zwischen dem Anfangsbestand und Endbestand des Lagers (Roh-, Hilfs- und Betriebsstoffe), Produktionslagers (Halbfertige und Fertige Erzeugnisse), der Forderungen und Verbindlichkeiten sowie der aktiven und passiven Rechnungsabgrenzungsposten dargestellt.

Im **Landfristbereich** werden die Investitionen aus den Bilanzelementen vom Typ Anlagevermögen und die Darlehen aus den Bilanzelementen von Typ Darlehen dargestellt. Die Investitionen werden mit einem Minuszeichen dargestellt, weil sie bezahlt werden müssen was eine negative Wirkung auf die Liquidität hat. Die Aufnahme eines Darlehens wird mit einem Pluszeichen dargestellt, weil sie eine positive Wirkung auf die Liquidität des Unternehmens hat.

Im Bereich der **Eigentümersphäre** werden Veränderungen der Bilanzelemente vom Typ Eigenkapital dargestellt. Hier sehen Sie Sachverhalte wie die Kapitalausschüttung oder Kapitalerhöhung.

Die Summe aus Cash Flow, Working Capital, Langfristbereich und Eigentümersphäre wird in der Zeile **Bedarf/Überschuss** gebildet, an der Sie sehen, ob das Unternehmen in einer bestimmten Periode insgesamt an Liquidität gewonnen oder verloren hat.

Die finanziellen Überschüsse oder Defizite einer Periode werden im **Bankkontokorrent** akkumuliert. Auf diesem Konto werden Sie dann gemäß der folgenden Formel verzinst.

BKK Verzinsung = ((Anfangsbestand + Endbestand)/2) * (Jahreszinssatz/12)

Die so errechneten Sollzinsen BKK und Habenzinsen BKK fließen wiederum in die GuV, wo sie das Ergebnis beeinflussen. Die Kalkulation ist eine ständig laufende Iteration nach dem Newton-Verfahren. Dadurch ergibt sich eine **integrierte Erfolgs-, Bilanz und Finanzplanung.**

Wenn Sie die Finanzplanpositionen noch detaillierter betrachten möchten, dann schalten Sie zu der Tabelle *Finanzplan-Detailliste* und klicken anschließend auf den *Detailliste anzeigen (F7),* um die Detailliste anzuzeigen. Alternativ können Sie auch die F7 Taste drücken. Dadurch können Sie auch die einzelnen Positionen sehen aus denen sich der Finanzplan zusammensetzt. Die Detailbilanzkonten werden aufgelistet.

Wenn Sie genau sehen möchten, **woher die Zahlen in den jeweiligen Zeilen des Finanzplans kommen**, dann öffnen Sie ein Bilanzelement mit dem dazugehörigen Dokument und **vergleichen Sie die Spalte Bestandsveränderung (BVÄ)** mit der entsprechenden Zeile des Finanzplans z.B. anhand des Elements Produktionslager *07110 Fertige Erzeugnisse Arbeitsplatten* aus der *Abbildung 261: Bestandsveränderungen als Spiegel der Zeilen im Finanzplan* auf der Seite 298 im Vergleich zu der *Abbildung 262: Finanzplan-* auf der Seite 298.

Produktionslager

SonnenscheinPlan: ...in Gruppe/Produktion und Handel GmbH/07110 Fertige Erzeugnisse Arbeitsplatten

07110 Fertige Erzeugnisse Arbeitsplatten	Anfangsbestand	Zuordnungen	Umbuchungen	BVÄ	Endbestand
2007	1.689.511	-6.526.213	0	-6.965	1.682.546
2008	1.682.546	-823.523	0	-823.523	859.023
2009	859.023	-184.010	0	-184.010	675.014

Abbildung 261: Bestandsveränderungen als Spiegel der Zeilen im Finanzplan

Finanzplan

SonnenscheinPlan: Sonnenschein Gruppe

Sonnenschein Gruppe	2007	2008	2009
II. WORKING CAPITAL			
+/- Lager	5.742	0	0
03970 Lager Weichholz	-56.872	0	0
03971 Lager Hartholz	-54.172	0	0
03972 Lager Beschichtung	60.486	0	0
03973 Lager Chemikalien	56.301	-0	-0
+/- Produktionslager	-16.356	2.574.234	585.854
07110 Fertige Erzeugnisse Arbeitsplatten	6.965	823.523	184.010
07111 Fertige Erzeugnisse Dekorplatten	45.902	826.707	130.820
07112 Fertige Erzeugnisse Verbundplatten	-69.223	924.005	271.024

Abbildung 262: Finanzplan-Detailliste mit Bestandsveränderungen

Der Abbau des Produktionslagers *07110 Fertige Erzeugnisse Arbeitsplatten* führt zu einer positiven Wirkung auf den Finanzplan. Es ist leicht verständlich vor dem Hintergrund, dass hier die Annahme getroffen wird, dass das Unternehmen das früher auf dem Lager gebundene Kapital durch den Verkauf der Ware auflöst.

FINANZPLAN CASH FLOW

Bei der Finanzplanung widmen wir uns zuerst dem Bereich des Cash Flow. Dieser Bereich fängt mit dem Bilanzergebnis nach Steuern (Gewinn) an. Der Gewinn wird um die nichtzahlungswirksamen Aufwendungen oder Erträge korrigiert.

ABSCHREIBUNGEN UND ZUSCHREIBUNGEN AUF ANLAGEN

In der zweiten Zeile werden die Ab- oder Zuschreibungen auf Anlagen hinzugerechnet oder subtrahiert. Diese Abschreibungen kommen aus Aufwand/Ertrag Elementen, die als Abschreibungen eingestellt wurden.

In der Sonnenschein Gruppe sind es die Elemente *04830 Abschreibungen auf Sachanlagen*, deren Erfolgswirkung als *Aufwand Abschreibung* eingestellt wurde. Das Element wurde auch mit dem Detailkonto *00200 Sachanlagen* verknüpft.

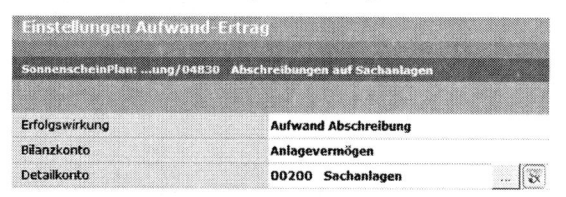

Abbildung 263: Aufwand/Ertrag Element Erfolgswirkung Abschreibung

Diese Einstellungen sorgen erst dafür, dass die Werte der Elemente *04830 Abschreibungen auf Sachanlagen* im Finanzplan ausgewiesen werden.

Produktion und Handel GmbH	2007	2008	2009
I. CASH FLOW			
Bilanzergebnis nach Steuern	309.389	3.813.818	4.889.600
+/- Afa/Zuschreibung	960.000	166.667	200.000
04830 Abschreibungen auf Sachanlagen	960.000	166.667	200.000
+/- Steuerrückstellungen	204.000	2.362.142	3.028.517
+/- Rückstellungen	479.163	22.800	22.800
00950 Rückstellungen für Pensionen	477.973	22.800	22.800
00970 Sonstige Rückstellungen	1.190	0	0
+/- SoPo Rücklagen	0	0	0
Saldo Cash Flow	**1.952.552**	**6.365.427**	**8.140.917**

Abbildung 264: Cash Flow vor der Korrektur der Afa und Steuerrückstellungen

Ein Blick auf den Cash Flow Bereich zeigt, dass die Abschreibungen im Jahr 2006 wesentlich höher sind als im Jahr 2007 und 2008. Das liegt daran, dass wir im Moment in den Jahren 2007 und 2008 nur die zusätzlichen Abschreibungen sehen, die aufgrund der Investition in die neue Maschine aus dem Punkt *Planung der Investitionen* auf der Seite 282 entstanden sind. Wir müssen noch die Abschreibungen, bezüglich der schon vorhandenen Sachanlagen berücksichtigen.

Praktische Übung

1. Öffnen Sie das Element *04830 Abschreibungen auf Sachanlagen* in der Verwaltung der *Produktion und Handel GmbH* mit dem Dokument *Aufwand-Ertrag*
2. Drillen Sie die Perioden so, dass Sie alle Jahre, Monate und Quartale sehen wie in Abbildung 265: AfA in Verwaltung der Produktion und Handel GmbH auf der Seite 300 dargestellt.
3. Sie werden feststellen, dass im Jahr 2007 jeden Monat 80.000 EUR an Abschreibungen berücksichtigt wurden. Diese insgesamt 960.000 EUR erfassen Sie auch in der Spalte *Menge* der Jahre 2008 und 2008. Auf diese Weise haben sie die eine historische Abschreibung vom Januar 2007 bis Februar 2008. Ab März 2008 wird noch die vom Investitionselement berechnete Abschreibung von 16.667,67 EUR monatlich aus der Spalte *Wert aus Zuordnung* dazu addiert.

04830 Abschreibungen auf Sachanlagen	Menge	Preis	Nettowert	Wert aus Zuordnung
2007	960.000	1,00	960.000,00	0,00
2008	960.000	1,00	1.126.666,67	166.666,67
Januar 08	80.000	1,00	80.000,00	0,00
Februar 08	80.000	1,00	80.000,00	0,00
März 08	80.000	1,00	96.666,67	16.666,67
April 08	80.000	1,00	96.666,67	16.666,67
Mai 08	80.000	1,00	96.666,67	16.666,67
Juni 08	80.000	1,00	96.666,67	16.666,67
Juli 08	80.000	1,00	96.666,67	16.666,67
August 08	80.000	1,00	96.666,67	16.666,67
September 08	80.000	1,00	96.666,67	16.666,67
Oktober 08	80.000	1,00	96.666,67	16.666,67
November 08	80.000	1,00	96.666,67	16.666,67
Dezember 08	80.000	1,00	96.666,67	16.666,67
2009	960.000	1,00	1.160.000,00	200.000,00
01/09-03/09	240.000	1,00	290.000,00	50.000,00
04/09-06/09	240.000	1,00	290.000,00	50.000,00
07/09-09/09	240.000	1,00	290.000,00	50.000,00
10/09-12/09	240.000	1,00	290.000,00	50.000,00

Abbildung 265: AfA in Verwaltung der Produktion und Handel GmbH

STEUERRÜCKSTELLUNGEN

In der nächsten Zeile des Finanzplans sehen wir die Steuerrückstellungen. Es sind diejenigen Werte in den Jahren 2008 und 2009, die wir im Punkt *Planung der Ertragssteuern* auf der Seite *291* geplant haben. Diese Steuern wurden zuerst vom Professional Planner auf die Steuerrückstellungen in der Bilanz gebucht. Die Zahlung dieser Steuern wurde jedoch damit nicht geplant.

Praktische Übung

1. Öffnen Sie das Dokument *Steuern* aus dem Verzeichnis Datenerfassung des Dokumentenbaums.

2. Aktivieren Sie die Tabelle *Steuerzahlung*.

3. Schalten Sie die Perioden so, dass Sie das Jahr 2008 mit allen Monaten und das Jahr 2009 mit allen Quartalen sehen.

4. Schalten Sie das Dokument auf das Unternehmen *Produktion und Handel GmbH*.

5. Erfassen Sie in der Spalte *Steuer 1 Zahlung* 60.000 EUR in den Monaten März, Juni, September und Dezember des Jahres 2008. Sie können erst die jeweiligen Zellen mit gedrückter STRG Taste markieren und anschließend den Faktor nutzen bei dem Sie dann das Gleichheitszeichen anklicken, damit die Zahlen übernommen werden. Analog tragen Sie jeweils 80.000 in den Quartalen des Jahres 2009.

6. Erfassen Sie in der Spalte *Steuer 2 Zahlung* 400.000 EUR in den Monaten März, Juni, September und Dezember des Jahres 2008 und jeweils 550.000 in den Quartalen des Jahres 2009.

Produktion und Handel GmbH	Steuer 1		Steuer 2	
	Aufwand	Zahlung	Aufwand	Zahlung
2007	72.000	0	132.000	0
2008	260.548	240.000	1.734.394	1.600.000
Januar 08	22.642	0	150.715	0
Februar 08	22.642	0	150.715	0
März 08	21.519	60.000	143.245	400.000
April 08	21.520	0	143.256	0
Mai 08	21.522	0	143.268	0
Juni 08	21.524	60.000	143.279	400.000
Juli 08	21.525	0	143.290	0
August 08	21.527	0	143.302	0
September 08	21.529	60.000	143.313	400.000
Oktober 08	21.531	0	143.325	0
November 08	21.532	0	143.337	0
Dezember 08	21.534	60.000	143.349	400.000
2009	347.656	320.000	2.313.661	2.200.000
01/09-03/09	86.889	80.000	578.251	550.000
04/09-06/09	86.906	80.000	578.359	550.000
07/09-09/09	86.922	80.000	578.470	550.000
10/09-12/09	86.939	80.000	578.582	550.000

Abbildung 266: Steuervorauszahlungen in der Produktion und Handel GmbH

7. Schalten Sie das Dokument *Steuerrückstellung* auf das Unternehmenselement *Engineering GmbH*

8. Erfassen Sie in der Spalte *Steuer 1 Zahlung* 15.000 EUR in den Monaten März, Juni, September und Dezember des Jahres 2008 und 20.000 in den Quartalen des Jahres 2009.

Steuervorauszahlung

SonnenscheinPlan: Sonnenschein Gruppe/Engineering GmbH

Engineering GmbH	Steuer 1 Aufwand	Steuer 1 Zahlung	Steuer 2 Aufwand	Steuer 2 Zahlung
2007	16.320	0	32.400	0
2008	68.053	60.000	0	0
Januar 08	5.514	0	0	0
Februar 08	6.119	0	0	0
März 08	5.702	15.000	0	0
April 08	6.966	0	0	0
Mai 08	5.597	0	0	0
Juni 08	4.330	15.000	0	0
Juli 08	4.626	0	0	0
August 08	7.113	0	0	0
September 08	4.641	15.000	0	0
Oktober 08	5.534	0	0	0
November 08	4.688	0	0	0
Dezember 08	7.222	15.000	0	0
2009	85.888	80.000	0	0
01/09-03/09	21.810	20.000	0	0
04/09-06/09	21.346	20.000	0	0
07/09-09/09	20.807	20.000	0	0
10/09-12/09	21.924	20.000	0	0

Abbildung 267: Steuervorauszahlungen bei der Engineering GmbH

9. Schauen Sie sich die Veränderungen im Cash Flow nach den Anpassungen bei der Abschreibungen und der Steuerrückstellungen. Aufgrund der höheren Abschreibungen sank das Bilanzergebnis nach Steuern in den Jahren 2008 und 2009. Gleichzeitig wurden die höheren Beträge der Abschreibungen dem Cash Flow hinzuaddiert. Die Steuerrückstellungen sind um die Vorauszahlungsbeträge gesunken. Somit ist auch der Cash Flow gesunken.

Finanzplan

SonnenscheinPlan: Sonnenschein Gruppe/Produktion und Handel GmbH

Produktion und Handel GmbH	2007	2008	2009
I. CASH FLOW			
Bilanzergebnis nach Steuern	309.389	3.221.018	4.296.800
+/- Afa/Zuschreibung	960.000	1.126.667	1.160.000
04830 Abschreibungen auf Sachanlagen	960.000	1.126.667	1.160.000
+/- Steuerrückstellungen	204.000	154.942	141.317
+/- Rückstellungen	479.163	22.800	22.800
00950 Rückstellungen für Pensionen	477.973	22.800	22.800
00970 Sonstige Rückstellungen	1.190	0	0
+/- SoPo Rücklagen	0	0	0
Saldo Cash Flow	1.952.552	4.525.427	5.620.917

Abbildung 268: Cash Flow nach der Korrektur der Afa und Steuerrückstellungen

FINANZPLAN WORKING CAPITAL

Das Working Capital charakterisiert das Netto- Umlaufvermögen eines Unternehmens. Working Capital entspricht dem Umlaufvermögen abzüglich kurzfristiger Verbindlichkeiten.

```
Umlaufvermögen
./. kurzfristige Verbindlichkeiten
= Working Capital
```

Praktisch beantwortet das Working Capital die Frage wie viele Ressourcen dem Geschäftsbetrieb zugeführt werden müssen, um die Produkte und Dienstleistungen anbieten zu können?

Im Finanzplan werden die Veränderungen auf den Bilanzkonten für Lager (RHB), Produktionslager (HF/FF), Forderungen, Sonstiges Umlaufvermögen, Verbindlichkeiten, aktive und passive RAP dargestellt. Ein positives Working Capital sagt Ihnen, dass Sie in einer bestimmten Periode Kapital aus diesen Bereichen freigesetzt haben, was eine positive Wirkung auf die Liquidität des Unternehmens hat. Ein negatives Working Capital sagt Ihnen, dass Sie in einer bestimmten Periode Kapital in diesen Bereichen gebunden haben, was eine negative Wirkung auf die Liquidität des Unternehmens hat.

Wenn wie am Beispiel des Kontos *07110 Fertige Erzeugnisse Arbeitsplatten* im Jahr 2008 die Bestandsveränderung -823.523 EUR beträgt, dann wird diese Zahl im Finanzplan positiv dargestellt, weil Lagerbestände abgebaut worden sind. Das bedeutet, dass die *Produktion und Handel GmbH* in diesem Jahr Fertige Erzeugnisse im Wert von 823.523 EUR aus dem Lager entnommen und verkauft hat, ohne sie zu produzieren. Die Herstellungskosten wurden für das Jahr 2008 durch den Lagerabbau gespart, was eine positive Wirkung auf die Liquidität hat.

Finanzplan			
SonnenscheinPlan: Sonnenschein Gruppe/Produktion und Handel GmbH			
Produktion und Handel GmbH	2007	2008	2009
II. WORKING CAPITAL			
+/- Lager	5.742	0	0
03970 Lager Weichholz	-56.872	0	0
03971 Lager Hartholz	-54.172	0	0
03972 Lager Beschichtung	60.486	0	0
03973 Lager Chemikalien	56.301	-0	-0
+/- Produktionslager	-16.356	2.574.234	585.854
07110 Fertige Erzeugnisse Arbeitsplatten	6.965	823.523	184.010
07111 Fertige Erzeugnisse Dekorplatten	45.902	826.707	130.820
07112 Fertige Erzeugnisse Verbundplatten	-69.223	924.005	271.024
+/- Forderungen LuL	-700.000	0	0
01410 Forderungen LuL Inland	-600.000	0	0
01420 Forderungen LuL Ausland	-100.000	0	0
+/- So Forderungen	0	0	0
+/- Forderungen Vorsteuer	0	0	0
+/- Forderungen BKK-Zinsen	0	0	0
+/- So Umlaufvermögen	0	0	0
+/- ARAP	0	0	0
+/- Verbindlichkeiten LuL	-640.162	0	0
01610 Verbindlichkeiten LuL	-522.338	0	0
01630 Verbindlichkeiten LuL (IC)	8.176	0	0
01740 Verbindlichkeiten aus Lohn und Gehalt	-126.000	0	0
+/- So Verbindlichkeiten	0	0	0
01741 So Verb. Provisionen	0	0	0
01742 So Verb. Sozialvers./Steuern	0	0	0
+/- Verbindlichkeiten Umsatzsteuer	0	0	0
+/- Verbindlichkeiten BKK-Zinsen	0	0	0
+/- PRAP	0	0	0
Saldo Working Capital	**-1.350.776**	**2.574.234**	**585.854**

Abbildung 269: Working Capital vor den Finanzanpassungen

RHB LAGER

Praktische Übung

1. Öffnen Sie das Element *03970 Lager Weichholz* mit dem Dokument *Lager*.

2. Schalten Sie die Perioden so, dass Sie die Monate des Jahres 2008 und die Quartale des Jahres 2009 sehen.

Lager								
03970 Lager Weichholz	Anfangsbestand	Zuordnungen	Einkauf	VSt %	Lagerdifferenz	Umbuchungen	BVA	Endbestand
2008	475.682	4.068.000	4.068.000	0,00	0	0	0	475.682
Januar 08	475.682	339.000	339.000	N.V.	0	0	0	475.682
Februar 08	475.682	339.000	339.000	N.V.	0	0	0	475.682
März 08	475.682	339.000	339.000	N.V.	0	0	0	475.682
April 08	475.682	339.000	339.000	N.V.	0	0	0	475.682
Mai 08	475.682	339.000	339.000	N.V.	0	0	0	475.682
Juni 08	475.682	339.000	339.000	N.V.	0	0	0	475.682
Juli 08	475.682	339.000	339.000	N.V.	0	0	0	475.682
August 08	475.682	339.000	339.000	N.V.	0	0	0	475.682
September 08	475.682	339.000	339.000	N.V.	0	0	0	475.682
Oktober 08	475.682	339.000	339.000	N.V.	0	0	0	475.682
November 08	475.682	339.000	339.000	N.V.	0	0	0	475.682
Dezember 08	475.682	339.000	339.000	N.V.	0	0	0	475.682
2009	475.682	4.972.000	4.972.000	0,00	0	0	0	475.682
01/09-03/09	475.682	1.243.000	1.243.000	N.V.	0	0	0	475.682
04/09-06/09	475.682	1.243.000	1.243.000	N.V.	0	0	0	475.682
07/09-09/09	475.682	1.243.000	1.243.000	N.V.	0	0	0	475.682
10/09-12/09	475.682	1.243.000	1.243.000	N.V.	0	0	0	475.682

Abbildung 270: Lager Weichholz vor den Anpassungen

3. In den Spalten *Zuordnungen* sehen Sie die Zahlen, die aus der Zuordnung des Produktionsfaktors Weichholz aus den Produktionselementen verknüpft werden. Es bedeutet, dass z.B. im Jahr 2008 genau 4.068.000 EUR an Einzelkosten für Weichholz in die Produktion der Arbeitsplatten, Dekorplatten und Verbundplatten hineinfließen. Diese werden aus dem Lager Weichholz entnommen. Sie können sich auch dieselbe Zahl auf der Seite der Produktionselemente anschauen, wenn Sie das Dokument *Produktion-Sonnenschein.PTB* öffnen, auf die Filiale Köln schalten und das Jahr 2008 in der Tabelle *Weichholz* betrachten. Sie werden die 4.068.000 EUR in der Spalte *EK Wert* wiederfinden.

Weichholz					
Filiale Köln	Produktions-menge	Menge/Produkteinheit	Preis	MGK Weichholz %	EK Wert
2008	540.000	3,77	2,00	10,32	4068000,00
2009	660.000	3,77	2,00	8,45	4972000,00

Abbildung 271: Produktionsfaktor Weichholz in der Filiale Köln

4. Eine andere Methode herauszufinden woher die Zahlen in den Zuordnungen kommen ist das Dokument *Bilanzkonten* aus dem Verzeichnis *Datenerfassung* zu öffnen. In der linken oberen Ecke haben Sie eine Combo Box, aus der Sie eine bestimmte Bilanzposition auswählen können – in diesem Fall Lager. Anschließend ziehen Sie das Lagerelement *03970 Lager Weichholz* per Drag & Drop auf das Dokument. Schalten Sie das Dokument auf das Jahr 2008.

5. Sie stellen den Cursor auf den Jahreswert der Spalte Zuordnung und klicken auf den Schalter *Bilanzdetektiv starten*. Im unteren Teil der Tabelle werden Ihnen wie in *Abbildung 272: Dokument Bilanzkonten.PTB Detektivfunktion* auf der Sei-

te *307* alle Elemente aufgelistet aus denen Werte in die Spalte *Zuordnungen* geschrieben werden. Durch einen Klick auf den blauen HTML Link neben den Zahlen, können Sie sogar das Element öffnen, das die Werte liefert.

03970 Lager Weichholz	Anfangsbestand	Zuordnungen	Lagerdifferenz	Einkauf	VSt %	Umbuchungen	BVÄ	Endbestand
2008	475.682	4.068.000	0	4.068.000	0,00	0	0	475.682
Januar 08	475.682	339.000	0	339.000	N.V.	0	0	475.682
Februar 08	475.682	339.000	0	339.000	N.V.	0	0	475.682
März 08	475.682	339.000	0	339.000	N.V.	0	0	475.682
April 08	475.682	339.000	0	339.000	N.V.	0	0	475.682
Mai 08	475.682	339.000	0	339.000	N.V.	0	0	475.682
Juni 08	475.682	339.000	0	339.000	N.V.	0	0	475.682
Juli 08	475.682	339.000	0	339.000	N.V.	0	0	475.682
August 08	475.682	339.000	0	339.000	N.V.	0	0	475.682
September 08	475.682	339.000	0	339.000	N.V.	0	0	475.682
Oktober 08	475.682	339.000	0	339.000	N.V.	0	0	475.682
November 08	475.682	339.000	0	339.000	N.V.	0	0	475.682
Dezember 08	475.682	339.000	0	339.000	N.V.	0	0	475.682

################## Unternehmen / Bilanzkonten ##############

43 Sonnenschein Gruppe/Produktion und Handel GmbH/03970 Lager Weichholz   4.068.000
Summe   4.068.000

################## Details ##############

43 Sonnenschein Gruppe/Produktion und Handel GmbH/03970 Lager Weichholz   4.068.000
19 Sonnenschein Gruppe/Produktion und Handel GmbH/Filiale Köln   Profitcenter   0
3 Sonnenschein Gruppe/Produktion und Handel GmbH/Filiale Düsseldorf   Profitcenter   0
7 Sonnenschein Gruppe/Produktion und Handel GmbH/Filiale München   Profitcenter   0
37 Sonnenschein Gruppe/Produktion und Handel GmbH/Filiale Köln/Produktion Arbeitsplatten   Produktionselement   1.260.000
38 Sonnenschein Gruppe/Produktion und Handel GmbH/Filiale Köln/Produktion Dekorplatten   Produktionselement   1.440.000
39 Sonnenschein Gruppe/Produktion und Handel GmbH/Filiale Köln/Produktion Verbundplatten   Produktionselement   1.368.000

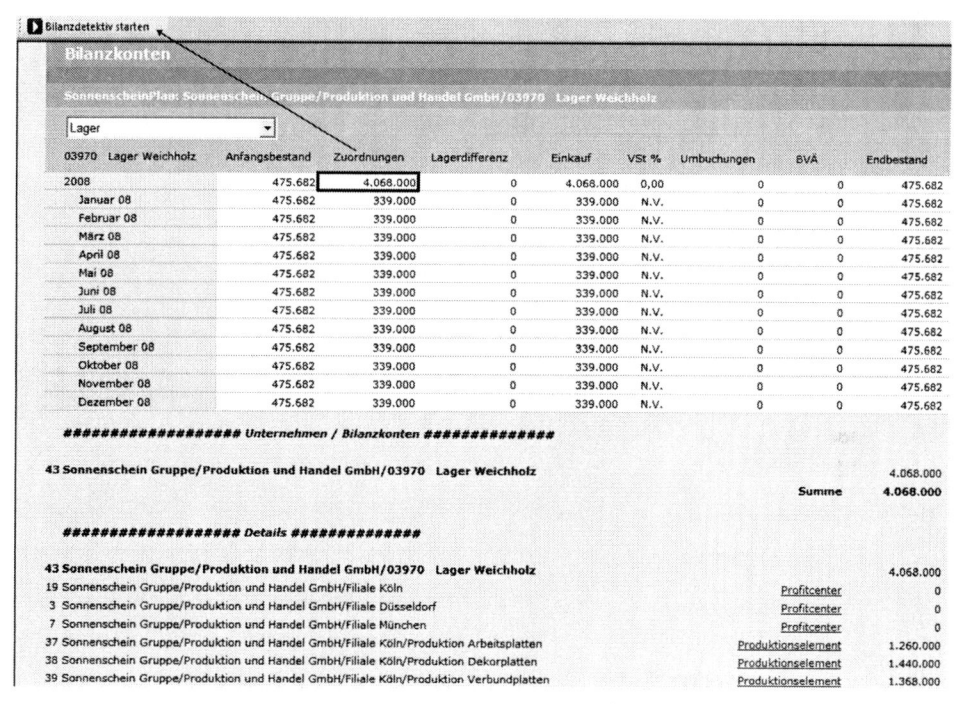

Abbildung 272: Dokument Bilanzkonten.PTB Detektivfunktion

6. Die Zeile *Einkauf* weist im Moment exakt die gleichen Zahlen wie die Spalte *Zuordnungen*. Das liegt an der Einstellung *Einkaufsplanung = Lagerdifferenz*. Sie können sich die Einstellungen der Lagerkonten in der Tabelle *Einstellungen* im Dokument *Lager* anschauen. Die Einstellung Lagerdifferenz sorgt automatisch dafür, dass das Element Lager immer soviel an Material automatisch einkauft, wie im Produktions- oder Verkaufsprozess aus dem Lager entnommen wird. Das ist eine recht bequeme Einstellung, weil sie jedenfalls dafür sorgt, dass Sie niemals durch die Materialentnahme das Lager komplett leer räumen oder sogar Material entnehmen, das Sie nicht haben und der Endbestand des Lagers ins Minus läuft.

Einstellungen	
SonnenscheinPlan: Sonnenschein Gruppe/Produktion und Handel GmbH/03970 Lager Weichholz	
Einkaufsplanung	Lagerdifferenz
Lager Verb Hauptbilanz	Verb LuL
Lager Verb Detailkonto	01610 Verbindlichkeiten LuL

Abbildung 273: Einstellungen Lagerelement

7. Wenn Sie jedoch den Einkauf manuell steuern möchten, dann stellen Sie die *Einkaufsplanung* auf *Einkauf*. Diese Option wählen Sie jetzt, weil wir das Weichholz zwar monatlich aus dem Lager entnehmen und dem Produktionsprozess zuführen aber nur Quartalsweise im März, Juni, September und Dezember einkaufen.

8. Nach der Umstellung der Einkaufsplanung auf die Option Einkauf schalten Sie zurück in die Tabelle *Lager*, stellen den Cursor in den Jahreswert der Spalte *Einkauf* des Jahres 2008 und überschreiben diesen Wert mit 0. Dasselbe tun Sie im Jahr 2009. Sie sehen, dass jetzt der Endbestand ins Minus läuft, weil Sie im Moment nur das Material aus dem Lager entnehmen aber kein Material einkaufen.

9. Im Jahr 2008 stellen Sie den Cursor in den Monat März in der Spalte *Einkauf* und erfassen eine „1". Dasselbe tun Sie in den Monaten Juni, September und Dezember. Dadurch haben Sie eine Verteilung erzeugt, die sich im Jahr 2008 zu eine „4" addiert.

10. Im Jahr 2008 überschreiben Sie die 4 mit 4.000.000 EUR.

11. Im Jahr 2009 erfassen Sie 5.000.000 EUR in der Spalte *Einkauf*.

12. Zusätzlich stellen Sie den Cursor in die Spalte *VSt%* im Jahr 2008, klicken auf den Schalter *Reihenwert* und erfassen 19 für die Vorsteuer. Der Schalter Reihenwert wird dafür sorgen, dass die 19% auch in den Quartalen des Jahres 2009 geschrieben werden. Ohne Reihenwert müssten Sie die 19% im Jahreswert 2008 und 2009 separat erfassen.

03970 Lager Weichholz	Anfangsbestand	Zuordnungen	Lagerdifferenz	Einkauf	VSt %	Umbuchungen	BVÄ	Endbestand
2008	475.682	4.068.000	-68.000	4.000.000	19,00	0	-68.000	407.682
Januar 08	475.682	339.000	-339.000	0	19,00	0	-339.000	136.682
Februar 08	136.682	339.000	-339.000	0	19,00	0	-339.000	-202.318
März 08	-202.318	339.000	661.000	1.000.000	19,00	0	661.000	458.682
April 08	458.682	339.000	-339.000	0	19,00	0	-339.000	119.682
Mai 08	119.682	339.000	-339.000	0	19,00	0	-339.000	-219.318
Juni 08	-219.318	339.000	661.000	1.000.000	19,00	0	661.000	441.682
Juli 08	441.682	339.000	-339.000	0	19,00	0	-339.000	102.682
August 08	102.682	339.000	-339.000	0	19,00	0	-339.000	-236.318
September 08	-236.318	339.000	661.000	1.000.000	19,00	0	661.000	424.682
Oktober 08	424.682	339.000	-339.000	0	19,00	0	-339.000	85.682
November 08	85.682	339.000	-339.000	0	19,00	0	-339.000	-253.318
Dezember 08	-253.318	339.000	661.000	1.000.000	19,00	0	661.000	407.682
2009	407.682	4.972.000	28.000	5.000.000	19,00	0	28.000	435.682
01/09-03/09	407.682	1.243.000	7.000	1.250.000	19,00	0	7.000	414.682
04/09-06/09	414.682	1.243.000	7.000	1.250.000	19,00	0	7.000	421.682
07/09-09/09	421.682	1.243.000	7.000	1.250.000	19,00	0	7.000	428.682
10/09-12/09	428.682	1.243.000	7.000	1.250.000	19,00	0	7.000	435.682

Abbildung 274: Lager Weichholz nach den Anpassungen

13. Achten Sie bitte auf die Wirkung der neuen Einkaufsplanung. Im Jahr 2008 entnehmen die Produktionselemente 4.068.000 EUR an Weichholz und es wird Weichholz im Wert von 4.000.000 EUR nachgekauft. Das bedeutet einen Rohstofflagerabbau in Höhe von -68.000 EUR. Im Jahr 2009 wird Material im Wert von 4.972.000 EUR aus dem Lager entnommen und Material für 5.000.000 EUR nachgekauft, was zu einem Lageraufbau von 28.000 EUR führt. Die Veränderungen sehen Sie in den Spalten *Lagerdifferenz* und *BVÄ* (Bestandsveränderung).

14. Im Finanzplan sehen Sie die gleichen Zahlen der Bestandsveränderungen in Höhe von 68.000 EUR im Jahr 2008 und -28.000 EUR im Jahr 2009 mit einem umgekehrten Vorzeichen, weil Lagerabbau zu Kapitalfreisetzung mit einer positiven Wirkung auf die Liquidität führt und Lageraufbau zu einer Kapitalbindung mit einer negativen Wirkung auf die Liquidität führt. **Das ist das Prinzip nach dem alle anderen Bilanzkonten in dem Finanzplan des Professional Planners dargestellt werden.**

15. Anschließend schalten Sie das Dokument *Lager* auf das Element *03973 Lager Chemikalien*. Hier ist die Einstellung der Einkaufsplanung auch *Lagerdifferenz*, was bedeutet, dass der Einkauf zuerst immer dem Verbrauch entspricht und der Anfangsbestand somit dem Endbestand in jeder Periode gleicht.

16. Bei den Chemikalien möchten wir einen graduellen Lagerabbau in Höhe von 100.000 im Jahr 2008 und 2009 erzielen. Stellen Sie den Cursor in die Jahreszelle der Spalte *Lagerdifferenz* und erfassen Sie mit Hilfe von *Reihenwert* -100.000

EUR im Jahr 2008 und 2009. Erfassen Sie auch anschließend im Jahr 2008 und 2009 die 19% Vorsteuer in der Spalte *VSt*.

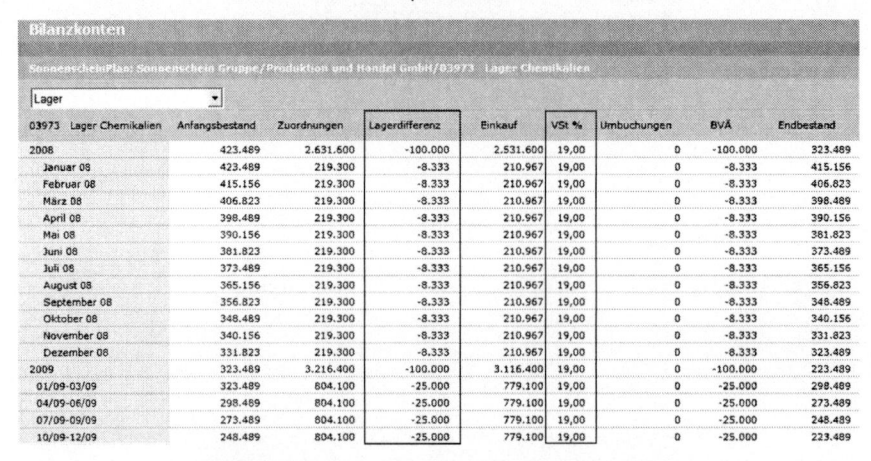

Bilanzkonten								
SonnenscheinPlan: Sonnenschein Gruppe/Produktion und Handel GmbH/03973 Lager Chemikalien								
Lager								
03973 Lager Chemikalien	Anfangsbestand	Zuordnungen	Lagerdifferenz	Einkauf	VSt %	Umbuchungen	BVÄ	Endbestand
2008	423.489	2.631.600	-100.000	2.531.600	19,00	0	-100.000	323.489
Januar 08	423.489	219.300	-8.333	210.967	19,00	0	-8.333	415.156
Februar 08	415.156	219.300	-8.333	210.967	19,00	0	-8.333	406.823
März 08	406.823	219.300	-8.333	210.967	19,00	0	-8.333	398.489
April 08	398.489	219.300	-8.333	210.967	19,00	0	-8.333	390.156
Mai 08	390.156	219.300	-8.333	210.967	19,00	0	-8.333	381.823
Juni 08	381.823	219.300	-8.333	210.967	19,00	0	-8.333	373.489
Juli 08	373.489	219.300	-8.333	210.967	19,00	0	-8.333	365.156
August 08	365.156	219.300	-8.333	210.967	19,00	0	-8.333	356.823
September 08	356.823	219.300	-8.333	210.967	19,00	0	-8.333	348.489
Oktober 08	348.489	219.300	-8.333	210.967	19,00	0	-8.333	340.156
November 08	340.156	219.300	-8.333	210.967	19,00	0	-8.333	331.823
Dezember 08	331.823	219.300	-8.333	210.967	19,00	0	-8.333	323.489
2009	323.489	3.216.400	-100.000	3.116.400	19,00	0	-100.000	223.489
01/09-03/09	323.489	804.100	-25.000	779.100	19,00	0	-25.000	298.489
04/09-06/09	298.489	804.100	-25.000	779.100	19,00	0	-25.000	273.489
07/09-09/09	273.489	804.100	-25.000	779.100	19,00	0	-25.000	248.489
10/09-12/09	248.489	804.100	-25.000	779.100	19,00	0	-25.000	223.489

Abbildung 275: Anpassungen auf dem Lager Chemikalien

17. Schließlich schalten Sie das Dokument auf das Element *03971 Lager Hartholz* und *03972 Lager Beschichtung* und erfassen 19% Vorsteuer in der Spalte *VSt%* in den Jahren 2008 und 2009.

Finanzplan			
SonnenscheinPlan: Sonnenschein Gruppe/Produktion und Handel GmbH			
Produktion und Handel GmbH	2007	2008	2009
II. WORKING CAPITAL			
+/- Lager	5.742	168.000	72.000
03970 Lager Weichholz	-56.872	68.000	-28.000
03971 Lager Hartholz	-54.172	0	0
03972 Lager Beschichtung	60.486	0	0
03973 Lager Chemikalien	56.301	100.000	100.000

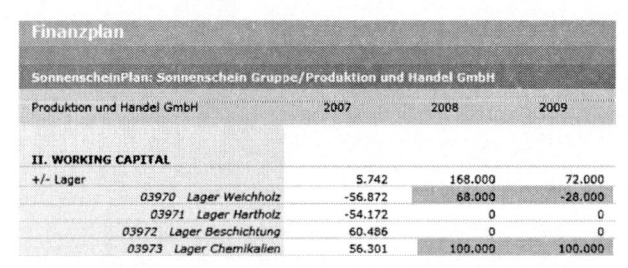

Abbildung 276: Finanzplan im Lagerbereich nach den Anpassungen

Die Einstellung *Einkaufsplanung = Lagerdifferenz* ist in den meisten Fällen ausreichend. Wenn Sie sich dazu entscheiden diese Einstellung auf *Einkauf* zu ändern, dann haben Sie die Möglichkeit unabhängig von den Lagerentnahmen das Material einzukaufen. Damit entkoppeln Sie jedoch die Entnahmen von dem Einkauf, was sich bei Anpassungen des Plans bemerkbar machen kann. Wenn Sie beispielsweise die Produktionsmenge erhöhen und in Folge dessen auch die Materialentnehmen aus dem Lager steigen, dann werden Sie ggf. die manuellen Einkaufswerte korrigieren müssen, weil es passieren könnte, dass die Lagerendbestände ins Minus laufen.

FORDERUNGEN LUL

In der Struktur der Sonnenschein Gruppe haben wir bei der *Produktion und Handel GmbH* zwei Elemente: *01410 Forderungen LuL Inland* und *01420 Forderungen LuL Ausland*. In der *Engineering GmbH* haben wir die Elemente: *01410 Forderungen LuL Inland* und *01430 Forderungen LuL (IC)*. IC heißt in diesem Fall *Inter Company*, was bedeutet, dass auf diesem Konto die Forderungen der Engineering GmbH gegenüber der Produktion und Handel GmbH erfasst werden.

🖥 Praktische Übung

Zahlungsziel

1. Öffnen Sie das Element *01410 Forderungen LuL Inland* in der Produktion und Handel GmbH mit dem Dokument *Forderungen LuL*.

2. Schalten Sie die Perioden so, dass Sie die Monate des Jahres 2008 und die Quartale des Jahres 2009 sehen.

01410 Forderungen LuL Inland	Anfangsbestand	Zuordnung	Z-Ziel	Korrektur Zahlung	Einzahlungen	Umbuchungen	BVA	Endbestand
2008	4.105.234	23.237.392	0	0	23.237.392	0	0	4.105.234
Januar 08	4.105.234	1.936.449	0	0	1.936.449	0	0	4.105.234
Februar 08	4.105.234	1.936.449	0	0	1.936.449	0	0	4.105.234
März 08	4.105.234	1.936.449	0	0	1.936.449	0	0	4.105.234
April 08	4.105.234	1.936.449	0	0	1.936.449	0	0	4.105.234
Mai 08	4.105.234	1.936.449	0	0	1.936.449	0	0	4.105.234
Juni 08	4.105.234	1.936.449	0	0	1.936.449	0	0	4.105.234
Juli 08	4.105.234	1.936.449	0	0	1.936.449	0	0	4.105.234
August 08	4.105.234	1.936.449	0	0	1.936.449	0	0	4.105.234
September 08	4.105.234	1.936.449	0	0	1.936.449	0	0	4.105.234
Oktober 08	4.105.234	1.936.449	0	0	1.936.449	0	0	4.105.234
November 08	4.105.234	1.936.449	0	0	1.936.449	0	0	4.105.234
Dezember 08	4.105.234	1.936.449	0	0	1.936.449	0	0	4.105.234
2009	4.105.234	25.561.131	0	0	25.561.131	0	0	4.105.234
01/09-03/09	4.105.234	6.390.283	0	0	6.390.283	0	0	4.105.234
04/09-06/09	4.105.234	6.390.283	0	0	6.390.283	0	0	4.105.234
07/09-09/09	4.105.234	6.390.283	0	0	6.390.283	0	0	4.105.234
10/09-12/09	4.105.234	6.390.283	0	0	6.390.283	0	0	4.105.234

Abbildung 277: Forderungen LuL Inland Produktion und Handel GmbH vor den Anpassungen

3. In der Spalte *Zuordnungen* sehen Sie die Zahlen, die aus den Umsatzbereichen *08210 Arbeitsplatten*, *08220 Dekorplatten* und *08230 Verbundplatten* der Filiale Düsseldorf stammen. Es sind die Nettoerlöse abzüglich der Skonti und Rabatte und zuzüglich der Umsatzsteuer. Es ist also die Summe die planmäßig von den Kunden des Unternehmens gezahlt werden sollte.

4. In der Spalte *Einzahlungen* sehen Sie die gleichen Zahlen gespiegelt. Der Professional Planner nimmt im Moment an, dass die Umsätze sofort bezahlt werden, weil noch nichts anderes eingestellt wurde. Sie sehen auch die Spalte *Z-Ziel* für *Zahlungsziel* in der im Moment noch 0 steht.

5. Zuerst werden wir den Anfangsbestand aus dem Januar 2008 von 4.105.234 EUR aus dem Dezember 2006 abbauen. Wir nehmen an, dass zur Hälfte in den Monaten Januar 2008 und Februar 2008 von den Kunden eingezahlt werden. Stellen Sie den Cursor in der Spalte *Korrektur Zahlung* in den Januar 2008 und erfassen eine 1. Das gleiche tun Sie im Februar 2008. Dadurch haben Sie eine Verteilung von 2 erfasst.

01410 Forderungen LuL Inland	Anfangsbestand	Zuordnungen	Z-Ziel	Korrektur Zahlung
2008	4.105.234	23.237.392	0	2
Januar 08	4.105.234	1.936.449	0	1
Februar 08	4.105.233	1.936.449	0	1

Abbildung 278: Verteilung der Korrekturzahlungen bei den Forderungen LuL

6. Wenn Sie jetzt die 2 mit der Zahl 4.105.234 EUR überschreiben, wird der Professional Planner im Januar 2008 und Februar 2008 eine Einzahlung von je 2.052.617 EUR berücksichtigen. Dadurch wurde der Anfangsbestand abgebaut.

7. Die Planumsätze aus dem Jahr 2008 werden von den Kunden nach 45 Tagen bezahlt. Dazu stellen Sie den Cursor in die Spalte *Z-Ziel* im Jahr 2008, klicken auf *Reinenwert* und geben 45 ein.

8. In der Spalte *Einzahlungen* sehen Sie jetzt im Januar 2008 die 2.052.617 EUR aus dem Abbau des Anfangsbestandes. Im Februar 2008 stehen dort 3.020.842 EUR. Diese bestehen aus 2.052.617 EUR aus dem Abbau des Anfangsbestandes plus 50% von der Zuordnung aus dem Januar 2008 in Höhe von 968.225 EUR. Im März 2008 werden die restlichen 50% aus dem Januar 2008 und die 50% aus dem Februar 2008 eingezahlt also 1.936.449 EUR usw. Der Professional Planner kalkuliert intern in jedem Monat mit 30 Tagen d.h. bei einem Zahlungsziel von 45 Tagen wird die erste Einzahlung im übernächsten Monat in Höhe von 15/30 multipliziert mit dem Betrag eingezahlt.

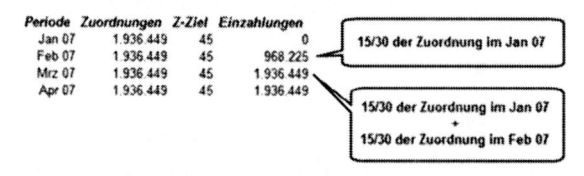

Periode	Zuordnungen	Z-Ziel	Einzahlungen	
Jan 07	1.936.449	45	0	15/30 der Zuordnung im Jan 07
Feb 07	1.936.449	45	968.225	
Mrz 07	1.936.449	45	1.936.449	
Apr 07	1.936.449	45	1.936.449	15/30 der Zuordnung im Jan 07 + 15/30 der Zuordnung im Feb 07

Abbildung 279: Generelle Kalkulation der Einzahlungen bei Zahlungszielen

01410 Forderungen LuL Inland	Anfangsbestand	Zuordnungen	Z-Ziel	Korrektur Zahlung	Einzahlungen	Umbuchungen	BVA	Endbestand
2008	4.105.234	23.237.392	45	4.105.234	24.437.952	0	-1.200.560	2.904.674
Januar 08	4.105.234	1.936.449	45	2.052.617	2.052.617	0	-116.168	3.989.066
Februar 08	3.989.066	1.936.449	45	2.052.617	3.020.842	0	-1.084.392	2.904.674
März 08	2.904.674	1.936.449	45	0	1.936.449	0	0	2.904.674
April 08	2.904.674	1.936.449	45	0	1.936.449	0	0	2.904.674
Mai 08	2.904.674	1.936.449	45	0	1.936.449	0	0	2.904.674
Juni 08	2.904.674	1.936.449	45	0	1.936.449	0	0	2.904.674
Juli 08	2.904.674	1.936.449	45	0	1.936.449	0	0	2.904.674
August 08	2.904.674	1.936.449	45	0	1.936.449	0	0	2.904.674
September 08	2.904.674	1.936.449	45	0	1.936.449	0	0	2.904.674
Oktober 08	2.904.674	1.936.449	45	0	1.936.449	0	0	2.904.674
November 08	2.904.674	1.936.449	45	0	1.936.449	0	0	2.904.674
Dezember 08	2.904.674	1.936.449	45	0	1.936.449	0	0	2.904.674
2009	2.904.674	25.561.131	45	0	25.270.664	0	290.467	3.195.141
01/09-03/09	2.904.674	6.390.283	45	0	6.099.815	0	290.467	3.195.141
04/09-06/09	3.195.141	6.390.283	45	0	6.390.283	0	0	3.195.141
07/09-09/09	3.195.141	6.390.283	45	0	6.390.283	0	0	3.195.141

Abbildung 280: Forderungen LuL Inland Produktion und Handel GmbH nach den Anpassungen

Praktische Übung

Zahlungsspektrum

1. Schalten Sie das Dokument *Forderungen* LuL auf das Element *01420 Forderungen LuL Ausland* im Unternehmen Produktion und Handel GmbH.

2. Bei den Auslandsforderungen, die aus den Umsatzbereichen *08210 Arbeitsplatten*, *08220 Dekorplatten* und *08230 Verbundplatten* der Filiale München stammen nehmen wir an, dass 50 % der Forderungen nach 30 Tagen, 30% der Forderungen nach 60 Tagen und 20 % der Forderungen nach 90 Tagen bezahlt werden. Der Anfangsbestand wird im Januar 2008 und Februar 2008 je zu Hälfte abgebaut.

3. Zuerst stellen Sie den Cursor in die Spalte *Korrektur Zahlung* und geben eine 1 jeweils im Januar 2008 und Februar 2008 ein. Im Jahreswert des Jahres 2008 überschreiben Sie die 2 mit dem Anfangsbestand des Jahres 2008 in Höhe von 1.300.000 EUR, so dass Sie in diesen Monaten eine Einzahlung von jeweils 650.000 EUR erreichen. Damit wäre der Anfangsbestand abgebaut.

4. Im nächsten Schritt wechseln Sie in die Tabelle *Einstellungen* des gleichen Dokuments und stellen die Option *Zahlungsspektrum* ein. Wenn Sie zu der Tabelle *Forderungen LuL* zurückkehren, werden Sie feststellen, dass Sie jetzt die Möglichkeit haben in den eingeblendeten Bereichen das Zahlungsspektrum einzugeben. Im Jahr 2008 und 2009 in der Spalte Bereich 1% geben Sie eine 50 ein, in der Spalte Z-Ziel 1 eine 30. In der Spalte Bereich 2% geben Sie eine 30 ein und in der Spalte Z-Ziel 2 eine 60. In der Spalte Bereich 3% belassen Sie die 20 ein und in der Spalte Z-Ziel 3 geben Sie eine 90 ein. Für diese Aufgabe kön-

nen Sie gerne wieder *Reihenwert* benutzen, um die Werte bis zum Jahr 2009 durchschreiben zu können.

Forderungen LuL

SonnenscheinPlan: Sonnenhandel GmbH/01420 Forderungen LuL Ausland

01420 Forderungen LuL Ausland	Bereich 1 %	Z-Ziel 1	Zahlung Bereich 1	Bereich 2 %	Z-Ziel 2	Zahlung Bereich 2	Bereich 3 %	Z-Ziel 3	Zahlung Bereich 3	Korrektur Zahlung
2008	50,00	30	8.956.138	30,00	60	4.885.166	20,00	90	2.931.100	1.300.000
Januar 08	50,00	30	0	30,00	60	0	20,00	90	0	650.000
Februar 08	50,00	30	814.194	30,00	60	0	20,00	90	0	650.000
März 08	50,00	30	814.194	30,00	60	488.517	20,00	90	0	0
April 08	50,00	30	814.194	30,00	60	488.517	20,00	90	325.678	0
Mai 08	50,00	30	814.194	30,00	60	488.517	20,00	90	325.678	0
Juni 08	50,00	30	814.194	30,00	60	488.517	20,00	90	325.678	0
Juli 08	50,00	30	814.194	30,00	60	488.517	20,00	90	325.678	0
August 08	50,00	30	814.194	30,00	60	488.517	20,00	90	325.678	0
September 08	50,00	30	814.194	30,00	60	488.517	20,00	90	325.678	0
Oktober 08	50,00	30	814.194	30,00	60	488.517	20,00	90	325.678	0
November 08	50,00	30	814.194	30,00	60	488.517	20,00	90	325.678	0
Dezember 08	50,00	30	814.194	30,00	60	488.517	20,00	90	325.678	0
2009	50,00	30	10.665.946	30,00	60	6.350.716	20,00	90	4.201.243	0
01/09-03/09	50,00	30	2.605.422	30,00	60	1.514.402	20,00	90	977.033	0
04/09-06/09	50,00	30	2.686.841	30,00	60	1.612.105	20,00	90	1.074.737	0
07/09-09/09	50,00	30	2.686.841	30,00	60	1.612.105	20,00	90	1.074.737	0
10/09-12/09	50,00	30	2.686.841	30,00	60	1.612.105	20,00	90	1.074.737	0

Abbildung 281: Zahlungsspektrum bei den Forderungen LuL Ausland

5. Im letzten Schritt der Planung der Forderungen LuL schalten Sie das Dokument auf das Element *01410 Forderungen LuL Inland* in der *Engineering GmbH* und erfassen in der Spalte *Z-Ziel* 30 Tage im Jahr 2008 und 2009. Dieses führt zu einer Verschiebung der Zahlungen um einen Monat. Zusätzlich bauen Sie den Anfangsbestand von 333.564 EUR im Januar 2008 in der Spalte *Korrektur Zahlung* ab.

Forderungen LuL

SonnenscheinPlan: Sonnenschein Gruppe/Engineering GmbH/01410 Forderungen LuL Inland

01410 Forderungen LuL Inland	Anfangsbestand	Zuordnungen	Z-Ziel	Korrektur Zahlung	Einzahlungen	Umbuchungen	BVA	Endbestand
2008	333.564	2.855.120	30	333.564	2.941.148	0	-86.028	247.536
Januar 08	333.564	236.955	30	333.564	333.564	0	-96.609	236.955
Februar 08	236.955	240.705	30	0	236.955	0	3.750	240.705
März 08	240.705	238.117	30	0	240.705	0	-2.589	238.117
April 08	238.117	245.954	30	0	238.117	0	7.837	245.954
Mai 08	245.954	237.470	30	0	245.954	0	-8.483	237.470
Juni 08	237.470	229.612	30	0	237.470	0	-7.858	229.612
Juli 08	229.612	231.450	30	0	229.612	0	1.837	231.450
August 08	231.450	246.862	30	0	231.450	0	15.413	246.862
September 08	246.862	231.545	30	0	246.862	0	-15.318	231.545
Oktober 08	231.545	237.078	30	0	231.545	0	5.533	237.078
November 08	237.078	231.836	30	0	237.078	0	-5.242	231.836
Dezember 08	231.836	247.536	30	0	231.836	0	15.700	247.536
2009	247.536	2.997.876	30	0	2.994.655	0	3.221	250.758
01/09-03/09	247.536	751.565	30	0	748.580	0	2.986	250.522
04/09-06/09	250.522	748.688	30	0	749.647	0	-959	249.563
07/09-09/09	249.563	745.350	30	0	746.463	0	-1.113	248.450
10/09-12/09	248.450	752.273	30	0	749.965	0	2.308	250.758

Abbildung 282: Forderungen LuL Inland in der Engineering GmbH nach den Anpassungen

Bei der Arbeit mit Zahlungszielen beachten Sie bitte, dass die **Anfangsbestände immer manuell in der Spalte** *Korrektur Zahlung* **abgebaut werden müssen, soweit sie im**

Vorjahr keine Information bezüglich der Zahlungsziele haben. Wenn aber im Vorjahr ein Zahlungsziel angegeben wurde, dann wird sich der Professional Planner danach richten und die Bestände planmäßig abbauen. Da in unserem Beispiel die Werte des Jahres 2007 lediglich aus dem ERP System importiert wurden, haben wir keine Information bezüglich der Zahlungsziele, was uns dazu zwingt diese im Jahr 2008 manuell abzubauen.

Finanzplan

SonnenscheinPlan: Sonnenschein Gruppe/Produktion und Handel GmbH

Produktion und Handel GmbH	2007	2008	2009
+/- Forderungen LuL	-700.000	-267.701	-567.293
01410 Forderungen LuL Inland	-600.000	1.200.560	-290.467
01420 Forderungen LuL Ausland	-100.000	-1.468.261	-276.826

Abbildung 283: Forderungen LuL bei der Produktion und Handel GmbH nach den Anpassungen

Nach den Planungsanpassungen der Forderungen LuL sehen Sie, dass Sie insgesamt eine negative Wirkung auf die Liquidität des Unternehmens *Produktion und Handel GmbH* haben, weil Sie Forderungen aufbauen. Das heißt es wurden Zahlungsverzögerungen bei den Umsätzen eingeplant. Sie können den Finanzplan auch auf die *Engineering GmbH* und anschließend auf die *Sonnenschein Gruppe* schalten, um sich die Summen der Veränderungen anzuschauen.

Finanzplan

SonnenscheinPlan: Sonnenschein Gruppe/Engineering GmbH

Engineering GmbH	2007	2008	2009
+/- Forderungen LuL	-92.000	86.028	-3.221
01410 Forderungen LuL Inland	-92.000	86.028	-3.221
01430 Forderungen LuL (IC)	0	0	0

Abbildung 284: Forderungen LuL bei der Engineering GmbH nach den Anpassungen

VERBINDLICHKEITEN LUL

Es ist mit Sicherheit eine gute Sitte im Budgetierungsprozess anzunehmen, dass die Einzahlungen immer später kommen und die Auszahlungen eher früher geleistet werden müssen. Das gibt uns mehr Sicherzeit bei der Einschätzung der zukünftigen Liquidität. Aus diesem Grunde werden wir nur zwei kleine Veränderungen in diesem Bereich vornehmen: auf dem Element *01740 Verbindlichkeiten aus Lohn und Gehalt* und auf dem Element *01610   Verbindlichkeiten LuL* bei der *Engineering GmbH*.

 Praktische Übung

Absolutwert

1. Öffnen Sie das Element *01740 Verbindlichkeiten aus Lohn und Gehalt* bei der *Engineering GmbH* mit dem Dokument *Verbindlichkeiten LuL*.

2. Schalten Sie die Perioden so, dass Sie die Monate des Jahres 2008 und die Quartale des Jahres 2009 sehen.

3. Sie sehen nur einen Anfangsbestand von 43.654 EUR im Jahr 2008. Sie möchten diesen Anfangsbestand im Februar und April 2008 abzubauen.

4. Wechseln Sie zu der Tabelle *Einstellungen* und ändern Sie die Zahlungseinstellung auf *Absolutwert*. Wechseln Sie anschließend zurück zu der Tabelle *Verbindlichkeiten LuL*.

Einstellungen

SonnenscheinPlan: ...nenschein Gruppe/Engineering

Verbindlichkeiten LuL	Absolutwert

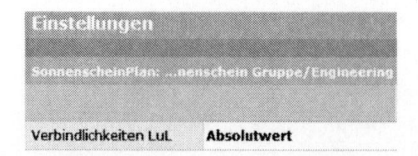

Abbildung 285: Einstellung bei Verb. aus Lohn und Gehalt der Engineering GmbH

5. Stellen Sie den Cursor in die Spalte *Auszahlungen* im Februar 2008 und geben Sie eine 1 ein. Stellen Sie den Cursor im April 2008 und geben Sie eine 2 ein.

6. Stellen Sie den Cursor in die Spalte *Auszahlungen* im Jahreswert 2008 und überschreiben Sie die 3 mit 43.654 EUR. Der Professional Planner wird anhand der zuvor von Ihnen eingegebenen Verteilung 1:2 den Anfangsbestand entsprechend im Februar 2008 um 14.551 EUR und im April 2008 um 29.103 EUR abbauen. Abbau von Verbindlichkeiten bedeutet die Bezahlung dieser und es hat natürlich eine negative Wirkung auf die Liquidität.

Verbindlichkeiten LuL

SonnenscheinPlan: ...nenschein Gruppe/Engineering GmbH/01740 Verbindlichkeiten aus Lohn und Gehalt

01740 Verbindlichkeiten aus Lohn und Gehalt	Anfangsbestand	Zuordnungen	Korrektur Zahlung	Auszahlungen	Umbuchungen	BVA	Endbestand
2008	43.654	0	0	43.654	0	-43.654	0
Januar 08	43.654	0	0	0	0	0	43.654
Februar 08	43.654	0	0	14.551	0	-14.551	29.103
März 08	29.103	0	0	0	0	0	29.103
April 08	29.103	0	0	29.103	0	-29.103	0
Mai 08	0	0	0	0	0	0	0
Juni 08	0	0	0	0	0	0	0
Juli 08	0	0	0	0	0	0	0
August 08	0	0	0	0	0	0	0
September 08	0	0	0	0	0	0	0
Oktober 08	0	0	0	0	0	0	0
November 08	0	0	0	0	0	0	0
Dezember 08	0	0	0	0	0	0	0

Abbildung 286: Verbindlichkeiten aus Lohn und Gehalt Engineering GmbH

🖥 **Praktische Übung**

Umschlagshäufigkeit zum Stichtag

1. Schalten Sie das Dokument *Verbindlichkeiten LuL* auf das Element *01610 Verbindlichkeiten LuL* in der *Engineering GmbH*.

2. Wechseln Sie in die Tabelle Einstellungen und wählen Sie die Option *Umschlag / Stichtag*. Die Einstellung Umschlagshäufigkeit zum Stichtag ist eigentlich eine Kennzahl mit der Formel:

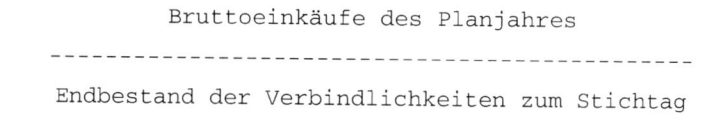

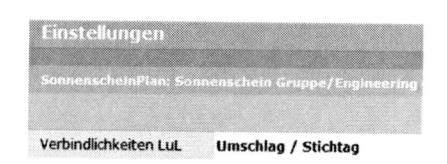

$$\frac{\text{Bruttoeinkäufe des Planjahres}}{\text{Endbestand der Verbindlichkeiten zum Stichtag}}$$

Abbildung 287: Einstellung Umschlagshäufigkeit zum Stichtag

3. Diese Einstellung wird automatisch vom Professional Planner auf den Summenebenen eingeschaltet und ist eine **Division der Spalte *Zuordnung* durch die Spalte *Endbestand* im Jahreswert**. Eine Umschlagshäufigkeit zum Stichtag von 1 bedeutet, dass der Anfangsbestand über die Monate eines Jahres vollständig bezahlt wird, ansonsten wird der Wert der Zuordnung gleich dem Wert des Endbestandes sein, was einen Aufbau der Verbindlichkeiten in voller Höhe der Zuordnung bedeuten würde. Bei einer Umschlagshäufigkeit von 1 wird außer dem Anfangsbestand nichts weiter bezahlt.

4. In unserem Beispiel entscheiden wir uns für eine Umschlagshäufigkeit von 6 im Jahre 2008 und 7 im Jahr 2009, die wir in den jeweiligen Jahreswerten der Spalte *UH/S* eingeben. Das führt zu einem Abbau der Verbindlichkeiten.

5. Durch die Umschlagshäufigkeit zum Stichtag können Sie den gewünschten Endbestand der Verbindlichkeiten im Vergleich zu den Einkäufen einstellen.

01610 Verbindlichkeiten LuL	Anfangsbestand	Zuordnungen	UH/S	Korrektur Zahlung	Auszahlungen	Umbuchungen	BVA	Endbestand
2008	239.643	1.077.497	6,00	0	1.137.557	0	-60.060	179.583
2009	179.583	1.123.475	7,00	0	1.142.561	0	-19.086	160.496

Abbildung 288: Planung der Endbestände über die Umschlagshäufigkeit zum Stichtag

```
Einkauf      1.077.497
------------------------- = 6 Umschlagshäufigkeit zum Stichtag 2008
Endbestand    179.583


Einkauf      1.123.475
------------------------- = 7 Umschlagshäufigkeit zum Stichtag 2009
Endbestand    160.496
```

Abbildung 289: Berechnung Umschlagshäufigkeit zum Stichtag

Die Änderungen auf den Verbindlichkeitselementen zeigen uns, dass wir diese zu verringern planen, was eine negative Wirkung auf die Liquiditätslage der Firma hat.

Finanzplan

SonnenscheinPlan: Sonnenschein Gruppe/Engineering GmbH

Engineering GmbH	2007	2008	2009
+/- Verbindlichkeiten LuL	-10	-103.714	-19.086
01610 Verbindlichkeiten LuL	-10	-60.060	-19.086
01740 Verbindlichkeiten aus Lohn und Gehalt	0	-43.654	0

Abbildung 290: Verbindlichkeiten LuL bei der Engineering GmbH

☝ TIPP

Zahlungsziele, Zahlungsspektrum, Absolutwert und Umschlagshäufigkeit zum Stichtag sind Optionen, die Sie **nur** bei den Elementen *Forderungen LuL*, *Sonstige Forderungen*, *Verbindlichkeiten LuL* und *Sonstige Verbindlichkeiten* einstellbar sind.

UMSATZ- UND MEHRWERTSTEUER

Zum Bereich des Working Capital gehört auch die Planung der Umsatz- und Mehrwertsteuer. Wenn Sie die Umsatz- oder Mehrwertsteuer in den Umsatzbereichen, Aufwand/Ertrag Elementen, Lager oder Produktionselementen planen, dann nimmt der Professional Planner standardmäßig an, dass diese auch sofort bezahlt wird. Wenn Sie jedoch die Mehrwertsteuer z.B. nur quartalsweise abführen, dann müssen Sie es entsprechend einstellen.

🖳 Praktische Übung

1. Öffnen Sie das Dokument *Vorsteuer und Umsatzsteuer* aus dem Verzeichnis *Datenerfassung* des Dokumentenbaums.

2. Schalten Sie in die Tabelle *Verbindlichkeiten USt.*

3. Schalten Sie die Perioden so, dass Sie die Monate des Jahres 2008 und die Quartale des Jahres 2009 sehen.

4. Schalten Sie das Dokument auf das Unternehmen *Produktion und Handel GmbH*.

5. Stellen Sie den Cursor in die Spalte *Fälligkeit/Tage Umsatzsteuer* und tragen Sie im Jahreswert 2008 und 2009 jeweils eine 30 ein. Das bedeutet, dass die Umsatzsteuer nach 30 Tagen bezahlt wird.

Verbindlichkeiten USt

SonnenscheinPlan: Sonnenschein Gruppe/Produktion und Handel GmbH

Produktion und Handel GmbH	Anfangsbestand	Zugang	Fälligkeit/Tage Umsatzsteuer	Korrektur Bezahlung	Zahlung	Endbestand
2008	0	3.710.172	30	0	3.400.991	309.181
Januar 08	0	309.181	30	0	0	309.181
Februar 08	309.181	309.181	30	0	309.181	309.181
März 08	309.181	309.181	30	0	309.181	309.181
April 08	309.181	309.181	30	0	309.181	309.181
Mai 08	309.181	309.181	30	0	309.181	309.181
Juni 08	309.181	309.181	30	0	309.181	309.181
Juli 08	309.181	309.181	30	0	309.181	309.181
August 08	309.181	309.181	30	0	309.181	309.181
September 08	309.181	309.181	30	0	309.181	309.181
Oktober 08	309.181	309.181	30	0	309.181	309.181
November 08	309.181	309.181	30	0	309.181	309.181
Dezember 08	309.181	309.181	30	0	309.181	309.181
2009	309.181	4.081.189	30	0	4.050.271	340.099
01/09-03/09	309.181	1.020.297	30	0	989.379	340.099
04/09-06/09	340.099	1.020.297	30	0	1.020.297	340.099
07/09-09/09	340.099	1.020.297	30	0	1.020.297	340.099
10/09-12/09	340.099	1.020.297	30	0	1.020.297	340.099

Abbildung 291: Umsatzsteuer Produktion und Handel GmbH

6. Schalten Sie zu der Tabelle *Forderungen VSt*. Das Dokument ist auf die *Produktion und Handel GmbH* geschaltet, weil alle Tabellen des Dokumentes simultan geschaltet werden.

7. Schalten Sie die Perioden so, dass Sie die Monate des Jahres 2008 und die Quartale des Jahres 2009 sehen.

8. Stellen Sie den Cursor in die Spalte *Fälligkeit/Tage Vorsteuer* und tragen Sie im Jahreswert 2008 und 2009 jeweils eine 30 ein. Das bedeutet, dass die Vorsteuer nach 30 Tagen vom Finanzamt erstattet wird. In diesem Fall bedeutet es insgesamt mit der Umsatzsteuerplanung, dass nur die Zahllast also der Unterschiedsbetrag zwischen der Umsatzsteuer und Vorsteuer effektiv bezahlt wird.

Forderungen VSt						
SonnenscheinPlan: Sonnenschein Gruppe/Produktion und Handel GmbH						
Produktion und Handel GmbH	Anfangsbestand	Zugang	Fälligkeit/Tage Vorsteuer	Korrektur Bezahlung	Zahlung	Endbestand
2008	0	3.404.702	30	0	3.025.977	378.725
Januar 08	0	188.725	30	0	0	188.725
Februar 08	188.725	188.725	30	0	188.725	188.725
März 08	188.725	758.725	30	0	188.725	758.725
April 08	758.725	188.725	30	0	758.725	188.725
Mai 08	188.725	188.725	30	0	188.725	188.725
Juni 08	188.725	378.725	30	0	188.725	378.725
Juli 08	378.725	188.725	30	0	378.725	188.725
August 08	188.725	188.725	30	0	188.725	188.725
September 08	188.725	378.725	30	0	188.725	378.725
Oktober 08	378.725	188.725	30	0	378.725	188.725
November 08	188.725	188.725	30	0	188.725	188.725
Dezember 08	188.725	378.725	30	0	188.725	378.725
2009	378.725	3.622.285	30	0	3.699.153	301.857
01/09-03/09	378.725	905.571	30	0	982.439	301.857
04/09-06/09	301.857	905.571	30	0	905.571	301.857
07/09-09/09	301.857	905.571	30	0	905.571	301.857
10/09-12/09	301.857	905.571	30	0	905.571	301.857

Abbildung 292: Vorsteuer bei der Produktion und Handel GmbH

9. Schalten Sie die Tabelle *Verbindlichkeiten USt* auf die *Engineering GmbH*. In diesem Unternehmen soll die Zahlung der Zahllast quartalsmäßig erfolgen. Deswegen tragen Sie in die Spalte *Fälligkeit/Tage Umsatzsteuer* im Januar 2008 eine 90 ein, im Februar 2008 eine 60, im März 2008 eine 30. Das führt dazu, dass der Professional Planner die Werte aus dem Januar, Februar und März kumuliert und im März bezahlt. Die Eingabe wiederholen Sie auch für die Monate April 2008, Mai 2008 und Juni 2008 usw. Da das Jahr 2009 nur aus Quartalen besteht tragen Sie in die Spalte *Fälligkeit/Tage Umsatzsteuer* nur die 90 ein. Dadurch wird die Umsatzsteuer quartalsmäßig bezahlt.

Verbindlichkeiten USt

SonnenscheinPlan: Sonnenschein Gruppe/Engineering GmbH

Engineering GmbH	Anfangsbestand	Zugang	Fälligkeit/Tage Umsatzsteuer	Korrektur Bezahlung	Zahlung	Endbestand
2008	0	515.710	60	0	386.356	129.354
Januar 08	0	42.821	90	0	0	42.821
Februar 08	42.821	43.419	60	0	0	86.240
März 08	86.240	43.006	30	0	0	129.246
April 08	129.246	44.257	90	0	0	44.257
Mai 08	44.257	42.903	60	0	129.246	44.257
Juni 08	87.160	41.648	30	0	0	87.160
Juli 08	128.809	41.942	90	0	0	128.809
August 08	41.942	44.402	60	0	128.809	41.942
September 08	86.344	41.957	30	0	0	86.344
Oktober 08	128.301	42.840	90	0	0	128.301
November 08	42.840	42.003	60	0	128.301	42.840
Dezember 08	84.844	44.510	30	0	0	84.844
2009	129.354	541.495	90	0	0	129.354
01/09-03/09	129.354	135.708	90	0	535.027	135.821
04/09-06/09	135.708	135.249	90	0	129.354	135.708
07/09-09/09	135.249	134.716	90	0	135.708	135.249
					135.249	134.716

Abbildung 293: Umsatzsteuer in der Engineering GmbH

10. Analog gehen Sie vor mit der Vorsteuer bei der *Engineering GmbH*.

Forderungen VSt

SonnenscheinPlan: Sonnenschein Gruppe/Engineering GmbH

Engineering GmbH	Anfangsbestand	Zugang	Fälligkeit/Tage Vorsteuer	Korrektur Bezahlung	Zahlung	Endbestand
2008	0	53.654	60	0	40.241	13.414
Januar 08	0	4.471	90	0	0	4.471
Februar 08	4.471	4.471	60	0	0	8.942
März 08	8.942	4.471	30	0	0	13.414
April 08	13.414	4.471	90	0	13.414	4.471
Mai 08	4.471	4.471	60	0	0	8.942
Juni 08	8.942	4.471	30	0	0	13.414
Juli 08	13.414	4.471	90	0	13.414	4.471
August 08	4.471	4.471	60	0	0	8.942
September 08	8.942	4.471	30	0	0	13.414
Oktober 08	13.414	4.471	90	0	13.414	4.471
November 08	4.471	4.471	60	0	0	8.942
Dezember 08	8.942	4.471	30	0	0	13.414
2009	13.414	54.728	90	0	54.459	13.682
01/09-03/09	13.414	13.682	90	0	13.414	13.682
04/09-06/09	13.682	13.682	90	0	13.682	13.682
07/09-09/09	13.682	13.682	90	0	13.682	13.682
10/09-12/09	13.682	13.682	90	0	13.682	13.682

Abbildung 294: Vorsteuer in der Engineering GmbH

Nach diesen Anpassungen können Sie sich wieder das Working Capital auf der Ebene der *Sonnenschein Gruppe* oder auch auf den einzelnen Ebenen der *Produktion und Handel GmbH* bzw. der *Engineering GmbH* anschauen. Insgesamt lässt sich sagen, dass in dieser Planung im Jahr 2008 Kapital in Höhe von 2.503.243 EUR freigesetzt wird. Es liegt vor allem an der massiven Reduktion der Produktionslagerbestände. Im Jahr 2009 werden immerhin noch 182.238 EUR aus dem Bereich des Working Capitals in dem Konzern Sonnenschein Gruppe freigesetzt.

Finanzplan

SonnenscheinPlan: Sonnenschein Gruppe

Sonnenschein Gruppe	2007	2008	2009
II. WORKING CAPITAL			
+/- Lager	5.742	168.000	72.000
03970 Lager Weichholz	-56.872	68.000	-28.000
03971 Lager Hartholz	-54.172	0	0
03972 Lager Beschichtung	60.486	0	0
03973 Lager Chemikalien	56.301	100.000	100.000
+/- Produktionslager	-16.356	2.574.234	585.854
07110 Fertige Erzeugnisse Arbeitsplatten	6.965	823.523	184.010
07111 Fertige Erzeugnisse Dekorplatten	45.902	826.707	130.820
07112 Fertige Erzeugnisse Verbundplatten	-69.223	924.005	271.024
+/- Forderungen LuL	-792.000	-181.673	-570.515
01410 Forderungen LuL Inland	-692.000	1.286.588	-293.689
01420 Forderungen LuL Ausland	-100.000	-1.468.261	-276.826
01430 Forderungen LuL (IC)	0	0	0
+/- So Forderungen	0	0	0
+/- Forderungen Vorsteuer	0	-392.139	76.600
+/- Forderungen BKK-Zinsen	0	0	0
+/- So Umlaufvermögen	0	0	0
+/- ARAP	0	0	0
+/- Verbindlichkeiten LuL	-640.172	-103.714	-19.086
01610 Verbindlichkeiten LuL	-522.348	-60.060	-19.086
01630 Verbindlichkeiten LuL (IC)	8.176	0	0
01740 Verbindlichkeiten aus Lohn und Gehalt	-126.000	-43.654	0
+/- So Verbindlichkeiten	0	0	0
01741 So Verb. Provisionen	0	0	0
01742 So Verb. Sozialvers./Steuern	0	0	0
+/- Verbindlichkeiten Umsatzsteuer	0	438.535	37.386
+/- Verbindlichkeiten BKK-Zinsen	0	0	0
+/- PRAP	0	0	0
Saldo Working Capital	**-1.442.786**	**2.503.243**	**182.238**

Abbildung 295: Working Capital nach den Anpassungen auf Gruppenebene

FINANZPLAN LANGFRISTBEREICH

Im Langfristbereich des Finanzplans sehen Sie die Wirkungen von Investitionen und Darlehen auf die Liquidität des Unternehmens. Im Punkt *Planung der Investitionen* auf der Seite *282* wurden in der Produktion und Handel GmbH 2.000.000 EUR in eine neue Maschine investiert. Der Professional Planner würde diese Investition auch als eine sofortige Auszahlung interpretieren. Da aber das Element vom Typ Anlagevermögen *00200 Sachanlagen* in den Einstellungen mit dem Element *01610 Verbindlichkeiten LuL* verbunden ist, richtet sich die Zahlung dieser Investition nach den Zahlungseinstellungen der Verbindlichkeiten. Auf diese Weise kann die Steuerung der Liquidität noch genauer erfolgen.

Finanzplan			
SonnenscheinPlan: Sonnenschein Gruppe/Produktion und Handel GmbH			
Produktion und Handel GmbH	2007	2008	2009
III. LANGFRISTBEREICH			
+/- Investitionen	0	-2.000.000	0
00100 Immaterielle Vermögensgegenstände	0	0	0
00200 Sachanlagen	0	-2.000.000	0
00300 Finanzanlagen	0	0	0
+/- Darlehen	-450.000	940.809	-75.755
01705 Darlehen KTO 232323	-450.000	0	0
01706 Darlehen KTO 858585	0	940.809	-75.755

Abbildung 296: Langfristbereich in der Produktion und Handel GmbH vor den Anpassungen

Unter den Investitionen werden die Bestandsveränderungen der Elemente vom Typ Darlehen aufgelistet. Im Punkt *Planung von Krediten* auf der Seite *287* hat die Produktion und Handel GmbH ein Annuitätendarlehen im Jahr 2008 aufgenommen. Die 940.809 EUR auf dem Element *01706 Darlehen KTO 858585* sind die 1.000.000 EUR Darlehenssumme abzüglich der Tilgungen zwischen März 2008 und Dezember 2008. Die -75.755 EUR sind die Tilgungen für das Jahr 2009. Die -450.000 EUR auf dem Element *01705 Darlehen KTO 232323* ist die Tilgung, die im Jahr 2007 geleistet wurde.

Praktische Übung

1. Öffnen Sie das Element *01705 Darlehen KTO 232323* mit dem Dokument *Darlehen*.

2. Schalten Sie die Perioden so, dass Sie die Monate des Jahres 2008 und die Quartale des Jahres 2009 sehen.

3. Stellen Sie den Cursor in die Spalte *Abbau* und markieren Sie mit gedrückter STRG – Taste die Monate März, Juni, September und Dezember im Jahr 2008 als auch die Quartale im Jahr 2009.

4. In dem Faktor [Symbolleiste 281250,00000] geben Sie die Zahl 281.250 ein und klicken auf das Gleichheitszeichen links daneben. Dadurch wird in jede markierte Zelle der Spalte *Abbau* diese Zahl eingegeben.

5. Dadurch haben Sie die Darlehenstilgung in den Jahren 2008 und 2009 manuell erfasst, statt diese automatisch wie im Punkt *Planung der Investitionen* auf der Seite *282* vom Kreditelement errechnen zu lassen.

Darlehen

SonnenscheinPlan: Sonnenschein Gruppe/Produktion und Handel GmbH/01705 Darlehen KTO 232323

01705 Darlehen KTO 232323	Anfangsbestand	Zuordnungen	Aufbau	Abbau	Umbuchungen	BVA	Endbestand
2008	2.250.000	0	0	1.125.000	0	-1.125.000	1.125.000
Januar 08	2.250.000	0	0	0	0	0	2.250.000
Februar 08	2.250.000	0	0	0	0	0	2.250.000
März 08	2.250.000	0	0	281.250	0	-281.250	1.968.750
April 08	1.968.750	0	0	0	0	0	1.968.750
Mai 08	1.968.750	0	0	0	0	0	1.968.750
Juni 08	1.968.750	0	0	281.250	0	-281.250	1.687.500
Juli 08	1.687.500	0	0	0	0	0	1.687.500
August 08	1.687.500	0	0	0	0	0	1.687.500
September 08	1.687.500	0	0	281.250	0	-281.250	1.406.250
Oktober 08	1.406.250	0	0	0	0	0	1.406.250
November 08	1.406.250	0	0	0	0	0	1.406.250
Dezember 08	1.406.250	0	0	281.250	0	-281.250	1.125.000
2009	1.125.000	0	0	1.125.000	0	-1.125.000	0
01/09-03/09	1.125.000	0	0	281.250	0	-281.250	843.750
04/09-06/09	843.750	0	0	281.250	0	-281.250	562.500
07/09-09/09	562.500	0	0	281.250	0	-281.250	281.250
10/09-12/09	281.250	0	0	281.250	0	-281.250	0

Abbildung 297: Manuelle Erfassung einer Darlehnstilgung

Der Finanzplan zeigt uns sofort die Tilgung in Höhe von 1.125.000 EUR in den Jahren 2008 und 2009. Der Saldo Langfristbereich informiert uns dass der Produktion und Handel GmbH mit den negativen Zahlen flüssige Mittel an dieser Stelle entzogen werden.

Finanzplan

SonnenscheinPlan: Sonnenschein Gruppe/Produktion und Handel GmbH

Produktion und Handel GmbH	2007	2008	2009
III. LANGFRISTBEREICH			
+/- Investitionen	0	-2.000.000	0
00100 Immaterielle Vermögensgegenstände	0	0	0
00200 Sachanlagen	0	-2.000.000	0
00300 Finanzanlagen	0	0	0
+/- Darlehen	-450.000	-184.191	-1.200.755
01705 Darlehen KTO 232323	-450.000	-1.125.000	-1.125.000
01706 Darlehen KTO 858585	0	940.809	-75.755
Saldo Langfristbereich	**-450.000**	**-2.184.191**	**-1.200.755**

Abbildung 298: Langfristbereich in der Produktion und Handel GmbH nach den Anpassungen

FINANZPLAN EIGENTÜMERSPHÄRE

In der Eigentümersphäre werden die Bestandsveränderungen auf den Eigenkapitalelementen dargestellt. Typischerweise sehen Sie in diesem Bereich Kapitalerhöhungen oder Kapitalausschüttungen sowie Umbuchungen von Werten zwischen den Eigenkapitalkonten.

Finanzplan			
SonnenscheinPlan: Sonnenschein Gruppe/Produktion und Handel GmbH			
Produktion und Handel GmbH	2007	2008	2009
IV. EIGENTÜMERSPHÄRE			
+/- Eigenkapital	33.946	0	0
00800 Stammkapital	0	0	0
00810 Kapitalrücklage	49.274	0	0
00820 Gewinnrücklage	-15.328	0	0
+/- Ergebnisverwendungen	0	0	0

Abbildung 299: Eigentümersphäre bei der Produktion und Handel GmbH vor den Anpassungen

UMBUCHUNG - PASSIVTAUSCH

Praktische Übung

1. Öffnen Sie das Element *00820 Gewinnrücklage* in der *Produktion und Handel GmbH* mit dem Dokument *Eigenkapital*.

2. Öffnen Sie das Dokument *Ergebnisverwendung* aus dem Verzeichnis *Datenerfassung* des Dokumentenbaums und schalten Sie es auf die *Produktion und Handel GmbH*.

3. Schalten Sie die Perioden in beiden Dokumenten so, dass Sie die Monate des Jahres 2008 und die Quartale des Jahres 2009 sehen.

4. Wechseln Sie zu dem Dokument *Ergebnisverwendung*, stellen Sie den Cursor in die Spalte *Umbuchungen* im Januar 2008 und geben Sie — 300.000 EUR ein. Stellen Sie den Cursor in der gleichen Spalte in das erste Quartal des Jahres 2008 und erfassen Sie — 400.000 EUR.

Ergebnisverwendung

SonnenscheinPlan: Sonnenschein Gruppe/Produktion und Handel GmbH

Produktion und Handel GmbH	Anfangsbestand	Ergebnis nach Steuern	Auszahlung	Umbuchungen	BVA	Endbestand
2008	10.255.376	3.221.018	0	-300.000	2.921.018	13.176.394
Januar 08	10.255.376	279.899	0	-300.000	-20.101	10.235.276
Februar 08	10.235.276	279.899	0	0	279.899	10.515.175
März 08	10.515.175	266.026	0	0	266.026	10.781.201
April 08	10.781.201	266.047	0	0	266.047	11.047.249
Mai 08	11.047.249	266.068	0	0	266.068	11.313.317
Juni 08	11.313.317	266.089	0	0	266.089	11.579.407
Juli 08	11.579.407	266.111	0	0	266.111	11.845.517
August 08	11.845.517	266.132	0	0	266.132	12.111.649
September 08	12.111.649	266.154	0	0	266.154	12.377.803
Oktober 08	12.377.803	266.175	0	0	266.175	12.643.978
November 08	12.643.978	266.197	0	0	266.197	12.910.175
Dezember 08	12.910.175	266.219	0	0	266.219	13.176.394
2009	13.176.394	4.296.800	0	-400.000	3.896.800	17.073.194
01/09-03/09	13.176.394	1.073.894	0	-400.000	673.894	13.850.288
04/09-06/09	13.850.288	1.074.096	0	0	1.074.096	14.924.384
07/09-09/09	14.924.384	1.074.301	0	0	1.074.301	15.998.684
10/09-12/09	15.998.684	1.074.510	0	0	1.074.510	17.073.194

Abbildung 300: Umbuchung auf der Ergebnisseite

5. Wechseln Sie zu dem geöffneten Dokument *Eigenkapital*, dass auf das Element *00820 Gewinnrücklage* der *Produktion und Handel GmbH* geschaltet ist und erfassen Sie in der Spalte *Umbuchungen* im Januar 2008 +300.000 EUR und im ersten Quartal 2009 +400.000 EUR.

Eigenkapital

SonnenscheinPlan: Sonnenschein Gruppe/Produktion und Handel GmbH/00820 Gewinnrücklage

00820 Gewinnrücklage	Anfangsbestand	Zuordnungen	Aufbau	Abbau	Umbuchungen	BVA	Endbestand
2008	133.701	0	0	0	300.000	300.000	433.701
Januar 08	133.701	0	0	0	300.000	300.000	433.701
Februar 08	433.701	0	0	0	0	0	433.701
März 08	433.701	0	0	0	0	0	433.701
April 08	433.701	0	0	0	0	0	433.701
Mai 08	433.701	0	0	0	0	0	433.701
Juni 08	433.701	0	0	0	0	0	433.701
Juli 08	433.701	0	0	0	0	0	433.701
August 08	433.701	0	0	0	0	0	433.701
September 08	433.701	0	0	0	0	0	433.701
Oktober 08	433.701	0	0	0	0	0	433.701
November 08	433.701	0	0	0	0	0	433.701
Dezember 08	433.701	0	0	0	0	0	433.701
2009	433.701	0	0	0	400.000	400.000	833.701
01/09-03/09	433.701	0	0	0	400.000	400.000	833.701
04/09-06/09	833.701	0	0	0	0	0	833.701
07/09-09/09	833.701	0	0	0	0	0	833.701
10/09-12/09	833.701	0	0	0	0	0	833.701

Abbildung 301: Umbuchung auf der Rücklagenseite

6. Durch diesen Vorgang haben Sie einen Passivtausch zwischen zwei Eigenkapitalpositionen Gewinn und Gewinnrücklage vollzogen.

7. Im Finanzplan sehen Sie jetzt, dass das Konto *00820 Gewinnrücklage* einen Zuwachs von 300.000 EUR im Jahr 2008 und 400.000 EUR im Jahr 2009 erfahren

hat. Das *Saldo Eigentümersphäre* hat sich im Vergleich zu der *Abbildung 299: Eigentümersphäre bei der Produktion und Handel GmbH vor den Anpassungen* auf der Seite *325* nicht geändert, weil es sich bei dieser Operation nur um eine Umbuchung Passivtausch handelt.

Finanzplan			
SonnenscheinPlan: Sonnenschein Gruppe/Produktion und Handel GmbH			
Produktion und Handel GmbH	2007	2008	2009
IV. EIGENTÜMERSPHÄRE			
+/- Eigenkapital	33.946	300.000	400.000
00800 Stammkapital	0	0	0
00810 Kapitalrücklage	49.274	0	0
00820 Gewinnrücklage	-15.328	300.000	400.000
+/- Ergebnisverwendungen	0	-300.000	-400.000
Saldo Eigentümersphäre	**33.946**	**0**	**0**

Abbildung 302: Eigentümersphäre bei der Produktion und Handel GmbH nach dem Aktivtausch

TIPP

Die Umbuchungsspalten befinden sich in allen Dokumenten der Bilanzelemente. Mit Hilfe dieser Spalten können Sie Umbuchungen zwischen beliebigen Bilanzelementen vornehmen, um einen Aktivtausch, Passivtausch oder um Umbuchungen zwischen Aktiva und Passiva zu bewerkstelligen.

Die Umbuchungsspalte würden Sie z.B. auch nutzen, um die geplanten Gewinne auf ein Eigenkapitalelement *Gewinn-/Verlustvortrag* umzubuchen.

GEWINNAUSSCHÜTTUNG

Mit dem Dokument *Ergebnisverwendung* können Sie auch eine Gewinnausschüttung planen.

Praktische Übung

1. Schalten Sie das Dokument *Ergebnisverwendung* auf das Unternehmenselement *Produktion und Handel GmbH*

2. Stellen Sie den Cursor in der Spalte *Auszahlung* und geben Sie im Januar 2008 eine Gewinnausschüttung in Höhe von 3.000.000 EUR und im ersten Quartal 2009 eine Gewinnausschüttung in Höhe von 4.000.000 EUR ein.

Ergebnisverwendung

SonnenscheinPlan: Sonnenschein Gruppe/Produktion und Handel GmbH

Produktion und Handel GmbH	Anfangsbestand	Ergebnis nach Steuern	Auszahlung	Umbuchungen	BVA	Endbestand
2008	10.255.376	3.221.018	3.000.000	-300.000	-78.982	10.176.394
Januar 08	10.255.376	279.899	3.000.000	-300.000	-3.020.101	7.235.276
Februar 08	7.235.276	279.899	0	0	279.899	7.515.175
März 08	7.515.175	266.026	0	0	266.026	7.781.201
April 08	7.781.201	266.047	0	0	266.047	8.047.249
Mai 08	8.047.249	266.068	0	0	266.068	8.313.317
Juni 08	8.313.317	266.089	0	0	266.089	8.579.407
Juli 08	8.579.407	266.111	0	0	266.111	8.845.517
August 08	8.845.517	266.132	0	0	266.132	9.111.649
September 08	9.111.649	266.154	0	0	266.154	9.377.803
Oktober 08	9.377.803	266.175	0	0	266.175	9.643.978
November 08	9.643.978	266.197	0	0	266.197	9.910.175
Dezember 08	9.910.175	266.219	0	0	266.219	10.176.394
2009	10.176.394	4.296.800	4.000.000	-400.000	-103.200	10.073.194
01/09-03/09	10.176.394	1.073.894	4.000.000	-400.000	-3.326.106	6.850.288
04/09-06/09	6.850.288	1.074.096	0	0	1.074.096	7.924.384
07/09-09/09	7.924.384	1.074.301	0	0	1.074.301	8.998.684
10/09-12/09	8.998.684	1.074.510	0	0	1.074.510	10.073.194

Abbildung 303: Gewinnausschüttung bei der Produktion und Handel GmbH

3. Im Bereich der Eigentümersphäre bei der *Produktion und Handel GmbH* sehen Sie in der Zeile *Eigenkapital* die Auszahlungen plus der vorherigen Umbuchung. Im Saldo der Eigentümersphäre sehen Sie nur die geplante Ausschüttung der Jahre 2008 und 2009.

Finanzplan

SonnenscheinPlan: Sonnenschein Gruppe/Produktion und Handel GmbH

Produktion und Handel GmbH	2007	2008	2009
IV. EIGENTÜMERSPHÄRE			
+/- Eigenkapital	33.946	300.000	400.000
00800 Stammkapital	0	0	0
00810 Kapitalrücklage	49.274	0	0
00820 Gewinnrücklage	-15.328	300.000	400.000
+/- Ergebnisverwendungen	0	-3.300.000	-4.400.000
Saldo Eigentümersphäre	**33.946**	**-3.000.000**	**-4.000.000**

Abbildung 304: Eigentümersphäre bei der Produktion und Handel GmbH nach den Anpassungen

BANKKONTOKORRENT

Im letzten Teil des Finanzplans sehen Sie die Summe aus den Bereichen Cash Flow, Working Capital, Langfristbereich und Eigentümersphäre, die als *Bedarf/Überschuss* an Liquiden Mitteln dargestellt wird. Am Beispiel des bisherigen Budgets bei der Produktion und Handel GmbH aber auch bei der Engineering GmbH sehen wir, dass liquide Mittel dem Unternehmen zufließen.

Finanzplan			
SonnenscheinPlan: Sonnenschein Gruppe/Produktion und Handel GmbH			
Produktion und Handel GmbH	2007	2008	2009
Bedarf/Überschuss	185.722	1.746.225	618.508
Sollzinsen BKK	0	0	0
Habenzinsen BKK	0	0	0

Abbildung 305: BKK vor der Verzinsung

Die letzte Zeile im Finanzplan wird als *Bankkontokorrent* bezeichnet und ist eine Sammelposition für die Liquidität des Unternehmens. Alle finanzwirtschaftlichen Veränderungen werden in dieser Position ausgeglichen. Dadurch ist im Professional Planner die Bilanz immer ausgeglichen. Die so errechnete Liquidität kann noch verzinst werden.

Praktische Übung

1. Öffnen Sie das Dokument *Bankkontokorrent* aus dem Verzeichnis *Datenerfassung* des Dokumentenbaums.
2. Schalten Sie die Perioden so, dass Sie die Monate des Jahres 2008 und die Quartale des Jahres 2009 sehen.
3. Schalten Sie das Dokument auf das Unternehmenselement *Produktion und Handel GmbH*.
4. Stellen Sie den Cursor in die Spalte *Soll%* im Jahr 2008 und geben Sie 8% ein. Diese Eingabe wiederholen Sie im Jahreswert 2009 der Spalte *Soll%*.
5. Stellen Sie den Cursor in die Spalte *Haben%* im Jahr 2008 und geben Sie 0,5% ein. Diese Eingabe wiederholen Sie im Jahreswert 2009 der Spalte *Haben%*.
6. Schalten Sie das Dokument *Bankkontokorrent* auf das Unternehmenselement *Engineering GmbH*.
7. Stellen Sie den Cursor in die Spalte *Soll%* im Jahr 2008 und geben Sie 8% ein. Diese Eingabe wiederholen Sie im Jahreswert 2009 der Spalte *Soll%*.
8. Stellen Sie den Cursor in die Spalte *Haben%* im Jahr 2008 und geben Sie 0,5% ein. Diese Eingabe wiederholen Sie im Jahreswert 2009 der Spalte *Haben%*.
9. Schalten Sie das Dokument auf das Unternehmenselement *Sonnenschein Gruppe*.

Bankkontokorrent						
SonnenscheinPlan: Sonnenschein Gruppe						
Sonnenschein Gruppe	Anfangsbestand	Sollzinsen in %	Sollzinsen	Habenzinsen in %	Habenzinsen	Endbestand
2008	-202.107	8,00	74.517	0,50	3.867	1.853.565
Januar 08	-202.107	8,00	1.364	0,50	108	-2.688.932
Februar 08	-2.688.932	8,00	13.456	0,50	150	-626.141
März 08	-626.141	8,00	15.237	0,50	170	-3.157.976
April 08	-3.157.976	8,00	18.424	0,50	163	-1.587.831
Mai 08	-1.587.831	8,00	9.288	0,50	160	-432.227
Juni 08	-432.227	8,00	8.489	0,50	185	-1.265.071
Juli 08	-1.265.071	8,00	7.298	0,50	182	-49.298
August 08	-49.298	8,00	641	0,50	257	1.088.828
September 08	1.088.828	8,00	186	0,50	301	292.840
Oktober 08	292.840	8,00	133	0,50	384	1.509.271
November 08	1.509.271	0,00	0	0,50	868	2.657.782
Dezember 08	2.657.782	0,00	0	0,50	939	1.853.565
2009	1.853.565	8,00	28.657	0,50	7.446	2.755.548
01/09-03/09	1.853.565	0,00	0	0,50	2.873	-1.256.793
04/09-06/09	-1.256.793	8,00	25.281	0,50	850	62.940
07/09-09/09	62.940	8,00	3.375	0,50	1.129	1.402.877
10/09-12/09	1.402.877	0,00	0	0,50	2.594	2.755.548

Abbildung 306: Verzinsung des BKK auf Gruppenebene

Das Dokument zeigt Ihnen, dass die gesamte Sonnenscheingruppe im Jahr 2008 insgesamt 74.517 EUR und im Jahr 2009 insgesamt 28.657 EUR an Kontokorrentzinsen zahlen wird. Gleichzeitig wird das Unternehmen im Jahr 2008 insgesamt 3.867 EUR und im Jahr 2008 insgesamt 7.446 EUR an Kontokorrentzinsen einnehmen.

Die Soll- und Habenverzinsung müssen in einem integrierten Budgetierungssystem auch in der Gewinn- und Verlustrechnung als Aufwand bzw. Ertrag berücksichtigt werden. Das macht der Professional Planner automatisch.

Praktische Übung

1. Öffnen Sie die Dokumente *Gewinn und Verlust*, *Finanzplan* und *Bilanz* aus dem Verzeichnis *Datenerfassung*.
2. Stellen Sie die drei Dokumente im Menü *Fenster* nebeneinander.

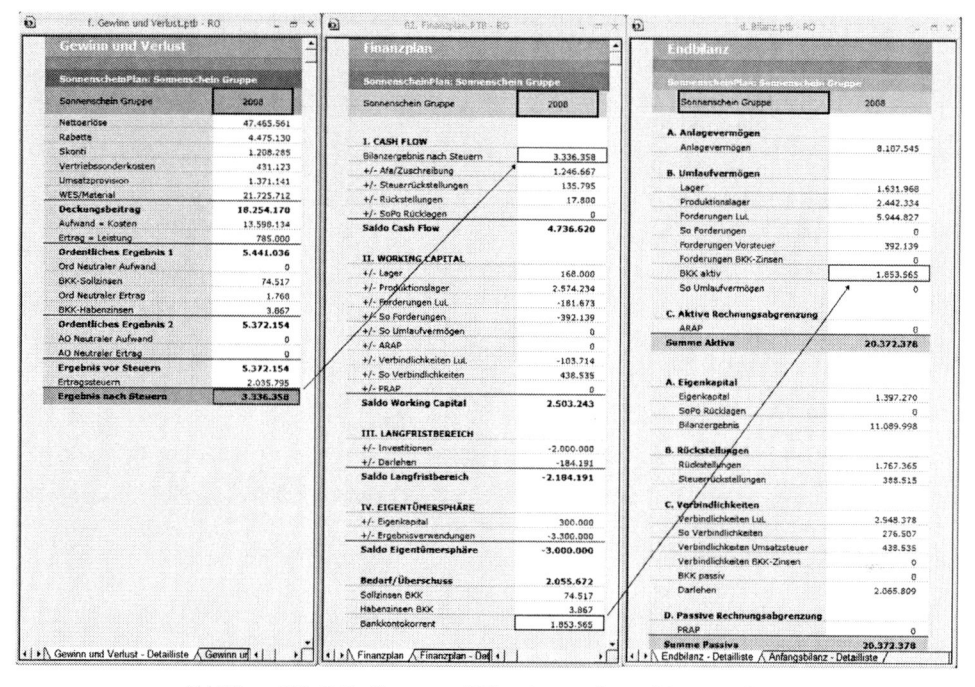

Abbildung 307: GuV-, Finanz- und Bilanzintegration auf Gruppenebene

In den drei Dokumenten können sie die Quintessenz des integrierten Budgets für die Sonnenschein Gruppe sehen.

- Das Zentrum des Budgets ist die Bilanz
- Die Bilanzergebnisposition stellt die kumulierten Ergebnisse plus den Anfangsbestand dar.
- Die GuV ist die Darstellung wie das Bilanzergebnis zustande kommt, gegliedert nach Umsatz-, Ertrags- und Aufwandsarten.
- Der Finanzplan fängt mit dem Bilanzergebnis nach Steuern an, stellt die Veränderungen der Bilanzpositionen dar und mündet in der Darstellung der sich daraus ergebenden Liquidität, die in der Bilanz wiedergefunden werden kann.

KALKULATORISCHE GRÖSSEN

Bis jetzt haben wir uns in dem Budgetierungsprozess vor allem den GuV- und Bilanzrelevanten Sachverhalten gewidmet. Alle Werte, die wir Erfasst haben, hatten auch eine Auswirkung auf die GuV und auf die Bilanz.

Es gibt jedoch auch noch den kostenrechnerischen Bereich. Hierbei handelt es sich um Zusatzkosten und Zusatzleistungen, oder sog. Umlagen des Ertrags-oder Aufwandes auf andere organisatorische Einheiten eines Unternehmens.

(i) INFO

Der gesamte Aufwand der Kostenstelle Verwaltung soll in der *Produktion und Handel GmbH* auf die Filialen Düsseldorf, München und Köln umgelegt werden. Dabei werden die Filialen gleichmäßig mit den Kosten der Verwaltung belastet und die Verwaltung wird gleichzeitig um diese Kosten entlastet.

Derartige Umlagen können mit Hilfe der Strukturelemente *Kalkulatorische Kosten* realisiert werden. Die Werte dieser Umlagen werden nicht in der GuV, sondern nur im Betriebsergebnis berücksichtig.

Praktische Übung

Umlagen

1. Klicken Sie mit der rechten Maustaste auf das Element *Verwaltung* in der *Produktion und Handel GmbH* und wählen Sie den Punkt *Element anlegen...* aus dem Kontextmenü.

2. Wähen Sie den Elementtyp *Kalk. Kosten* und bestätigen Sie mit OK.

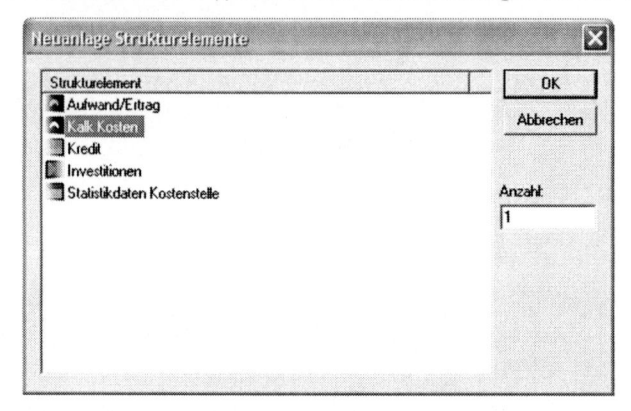

Abbildung 308: Kalkulatorisches Element anlegen

3. Das neu entstandene kalkulatorische Element nennen Sie *Entlastung Verwaltung*.

4. Öffnen Sie das Element mit dem Dokument *Kosten*, über das Kontextmenü der rechten Maustaste und schalten Sie zu der Tabelle *Einstellungen*. Stellen Sie die Erfolgswirkung auf die Option *Interne Minderung* um.

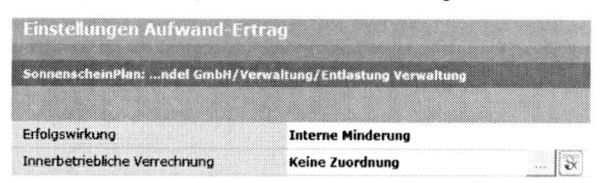

Abbildung 309: Kalkulatorisches Element einstellen

5. Klicken Sie mit der rechten Maustaste auf das Element *Filiale Düsseldorf* und wählen Sie den Punkt *Element anlegen...* aus dem Kontextmenü.

6. Wähen Sie den Elementtyp *Kalk. Kosten* und bestätigen Sie mit OK.

7. Das neu entstandene kalkulatorische Element nennen Sie *Belastung Verwaltung*.

8. Schalten Sie das Dokument *Kosten* auf das kalkulatorische Element und stellen Sie die Erfolgswirkung auf *Interne Belastung*.

9. Klicken Sie auf den Schalter mir den drei Punkten rechts neben der Zeile *Innerbetriebliche Verrechnung*. Ein Dialogfeld mit der Struktur geht auf. Öffnen Sie die Kostenstelle Verwaltung, indem Sie auf das Pluszeichen neben dem Kostenstellenelement anklicken und wählen Sie das zuvor angelegte Element *Entlastung Verwaltung*. Bestätigen Sie bitte mit OK. Die beiden Elemente wurden dadurch miteinander verknüpft. Was immer Sie auf dem Element *Belastung Verwaltung* erfassen, das wird auf dem Element *Entlastung Verwaltung* gespiegelt. Durch die Einstellungen der Erfolgswirkung entscheiden Sie, ob die Werte zu dem Betriebsergebnis addiert oder vom Betriebsergebnis subtrahiert werden.

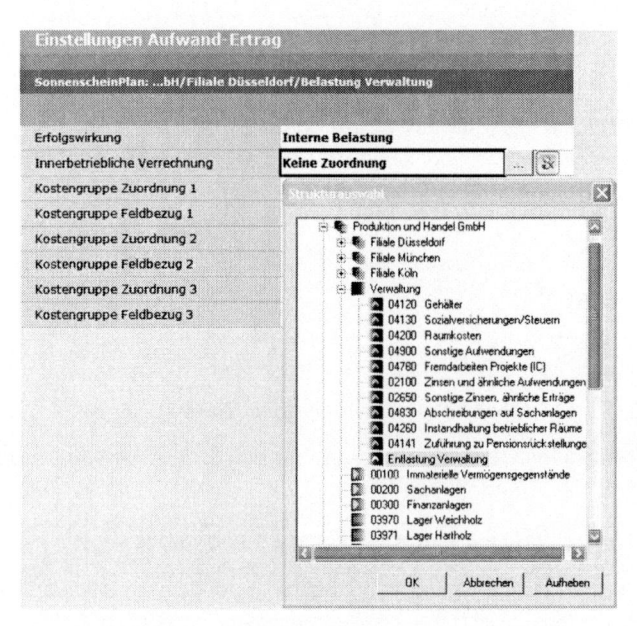

Abbildung 310: Innerbetriebliche Verrechnung verknüpfen

10. Klicken Sie mit der rechten Maustaste auf das Element *Belastung Verwaltung* in der Filiale Düsseldorf und wählen Sie den Punkt *Element kopieren* aus dem Kontextmenü.

11. Klicken Sie mit der rechnen Maustaste auf die *Filiale München* und wählen Sie den Punkt *Element einfügen* aus dem Kontextmenü.

12. Klicken Sie mit der rechnen Maustaste auf die *Filiale Köln* und wählen Sie den Punkt *Element einfügen* aus dem Kontextmenü.

13. Als Ergebnis haben Sie jetzt in den Filialen je ein Element *Belastung Verwaltung* und in der Kostenstelle Verwaltung haben Sie das Element *Entlastung Verwaltung*.

```
⊟ 🔵 SonnenscheinPlan
  ⊟ 🞿 Sonnenschein Gruppe
    ⊟ 🞿 Produktion und Handel GmbH
      ⊟ 🞿 Filiale Düsseldorf
          08210  Arbeitsplatten
          08220  Dekorplatten
          08230  Verbundplatten
          04120  Gehälter
          04130  Sozialversicherungen/Steuern
          04200  Raumkosten
          04900  Sonstige Aufwendungen
          Belastung Verwaltung
      ⊟ 🞿 Filiale München
          08210  Arbeitsplatten
          08220  Dekorplatten
          08230  Verbundplatten
          04120  Gehälter
          04130  Sozialversicherungen/Steuern
          04200  Raumkosten
          04900  Sonstige Aufwendungen
          Belastung Verwaltung
      ⊟ 🞿 Filiale Köln
          Produktion Arbeitsplatten
          Produktion Dekorplatten
          Produktion Verbundplatten
          04920  Fertigungskontrolle (FGK)
          04910  Lagerhaltung (MGK)
          04120  Gehälter
          04130  Sozialversicherungen/Steuern
          04200  Raumkosten
          04900  Sonstige Aufwendungen
          Belastung Verwaltung
          Kredit
          Maschine
    ⊟ ■ Verwaltung
          04120  Gehälter
          04130  Sozialversicherungen/Steuern
          04200  Raumkosten
          04900  Sonstige Aufwendungen
          04780  Fremdarbeiten Projekte (IC)
          02100  Zinsen und ähnliche Aufwendun
          02650  Sonstige Zinsen, ähnliche Erträg
          04830  Abschreibungen auf Sachanlage
          04260  Instandhaltung betrieblicher Rä
          04141  Zuführung zu Pensionsrückstell.
          Entlastung Verwaltung
```

Abbildung 311: Kalkulatorische Belastungs- und Entlastungselemente

Im nächsten Schritt schauen wir uns an wie viel Aufwand aus der Kostenstelle Verwaltung auf die Profitcenter Düsseldorf, München und Köln umgelegt werden soll.

🖳 Praktische Übung

1. Öffnen Sie das Dokument *Betriebsergebnis* aus dem Verzeichnis *Ergebnisse* des Dokumentenbaums.

2. Schalten Sie das Dokument auf die Kostenstelle *Verwaltung*.

3. Schalten Sie die Perioden so, dass Sie die Jahre 2008 und 2009 sehen.

4. Auf der Ebene der Kostenstelle Verwaltung werden die aufwandsgleichen Kosten, Ertragsgleichen Leistungen, Zusatzkosten, Zusatzleistungen und die interne

Verrechnungen dargestellt. Bitte beachten Sie, dass die neutralen und außerordentlich neutralen Aufwendungen und Erträge nicht zum Betriebsergebnis dazugehören. Unter der Zeile *Interne Verrechnungen* sehen Sie das Element *Entlastung Verwaltung*, das Sie zuvor angelegt haben. Die Detailkonten sehen Sie natürlich nur, wenn Sie die den Schalter *Detailliste Anzeigen (F7)* eingeschaltet haben.

Betriebsergebnis

SonnenscheinPlan: Sonnenschein Gruppe/Produktion und Handel GmbH/

Verwaltung	2008	2009
Aufwand = Kosten	3.794.760	3.862.647
02100 Zinsen und ähnliche Aufwendungen	56.451	63.015
04120 Gehälter	889.200	889.200
04130 Sozialversicherungen/Steuern	592.800	592.800
04141 Zuführung zu Pensionsrückstellungen	22.800	22.800
04200 Raumkosten	244.800	249.696
04260 Instandhaltung betrieblicher Räume	367.200	374.544
04780 Fremdarbeiten Projekte (IC)	315.000	330.750
04830 Abschreibungen auf Sachanlagen	1.126.667	1.160.000
04900 Sonstige Aufwendungen	179.842	179.842
Ertrag = Leistung	0	0
Zusatzkosten	0	0
Zusatzleistungen	0	0
Interne Verrechnung	0	0
Entlastung Verwaltung	0	0
Betriebsergebnis	**-3.794.760**	**-3.862.647**

Abbildung 312: Das Betriebsergebnis auf der Ebene der Kostenstelle Verwaltung

5. Das Betriebsergebnis zeigt uns dass wir im Jahr 2008 den Wert 3.794.760 EUR und im Jahr 2009 den Wert 3.862.647 EUR an Kosten über die drei Filialen zu verteilen haben.

6. Schalten Sie das zuvor geöffnete Dokument *Kosten* auf das Element *Belastung Verwaltung* in der Filiale Düsseldorf und markieren Sie die Spalte *Preis* in den Monaten im Jahr 2008 und den Quartalen im Jahr 2009.

7. Geben Sie im Fenster *Faktor* ⊕⊖⊗⊘⊜ 3,00000000 eine 3 ein und klicken Sie auf das Divisionszeichen links neben der Zahl. Dadurch wird der Preis 0,33 erreicht.

8. Wenn Sie jetzt im Jahr 2008 den Wert 3.794.760 EUR und im Jahr 2009 den Wert 3.862.647 EUR in der Spalte *Menge* erfassen, wird diese mit dem Preis 0,33 multipliziert und Sie erhalten genau 1/3 der Belastung der Kostenstelle *Verwaltung* in dem kalkulatorischen Element in der Filiale Düsseldorf.

Belastung Verwaltung	Menge	Preis	Nettowert
2008	3.794.760	0,33	1.264.919,88
Januar 08	316.230	0,33	105.409,99
Februar 08	316.230	0,33	105.409,99
März 08	316.230	0,33	105.409,99
April 08	316.230	0,33	105.409,99
Mai 08	316.230	0,33	105.409,99
Juni 08	316.230	0,33	105.409,99
Juli 08	316.230	0,33	105.409,99
August 08	316.230	0,33	105.409,99
September 08	316.230	0,33	105.409,99
Oktober 08	316.230	0,33	105.409,99
November 08	316.230	0,33	105.409,99
Dezember 08	316.230	0,33	105.409,99
2009	3.862.647	0,33	1.287.549,02
01/09-03/09	965.662	0,33	321.887,26
04/09-06/09	965.662	0,33	321.887,26
07/09-09/09	965.662	0,33	321.887,26
10/09-12/09	965.662	0,33	321.887,26

Abbildung 313: Umlage von einem Drittel der Verwaltungskosten auf der Filiale Düsseldorf

9. Wiederholen Sie die Schritte 6 bis 8 auch auf den Elementen *Belastung Verwaltung* in der Filiale München und Köln.

10. Wenn Sie anschließend das Dokument *Kosten* auf das Element *Entlastung Verwaltung* in der Kostenstelle *Verwaltung* schalten, werden sie die die Werte aus den Belastungen der Filialen in der Spalte *Wert aus Zuordnung* sehen. Diese Werte werden diesem Element zugeordnet, weil es Verknüpfungen zwischen den Belastungselementen der Filialen und dem Entlastungselement der Kostenstelle gibt.

Aufwand-Ertrag				
SonnenscheinPlan: ...ndel GmbH/Verwaltung/Entlastung Verwaltung				
Entlastung Verwaltung	Menge	Preis	Nettowert	Wert aus Zuordnung
2008	3.794.760	1,00	3.794.760,00	3.794.760,00
Januar 08	316.230	1,00	316.230,00	316.230,00
Februar 08	316.230	1,00	316.230,00	316.230,00
März 08	316.230	1,00	316.230,00	316.230,00
April 08	316.230	1,00	316.230,00	316.230,00
Mai 08	316.230	1,00	316.230,00	316.230,00
Juni 08	316.230	1,00	316.230,00	316.230,00
Juli 08	316.230	1,00	316.230,00	316.230,00
August 08	316.230	1,00	316.230,00	316.230,00
September 08	316.230	1,00	316.230,00	316.230,00
Oktober 08	316.230	1,00	316.230,00	316.230,00
November 08	316.230	1,00	316.230,00	316.230,00
Dezember 08	316.230	1,00	316.230,00	316.230,00
2009	3.862.647	1,00	3.862.647,00	3.862.647,00
01/09-03/09	965.662	1,00	965.661,75	965.661,75
04/09-06/09	965.662	1,00	965.661,75	965.661,75
07/09-09/09	965.662	1,00	965.661,75	965.661,75
10/09-12/09	965.662	1,00	965.661,75	965.661,75

Abbildung 314: Zuordnung der Belastungen auf das Entlastungselement

Wenn Sie auf das *Betriebsergebnis* auf der Ebene der *Produktion und Handel GmbH* die Schalter *Tabelle drehen* und *Drillen nächste Ebene* anwenden, dann können Sie im unteren Bereich sehen, wie sich die Umlagen auswirken.

Betriebsergebnis						
SonnenscheinPlan: Sonnenschein Gruppe/Produktion und Handel GmbH						
2008		Produktion und Handel GmbH	Filiale Düsseldorf	Filiale München	Filiale Köln	Verwaltung
	Belastung Verwaltung	3.794.760	1.264.920	1.264.920	1.264.920	0
	Entlastung Verwaltung	-3.794.760	0	0	0	-3.794.760
Betriebsergebnis		5.215.960	4.527.739	4.382.377	-3.694.156	0

Abbildung 315: Interne Verrechnung im Betriebsergebnis

Die Filialen wurden mit den internen Kosten belastet und die Verwaltung wurde von allen aufwandsgleichen Kosten entlastet und weist ein Betriebsergebnis von 0 EUR auf.

Sie können sich auch die Überleitung zwischen dem Betriebsergebnis zu der GuV anschauen. In dem Dokument *Betriebsergebnis* schalten Sie auf die Tabelle *Gewinn und Verlust Überleitung – Detailliste*. Wie in der *Abbildung 316: Überleitung des Betriebsergebnisses zu der GuV auf der Seite 339* dargestellt werden zuerst von dem Deckungsbeitrag zuerst die *Fixkosten* subtrahiert. Die Fixkosten sind die Differenz zwischen den aufwandsgleichen Kosten und ertragsgleichen Leistungen aus der GuV. Die ertragsgleichen Leistungen in der GuV in Höhe von 780.000 EUR sind durch die Produktionselemente entstanden, die wir im Punkt *Planung der Produktion* auf der Seite *270* behandelt haben. Es sind noch mal zu Erinnerung die Material- und Fertigungsgemeinkosten, die in der GuV wieder durch die Aufwand/Ertragselementen *04910 Lagerhaltung (MGK)* und *04920 Fertigungskontrolle (FGK)* abgezogen werden.

Das *ordentliche Ergebnis 1* wird durch die Berücksichtigung der kalkulatorischen Zusatzkosten, Zusatzleistungen und der internen Verrechnungen ermittelt.

Das *Ergebnis vor Steuern* wird durch die Berücksichtigung der ordentlich neutralen Größen, der BKK Zinsen und der außerordentlich neutralen Größen ermittelt. Nach dem Abzug der Steuern kommt man zum *Ergebnis nach Steuern*.

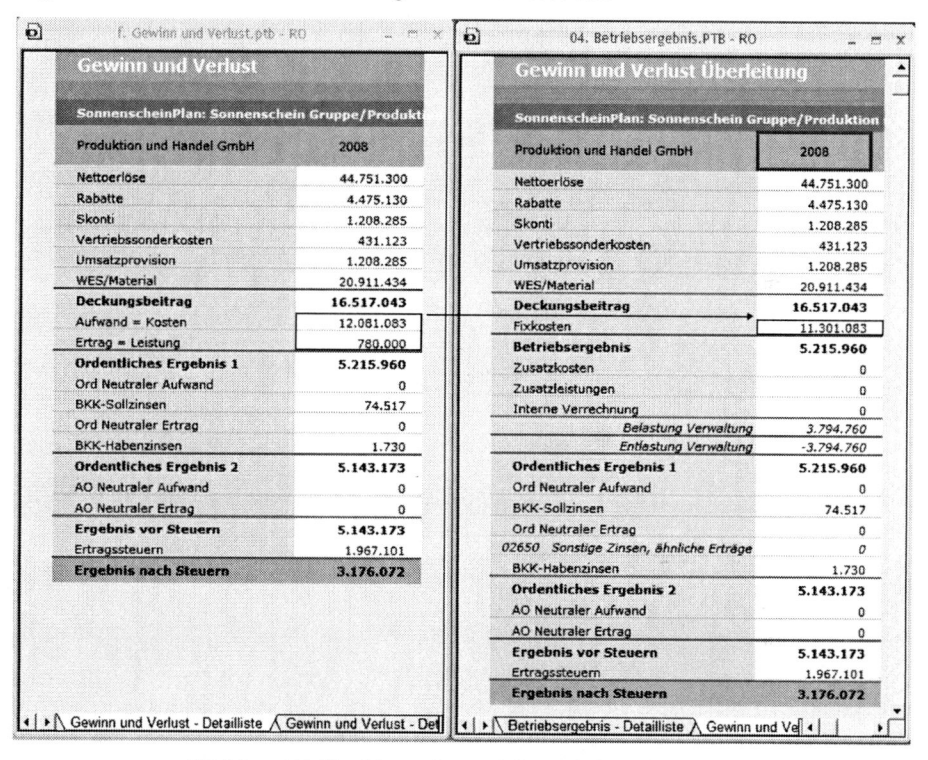

Gewinn und Verlust		Gewinn und Verlust Überleitung	
SonnenscheinPlan: Sonnenschein Gruppe/Produktion		SonnenscheinPlan: Sonnenschein Gruppe/Produktion	
Produktion und Handel GmbH	2008	Produktion und Handel GmbH	2008
Nettoerlöse	44.751.300	Nettoerlöse	44.751.300
Rabatte	4.475.130	Rabatte	4.475.130
Skonti	1.208.285	Skonti	1.208.285
Vertriebssonderkosten	431.123	Vertriebssonderkosten	431.123
Umsatzprovision	1.208.285	Umsatzprovision	1.208.285
WES/Material	20.911.434	WES/Material	20.911.434
Deckungsbeitrag	**16.517.043**	**Deckungsbeitrag**	**16.517.043**
Aufwand = Kosten	12.081.083	Fixkosten	11.301.083
Ertrag = Leistung	780.000	**Betriebsergebnis**	**5.215.960**
Ordentliches Ergebnis 1	**5.215.960**	Zusatzkosten	0
Ord Neutraler Aufwand	0	Zusatzleistungen	0
BKK-Sollzinsen	74.517	Interne Verrechnung	0
Ord Neutraler Ertrag	0	Belastung Verwaltung	3.794.760
BKK-Habenzinsen	1.730	Entlastung Verwaltung	-3.794.760
Ordentliches Ergebnis 2	**5.143.173**	**Ordentliches Ergebnis 1**	**5.215.960**
AO Neutraler Aufwand	0	Ord Neutraler Aufwand	0
AO Neutraler Ertrag	0	BKK-Sollzinsen	74.517
Ergebnis vor Steuern	**5.143.173**	02650 Sonstige Zinsen, ähnliche Erträge	0
Ertragssteuern	1.967.101	BKK-Habenzinsen	1.730
Ergebnis nach Steuern	**3.176.072**	**Ordentliches Ergebnis 2**	**5.143.173**
		AO Neutraler Aufwand	0
		AO Neutraler Ertrag	0
		Ergebnis vor Steuern	**5.143.173**
		Ertragssteuern	1.967.101
		Ergebnis nach Steuern	**3.176.072**

Abbildung 316: Überleitung des Betriebsergebnisses zu der GuV

Durch die Nutzung der kalkulatorischen Elemente können auch **Anderskosten** dargestellt werden wie z.B. die kalkulatorische Afa, die von der bilanziellen Afa abweicht. Über die kalkulatorischen Elemente kann man auch Kostenträger darstellen, wenn die GuV Planung sonst nach Kostenstellen und Kostenarten gegliedert ist.

MANAGEMENTKONSOLIDIERUNG

Der Professional Planner Finance ist eine Budgetierungssoftware. Die Fähigkeit eine integrierte Erfolgs-, Finanz- und Bilanzplanung abzubilden ist die größte Stärke des Systems. Im Standard funktioniert die Planung bestens mit einem Unternehmen. In der Realität finden wir jedoch immer mehr Konzernstrukturen, in denen Unternehmen vollkommen oder zu einem gewissen Teil zu anderen Unternehmen gehören. Dementsprechend ist auch die wachsende Anforderung an die Konsolidierung der Unternehmenszahlen. Für die Konsolidierungszwecke gibt es eine ganze Reihe von speziellen Softwarelösungen, die bestens für die Voll- Quoten oder Kapitalkonsolidierung ausgestattet sind. Diese Softwarepakete sollten für die legale Konsolidierung der Ist-Zahlen oder auch Plan-Zahlen genutzt werden.

Unser Beispiel der *Sonnenschein Gruppe* besteht aus zwei Unternehmen: *Produktion und Handel GmbH* und der *Engineering GmbH*. In diesem Kapitel zeigen wir Ihnen eine einfache Möglichkeit der Managementkonsolidierung. Sie bezieht sich vor allem auf die Eliminierung der Intercompany Zahlen und der Darstellung einer konsolidierten GuV und Bilanz.

ⓘ INFO

Zur Erinnerung sei noch mal hingewiesen, dass die *Engineering GmbH* gewisse Projekte bei der *Produktion und Handel GmbH* durchführt. Dafür wurde das Element *08245 Umsatzerlöse Projekte (IC)* in der Filiale Hamburg angelegt. Die Umsätze wurden bei der Erstellung der Struktur mit dem Element *01430 Forderungen LuL (IC)* verbunden. Auf diese Weise können wir unterscheiden, welche Größen im Zuge der Konsolidierung eliminiert werden müssen, um in der Konzerndarstellung der GuV und Bilanz die internen Leistungen auszurechnen.

In der *Produktion und Handel GmbH* befinden sich Elemente, auf denen die internen Aufwendungen und daraus entstehende Verbindlichkeiten aufgenommen werden. Es sind die Elemente *04780 Fremdarbeiten Projekte (IC)* in der Kostenstelle *Verwaltung* und *01630 Verbindlichkeiten LuL (IC)*. An dieser Stelle wird klar, dass während der Budgetierung darauf geachtet werden muss, dass wenn innerhalb eines Konzerns das Unternehmen A einen Verkauf an Unternehmen B in Höhe von 100.000 EUR plant, dann sollte auch das Unternehmen B von Unternehmen A einen Aufwand in Höhe von 100.000 EUR planen, damit die Eliminierung funktioniert. In den Budgetierungssystemen wie dem Professional Planner wird meistens ein bestimmtes Work Flow vereinbart, nach dem entweder der Verkäufer dem Käufer oder der Käufer der Verkäufer die Werte diktiert. So etwas wird auch als *Leader/Followers Prinzip* bezeichnet.

📟 Praktische Übung

1. Öffnen Sie das Element *Sonnenschein Gruppe* mit dem Dokument *Gewinn und Verlust*.
2. Schalten Sie die so, dass Sie die Jahre 2008 und 2009 sehen.
3. Aktivieren Sie die Detailliste in der Tabelle *Gewinn und Verlust Detailliste Umsatz* oder drücken Sie die F7 Taste.
4. Im Bereich der Umsatzerlöse sehen Sie das Element *08245 Umsatzerlöse Projekte (IC)* aus der Engineering GmbH. Im Bereich der aufwandsgleichen Kosten sehen Sie das Element *04780 Fremdarbeiten Projekte (IC)*, die sich im Wert exakt entsprechen.

Gewinn und Verlust		
SonnenscheinPlan: Sonnenschein Gruppe		
Sonnenschein Gruppe	2008	2009
Nettoerlöse	47.465.561	52.076.404
08210 Arbeitsplatten	14.360.500	15.796.550
08220 Dekorplatten	15.254.250	16.779.675
08230 Verbundplatten	15.136.550	16.650.205
08240 Umsatzerlöse Projekte Dritte	2.399.261	2.519.224
08245 Umsatzerlöse Projekte (IC)	315.000	330.750
Rabatte	4.475.130	4.922.643
Skonti	1.208.285	1.329.114
Vertriebssonderkosten	431.123	474.235
Umsatzprovision	1.371.141	1.500.112
WES/Material	21.725.712	23.679.646
Deckungsbeitrag	**18.254.170**	**20.170.654**
Aufwand = Kosten	13.598.134	13.713.546
02100 Zinsen und ähnliche Aufwendungen	57.270	63.850
04120 Gehälter	5.177.232	5.190.598
04130 Sozialversicherungen/Steuern	3.451.488	3.460.399
04141 Zuführung zu Pensionsrückstellungen	22.800	22.800
04200 Raumkosten	1.285.200	1.310.904
04260 Instandhaltung betrieblicher Räume	379.440	387.029
04780 Fremdarbeiten Projekte (IC)	315.000	330.750
04830 Abschreibungen auf Sachanlagen	1.246.667	1.280.000
04900 Sonstige Aufwendungen	883.037	887.216
04910 Lagerhaltung (MGK)	420.000	420.000
04920 Fertigungskontrolle (FGK)	360.000	360.000
Ertrag = Leistung	785.000	785.500
04142 Reduktion der Pensionsrückstellungen	5.000	5.500
Ordentliches Ergebnis 1	**5.441.036**	**7.242.608**

Abbildung 317: Summen GuV Sonnenschein Gruppe vor der Eliminierung

5. Öffnen Sie das Element *Sonnenschein Gruppe* mit dem Dokument *Bilanz*.
6. Schalten Sie die Perioden so, dass Sie die Jahre 2008 und 2009 sehen.
7. Aktivieren Sie die Detailliste in der Tabelle *Endbilanz – Detailliste*.

Endbilanz		
SonnenscheinPlan: Sonnenschein Gruppe		
Sonnenschein Gruppe	2008	2009
Forderungen LuL	5.944.827	6.515.342
01410 Forderungen LuL Inland	3.152.210	3.445.899
01420 Forderungen LuL Ausland	2.768.261	3.045.087
01430 Forderungen LuL (IC)	24.356	24.356

Endbilanz		
SonnenscheinPlan: Sonnenschein Gruppe		
Sonnenschein Gruppe	2008	2009
Verbindlichkeiten LuL	2.948.378	2.929.292
01610 Verbindlichkeiten LuL	2.637.226	2.618.139
01630 Verbindlichkeiten LuL (IC)	297.152	297.152
01740 Verbindlichkeiten aus Lohn und Gehalt	14.000	14.000

Abbildung 318: Forderungen und Verbindlichkeiten in der Summenbilanz vor der Eliminierung

8. In dem Bereich der Forderungen LuL und Verbindlichkeiten LuL der Summenbilanz auf der Ebene der *Sonnenschein Gruppe* sehen Sie die Elemente *01430 Forderungen LuL (IC)* aus der Engineering GmbH und *01630 Verbindlichkeiten LuL (IC)* aus der Produktion und Handel GmbH.

9. Sowohl die internen Umsätze und Aufwendungen in der GuV wie auch die Forderungen und Verbindlichkeiten in der Bilanz müssen eliminiert werden, um eine konsolidierte Konzern GuV und Bilanz zu erhalten.

Der Professional Planner summiert immer alle Werte in der Struktur und in den Perioden auf höher gelegenen Elementen. Auf der Ebene der Sonnenschein Gruppe sehen Sie die Summenbilanz und die Summen - GuV. Dieser Logik entsprechend kann man ein zusätzliches Unternehmenselement erstellen. Dieses Element hat die Funktion eines Konsolidierungsmandanten. In diesem Konsolidierungsmandanten werden die Intercompany Werte mit einem umgekehrten Vorzeichen gespiegelt, damit sie sich in der Summendarstellung zu einer 0 addieren.

Praktische Übung

1. Klicken Sie mit der rechten Maustaste auf das Unternehmenselement *Sonnenschein Gruppe* und wählen Sie den Punkt *Element anlegen...* aus dem Kontextmenü.

2. Wählen Sie ein Unternehmenselement und benennen Sie es in *Konsolidierungsmandant* um.

3. Kopieren Sie die Elemente *04780 Fremdarbeiten Projekte (IC)* und *01630 Verbindlichkeiten LuL (IC)* aus der Produktion und Handel GmbH samt ihrer Werte in das Element *Konsolidierungsmandant*.

4. Kopieren Sie ebenfalls die Elemente *08245 Umsatzerlöse Projekte (IC)* und *01430 Forderungen LuL (IC)* aus der Engineering GmbH samt ihrer Werte in das Element *Konsolidierungsmandant*.

```
SonnenscheinPlan
    Sonnenschein Gruppe
        Produktion und Handel GmbH
        Engineering GmbH
        Konsolidierungsmandant
            08245   Umsatzerlöse Projekte (IC)
            04780   Fremdarbeiten Projekte (IC)
            01430   Forderungen LuL (IC)
            01630   Verbindlichkeiten LuL (IC)
```

Abbildung 319: Kopierte Elemente im Konsolidierungsmandanten

5. Öffnen Sie das Element *08245 Umsatzerlöse Projekte (IC)* aus dem Konsolidierungsmandanten mit dem Dokument *Umsatz-Deckungsbeitrag*.

6. Aktivieren Sie die Tabelle *Umsatz* und Schalten Sie anschließend mit *Drillen gleiche Ebene* die Jahre 2007, 2008 und 2009. Markieren Sie die Jahreswerte in der Spalte *Nettoumsatz*. Multiplizieren Sie diese Werte mit dem Faktor -1. Dadurch werden die Vorzeichen aller Werte umgekehrt.

Umsatz

SonnenscheinPlan: ...rungsmandant/08245 Umsatzerlöse Projekte (IC)

08245 Umsatzerlöse Projekte (IC)	Nettoumsatz	USt %	Var Kosten %	Provision %
2007	-300.000	0,00	30,00	6,00
2008	-315.000	19,00	30,00	6,00
2009	-330.750	19,00	30,00	6,00

Abbildung 320: Umkehrung der Vorzeichen des Umsatzes im Konsolidierungsmandanten

7. Öffnen Sie das Element *04780 Fremdarbeiten Projekte (IC)* aus dem Konsolidierungsmandanten mit dem Dokument *Aufwand-Ertrag* und multiplizieren Sie die Werte in der Spalte *Nettowert* analog mit -1.

Aufwand-Ertrag

SonnenscheinPlan: ...andant/04780 Fremdarbeiten Projekte (IC)

04780 Fremdarbeiten Projekte (IC)	Menge	Preis	Nettowert	Wert aus Zuordnung	MwSt %
2007	-300.000	1,00	-300.000,00	0,00	0,00
2008	-315.000	1,00	-315.000,00	0,00	19,00
2009	-330.750	1,00	-330.750,00	0,00	19,00

Abbildung 321: Umkehrung der Vorzeichen des Aufwandes im Konsolidierungsmandanten

8. Öffnen Sie das Element *01430 Forderungen LuL (IC)* aus dem Konsolidierungsmandanten mit dem Dokument *Forderungen LuL* und multiplizieren Sie die Werte der Spalte *Anfangsbestand* analog mit -1. Der Endbestand wird dann automatisch negativ dargestellt.

Forderungen LuL

SonnenscheinPlan: Sonnenschein Gruppe/Konsolidierungsmandant/01430 Forderungen LuL (IC)

01430 Forderungen LuL (IC)	Anfangsbestand	Zuordnungen	Z-Ziel	Korrektur Zahlung	Einzahlungen	Umbuchungen	BVÄ	Endbestand
2007	-24.356	-300.000	0	0	-300.000	0	0	-24.356
2008	-24.356	-374.850	0	0	-374.850	0	0	-24.356
2009	-24.356	-393.593	0	0	-393.593	0	0	-24.356

Abbildung 322: Umkehrung der Vorzeichen der Forderungen LuL im Konsolidierungsmandanten

9. Öffnen Sie das Element *01630 Verbindlichkeiten LuL (IC)* aus dem Konsolidierungsmandanten mit dem Dokument *Verbindlichkeiten LuL* und multiplizieren Sie die Werte der Spalte *Anfangsbestand* analog mit — 1.

10. Da im Jahr 2007 die Werte importiert wurden, müssen noch die Bestandsveränderungen mit -1 umgerechnet werden, damit sich die gleichen Endbestände ergeben mit einem umgekehrten Vorzeichen. Die Werte in der Spalte *BVÄ* können jedoch nicht editiert werden. Deswegen markieren Sie im Jahr 2007 die Monate der Spalte *Istdifferenzen* und multiplizieren diese mit -1.

Verbindlichkeiten LuL

SonnenscheinPlan: Sonnenschein Gruppe/Konsolidierungsmandant/01630 Verbindlichkeiten LuL (IC)

01630 Verbindlichkeiten LuL (IC)	Anfangsbestand	Zuordnungen	Z-Ziel	Korrektur Zahlung	Auszahlungen	Umbuchungen	BVÄ	Endbestand	Istdifferenz
2007	-288.976	-300.000	0	0	-300.000	0	-8.176	-297.152	-8.176
Januar 07	-288.976	-25.000	0	0	-25.000	0	6.622	-282.354	6.622
Februar 07	-282.354	-25.000	0	0	-25.000	0	-1.350	-283.704	-1.350
März 07	-283.704	-25.000	0	0	-25.000	0	-8.994	-292.698	-8.994
April 07	-292.698	-25.000	0	0	-25.000	0	5.317	-287.381	5.317
Mai 07	-287.381	-25.000	0	0	-25.000	0	-1.652	-289.033	-1.652
Juni 07	-289.033	-25.000	0	0	-25.000	0	-4.301	-293.334	-4.301
Juli 07	-293.334	-25.000	0	0	-25.000	0	11.585	-281.749	11.585
August 07	-281.749	-25.000	0	0	-25.000	0	-13.345	-295.094	-13.345
September 07	-295.094	-25.000	0	0	-25.000	0	-3.162	-298.255	-3.162
Oktober 07	-298.255	-25.000	0	0	-25.000	0	15.580	-282.675	15.580
November 07	-282.675	-25.000	0	0	-25.000	0	-10.699	-293.375	-10.699
Dezember 07	-293.375	-25.000	0	0	-25.000	0	-3.778	-297.152	-3.778
2008	-297.152	-374.850	0	0	-374.850	0	0	-297.152	0
2009	-297.152	-393.593	0	0	-393.593	0	0	-297.152	0

Abbildung 323: Umkehrung der Vorzeichen der Verbindlichkeiten LuL im Konsolidierungsmandanten

11. Wenn Sie jetzt die Dokumente *Gewinn und Verlust* und die *Bilanz* auf die Summenebene *Sonnenschein Gruppe* schalten, werden Sie feststellen, dass die Nettoerlöse, Umsatzprovision und WES/Material aus dem Element *08245 Umsatzerlöse Projekte (IC)* ausgerechnet werden und sich zu einer 0 summieren. Das gleiche betrifft die Elemente *01430 Forderungen LuL (IC)*, *04780 Fremdarbeiten Projekte (IC)* und *01630 Verbindlichkeiten LuL (IC)*.

Gewinn und Verlust

SonnenscheinPlan: Sonnenschein Gruppe

Sonnenschein Gruppe	2007	2008	2009
Nettoerlöse	41.488.341	47.150.561	51.745.654
08210 Arbeitsplatten	13.052.425	14.360.500	15.796.550
08220 Dekorplatten	12.939.953	15.254.250	16.779.675
08230 Verbundplatten	13.210.952	15.136.550	16.650.205
08240 Umsatzerlöse Projekte Dritte	2.285.010	2.399.261	2.519.224
08245 Umsatzerlöse Projekte (IC)	0	0	0
Rabatte	3.920.333	4.475.130	4.922.643
Skonti	1.176.100	1.208.285	1.329.114
Vertriebssonderkosten	392.033	431.123	474.235
Umsatzprovision	1.313.201	1.352.241	1.480.267
WES/Material	20.287.168	21.631.212	23.580.421
Deckungsbeitrag	**14.399.506**	**18.052.570**	**19.958.974**
Aufwand = Kosten	13.619.367	13.283.134	13.382.796
02100 Zinsen und ähnliche Aufwendungen	171.290	57.270	63.850
04120 Gehälter	5.401.440	5.177.232	5.190.598
04130 Sozialversicherungen/Steuern	3.600.960	3.451.488	3.460.399
04141 Zuführung zu Pensionsrückstellungen	24.000	22.800	22.800
04200 Raumkosten	1.260.000	1.285.200	1.310.904
04260 Instandhaltung betrieblicher Räume	372.000	379.440	387.029
04780 Fremdarbeiten Projekte (IC)	0	0	0
04830 Abschreibungen auf Sachanlagen	1.080.000	1.246.667	1.280.000
04900 Sonstige Aufwendungen	929.677	883.037	887.216
04910 Lagerhaltung (MGK)	420.000	420.000	420.000
04920 Fertigungskontrolle (FGK)	360.000	360.000	360.000
Ertrag = Leistung	0	785.000	785.500
04142 Reduktion der Pensionsrückstellungen	0	5.000	5.500
Ordentliches Ergebnis 1	**780.139**	**5.554.436**	**7.361.678**

Abbildung 324: Eliminierung GuV auf Gruppenebene

Endbilanz

SonnenscheinPlan: Sonnenschein Gruppe

Sonnenschein Gruppe	2007	2008	2009
Forderungen LuL	5.738.798	5.920.471	6.490.986
01410 Forderungen LuL Inland	4.438.798	3.152.210	3.445.899
01420 Forderungen LuL Ausland	1.300.000	2.768.261	3.045.087
01430 Forderungen LuL (IC)	0	0	0

Endbilanz

SonnenscheinPlan: Sonnenschein Gruppe

Sonnenschein Gruppe	2007	2008	2009
Verbindlichkeiten LuL	2.754.940	2.651.226	2.632.139
01610 Verbindlichkeiten LuL	2.697.286	2.637.226	2.618.139
01630 Verbindlichkeiten LuL (IC)	0	0	0
740 Verbindlichkeiten aus Lohn und Gehalt	57.654	14.000	14.000

Abbildung 325: Eliminierung Bilanz auf Gruppenebene

An dieser Stelle lässt sich sagten, dass der Professional Planner nicht speziell für die Konsolidierung entwickelt wurde. Spätestens dann, wenn Sie mit einer Quotenkonsolidierung zu tun haben, werden Sie um die Programmierung von speziellen Makros (sog. Managern) nicht herumkommen, die die Quotenwerte errechnen, die Intercompany

Werte eliminieren und in ein zweites Dataset schreiben aus dem die Konsolidierten Berichte herausgelesen werden.

Wenn der Aufwand für die Anpassung des Professional Planners an die Konsolidierung zu hoch erscheint, dann wird wie schon am Anfang des Kapitels empfohlen eine spezielle Konsolidierungssoftware einzusetzen, die dazu in der Lage ist sowohl die Ist-Zahlen aus dem ERP System als auch die Budgetzahlen aus dem Professional Planner auszulesen und nach einer einheitlichen Logik legal zu konsolidieren.

AUFBAU VON BERICHTEN

Während des Aufbaus des Beispiels der *Sonnenschein Gruppe* haben wir viele verschiedene Professional Planner Dokumente benutzt, um Werte wie Umsatz, Kosten, Bilanzendbestände einzugeben, zu lesen oder Einstellungen der Strukturelemente vorzunehmen. Nach der Installation bietet Ihnen der Professional Planner eine Reihe von fertigen Dokumenten, die Sie sofort nutzen können.

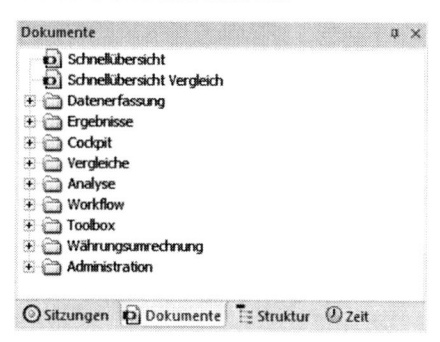

Abbildung 326: Dokumentenbaum

Der Inhalt des Registers *Dokumente* besteht aus Verknüpfungen mit den Verzeichnissen und Dokumenten im Dateisystem des Rechners. Wenn Sie in der freien Fläche des Registers Dokumente mit der rechten Maustaste den Punkt *Verzeichnisse Organisieren* auswählen, dann sehen Sie ein Dialogfeld mit Fenstern *Allgemeingültige Dokumentenpfade* und *Benutzerspezifische Dokumentenpfade*. Die Verknüpfungen zu den allgemeinen Dokumenten werden während der Installation automatisch angelegt. Die Verknüpfungen zu den Benutzerdokumenten können Sie mit einem Klick auf den Schalter mit den drei Punkten anlegen, indem Sie ein Verzeichnis aus Ihrem Dateisystem auswählen. Sie können auch Verzeichnisse auf Netzwerklaufwerken auswählen. Diese Methode ist üblich, wenn Sie Dokumente mit mehreren Personen im Netzwerk gemeinsam nutzen möchten.

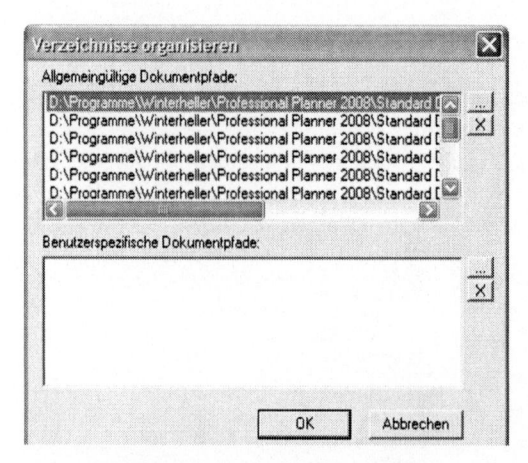

Abbildung 327: Verzeichnisse organisieren

Nach der Installation befinden sich die PP Dokumente standardmäßig im Installationsverzeichnis z.B.

D:\Programme\Winterheller\Professional Planner 2008\Standarddokumente

Die Professional Planner Dokumente tragen die Endung *.PTB. Die Oberfläche der Professional Planner basiert auf dem Tabellenkalkulationsprogramm Actuate® Formula One®. Die Dokumente sehen auch wie typische Dokumente einer Tabellenkalkulation aus.

Praktische Übung

1. Klicken Sie auf den Menüpunkt *Datei / Neu* wählen Sie *Tabelle* und bestätigen mit OK.
2. Ein neues *.PTB Dokument öffnet sich.

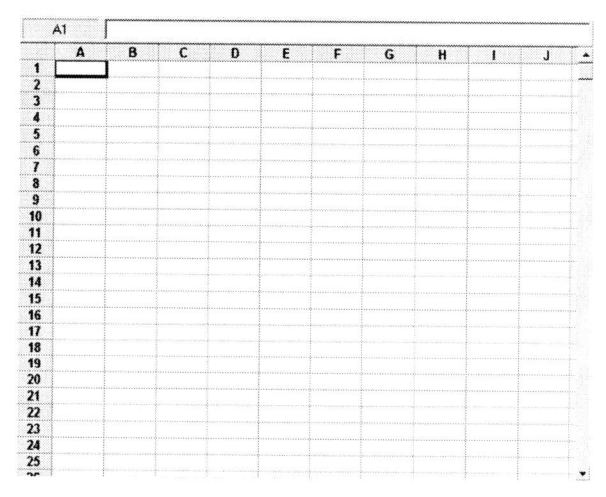

Abbildung 328: Neues PTB Dokument

In diesem Dokument können Abfragen aus einem oder mehreren Dataset aufgebaut werden. Sie können auch alle üblichen Formeln einer Tabellenkalkulation nutzen wie z.B. =SUMME(A12:C12).

BASISTECHNIKEN IM REPORTING

Als erstes werden wir uns einige Basistechniken kennenlernen, wie Werte oder Wertegruppen aus einem Professional Planner Dataset abgefragt werden können. Komplexe PTB-Dokumente, wie die mitgelieferten Standarddokumente sind nichts anderes als eine Zusammensetzung dieser Basistechniken.

DIE SETDAT FORMEL

Die Zellen eines *.PTB Dokuments können mit den Inhalten der Tabellen des SQL Servers mittels sog. SetDat Formeln verbunden werden. Die SetDat Formeln sind Objekte, die SQL Abfragen an den SQL Server abschicken und das Resultat in der Zelle anzeigen.

Praktische Übung

1. Öffnen Sie das Dataset *SonnenscheinPlan.mdf*.
2. Um eine Abfrage in einem *.PTB - Dokument aufzubauen, müssen Sie zuerst in den **Designmodus** wechseln. Wählen Sie den Punkt *Designmodus* aus dem Menü *Ansicht*. Sie können auch die STRG + F7 Tasten oder einfach nur die F6 –

Taste drücken, um in die Designmodus zu wechseln. In der Designsymbolleise befinden sich auch Schalter mit denen Sie in den Designmodus wechseln können, den Datenbank-Bezug Editor ein und ausschalten können oder zu den weiteren Dokumenteinstellungen gelangen können.

3. Auf der rechten Seite öffnet sich der *Datenbankbezug Editor*. Mit Hilfe dieses Editors können Sie die Datenbankbezüge aufbauen und damit ganze Berichte erstellen.

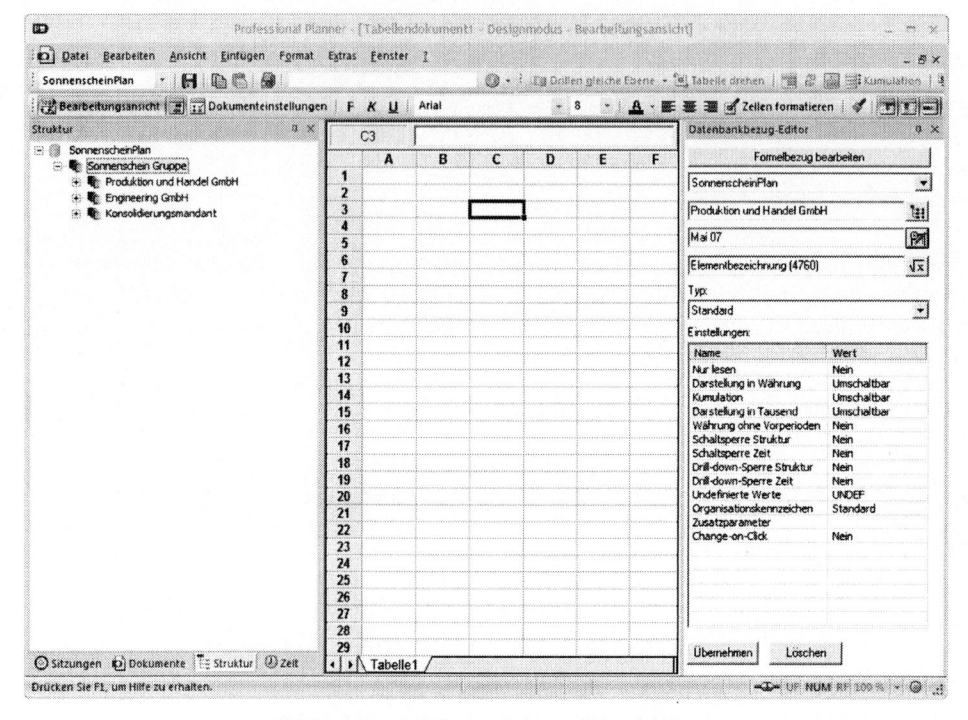

Abbildung 329: Geöffneter Datenbankbezug-Editor

4. Stellen Sie den Cursor in die Zelle C3 und klicken Sie in dem Editor auf das Struktursymbol, um aus dem Strukturbaum das Unternehmenselement *Produktion und Handel GmbH* auszuwählen. Bestätigen Sie mit OK.

5. Klicken Sie auf das Zeitsymbol, klicken Sie auf das [+] Zeichen neben dem Jahr 2007 und anschließend auf das [+] Zeichen neben dem zweiten Quartal 04/07-06/07 und wählen Sie den Monat Mai 07. Bestätigen Sie mit OK.

6. Anschließend bestätigen Sie Ihre Auswahl mit einem Klick auf *Übernehmen*.

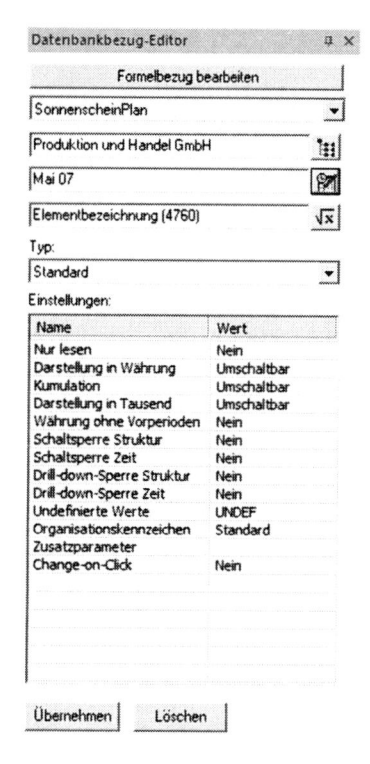

Abbildung 330: Datenbankbezug-Editor

In der Zelle C3 sehen Sie die SetDat – Formel, die fünf Argumente zwischen den Klammern aufweist.

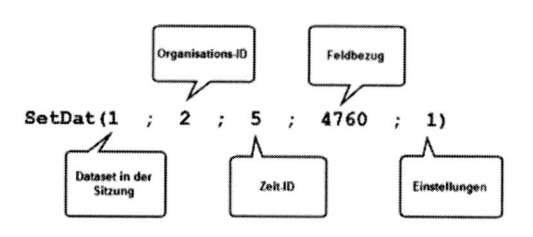

Abbildung 331: Aufbau einer SetDat Formel

Die erste Zahl hinter der Klammer symbolisiert die das **Dataset in der Sitzung** aus dem die Werte gelesen werden sollen. Es kann ein Dataset oder mehrere Datasets in einer Sitzung geöffnet werden. In diesem Fall wurde das Dataset *SonnenscheinPlan* mit Hilfe des Punkts *Dataset speichern unter...* im Kontextmenü des Sitzungsbaums unter den Namen *SonnenscheinIst* gespeichert und in der Sitzung als zweites Dataset geöffnet. Da die

Dokumente schaltbar sind, ist auch die Information notwendig aus welchem Dataset die Werte gelesen werden sollen.

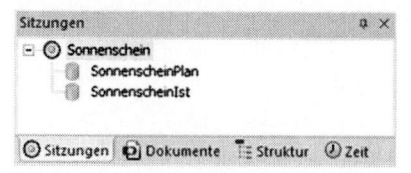

Abbildung 332: Zwei aktive Datasets in einer Sitzung

Wie in der *Abbildung 332: Zwei aktive Datasets in einer* Sitzung auf der Seite *352* dargestellt sind zwei Dataset in der Sitzung mit dem Namen Sonnenschein aktiv. Das erste Dataset beinhaltet die Plan-Daten und das zweite Dataset die Ist-Daten. In der SetDat - Formel symbolisiert eine 1 hinter der Klammer, dass die Werte aus dem ersten Dataset *SonnenscheinPlan* gelesen werden. Eine 2 bedeutet, dass die Werte aus dem zweiten Dataset *SonnenscheinIst* gelesen werden usw. Dadurch kann man Dokumente bauen, in denen die Planwerte des ersten Datasets mit den Istwerten des zweiten Datasets vergleichen werden. Alles was man dazu tun muss ist den Teil **SetDat(1;** mit **SetDat(2;** zu ersetzten.

An der zweiten Stelle in der SetDat – Formel steht die **Organisations-ID**. Der Formel muss bekannt werden auf welchem Element die Werte gelesen werden sollen. Bei der Anlage der Struktur wird den Elementen automatisch eine Organisations-ID vergeben. Diese ist immer eindeutig in einem Dataset. Es gibt nie zwei gleiche Organisations-ID im gleichen Dataset. Welche Organisations-ID ein Element hat, können Sie mit Hilfe des Dokuments *Einstellungen* in der Tabelle *Kennungen* erfahren.

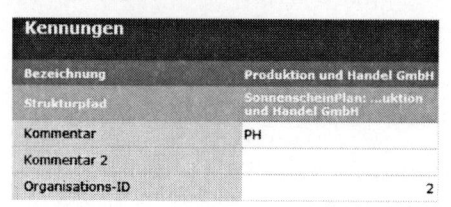

Abbildung 333: Kennungen Organisations-ID

Das Element *Produktion und Handel GmbH* hat die Organisations-ID 2. Wenn ein Element in einem Dataset gelöscht wird, dann wird auch die Organisations-ID gelöscht. Wenn das Element erneut angelegt wird, dann bekommt es die nächste verfügbare Organisations-ID.

An der dritten Stelle hinter der Klammer steht die **Zeit-ID**. Der Professional Planner verfügt über kein Kalendarium. Die Perioden sind nur Elemente, die Monatsnahmen oder Quartals- und Jahreszahlen tragen.

Monate	Quartale	Jahre
1		
2	-1	
3		
4		
5	-2	
6		10001
7		
8	-3	
9		
10		
11	-4	
12		
13		
14	-5	
15		
16		
17	-6	
18		10002
19		
20	-7	
21		
22		
23	-8	
24		

Abbildung 334: Zeit-ID in Professional Planner

Die Monate werden von 1 bis n fortlaufend durchnummeriert. Die Quartale werden von -1 bis –n durchnummeriert. Und die Jahre werden von 10001 bis 10099 durchnummeriert, was bedeutet, dass es möglich ist Datasets anzulegen, deren Zeithorizont bis zu 99 Jahre monatsgenau reicht. Sie sollten aber an dieser Stelle schon mal bedenken, dass die Zeitscheiben auch Platz in der Datenbank einnehmen und je mehr Jahre Sie in dem Dataset anlegen, desto mehr Daten müssen ständig kalkuliert werden, weil der Professional Planner bei jeder Veränderung der Daten das Gesamtsystem neu kalkuliert. Dadurch wird das System mit steigender Anzahl der angelegten Perioden langsamer.

Da wir das Dataset *SonnenscheinPlan* von Januar 2007 bis Dezember 2009 angelegt haben, repräsentiert die 5 den Mai 2007.

An der vierten Stelle hinter der Klammer einer SetDat - Formel steht der **Feldbezug**. Feldbezüge sind Spalten in den SQL Server Tabellen des Datasets, in denen bestimmte Informationen stehen wie z.B. die Elementbezeichnung, der Umsatz, Kosten, Name eines Monats usw. Wenn Sie im Datenbankbezug-Editor auf das Feldbezugssymbol klicken öffnet sich der Feldbezugseditor. Alle Feldbezüge tragen eine eindeutige Nummer, die auch in der SetDat – Formel sichtbar wird. Die Feldbezüge werden nach Gruppen geordnet. In der Gruppe Index befinde sich Feldbezüge Elementbezeichnung, Elementtyp, Perioden etc. Es gibt auch Gruppen für die Bilanzkonten, Deckungsbeitrag, Umsatz

Kostenstellen etc. Scrollen Sie in diesem Fenster nach oben und unten und schauen Sie sich die Feldbezugsgruppen und die sich darin befindlichen Feldbezüge an.

Nicht alle Feldbezüge sind auf allen Elementen definiert. Auf dem Unternehmenselement sind allerdings sämtliche Feldbezüge definiert. Damit stellt ein Unternehmenselement die Maximalausprägung aller Feldbezüge. Auf dem Element Kostenstelle sind jedoch keine Feldbezüge definiert und damit auch nicht abfragbar für z.B. Umsatz oder den Endbestand des Anlagevermögens.

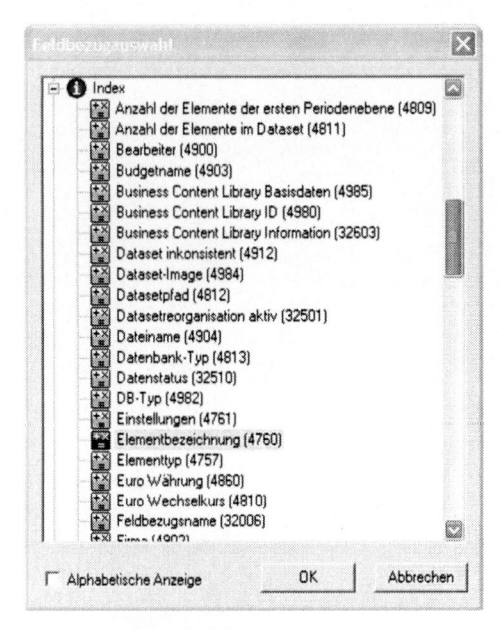

Abbildung 335: Feldbezugseditor

In unserem Beispiel der SetDat – Formel sehen wir den Feldbezug *Elementbezeichnung (4760)*. Die Formel wird somit den Namen der Elemente wiedergeben.

An letzter Stelle in der SetDat – Formel stehen die **Einstellungen**. Diese richten sich nach der Kombination der Schalter in *Abbildung 336: SetDat - Formel Einstellungen* auf der Seite 355. Bei der Standardeinstellung steht in der SetDat – Formel eine 1. Wenn Sie jedoch z.B. den Schalter *Nur lesen* auf *Ja* stellen und übernehmen, dann ändert sich die Zahl auf 16777217. Der Professional Planner wählt eine Zahlenkombination, die einer bestimmten Kombination der Einstellungsschalter entspricht.

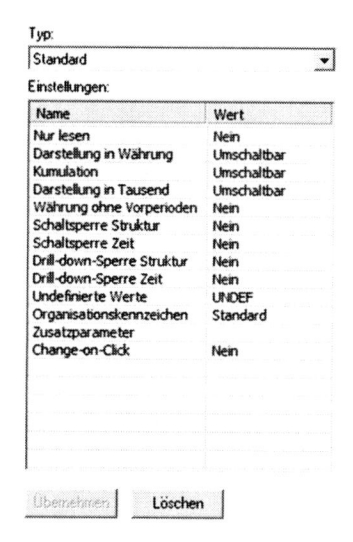

Abbildung 336: SetDat - Formel Einstellungen

Wenn Sie jetzt den *Designmodus* aus dem Menü *Ansicht* ausschalten oder erneut STRG + F7 oder F6 drücken, dann sehen Sie dass in der Zelle C3 der Name des Elements *Produktion und Handel GmbH* erscheint.

Wenn Sie in dem Strukturbaum auf *Filiale Köln* klicken, dann wird der Name dieses Elements in der Zelle C3 erscheinen.

Sie können wieder die F6 Taste drücken und schauen, was sich in der SetDat Formel geändert hat nachdem Sie in dem Strukturbau die Filiale Köln angeklickt haben.

```
SetDat(1;64;5;4760;16777217)
```

Die Formel zeigt an der zweiten Stelle hinter der Klammer eine 19 statt einer 2, weil die Organisations-ID des Elements mit dem Namen Filiale Köln die 19 ist. Die Zahl könne jedoch auch eine ganz andere sein, je nach dem in welcher Reihenfolge Sie die Elemente im Dataset angelegt haben.

Die Zahl 16777217 bei den Einstellungen der Formel bedeutet, dass die Option *Nur lesen* aktiv ist. Die Standardeinstellung mit der Option *Nur lesen* als inaktiv gesetzt war ursprünglich eine 1.

Sie können das *.PTB Dokument in einem Verzeichnis Ihrer Wahl wie jede normale Datei speichern und schließen. Durch einen Doppelklick auf das *.PTB Dokument können Sie es wieder öffnen. Bitte achten Sie aber vorher darauf, Sie den Professional Planner gestartet haben und ein Dataset in einer Sitzung aktiviert haben, sonst bekommen Sie eine Fehlermeldung, dass ein aktives Dataset in einer Sitzung nicht gefunden werden konnte und das Dokument wird in Folge dessen keine Werte anzeigen.

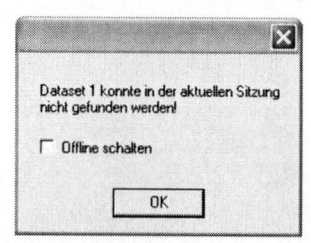

Abbildung 337: Fehlermeldung Dataset in einer Sitzung nicht aktiviert

In diesem Fall können Sie das Dokument Offline schalten. In diesem Fall werden Sie in allen Zellen, in denen sich eine SetDat-Formel befindet die Fehlermeldung N.V. für *„No Value"* bekommen.

EINFACHE ABFRAGE EINES FELDBEZUGS

Die einfache Abfrage eines Feldbezugs aus dem Dataset haben Sie schon im letzten Punkt durchgeführt. Sie haben den Feldbezug *Elementbezeichnung (4760)* abgefragt, der Ihnen den Namen des jeweils aktiven Strukturelements zurückgegeben hat. Nach diesem Prinzip können Sie auch jeden anderen Feldbezug abfragen. Wir werden in der folgenden Übung den Feldbezug für die Nettoerlöse abfragen.

Praktische Übung

1. Öffnen Sie ein neues Tabellendokument über das Menü *Datei / Neu… / Tabellendokument*.

2. Stellen Sie den Cursor in die Zelle C3 und schreiben Sie das Wort *Nettoerlöse* rein

3. Drücken Sie die F6 Taste, um in den Designmodus zu wechseln.

4. Stellen Sie den Cursor in die Zelle C2. Die Einstellung des Datenbankbezug-Editors zeigt das Dataset *SonnenscheinPlan*, die Ebene *Sonnenschein Gruppe*, das Jahr *2007*, den Feldbezug *Elementbezeichnung (4760)* und die Einstellung *Standard*. Bestätigen Sie es mit *Übernehmen*. In der Zelle C2 sehen Sie jetzt die Formel SetDat(1;1;10001;4760;1).

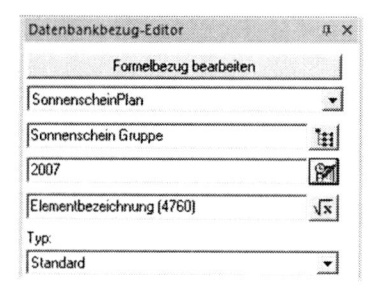

Abbildung 338: Grundeinstellung Datenbezug-Editor

5. Stellen Sie den Cursor in die Zelle D2 und klicken Sie auf den Schalter √x für die Auswahl der Feldbezüge. Wählen Sie aus der Gruppe *Index* den Feldbezug *Periode (32001)* und bestätigen Sie mit OK.

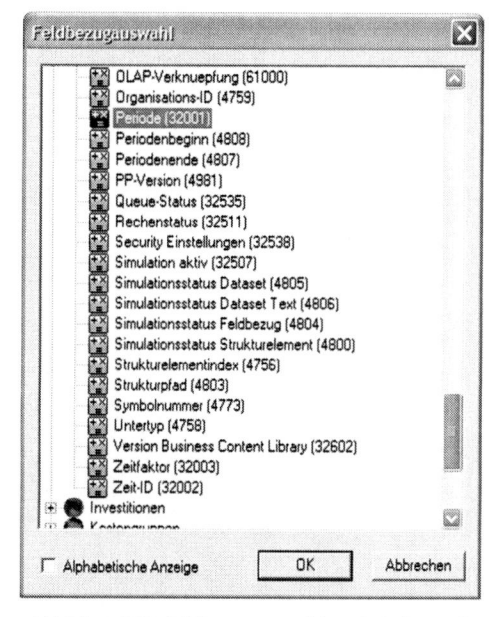

Abbildung 339: Feldbezugauswahl Periode (32001)

6. Wählen Sie den Typ *Drill Down Zeit* und bei den Einstellungen wählen Sie bei Drill Down den Wert *Rechts* und bestätigen mit *Übernehmen*. In der Zelle D2 sehen Sie jetzt die Formel SetDat(1;1;10001;32001;69).

Abbildung 340: Einstellungen in der Zelle D2 für Periode

7. Stellen Sie den Cursor in die Zelle D3, klicken Sie auf den Schalter √x̄ für die Auswahl der Feldbezüge und wählen Sie aus der Gruppe *Deckungsbeitrag* den Feldbezug *Nettoerlöse (101)* aus.

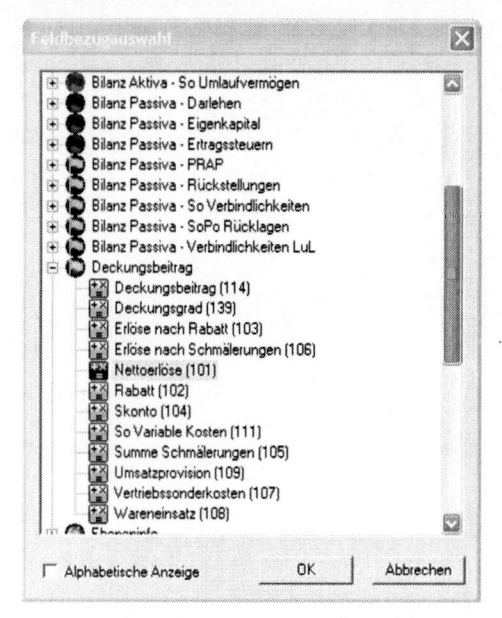

Abbildung 341: Auswahl Nettoerlöse aus der Gruppe Deckungsbeitrag

8. Es ist wichtig, dass Sie den Typ wieder auf *Standard* einstellen, sonst wird der Drill Down Zeit Funktion in der Zelle D2 nicht korrekt funktionieren. Bestätigen Sie anschließend mit *Anwenden*. In der Zelle D3 sehen Sie jetzt die Formel Set-Dat(1;1;10001;101;1).

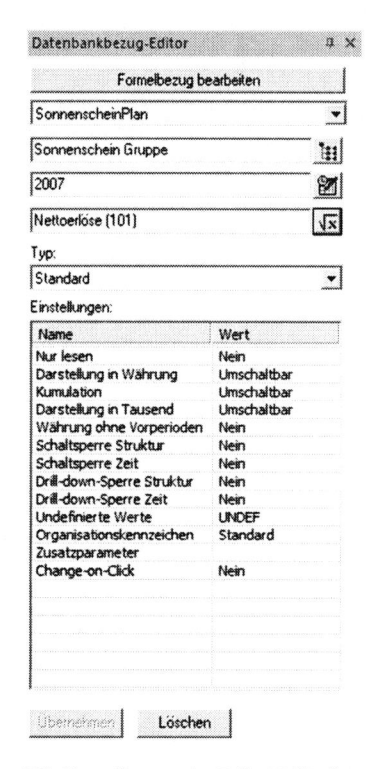

Abbildung 342: Einstellungen der Zelle D3 für die Nettoerlöse

9. Drücken Sie erneut die F6 Taste, um in den normalen Modus zu wechseln oder klicken Sie auf den Schalter *Bearbeitungsansicht,* in der Symbolleiste, um den Designmodus zu beenden.

Abbildung 343: Darstellung der Nettoerlöse

10. Das Dokument zeigt Ihnen den Betrag der Nettoerlöse auf der Ebene der *SonnenscheinGruppe* im Jahr 2007.

11. Klicken Sie auf das Element *Filiale Düsseldorf* und es wird Ihnen der Betrag der Nettoerlöse für diese Ebene in der Struktur angezeigt.

12. Stellen Sie den Cursor in die Zelle D2, in der das Jahr 2007 steht. Klicken Sie auf *Drillen nächste Ebene,* um die Werte andere Perioden zu sehen.

	A	B	C	D	E	F	G	H
1								
2			Filiale Düsseldorf	2007	01/07-03/07	04/07-06/07	07/07-09/07	10/07-12/07
3			Nettoerlöse	19591156,79	4721314,82	5040978,62	4899407,2	4929456,15
4								

Abbildung 344: Drill Down Zeit nächste Ebene

13. Es werden Ihnen die Werte für die jeweiligen Quartale des Jahres 2007 angezeigt, weil es die nächste Zeitebene unter dem Jahr 2007 ist.

14. Wenn Sie noch mal den Schalter *Drillen nächste Ebene* anklicken wird der Drill Down Zeit wieder zusammengerollt.

15. Klicken Sie auf den Schalter *Drillen gleiche Ebene*.

	A	B	C	D	E	F	G
1							
2			Filiale Düsseldorf	2007	2008	2009	
3			Nettoerlöse	19591156,79	22367950	24604745	
4							

Abbildung 345: Drill Down Zeit gleiche Ebene

16. Es werden Ihnen die Werte für die Nettoerlöse in allen drei Jahren aufgezeigt, die sich sinngemäß alle auf der gleichen Ebene befinden.

17. Wenn Sie die Zellen D2 bis F2 markieren und auf den Schalter *Drillen Originalebene* klicken, werden Ihnen die Werte der Nettoerlöse in den jeweiligen Jahren und dazugehörigen Monaten angezeigt.

	A	B	C	D	E	F	G
1							
2			Filiale Düsseldorf	2007	2008	2009	
3			Nettoerlöse	19591156,79	22367950	24604745	
4							

Abbildung 346: Markierung für den Drill Down der Originalebene in allen Jahren

18. Klicken Sie in der Organisationsstruktur auf das höchste Element *Sonnenschein Gruppe*. Stellen Sie den Cursor in die Zelle C2 und klicken Sie auf den Schalter *Tabelle drehen* in der Steuerungsleiste. Dadurch erscheint jetzt das Jahr 2007 in der Zelle C2 und der Name des obersten Strukturelements *Sonnenschein Gruppe* in der Zelle D2.

19. Wenn der Cursor in der Zelle D2 steht, dann sind die Schalter zum Drillen aktiv. Klicken Sie auf den Schalter *Drillen nächste Ebene*. Diesmal wird die nächste Ebene in der Struktur gedrillt und nicht in der Zeit. Sie sehen die Nettoerlöse auf den Ebenen *Produktion und Handel GmbH, Engineering* und *Konsolidierungsmandant*.

	A	B	C	D	E	F	G	H
D2				Sonnenschein Gruppe				
1								
2			2007	Sonnenschein Gruppe	Produktion und Handel GmbH	Engineering GmbH	Konsolidierungsmandant	
3			Nettoerlöse	41488340,63	39203330,45	2585010,18	-300000	
4								
5								

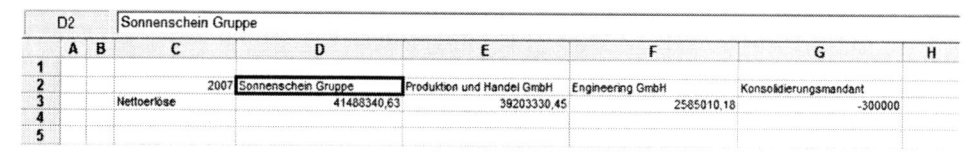

Abbildung 347: Drill Down in der Struktur

20. Speichern Sie das Dokument unter dem Namen *1-Einfache Abfrage.PTB* in einem Verzeichnis ihrer Wahl und schließen Sie das Dokument.

EINZELABFRAGEN DER GRUPPENFELDER

Im Punkt *Einfache Abfrage eines Feldbezugs* auf der Seite *356* haben wir den Feldbezug *Nettoumsatz (101)* abgefragt und ein Dokument *1-Einfache Abfrage.PTB* gebaut, das in der Struktur und auch in der Zeit schaltbar ist. Je nach dem wie das Dokument gedreht und geschaltet wurde, hat es die jeweiligen Nettoerlöse in den Zeit- oder Unternehmensstrukturen angezeigt.

Mit einfachen Abfragen eines Feldbezugs kann man sich zwar auf ein bestimmtes Element schalten und den Wert auslesen aber man kann keine Selektion von gruppierten Elementen vornehmen, um die Werte voneinander zu trennen.

Um die Nettoerlöse getrennt nach Produktgruppen anzuzeigen, werden wir die Gruppenfelder benutzen. Die Gruppenfelder haben wird erfasst beim Aufbau der Struktur der *Sonnenschein Gruppe* insbesondere für die Zuordnung Datensätze beim Import. Diese können wir auch für die Abfragen in den Dokumenten wiederverwenden.

🖥 Praktische Übung

1. Öffnen Sie das Dokument *1-Einfache Abfrage.PTB* und speichern Sie es unter den Namen *2-Einzelabfrage Gruppenfelder.PTB*.

2. Drehen Sie die Tabelle mit dem Schalter *Tabelle drehen* und schalten auf das höchste Unternehmenselement *Sonnenschein Gruppe* und das erste Zeitelement *2007*.

	A	B	C	D	E
D3				41488340,63	
1					
2			Sonnenschein Gruppe	2007	
3			Nettoerlöse	41488341	
4					

Abbildung 348: Ausgang Dokument Einzelabfrage Gruppenfelder

3. Stellen Sie den Cursor in die Zelle C3 und geben Sie *Erlöse Arbeitsplatten* ein, in der Zelle C4 *Erlöse Dekorplatten*, in der Zelle C5 *Erlöse Verbundplatten*, in der Zelle C6 *Erlöse Projekte Dritte* und in der Zelle C7 *Erlöse Projekte (IC)*.

4. Jetzt müssen wir die Gruppenfelder noch sichtbar machen, damit wir wissen was abzufragen ist. Sie können z.B. das Element *08210 Arbeitsplatten* mit dem Dokument *Einstellungen* öffnen und die Tabelle *Kennungen* aktivieren. Im Gruppenfeld 2 befindet sich die Zahl 8210, die der Kontonummer entspricht.

Kennungen	
Bezeichnung	08210 Arbeitsplatten
Strukturpfad	SonnenscheinPlan: ...08210 Arbeitsplatten
Kommentar	
Kommentar 2	
Organisations-ID	4
Symbol-Nr	4
Gruppenfeld 1	0
Gruppenfeld 2	8210

Abbildung 349: Gruppenfelder

5. An dieser Stelle wäre es nützlich sich den Wert des Gruppenfelds 2 bezüglich aller Elemente anzeigen zu lassen. Dazu haben Sie die Möglichkeit, wenn Sie den **Teilbaum** nutzen. Klicken Sie auf das Element *Sonnenschein Gruppe* mit der rechten Maustaste und wählen Sie den Punkt *Neuer Teilbaum* aus dem Kontextmenü. Der Teilbaum wird rechts neben dem Organisationsbaum abgelegt. Blenden Sie den Strukturbaum mit einem Klick auf den Schalter *Auto Ausblenden* in der rechen oberen Ecke.

6. Klicken Sie Anschließend in das weiße freie Feld des Teilbaums mit der rechten Maustaste und wählen Sie *Eigenschaften* aus dem Kontextmenü. Aktivieren Sie das Register *Bezeichnung* und tragen Sie *Gruppenfeld 2* unter Name:

Abbildung 350: Teilbaum Beschreibung

7. Klicken Sie auf das Register *Strukturtypen* und lassen Sie nur die *Unternehmen, Profitcenter* und *Umsatzbereich* aktiv. Dadurch werden alle anderen Elementtypen in der Ansicht ausgeblendet, was uns mehr Übersicht bei der Arbeit verschafft.

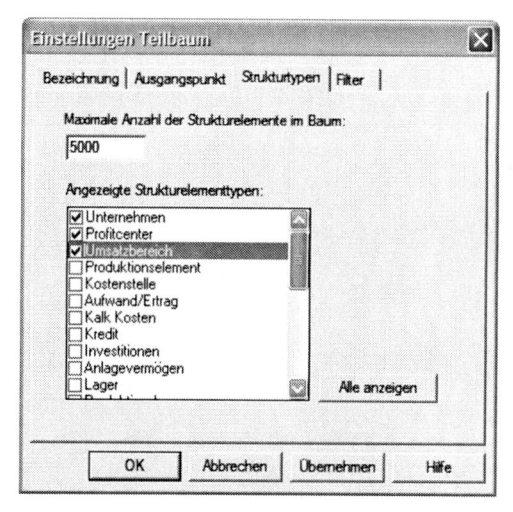

Abbildung 351: Teilbaum Strukturtypen

8. Klicken Sie auf das Register *Filter* aktivieren Sie die Option *Zusätzlichen Feldbezug anzeigen*, klicken Sie auf das Feldbezugssymbol und wählen Sie aus der Gruppe *Index* den Feldbezug *Gruppenfeld 2 (4764)*. Bestätigen Sie zweimal mit OK.

Abbildung 352: Teilbaum Filter

9. Wenn Sie in dem Strukturbaum alle Unternehmenselemente, Profitcenter öffnen, dann sehen Sie die Umsatzbereiche und dahinter die dazugehörigen Inhalte im Gruppenfeld 2. Sie können sich auch in einem Teilbaum andere Feldbezüge anzeigen lassen z.B. Nettoerlöse oder den Wareneinsatz, je nach dem welche Übersicht Sie gerade brauchen.

Abbildung 353: Teilbaum mit Umsatzbereichen und Gruppenfeld 2

10. Der Teilbaum ist auch nützlich, wenn Sie nach Objekten mit einem bestimmten Namen suchen. In dem Fenster *Filter* können Sie z.B. *%Arbeit%* eingeben und es werden die zwei Elemente gezeigt, die das Wort *Arbeit* in der Elementbezeichnung tragen.

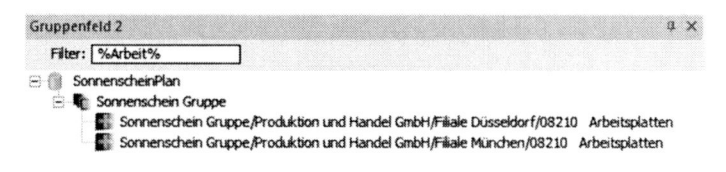

Abbildung 354: Gefilterte Elemente

11. Kehren Sie zurück zu dem Dokument *Einzelabfrage Gruppenfeld* und drücken Sie die F6 Taste, um in den Bearbeitungsmodus zu wechseln.

12. Stellen Sie den Cursor in die Zelle D3 und wechseln Sie unter *Typ* im Datenbankbezug-Editor auf *Einzelabfrage*. Im unteren Teil des Datenbank-Bezug Editors zeigt sich ein *Abfrage/Formel* Eingabefenster.

13. Klicken Sie mit der rechten Maustaste in das Eingabefenster, das Dialogfenster *Feldbezugauswahl* geht auf. Wählen Sie *Gruppenfeld 2 (4764)* aus der Gruppe *Index* und bestätigen Sie mit OK. Anschließen stellen Sie den Cursor hinter FB4764 und geben = 8210 ein, weil es die Gruppenfeldnummer für die Arbeitsplatten ist. Achten Sie darauf, dass bei den Einstellungen die Option *Abfrage Aktualisieren* auf *Automatisch* eingestellt ist. Wenn diese Option auf *Manuell* gestellt wird, dann müssen Sie jedes Mal auf den Schalter *Daten Aktualisieren* klicken oder die F5 Taste drücken, um die Einzelabfrage zu aktualisieren. Bestätigen Sie anschließend mit *Übernehmen*. In der Zelle D3 erhalten Sie die Formel :

```
SetDat(1;1;10001;101;262154;FB4764 = 8210)
```

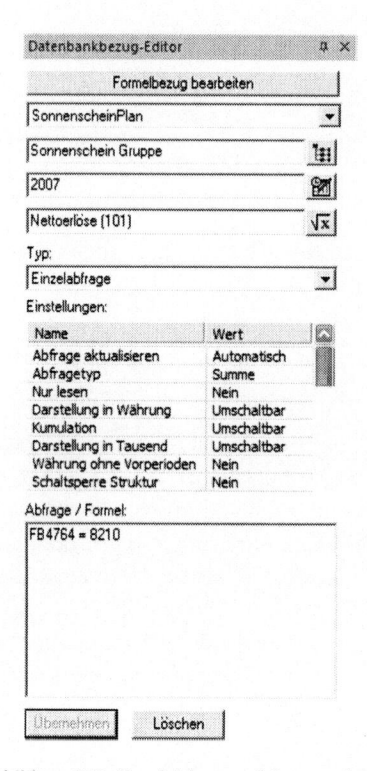

Abbildung 355: Einzelabfrage auf Gruppenfeld 2

14. Klicken Sie auf die Zelle D4, ändern Sie die Auswahl FB4764 = 8220 für die Dekorplatten im Datenbankbezug-Editor und bestätigen Sie mit *Übernehmen*.

15. Klicken Sie auf die Zelle D5, ändern Sie die Auswahl FB4764 = 8230 für Verbundplatten im Datenbankbezug-Editor und bestätigen Sie mit *Übernehmen*.

16. Klicken Sie auf die Zelle D6, ändern Sie die Auswahl FB4764 = 8240 für Projekte Dritte im Datenbankbezug-Editor und bestätigen Sie mit *Übernehmen*.

17. Klicken Sie auf die Zelle D7, ändern Sie die Auswahl FB4764 = 8245 für Projekte (IC) im Datenbankbezug-Editor und bestätigen Sie mit *Übernehmen*.

18. Drücken Sie die wieder F6 Taste, um in den Normalmodus zu wechseln.

19. In der Zelle D7 sehen wir die Zahl -1,16415321826935E-010. Es ist eine Zahl mit zehn Stellen vor dem Komma, somit ist es sehr nah bei null aber eben nicht ganz null. Solche Rundungseffekte gibt es durchgehend in Professional Planner, weil die Werte als Datentyp *Float* (Fließkommazahl) in der Datenbank gespeichert werden. Bei der Addition der Zahlen über die Perioden und Strukturen können Rundungsdifferenzen aufkommen.

20. Jetzt können Sie Zahlen in der Spalte D noch formatiert werden. Markieren Sie die Zellen D3 bis D7, klicken mit der rechten Maustaste in das markierte Feld und wählen *Zellen formatieren...* aus dem Kontextmenü. Wählen Sie im Register *Zahl* die Kategorie *Festkomma* und den Typ #.##0 und bestätigen Sie mit OK.

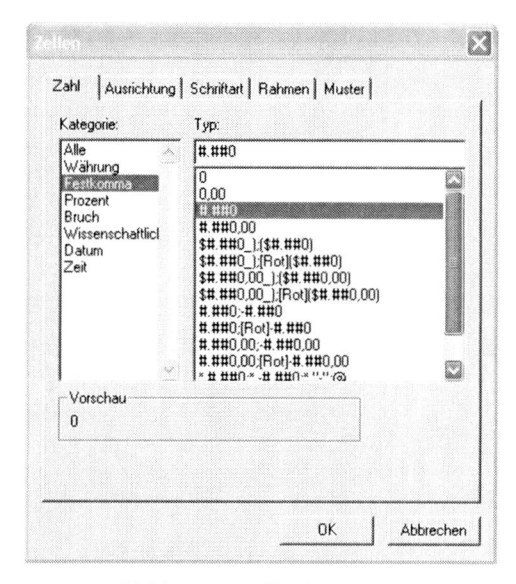

Abbildung 356: Zellen formatieren

21. Sie können dieses Dokument natürlich in der Zeit und Struktur schalten, drehen und drillen um die gewünschte Ansicht der Werte zu erhalten.

22. Speichern und schließen Sie das Dokument *2-Einzelabfrage Gruppenfelder.PTB*.

EINZELABFRAGEN DER ELEMENTBEZEICHNUNG

Einzelabfragen können auch den Elementnahmen als Auswahlkriterium nutzen. So könnten Sie die Werte aller Elemente mit dem Namen *Sonstige Aufwendungen* selektieren.

Praktische Übung

1. Öffnen Sie das Dokument *2-Einzelabfrage Gruppenfelder.PTB* und speichern Sie es unter dem Namen *3-Einzelabfrage Elementbezeichnung.PTB*.

2. Stellen Sie den Cursor in die Zelle C8 und geben Sie *Sonstige Aufwendungen* ein.

3. Drücken Sie die F6 Taste, um in den Bearbeitungsmodus zu wechseln
4. Stellen Sie den Cursor in die Zelle D8
5. Klicken Sie auf das Feldbezugssymbol $\sqrt{x}$ im Datenbankbezug-Editor und wählen Sie den Feldbezug *Aufwand/Ertrag Nettoerfolg (2002)* aus der Gruppe *Aufwand/Kosten*
6. Stellen Sie den Typ *Einzelabfrage* ein
7. Klicken Sie in dem Editorfenster mit der rechten Maustaste und wählen Sie den Feldbezug *Elementbezeichnung (4760)* aus der Gruppe *Index* ein. Und ergänzen Sie die Abfrage:
   ```
   FB4760 like '%Sonstige Aufwendungen'
   ```
8. Achten Sie bitte auf die Hochkommazeichen. Das Prozentzeichen % vor dem Elementnamen dient als Platzhalter für eine beliebige Anzahl von Zeichen, die davor stehen können. In unserem Fall sind es die Zeichen '04900 '.

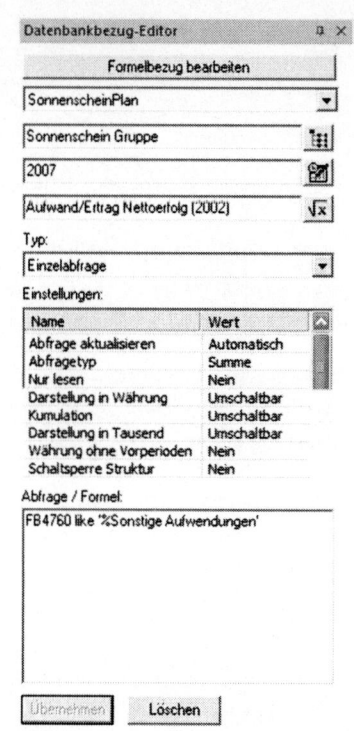

Abbildung 357: Einzelabfrage Elementname

9. Klicken Sie auf *Übernehmen* und drücken die die F6 Taste, um wieder in den normalen Modus zu wechseln. Es werden Ihnen die Aufwendungen angezeigt, die sich auf den Elementen *04900 Sonstige Aufwendungen* auf der jeweiligen Ebene befinden.

10. Speichern und schließen Sie das Dokument.

EINZELABFRAGEN DER ELEMENTBEREICHE

Einzelabfragen können auch für bestimmte Bereiche von Kennungen aufgebaut werden z.B. Summe alle Aufwendungen deren Gruppenfeld(2) im Intervall zwischen 4120 und 4130 liegen. Es können aber auch Abfragen gebaut werden für Aufwendungen, denen Gruppenfeld(2) gleich 4200 oder 4260 ist.

Diese Abfragen werden mit den Ausdrücken IN und BETWEEN gebaut.

Praktische Übung

1. Öffnen Sie das Dokument *3-Einzelabfrage Elementnamen.PTB* und speichern Sie es unter dem Namen *4- Einzelabfrage Elementbereiche.PTB*.

2. Stellen Sie den Cursor in die Zelle C9 und geben Sie *Fixe Personalkosten* ein.

3. Stellen Sie den Cursor in die Zelle D9 und drücken Sie die F6 – Taste, um in den Bearbeitungsmodus zu wechseln.

4. Klicken Sie in dem Datenbankbezug-Editor auf das Feldbezugssymbol und wählen Sie den Feldbezug *Aufwand/Ertrag Nettoerfolg (2002)* aus der Gruppe *Aufwand/Kosten*.

5. Stellen Sie den Typ auf Einzelabfrage. Klicken Sie in dem unteren Editorfenster mit der Maustaste und wählen Sie den Feldbezug *Gruppenfeld 2 (4764)* und bestätigen Sie mit OK. Ergänzen Sie die Abfrage mit *BETWEEN 4120 AND 4130*. Insgesamt erhalten Sie folgende Abfrage:

```
FB4764 BETWEEN 4120 AND 4130
```

Abbildung 358: Einzelabfrage mit BETWEEN

6. Klicken Sie auf Übernehmen und drücken Sie anschließend die F6 – Taste. Sie erhalten die Summe aller Aufwendungen auf den Elementen *04120 Gehälter* und *04130 Sozialversicherungen/Steuern*.

Praktische Übung

1. Stellen Sie den Cursor in die Zelle C10 des Dokuments *4-Einzelabfrage Elementbereiche.PTB* und geben Sie *Raumaufwendungen* ein.

2. Stellen Sie den Cursor in die Zelle D10 und drücken Sie die F6 – Taste, um in den Bearbeitungsmodus zu wechseln.

3. Klicken Sie in dem Datenbankbezug-Editor auf das Feldbezugssymbol und wählen Sie den Feldbezug *Aufwand/Ertrag Nettoerfolg (2002)* aus der Gruppe *Aufwand/Kosten*.

4. Stellen Sie den Typ auf Einzelabfrage. Klicken Sie in dem unteren Editorfenster mit der Maustaste und wählen Sie den Feldbezug *Gruppenfeld 2 (4764)* und be-

stätigen Sie mit OK. Ergänzen Sie die Abfrage mit *IN (4200, 4260)*. Insgesamt erhalten Sie folgende Abfrage:

```
FB4764 IN (4200, 4260)
```

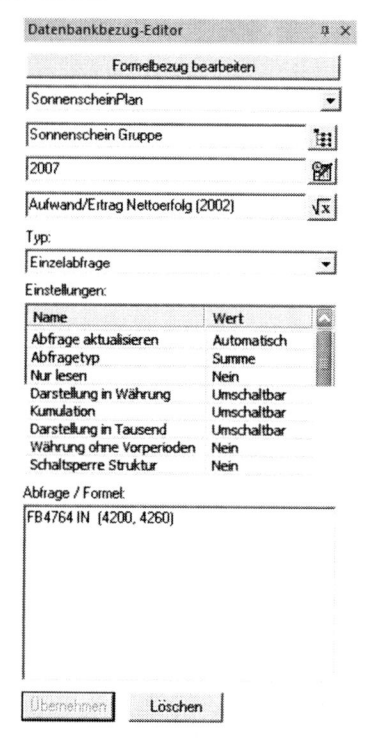

Abbildung 359: Einzelabfrage IN

5. Klicken Sie auf Übernehmen und drücken Sie anschließend die F6 – Taste. Sie erhalten die Summe aller Aufwendungen auf den Elementen *04200 Raumkosten* und *04260 Instandhaltung betrieblicher Räume*.

6. Speichern und schließen Sie das Dokument.

EINZELABFRAGEN DER EBENENINFO

Eine interessante Möglichkeit einer Abfrage ist auch die Ebeneninfo. Bis jetzt haben wir die Abfragen auf die Elementbezeichnung oder auf den Inhalt der Gruppenfelder gemacht. Die Gruppenfelder sind streng genommen doppelte Bezeichnungen. Wir haben z.B. Elemente mit dem Namen *04120 Gehälter* und zusätzlich wurde noch die Kennung *4120* im Gruppenfeld (2) dieser Elemente eingetragen. Wenn wir noch die *04120 Gehälter* in der Filiale Düsseldorf in einer Abfrage filtern möchten, dann bräuchten wir schon nach der bisher dargestellten Methodik auf dem Element *04120 Gehälter* noch die Information zu welchem Profitcenter das Element gehört. Diese Information könnte in einem anderen Gruppenfeld des Elements gespeichert werden aber das wäre wieder eine doppelte Erfassung der Kennung. Wir haben das Element *Filiale Düsseldorf* sogar im Gruppenfeld (1) = 10 nummeriert aber in einer Einzelabfrage ist es nicht möglich eine Abfrage zu bauen, die besagt: „Zeige mir den Wert des Feldbezugs *Aufwand/Ertrag Nettoerfolg (2002)* derjenigen Elemente mit Gruppenfeld (2) = 4120, die zu einem Profitcenter mit Gruppenfeld (1) = 10 gehören."

Um doppelte Kennungen in einem System zu vermeiden kann man sich im Reporting der Ebeneninfo bedienen, die schon bei der Anlage der Elemente von Professional Planner automatisch gepflegt und aktualisiert wird. Die Ebeneninfo wird in der Datenbanktabelle *I001* gespeichert, die Sie sich z.B. mit Hilfe des Microsoft SQL Server Management Studio anschauen können.

fb4840	fb4841	fb4842	fb4843	
Sonnenschein Gruppe	Produktion und Handel GmbH	Filiale Köln	04120	Gehälter
Sonnenschein Gruppe	Produktion und Handel GmbH	Filiale Köln	04130	Sozialversicherungen/Steuern
Sonnenschein Gruppe	Produktion und Handel GmbH	Filiale Köln	04200	Raumkosten
Sonnenschein Gruppe	Produktion und Handel GmbH	Filiale Köln	04900	Sonstige Aufwendungen
Sonnenschein Gruppe	Produktion und Handel GmbH	Verwaltung	04120	Gehälter
Sonnenschein Gruppe	Produktion und Handel GmbH	Verwaltung	04130	Sozialversicherungen/Steuern
Sonnenschein Gruppe	Produktion und Handel GmbH	Verwaltung	04200	Raumkosten
Sonnenschein Gruppe	Produktion und Handel GmbH	Verwaltung	04900	Sonstige Aufwendungen
Sonnenschein Gruppe	Produktion und Handel GmbH	Filiale Köln	04920	Fertigungskontrolle (FGK)
Sonnenschein Gruppe	Produktion und Handel GmbH	Filiale Köln	04910	Lagerhaltung (MGK)
Sonnenschein Gruppe	Produktion und Handel GmbH	Verwaltung	04780	Fremdarbeiten Projekte (IC)
Sonnenschein Gruppe	Produktion und Handel GmbH	Verwaltung	02100	Zinsen und ähnliche Aufwendungen
Sonnenschein Gruppe	Produktion und Handel GmbH	Verwaltung	02650	Sonstige Zinsen, ähnliche Erträge
Sonnenschein Gruppe	Produktion und Handel GmbH	Verwaltung	04830	Abschreibungen auf Sachanlagen
Sonnenschein Gruppe	Produktion und Handel GmbH	Verwaltung	04260	Instandhaltung betrieblicher Räume
Sonnenschein Gruppe	Produktion und Handel GmbH	Verwaltung	04141	Zuführung zu Pensionsrückstellungen
Sonnenschein Gruppe	Produktion und Handel GmbH	Filiale Köln		Produktion Arbeitsplatten
Sonnenschein Gruppe	Produktion und Handel GmbH	Filiale Köln		Produktion Dekorplatten
Sonnenschein Gruppe	Produktion und Handel GmbH	Filiale Köln		Produktion Verbundplatten
Sonnenschein Gruppe	Produktion und Handel GmbH	00100	Immaterielle Vermögensgegenstände	

Abbildung 360: SQL Tabelle I001

In den Spalten fb4840 bis fb4855 werden die Elementbezeichnungen jeder Ebene gespeichert. Anhand dieser Feldbezüge können wir auch Einzelabfragen bauen.

☞ **TIPP**

Die Spalte ID in der Tabelle I001 trägt die Organisations-ID eines jeden Elementes. Die dazugehörigen Werte befinden sich in anderen Tabellen in denen die Organisations-ID in den Feldern sId gespeichert werden. Somit können auf der Ebene der Datenbanktabellen mit einfachen SQL JOINS Berichte gebaut werden.

Beispiel:

Die Werte des Feldbezugs Aufwand/Ertrag Nettoerfolg (2002) werden in der Tabelle Z030 in der Spalte F003 gespeichert.

In welchen Tabellen die jeweiligen Werte der Feldbezüge gespeichert werden, können Sie über die Online-Hilfe im WINTERHELLER Cometence Center finden.

Abbildung 361: Winterheller Competence Center als Hilfeportal

Geben Sie das Wort **Feldbezugsgruppen** bei der Suche ein, wählen Sie die entsprechende Feldbezugsgruppe aus (in diesem Fall *Aufwand/Kosten*) und klicken auf *Aufwand/Ertrag Nettoerfolg (2002)*.

Mit der Kenntnis der SQL Tabellen können Sie auch mit anderen Reporting Programmen auf die Inhalte des Professional Planners direkt zugreifen oder die Werte in andere Systeme exportieren.

Praktische Übung

1. Öffnen Sie das Dokument *4-Einzelabfrage Elementbereiche.PTB* und speichern Sie es unter dem Namen *5-Einzelabfrage Ebeneninfo.PTB*.

2. Stellen Sie den Cursor in die Zelle C11 und geben Sie *Abschreibungen* ein.

3. Stellen Sie den Cursor in die Zelle D11 und drücken Sie die F6 – Taste, um in den Bearbeitungsmodus zu wechseln.

4. Klicken Sie in dem Datenbankbezug-Editor auf das Feldbezugssymbol ▣ und wählen Sie den Feldbezug *Aufwand/Ertrag Nettoerfolg (2002)* aus der Gruppe *Aufwand/Kosten*.

5. Stellen Sie den Typ auf Einzelabfrage. Klicken Sie in dem unteren Editorfenster mit der Maustaste und wählen Sie den Feldbezug *Ebene 3 Name (4843)* und bestätigen Sie mit OK. Ergänzen Sie die Abfrage mit *like '04830%'*. Damit erfassen Sie in Ihrer Abfrage alle Elemente mit der Elementbezeichnung *04830 Abschreibungen auf Sachanlagen*. Es gibt zwei davon. Ein in der Kostenstelle Verwaltung der Produktion und Handel GmbH und ein in der Kostenstelle Verwaltung der Engineering GmbH.

6. An sich hätte die Information an dieser Stelle schon ausgereicht aber in der Praxis hat sich bewährt noch die Abfrage weiter zu spezifizieren. Wir stellen noch Sicher, dass die Abfrage ausschließlich die Elemente vom Typ Aufwand/Ertrag erfasst und keine anderen. Wir ergänzen die Abfrage also noch um den Ausdruck *AND FB4757 = 8*.

7. Darüber hinaus werden wir noch sicherstellen, dass die Zahlen auch dann noch stimmen, wenn unter dem Element *04830 Abschreibungen auf Sachanlagen* zukünftig weitere Aufwand/Ertrag Elemente wie z.B. *04831 Abschreibungen Maschine 1* und *04832 Abschreibungen Maschine 2* angelegt werden sollten. Dafür muss noch die Abfrage um den Ausdruck *AND FB4751 = -1*. Es bedeutet soviel wie *Index Selber Typ Aufwärts = -1* d.h. es soll nur die Summe des Elements *04830 Abschreibungen auf Sachanlagen* zurückgegeben werden ohne noch zusätzlich die Summe der unteren Elemente *04831 Abschreibungen Maschine 1* und *04832 Abschreibungen Maschine 2* hinzuzuaddieren. Die Addition würde sonst automatisch passieren, weil in diesem Fall im Feldbezug FB4843 der Inhalt *04830 Abschreibungen auf Sachanlagen* auch neben Feldern im Feldbezug FB4844 *04831 Abschreibungen Maschine 1* und *04832 Abschreibungen Maschine 2* stehen würde.

```
04830  Abschreibungen auf Sachanlagen
   04831  Abschreibungen Maschine 1
   04832  Abschreibungen Maschine 2
```

Abbildung 362: Zweistufige Abschreibungen

```
FB4843 like '04830%' AND FB4757 = 8 AND FB4751 = -1
```

Abbildung 363: Einzelabfrage Ebeneninfo

	A	B	C	D	E
1					
2			Sonnenschein Gruppe	2007	
3			Erlöse Arbeitsplatten	13.052.425	
4			Erlöse Dekorplatten	12.939.953	
5			Erlöse Verbundplatten	13.210.952	
6			Erlöse Projekte Dritte	2.285.010	
7			Erlöse Projekte IC	0	
8			Sonstige Aufwendungen	929.677	
9			Fixe Personalkosten	9.002.400	
10			Raumaufwendungen	1.632.000	
11			Abschreibungen	1.080.000	
12					

Abbildung 364: Dokument 5-Einzelabfrage Ebeneninfo.PTB

8. Speichern und schließen Sie das Dokument.

> **TIPP**
>
> Nach dem gleichen Prinzip der Ebeneninfo könnten Sie eine Abfrage bauen, in der Sie nur die Abschreibungen in der Filiale Düsseldorf herausfiltern.
>
> FB4843 like '04830%' AND FB4842 like '%Düsseldorf' AND FB4757 = 8 AND FB4751 = -1

ABFRAGEN MIT ZELLENREFERENZ

Einzelabfragen können auch auf Zellen verweisen, in denen sich die Selektion befindet.

Praktische Übung

1. Öffnen Sie das Dokument *5-Einzelabfrage Ebeneninfo.PTB* und speichern Sie es unter dem Namen *6-Einzelabfrage Zellenreferenz.PTB*..

2. Stellen Sie den Cursor in die Zelle C12 und geben Sie *Fremdarbeiten* ein.

3. Stellen Sie den Cursor in die Zelle D12 und drücken Sie die F6 – Taste, um in den Bearbeitungsansicht zu wechseln.

4. Klicken Sie in dem Datenbankbezug-Editor auf das Feldbezugssymbol $\sqrt{x}$ und wählen Sie den Feldbezug *Aufwand/Ertrag Nettoerfolg (2002)* aus der Gruppe *Aufwand/Kosten*.

5. Stellen Sie den Typ auf Einzelabfrage. Geben Sie in dem Editorfenster den Ausdruck @C1 ein.

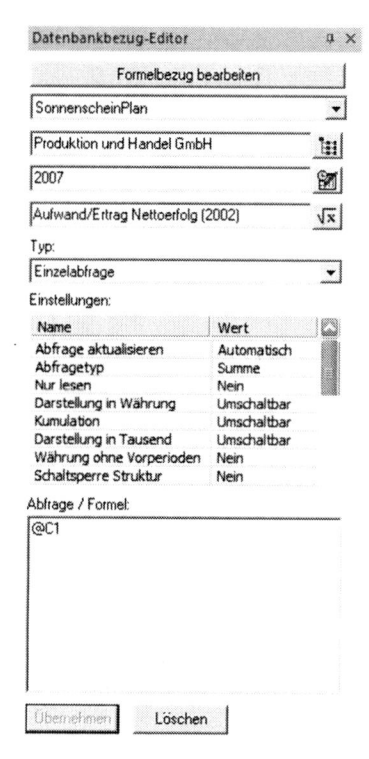

Abbildung 365: Einzelabfrage Zellenreferenz

6. Stellen Sie den Cursor in die Zelle C1 und geben Sie FB4764=4780

7. Drücken Sie die F6 Taste, um zum normalen Modus zu wechseln.

Abbildung 366: Abfrage mit Zellreferenz

8. Diese SetDat-Formel fragt das Element *04780 Fremdarbeiten Projekte (IC)*. Da die Werte auf der Ebene der Sonnenschein Gruppe über den Konsolidierungsman-

danten eliminiert werden, müssen Sie auf das Unternehmenselement *Produktion und Handel GmbH* schalten, um die Zahl 300.000 EUR im Jahr 2007 zu sehen.

9. Schalten Sie das Dokument wieder auf die Oberste Strukturebene der *Sonnenschein Gruppe,* speichern und schließen Sie das Dokument.

MEHRERE ABFRAGEFORMELN IN EINER ZELLE

Manchmal ist es wünschenswert in einer Zelle eine Summe, Differenz, Produkt, Division oder eine andere mathematische Verknüpfung von Werten zu haben, die sich aus mehreren SetDat – Formeln zusammensetzen. In unserem Beispiel werden wir die Summe aller Wareneinsätze von der Summe aller Nettoerlöse abziehen und in einer Zelle darstellen.

Praktische Übung

1. Öffnen Sie das Dokument *6-Einzelabfrage Zellenreferenz.PTB* und speichern Sie es unter dem Namen *7-Kombinierte Formelbezüge.PTB*.

2. Stellen Sie den Cursor in die Zelle C13 und geben Sie *Erlöse - Wareneinsatz* ein.

3. Drücken Sie die F6 Taste, um in den Bearbeitungsmodus zu kommen.

4. Stellen Sie den Cursor in die Zelle D13 und klicken Sie im Datenbankbezug-Editor auf das Feldbezugssymbol . Wählen Sie den Feldbezug *Nettoerlöse (101)* aus der Gruppe *Deckungsbeitrag.* Bestätigen Sie mit OK.

5. Klicken Sie auf den Schalter *Formelbezug bearbeiten* im oberen Teil des Datenbankbezug-Editors. Dabei geht ein neues Editierfenster unter diesem Schalter auf. Klicken Sie auf *Hinzufügen.* Dadurch wird die SetDat Formel SetDat(1;1;10001;101;33554433) in das obere Editierfenster befördert. Die SetDat – Formel ist markiert.

Abbildung 367: Erster Teil der kombinierten SetDat Formel für die Nettoerlöse

6. Klicken Sie erneut auf das Formelbezugssymbol und wählen Sie den Feldbezug *Wareneinsatz (108)* aus der Gruppe *Deckungsbeitrag*. Bestätigen Sie die Auswahl mit OK.

7. Klicken Sie mit dem Cursor hinter die erste SetDat – Formel in dem Editierfenster so, dass Sie einen blickenden Strich hinter der Klammer dieser Formel sehen.

8. Geben Sie ein Minuszeichen hinter die erste SetDat – Formel ein.

9. Klicken Sie anschließend auf *Hinzufügen*. Damit wurde die zweite SetDat – Formel in das obere Editierfenster befördert.

Abbildung 368: Zweiter Teil der kombinierten SetDat - Formel für den Wareneinsatz

10. Klicken Sie anschließend auf *Übernehmen*. Beide SetDat – Formeln werden in die Zelle D13 geschrieben. *SetDat(1;1;10001;101;33554433)-SetDat(1;1;10001;108;33554433).*

11. Drücken Sie die F6 Taste, um in den Normalmodus zu wechseln. In der Zelle D13 wird ihnen jetzt die Differenz zwischen den Nettoerlösen und dem Wareneinsatz dargestellt.

	A	B	C	D	E
1			FB4764=4780		
2			Sonnenschein Gruppe	2007	
3			Erlöse Arbeitsplatten	13.052.425	
4			Erlöse Dekorplatten	12.939.953	
5			Erlöse Verbundplatten	13.210.952	
6			Erlöse Projekte Dritte	2.285.010	
7			Erlöse Projekte IC	0	
8			Sonstige Aufwendungen	929.677	
9			Fixe Personalkosten	9.002.400	
10			Raumaufwendungen	1.632.000	
11			Abschreibungen	1.080.000	
12			Fremdarbeiten	0	
13			Erlöse - Wareneinsatz	21.201.172	
14					

D13 =41488340,63-20287168,27

Abbildung 369: Erlöse minus Wareneinsatz

12. Speichern und schließen Sie das Dokument.

DETAILLISTEN

Die Detailliste ist eine Möglichkeit Detailinformationen anzeigen zu lassen, die nach Wunsch mit dem Schalter oder der F7 Taste ein- bzw. ausgeschaltet werden können. In dieser Übung werden wir die Nettoerlöse als Summe abfragen und anschließend eine Listenabfrage bauen, die uns erlaubt die Originalebene der zugehörigen Umsatzbereiche ein- bzw. auszublenden.

Praktische Übung

1. Öffnen Sie eine neue Tabelle und speichern Sie diese unter dem Namen *8-Detailliste.PTB*.

2. Stellen Sie den Cursor in die Zelle B3 und drücken Sie die F6 Taste, um in den Bearbeitungsmodus zu wechseln.

3. Wähen Sie dem Feldbezugssymbol den Feldbezug *Elementbezeichnung (4760)* und übernehmen Sie.

4. Stellen Sie den Cursor in die Zelle C3, wählen Sie den Feldbezug *Periode (32001)*, stellen Sie den Typ auf *Drill – down Zeit* mit der Option *nach rechts* ein und übernehmen Sie.

5. Stellen Sie den Cursor in die Zelle B4 und geben Sie *Erlöse* ein.

6. Stellen Sie den Cursor in die Zelle C4 und wählen den Feldbezug *Nettoerlöse (101)* aus der Gruppe *Deckungsbeitrag* aus. Stellen Sie dabei den Typ auf *Standard* ein und übernehmen Sie. Dadurch bekommen Sie die Summe der Werte für die Nettoerlöse auf der jeweiligen Strukturebene.

7. Stellen Sie den Cursor in die Zelle B5 und wählen Sie den Feldbezug *Elementbezeichnung (4760)* aus der Gruppe *Index*. Stellen Sie dabei den Typ auf *Listenabfrage* ein.

8. In dem unteren Editorfenster geben Sie folgende Abfrage ein:

```
FB4757 = 4 AND FB4750 = -1 group by FB4760 order by FB4760
```

Abbildung 370: Listenabfrage für die Elementbezeichnung der Umsatzbereiche

- FB4757 = 4 bedeutet, dass nur Umsatzbereiche angezeigt werden sollen
- FB4750 = -1 bedeutet, dass die Originalebene d.h. unterste Ebene der Umsatzbereiche aufgelistet werden soll
- Group by FB4760 bedeutet, dass die aufgelisteten Umsatzbereiche nach der Elementbezeichnung gruppiert werden sollen
- Order by FB4760 bedeutet, dass die aufgelisteten Umsatzbereiche nach der Elementbezeichnung sortiert werden sollen.

9. Stellen Sie den Cursor in die Zelle C5. Wähen Sie den Feldbezug *Nettoerlöse (101)* und geben Sie in dem unteren Editorfenster folgende Abfrage ein:

Abbildung 371: Listenabfrage für die Nettoerlöse der Umsatzbereiche

```
FB4757 = 4 AND FB4750 = -1 group by FB4760 SORTPOSITION(2)
```

10. Der Ausdruck Sortposition(2) bedeutet, dass die Sortierung der Werte der Nettoerlöse sich nach der Sortierung in der zweiten Spalte von links also Spalte B orientieren soll.

11. Drücken Sie die F6 Taste, um in den normalen Modus zu wechseln. In der Zeile 5 sehen Sie die UNDEF Information. Es liegt daran, dass die Listenabfrage noch nicht eingeschaltet ist und die Werte in dieser Zeile nicht definiert sind. Wenn Sie die Zeile verstecken möchten, dann drücken Sie die F8 Taste. In dem Dialogfenster *Eigenschaften* klicken Sie auf das Register *Anzeiget* und klicken auf die Check Box *Undefinierte Zeilen*, so dass diese nicht angezeigt werden. Bestätigen Sie mit OK.

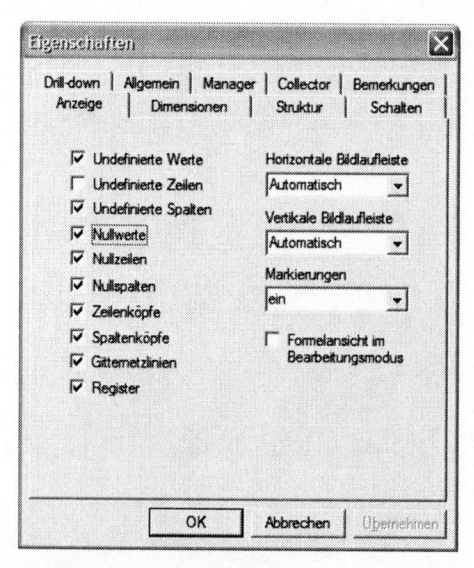

Abbildung 372: Eigenschaften undefinierte Zeilen

12. Klicken Sie auf die das Symbol *Detailliste anzeigen (F7)*.

Abbildung 373: Detailliste der Umsatzbereiche

13. Wenn Sie die Zellenformate wie Fett, Kursiv usw. verändern möchten, dann tun Sie es immer im Bearbeitungsmodus und nicht im Normalmodus, weil sie nur so in dem Dokument gespeichert werden. Wenn Sie die Formate in der normalen Ansicht ändern werden Sie wieder zu dem vorherigen Zustand zurückkehren, sobald sie die Listenabfrage auffrischen.
14. Speichern und schließen Sie das Dokument.

Die Detailanzeigen verfolgen im Grunde genommen das gleiche Konzept wie Standard SQL Abfragen. Sie können auch z.B. Gruppenfelder, Elementbezeichnungen usw. als Selektion benutzen.

ABFRAGEN VON KOSTENGRUPPEN

In Professional Planner gibt es noch ein weiteres Kennungssystem – die sog. Kostengruppen. Es sind in einem Standardrechenschema 100 Feldbezüge die man mit den Aufwand/Ertrag Elementen und den kalkulatorischen Elementen nutzen kann. Dadurch können Kostenarten gruppiert und in einem PTB Dokument abgefragt werden.

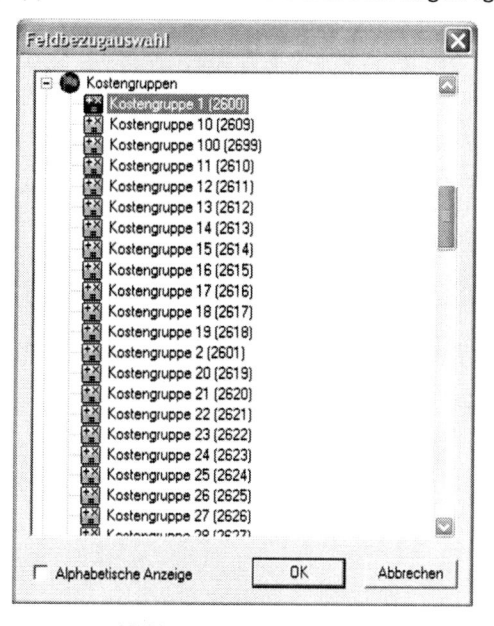

Abbildung 374: Kostengruppen

🖥 Praktische Übung

1. Öffnen Sie das Dokument *7-Kombinierte Formelbezüge.PTB* und speichern Sie es unter dem Namen *9-Kostengruppen.PTB*.

2. Stellen Sie den Cursor in die Zelle C14 und geben Sie *Zinsaufwand* ein.

3. Stellen Sie den Cursor in die Zelle C15 und geben Sie Zinsertrag ein.

4. Klicken Sie mit der rechten Maustaste auf das Element *02100 Zinsen und ähnliche Aufwendungen* in der Kostenstelle Verwaltung der Produktion und Handel GmbH und wählen Sie *Einstellungen* aus dem Kontextmenü *Element öffnen mit...*

5. In dem Block das sich auf die Kostengruppen bezieht haben Sie die Möglichkeit jedes Element drei verschiedenen Kostengruppen zuzuordnen, um verschiedene Abfragekombinationen zu ermöglichen. Sie haben auch die Möglichkeit den In-

halt des Feldbezugs auszuwählen (Menge Erfolg, Menge negativ und Erfolg tiv), den Sie in einem PTB Dokument dargestellt haben möchten.

Einstellungen	
Bezeichnung	02100 Zinsen und ähnliche A
Strukturpfad	SonnenscheinPlan: ... ähnliche Aufwendungen
Währungsumrechnungsfaktor	1
Währungseinheit	
Erfolgswirkung	**Aufwand Zinsen**
Bilanzkonto	Keine Zuordnung
Detailkonto	Keine Zuordnung
Ertragssteuer Hinzurechnung/Kürzung	Default
Kostengruppe Zuordnung 1	1
Kostengruppe Feldbezug 1	**Erfolg negativ**
Kostengruppe Zuordnung 2	0
Kostengruppe Feldbezug 2	Erfolg
Kostengruppe Zuordnung 3	0
Kostengruppe Feldbezug 3	Erfolg

Abbildung 375: Kostengruppenzuordnung Zinsen und ähnliche Aufwendungen

6. In unserem Fall geben Sie in dem Feld für *Kostengruppe Zuordnung 1* eine 1 ein und in dem Feld für *Kostengruppe Feldbezug 1* wählen Sie *Erfolg negativ* aus. Die gleichen Einstellungen treffen Sie auf dem Element *02100 Zinsen und ähnliche Aufwendungen* in der Kostenstelle Verwaltung bei der Engineering GmbH.

7. Wähen Sie das Element *02650 Sonstige Zinsen, ähnliche Erträge* aus der *Produktion und Handel GmbH* und erfassen Sie in dem Feld *Kostengruppe Zuordnung 1* eine 2. Darüber hinaus stellen Sie im Feld *Kostengruppe Feldbezug 1* auf *Erfolg* ein. Das gleiche tun Sie in der *Engineering GmbH*.

Einstellungen	
Bezeichnung	02650 Sonstige Zinsen, ähnl
Strukturpfad	SonnenscheinPlan: ...nsen, ähnliche Erträge
Währungsumrechnungsfaktor	1
Währungseinheit	
Erfolgswirkung	Neutraler Ertrag Zinsen
Bilanzkonto	Keine Zuordnung
Detailkonto	Keine Zuordnung
Ertragssteuer Hinzurechnung/Kürzung	Default
Kostengruppe Zuordnung 1	2
Kostengruppe Feldbezug 1	Erfolg
Kostengruppe Zuordnung 2	0
Kostengruppe Feldbezug 2	Erfolg
Kostengruppe Zuordnung 3	0
Kostengruppe Feldbezug 3	Erfolg

Abbildung 376: Kostengruppenzuordnung Zinsen und ähnliche Erträge

8. Wechseln Sie wieder zu dem Dokument *9-Kostengruppen.PTB* über das Menü *Fenster*. Stellen Sie den Cursor in die Zelle D14 und drücken Sie die F6 – Taste, um in den Bearbeitungsmodus zu wechseln.

9. Im Datenbankbezug-Editor klicken Sie auf das Feldbezugssymbol und wählen den Feldbezug *Kostengruppe 1 (2600)* aus der Gruppe *Kostengruppen*. Bestätigen Sie die Auswahl mit OK und klicken Sie anschließend auf *Übernehmen*.

10. Stellen Sie den Cursor in der Zelle D15, klicken Sie auf das Feldbezugssymbol und wählen den Feldbezug *Kostengruppe 2 (2601)* aus der Gruppe *Kostengruppen*. Bestätigen Sie die Auswahl mit OK und klicken Sie anschließend auf *Übernehmen*.

11. Drücken Sie die F6 Taste, um in den Normalmodus zu wechseln. Sie sehen, dass der Zinsaufwand jetzt als eine negative Zahl dargestellt wird, obwohl in der Datenbank dieser Aufwand als eine positive Zahl gespeichert wird. Es liegt daran, dass Sie die Option *Kostengruppe Feldbezug 1* als *Erfolg negativ* gewählt haben.

	A	B	C	D	E
1			FB4764=4780		
2			Sonnenschein Gruppe	2007	
3			Erlöse Arbeitsplatten	13.052.425	
4			Erlöse Dekorplatten	12.939.953	
5			Erlöse Verbundplatten	13.210.952	
6			Erlöse Projekte Dritte	2.285.010	
7			Erlöse Projekte iC	0	
8			Sonstige Aufwendungen	929.677	
9			Fixe Personalkosten	9.002.400	
10			Raumaufwendungen	1.632.000	
11			Abschreibungen	1.080.000	
12			Fremdarbeiten	0	
13			Erlöse - Wareneinsatz	21.201.172	
14			Zinsaufwand	-171.290	
15			Zinsertrag	7.733	
16					

Abbildung 377: Kostengruppenabfragen auf die Zinsen

Kostengruppe Einstellungen

SonnenscheinPlan: Sonnenschein Gruppe

	Bezeichnung	Kostengruppe Zuordnung 1	Kostengruppe Feldbezug 1
04780	Fremdarbeiten Projekte (IC)	Aufwand/Ertrag	0	Erfolg
02100	Zinsen und ähnliche Aufwendungen	Aufwand/Ertrag	1	Erfolg negativ
02650	Sonstige Zinsen, ähnliche Erträge	Aufwand/Ertrag	2	Erfolg
04830	Abschreibungen auf Sachanlagen	Aufwand/Ertrag	0	Erfolg
04260	Instandhaltung betrieblicher Räume	Aufwand/Ertrag	0	Erfolg
04141	Zuführung zu Pensionsrückstellungen	Aufwand/Ertrag	0	Erfolg
04120	Gehälter	Aufwand/Ertrag	0	Erfolg
04130	Sozialversicherungen/Steuern	Aufwand/Ertrag	0	Erfolg
04900	Sonstige Aufwendungen	Aufwand/Ertrag	0	Erfolg
04120	Gehälter	Aufwand/Ertrag	0	Erfolg
04130	Sozialversicherungen/Steuern	Aufwand/Ertrag	0	Erfolg
04200	Raumkosten	Aufwand/Ertrag	0	Erfolg
04900	Sonstige Aufwendungen	Aufwand/Ertrag	0	Erfolg
02100	Zinsen und ähnliche Aufwendungen	Aufwand/Ertrag	1	Erfolg negativ
02650	Sonstige Zinsen, ähnliche Erträge	Aufwand/Ertrag	2	Erfolg

Abbildung 378: Übersicht der Kostengruppen

12. Einen guten Überblick über die Einstellungen der Kostengruppen erhalten Sie in dem Dokument *Aufwand-Ertrag Einstellungen* aus dem Verzeichnis *Toolbox* des Dokumentenbaums, wenn Sie in der Tabelle *Kostengruppe* mit *Drillen Originalebene* sich die unterste Ebene der Aufwand/Ertrag Elemente anzeigen lassen.

13. Speichern und Schließen Sie das Dokument.

TIPP

Im Zusammenhang mit den Kostengruppen ist es wichtig zu erwähnen, dass diese nur auf der obersten Ebene der Aufwand/Ertrag oder Kalkulatorischen Elemente ausgewertet werden. Das bedeutet, dass Sie die Struktur von Anfang an so bauen müssen, dass die Kostengruppen überhaupt nutzbar bleiben.

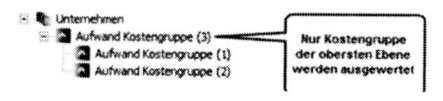

Abbildung 379: Auswertungsebene der Kostengruppen

Wenn Sie z.B. das Element *Aufwand Kostengruppe (3)* aus der *Abbildung 379: Auswertungsebene der Kostengruppen* auf der Seite 389 mit der Abfrage der Kostengruppe 3 nutzen möchten, dann ist es ohne Probleme möglich. Sie können jedoch nicht die Kostengruppe auf den Elementen *Aufwand Kostengruppe(1)* und *Aufwand Kostengruppe(2)* auswerten, weil sie sich nicht auf der oberste Ebene befinden.

GRAFIKEN

In Professional Planner können Sie nicht nur die Werte mittels Abfragen in der Form von Tabellen darstellen, sondern auch dynamische Grafiken aufbauen. In unserem Beispiel werden wir eine kombinierte Grafik aufbauen, in der sowohl der Umsatz als auch der Wareneinsatz dargestellt werden.

Praktische Übung

1. Öffnen Sie eine neue Tabelle und speicher Sie diese unter dem Namen *10-Grafik.PTB*.

2. Stellen Sie den Cursor in die Zelle B3 und drücken Sie die F6 Taste, um in den Bearbeitungsmodus zu wechseln.

3. Wähen Sie mit dem Feldbezugssymbol den Feldbezug *Elementbezeichnung (4760)* und übernehmen Sie.

4. Stellen Sie den Cursor in die Zelle B4, wählen Sie den Feldbezug *Periode (32001)*, stellen Sie den Typ auf *Drill – down Zeit* mit der Option *nach unten* ein und übernehmen Sie.

5. Stellen Sie den Cursor in die Zelle C3 und geben Sie *Erlöse* ein. Stellen Sie den Cursor in die Zelle D3 und geben Sie *Wareneinsatz* ein.

6. Damit Grafiken in Professional Planner immer korrekt angezeigt werden, verwenden Sie Formelbezüge statt Datenbankbezüge. Durch die Verwendung der ISTFEHLER-Formel kommt es beim Schalten zwischen Bearbeitungsansicht und Normalansicht nicht zu der Meldung „nicht genügend Daten" in der Grafik. Genauso bleibt das benutzerdefinierte Format der Grafik erhalten. Stellen Sie den Cursor in die Zelle C4 und schreiben Sie die Formel:

```
WENN(ISTFEHLER(SetDat(1;1;10001;101;33554433));0;SetDat(1;1;10001;101;33554433))
```

7. Kopieren Sie diese Formel und fügen Sie diese in die Zelle D4. Ersetzen Sie den Feldbezug 101 mit 108 für den Wareneinsatz. Sie erhalten also in der Zelle D4 die Formel:

```
WENN(ISTFEHLER(SetDat(1;1;10001;108;33554433));0;SetDat(1;1;1
0001;108;33554433))
```

8. Drillen Sie die Zeit mit *Drillen Originalebene*, so dass Sie die Monate des Jahres 2007 sehen.

9. Markieren Sie die Zellen B5 bis D16 in denen die Monatsnamen und die monatlichen Zahlen für die Erlöse und den Wareneinsatz stehen.

10. Wählen Sie den Menüpunkt Einfügen/Name... Sie sehen nun im Bereich „Formel" den von Ihnen markierten Bereich.

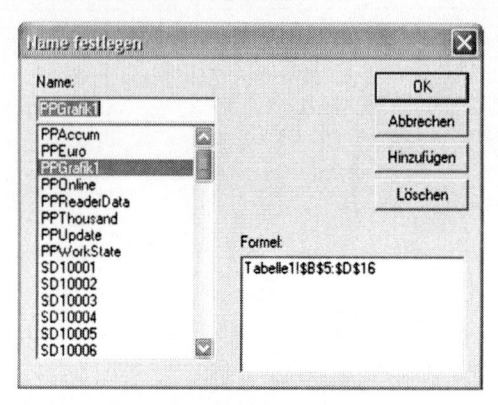

Abbildung 380: Bereichsname

11. Tragen Sie unter Name *PPGrafik1* ein.

12. Bestätigen Sie mit OK. Damit verknüpfen Sie diesen Wertebereich mit dem Namen PPGrafik1.

13. Um ein Diagramm einzufügen, klicken Sie in der Objektleiste auf die Grafik-Schaltfläche oder wählen Sie aus der Menüleiste *Einfügen/ Diagramm...*

14. Der Cursor verwandelt sich in ein kleines schwarzes Kreuz, mit dem nun der Positionsrahmen für die Grafik gezogen werden kann.

15. Nach dem Festlegen des Positionsrahmens öffnet sich automatisch der Diagramm-Assistent. Hier können Sie wie gewohnt Diagrammtyp, Dimension, Diagrammtitel usw. auswählen.

16. Wenn Sie alle Fenster des Diagramm-Assistenten durchgegangen sind, erhalten Sie ein Diagramm mit den Standardeinstellungen.

17. Wenn Sie das Diagramm doppelt anklicken, dann entsteht eine gepunktete Linie um das Diagramm herum. Wenn Sie mit der rechten Maustaste es anklicken, dann können sie aus dem Kontextmenü den Punkt *Diagramm Designer* auswählen und das Diagramm nach Belieben im Nachhinein formatieren. Besonders empfehlenswert ist die Schriftart bei den Achsenbezeichnungen unter Kategorienachse(X) und Werteachse(Y) auf 8 Punkt zu verkleinern und auch die Linien unter Datenreihen S1 und S2 auf 1 Punkt zu reduzieren.

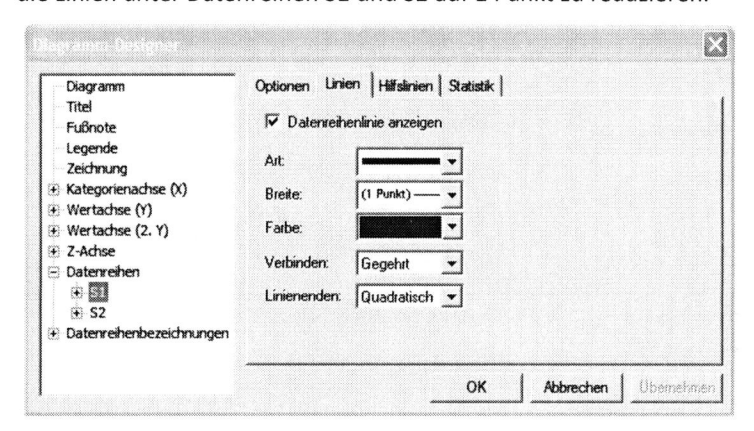

Abbildung 381: Diagramm-Designer

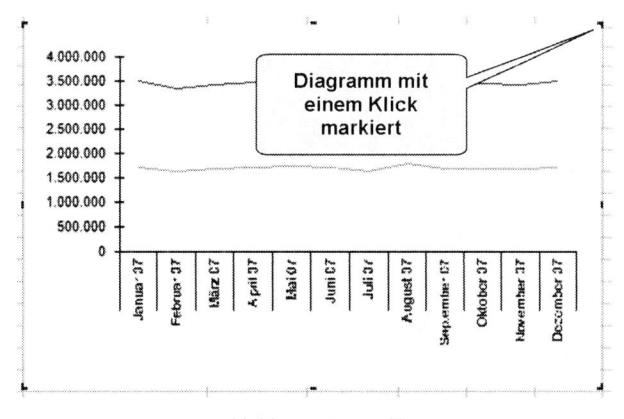

Abbildung 382: Grafik

18. Klicken Sie das Diagramm erst nur einmal an, so dass nur die Ecken des Diagramms markiert sind und wählen Sie aus dem Kontextmenü den Punkt *Eigenschaften* oder wählen Sie den Menüpunkt *Format/Objekt*.
19. Ersetzen Sie die Formel durch „PPGrafik1"

Abbildung 383: Eigenschaften Objekt Formatieren

20. Durch die Verknüpfung des Diagramms mit dem Datenbereich passt sich nun das Diagramm auch an, wenn Sie in der Zeit drillen, z.B. von Monate auf Quartale.

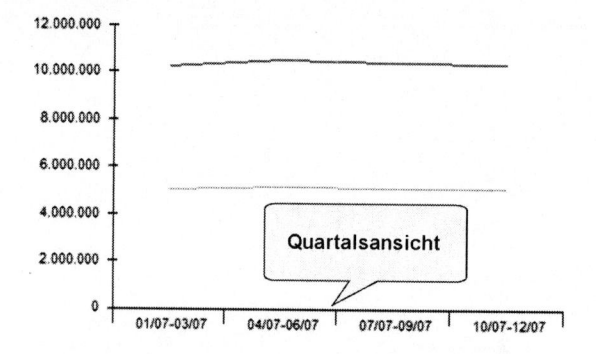

Abbildung 384: Grafik mit einer Zeit gedrillt auf die Quartale

21. Es ist wichtig, dass Sie für das Verknüpfen des Diagramms mit dem Datenbereich immer den Namen „PPGrafik1" verwenden, da die Applikation bei einer Änderung der Größe des Datenbereichs durch Drillen ausschließlich nach diesem Namen sucht. Für den Fall, dass sich in einer Professional Planner - Tabelle mehr als ein Diagramm befindet, für das diese Drillanpassung gelten soll, muss für jedes Diagramm eine andere Nummer vergeben werden. Für eine fehlerfreie Funktion ist es erforderlich, eine durchgehende aufsteigende Nummerierung (beginnend mit 1) zu verwenden (PPGrafik1, PPGrafik2 etc.), da die Applikation in dieser Reihenfolge sucht.

22. Speichern und schließen Sie das Dokument.

DAS FORMAT EINER BESTEHENDEN GRAFIK ÜBERTRAGEN

Wenn Sie das benutzerdefinierte Format eines bestehenden Diagramms auch für andere Diagramme verwenden wollen, gehen Sie wie folgt vor:

1. Aktivieren Sie die Grafik mit dem gewünschten Format mit einem Doppelklick.
2. Wählen Sie aus dem Kontextmenü Speichern unter… aus
3. Vergeben Sie einen beliebigen Namen
4. Wählen Sie als Dateityp Diagrammdatei (*.vtc) aus.

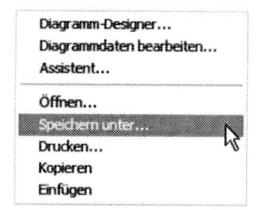

```
Diagramm-Designer...
Diagrammdaten bearbeiten...
Assistent...
Öffnen...
Speichern unter...
Drucken...
Kopieren
Einfügen
```

5. Nun aktivieren Sie die neue Grafik auf die das Format übertragen werden soll.
6. Wählen Sie aus dem Kontextmenü Öffnen… und die zuvor gespeicherte *vtc Datei aus.

☝ TIPP

Sie können die Spalte mit der Einstellung Drill Down Zeit im Dokument *10-Grafik.PTB* auch so formatieren, dass die Monate um zwei Buchstaben eingerückt werden.

Markieren Sie die Zelle C4 und formatieren Sie diese als rechtsbündig. Drücken Sie die F6 Taste und geben Sie eine 2 bei den Einstellungen in der Option *Zusatzparameter.*

Übernehmen Sie diese Einstellungen und schalten Sie wieder mit F6 in den normalen Modus. Wenn Sie die Perioden nochmal mit *Drillen Originalebene* schalten werden sie Monate optisch um zwei Zeichen nach rechts eingezogen.

Sonnenschein Gruppe	Erlöse	Wareneinsatz
2007	41.488.341	20.287.168
Januar 07	3.499.002	1.711.573
Februar 07	3.330.572	1.626.758
März 07	3.411.004	1.667.388
April 07	3.464.384	1.692.823
Mai 07	3.563.997	1.743.988
Juni 07	3.471.397	1.698.946
Juli 07	3.324.964	1.625.435
August 07	3.635.668	1.778.320
September 07	3.434.879	1.680.377
Oktober 07	3.448.279	1.686.192
November 07	3.407.220	1.666.501
Dezember 07	3.496.975	1.708.866

Abbildung 385: Monate mit dem Zusatzparameter um zwei Zeichen eingezogen

Abbildung 386: Option Zusatzparameter mit Periode(32001) für den Einzug

PERFORMANCE DER ABFRAGETECHNIKEN

Die in dem Kapitel *Aufbau von Berichten* beginnend auf Seite *347* beschriebenen Abfragetechniken in den PTB Dokumenten verhalten sich nicht alle gleich in Bezug auf die Geschwindigkeit mit der die Abfragen vom Professional Planner durchgeführt werden. Eine einfache abfrage auf einen Feldbezug wie z.B. SetDat(1;1;10001;101;1) oder eine Abfrage auf Kostengruppen wie z.B. SetDat(1;1;10001;2600;1) gibt die Werte viel schneller zurück als eine Einzelabfrage wie z.B. SetDat(1;1;10001;2002;262154;FB4764 BETWEEN 4120 AND 4130). Darüber hinaus sind Einzelabfragen auf numerische Feldbezüge wie Gruppenfelder schneller als auf Feldbezüge die den Datentyp Text beinhalten wie z.B. die Elementbezeichnung.

Das unterschiedliche Reaktionsverhalten liegt daran, dass die Werte der Feldbezüge wie Nettoerlöse, Wareneinsatz, Aufwand/Ertrag etc. und der Kostengruppen bereits fertig berechnet sind und recht schnell abgefragt werden können.

Die Einzelabfragen sind besonders langsam, weil die Werte erst online bei jeder Abfrage neu berechnet werden müssen, bevor sie in einem PTB Dokument zurückgegeben werden.

Wenn sie kleine Dokumente mit nur wenigen Einzelabfragen haben, dann ist es meistens kein Problem und sie bemerken überhaupt keinen Unterschied. Es ist jedoch schon in diversen Projekten vorgekommen, dass die Benutzer Berichte mit mehreren Hundert Einzelabfragen gebaut haben. Der Effekt war, dass es schon mal einige Minuten gedauert hat, bis der Professional Planner die Werte berechnet und in dem Bericht angezeigt hat. Erschwerend kommt hinzu, dass wenn z.B. fünf Benutzer das gleiche Dokument voll gespickt mit Einzelabfragen zur gleichen Zeit öffnen, dann dauert es auch fünf mal so lange bis die Werte berechnet und zurückgegeben werden.

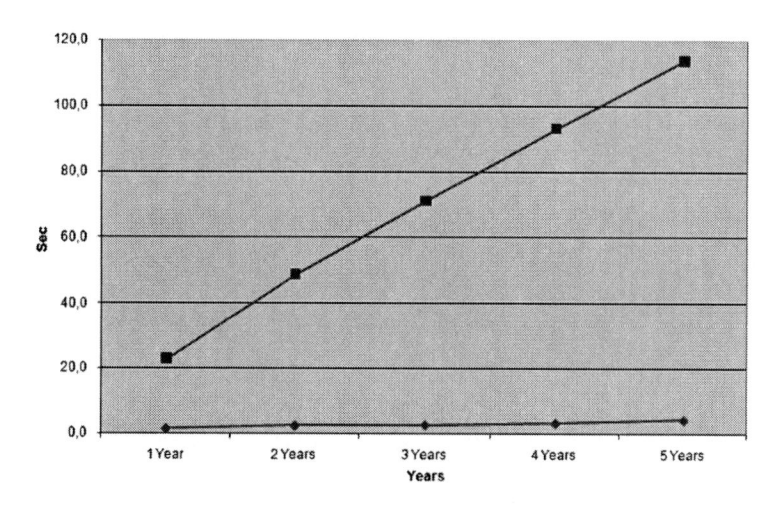

Abbildung 387: Abfragedauer einfache Abfrage versus Einzelabfrage

In der *Abbildung 387: Abfragedauer einfache Abfrage versus Einzelabfrage* sehen Sie das Zeitverhalten eines Testdokuments, welches die Antwortzeiten bei einer einfachen Abfrage (untere Linie) im Vergleich zu den Antwortzeiten bei Einzelabfragen (steigende Linie) zeigt bei einem Drill Down Zeit über 1 bis 5 Jahre. Während bei den einfachen

Abfragen die gebrauchte Zeit nicht wesentlich länger wird, steigt diese linear bei Einzelabfragen.

Mit einem schnelleren Server kann man natürlich das Zeitverhalten bei den Einzelabfragen etwas beeinflussen aber die Grundproblematik bleibt erhalten. In den Dokumenten, die auch von mehreren Usern benutzt werden empfiehlt es sich so wenige Einzelabfragen wie möglich zu nutzen. Ein Richtwert liegt bei 30 Einzelabfragen pro Dokument. Etwas schneller sind die Detaillisten, die man auf- zu zuklappen kann. Am schnellsten sind einfache Abfragen auf Feldbezüge und Abfragen von Kostengruppen.

PERFORMANCE DER EINGABETECHNIKEN

Eine ähnliche Performancethematik entsteht bei der Eingabe von Werten in den Professional Planner. In diesem Fall entscheidet am meisten das Rechenschema, das benutzt wird. Je komplexer ein Rechenschema ist, desto mehr Berechnungen müssen bei jeder Eingabe gemacht werden. Das Standardrechenschema *Finance(de).ped* ist ein Rechenschema, das nach jeder Eingabe die GuV, Finanzplan und die Bilanz nebst Unternehmenswert und anderen betriebswirtschaftlichen Kennzahlen ständig online berechnet. Auf einem Einzelplatzsystem ist das ganze meistens noch kein Problem. Wenn jedoch mehrere Personen gleichzeitig Werte auf unterschiedliche Elemente in einem Netzwerk eingeben, dann kann ein Server schon ordentlich ausgelastet werden.

Eine Möglichkeit die Performance bei der Eingabe der Werte zu steigern ist die Benutzung von Rechenschemen, die weniger Feldbezüge aufweisen. In manchen Projekten ist beispielsweise nur die Planung der GuV und nicht der Bilanz und des Finanzplans gewünscht. In diesem Fall kann man das Rechenschema *Profit(de).ped* statt *Finance(de).ped* nehmen, weil es keine Berechnung der Bilanz und des Finanzplans vornimmt. Dadurch müssen bei jeder Eingabe wesentlich weniger Berechnungen durchgeführt werden.

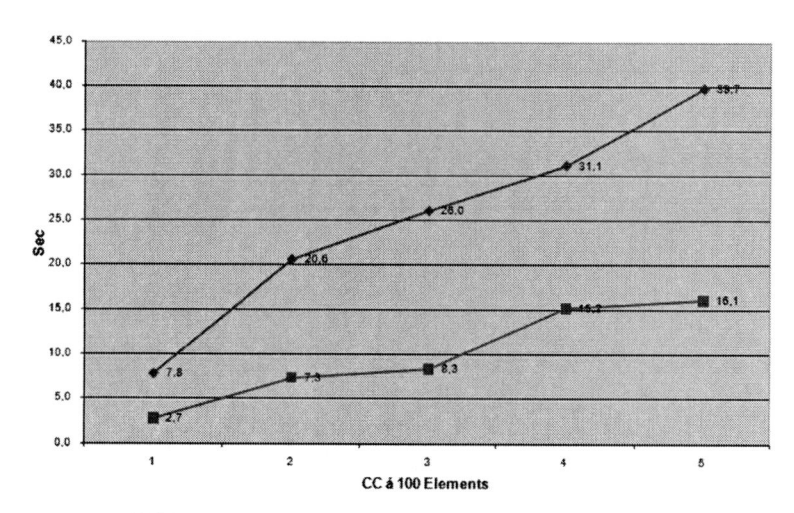

Abbildung 388: Zeitverhalten bezüglich der Eingabe von Werten

Die *Abbildung 388: Zeitverhalten bezüglich der Eingabe von Werten* zeigt einen Vergleich zwischen dem Zeitverhalten bei dem Rechenschema *Profit(de).ped* (untere Linie) und dem Rechenschema *Finance(de).ped* bei einer gleichzeitigen Eingabe von 100 Zahlen (per kopieren und einfügen) pro Kostenstelle. Es dauert zwar immer länger bis die eingegebenen Zahlen alle berechnet wurden je mehr Kostenstellen berücksichtigt werden aber das Rechenschema *Profit(de).ped* ist dabei sichtbar schneller.

In einem Projekt empfiehlt es sich genau nachzuschauen, welche Feldbezüge eines Rechenschemas überhaupt benutzt werden. Die nicht benutzten Feldbezüge werden durch eine Anpassung des Rechenschemas von den Programmierern von Winterheller Software auf Kundenwunsch entfernt.

GEWINN UND VERLUSTRECHNUNG NACH HGB

Das Handelsgesetzbuch schreibt in §275 HGB die Gliederung eine GuV für Kapitalgesellschaften vor. Diese kann nach dem Umsatzkostenverfahren oder nach dem Gesamtkostenverfahren erfolgen. Grundsätzlich können Sie natürlich alle Arten von Berichten aus dem Professional Planner gewinnen, auch eine GuV nach Umsatz- und Gesamtkostenverfahren. Was für Berichte Sie aus dem Professional Planner aufbauen können richtet sich nach der Art des Strukturaufbaus. Jede Zahl, die Sie über einen Feldbezug erfassen können, kann auch gruppiert und abgefragt werden.

Wie Sie in dem Beispiel der *Sonnenschein Gruppe* gesehen haben, basiert der grundsätzliche Aufbau des Rechenschemas *Finance(de).ped* auf dem System der stufenweisen

Deckungsbeitragsrechnung. Das Element Umsatzbereich ist so konzipiert, dass es die Nettoerlöse und die dazugehörigen direkten variablen Kosten aufnimmt und daraus den Deckungsbeitrag des Umsatzbereichs berechnet.

Deckungsbeitrag	
SonnenscheinPlan: ...schein Gruppe/Produkt	
08210 Arbeitsplatten	2007
Nettoerlöse	6.446.518
Rabatte	644.652
Skonti	193.396
Vertriebssonderkosten	64.465
Umsatzprovision	193.396
WES/Material	3.223.259
Deckungsbeitrag	**2.127.351**

Abbildung 389: Deckungsbeitrag im Umsatzbereich

Dabei kann ein Umsatzbereich ein Produkt, eine Produktkategorie, eine bestimmte Dienstleistung oder sogar ein Projekt repräsentieren.

Durch den hierarchischen Aufbau der Struktur können auch weitere Stufen der Deckungsbeiträge ermittelt werden wie z.B. der jeweiligen Regionen in denen der Umsatz gemacht wird. Anschließend können noch die Kosten der allgemeinen Verwaltungskostenstellen davon abgezogen werden und so ein Gewinn des Gesamtunternehmens ermittelt werden. Für die Planungszwecke ist das eine der Sinnvollsten Vorgehensweisen.

Die Deckungsbeitragsrechnung wird auch als *Umsatzkostenverfahren auf Grenzkostenbasis* bezeichnet. Diese Darstellung wurde auch in dem Standardbericht *Gewinn und Verlust.PTB*.

```
Umsatz
./. variable Selbstkosten des Umsatzes
./. fixe Kosten der Periode
```
Betriebserfolg

Oder anders Ausgedrückt

```
Deckungsbeitrag
./. fixe Kosten der Periode
```
Betriebserfolg

Gewinn und Verlust	
SonnenscheinPlan: Sonnenschein Gruppe	
Sonnenschein Gruppe	2007
Nettoerlöse	41.488.341
Rabatte	3.920.333
Skonti	1.176.100
Vertriebssonderkosten	392.033
Umsatzprovision	1.313.201
WES/Material	20.287.168
Deckungsbeitrag	**14.399.506**
Aufwand = Kosten	13.619.367
Ertrag = Leistung	0
Ordentliches Ergebnis 1	**780.139**
Ord Neutraler Aufwand	0
BKK-Sollzinsen	0
Ord Neutraler Ertrag	7.733
BKK-Habenzinsen	0
Ordentliches Ergebnis 2	**787.872**
AO Neutraler Aufwand	0
AO Neutraler Ertrag	0
Ergebnis vor Steuern	**787.872**
Ertragssteuern	252.720

Abbildung 390: Standard GuV (DB minus fixe Kosten)

Demgegenüber steht das *Umsatzkostenverfahren auf Vollkostenbasis*, bei dem die Kosten der umgesetzten Erzeugnisse mit Vollkosten bewertet werden.

```
Umsatzerlöse
./. Selbstkosten der umgesetzten Erzeugnisse
```
Betriebserfolg

Fertigungsmaterial
+ Materialgemeinkosten

Fertigungslöhne
+ Fertigungsgemeinkosten

+ Sondereinzelkosten der Fertigung

Herstellkosten der Erzeugung

+ Verwaltungsgemeinkosten
+ Vertriebsgemeinkosten
+ Sondereinzelkosten des Vertriebs

Selbstkosten

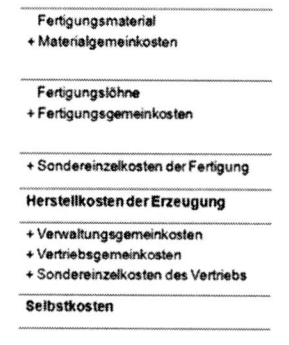

Abbildung 391: Herstellkosten und Selbstkosten

UMSATZKOSTENVERFAHREN

Den ersten kompletten Bericht, den wir aus Professional Planner bauen werden ist eine GuV nach Umsatzkostenverfahren.

Pos. Nr.	Position	Feldbezug	Kostengruppen-zuordnung 2	Element	Profitcenter / Kostenstelle
1.	Umsatzerlöse	FB 101 - Nettoerlöse	-	08210 Arbeitsplatten 08220 Dekorplatten 08230 Verbundplatten 08240 Umsatzerlöse Projekte Dritte 08245 Umsatzerlöse Projekte (IC)	Düsseldorf, München, Hamburg
2.	Herstellungskosten der zur Erzielung der Umsatzerlöse erbrachten Leistungen	FB 106 - Wareneinsatz	-	08210 Arbeitsplatten 08220 Dekorplatten 08230 Verbundplatten 08240 Umsatzerlöse Projekte Dritte 08245 Umsatzerlöse Projekte (IC)	Düsseldorf, München, Hamburg
3.	Bruttoergebnis vom Umsatz				
4.	Vertriebskosten	FB 102 - Rabatte FB 104 - Skonti FB 107 - Vertriebssonderkosten FB 109 - Umsatzprovision	-	08210 Arbeitsplatten 08220 Dekorplatten 08230 Verbundplatten 08240 Umsatzerlöse Projekte Dritte 08245 Umsatzerlöse Projekte (IC)	Düsseldorf, München, Hamburg
		FB 2002 - Aufwand/Ertrag	KG 3	04120 Gehälter 04130 Sozialversicherungen/Steuern 04200 Raumkosten 04900 Sonstige Aufwendungen	Düsseldorf, München, Hamburg
5.	Allgemeine Verwaltungskosten	FB 2002 - Aufwand/Ertrag	KG 4	04120 Gehälter 04130 Sozialversicherungen/Steuern 04200 Raumkosten 04900 Sonstige Aufwendungen	Köln und Verwaltung
6.	Sonstige betr. Erträge				
7.	Sonstige betr. Aufwendungen	FB 2002 - Aufwand/Ertrag	KG 5	04900 Sonstige Aufwendungen 04780 Fremdarbeiten Projekte (IC) 04830 Abschreibungen auf Sachanlagen 04260 Instandhaltung betrieblicher Räume 04141 Zuführung zu Pensionsrückstellungen 04142 Reduktion der Pensionsrückstellungen	Verwaltung
	Ergebnis der Gewöhnlichen Geschäftstätigkeit				
	Zinsergebnis	FB 2002 - Aufwand/Ertrag	KG 6	02100 Zinsen und ähnliche Aufwendungen 02650 Sonstige Zinsen, ähnliche Erträge	Verwaltung
		FB 1405 - BKK Sollzinsen FB 1404 - BKK Habenzinsen	-	Unternehmen	Unternehmen
	Ergebnis vor Steuern	FB 307 - Ergebnis vor Steuern	-	Unternehmen	Unternehmen
	Ertragssteuern	FB 309 - Ertragssteueraufwand gesamt	-	Unternehmen	Unternehmen
	Korrektur aktivierung	FB 2002 - Aufwand/Ertrag	KG 7	04920 Fertigungskontrolle (FGK) 04910 Lagerhaltung (MGK)	Köln und Unternehmen
		FB 3704 Ertrag aus Aktivierung	-	Unternehmen	Unternehmen

Abbildung 392: Aufbau eine GuV nach UKV

In der Tabelle *Abbildung 392: Aufbau eine GuV nach UKV* auf Seite 400 wurde schematisch der Aufbau einer GuV nach dem Umsatzkostenverfahren dargestellt. Um den Bericht bauen zu können, müssen noch die Kostengruppen der Aufwand/Ertrag Elemente entsprechend eingestellt werden.

Kostengruppe Einstellungen		
SonnenscheinPlan: Sonnenschein Gruppe/Produkt		
	Kostengruppe Zuordnung 2	Kostengruppe Feldbezug 2
Produktion und Handel GmbH		
Filiale Düsseldorf		
04120 Gehälter	3	Erfolg negativ
04130 Sozialversicherungen/Steuern	3	Erfolg negativ
04200 Raumkosten	3	Erfolg negativ
04900 Sonstige Aufwendungen	3	Erfolg negativ
Filiale München		
04120 Gehälter	3	Erfolg negativ
04130 Sozialversicherungen/Steuern	3	Erfolg negativ
04200 Raumkosten	3	Erfolg negativ
04900 Sonstige Aufwendungen	3	Erfolg negativ
Filiale Köln		
04920 Fertigungskontrolle (FGK)	7	Erfolg negativ
04910 Lagerhaltung (MGK)	7	Erfolg negativ
04120 Gehälter	4	Erfolg negativ
04130 Sozialversicherungen/Steuern	4	Erfolg negativ
04200 Raumkosten	4	Erfolg negativ
04900 Sonstige Aufwendungen	4	Erfolg negativ
Verwaltung		
04120 Gehälter	4	Erfolg negativ
04130 Sozialversicherungen/Steuern	4	Erfolg negativ
04200 Raumkosten	4	Erfolg negativ
04900 Sonstige Aufwendungen	5	Erfolg negativ
04780 Fremdarbeiten Projekte (IC)	5	Erfolg negativ
02100 Zinsen und ähnliche Aufwendungen	6	Erfolg negativ
02650 Sonstige Zinsen, ähnliche Erträge	6	Erfolg
04830 Abschreibungen auf Sachanlagen	5	Erfolg negativ
04260 Instandhaltung betrieblicher Räume	5	Erfolg negativ

Abbildung 393: Einstellungen Kostengruppe 2 Produktion und Handel GmbH

Die Einstellungen werden mit Hilfe des Dokuments *Aufwand-Ertrag Einstellungen* im Blatt *Kostengruppen* vorgenommen. Für das UKV Dokument nehmen Sie die Spalte *Kostengruppe Zuordnung 2* für die Kostengruppenkennungen. In der Spalte *Kostengruppe Feldbezug 2* wird eingestellt, dass Aufwendungen in dem Bericht negativ und Erträge positiv dargestellt werden sollen. Somit sind Elemente wie *02650 Sonstige Zinsen, ähnliche Erträge,* und *04142 Reduktion der Pensionsrückstellungen* als *Erfolg* und alle anderen als *Erfolg negativ* eingestellt.

Kostengruppe Einstellungen		
SonnenscheinPlan: Sonnenschein Gruppe/Engineer		
	Kostengruppe Zuordnung 2	Kostengruppe Feldbezug 2
Engineering GmbH		
Filiale Hamburg		
04120 Gehälter	3	Erfolg negativ
04130 Sozialversicherungen/Steuern	3	Erfolg negativ
04900 Sonstige Aufwendungen	3	Erfolg negativ
Verwaltung		
04120 Gehälter	4	Erfolg negativ
04130 Sozialversicherungen/Steuern	4	Erfolg negativ
04200 Raumkosten	4	Erfolg negativ
04900 Sonstige Aufwendungen	5	Erfolg negativ
02100 Zinsen und ähnliche Aufwendungen	6	Erfolg negativ
02650 Sonstige Zinsen, ähnliche Erträge	6	Erfolg
04830 Abschreibungen auf Sachanlagen	5	Erfolg negativ
04260 Instandhaltung betrieblicher Räume	5	Erfolg negativ
04142 Reduktion der Pensionsrückstellungen	5	Erfolg

Abbildung 394: Einstellungen Kostengruppe 2 Engineering GmbH

Abbildung 395: Einstellungen Kostengruppe 2 Konsolidierungsmandant

Bei Aufbau des Dokuments *11-GuV nach UKB.PTB* werden wird an dieser Stelle nur auf die Formeln eingehen und nicht mehr auf den detaillierten Weg des Formelaufbaus, wie es in den vorherigen Kapiteln der Fall war.

Zuerst werden die Feldbezüge Elementbezeichnung (4760) und Periode (32001) abgefragt, damit Sie immer wissen auf welche Ebene und Periode das Dokument geschaltet ist.

1. In der nächsten Zeile fragen sie den Feldbezug Nettoerlöse (101) ab, die die **Umsatzerlöse** darstellen
2. Die **Herstellungskosten der zur Erziehung der Umsatzerlöse erbrachten Leistungen** können mit dem Feldbezug Wareneinsatz (108) abgefragt werden. Damit der Wert im Bericht als Aufwand negativ dargestellt werden kann multiplizieren Sie die SetDat - Formel mit -1.
3. Das **Bruttoergebnis vom Umsatz** ist eine Summe aus der Zeile 1 und 2.
4. Bei den **Vertriebskosten** müssen Sie eine Summe aus Rabatt (102), Skonto (104), Vertriebssonderkosten (107) und Umsatzprovision (109) bauen und sie ebenfalls mit -1 multiplizieren. Hinzu addieren Sie noch die Kostengruppe 3 (2602), die schon durch die vorherigen Einstellungen als eine negative Zahl hineinfließen wird.
5. Die **allgemeinen Verwaltungskosten** wurden als Kostengruppe 4 (2603) definiert.
6. **Sonstige betriebliche Erträge** sind leer, weil wir keine in der Struktur haben.
7. Die **sonstigen betrieblichen Aufwendungen** wurden in der Kostengruppe 5 (2604) definiert.

Das **Zinsergebnis** besteht aus der Kostengruppe 6 (2605). Davon subtrahieren Sie den Feldbezug BKK Sollzinsen (1405) und addieren den Ertrag aus BKK Habenzinsen (1404).

Die **Ertragssteuern** befinden sich im Feldbezug Ertragssteueraufwand gesamt (309).

Anschließend müssen sie noch die **Korrektur aus Aktivierung** berücksichtigen. Dazu gehören die Elemente 04920 Fertigungskontrolle (FGK) und 04910 Lagerhaltung (MGK), in denen die Gemeinkosten stecken, die bei der Produktionsplanung als Zuschlagsatz genommen werden. Diese Elemente haben wir durch die Kostengruppe 7 (2606) gekennzeichnet. Dazu addieren Sie noch den Feldbezug Ertrag aus Aktivierung (3704), auf dem der Teil der Gemeinkosten aus der Aktivierung in der Produktionsplanung berücksichtigt wird.

Es ist praktisch, wenn man eine **Kontrollsumme** in dem Bericht abfragt, um sicher zu gehen, dass auch alle Elemente richtig abgefragt wurden. Der Professional Planner berechnet den richtigen Gewinn im Feldbezug Ergebnis nach Steuern (310). In welcher Kombination Sie die Feldbezuge auch in dem Bericht abfragen und Summieren, am Ende muss der von Ihnen berechnete Gewinn dem Gewinn des Feldbezugs Ergebnis nach Steuern (310) entsprechen.

	A	B	C
1			
2			
3		SetDat(1;1;10001;4760;1)	SetDat(1;1;10001;32001;69)
4	1.	Umsatzerlöse	SetDat(1;1;10001;101;35651585)
5	2.	Herstellungskosten der zur Erzielung der Umsatzerlöse erbrachten Leistungen	SetDat(1;1;10001;108;35651585)*-1
6	3.	Bruttoergebnis vom Umsatz	SUMME(C4:C5)
7	4.	Vertriebskosten	(SetDat(1;1;10001;102;35651585) +SetDat(1;1;10001;104;35651585) +SetDat(1;1;10001;107;35651585) +SetDat(1;1;10001;109;35651585))*-1 +SetDat(1;1;10001;2602;35651585)
8	5.	Allgemeine Verwaltungskosten	SetDat(1;1;10001;2603;35651585)
9	6.	Sonstige betr. Erträge	
10	7.	Sonstige betr. Aufwendungen	SetDat(1;1;10001;2604;35651585)
11		Ergebnis der Gewöhnlichen Geschäftstätigkeit	C6+SUMME(C7:C10)
12		Zinsergebnis	SetDat(1;1;10001;2605;35651585) -SetDat(1;1;10001;1405;35651585) +SetDat(1;1;10001;1404;35651585)
13		Ergebnis vor Steuern	SUMME(C11:C12)
14		Ertragssteuern	SetDat(1;1;10001;309;35651585)*-1
15		Korrektur aktivierung	SetDat(1;1;10001;2606;35651585) +SetDat(1;1;10001;3704;35651585)
16		Jahresüberschuß	SUMME(C13:C15)
17			
18		Kontrollsumme	SetDat(1;1;10001;310;2097153)
19		Differenz	C16-C18

Abbildung 396: GuV nach UKV SetDat - Formeln

	A	B	C	D	E
1					
2					
3		Sonnenschein Gruppe	2007	2008	2009
4	1.	Umsatzerlöse	41.488.341	47.150.561	51.745.654
5	2.	Herstellungskosten der zur Erzielung der Umsatzerlöse erbrachten Leistungen	-20.287.168	-21.631.212	-23.580.421
6	3.	Bruttoergebnis vom Umsatz	21.201.172	25.519.349	28.165.233
7	4.	Vertriebskosten	-12.988.334	-13.431.466	-14.198.490
8	5.	Allgemeine Verwaltungskosten	-4.697.372	-4.535.476	-4.557.753
9	6.	Sonstige betr. Erträge	0	0	0
10	7.	Sonstige betr. Aufwendungen	-1.784.037	-1.940.701	-1.983.462
11		Ergebnis der Gewöhnlichen Geschäftstätigkeit	1.731.429	5.611.706	7.425.528
12		Zinsergebnis	-163.557	-126.153	-83.258
13		Ergebnis vor Steuern	1.567.872	5.485.554	7.342.271
14		Ertragssteuern	-252.720	-2.035.795	-2.738.797
15		Korrektur aktivierung	-780.000	0	0
16		Jahresüberschuß	535.152	3.449.758	4.603.474
17					
18		Kontrollsumme	535.152	3.449.758	4.603.474
19		Differenz	0	0	0

Abbildung 397: GuV nach UKV Ergebnis

GESAMTKOSTENVERFAHREN

Bei Gesamtkostenverfahren werden den Umsatzerlösen, die gesamten Kosten einer Periode gegenübergestellt. Vor dem Hintergrund des Aufbaus der Struktur in der Sonnenschein Gruppe und der Art der Planung ergibt sich folgendes Schema für den Aufbau eine GuV nach dem Gesamtkostenverfahren.

Pos. Nr.	Position	Feldbezug	Kostengruppen-zuordnung 3	Element
1.	Umsatzerlöse	FB 101 - Nettoerlöse	-	08210 Arbeitsplatten 08220 Dekorplatten 08230 Verbundplatten 08240 Umsatzerlöse Projekte Dritte 08245 Umsatzerlöse Projekte (IC)
2.	Bestandsveränderungen	FB 772 Produktionslager BVÄ	-	Unternehmen
3.	Andere aktivierte Eigenleistungen			
4.	Sonstige Betriebliche Erträge	FB 2002 - Aufwand/Ertrag	KG 8	04142 Reduktion der Pensionsrückstellungen
5.	Materialaufwand	FB 3711 - Faktor 1 Einzelkostenwert FB 3712 - Faktor 2 Einzelkostenwert FB 3713 - Faktor 3 Einzelkostenwert FB 3714 - Faktor 4 Einzelkostenwert	-	Unternehmen
6.	Personalaufwand	FB 2002 - Aufwand/Ertrag	KG 9	04120 Gehälter 04130 Sozialversicherungen/Steurn
		FB 3715 - Faktor 5 Einzelkostenwert		Unternehmen
7.	Abschreibungen	FB 2002 - Aufwand/Ertrag	KG 10	04830 Abschreibungen auf Sachanlagen
8.	Sonstige betriebliche Aufwendungen	FB 102 - Rabatte FB 104 - Skonti FB 107 - Vertriebssonderkosten FB 109 - Umsatzprovision	-	08210 Arbeitsplatten 08220 Dekorplatten 08230 Verbundplatten 08240 Umsatzerlöse Projekte Dritte 08245 Umsatzerlöse Projekte (IC)
		FB 2002 - Aufwand/Ertrag	KG 11	04200 Raumkosten 04900 Sonstige Aufwendungen 04780 Fremdarbeiten Projekte (IC) 04260 Instandhaltung betrieblicher Räume 04141 Zuführung zu Pensionsrückstellungen 04920 Fertigungskontrolle (FGK) 04910 Lagerhaltung (MGK)
	Ergebnis der Gewöhnlichen Geschäftstätigkeit			
	Zinsergebnis	FB 2002 - Aufwand/Ertrag	KG 12	02100 Zinsen und ähnliche Aufwendungen 02650 Sonstige Zinsen, ähnliche Erträge
		FB 1405 - BKK Sollzinsen	-	Unternehmen
		FB 1404 - BKK Habenzinsen	-	Unternehmen
	Ergebnis vor Steuern	FB 307 - Ergebnis vor Steuern	-	Unternehmen
	Ertragssteuern	FB 309 - Ertragssteueraufwand gesamt	-	Unternehmen
	Korrektur Aktivierung	FB 3704 Ertrag aus Aktivierung	-	Unternehmen
	Jahresüberschuß	FB 310 - Ergebnis nach Steuern	-	Unternehmen

Abbildung 398: Aufbau eine GuV nach GKV

1. Bei den **Umsatzerlösen** ist der Feldbezug Nettoerlöse (101) abzufragen
2. Bei den **Bestandsveränderungen** kann man den Feldbezug Produktionslager BVÄ (772) abfragen. Hier können die zugesteuerten Herstellkosten minus der entnommenen Waren für den Verkauf abgelesen werden.
3. **Andere aktivierte Leistungen** wäre normallerweise ein Aufwand/Ertrag Element als Ertrag eingestellt und mit den Sachanlagen verbunden. In unserer Beispielstruktur haben wir kein derartiges Element, somit bleibt die Zeile leer.

4. Zu den sonstigen betrieblichen Erträgen zählen wir das Element *04142 Reduktion der Pensionsrückstellungen* aus der Kostenstelle Verwaltung der Engineering GmbH.
5. Zu dem **Materialaufwand** können wir die Werte der Einzelfaktoren hinzuziehen, die in unserer Struktur durch Weichholz, Hartholz, Beschichtung und Chemikalien repräsentiert werden. An dieser Stelle muss man jedoch aufpassen, weil in unserem Beispiel diese Werte nur in den Plan - Jahren 2008 und 2009 vorhanden sind. In dem Vorjahr 2007 wurden die Werte aus der Warenwirtschaft nicht importiert, sondern nur nach dem Prinzip der Umsatzkostenverfahrens die Herstellungskosten der zur Erzielung der Umsatzerlöse erbrachten Leistungen, die auf dem Feldbezug Wareneinsatz (108) abgefragt werden können. Daher funktioniert diese Vorgehensweise, wenn sie regelmäßig den Marerialaufwand pro Produkt importieren. Alternativ könne auch ein Sammelelement Material vom Typ Aufwand / Ertrag eingerichtet werden, um den Materialverbrauch aus dem Finanzbuchhaltungssystem als eine Zahl pro Unternehmen zu übernehmen.
6. Zu dem **Personalaufwand** zählen die Werte der Aufwand / Ertrag Elemente *04120 Gehälter* und *04130 Sozialversicherungen/Steuern*. Hinzu kommen noch die Kosten für die direkte Arbeit, die sich auf dem Feldbezug *Faktor 5 Einzelkostenwert (3715)* befinden. Auch hier wie schon beim Materialaufwand besprochen ist darauf zu achten, dass die Kosten der direkten Arbeit pro Produkt importiert werden oder diese Werte auf ein Aufwand / Ertrag als ein Sammelposten pro Unternehmen übernommen werden.
7. Die **Abschreibungen** beziehen sich auf das Element *04830 Abschreibungen auf Sachanlagen*.
8. Bei den **Sonstigen betrieblichen Aufwendungen** werden die Rabatte, Skonti, Vertriebssonderkosten und Umsatzprovision der jeweiligen Umsatzbereiche berücksichtigt. Hinzu kommen die übrigen Werte Aufwand / Ertrags Elemente außer den Zinsen.

Damit wäre das **Ergebnis der Gewöhnlichen Geschäftstätigkeit** erreicht. Alles was sich darunter befindet ist identisch mit der Vorgehensweise beim Umsatzkostenverfahren. Es gibt nur einen kleinen Unterschied, dass in der Zeile *Korrektur aus Aktivierung* lediglich der Feldbezug *Ertrag aus Aktivierung (3704)* berücksichtigt wird.

TOP DOWN BUDGETIERUNG

Die Eingabe von Werten kann in Professional Planner nicht nur auf der Originalebene erfolgen, sondern auch auf höheren Ebenen. Dazu bietet sich die Nutzung des Top Down Schalters oder des Top Down Managers.

TOP DOWN SCHALTER

Der Top Down Schalter funktioniert recht einfach. Als Beispiel nehmen wir das Dokument Deckungsbeitrag geschaltet auf das Jahr 2008 und auf die Ebene der Filiale Düsseldorf. Durch den Drill Down der Struktur sind auch die Umsatzbereiche der jeweiligen Produkte sichtbar.

Deckungsbeitrag

Sonnenschein: Sonnenschein Gruppe/Produktion und Handel GmbH/Filiale Düsseldorf

2008	Filiale Düsseldorf	08210 Arbeitsplatten	08220 Dekorplatten	08230 Verbundplatten
Nettoerlöse	22.367.950	7.091.700	7.647.750	7.628.500
Rabatte	2.236.795	709.170	764.775	762.850
Skonti	603.935	191.476	206.489	205.970
Vertriebssonderkosten	215.446	70.917	71.379	73.150
Umsatzprovision	603.935	191.476	206.489	205.970
WES/Material	10.451.887	3.317.340	3.604.073	3.530.474
Deckungsbeitrag	**8.255.953**	2.611.322	2.794.545	2.850.087

Abbildung 399: Deckungsbeitrag vor der Top Down Eingabe

Wenn sie den Schalter *Top-down Eingabe* anklicken und anschließend in der Zelle mit dem Deckungsbeitrag der Filiale Düsseldorf 7.000.000 EUR eingeben, dann wird der Professional Planner den neuen Deckungsbeitrag übernehmen. Gleichzeitig werden auch die Umsätze und die variablen Kosten entsprechend angepasst.

Deckungsbeitrag

Sonnenschein: Sonnenschein Gruppe/Produktion und Handel GmbH/Filiale Düsseldorf

2008	Filiale Düsseldorf	08210 Arbeitsplatten	08220 Dekorplatten	08230 Verbundplatten
Nettoerlöse	18.965.183	6.012.862	6.484.321	6.468.000
Rabatte	1.896.518	601.286	648.432	646.800
Skonti	512.060	162.347	175.077	174.636
Vertriebssonderkosten	182.671	60.129	60.520	62.022
Umsatzprovision	512.060	162.347	175.077	174.636
WES/Material	8.861.874	2.812.683	3.055.796	2.993.394
Deckungsbeitrag	**7.000.000**	2.214.069	2.369.419	2.416.512

Abbildung 400: Deckungsbeitrag nach der Top Down Eingabe

Der Schalter *Top-down Eingabe* wird nach jeder Eingabe deaktiviert, so dass Sie nicht unbeabsichtigt eine größere Anzahl von Werten überschreiben. Bitte beachten Sie immer, dass es in Professional Planner keinen **Rückgängig Schalter** gibt! Wenn Sie also derartige Veränderungen an den Daten vornehmen, dann empfehlen wir Ihnen zuerst das Dataset unter einem neuen Namen zu speichern damit Sie immer noch eine Kopie des Originalzustandes haben.

TOP DOWN MANAGER

Eine Alternative zu der zuvor vorgestellten simplen Methode stellt die Nutzung eines Top Down Managers. Sie werden ihn im Dokumentenbaum in der Toolbox unter dem Namen *Top-Down Planung* finden.

🖳 Praktische Übung

1. Öffnen Sie das Dokument *Top-Down Planung*
2. Schalten Sie das Dokument auf das Jahr 2008
3. Klicken Sie auf den Schalter ⚙ Einstellungen

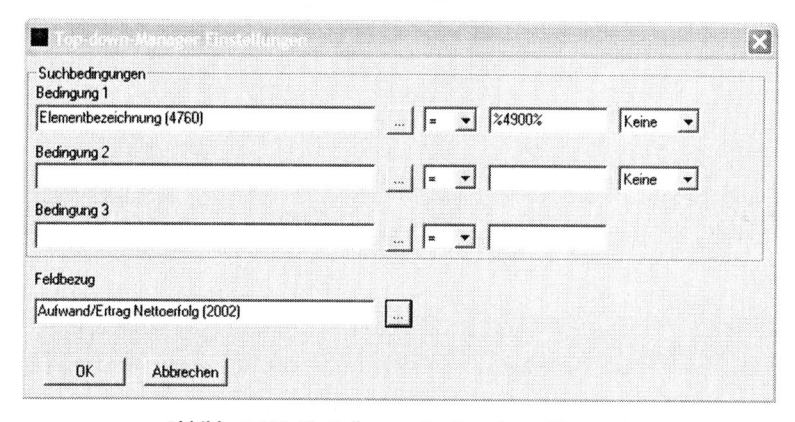

Abbildung 401: Einstellungen des Top-down Managers

4. In dieser Übung suchen wir nach Aufwand / Ertrag Elementen mit dem Namen *04900 Sonstige Aufwendungen*. Somit stellen Sie die Bedingung 1 auf *Elementbezeichnung (4760) = %4900%*. Die Prozentzeichen dienen als Platzhalter für eine beliebige Anzahl von Zeichen.
5. Der Feldbezug, den wir editieren möchten ist *Aufwand/Ertrag Nettoerfolg (2002)*.
6. Bestätigen Sie mit OK.
7. Klicken Sie auf den Schalter ▶ Verteilung auslesen

Top-down-Planung							
Budgetname	Sonnenschein		Periode	2008			
Bezeichnung	Sonnenschein Gruppe		Bereit				

Abfrage: FB4760 like '%4900%'

Bedingung 1	Elementbezeichnung (4760)	=	%4900%	
Bedingung 2		=		
Bedingung 3		=		

Feldbezug: Aufwand/Ertrag Nettoerfolg

Elementpfad	bestehende Werte		Verteilung	100,00	Top-down	0
		883.037				
Sonnenschein Gruppe/Produktion und Handel GmbH/Filiale Düsseldorf/04900 Sonstige Aufwen	166.494		18,85			0
Sonnenschein Gruppe/Produktion und Handel GmbH/Filiale München/04900 Sonstige Aufwendu	166.513		18,86			0
Sonnenschein Gruppe/Produktion und Handel GmbH/Filiale Köln/04900 Sonstige Aufwendunger	161.236		18,26			0
Sonnenschein Gruppe/Produktion und Handel GmbH/Verwaltung/04900 Sonstige Aufwendunge	179.842		20,37			0
Sonnenschein Gruppe/Engineering GmbH/Filiale Hamburg/04900 Sonstige Aufwendungen	92.000		10,42			0
Sonnenschein Gruppe/Engineering GmbH/Verwaltung/04900 Sonstige Aufwendungen	116.952		13,24			0

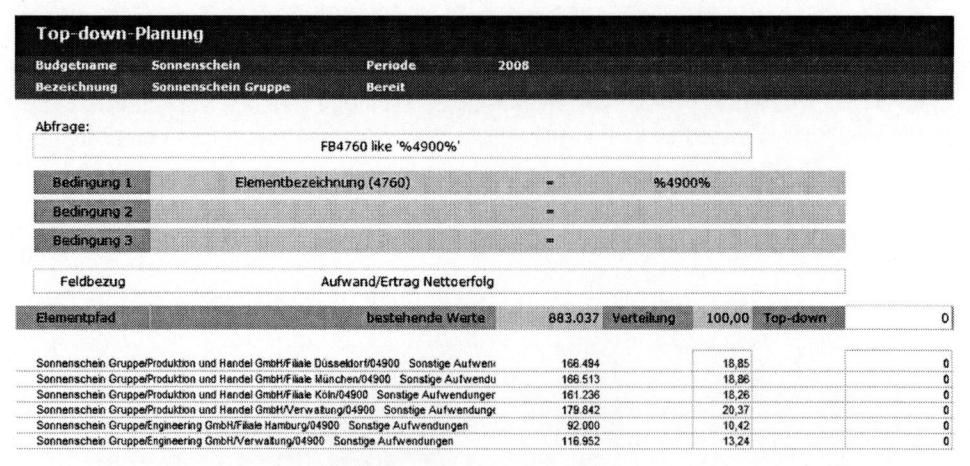

Abbildung 402: Verteilung auslesen

8. Die Top-down Planung zeigt jetzt alle Elemente, die dem Suchkriterium entsprechen. Es werden die Absolutwerte in EUR und die Verteilung angezeigt, die insgesamt 100% ausmacht. In dieser Spalte können Sie die Verteilung nochmal ändern.

Top-down-Planung							
Budgetname	Sonnenschein		Periode	2008			
Bezeichnung	Sonnenschein Gruppe		Bereit				

Abfrage: FB4760 like '%4900%'

Bedingung 1	Elementbezeichnung (4760)	=	%4900%	
Bedingung 2		=		
Bedingung 3		=		

Feldbezug: Aufwand/Ertrag Nettoerfolg

Elementpfad	bestehende Werte		Verteilung	100,00	Top-down	1.200.000
		883.037				
Sonnenschein Gruppe/Produktion und Handel GmbH/Filiale Düsseldorf/04900 Sonstige Aufwen	166.494		18,85			226.256
Sonnenschein Gruppe/Produktion und Handel GmbH/Filiale München/04900 Sonstige Aufwendu	166.513		18,86			226.282
Sonnenschein Gruppe/Produktion und Handel GmbH/Filiale Köln/04900 Sonstige Aufwendunger	161.236		18,26			219.111
Sonnenschein Gruppe/Produktion und Handel GmbH/Verwaltung/04900 Sonstige Aufwendunge	179.842		20,37			244.396
Sonnenschein Gruppe/Engineering GmbH/Filiale Hamburg/04900 Sonstige Aufwendungen	92.000		10,42			125.023
Sonnenschein Gruppe/Engineering GmbH/Verwaltung/04900 Sonstige Aufwendungen	116.952		13,24			158.932

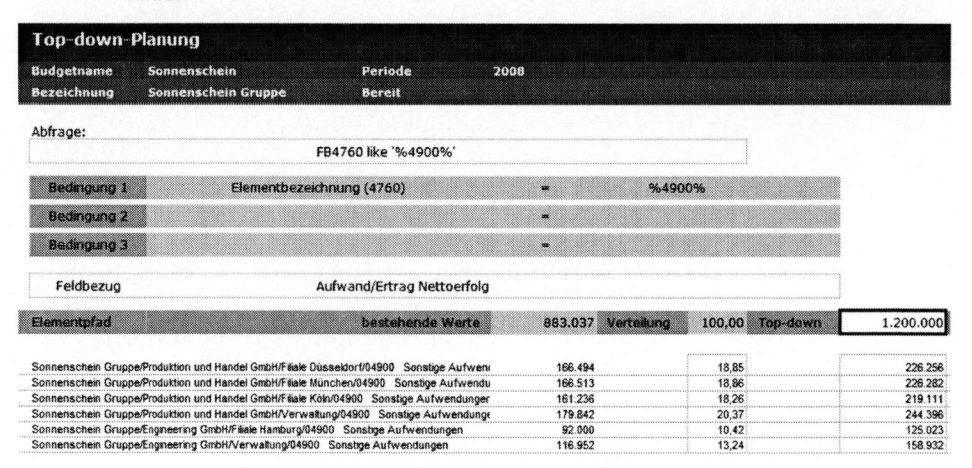

Abbildung 403: Neuer Wert zum Verteilen

9. In der Spalte rechts daneben können Sie den neuen Absolutwert in Höhe von 1.200.000 EUR eintragen. Die Top-down Planung zeigt Ihnen sofort, wie die neuen Zahlen wären.
10. Wenn Sie auf den Schalter [Top-down-Planung starten] klicken, dann werden die neuen Werte tatsächlich in die Datenbank geschrieben.

Top-down-Planung			
Budgetname	Sonnenschein	Periode	2008
Bezeichnung	Sonnenschein Gruppe	Bereit	

Abfrage: FB4760 like '%4900%'

Bedingung 1	Elementbezeichnung (4760)	=	%4900%
Bedingung 2		=	
Bedingung 3		=	

Feldbezug: Aufwand/Ertrag Nettoerfolg

Elementpfad	bestehende Werte	1.200.000 Verteilung	100,00 Top-down	0
Sonnenschein Gruppe/Produktion und Handel GmbH/Filiale Düsseldorf/04900 Sonstige Aufwen	226.256	18,85		0
Sonnenschein Gruppe/Produktion und Handel GmbH/Filiale München/04900 Sonstige Aufwendu	226.282	18,86		0
Sonnenschein Gruppe/Produktion und Handel GmbH/Filiale Köln/04900 Sonstige Aufwendunger	219.111	18,26		0
Sonnenschein Gruppe/Produktion und Handel GmbH/Verwaltung/04900 Sonstige Aufwendunge	244.396	20,37		0
Sonnenschein Gruppe/Engineering GmbH/Filiale Hamburg/04900 Sonstige Aufwendungen	125.023	10,42		0
Sonnenschein Gruppe/Engineering GmbH/Verwaltung/04900 Sonstige Aufwendungen	158.932	13,24		0

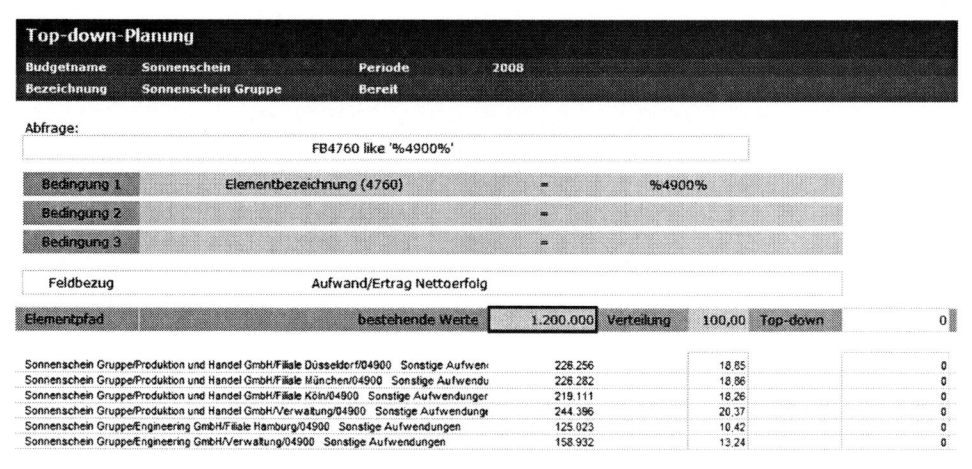

Abbildung 404: Wert verteilt und wieder ausgelesen

11. Um die neuen Werte zu sehen, müssen Sie wieder den Schalter *Verteilung auslesen* anklicken. Diese wurden jetzt permanent in die Datenbanktabellen geschrieben.

SIMULATIONEN UND SZENARIEN

Simulationen sind eine der Möglichkeiten in Professional Planner schnell Veränderungen vorzunehmen, um zu schauen welche Auswirkungen diese auf das Gesamtmodel haben. Simulationen können in einem Dataset wieder Rückgängig gemacht werden.

Szenarien hingegen sind Datenveränderungen, die permanent in einem Dataset bleiben und deshalb in einer Kopie des Original-Datasets durchgeführt werden sollten.

SIMULATION

Simulationen können nur durchgeführt werden, wenn sie eingeschaltet wurden. Im dem Dokument *Stammdaten.PTB* aus der Toolbox können Sie in der Tabelle Allgemein die Simulationsmöglichkeit einschalten.

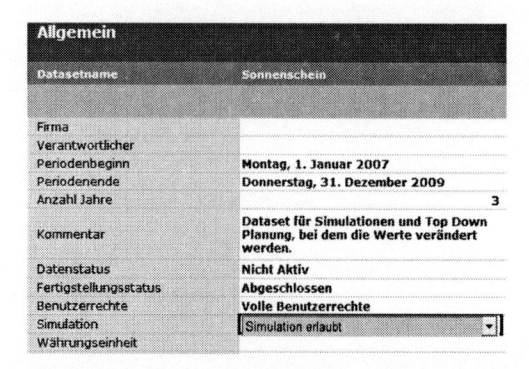

Allgemein	
Datasetname	Sonnenschein
Firma	
Verantwortlicher	
Periodenbeginn	Montag, 1. Januar 2007
Periodenende	Donnerstag, 31. Dezember 2009
Anzahl Jahre	3
Kommentar	Dataset für Simulationen und Top Down Planung, bei dem die Werte verändert werden.
Datenstatus	Nicht Aktiv
Fertigstellungsstatus	Abgeschlossen
Benutzerrechte	Volle Benutzerrechte
Simulation	Simulation erlaubt
Währungseinheit	

Abbildung 405: Simulation bei den Stammdaten erlauben

Praktische Übung

1. Öffnen Sie das Dokument *Umsatz-Deckungsbeitrag.PTB*
2. Schalten Sie das Dokument auf das Jahr 2008 und auf die Filiale Düsseldorf
3. Drehen Sie die Tabelle Umsatz und Drillen die Struktur auf die nächste Ebene, so dass Sie die jeweiligen Produkte darunter sehen.

Umsatz

Sonnenschein: ...ruppe/Produktion und Handel GmbH/Filiale Düsseldorf

2008		Menge	Nettopreis	USt %	Rabatt %	Skonto %	Var Kosten/EH	Provision %	Vertrieb/EH
Filiale Düsseldorf		260.958	72,68	19,00	10,00	3,00	33,96	3,00	0,70
08210	Arbeitsplatten	85.898	70,00	19,00	10,00	3,00	32,74	3,00	0,70
08220	Dekorplatten	86.458	75,00	19,00	10,00	3,00	35,34	3,00	0,70
08230	Verbundplatte	88.603	73,00	19,00	10,00	3,00	33,78	3,00	0,70

Abbildung 406: Menge der Filiale Düsseldorf vor der Simulation

Deckungsbeitrag

Sonnenschein: Sonnenschein Gruppe/Produktion und Handel GmbH/Filiale Düsseldorf

2008	Filiale Düsseldorf	08210 Arbeitsplatten	08220 Dekorplatten	08230 Verbundplatten
Nettoerlöse	18.965.183	6.012.862	6.484.321	6.468.000
Rabatte	1.896.518	601.286	648.432	646.800
Skonti	512.060	162.347	175.077	174.636
Vertriebssonderkosten	182.671	60.129	60.520	62.022
Umsatzprovision	512.060	162.347	175.077	174.636
WES/Material	8.861.874	2.812.683	3.055.796	2.993.394
Deckungsbeitrag	**7.000.000**	2.214.069	2.369.419	2.416.512

Abbildung 407: Deckungsbeitrag der Filiale Düsseldorf vor der Simulation

4. Die Menge beträgt 260.958 Stück vor der Simulation
5. Geben Sie auf der Ebene der Filiale Düsseldorf die Menge 150.000 Stück ein

Umsatz
Simulation
Sonnenschein: ...ruppe/Produktion und Handel GmbH/Filiale Düsseldorf

2008		Menge	Nettopreis	USt %	Rabatt %	Skonto %	Var Kosten/EH	Provision %	Vertrieb/EH
Filiale Düsseldorf		150.000	72,68	19,00	10,00	3,00	33,96	3,00	0,70
08210	Arbeitsplatten	85.898	70,00	19,00	10,00	3,00	32,74	3,00	0,70
08220	Dekorplatten	86.458	75,00	19,00	10,00	3,00	35,34	3,00	0,70
08230	Verbundplatte	88.603	73,00	19,00	10,00	3,00	33,78	3,00	0,70

Abbildung 408: Menge der Filiale Düsseldorf nach der Simulation

6. Sie sehen, dass auf der Ebene der Filiale Düsseldorf die Menge verändert wurde aber auf der Ebene der jeweiligen Produkte die Menge immer noch die gleiche geblieben ist. In dem Dokument steht auch das Wort „Simulation".

Deckungsbeitrag
Simulation
Sonnenschein: Sonnenschein Gruppe/Produktion und Handel GmbH/Filiale Düsseldorf

2008	Filiale Düsseldorf	08210 Arbeitsplatten	08220 Dekorplatten	08230 Verbundplatten
Nettoerlöse	10.901.269	6.012.862	6.484.321	6.468.000
Rabatte	1.090.127	601.286	648.432	646.800
Skonti	294.334	162.347	175.077	174.636
Vertriebssonderkosten	105.000	60.129	60.520	62.022
Umsatzprovision	294.334	162.347	175.077	174.636
WES/Material	5.093.843	2.812.683	3.055.796	2.993.394
Deckungsbeitrag	**4.023.630**	**2.214.069**	**2.369.419**	**2.416.512**

Abbildung 409: Deckungsbeitrag der Filiale Düsseldorf nach der Simulation

7. Auch der Deckungsbeitrag auf der Ebene der Filiale Düsseldorf wurde geändert. Der Deckungsbeitrag auf der Ebene der jeweiligen Produkte blieb aber gleich!
8. Die Simulation läuft also nur im Arbeitsspeicher ab und zieht sich ab der Ebene der Filiale Düsseldorf kontinuierlich über das gesamte Modell. Es hat also Auswirkungen auf die GuV, die Bilanz, den Finanzplan und alle anderen Feldbezüge, die von dem Deckungsbeitrag der Filiale Düsseldorf abhängig sind.
9. Wenn Sie die Simulation beenden möchten, dann klicken Sie auf den Schalter *Originaldaten* und die Werte werden zu ihrem Originalzustand zurückkehren.

SZENARIO

Während die Simulation nur im Arbeitsspeicher abläuft und nach dem klicken auf den Schalter *Originaldaten* oder durch das Schließen des Datasets oder des ganzen Professional Planner automatisch rückgängig gemacht wird, ist ein Szenario eine Datenveränderung, die dauerhaft gespeichert werden soll. Dazu ist es jedoch notwendig das Ausgangs-Dataset erst mal unter einem neuen Namen abzuspeichern und anschließend in einer Sitzung zu öffnen. In dem neuen Dataset können die Werte auf der

Originalebene geändert werden. Um ein Dataset unter einem neuen Namen abzuspeichern, klicken Sie auf das Menü *Datei / Dataset / Speichern unter*.

Wenn Sie die zwei Datasets im Vorher – Naher - Modus miteinander vergleichen möchten, dann öffnen Sie beide Datasets in der gleichen Sitzung und öffnen die entsprechenden Vergleichsdokumente wie z.B. *Gewinn und Verlust Vergleich, Finanzplan Vergleich, Bilanz Vergleich* etc.

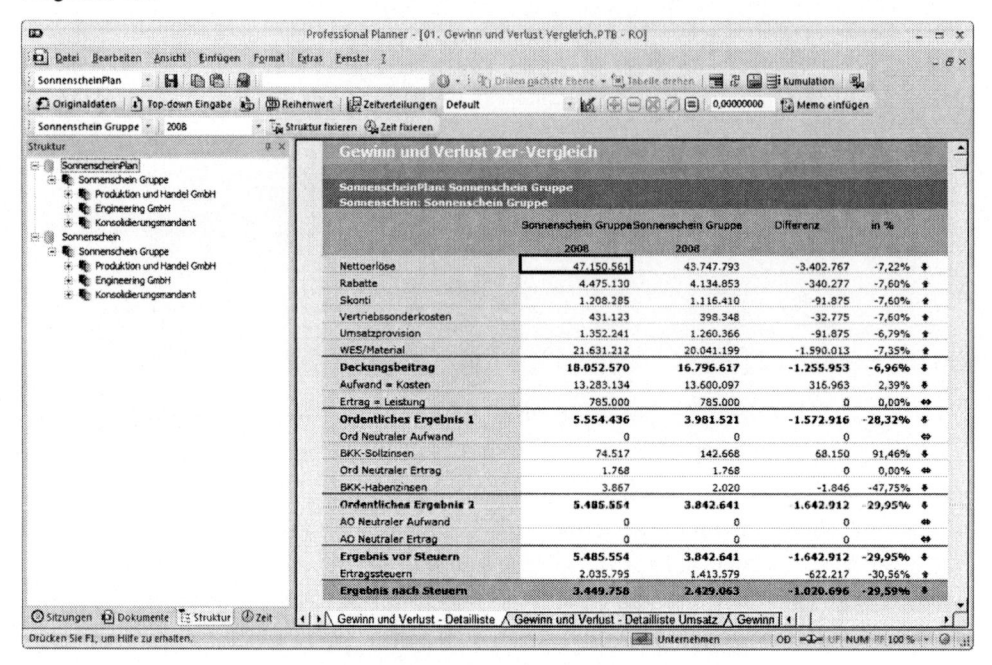

Abbildung 410: Vergleich von zwei Datasets in einer Sitzung

PROJEKTORIENTIERTE BUDGETIERUNG

Gewöhnlich beginnt die Planung der Verkäufe mit der Planung des Umsatzes eines bestimmen Produktes oder einer Dienstleistung. Wenn wir dabei annehmen, dass wir dem Kunden eine Rechnung über 120 EUR schicken und dabei ein Zahlungsziel von 30 Tagen berücksichtigen, dann wird das zu einem Aufbau der Forderungen LuL in Höhe von 120 EUR während der 30 Tage führen. Wenn wir annehmen, dass der Kunde diese Rechnung nach 30 Tagen bezahlt, dann wird die Forderung LuL gegen die Bank ausgebucht. Der Saldo auf den Forderungen LuL ist dann 0 EUR und auf dem Bankkonto 120 EUR.

Buchungen beim Umsatz

Aktiva			Passiva		GuV	
					Umsatz (1)	120
					Leistung	120
	Forderungen LuL (1)	120	Gewinn	120 ←	Gewinn	120
	Forderungen LuL (2)	-120				
Saldo Forderungen LuL		0				
Bank (2)		120				
Saldo Bank		120				
Bilanzsumme		120	Bilanzsumme	120		

Buchungen beim Umsatz
(1) Rechnung wird mit 30 Tage Zahlungsziel geschrieben = 120
(2) Kunde zahlt die Rechnung = 120

Abbildung 411: Buchungsvorgänge beim Verkauf

INTEGRIERTE PLANUNG IM PROJEKTGESCHÄFT

Wenn es um den Planungsprozess in solchen Branchen wie die Bauwirtschaft, Maschinenbau oder ähnliche geht, dann wird dieser von dem oben genannten Standardfall wahrscheinlich abweichen. In diesen Branchen ist es nicht ganz unüblich, dass Anzahlungen seitens des Kunden auf die bestellten Projekte erfolgen. Stellen wir uns mal ein Bauunternehmen vor, welches den Auftrag bekommt bei einem Kunden eine neue Lagerhalle zu bauen. Wahrscheinlich werden in dem Vertrag auch Anzahlungen vereinbart, damit der Bauunternehmer das notwendige Material und die beteiligten Arbeiter bezahlen kann, bevor die Lagerhalle fertig gestellt wird.

Es muss beachtet werden, dass erhaltene Anzahlungen kein Umsatz sind, sondern erst als Verbindlichkeiten gebucht werden, bis die Arbeiten an der Lagerhalle beendet wurden. Nachdem die Halle fertig gestellt wurde, wird die Schlussrechnung geschrieben und diese kann erst als Umsatz gebucht werden. Wenn die Arbeiten an der Halle zum Jahresabschluss noch nicht beendet wurden, dann müssen die teilfertigen Arbeiten zu den Herstell- oder Anschaffungskosten bewertet und als eine Bestandsveränderung gebucht werden, damit durch die Anzahlungen und den (noch) fehlenden Umsatz, der Gewinn nicht zu niedrig ausgewiesen wird.

Buchungen beim Projektgeschäft

Aktiva			Passiva		GuV	
	HF-Lager (3)	50			Umsatz (4)	120
	HF-Lager (7)	-50			BVÄ (3)	50
Saldo HF-Lager		0			BVÄ (7)	-50
					Leistung	**120**
	Ford LuL (4)	120	Gewinn	70 ←	Materialaufwand (2)	-50
	Ford LuL (5)	-100			**Gewinn**	**70**
	Ford LuL (6)	-20				
Saldo Ford LuL		0				
Bank (1)		100	Erh. Anzahlungen (1)	100		
Bank (2)		-50	Erh. Anzahlungen (5)	-100		
Bank (6)		20	Saldo Anzahlungen	0		
Saldo Bank		70				
Bilanzsumme		**70**	**Bilanzsumme**	**70**		

Buchungsschritte beim Projektgeschäft
(1) Kunde leistet eine Anzahlung = 100
(2) Material wird für das Projekt eingekauft und sofort bezahlt = 50
(3) Bewertung der Teilfertigen Arbeiten als Bestandsveränderung (BVÄ) zu AK/HK = 50
(4) Schlußrechnung (Umsatz) wird geschrieben = 120
(5) Die Erh. Anzahlung wird gegen Forderungen ausgebucht = 100
(6) Die Forderung wird gegen Bank ausgebucht =20
(7) Die BVÄ wird wieder nach der Inventur ausgebucht 50

Abbildung 412: Buchungsvorgänge beim Projekt

LÖSUNG MIT DEM STANDARDRECHENSCHEMA

Wenn Sie versuchen diese Art der Planung mit Hilfe des Standardrechenschemas Finance(de).ped abzubilden, dann werden Sie mehrere Bilanzelemente für die Forderungen LuL und die erhaltenen Anzahlungen anlegen müssen. In diesem Rechenschema haben Sie keine Möglichkeit die Anzahlungen oder Forderungen über das Umsatzelement zu erfassen. Das führt zu einem recht komplizierten Aufbau der PTB – Dokumentes, wenn sie den gesamten Planungsprozess eines Projektes über ein einziges Dokument erfassen wollen. Es liegt daran, dass Sie das Dokument so gestallten müssen, dass es in der Lage ist, über drei Elementtypen simultan zu schalten.

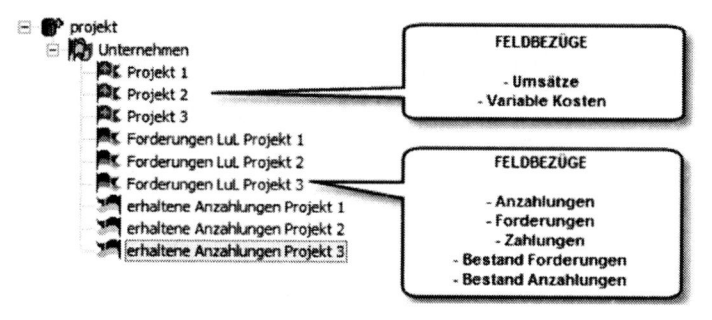

Abbildung 413: Feldbezüge in Finance (de).PED

LÖSUNG MIT EINEM MODIFIZIERTEN RECHENSCHEMA

Es ist viel einfacher diesen Planungsprozess anhand eines modifizierten Rechenschemas abzubilden, in dem die für die Projektplanung relevanten Feldbezüge den Umsatzelementen hinzugefügt werden. Auf diese Weise können Sie die erhaltenen Anzahlungen, Forderungen, Umsätze, die dazugehörige Mehrwertsteuer und die direkten Kosten zusammen auf dem Umsatzelement planen. Jedes Umsatzelement repräsentiert also ein Projekt. Die Feldbezüge der Umsatzelemente werden mit den entsprechenden Bilanzelementen verbunden. So entsteht eine sehr komfortable Lösung für die integrierte Projektplanung mit voller Berücksichtigung der Bilanzseite, die Sie mit Hilfe von einem sehr einfachen Dokument ausführen können, indem Sie einfach von einem Umsatzelement zum anderen schalten. Die Bilanzelemente für die Forderungen und Anzahlungen sammeln nur die Werte, die von den Umsatzelementen kalkuliert wurden.

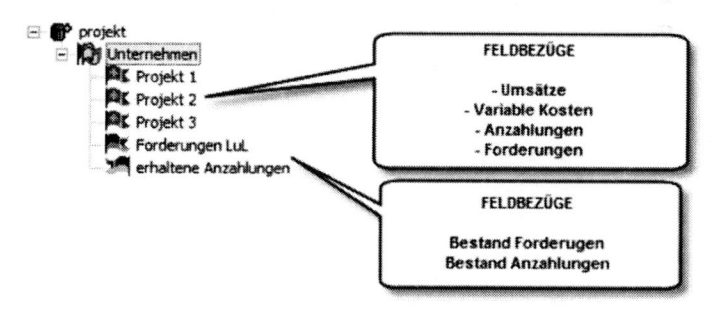

Abbildung 414: Feldbezüge im modifizierten Rechenschema

Auftragsplan

BSP01: Unternehmen/Projekt (1)

Projekt (1)	2009	Januar 09	Februar 09	März 09	April 09	Mai 09	Juni 09
Wert	100.000	8.333	8.333	8.333	8.333	8.333	8.333
AB H/F-Lager	0	0	6.667	13.333	20.000	-23.333	-16.667
Zugang Material	50.000	4.167	4.167	4.167	4.167	4.167	4.167
Fremdleistungen	30.000	2.500	2.500	2.500	2.500	2.500	2.500
Zugang Fertigungslöhne	0	0	0	0	0	0	0
Zugang Gemeinkosten 2	0	0	0	0	0	0	0
Summe Zugang	80.000	6.667	6.667	6.667	6.667	6.667	6.667
Einsatz Material	40.000	0	0	0	40.000	0	0
Einsatz So. Var. Kosten	10.000	0	0	0	10.000	0	0
Einsatz Gemeinkosten 1	0	0	0	0	0	0	0
Einsatz Gemeinkosten 2	0	0	0	0	0	0	0
Summe Einsatz	50.000	0	0	0	50.000	0	0
Bestandsveränderung	30.000	6.667	6.667	6.667	-43.333	6.667	6.667
EB H/F-Lager	30.000	6.667	13.333	20.000	-23.333	-16.667	-10.000

Forderungen

AB Ford	0	0	0	0	0	23.800	23.800
Bruttoerlöse	142.800	0	0	0	142.800	0	0
Zahlung	23.800	0	0	0	0	0	0
EB Ford	0	0	0	0	23.800	23.800	23.800

Erhaltene Anzahlungn

Anzahlung Aufbau	100.000	100.000	0	0	0	0	0
Anzahlung Aufbau USt %	19	19	19	19	19	19	19
Anzahlung Abbau	100.000	0	0	0	100.000	0	0
Anzahlung Abbau USt %	19	19	19	19	19	19	19
Anzahlungsbürgschaft	0	0	0	0	0	0	0
Gewährleistungsbürgschaft	0	0	0	0	0	0	0

Beschaffung Lager

AB Lager	0	0	0	0	0	0	0
Einkauf	50.000	4.167	4.167	4.167	4.167	4.167	4.167
Vst %	0,00	0,00	0,00	0,00	0,00	0,00	0,00
Verbrauch	50.000	4.167	4.167	4.167	4.167	4.167	4.167
Differenz	0	0	0	0	0	0	0
Umwertung	0	0	0	0	0	0	0
EB Lager	0	0	0	0	0	0	0
EB Verb	30.000	2.500	5.000	7.500	10.000	12.500	15.000

Deckungsbeitrag

Umsatzsteuer	19,00	19,00	19,00	19,00	19,00	19,00	19,00
Nettoerlöse	120.000	0	0	0	120.000	0	0
WES/Material	40.000	0	0	0	40.000	0	0
Fremdleistung	10.000	0	0	0	10.000	0	0
Lohnkosten	0	0	0	0	0	0	0
Bestandsveränderung	30.000	6.667	6.667	6.667	-43.333	6.667	6.667

Abbildung 415: Projektplanung auf einem Blatt

TEIL III ANHANG

Im dritten Teil beantworten wir thematisch häufig bei Professional Planner Anwendern anzutreffende Fragen. Danach finden Sie eine Beschreibung aller im Standard ausgelieferten Elemente und deren Funktionen. Außerdem lesen Sie die benötigten Hardware-Anforderungen für eine erfolgreiche Professional Planner Einführung und erhalten einige Checklisten für ihr erstes Professional Planner Projekt.

HÄUFIG GESTELLTE FRAGEN

In diesem Kapitel beantworten wir häufig gestellte Fragen zum Professional Planner. So erhalten Sie zu einem Themenschwerpunkt eine umfassende Übersicht über die angebotenen Lösungen. Viele Texte sind dem Competence-Center der WINTERHELLER software entlehnt, auf das wir schon an anderer Stelle verwiesen haben. Wir stellen diese sehr guten Übersichten nur thematisch zusammen und ergänzen sie um unsere Erfahrungen. Recht herzlichen Dank an die Grazer Kollegen für die freundliche Genehmigung.

WIE ARBEITE ICH MIT DER PROFESSIONAL PLANNER OBERFLÄCHE?

Der Zugriff auf Professional Planner erfolgt mit Hilfe von speziellen Benutzeroberflächen, die auf den lokalen PCs der Anwender installiert sind.

Je nachdem welchen Client Sie installiert haben, stehen Ihnen folgende Benutzeroberflächen zur Verfügung:

KEY USER

Die Oberfläche *Key User* ist für Controlling-Experten geeignet und bietet die umfassendsten Zugriffsmöglichkeiten. Mit dieser Oberfläche bauen und verändern Sie Strukturen, entwickeln Dokumente und führen alle Eingaben und Auswertungen durch. Dem *Key User* stehen die gesamten Funktionen des Professional Planner zur Verfügung. Er kann auch Administrations- und Security-Werkzeuge einsetzen, die für die Benutzer- und Serververwaltung von Bedeutung sind. Synonyme zum Begriff *Key User* sind *'Power User'* oder *'Heavy User'*. Der *Key User* ist Gegenstand dieses Buches.

ACTIVE USER

Der *'Active User'* oder auch *'Planungs- und Reporting-Client'* ist vor allem für den großen Kreis jener Anwender gedacht, die Daten in Professional Planner erfassen, allerdings keine Administrationsrechte benötigen. Mit dieser Oberfläche können Berichte abgerufen und Analysen durchgeführt werden. Auch das Bewilligen von Plänen ist in dieser Oberfläche im

Rahmen der Workflow-Funktionen vorgesehen. Der Einschulungsaufwand ist hier deutlich geringer als beim *Key User*.

IT USER

Der *'IT User'* ist für die technische Wartung von Professional Planner optimiert und wendet sich an die Mitarbeiter der IT-Abteilung. In dieser Oberfläche sind alle Verwaltungswerkzeuge für die Serversteuerung, Benutzer- und Datasetverwaltung zusammengefasst.

In der Regel wird der *'Key User'* installiert und bestellt. Er ist auch Gegenstand dieses Buches.

DIE FÜNF BEREICHE DER KEY-USER-OBERFLÄCHE:

Die Professional Planner Oberfläche des Key-User wird in fünf Bereichen aufgeteilt:

1. Den Workspace, in dem die Berichte erscheinen und einige Manager hinterlegt sind.
2. Die Menüleiste
3. Die Symbolleiste
4. Die Statusleiste, die Ihnen anzeigt, ob und welche Arbeiten noch ausgeführt werden.
5. Den Organisationsbaum, in dem die Reiter für Dokumente (Berichte), Struktur und Zeit sowie dem Anlegen der Datasets hinterlegt sind.

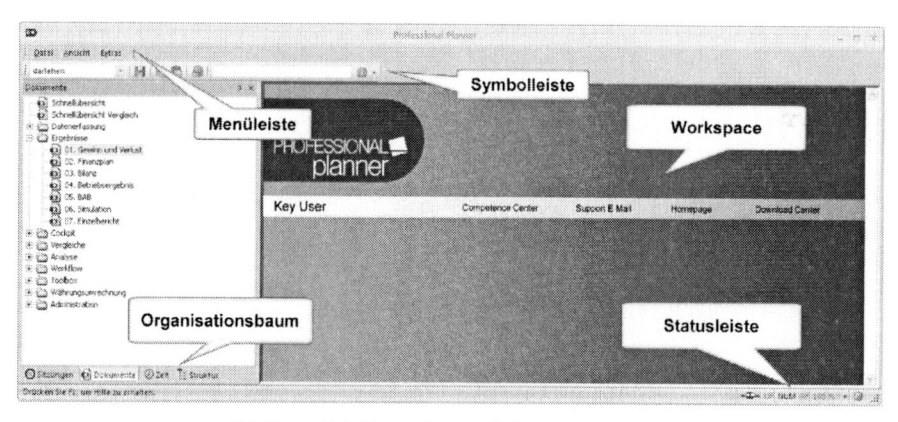

Abbildung 416: Die Professional Planner Oberfläche

Im Folgenden werden die einzelnen Leisten und Bereiche genauer beschrieben.

DER WORKSPACE

Der Workspace ist die 'Arbeitsoberfläche' des *Key User*. Im Standard beinhaltet der Workspace einige direkte Kommunikationsfunktionen mit dem Hersteller Winterheller Software. Dazu gehören

- Der Link zum Competence Center des Herstellers (online)
- Eine Email-Funktion zum Support
- Der Link zur Internet-Seite des Herstellers (online)
- Der Link zum Download-Center des Herstellers (online)

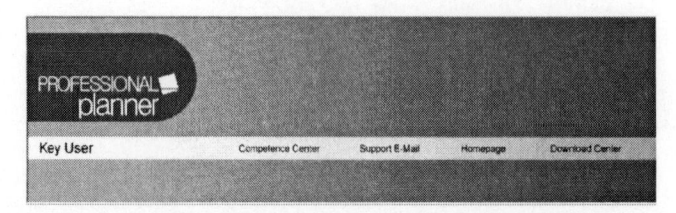

Abbildung 417: Verkleinerte Darstellung des Workspace

Im Workspace sehen Sie später ihre Eingabe- und Ausgabeberichte. Winterheller Software empfiehlt zur einwandfreien Nutzung des Professional Planner Workspace eine aktuelle Version des Microsoft Internet Explorers ab der Version 6.0 auf Ihrem Rechner zu installieren.

Während des Arbeitens mit Professional Planner Dokumenten ist der Workspace verdeckt, steht aber immer im Programmhintergrund zur Verfügung. Über die Schaltfläche 'Workspace anzeigen' können Sie das aktive Dokument jederzeit auf Symbolgröße verkleinern und damit den Workspace aktivieren.

TIPP

Achtung: Bei Professional Planner können alle Ausgabeberichte auch Eingabeberichte sein. Ob ein Bericht nur gelesen oder auch beschrieben werden darf, entscheiden Sie durch Ihre Einstellungen. Damit haben Sie hier mehr Möglichkeiten als mit Berichten von Standard Tabellenkalkulations-programmen.

Die Manager 'Neues Projekt', 'Neue Variante', 'Neues Dokument' oder 'Neuer Import' werden mit der Version 2008 leider nicht mehr mit ausgeliefert. Auch das Tutorial gibt es in der bekannten Form nicht mehr. Dafür kam das neu gestaltete Competence-Center im Wikipedia-Stil dazu.

DIE MENÜLEISTE

Die zweite wesentliche Steuerleiste von Professional Planner ist die Menüleiste. Die Funktionen der Menüleiste sind dem versierten Microsoft Office Anwender vertraut. Jedes Menü eröffnet dem User weitere Untermenüs, mit dem Einstellungen getroffen werden können.

Abbildung 418: Die Menüleiste bei einem geöffneten Dokument

Die meisten Funktionen der Menüleiste beziehen sich auf geöffnete Dokumente. Im Folgenden wird der Menüaufbau bei einem geöffneten Tabellendokument beschrieben.

- **Menü Datei:** Hier finden Sie Funktionen zum Anlegen neuer Sitzungen, Datasets Dokumente oder Manager zum Öffnen oder Speichern von Dokumenten, Import- und Exportbefehle, die Dokumenteneigenschaften sowie Druckfunktionen und E-Mail-Unterstützung.
- **Menü Bearbeiten:** Dieses Menü enthält die Funktionen zum Ausschneiden, Kopieren, Einfügen von Daten und Formatierungen in Tabellenblättern, zum Löschen von Zellen sowie zum Suchen und Ersetzen von Daten.
- **Menü Ansicht:** Über das Menü Ansicht kann zwischen der Normalansicht und der Bearbeitungsansicht gewechselt werden. In der Normalansicht erfolgt die Datenauswertung und Dateneingabe; im Bearbeitungsmodus hingegen erfolgt der Aufbau der Tabellen aus PP-Datenbankbezügen. Darüber hinaus können im Menü Ansicht die diversen Symbolleisten ein- und ausgeblendet werden.
- **Menü Einfügen:** Das Menü Einfügen dient dem Einfügen diverser Tabellenobjekte wie zum Beispiel von Zellen, Diagrammen, Memos, Steuerelementen und Datenbankbezügen.
- **Menü Format:** Das Menü Format dient dem Formatieren der Tabellenblätter und ihrer Zellen sowie dem Formatieren und Anordnen von Objekten wie z. B. Grafiken.
- **Menü Extras:** In diesem Menü sind eine Reihe ergänzender Funktionen enthalten. Dazu gehört der Zellschutz, das Sortieren von Werten, das Neuberechnen von Formeln etc. Zusätzlich ist hier der Menüpunkt „Optionen..." enthalten, über den eine Reihe von Grundeinstellungen von PP bearbeitet werden können.
- **Menü Fenster**: Mit dem Menü Fenster können Sie PP-Dokumente am Bildschirm anordnen, ihre Größe anpassen und schließen.
- **Menü Hilfe (?):** Das Menü Hilfe (?) ermöglicht Ihnen den Zugriff auf die PP Online-Unterstützung.

Wenn kein Dokument geöffnet ist, steht nur ein Bruchteil der Menüpunkte zur Verfügung. Diese Menüpunkte ermöglichen das Öffnen und Anlegen von Dokumenten, die Bearbeitung der Symbolleisten und das Treffen von speziellen Systemeinstellungen. Da diese Menüpunkte bei einem geöffneten Dokument ebenfalls zur Verfügung stehen, werden die Menüpunkte die zur Verfügung stehen, wenn kein Dokument geöffnet ist, nicht gesondert beschrieben.

DIE SYMBOLLEISTE

Professional Planner verfügt über eine ganze Reihe von Symbolleisten, die Ihnen den Zugriff auf eine Vielzahl von Befehlen ermöglichen. Wenn Sie mit der Maus auf eine Schaltfläche zeigen, wird der entsprechende Name eingeblendet. Um Symbolleisten ein- oder auszublenden, verwenden Sie das Menü Ansicht oder das Kontextmenü. Alle Symbolleisten können mit Hilfe der „Haltegriffe" (Gestrichelte Linie auf der linken Seite der Leiste) einfach mit der Maus verschoben und neu angeordnet werden.

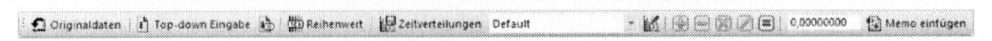

Abbildung 419: Beispiel für eine individuelle Symbolleiste

Folgende Symbolleisten stehen Ihnen in Professional Planner standardmäßig zur Verfügung:

- **Standard**: Mit der Symbolleiste *Standard* rufen Sie einige Standard-Dokumentbefehle auf und suchen direkt in der Online-Hilfe nach einem Begriff.
- **Ansicht**: Mit der Symbolleiste *Ansicht* drillen Sie Werte drillen, drehen Tabellen, aktivieren Detaillisten und beeinflussen die Darstellung von Datenbankwerten.
- **Eingabe**: Über die Symbolleiste *Eingabe* stellen Sie die Originaldaten nach einer Simulation wieder her, aktivieren die Top-down Eingabe und Reihenwerteingabe, verwalten und schreiben die Zeitverteilung sowie verändern Zahlenwerte und fügen Memos ein.
- **Steuerung**: Mit Hilfe der Symbolleiste *Steuerung* schalten Sie die aktiven Dokumente innerhalb der Organisation und Perioden und fixieren diese.
- **Design**: Mit Hilfe der Symbolleiste *Design* schalten Sie das aktive Dokument in die Bearbeitungsansicht, definieren Datenbankbezüge, passen Dokumenteinstellungen an und nehmen diverse Zellformatierungen vor.
- **Objekte**: Über die Symbolleiste *Objekte* fügen Sie Steuerungselemente und Zeichenelemente in das aktive Dokument ein.
- **Dokument**: Die Symbolleiste *Dokument* dient zur Darstellung von dokumentspezifischen Schaltflächen.
- **Collector**: Mit der Symbolleiste *Collector* bereiten Sie Dokumente für das Bearbeiten in Collector–Systemen vor. Sie können auch selbst wie mit einem PP Collector (Offline) arbeiten. Daten aus Collector–Dokumenten können in das vorgesehene Dataset importiert werden.

- **Memo**: Die Symbolleiste *Memo* ermöglicht den schnellen Zugriff auf die vorhandenen Memos zu einem bestimmten Wert in einem Dokument. Für das entsprechende Element können auch mehrere Memos angezeigt werden.
- **Dokument**: Die Dokumentleiste wird bei jedem beliebigen Tabellendokument eingeblendet und mit dem Dokument abgespeichert

DIE STATUSLEISTE

Die Statusleiste dient zur Orientierung während des Arbeitens mit Professional Planner. Über diese Leiste werden eventuell auftretende Fehlermeldungen angezeigt und diverse Statusinformationen eingeholt. Außerdem definieren Sie den Zoomfaktor für Tabellendokumente. Die Statusleiste befindet sich im unteren Bereich der Benutzeroberfläche.

Abbildung 420: Die Statusleiste

Nachfolgend finden Sie die einzelnen Informationen im Detail:

- **Meldungsliste**: Dieses blinkende Symbol zeigt an, dass eine Systemmeldung neu in die Meldungsliste eingegangen ist. Durch Anklicken des Symbols wird die Meldungsliste geöffnet und alle eingegangenen Meldungen werden angezeigt.
- **Datasetstatus**: Dieses Symbol zeigt an, ob alle Eingaben in das aktive Dataset bereits gespeichert sind.
- **Strukturelementtyp**: Zeigt den Typ des aktiven Elementes auf der Cursorposition in einem Dokument oder im Strukturbaum an.
- **Original/Simulation**: Anzeige, ob auf ´Originalebene´ (OE), mit ´Originaldaten´ (OD) oder mit ´Simulationsdaten´ (SI) gearbeitet wird.
- **Online/Offline**: *Online*: Die eingegebenen Daten werden sofort durchgerechnet. *Offline*: Die eingegebenen Daten werden erst nach der manuellen Aktualisierung berücksichtigt.
- **Umschalten (UF/Upper Fonts)**: Die Umschaltung auf Großbuchstaben ist aktiv.
- **Numerische Tastatur (Num)**: Der Ziffernblock ist aktiviert.
- **Rollen (RF)**: Ist die Rollenfunktion aktiviert, können Sie mit den Cursortasten die Scrollbalken steuern.
- **Vergrößerungsstufe ändern** (100%): Hier können Sie den Zoomfaktor für alle Tabellendokumente definieren. Mit Doppelklick auf 100 % ändert sich die Vergrößerungsstufe auf 125 bzw. 150%. Wenn Sie auf die Drop-down-Liste rechts von 100% klicken, können Sie selbst einen Zoomfaktor auswählen. Die gewählte Vergrößerungstufe bleibt solange aktiv, bis Sie eine neue wählen.

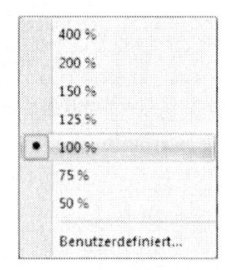

Abbildung 421: Individuelle Einstellung der Zoomfunktion

Dadurch ändern sich alle Tabellendokumente, die Sie nach dem Ändern der Vergrößerungsstufe öffnen, mit dem in der Statusleiste definierten Zoomfaktor. Diese Funktion ist vor allem bei Präsentationen über einen Projektor sehr hilfreich.

- **Aktivitätsanzeige**: Bei einer roten Anzeige ist Professional Planner mit einer Oberflächenaktion beschäftigt (z.B. Einlesen von Daten, Ausführen eines Managers).

DER ORGANISATIONSBAUM

Der Organisationsbaum ist das Herzstück des Professional Planner. Er unterteilt sich in vier Reiter:

- **Sitzungen**
- **Dokumente**
- **Struktur**
- **Zeit**

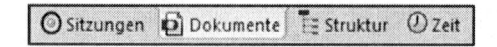

Abbildung 422: Der Organisationsbaum mit seinen vier Reitern (Reihenfolge variabel)

Die Anordnungen der Reiter sind seit der Version 2008 flexibel und können einzeln angezeigt, bzw. ausgeschaltet werden.

DAS REGISTERBLATT SITZUNGEN

Im Registerblatt ´Sitzungen´ werden die Sitzungen (auch Ordner genannt) und Datasets verwaltet, die Ihnen helfen, Ihre unterschiedlichen Datenstände (Plan, Ist, Vorjahr, Szenario) zu verwalten. Hier legen sie die Datasets an, können diese kopieren und löschen oder einfach nur bearbeiten.

Eine Sitzung ist vergleichbar mit einem Ordner, in dem Sie Ihre Datenstände (Mandanten, Plan und Ist-Zahlen, aber auch verschiedene Szenarien) verwalten. Je nachdem, ob Sie in dem Registerblatt eine Sitzung oder ein Dataset auswählen, finden Sie im Menü unterschiedliche aktive Punkte. Für Sitzungen gelten folgende Befehle:

- **Dataset anlegen**: Damit legen Sie ein neues Professional Planner Dataset an
- **Dataset öffnen**: Damit öffnen Sie ein bestehendes Dataset
- **Dataset schließen**: Damit schließen sie ein Dataset
- **Dataset umbenennen**: Damit geben Sie einem Dataset einen neuen Namen
- **Sitzung aktivieren:** Sie aktivieren die Sitzung, dass heißt, sie wird geöffnet.
- **Sitzung hinzufügen**: Sie fügen eine neue Sitzung hinzu.
- **Sitzung umbenennen**: Sie können der Sitzung einen anderen Namen geben
- **Sitzung löschen**: Die Sitzung wird gelöscht.
- **Eigenschaften**: Sie sehen die Sitzungs-Eigenschaften.

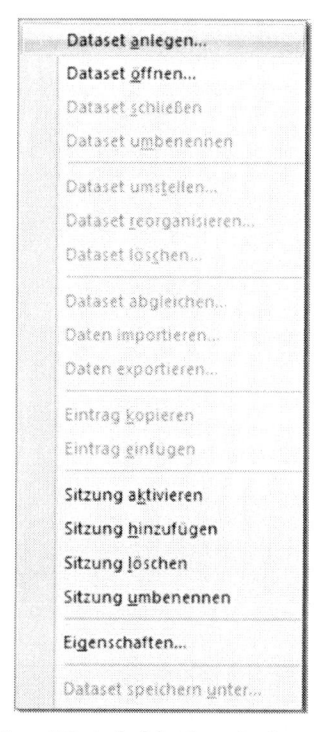

Abbildung 423: Aufruf des Organisationsmenüs

TIPP

Dadurch, dass Sie so viele Datasets anlegen können, wie Sie wollen, ist das System mandantenfähig. Die Kopierfunktion ermöglicht es ihnen hierbei, einen Beispiel- oder Master-Mandanten anzulegen und diesen bei Bedarf schnell zu kopieren. Dadurch sparen Sie in der Beratung sehr viel Zeit und Arbeit.

REGISTER DOKUMENTE

Das Registerblatt ´Dokumente´ enthält den Dokumentenbaum des Professional Planner. Als Dokumente bezeichnet Winterheller Software *Ein-* und *Ausgaberichte*, sowie *Tabellen*, *Manager, Memos* und *Einstellungsschirme*, die Sie über dieses Registerblatt öffnen, bearbeiten oder starten (Manager).

Abbildung 424: Die Standard-Dokumente (Auszug)

Das Registerblatt kann mehrere Dokumentpfade enthalten. Es handelt sich dabei um Ordnerstrukturen auf der Festplatte oder im Netzwerk, in denen die Professional Planner Dokumente gespeichert werden.

Die Funktion dieses Registerblattes rufen Sie über die rechte Maustaste auf.

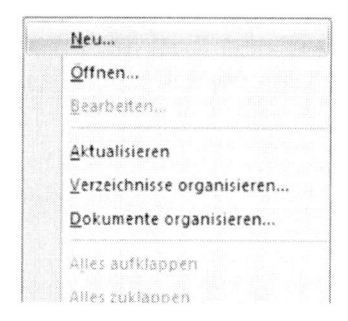

Abbildung 425: Aufruf des Dokumenten-Menüs

Folgende Funktionen bieten sich Ihnen an:

- **Neu**: Legt ein Tabellendokument, ein Memodokument oder einen Manager neu an.
- **Öffnen**: Öffnet das Dokument im rechten Fenster bzw. startet einen Manager.
- **Bearbeiten**: Über diesen Befehl können Manager zum Bearbeiten geöffnet werden.
- **Aktualisieren**: Aktualisiert den Dokumentbaum. Diese Aktion ist vor allem dann erforderlich, wenn neue Dokumente im laufenden Betrieb auf einen der Dokumentpfade gespeichert werden (z. B. über Datei/Speichern unter…) oder Dateien aus einem der Dokumentpfade gelöscht werden.
- **Verzeichnisse organisieren**: Hier können allgemeingültige bzw. benutzerspezifische Dokumentpfade ausgewählt werden.
- **Dokumente organisieren**: Hier können allgemeingültige bzw. benutzerspezifische Dokumente ausgewählt werden.
- **Alles aufklappen**: Mit dieser Funktion kann man alle in einem Dokumentpfad befindlichen Dokumente und Ordner ab dem aktivierten Ausgangspunkt anzeigen lassen.
- **Alles zuklappen**: Die Funktion klappt die Baumansicht bis zum ausgewählten Ausgangspunkt zu.

REGISTER STRUKTUR

Im Registerblatt ´Struktur´ definieren Sie die Art und Weise, wie Ihr Unternehmen aufgebaut ist, bzw. wie die Zahlen be- und verarbeiten und auch berichtet werden können. Das Registerblatt *Struktur* enthält die Organisationsstruktur aller Datasets, die sich in der aktiven Sitzung befinden.

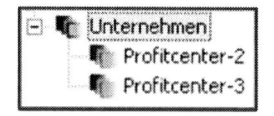

Abbildung 426: Beispiel für eine Struktur

Im Register *Struktur* werden die Organisationselemente (Fähnchen) verwaltet. Sie können Elemente anlegen, löschen, kopieren, verschieben usw. Außerdem wird der Organisationsbaum zur Steuerung der Datenansicht in den Dokumenten, dem so genannten ´Schalten´, verwendet.

Mit dem Register *Struktur* arbeiten Sie in Professional Planner am häufigsten. Wie Sie Strukturelemente anlegen wird in dem oben genannten Beispiel ausführlich beschrieben.

Vor dem Anlegen einer Struktur sollten sie folgende Überlegungen tätigen:

- Wie detailliert soll Ihre Struktur aufgebaut werden? (Bitte unterscheiden Sie nach Planstruktur und Ist-Struktur. In der Praxis wird oft auf verdichteten Ebenen geplant, aber die Ist-Zahlen bis zur Belegebene analysiert)
- Reporten Sie nach einer legalen oder Managementstruktur?
- Auf welchen Ebenen wollen sie später simulieren (die sollten sie dann auch bei der Strukturanlage berücksichtigen)
- Gibt es Bereiche, die kopiert werden können (gleiche Kostenstellen, Filialstrukturen oder Kontenrahmen?)
- Welche Aggregationen wollen sie durchführen?

Professional Planner Planungs- und Berichtssysteme werden aus den so genannten Strukturelementen aufgebaut (siehe unten). Welche Strukturelementtypen zur Verfügung stehen, ist vom gewählten Rechenschema abhängig. In der Regel stehen aber Elementtypen wie Unternehmen, Profitcenter, Umsatzelemente, Kostenstellen, Kostenarten und Bilanzkonten zur Auswahl. In den meisten heute angebotenen Versionen gibt es keine Beschränkung der Elementanzahlen mehr. Erfahrungen zeigen aber, dass Strukturen bis zu 20.000 Elementen pro Dataset performancetechnisch unkritisch sind. Bei Strukturen die größer sind, sollten Sie sich an einen erfahrenen Professional Planner Berater wenden. Er kennt viele Tipps und Tricks, um die Performance zu verbessern.

Über das Menü der rechten Maustaste führen Sie folgende Aktionen durch:

- **Element anlegen**: Über diesen Menüpunkt können neue Strukturelemente angelegt werden. Die neuen Elemente werden unterhalb des gewählten Ausgangspunktes hinzugefügt. Der im Kontenbaum zusätzlich verfügbare Befehl Elementanlage gleiche Ebene legt ein Konto neben dem aktuell ausgewählten Professional Planner™ Konto an.
- **Element löschen**: Über diesen Befehl werden die ausgewählten Strukturelemente gelöscht. Mit Hilfe der <Strg> oder <Shift> - Taste können auch mehrere Elemente für das Löschen ausgewählt werden.

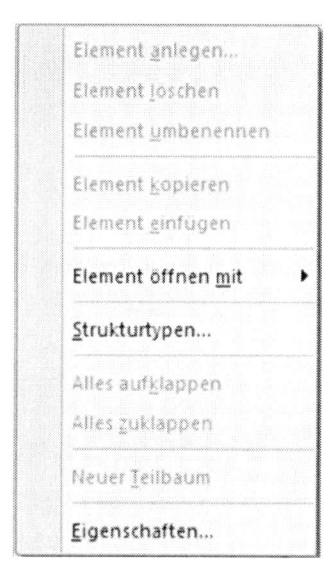

Abbildung 427: Menü des Register *Struktur*

- **Element umbenennen**: Diese Funktion ermöglicht das Umbenennen von Strukturelementen. Alternativ dazu können Sie auch zwei Mal mit kurzer Pause auf die Bezeichnung eines Strukturelementes klicken, um die Funktion auszulösen (langsamer Doppelklick).
- **Element kopieren**: Kopiert die ausgewählten Elemente in die Zwischenablage. Auch für diese Funktion können gleichzeitig mehrere Elemente ausgewählt werden.
- **Element einfügen**: Fügt die in die Zwischenablage kopierten Elemente an der angegebenen Stelle in die Struktur ein.
- **Element öffnen mit...**: Der Befehl stellt eine kleine Auswahl von Dokumenten zur Verfügung, die direkt aus dem Strukturbaum geöffnet werden können. Dabei wird das Dokument sofort auf das ausgewählte Strukturelement geschalten.
- **Strukturtypen**: Über diesen Befehl können Sie festlegen, welche Elementtypen im Organisationsbaum angezeigt werden sollen.
- **Alles aufklappen**, Alles zuklappen: Klappt die Strukturelemente vom gewählten Ausgangspunkt weg auf oder zu.
- **Neuer Teilbaum**: Erzeugt einen neuen Organisationsteilbaum ab dem ausgewählten Strukturelement.
- **Kontenanzeige einblenden / ausblenden**: Mit Hilfe dieser Befehle können Sie zwischen getrennter Anzeige der Kontenelemente und Anzeige aller Elemente in einem Baum umschalten.

- **Kontenauswahl**: Der Dialog Kontenauswahl wird angezeigt. Mit Hilfe dieses Dialogs können Sie festlegen, welche Elementtypen zu den Gliederungselementen und welche zu den Konten gerechnet werden.

Durch Ziehen mit der linken oder rechten Maustaste können Elemente innerhalb der Struktur verschoben werden.

REGISTER ZEIT

Das Registerblatt ´Zeit´ enthält die Zeitstruktur aller Datasets, die sich in der aktiven Sitzung befinden. Von hier aus können Sie die Dokumente in Zeitrichtung schalten und so die gewünschte(n) Zeitperiode(n) anzeigen.

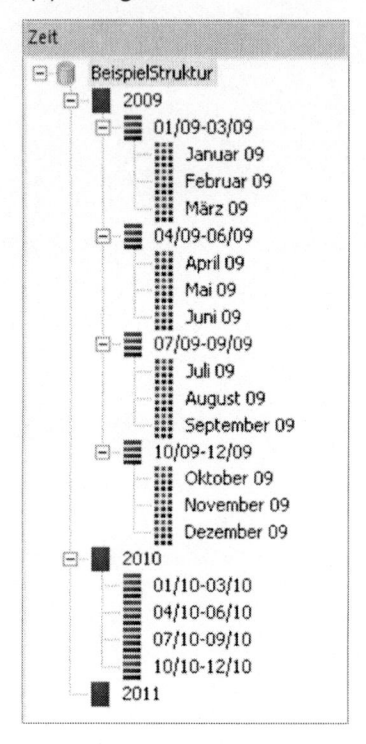

Abbildung 428: Beispiel für eine Zeitstruktur (3 Jahre)

Sie können über das Menü der rechten Maustaste folgende Aktionen ausführen:

- **Umbenennen**: Über diese Funktion können Sie die Periodenbezeichnungen ändern. Das machen Sie zum Beispiel am Ende eines Jahres (Kalenderjahres oder Geschäftsjahres).

- **Alles aufklappen**, **Alles zuklappen**: Mit diesen Funktionen können Sie die Zeitstrukturen auf- und zuklappen.

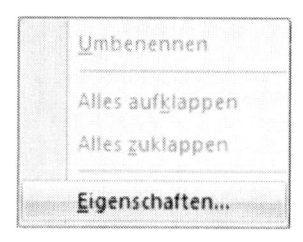

Abbildung 429: Menü des Register *Zeit*

Das Schalten der Zeitstrukturen in Dokumenten erfolgt wie bei der Organisationsstruktur durch einen Einfach- bzw. Doppelklick auf das Strukturelement bzw. Ziehen des Strukturelementes auf das Dokument.

WIE VERWALTE ICH EIN PP-DATASET?

DATASET LOKAL ANLEGEN

Die grundlegenden Schritte, um ein neues Dataset anzulegen bzw. ein bestehendes Dataset zu öffnen und zu bearbeiten, sind unabhängig vom verwendeten Datenbanksystem. Die Abweichungen zwischen den verschiedenen Systemen betreffen vor allem die Art, wie Professional Planner die Verbindung mit dem Datenbanksystem herstellt und die Art, wie die Datenbankdateien verwaltet werden.

Das Anlegen eines Datasets geschieht im Registerblatt ´*Sitzung*´. In der Regel wird ein Dataset immer wie in unserem Beispiel ´Sonnenschein GmbH´ beschrieben nach dem gleichen Muster angelegt:

1. Zuerst legen Sie eine neue Sitzung an. *Rechte Mauste - Sitzung anlegen.*
2. Sie sollten durch einen Doppelklick die Sitzung ´aktivieren´. Das sehen Sie daran, dass der Kreis mit einem grünen Punkt gefüllt wird.
3. Nun können Sie ein Dataset anlegen. Wieder: *Rechte Maustaste - Dataset anlegen*
4. Es öffnet sich ein neues Dataset.

Bitte beachten Sie, dass im Namen des Dataset keine Sonderzeichen verwendet werden dürfen, z.B. sind folgende Zeichen unzulässig:

- + (Plus) / - (Minus)
- * (Stern)
- / (Schrägstich)

- _ (Unterstrich)
- & (Kaufmännisches Und)
- % (Prozent)
- § (Paragraph)
- Leerzeichen

Der Name eines Dataset darf außerdem nicht mit einer Ziffer beginnen und kann maximal aus 25 Zeichen bestehen.

DATASET AUF EINEM SERVER ANLEGEN

Wenn Sie Datasets über einen Server anlegen und mehr als ein Server zur Verfügung steht, erhalten Sie zunächst einen Dialog, in dem Sie den Professional Planner Server auswählen können. Sonst entsprechen die Dialoge den oben beschriebenen beim Erstellen lokaler Datasets.

DATASET LÖSCHEN

Das Löschen funktioniert im Registerblatt ´Sitzung´. Beim Löschen eines Datasets gehen Sie wie folgt vor:

1. Mit dem Cursor auf das zu löschende Dataset zeigen
2. Recht Maustaste ´Dataset löschen´
3. Den folgenden Dialog mit ´JA´ bestätigen
4. Das Dataset wird gelöscht.

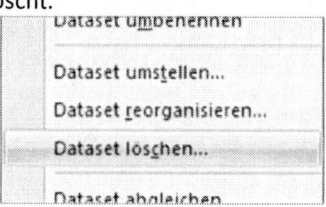

Abbildung 430: Dataset löschen

Wenn Sie ein Dataset löschen, wird es unwiederbringlich von der Festplatte entfernt und kann nicht wiederhergestellt werden. Es befindet sich damit auch nicht mehr im Papierkorb von Windows. Das gelöschte Dataset wird automatisch aus allen Sitzungen entfernt, in die es eingebunden war.

Wenn Sie ein Dataset vom Typ Microsoft Datenbankdatei (*.mdf) löschen, können Sie dies auch im Explorer von Windows durchführen. Vorher müssen Sie das Dataset in Professional Planner geschlossen haben, da sonst ein Löschen nicht möglich ist.

DATASET KOPIEREN (SPEICHERN UNTER)

Sie können ein Dataset mit allen Einstellungen und der angelegten Struktur kopieren. Das ist dann sehr praktisch, wenn Sie Varianten und Szenarien rechnen müssen oder simulieren wollen. Sie erstellen damit auch unterschiedliche Arbeitsvarianten des Dataset. Beispielsweise wird aus einem Dataset mit Vorjahreswerten die Planungsbasis und aus der fertigen Planung das Dataset für die Ist-Zahlen und den Forecast.

Verwenden Sie zum Kopieren eines Dataset die Funktion ´*Dataset speichern unter...*´ zum Erstellen einer Kopie. Im Vergleich zur Datasetumstellung bietet diese Funktion einen erheblichen Zeitvorteil. Eine Änderung der Datenbankparameter ist damit jedoch nicht möglich.

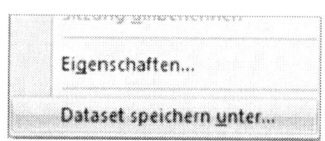

Abbildung 431: Dataset kopieren durch speichern unter...

Diese Funktion wird auch als einfaches Verfahren zur Erstellung von Sicherheitskopien eingesetzt. Dies wird vor Strukturumbauten, dem Einsatz von Schnittstellen oder sonstigen automatisierten Werkzeugen zur Datenänderung empfohlen, um bei unerwünschten Effekten den Originalzustand wiederherstellen zu können.

Das ´*Speichern unter*´ funktioniert im Registerblatt ´*Sitzung*´. Beim Kopieren eines Datasets gehen Sie wie folgt vor:

1. Klicken Sie mit der ´*Rechten Maustaste*´ auf das Dataset
2. Wählen Sie ´*Dataset speichern unter*´
3. Vergeben Sie einen neuen Namen und legen Sie den Speicherort fest.
4. Die Fertigstellung wird durch eine Meldung am Bildschirm angezeigt.

Beachten Sie, dass das ursprüngliche Dataset nach dem Speichervorgang weiterhin geöffnet bleibt. Wenn Sie auf das neu erstellte Dataset zugreifen wollen, müssen Sie es in einer aktiven Sitzung öffnen. Alternativ können Sie das Dataset der Typen MSDE und Sybase SQL Anywhere auch im Explorer von Windows kopieren. In diesem Fall behält das Dataset den Variantennamen des ursprünglichen Datasets bei. Beachten Sie, dass das Dataset beim Kopiervorgang geschlossen sein muss.

Abbildung 432: Erst Dataset speichern unter, dann öffnet sich dieses Dialogfenster. Nach dem Drücken des Button 'Speichern', erfolgt ein Speichervorgang

DATASET UMSTELLEN

Die Umstellung eines Datasets bedeutet eine Erstellung einer exakten Kopie einer Unternehmensstruktur mit veränderten Eigenschaften. Durch die Umstellung können Sie:

- Das Rechenschema (BCL Business Content Library) eines Datasets ändern.
- Das Startdatum ändern.
- Die Anzahl der Jahre im Dataset ändern.
- Die Untergliederung der Jahre in Quartale und Monate ändern.
- Alle Werte des Datasets auf Null setzen.

Abbildung 433: Dataset umstellen

1. Um ein Dataset umzustellen klicken Sie im Sitzungsbaum mit der rechten Maustaste auf das Dataset und wählen den Punkt 'Dataset umstellen...' aus dem Kontextmenü.
2. Beachten Sie: Die Sitzung muss aktiv geschaltet sein, sonst fehlt diese Funktion im Kontextmenü (grüner Punkt).
3. Anschließend vergeben Sie einen neuen Namen für das Dataset.
4. Klicken Sie auf den Schalter 'Erweitert' und legen Sie in dem folgenden Dialog die Business Content Library fest.
5. Mit einem Klick auf 'Weiter' gelangen Sie zu dem Dialogfeld 'Periode festlegen'. Hier ändern Sie das Startdatum für das Dataset und definieren die Anzahl der Jah-

re neu. Sie können auch die Untergliederung der jeweiligen Jahre in Quartale und Monate ein- oder ausschalten.

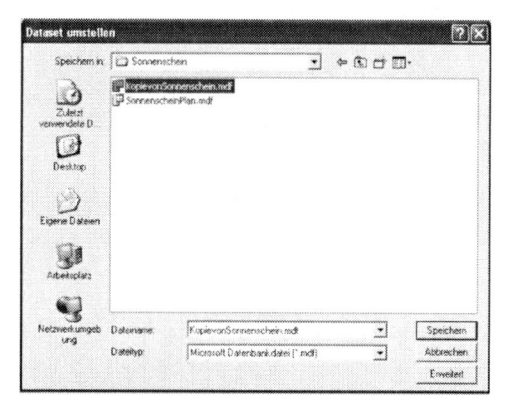

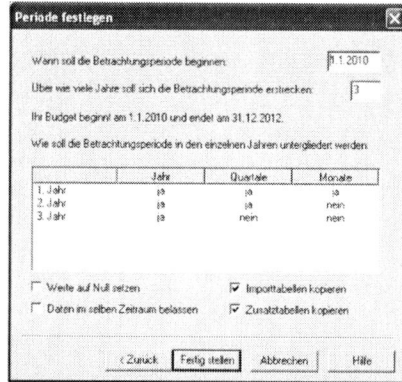

Abbildung 434: Dataset Umstellung mit neuer Zeitperiode

6. Mit der Option *'Werte auf Null setzen'* werden alle Werte in allen Perioden des Datasets auf Null gesetzt.
7. Die Option *'Daten im selben Zeitraum belassen'* ist besonders nützlich, wenn Sie das Startdatum ändern. Wenn Sie beispielsweise bei einem Dataset das Jahr 2006 abschneiden möchten, dann wählen Sie diese Option, damit die Werte aus dem ehemals zweiten Jahr 2007 in dem neuen Dataset auch im Jahr 2007 beibehalten werden. Ohne die Aktivierung dieser Option würden die Werte des Jahres 2007 in das Jahr 2008 kopiert.
8. Schließlich können Sie auch die Importtabellen, die durch den Importmanager in der Datenbank erzeugt werden, und eventuelle Zusatztabellen, die durch besondere Makros erzeugt werden, in das neue Dataset kopieren.
9. Als letzen Schritt klicken Sie auf den Schalter *'fertig stellen'* und bestätigen mit *'Speichern'*.
10. Die Laufzeit des Umstellungsprozesses ist von der Anzahl der Strukturelemente, Anzahl der Perioden und der Geschwindigkeit des Rechners abhängig. Sie kann von wenigen Minuten bis zu mehreren Stunden betragen.

DATASET REORGANISIEREN

Eine Reorganisation berechnet das Dataset neu. Das ist manchmal notwendig, damit eventuelle Inkonsistenzen aufgelöst werden können. Eine Inkonsistenz eines Datasets tritt dann auf, wenn Summenebenen nicht die richtigen Summen der Originalebenen zeigen.

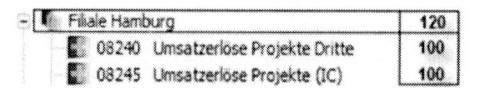

Abbildung 435: Beispiel für eine Inkonsistenz

In diesem Fall muss eine Reorganisation der Datenbank durchgeführt werden, damit die Werte von unten nach oben neu berechnet werden. Anschließend sollte die Datenbank in den Professional Planner noch mal neu geladen werden.

1. Um ein Dataset zu reorganisieren, klicken Sie im Sitzungsbaum mit der rechten Maustaste auf das Dataset und wählen den Punkt 'Dataset reorganisieren...' aus dem Kontextmenü.
2. Sie bekommen eine Meldung mit einer kurzen Beschreibung der Reorganisationsfunktion und der Frage, ob Sie fortfahren möchten.
3. Bestätigen Sie mit 'OK'. Die Laufzeit der Reorganisation ist von der Anzahl der Strukturelemente, der Perioden und der Geschwindigkeit des Rechners abhängig. Die Reorganisation kann von wenigen Minuten bis zu mehreren Stunden betragen.

Ob ein Dataset reorganisiert werden muss hängt davon ab, ob Inkonsistenzen auftreten. Dieses können Sie mit dem Dokument '08. Konsistenzprüfung' im Dokumentenbaum im Verzeichnis 'Toolbox' prüfen.

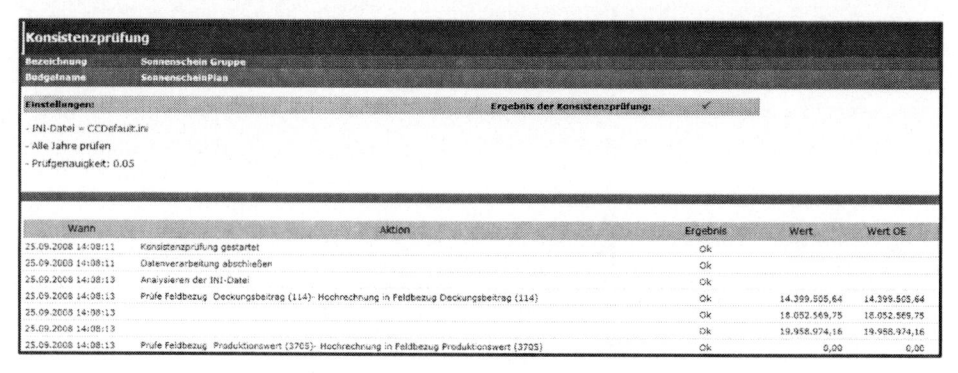

Abbildung 436: Konsistenzprüfung

Die Konsistenzprüfung eines Datasets verläuft nach der Definition, die in einer INI-Datei abgelegt wird. Der Professional Planner wird mit der Datei *CCDefault.ini* ausgeliefert.

Diese Datei enthält die Prüfroutinen für die Standard - BCL *Finance (de).ped*. Wenn in einem Projekt die Business Content Library verändert wird, indem z.B. zusätzliche Feldbezüge hinzu programmiert werden, dann muss auch im Zuge der BCL Anpassung die Anpassung der INI-Datei erfolgen, damit die zusätzlichen Feldbezüge entsprechend geprüft werden.

Abbildung 437: ini-Datei zur Konsistenzprüfung

DATASET ABGLEICHEN

Datasets in Professional Planner können synchronisiert werden, dass heißt miteinander abgeglichen. Die Idee dahinter ist ein Master – Slave – Abgleich. Man hat ein Master – Dataset, in dem die Unternehmensstrukturen gepflegt werden. Darüber hinaus hat man Slave – Datasets, die dem Aufbau des Master - Datasets folgen sollen.

Dieses ist besonders wünschenswert, wenn man mit mehreren Datasets arbeitet, die man miteinander vergleichen möchte. Typische Beispiele sind z.B. Plan-Werte, Ist-Werte, Szenario 1, Szenario 2, Szenario 3 usw. Wichtig ist dabei, dass man sich dafür entscheidet, in welchem Dataset die Strukturen gepflegt werden. Der Abgleich der Datasets ist nicht möglich, wenn die Strukturen in mehreren Datasets gleichzeitig geändert werden. Das liegt daran, dass der Abgleich der Datasets über die Organisations-ID der jeweiligen Strukturelemente erfolgt. Das System wird jedoch die Datasets nicht abgleichen können, wenn Elemente verschiedener Typen in zwei Datasets die gleiche Organisations-ID haben. Um diese Situation von vorne herein zu vermeiden, sollte man die Strukturänderungen nur in einem Dataset vornehmen und die anderen Datasets folgen diesem Strukturaufbau einfach.

Der Abgleich der Datasets kann auf zwei verschiedenen wegen erfolgen: Im Dokumentenbaum befindet sich im Verzeichnis 'Toolbox / 01'. *Dataset Management* das Dokument *'d. Dataset-Abgleich'*. Der andere Weg diese Funktion zu erreichen führt über den Sitzungsbaum. Wenn Sie mit der rechten Maustaste auf das Master-Dataset klicken, dann können Sie den Punkt *'Dataset abgleichen...'* aus dem Kontextmenü auswählen.

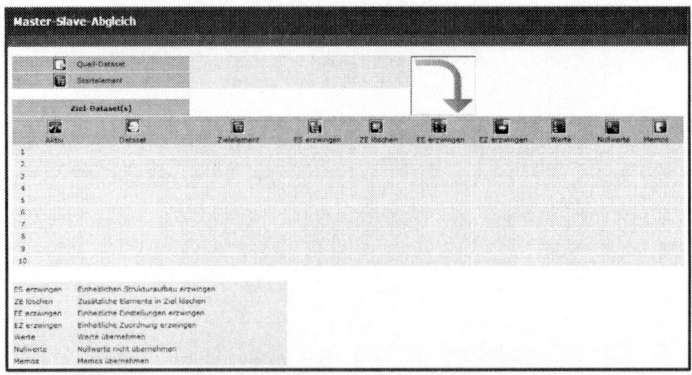

Abbildung 438: Master-Slave-Abgleich

In dem Dokument ´d. Dataset-Abgleich´ wählen Sie über einen Klick auf den Schalter links daneben das Quell-Dataset aus. Über den darunter liegenden Schalter bestimmen Sie das Element, ab dem der Abgleich stattfinden soll. In der unteren Tabelle aktivieren Sie über die Schalter in den Spalten diejenigen Datasets, die Sie abgleichen wollen.

Dabei können Sie folgende Optionen aktivieren:

- **Zielelement:** Hiermit bestimmen Sie ab welchem Zielelement der Abgleich stattfinden soll. Alle darunterliegenden Elemente werden dann von dem Abgleich betroffen.
- **Einheitlichen Strukturaufbau erzwingen:** Elemente aus dem Quell-Dataset werden im Ziel-Dataset angelegt.
- **Zusätzliche Elemente in Ziel löschen:** Elemente, die sich im Ziel - Dataset befinden, aber nicht im Quell-Dataset vorhanden sind, werden gelöscht. Bitte berücksichtigen Sie, dass in Professional Planner grundsätzlich keine Bilanzelemente gelöscht werden, wenn andere Elemente mit ihnen verbunden sind oder wenn noch Werte in diesen Elementen vorhanden sind. In diesem Fall müssen die Bilanzelemente manuell gelöscht werden. Die Elemente des Erfolgsbereiches (Umsatzbereiche, Aufwand/Ertrag-Elemente, Kalkulatorische Elemente, Profitcenter, Kostenstellen) sind von dieser Ausnahme nicht betroffen und können immer gelöscht werden.
- **Einheitliche Einstellungen erzwingen:** Die Einstellungen der Elemente aus dem Quell-Dataset werden auf das Ziel-Dataset angewendet.
- **Werte übernehmen:** Die Werte der Elemente des Quell-Datasets werden in das Ziel-Dataset kopiert.
- **Nullwerte nicht übernehmen:** Nullwerte der Elemente des Quell-Datasets werden in das Ziel-Dataset nicht kopiert.
- **Memos übernehmen:** Die erfassten Memos im Quell-Dataset werden in das Ziel-Dataset kopiert.

Sie können in der Tabelle mehrere Ziel-Datasets definieren. In der zweiten Spalte der Tabelle bestimmen Sie mit der Option ´Aktiv´, welche Zeilen des Ziel-Dataset bei diesem Lauf berücksichtigt werden sollen.

Normalerweise werden Sie den Abgleich vom Master-Dataset auf die Slave-Datasets vornehmen. Es ist jedoch auch möglich im zweiten Register des Dokumentes ´d. Dataset-Abgleich´ den Aufbau vom Slave-Dataset auf ein Master-Dataset vorzunehmen. Auf diese Weise fassen Sie Teilstrukturen zu einer Gesamtstruktur zusammen.

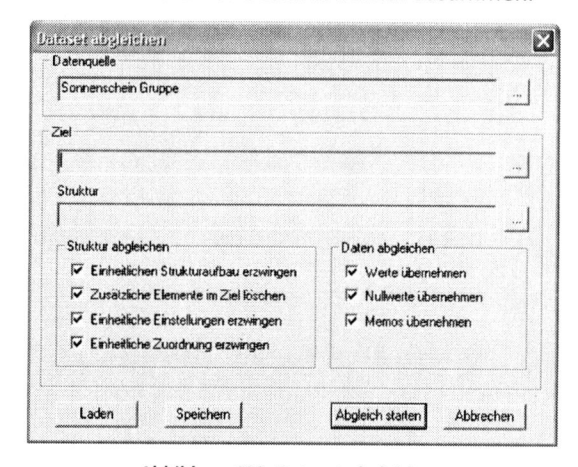

Abbildung 439: Dataset abgleichen

Die gleiche Funktionalität des Dataset-Abgleichens öffnen Sie im Sitzungsbaum, indem Sie mit der rechten Maustaste auf ein Dataset klicken und den Punkt ´Dataset abgleichen...´ aus dem Kontextmenü auswählen. Hier können Sie allerdings nur zwei Datasets abgleichen. Die Einstellungen können in einer ´PP Transfer Settings (*.pts)´ Datei gespeichert werden, damit sie Ihnen beim nächsten Mal zur Verfügung stehen.

WIE ARBEITE ICH MIT PP-DOKUMENTEN?

DOKUMENTENTYPEN

Der Professional Planner unterscheidet vier Dokumenten-Typen. Dazu gehören

- **Tabellendokumente**
- **Importmanager**
- **Manager**
- **Memos (Memorandums)**
- **HTML-Seiten**

Im Registerblatt ´Dokumente´ finden Sie alle Standarddokumente, also all jene Dokumente, die im Standardlieferumfang von Professional Planner 2008 enthalten sind. Wir geben Ihnen an dieser Stelle eine kurze Übersicht der verschiedenen Dokumententypen, konzentrieren uns danach aber auf die Tabellendokumente. In Professional Planner stehen Ihnen folgende Dokumenttypen zur Verfügung:

TABELLENDOKUMENT (*.PTB)

Tabellendokumente sind das zentrale Werkzeug bei der Arbeit mit Professional Planner. Sie dienen zur Anzeige von Daten genauso wie zur Datenerfassung. Jedes Tabellendokument ist eine eigene Datei, die durch die Namenserweiterung ´*.ptb´ als ´PP-Tabelle´ gekennzeichnet ist. Tabellendokumente enthalten Datenbankbezüge, Objekte, Formeln oder Texte. Vom Grundaufbau her entsprechen Tabellendokumente den Mappen von Microsoft Excel. Typische Tabellendokumente sind Eingabeberichte wie Umsatz-Deckungsbeitrag und Aufwand/Ertrag sowie GuV und Finanzplan.

IMPORTMANAGER (*.FZU)

Mit dem Importmanager importieren Sie Daten aus unterschiedlichsten Quellen nach Professional Planner. Dabei ist es gleichgültig, ob es sich bei den verwendeten Datenquellen um Datenbanktabellen, Abfragen, Views oder um Textdateien handelt. Der Datenimport-Manager wurde oben schon intensiv behandelt.

MANAGER (*.PBA)

Beim Arbeiten mit Professional Planner fallen eine Reihe von wiederkehrenden Tätigkeiten an, die sich gut automatisieren lassen. Dazu gehören unter anderem das Ausdrucken von Berichten, die Veränderung größerer Mengen an Parametern (z.B. die Erhöhung des durchschnittlichen Zahlungszieles um 10 Tage) oder die Durchführung einer Umlage. Für diese Zwecke ist in PP eine VBA-kompatible Programmiersprache enthalten. Mit Hilfe dieser Sprache werden Automatisierungsmanager (kurz: Manager) gebaut, die die entsprechenden Aufgaben schnell und effizient erledigen. Einige Manager werden im Standard mit ausgeliefert (Berichtsmanager, Top-down-Manager, Löschmanager), ausgebildete Programmierer entwickeln Ihnen aber auch individuelle Manager für Ihre tägliche Arbeit.

MEMO (*.PME)

Memo ist die Abkürzung für Memorandum (zur Erinnerung/Notiz/Anmerkung). Die Aufgabe eines Memos besteht darin, Notizen zu einzelnen Strukturelementen und Werten innerhalb eines Datasets festzuhalten. Es sind unterschiedliche Zuordnungen möglich

(Organisation, Zeit, Feldbezüge bzw. Kombinationen). Auch Ersteller, Datum und Betreff werden innerhalb des *Memos* gespeichert, um eine effektive Verwaltung zu ermöglichen.

HTML-SEITEN (*.HTML)

HTML-Dokumente werden zum Anzeigen von Informations- und Hilfetexten verwendet. Für die korrekte Verarbeitung von HTML–Seiten wird im Hintergrund auf den Microsoft Internet Explorer zurückgegriffen. Der Internet Explorer muss daher auf dem Rechner installiert sein, damit diese Funktion korrekt ausgeführt werden kann.

Wir konzentrieren uns beim Folgenden auf das Arbeiten mit den Tabellendokumenten, da diese ein wesentliches Arbeits-Instrument des Professional Planner darstellen.

ARBEITEN MIT TABELLENDOKUMENTEN

Ein Tabellendokument umfasst ein oder mehrere Tabellenblätter. Ein Blatt besteht aus Zellen, die in Spalten und Zeilen angeordnet sind. Das Blatt ist immer Teil eines Tabellendokumentes. Die Namen der Blätter werden auf Registern am unteren Rand des Dokumentenfensters eingeblendet. Um in ein anderes Blatt zu wechseln, klicken Sie auf das jeweilige Blattregister. Das Register des jeweils aktiven Blatts wird weiß angezeigt. Das aktive Blatt ist jenes, das Sie in einem Dokument bearbeiten.

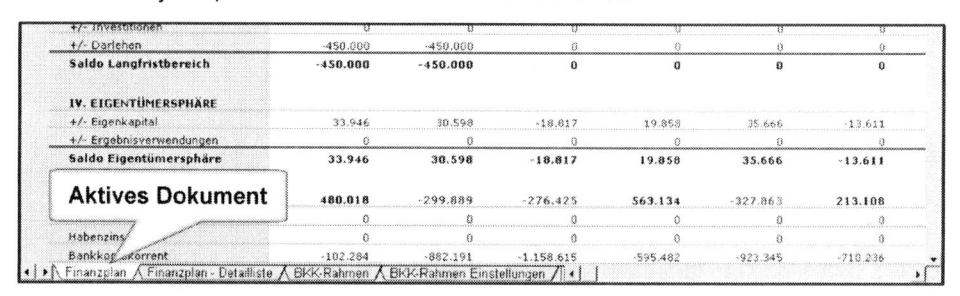

Abbildung 440: Der Finanzplan als aktives Dokument

ÖFFNEN UND SCHLIESSEN VON DOKUMENTEN

Um ein Tabellendokument zu öffnen, bietet PP Ihnen mehrere Möglichkeiten:

- Klicken Sie im Dokumentbaum mit der rechten Maustaste auf das gewünschte Dokument und wählen Sie ´*Öffnen*´.
- Klicken Sie im Dokumentbaum auf das gewünschte Dokument.
- Wählen Sie im Menü den Befehl ´*Datei/Öffnen...*´.
- Drücken Sie die Tastenkombination ´*STRG+F12*´.

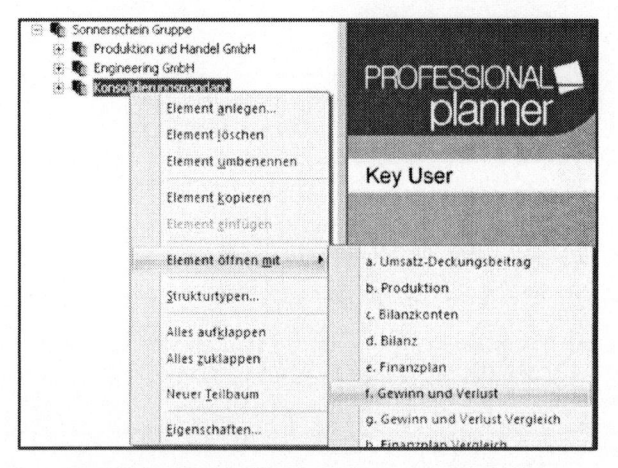

Abbildung 441: Dokument öffnen mit rechter Maustaste

Wenn Sie ein Dokument öffnen möchten, das sich nicht im aktuellen Dokumentpfad befindet, gehen Sie folgendermaßen vor:

- Klicken Sie auf das Menü ´Datei´ und wählen Sie den Menübefehl ´Öffnen...´
- Klicken Sie im Feld ´Suchen in:´ auf das Laufwerk, in dem Sie das Dokument gespeichert haben.
- Dann wählen Sie jenen Ordner aus, in dem Ihr Dokument gespeichert ist.
- Klicken Sie in der Liste mit den Dateien auf das gewünschte Dokument.
- Wählen Sie ´Öffnen´.

Wenn Sie ein Tabellendokument schließen möchten, haben Sie mehrere Möglichkeiten:

- Klicken Sie auf das Menü ´Datei´ und wählen Sie den Menübefehl ´Schließen´.
- Klicken Sie im Dokument links oben auf die Schaltfläche ´Dokument schließen´.
- Drücken Sie die Tastenkombination ´STRG+F4´.
- Klicken Sie auf das Menü ´Fenster´ und wählen Sie den Menüpunkt ´Alle schließen´. Mit diesem Befehl werden alle offenen Tabellendokumente geschlossen.

SPEICHERN VON DOKUMENTEN ALS PP-TABELLENDOKUMENT

Die Standardtabellendokumente von PP sind schreibgeschützt abgespeichert. Sie erkennen dies an dem Vermerk „RO" (Read Only) in der Titelleiste. Der Schreibschutz kann bei Bedarf für alle oder für einzelne Dokumente im Explorer entfernt werden. Dieser Schritt ist dann erforderlich, wenn Sie ein Standarddokument verändern möchten.

Abbildung 442: Read-Only Schreibschutz der Standard GuV

Um ein geöffnetes, nicht schreibgeschütztes Dokument zu speichern, haben Sie diverse Möglichkeiten:

- Klicken Sie auf die Schaltfläche ´Speichern´ in der Symbolleiste.
- Klicken Sie auf das Menü Datei und wählen Sie den Menübefehl ´Speichern´ oder ´Speichern unter...´.
- Drücken Sie die Tastenkombination ´STRG+S´ oder ´F12´.

Bei allen drei Varianten öffnet sich ein Dialogfenster, in dem Sie den Pfad und den Namen des Tabellendokumentes eingeben müssen.

Wenn Sie ein schreibgeschütztes Tabellendokument speichern, erhalten Sie die Meldung, dass dieses Dokument schreibgeschützt ist oder als Kopie geöffnet wurde. Um dieses Dokument als Kopie zu speichern, klicken Sie auf die Schaltfläche ´Ja´ und speichern Sie das Dokument wie oben beschrieben unter einem anderen Namen ab.

EXPORTIEREN VON TABELLENDOKUMENTEN IN EIN ANDERES FORMAT

Wenn Sie den Dialog ´Speichern unter...´ wie oben beschrieben aufrufen, haben Sie die Möglichkeit, Tabellendokumente in das Excel-Format und in andere Formate zu speichern. Folgende Exportformate stehen zur Auswahl:

- Excel 97-2003 Arbeitsmappe (*.xls)
- HTML Datei (*.html)
- HTML Datei (nur Daten) (*.thml)
- Text (Tabs getrennt) (*.txt)
- Text (Tabs getrennt, nur Werte) (*.txt)

Je nach verwendetem Format kommt es dabei zu Farbänderungen und anderen geringfügigen Änderungen in der Formatierung. Business-Grafiken werden nicht exportiert; Datenbankbezüge in Konstante umgewandelt.

DRUCKEN VON DOKUMENTEN

Um Tabellendokumente zu drucken, haben Sie folgende Wege:

- Klicken Sie auf die Schaltfläche ´Druck´ in der Symbolleiste (der Druck wird sofort auf dem Standarddrucker durchgeführt).
- Klicken Sie auf das Menü ´Datei´ und wählen Sie den Menübefehl ´Drucken´.
- Drücken Sie die Tastenkombination ´Strg+P´.

Bei den letzten zwei Varianten öffnet sich der Dialog ´Druck´, in dem Sie die Möglichkeit haben, den gewünschten Drucker auszuwählen oder druckerspezifische Einstellungen durchzuführen. Darüber hinaus können Sie sich über die Schaltfläche ´Vorschau´ das Druckergebnis anzeigen lassen. Mit der Schaltfläche ´OK´ wird das Dokument gedruckt.

Wählen Sie im Menü ´Datei´ den Menübefehl ´Seite einrichten\Formate´ aus, haben Sie Möglichkeiten, diverse Einstellungen wie z.B. Seitenränder, Kopf- und Fußzeilen usw. zu definieren. Um zu sehen, wie sich die Druckeinstellungen auf das gedruckte Dokument auswirken, wählen Sie vor dem Drucken den Menübefehl ´Seitenansicht´ aus dem Menü ´Datei´.

VERSENDEN VON DOKUMENTEN ALS EMAIL

Im Menü ´Datei´ haben Sie über den Menübefehl ´Senden´ die Möglichkeit, das geöffnete Tabellendokument per E-Mail zu versenden. Es öffnet sich automatisch eine E-Mail-Nachricht, der das Tabellendokument als Attachement angehangen ist.

Bitte beachten Sie, dass das Dokument vor dem Versenden abgespeichert werden sollte. Auf diese Weise können Sie ganz einfach PP-Dokumente an Benutzer versenden, die Offline–Viewer wie den Reader oder den Collector verwenden.

KONTEXTMENÜ

Zur schnellen Bearbeitung von Tabellendokumenten rufen Sie über die rechte Maustaste zwei Kontextmenüs, das *Tabellenmenü* und das *Registermenü* auf.

TABELLENMENÜ

Das Tabellenmenü beinhaltet eine Reihe von Bearbeitungsfunktionen für das Dokument. Es wird an beliebiger Stelle innerhalb eines Tabellendokuments über die rechte Maustaste aufgerufen und beinhaltet folgende Befehle:

- **Ausschneiden**: Schneidet den markierten Bereich aus einer Tabelle aus und kopiert ihn in die Zwischenablage.
- **Kopieren**: Kopiert den markierten Bereich einer Tabelle in die Zwischenablage.
- **Einfügen**: Fügt Daten aus der Zwischenablage in die Tabelle ein.
- **Inhalte einfügen**: Beim Einfügen von Daten aus PP-Tabellen kann hier festgelegt werden, ob Formeln (Alles), Werte oder Formate übertragen werden sollen.
- **Inhalte löschen**: Löscht im Bereich der Inhalte je nach näherer Festlegung die Werte, die Formate oder beides.
- **Memo hinzufügen**: Der Menüpunkt erlaubt die Eingabe eines Memos zu einem Datenbankbezug.
- **Planungsstatus**: Mit diesem Befehl kann der Planungsstatus des Elementes gesteuert werden, das gerade im Dokument angezeigt wird.

- **Bewilligungsstatus**: Der Befehl dient zur Steuerung des Bewilligungsstatus des aktiven Elementes. Bitte beachten Sie, dass teilweise für die Änderung des Bewilligungsstatus spezielle Rechte erforderlich sind.
- **Zellen formatieren**: Mit Hilfe dieses Befehls können die Zellformate des markierten Bereiches festgelegt werden. Zu den Zellformaten zählen das Zahlenformat, die Ausrichtung, Rahmen, Hintergrundfarben und Muster.
- **Formelbezug bearbeiten**: Dieser Menüpunkt ermöglicht den Einsatz von Datenbankbezügen innerhalb von Tabellenformeln.
- **Datenbankbezug bearbeiten**: Der Menüpunkt öffnet ein Dialogfeld zum Bearbeiten und Einfügen von Datenbankbezügen.

REGISTERMENÜ

Mit dem Registermenü werden Tabellenblätter innerhalb eines Tabellendokumentes verwaltet. Das Kontextmenü der Registerblätter steht nur im Designmodus zur Verfügung. Aufgerufen wird es, wenn der Mauszeiger auf das Register am unteren Rand eines Tabellendokuments gestellt wird und man dann die rechte Maustaste aktiviert.

Das Menü enthält folgende Befehle:

- **Einfügen**: Mit Hilfe dieses Befehls wird ein neues Tabellenblatt in das aktive Dokument eingefügt.
- **Löschen**: Der Befehl löscht ein Tabellenblatt aus dem Dokument.
- **Umbenennen**: Der Menüpunkt ermöglicht das Benennen von Registerblättern. Alternativ kann die Funktion durch einen Doppelklick auf das jeweilige Registerblatt aufgerufen werden.
- **Kopieren/Verschieben**: Ermöglicht das Kopieren und Verschieben eines Tabellenblattes innerhalb des Tabellendokumentes.

ZEILEN/SPALTEN FIXIEREN

Diese Funktion ist auch aus Excel bekannt. Mit ihr fixieren Sie eine oder mehrere Zeilen oder Spalten innerhalb des Tabellenblattes. Bei sehr langen Tabellen kann dies sehr nützlich sein, da die fixierten Zeilen oder Spalten nicht weggescrollt werden, d.h. immer sichtbar bleiben. Um Zeilen oder Spalten zu fixieren, stellen Sie den Cursor im Tabellenblatt auf die Zelle, die die untere und rechte Grenze der Fixierung darstellen soll und drücken Sie die Schaltfläche ´Zeilen/Spalten fixieren´ bzw. wählen Sie den Menübefehl ´Ansicht/Fixierung´.

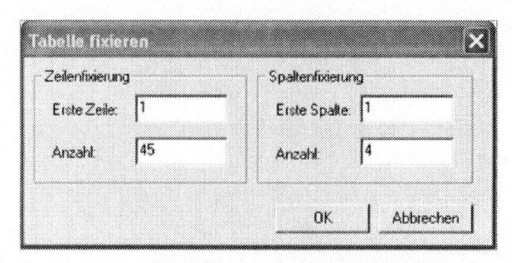

Abbildung 443: Tabelle fixieren

Im sich öffnenden Fenster können Sie die gewünschte Anzahl der zu fixierenden Zeilen oder Spalten noch verändern. Wenn Sie mit ´OK´ bestätigen, wird die Fixierung aktiviert. Um die Fixierung wieder aufzuheben, drücken Sie die Schaltfläche ´Zeilen/Spalten fixieren´ oder Sie klicken auf das Menü ´Ansicht´ und wählen den Menübefehl ´Fixierung aufheben´. Wenn Sie die eingestellte Fixierung erhalten möchten, müssen Sie das Dokument mit der Fixierung speichern.

DATEN ANZEIGEN

Beim Öffnen eines Dokumentes wird das Dokument auf dem Element geöffnet, welches im Strukturbaum ´aktiv´ geschaltet ist. Das aktive Element erkennen Sie daran, dass es dunkel hinterlegt ist. Es gibt folgende Möglichkeiten, um die Ansicht des Dokumentes zu ändern:

1. Einfacher Klick (oder je nach Einstellung auch Doppelklick)
2. Elemente öffnen mit...
3. Drag und Drop
4. Drill down und Drehen

EINFACHER KLICK (ODER JE NACH EINSTELLUNG AUCH DOPPELKLICK)

Eine Möglichkeit, ein beliebiges anderes Element im Strukturbaum zu aktivieren, ist das Anklicken mit der linken Maustaste. Sie wählen jenes Element im Strukturbaum aus, das Sie im aktiven Tabellendokument darstellen wollen, und Professional Planner wechselt in das entsprechende Element oder in die gewünschte Zeitebene.

ELEMENT ÖFFNEN MIT

Mit dem Befehl ´Element öffnen mit´ (im Kontextmenü eines markierten Elements) haben Sie die Möglichkeit, direkt über den Strukturbaum das gewünschte Dokument für ein

Element zu öffnen und in das Element zu schalten. Sie haben direkten Zugriff auf die am häufigsten in der Planungsphase verwendeten Dokumente.

Standardmäßig sind einige Dokumente für diesen direkten Zugriff vordefiniert, die Sie im Professional Planner-Verzeichnis im Ordner ´Dokumente/Strukturdokumente´ finden. Sie können diesen Dokumentsatz im Windows Explorer ändern oder erweitern, indem Sie neue Dokumente hinzufügen oder bestehende löschen. Sie können auch das Verzeichnis selbst ändern. Die Definition des Verzeichnisses erfolgt mit Hilfe des Menüpunktes ´Extras/Optionen´ im Feld Strukturdokumentpfad.

DRAG & DROP

Drag & drop heißt soviel wie „ziehen und fallen lassen". Im Strukturbaum können Sie mittels drag & drop beliebig zwischen den Strukturelementen hin- und herspringen. Wählen Sie dazu im Strukturbaum ein Element aus und ziehen Sie es – mit gedrückter linker Maustaste – über die Arbeitsfläche. Lassen Sie es nun durch Loslassen der linken Maustaste fallen.

TABELLE DREHEN

Wenn die Drill-Möglichkeit zwischen Zeit- und Organisationsdimension ausgetauscht wird, bezeichnet man das als Drehen. Diese Funktion wird in der Praxis immer wieder sehr geschätzt, ermöglicht sie doch ein dynamisches Reporting. Aus diesem Grund widmen wir dieser Funktion mehr Aufmerksamkeit und beschreiben sie ausführlich.

Um die Funktion der *Tabelle drehen* zu verstehen, gehen wir noch einmal zurück auf unser Würfelmodell der betriebswirtschaftlichen Logik des Professional Planner (genannt BCL):

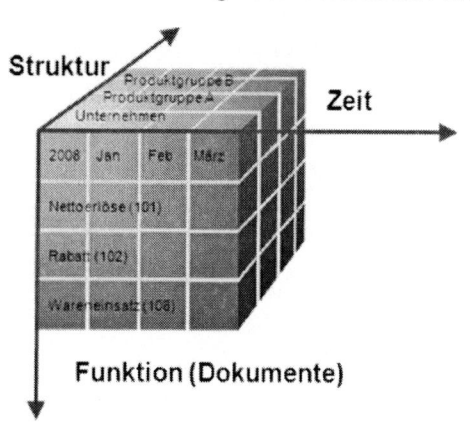

Abbildung 444: Aufbau der BCL

Sie sehen, dass Professional Planner über drei Achsen verfügt:

- Die Zeitebene auf der X-Achse (*Register Zeit*)
- Die betriebswirtschaftliche Logik auf der Y-Achse (*Register Dokumente*) und
- Die Unternehmensstruktur (*Register Struktur*) auf der Z-Achse

Da Ihr Bildschirm nur zweidimensional anzeigen kann, müssen Sie sich auf die Anzeige von zwei Achsen einigen. Im Standard werden immer die Zeit und die betriebswirtschaftliche Logik angezeigt. Wenn Sie aber die Struktur nach rechts oder nach unten aufklappen wollen, drehen Sie die Tabelle vorher.

1. Beispiel GuV

Sie stellen das aktive Fenster auf C4 (hier ´Gruppe´). Nun wird automatisch das Symbol für ´Tabelle drehen´ aktiviert.

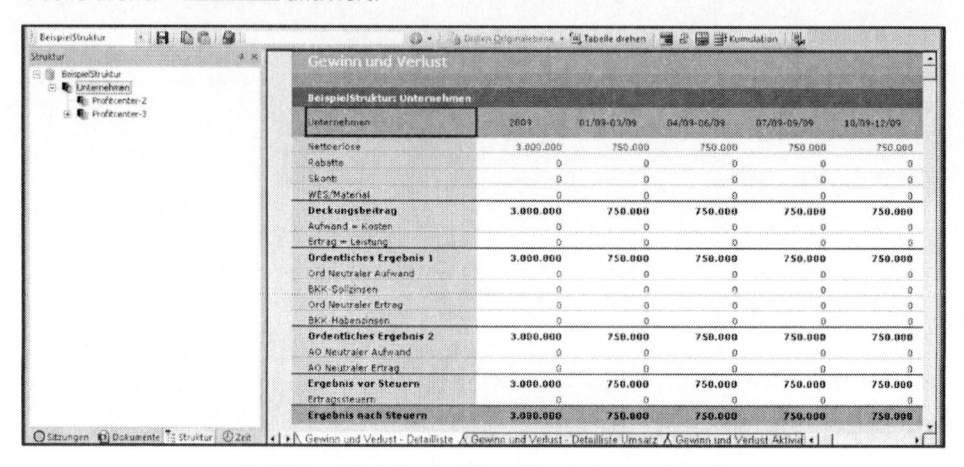

Abbildung 445: GuV mit aktiven Fenster ´Unternehmen´

Drücken Sie nun auf den Button ´*Tabelle drehen*´ wechselt die nicht in der Ansicht stehende Z-Achse (hier Struktur) mit der X-Achse (hier Zeit) die Achsen. Durch betätigen der *Drillen-Tasten*, schalten Sie frei in der Struktur umher. Wir schalten auf ´*nächste Ebene*´ . Ihre Tabelle sieht nun wie folgt aus:

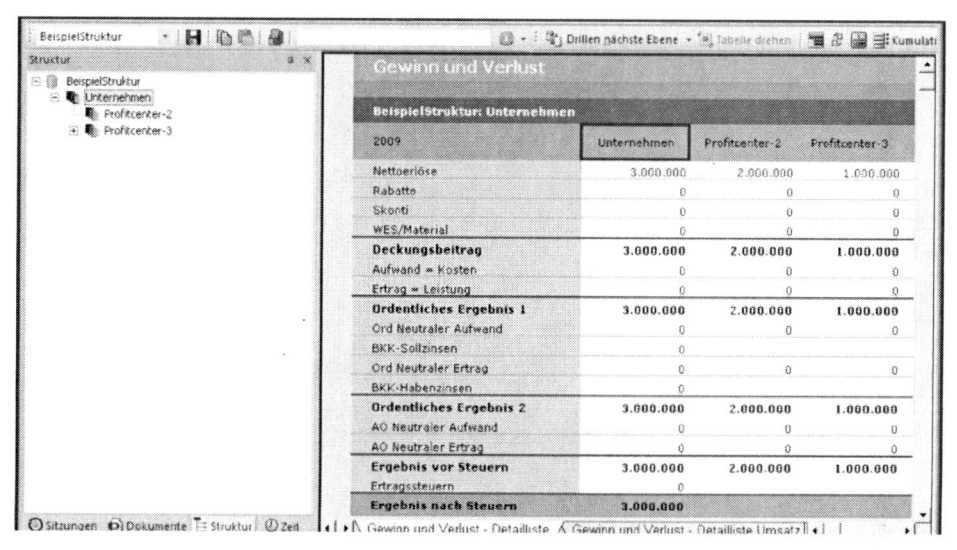

Abbildung 446: GuV mit gedrehter Tabelle

2. Aufwand/Ertrag mit gedrehter Tabelle

Viele Tabellen können Sie in der oben beschriebenen Form ´drehen´. Wie in unserem oberen Beispiel wollen wir auch das Dokument ´Aufwand-Ertrag´ drehen. Öffnen Sie das Dokument wie im vorherigen Kapitel beschrieben. Stellen Sie nun die aktive Zelle auf C4 (´Gruppe´) und betätigen Sie den Button ´Tabelle drehen´. Durch betätigen der Drillen-Taste ![Drillen nächste Ebene], schalten Sie wieder frei in der Struktur umher. Ihre Tabelle sieht nun wie folgt aus:

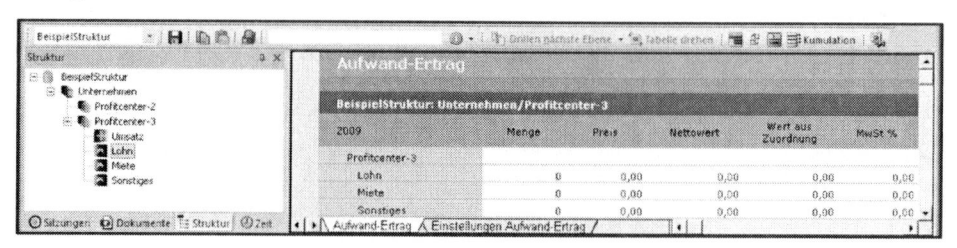

Abbildung 447: Aufwand-Ertrag mit gedrehter Tabelle

✋ TIPP

Nach dem Drehen können sie selbstverständlich frei in der Zeitstruktur schalten. Probieren Sie es aus: Klicken sie im Register Zeit auf den Monat ´März 2008´. Sie sehen in der GuV nur die Werte für den März. Durch aktivieren der Kumulation ![Kumulation] erhalten Sie dann die kumulierten Werte.

449

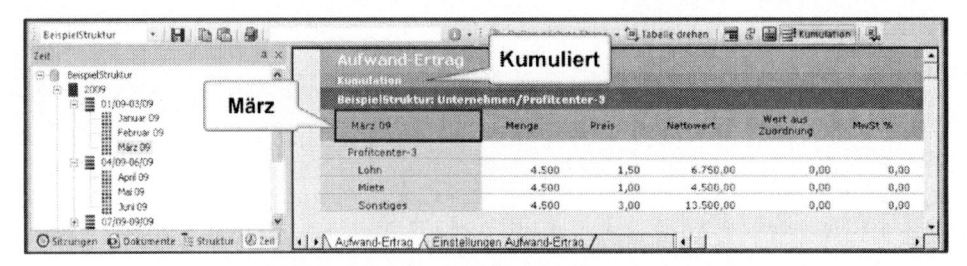

Abbildung 448: ´Aufwand/Ertag´ mit kumulierten Werten für März

Zum Drillen setzen Sie den Cursor im Tabellenkopf in die zu drillende Zelle. Sie erkennen die Zelle daran, dass in einem Objekt, die gedrillt werden soll, der Button aktiv geschaltet wird. Dann wählen sie den gewünschten Befehl:

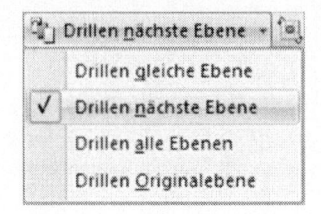

Das Aktivieren des Befehls bewirkt abwechselnd ein Drill-down und Drill-up der betroffenen Achse bzw. Position. Als Ausgangspunkt dient dabei jeweils der Elementname oder der Periodenname (Zeit).

Für das Drillen gibt es vier unterschiedliche Befehle. Die Unterschiede beziehen sich darauf, welche Ebenen aufgeklappt werden:

- **Drillen gleiche Ebene:** Klappt die Elemente der gleichen Ebene auf und wieder zu. Der Befehl gilt für alle auf das markierte Feld folgenden Elemente der gleichen Ebene.
- **Drillen nächste Ebene:** Öffnet und schließt die auf die aktuelle Cursor-Position folgende Ebene der betreffenden Achse (z.B. die Umsatzbereiche ausgehend von der Gesamtunternehmensebene oder von der ersten Umsatzbereichsebene).
- **Drillen alle Ebenen:** Dieser Befehl klappt alle Elemente unterhalb des Ausgangspunktes auf.
- **Drillen Originalebene:** Dieser Befehl öffnet alle Elemente der untersten Strukturebene.

WINTERHELLER Software bezeichnet diese Leiste auch als *Steuerungsleiste*.

Eine Ebene bezeichnet eine Strukturtiefe. Das können Zeitperioden, genauso wie die Ebenen Ihrer Unternehmensstruktur im Register ´Struktur´ sein. Mit dem Betätigen der Buttons drillen sie die Berichte nach unten oder nach Rechts auf. Das Navigieren kann sowohl über die X-Achse eines Diagramms erfolgen, als auch über die Y-Achse. Wir möchten das hier an zwei einfachen Beispielen verdeutlichen, dann wird es schnell klar, was die Funktionen im Reporting bewirken:

Beispiel 1: Navigieren auf der X-Achse (Hier als Zeitebene)

Legen Sie ein Dataset an mit einer Drei-Jahres-Struktur. In unserem Beispiel haben wir als Zeitperiode folgende Einstellungen getroffen:

- Gesamtbetrachtungsperiode: Drei Jahre
- Davon das erste und zweite Jahr auf Quartale
- Das erste Jahr auch auf Monaten.

Nun öffnen Sie das Dokument *Gewinn und Verlust Rechnung*. (Sie finden die GuV-Rechnung im *Register Dokumente – Ordner Ergebnisse – 1. Gewinn und Verlust*). Es öffnet sich im Standard auf oberster Strukturebene, dass heißt Gruppenebene. Die GuV ist im Standard auf die erste Jahresebene geschaltet und dann die darunter liegenden Quartale an. Sie sehen nun folgendes Bild:

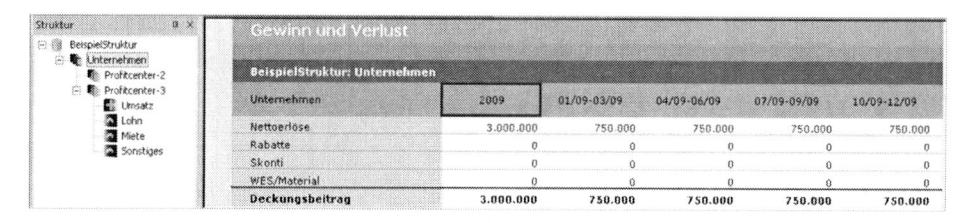

Abbildung 449: Die geöffnete Standard-GuV mit Spalten und Zeilenköpfen

Um die weitere Beschreibung zu vereinfachen, schalten wir die Spaltenköpfe und Zeilenköpfe der Tabellen ein (Sie finden die Tasten für die *Spalten-* und *Zeilenköpfe* wie folgt: *Menü Ansicht – Symbolleisten – Design*). Sie drücken nun folgende neue Butten:

Achten sie nun darauf, dass Sie die Zelle ´F7´ aktivieren. In der Zelle ´F7´ sehen Sie den Jahreswert 2008. Nun schalten sie auf den Button ´*Alle Ebenen*´. (eventuell müssen Sie zweimal klicken, einmal für das zusammen klappen und beim zweiten Mal für das aufklappen). Der Bericht zeigt Ihnen nun alle Zeitperioden an, dass heißt drei Jahre, acht Quartale und zwölf Monate.

Nun der dritte Teil: Sie setzen wieder das aktive Element auf ´F7´ und schalten ´*Gleiche Ebene*´. Professional Planner sieht Jahre als gleichwertig zu Jahren an. Ihr Bericht sieht dann so aus:

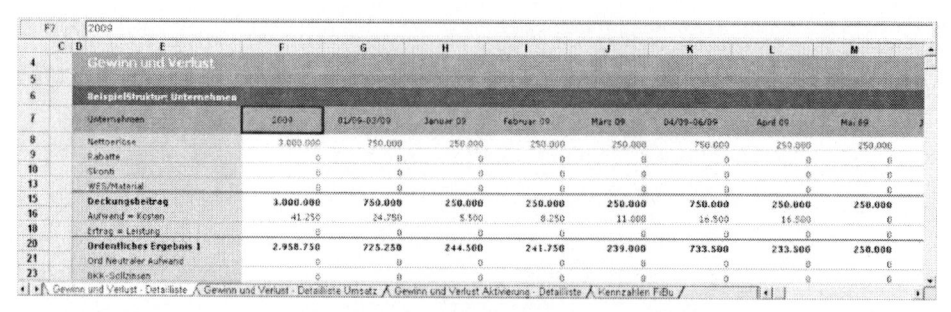

Abbildung 450: Die Standard GuV mit dem Jahresverlauf auf der X-Achse durch Aktivieren der 'gleichen Ebene'.

Nun der letzte Teil: Sie stellen sich wieder aktiv auf 'F7' und drücken in der Navigationsleiste auf die 'Originalebene'. Für Professional Planner ist im Zeitverlauf die Originalebene der Monat. Im Monat werden die aktuellen Originalzahlen importiert. Ihr Bericht nimmt folgendes Aussehen an:

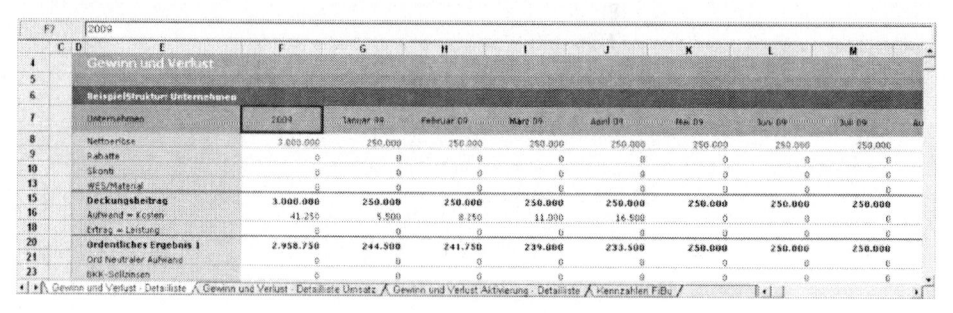

Abbildung 451: Die Standard GuV auf Originalebene.

Das Drillen funktioniert in sehr vielen Berichten und auf verschiedenen Ebenen. Unser Tipp: Probieren Sie es aus. Sie können nichts falsch machen. Wenn es nicht funktioniert, lag keine tiefere Ebene darunter.

LISTENABFRAGE

Professional Planner bietet ihnen die Möglichkeit, in den Berichten zwischen einer aggregierten Sichtweise und einer detaillierten Sichtweise zu unterscheiden. Diese Funktion nennt man *Listenabfrage*. Die Listenanfrage wird nicht in allen Dokumenten angeboten. Aus den Standardberichten sind dies:

- GuV

- GuV – Vergleich (zweier und dreier)
- Finanzplan
- Finanzplan – Vergleich
- Bilanz
- Bilanz – Vergleich
- Betriebsergebnis
- BAB

Das Symbol für die Listenabfrage finden sie in der Steuerungsleiste . Um diese Funktion zu demonstrieren haben wir unter der *Profitcenter 2* drei Aufwand-Ertrags-Elemente angelegt:

- Lohn
- Miete
- Sonstiges

Wir haben einige Zahlen eingegeben, was aber für das Beispiel unwichtig ist. Sie schalten die Listenabfrage in der GuV indem sie sich mit der aktiven Zelle auf 'E7' stellen und dann den Button *Listenabfrage* drücken. Die GuV sieht nun wie folgt aus:

Gewinn und Verlust						
BeispielStruktur: Unternehmen						
Unternehmen		2009	01/09-03/09	04/09-06/09	07/09-09/09	10/09-12/09
Nettoerlöse		3.000.000	750.000	750.000	750.000	750.000
Rabatte		0	0	0	0	0
Skonti		0	0	0	0	0
WES/Material		0	0	0	0	0
Deckungsbeitrag		**3.000.000**	**750.000**	**750.000**	**750.000**	**750.000**
Aufwand = Kosten		41.250	24.750	16.500	0	0
	Lohn	11.250	6.750	4.500	0	0
	Miete	7.500	4.500	3.000	0	0
	Sonstiges	22.500	13.500	9.000	0	0
Ertrag = Leistung		0	0	0	0	0
Ordentliches Ergebnis 1		**2.958.750**	**725.250**	**733.500**	**750.000**	**750.000**
Ord Neutraler Aufwand						

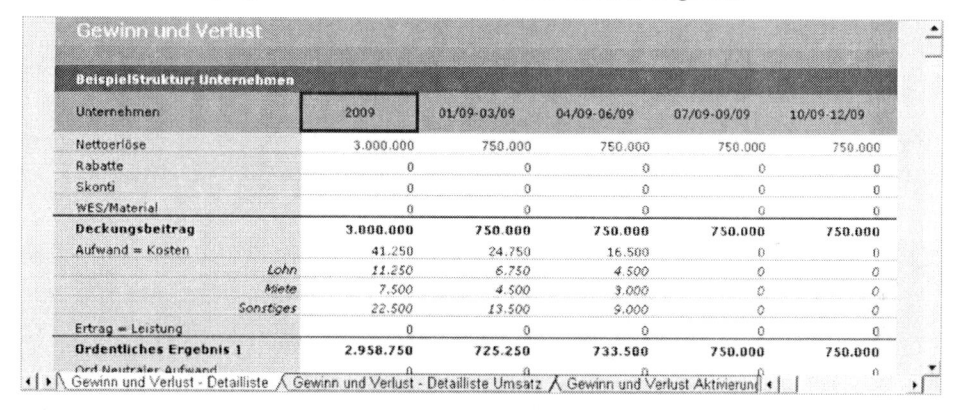

Abbildung 452: Standard-GuV mit Listenabfrage

Hinweis: Die Standard-Listenabfrage zeigt immer die entsprechenden Elemente der untersten Ebene an. Wenn Ihnen diese Form nicht gefällt, können Sie die Listenabfrage durch den Aufbau eines individuellen Reporting selbst bestimmen.

TIPP

In der Praxis wird immer wieder gefragt, ob auch die Kontenebene der Finanzbuchhaltung angezeigt werden kann. Diese Zusatzfunktion ist für fast alle FIBU-Systeme erhältlich. Da aber jedes Vorsystem in seinen Strukturen anders aufgebaut ist, ist diese Funktion eine honorarpflichtige Zusatzleistung, die von einem erfahrenen Berater erbracht wird. Die Programmierung dieser Zusatzfunktion sollte aber in wenigen Tagen umgesetzt sein.

KUMULATION

Eine weitere tägliche Aufgabe im Controlling ist es, Daten kumuliert anzuzeigen oder zu reporten. Durch Betätigen der Schaltfläche **Kumulation** werden die Bewegungsdaten innerhalb des aktiven Dokumentes vom Jahresanfang bis zum gewählten Zeitpunkt aufaddiert. Diese Funktion (auch **Year–to–Date-Funktion** genannt) ist vor allem für den Soll-/Ist-Vergleich von Werten eine wertvolle Variante. In den Standarddokumenten wird die aktive Kumulationsfunktion durch das Wort ´Kumulation´ im oberen Teil des Dokumentes angezeigt.

Sie können im Professional Planner die Kumulation auf zwei Wege aufrufen:

- Individuell durch Abfrage (Umschaltbar)
- Immer
- Nie

An dieser Stelle wird nur die erste Möglichkeit besprochen. Die zweite und dritte ist Teil des individuellen Reporting.

Individuell auf Abfrage (Umschaltbar)

Professional Planner bietet im Standard eine schnelle Möglichkeit einen Bericht von der Einzelabfrage auf die kumulierte Sichtweise umzuschalten. In der Rechenleiste finden Sie folgendes Symbol:

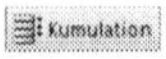

Drücken Sie das Symbol, schaltet der Bericht automatisch auf die kumulierte Sichtweise um. Im Bericht wird in Zelle C2 die Anzeige ´Kumulation´ angezeigt.

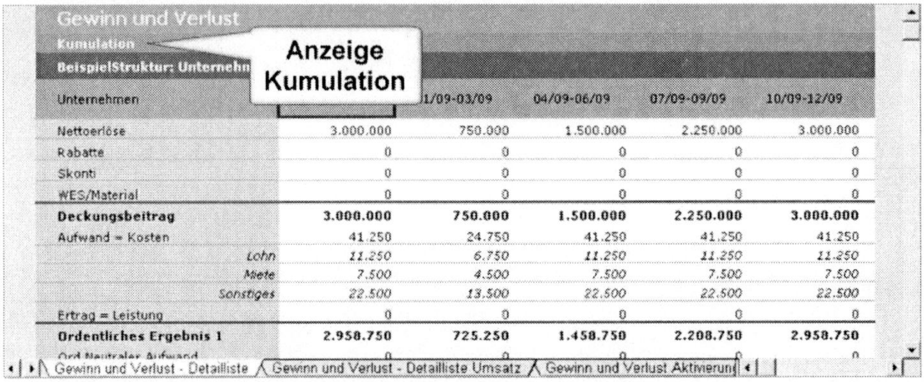

Abbildung 453: Kumulierter Bericht (hier GuV)

DATEN EINGEBEN

DIE AUFGABE DES REIHENWERTES

Der Schalter [Reihenwert] bietet Ihnen die Möglichkeit, ab einer bestimmten Periode einen Wert bis zum Ende aller definierten Perioden in einem Dataset einzugeben.

Wenn Sie z.B. den Umsatz von 2.000 EUR monatlich ab dem Monat April 08 eingeben möchten, dann stellen Sie den Cursor in die Spalte Nettoumsatz im April 08, klicken auf den Schalter *Reihenwert* und geben anschließend die Zahl 2000 ein. Der Professional Planner wird die 2000 in jedem Monat bis zum Ender aller definierten Perioden in einem Dataset fortführen.

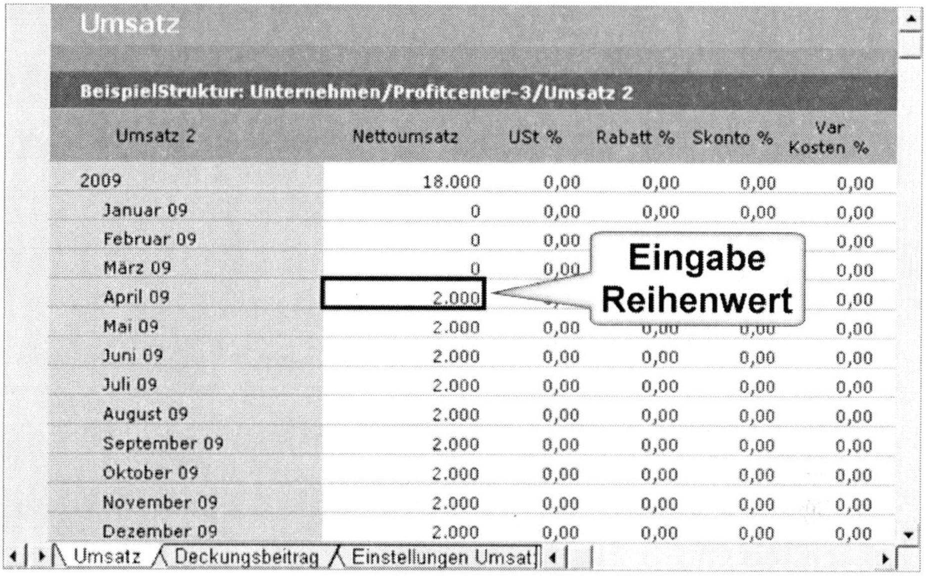

Abbildung 454: Planen mit dem 'Reihenwert'

TOP-DOWN PLANUNG

Üblicherweise werden die Werte auf der Originalebene (tiefste Ebene) des Organisationsbaus eingegeben. Auf den höheren Ebenen werden die Werte summiert. Es ist jedoch möglich auch Werte auf höheren Ebenen einzugeben und sie dann auf die unteren Elemente zu verteilen.

Die einfachste Art die Top-Down Eingabe erfolgt über den Schalter [Top-down Eingabe]. Dieser funktioniert jedoch nur bei Feldbezügen, die auch auf höheren Ebenen definiert sind wie z.B. *Nettoerlöse* (101), *Wareneinsatz* (108) oder *Deckungsbeitrag* (114), die auf den

Umsatzbereichen, Profitcentern und Unternehmenselementen durchgehend definiert sind. Es würde jedoch mit dem Feldbezug *Aufwand/Ertrag Nettoerfolg* (2002) auf einer Kostenstelle unter der sich die Aufwand/Ertrags Elemente befinden, nicht funktionieren, weil dieser Feldbezug auf Kostenstellen, Profitcentern und Unternehmenselementen nicht definiert ist.

Gewinn und Verlust

BeispielStruktur: Unternehmen/Beispiel Topdown

2009	Beispiel Topdown	Umsatz 1	Umsatz 2	Umsatz 3
Nettoerlöse	600.000	100.000	200.000	300.000
Rabatte	0	0	0	0
Skonti	0	0	0	0
WES/Material	0	0	0	0
Deckungsbeitrag	**600.000**	**100.000**	**200.000**	**300.000**
Aufwand = Kosten	0			
Ertrag = Leistung	0			
Ordentliches Ergebnis 1	**600.000**			
Ord Neutraler Aufwand	0			
Ord Neutraler Ertrag	0			
Ordentliches Ergebnis 2	**600.000**			
AO Neutraler Aufwand	0			
AO Neutraler Ertrag	0			
Ergebnis vor Steuern	**600.000**			

Abbildung 455: Deckungsbeitragsrechnung vor der Top-Down-Eingabe

Die Top-Down Eingabe kann z.B. im Deckungsbeitrag eines Profitcenters erfolgen, um die Werte gemäß der bestehenden Verteilung auf die jeweiligen Umsatzbereiche zu verteilen.

1. Stellen Sie den Cursor auf den Deckungsbeitrag eines Profitcenters
2. Drücken Sie den Button [Top-down Eingabe]
3. Geben Sie einen neuen Wert, z.B. 840.000,-- über die Tastatur ein. Professional Planner verteilt den Wert anhand der vorgebebenen Verteilung nach unten auf die ProfitCenter. Achtung: Die umsatzabhängigen Kosten werden dabei nicht automatisch angepasst. Das passiert nur bei einer Eingabe im Bericht ´*Umsatz-Deckungsbeitrag*´.

Gewinn und Verlust	Top-Down-Eingabe			
BeispielStruktur: Unternehmen/Beispiel Topdown				
2009	Beispiel Topdown	Umsatz 1	Umsatz 2	Umsatz 3
Nettoerlöse	840.000	140.000	280.000	420.000
Rabatte	0	0	0	0
Skonti	0	0	0	0
WES/Material	0	0	0	0
Deckungsbeitrag	**840.000**	**140.000**	**280.000**	**420.000**
Aufwand = Kosten	0			
Ertrag = Leistung	0			
Ordentliches Ergebnis 1	**840.000**			
Ord Neutraler Aufwand	0			
Ord Neutraler Ertrag	0			
Ordentliches Ergebnis 2	**840.000**			
AO Neutraler Aufwand	0			
AO Neutraler Ertrag	0			
Ergebnis vor Steuern	**840.000**			

Abbildung 456: Deckungsbeitrag nach Eingabe des Top-Down-Wertes

Die nächste Möglichkeit eine Top-Down Eingabe zu tätigen erfolgt über das Dokument ´07. Top-down-Planung´ aus dem Verzeichnis *Toolbox* des Dokumentenbaums.

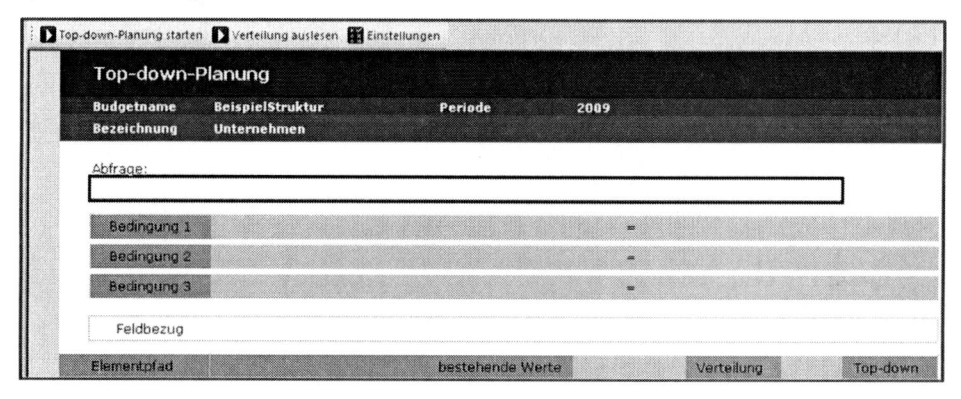

Abbildung 457: Top-Down-Planung

1. Zuerst werden die Suchkriterien über den Schalter ▣Einstellungen festgelegt. Für das Beispiel haben wir unter jedem ProfitCenter die gleichen Aufwand/Ertragselemente angelegt. In diesem Beispiel suchen wir nach Aufwand/Ertrag Elementen mit der Elementbezeichnung *Personal*. Der relevante Feldbezug ist in diesem Fall *Aufwand/Ertrag Nettoerfolg(2002)*. Bestätigen Sie mit OK.

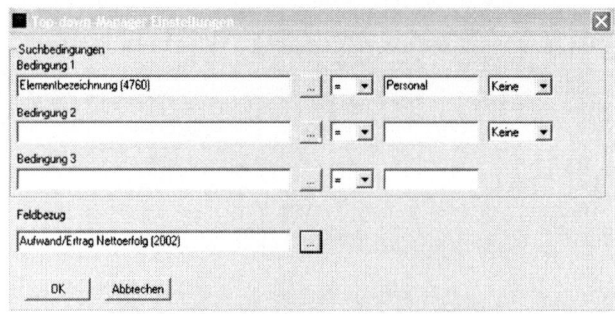

Abbildung 458: Einstellungen Top-down-Manager

2. Anschließend klicken Sie auf [Verteilung auslesen] damit Ihnen in der unteren Tabelle die momentanen Werte auf den Elementen mit der Bezeichnung *Personal* angezeigt werden.
3. In der äußeren rechten Spalte wird ein neuer Wert (hier 200.000) eingegeben. In den unteren Zeilen dieser Spalte wird schon eine Vorschau angezeigt, wie der neue Wert auf die jeweiligen Elemente verteilt worden wäre.
4. Sie können noch in der mittleren Spalte die Verteilung ändern. In unserem Beispiel beträgt die Verteilung 27,03 : 32,43 : 21,62 : 18,92. Dieses summiert sich zu 100. Sie könnten die Verteilung hier ändern z.B. zu 1 : 2 : 5 : 3.
5. Als letzen Schritt klicken Sie auf [Top-down-Planung starten], damit die neuen Werte auf die Originalebene der Elemente geschrieben werden.

TIPP

Mit diesem Manager sind mit Hilfe weniger Befehle sehr umfangreiche Änderungen realisierbar. Bitte fertigen Sie daher immer eine **Sicherungskopie** Ihres Datasets an, bevor Sie den Manager starten. Auf diese Weise vermeiden Sie Datenverluste bei unerwünschten Veränderungen.

WÄHRUNGEN

Der Professional Planner ist auch in Konzernlösungen mit mehreren Währungen einsetzbar. In einem Konzern mit mehreren Tochterunternehmen im Ausland haben Sie eventuell mit mehreren lokalen Währungen und einer Konzernwährung zu tun. Die Funktionalität der Währungsumrechnung unterstützt Sie bei der automatisierten Umrechnung von Werten aus mehreren Unternehmen mit unterschiedlichen lokalen Währungen zu einem Dataset in der alle Werte in der Konzernwährung ausgedrückt werden. Die entsprechenden Dokumente befinden sich im Verzeichnis *Währungsumrechnung* im Dokumentenbaum.

KURSTABELLE

In diesem Dokument erfassen Sie drei verschiedene Kurse pro Unternehmen und Periode:

- Durchschnittskurs für die Bewegungsdaten wie Umsätze und Aufwendungen
- Anfangsbestandskurs für die Bilanzwerte
- Endbestandskurs für die Bilanzwerte

Kurs:	Durchschnitt	Anfangsbestand	Endbestand
2009	0,6275	0,6250	0,6300
Januar 09	0,6275	0,6250	0,6300
Februar 09	0,6275	0,6300	0,6300
März 09	0,6275	0,6300	0,6300
April 09	0,6275	0,6300	0,6300
Mai 09	0,6275	0,6300	0,6300
Juni 09	0,6275	0,6300	0,6300
Juli 09	0,6275	0,6300	0,6300
August 09	0,6275	0,6300	0,6300
September 09	0,6275	0,6300	0,6300
Oktober 09	0,6275	0,6300	0,6300
November 09	0,6275	0,6300	0,6300
Dezember 09	0,6275	0,6300	0,6300

Abbildung 459: Währungskurstabelle

In der Tabelle *Währungsbezeichnung* des Dokumentes Kurstabelle können Sie die Bezeichnung für die Währung des jeweiligen Unternehmens z.B. ´USD´ (Abkürzung für US-Dollar) erfassen. Standardmäßig wird in den Dokumenten das Wort *Euro* bzw. *Währung* für die Währungsanzeige verwendet. Wenn Sie die Bezeichnung ändern, wird diese verwendet.

Wenn Sie die Wirkung der Währungseingabe sehen möchten, dann öffnen Sie ein beliebiges Auswertungsdokument wie z.B. die GuV und wählen Sie den Punkt *Währung* aus dem Menü *Extras* in der Menüleiste.

WÄHRUNGSUMRECHNUNG PLANUNG

Der Währungsumrechnungsmanager Planung dient zur Umrechnung von Datasets in Lokalwährung (Quelle) auf ein Dataset in Konzernwährung (Ziel-BCL: *Finance (de).ped*). Die Daten des Quell-Datasets werden zu den Kursen umgerechnet, die Sie auf den einzelnen Unternehmenselementen erfasst haben, ins Ziel-Dataset eingespielt.

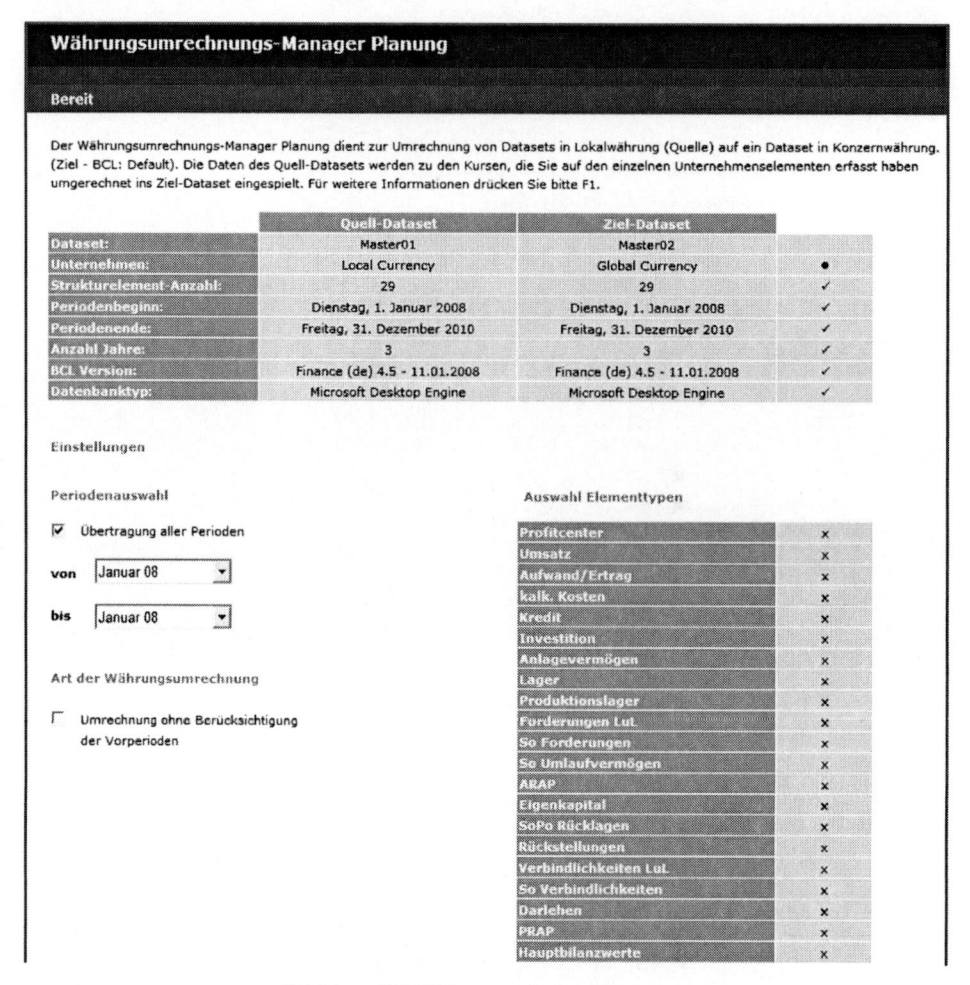

	Quell-Dataset	Ziel-Dataset	
Dataset:	Master01	Master02	•
Unternehmen:	Local Currency	Global Currency	•
Strukturelement-Anzahl:	29	29	✓
Periodenbeginn:	Dienstag, 1. Januar 2008	Dienstag, 1. Januar 2008	✓
Periodenende:	Freitag, 31. Dezember 2010	Freitag, 31. Dezember 2010	✓
Anzahl Jahre:	3	3	✓
BCL Version:	Finance (de) 4.5 - 11.01.2008	Finance (de) 4.5 - 11.01.2008	✓
Datenbanktyp:	Microsoft Desktop Engine	Microsoft Desktop Engine	✓

Abbildung 460: Währungsrechnungs-Manager

Öffnen Sie als erstes das Dataset in Lokalwährung (Quelle) und erstellen Sie eine Kopie dieses Datasets mittels ´*Speichern unter...*´. Danach öffnen Sie die Kopie des Datasets als zweites Dataset in derselben Sitzung. Wenn Sie nur Teilstrukturen des Datasets abgleichen möchten, können Sie das Dokument auch auf einzelne Unternehmenselemente schalten.

- **Periodenauswahl**: Wenn Sie die Option ´*Übertragung aller Perioden*´ aktivieren, werden die Werte für alle Perioden des Quell-Datasets in das Ziel-Dataset übertragen. Möchten Sie nur bestimmte Perioden übertragen, muss diese Option deaktiviert werden, da die Auswahl der zu übertragenden Perioden in diesem Fall über die Auswahlfelder „von" und „bis" erfolgt. Wenn die zu übertragenden Pe-

rioden beschränkt werden sollen, ist darauf zu achten ob in den nicht ausgewählten Perioden bereits Daten vorhanden sind.
- **Art der Währungsumrechnung**: Wenn Sie die Option „Umrechnung ohne Berücksichtigung der Vorperioden" aktivieren, erfolgt eine Umrechnung der GuV-Daten zum aktuellen Monatskurs. Die Währungseffekte aus den Vorperioden werden nicht berücksichtigt, d.h. Monatswert / Kurs statt kumulierter Monatswert / Kurs – Wert aus Vormonat.
- **Auswahl Elementtypen**: Hier können Sie festlegen, welche Elementtypen bei der Währungsumrechnung berücksichtigt werden sollen. Setzen Sie in der Tabelle für jeden Elementtyp der übertragen werden soll ein „x".

Starten Sie die Datenübertragung ins Ziel-Dataset durch einen Klick auf die Schaltfläche `Start Währungsumrechnung`.

- Der Währungsumrechnungsmanager führt keinen Struktur- bzw. Einstellungsabgleich durch. Um im Quell- und Ziel-Dataset eine einheitliche Struktur zu gewährleisten, erstellen Sie nach jeder Strukturänderung mittels ´Speichern unter´ ein neues Ziel-Dataset.
- Die Elementtypen *Investition*, *Kredit* und *Produktion* werden von diesem Manager nicht umgerechnet. Zuordnungen von diesen Elementen auf die GuV bzw. Bilanz werden dennoch korrekt berücksichtigt. Lediglich die Planungselemente selbst werden nicht umgerechnet.
- Die aufgrund der unterschiedlichen Kurse (Anfangsbestands-, Endbestands- und Durchschnittskurs) entstehenden Währungsdifferenzen werden im Konzerndataset auf die Ist-Differenz der einzelnen Bilanzkonten hinzugerechnet. D.h. wenn auf dem Bilanzkonto vor der Währungsumrechnung bereits Ist-Differenzen vorhanden sind, werden die Währungsdifferenzen zu der bestehenden Ist-Differenz addiert und sind somit nicht mehr explizit ausgewiesen!
- Das Ergebnis nach Steuern aus der Gewinn- und Verlustrechnung wird bilanzseitig auf der Position Bilanzergebnis ausgewiesen. Grundsätzlich müsste auf Seiten der Bilanz das Bilanzergebnis wie das Ergebnis nach Steuern mit dem Durchschnittskurs umgerechnet werden. Dies erfolgt in Professional Planner aber wie für alle Bilanzkonten - mit dem Stichtagskurs. Die Bilanz wird in PP über die Position Bankkontokorrent ausgeglichen. Daher befindet sich auf dieser Position auch die (Ist-)Differenz bei der Umrechnung des Bilanzergebnisses zum Stichtagskurs im Vergleich zum Durchschnittskurs. Eine entsprechende Anpassung muss daher nachträglich manuell durchgeführt werden. Dies gilt natürlich auch für Werte und Positionen die im Zuge der Währungsumrechnung mit historischen Kursen oder zum Transaktionskurs umgerechnet werden müssen.
- Bei der Währungsumrechnung werden nur numerische Werte übertragen. Prozentsätze, wie etwa der Ertragssteuersatz oder Rabatte/Skonti, werden im

Zieldataset nicht synchronisiert und müssen manuell adaptiert werden, damit die weitere Berechnungslogik greift!

KENNZAHLEN SELBST ERSTELLEN

In Professional Planner gibt es standardmäßig eine Reihe von Dokumenten, die spezifische Unternehmenskennzahlen darstellen. Diese Dokumente können vor allem in den Verzeichnissen *Ergebnisse* oder *Cockpit* im Dokumentenbaum gefunden werden.

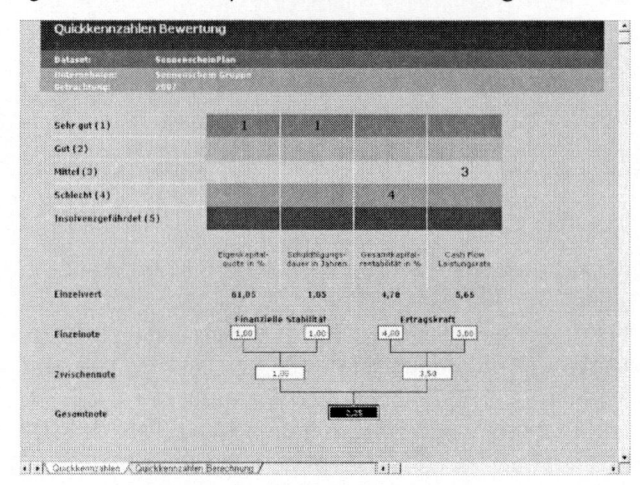

Abbildung 461: Quickkennzahlen / Ampelgrafik

Als Beispiel dienen hier die Dokumente ´01. Quickkennzahlen´ und ´02. DuPont Kennzahlen´. Diese Dokumente bedienen sich einer Kombination aus Dataset-Abfragen verbunden mit den üblichen Formeln, die man von den Tabellenkalkulationsprogrammen kennt.

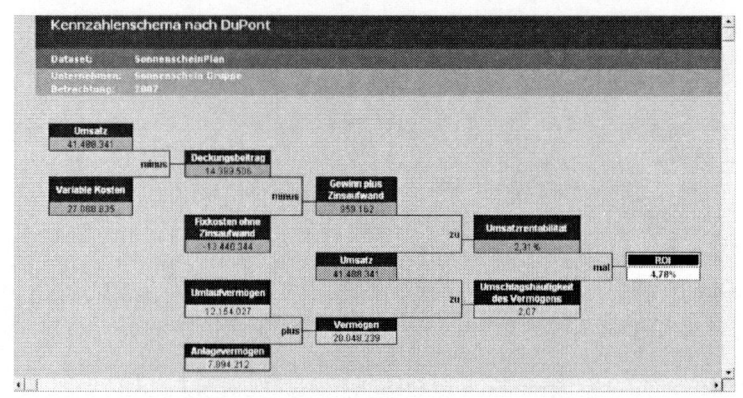

Abbildung 462: Kennzahlenschema nach DuPont

NUTZEN VON EXCEL-FUNKTIONEN FÜR DIE ERSTELLUNG VON KENNZAHLEN

In den Rechenschemen des Professional Planners gibt es Feldbezüge, die bestimmte betriebswirtschaftliche Kennzahlen bereits liefern z.B. Cash Flow, Eigenkapitalquote, Working Capital, Unternehmenswert etc. Als Benutzer des Professional Planners hat man öfter den Wunsch eigene Kennzahlen in den Berichten zu berechnen. Nehmen wir als Beispiel die Umsatzrentabilität.

Formel:

$$\text{Umsatzrentabilität} = \frac{\text{Ordentliches Betriebsergebnis}}{\text{Umsatz}} \times 100\%$$

In Professional Planner gibt es die Ausgangswerte dieser Formel als Feldbezüge für das *Betriebsergebnis (FB 313)* und die *Nettoerlöse (FB 101)*. Um die Umsatzrentabilität zu berechen braucht man nur noch das Betriebsergebnis durch die Nettoerlöse zu teilen und mit 100 multiplizieren. Statt der Multiplikation mit ´100´ kann auch die Zelle als Prozentsatz formatiert werden. In diesem Fall bekommen Sie das Ergebnis ´3,66 %´.

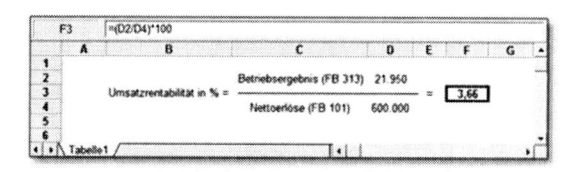

Abbildung 463: Formeln selbst erstellen

EINGABE-FORMELN

Die Planung erfolgt in Professional Planner gewöhnlich auf einer bestimmten Aggregationsebene. Trotzdem kann es in manchen Fällen wünschenswerter sein, detaillierter zu planen, womöglich mit einer Reihe von Nebenrechnungen. Es gibt zwei verschiedene Wege damit im Professional Planner umzugehen. Entweder legt man weitere Elemente an, um den Detailierungsgrad zu erhöhen und lässt das Rechenschema anpassen oder man plant die Details in einer ´PTB Tabelle´ und übernimmt die sich ergebene aggregierte Zahl auf ein Element in der Unternehmensstruktur.

Abbildung 464: Struktur Personalplanung

In diesem Beispiel wurde eine Struktur mit einem *Aufwand/Ertrag Element* für die Personalkosten pro Kostenstelle definiert. Dieses Element nimmt die Nettogehälter, Steuern und Sozialversicherungen auf.

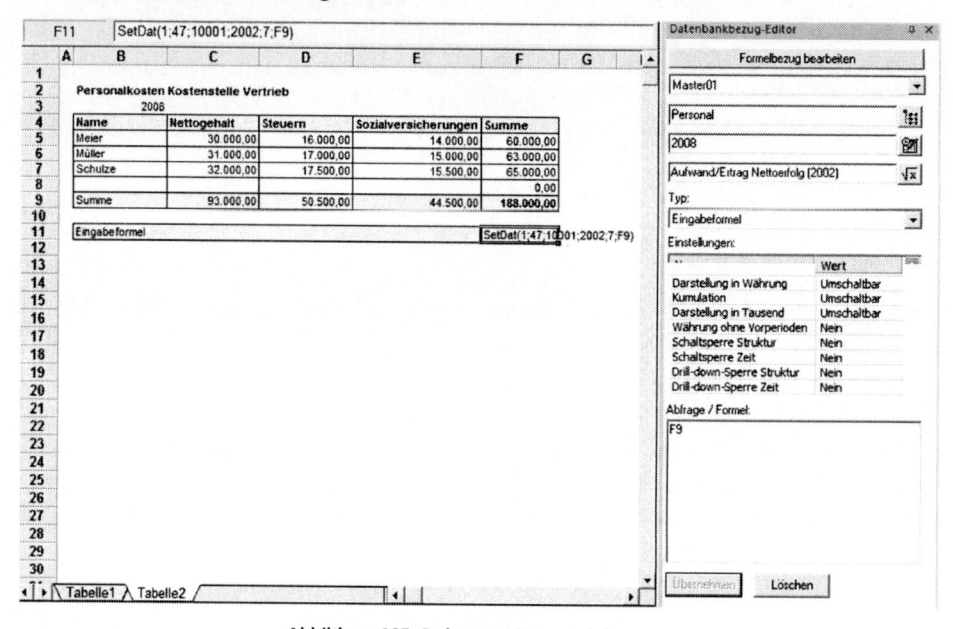

Abbildung 465: Dokument Personalplanung

Wenn man das Personal nach den jeweiligen Mitarbeitern in der Kostenstelle planen möchte, dann kann man unter dem Element ´*Personal*´ weitere ´*Aufwand/Ertrag Elemente*´ mit den Namen der Mitarbeiter anlegen. Dadurch vergrößert sich aber die Unternehmensstruktur.

Alternativ kann man ein PTB – Dokument erstellen, in dem wie in einem Tabellenkalkulationsprogramm die Gehaltszahlen je Mitarbeiter und Jahr geplant werden. Die sich so ergebende Summe kann dann mittels einer Eingabeformel übernommen werden. In dem ´Abfrage / Formel´ Fenster muss man nur die Zelle angeben (hier *F9*), aus der die kalkulierten Personalkosten übernommen werden sollen. Ein Klick auf den Schalter ´*Daten aktualisieren*´ (F5) oder Druck auf die F5 Taste übernimmt die 188.000 EUR aus der Zelle *F9* und schreibt sie auf das Element ´*Personal*´ in der Kostenstelle Vertrieb.

MEMOS

Memos sind in Professional Planner eine Möglichkeit Notizen zu erfassen. Da die Notizen in der Datenbank gespeichert werden, können sie in einem Netzwerk von allen Personen eingesehen werden, die auf den jeweiligen Elementen berechtigt sind.

Ein Memo wird über ein Erfassungsdokument eingegeben, indem Sie mit der rechnen Maustaste in ein Feld des Dokumentes klicken und den Punkt ´*Memo hinzufügen…*´ *Memo einfügen* aus dem Kontextmenü auswählen.

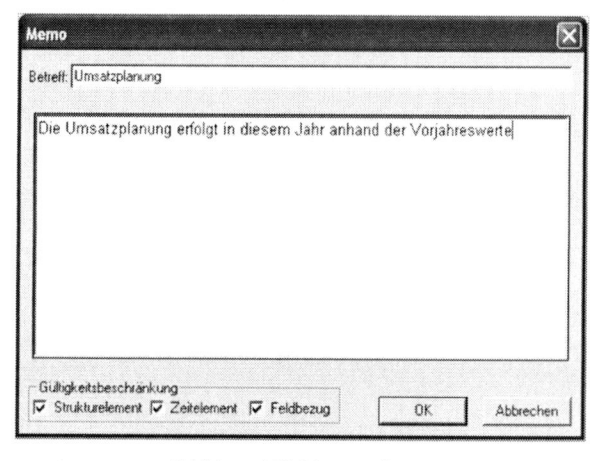

Abbildung 466: Memo anlegen

Die Gültigkeit der Memos kann man auf das *Strukturelement*, das *Zeitelement* und den *Feldbezug* beschränken. Mit einem Klick auf ´*OK*´ fügen Sie die Notiz dem Dataset hinzu.

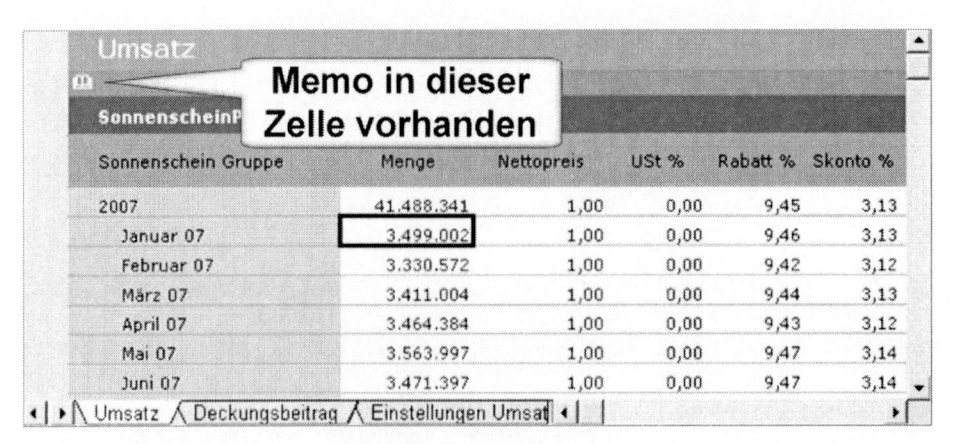

Abbildung 467: Memo vorhanden

Wenn der Cursor auf einem Feld steht, auf dem ein Memo vorhanden ist, wird Ihnen ein Buchsymbol in der oberen linken Ecke angezeigt.

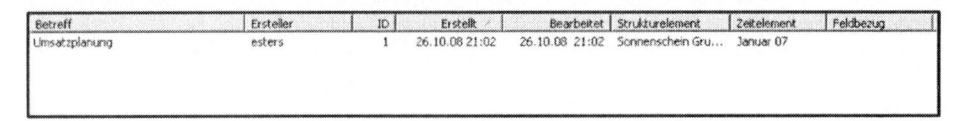

Abbildung 468: Memos Übersicht

Die Memos können Sie im Ordner ´Workflow´ in dem Dokument ´03. Memo´ einsehen und editieren. Mit einem Klick der rechten Maustaste auf ein Memo können Sie es auch weiter bearbeiten, filtern oder sogar neue Memos hinzufügen.

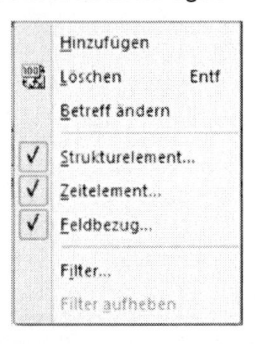

Abbildung 469: Memos bearbeiten

Eine weitere Auswertungsmöglichkeit bietet Ihnen der ´Memo Report´ aus dem Verzeichnis ´Workflow´ des Dokumentenbaumes.

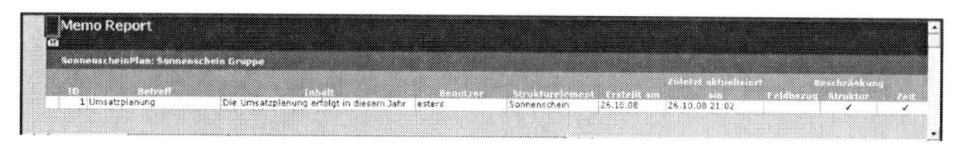

Abbildung 470: Memo Report

Hier ist es wieder möglich die Memos nach verschiedenen Kriterien zu filtern, wenn Sie den schalten Filtereinstellungen anklicken.

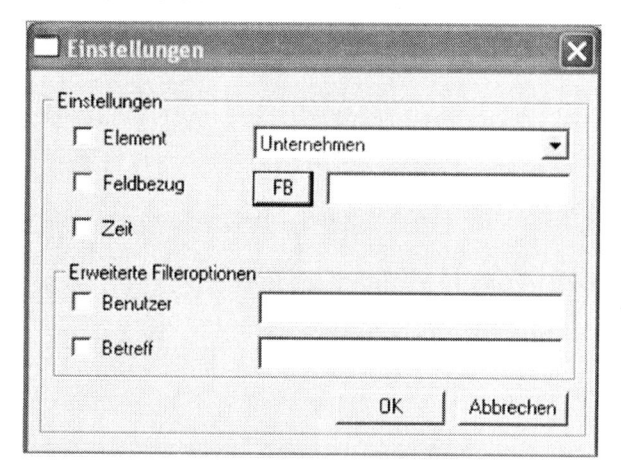

Abbildung 471: Einstellungen Memos

WIE VERGEBE ICH EIGENE KENNUNGEN?

In Professional Planner gibt es verschiedenen Kennungssysteme anhand derer man die Elemente identifizieren kann. Kennungen spielen eine Rolle beim Aufbau von Berichten, bei den Zuordnungen im Bereich des Importmanagers oder bei der Programmierung von Automatisierungsmakros.

BENUTZEN UND ARBEITEN MIT ORGANISATIONS-IDENTIFIKATIONEN (ORG-ID)

Das Kennungssystem, das automatisch durch den Aufbau der Unternehmensstruktur angelegt wird ist das System der *Organisations-Identifikationen* (ORG-IDs). Wann immer ein Strukturelement in Professional Planner angelegt wird, gibt Professional Planner diesem Element eine eindeutige Nummer. Nach der Erzeugung eines neuen Datasets ist das erste Unternehmenselement immer vorhanden und trägt die *Organisations-ID* mit der *Nummer 1*. Alle weiteren Elemente bekommen eine *'ORG-ID'* zwischen 2 und n in der

Reihenfolge. in welcher sie angelegt werden. Wird ein Element gelöscht und später wieder angelegt, dann bekommt er die nächste zu vergebende *Organisations-ID*. Die alte *ORG-ID* wird gelöscht und kommt in dem Dataset nicht wieder vor. Das System der *Organisations-ID* ist das System, nach dem die Elemente im Dataset intern verwaltet werden.

Die Veränderbarkeit der *ORG-ID* macht es aber recht schwierig dieses System als ein Kriterium für den Aufbau von Berichten oder als Basis für die Zuordnungen im Importmanager oder anderen Automatisierungsmanagern heranzuziehen. Je nach dem, wie oft Strukturelemente angelegt und gelöscht werden verändern sie ihre *Organisations-ID*. Die alten Zuordnungen wären dann ungültig und müssten ständig aktualisiert werden.

Das gleiche betrifft auch z.B. Plan-Ist Berichte, die die *Organisations-ID* als Basis haben. Diese Berichte würden dann z.B. das Element mit der Organisations-ID Nummer 10 in beiden Dataset miteinander vergleichen. In diesem Fall ist es nur sinnvoll, wenn die Plan- und Ist-Datasets seitens der Elemente wirklich identisch sind! Wenn nicht, kann es vorkommen, dass z.B. KFZ-Kosten mit Bürokosten nur deswegen verglichen werden, weil die Elemente die gleiche ORG-ID tragen.

BENUTZEN UND ARBEITEN MIT GRUPPENFELDERN

Das System der *Gruppenfelder* ist weitgehend flexibler im Umgang als die *ORG-ID*, weil die Kennungen individuell vergeben werden können. Die Gruppenfelder kann man mit dem Dokument ´Einstellungen Strukturelemente´ oder ´Kennungen´ aus dem Verzeichnis ´Toolbox´ des Dokumentenbaums einsehen.

Kennungen	
Bezeichnung	Local Currency
Strukturpfad	Master01: Local Currency
Kommentar	
Kommentar 2	
Organisations-ID	1
Symbol-Nr	0
Gruppenfeld 1	1234
Gruppenfeld 2	2343
Gruppenfeld 3	0
Gruppenfeld 4	0
Gruppenfeld 5	0
Gruppenfeld 6	0
Gruppenfeld 7	0
Gruppenfeld 8	0
Gruppenfeld 9	0
Gruppenfeld 10	0

Abbildung 472: Kennungen

In der Tabelle ´Kennungen´ sind zuerst zwei **Kommentarfelder** vorhanden, die auch als Kennungsfelder dienen können. Die Kommentarfelder können Texte als Kennungen aufnehmen.

Die **Gruppenfelder** nehmen hingegen nur ganze Zahlen im Bereich von $-2^{31}-1$ bis 2^{31} auf, was den Zahlen von -2.147.483.648 bis +2.147.483.647 entspricht. Diese Zahlen werden pro Element auf jeder Ebene der Struktur vergeben. Auf diese Weise erzeugen Sie sich ein eigenes Kennungssystem. Die Gruppenfelder könnten z.B. Kontonummer, Profitcenter- nummern, Kostenstellennummer oder Kombinationen aus diesem Nummern tragen.

Im Zuge des Customizing kann die Anzahl der Kommentarfelder oder der Gruppenfelder erweitert werden, falls sich in einem Professional Planner Projekt herausstellen sollte, dass mehr davon benötigt werden.

Die Abfrage der ´Nettoerlöse (FB101)´ in einem Bericht, wo das ´Gruppenfeld 1´ (FB4763) die Zahl ´1234´ trägt, würde folgendermaßen aussehen.

   *SetDat(1 ; 1 ; 10001 ; **101** ; 262154 ; **FB4763 = 1234**)*

BENUTZEN UND ARBEITEN MIT KOSTENGRUPPEN

Ein anderes Kennungssystem sind die Kostengruppen. Dieses Kennungssystem kann allerdings nur auf die ´Aufwand/Ertrag Elemente´ oder die ´kalkulatorischen Elemente´ angewendet werden.

Einstellungen	
Bezeichnung	Personal
Strukturpfad	Master01: ...ency/Geschäftsledung/Per sonal
Währungsumrechnungsfaktor	1
Währungseinheit	
Erfolgswirkung	Aufwand Sonstiger
Bilanzkonto	Keine Zuordnung
Detailkonto	Keine Zuordnung
Ertragssteuer Hinzurechnung/Kürzung	Default
Kostengruppe Zuordnung 1	20
Kostengruppe Feldbezug 1	Erfolg
Kostengruppe Zuordnung 2	10
Kostengruppe Feldbezug 2	Erfolg
Kostengruppe Zuordnung 3	5
Kostengruppe Feldbezug 3	Erfolg

Abbildung 473: Kostengruppen

Die Kostengruppen können auch mit dem Dokument ´Einstellungen Strukturelemente´ aus dem Verzeichnis ´Toolbox´ eingesehen werden. Die Elemente werden nach drei verschie- denen Zuordnungen gekennzeichnet, um verschiedenen Zusammenstellungen der ´Aufwand/Ertrag´ oder der ´kalkulatorischen Elemente´ zu ermöglichen.

Kostengruppe Zuordnung 1		20
Kostengruppe Feldbezug 1	Erfolg	
Kostengruppe Zuordnung 2	Menge	
	Erfolg	
Kostengruppe Feldbezug 2	Menge negativ	
	Erfolg negativ	
Kostengruppe Zuordnung 3		
Kostengruppe Feldbezug 3	Erfolg	

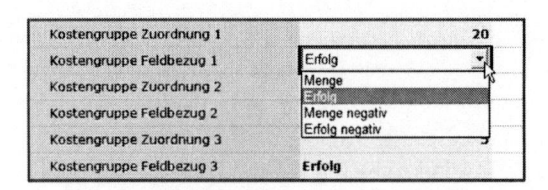

Abbildung 474: Einstellungen Strukturelemente

Die Kostengruppe Feldbezüge 1 bis 3 werden noch entsprechend eingestellt, je nach dem, ob Sie die Menge, den Erfolg, die Menge negativ oder den Erfolg negativ in einem Bericht darstellen möchten.

Es gibt insgesamt 100 Kostengruppen, die Sie mit dem Standardrechenschema ´Finance(de).ped´ nutzen können. Im Rahmen des Customizing werden noch weitere Kostengruppen hinzuaddiert, falls sie im Projekt benötigt werden.

Die Abfrage einer Kostengruppe ist recht einfach:

    SetDat(1 ; 1 ; 10001 ; **2619** ; 1)

Die Kostengruppen sind nummeriert. Die *Kostengruppe 1 = FB 2600* bis *Kostengruppe 100 = 2699*. Demnach ist die ´FB2619´ die Kostengruppe 20. Da die Kostengruppen schon im Rechenschema vorgerechnet werden sind Berichte, die auf **Kostengruppen** basieren sehr schnell.

Demgegenüber müssen die Berichte, die auf den zuvor erwähnten **Gruppenfeldern** basieren, zuerst online berechnet werden, bevor die Zahlen angezeigt werden. Dieses führt bei sehr großen Berichten zu teilweise langen Abfragezeiten von bis zu einigen Minuten, je nach Rechnergeschwindigkeit.

WIE ARBEITE ICH MIT PP-STRUKTUREN?

STRUKTURELEMENTE ANLEGEN

Zum Anlegen von Strukturelementen klicken Sie auf jenes Strukturelement, unter dem die neue Elemente erstellt werden sollen und wählen aus dem Kontextmenü den Befehl **Element anlegen**. Der Dialog „Neuanlage Strukturelemente" wird angezeigt.

Sie können unter jedem Element beliebig viele Subelemente anlegen. Wenn Sie mehrere Elemente des gleichen Typs anlegen wollen, können Sie bis zu 100 Elemente gleichzeitig anlegen. Geben Sie dazu die gewünschte Anzahl im weißen Feld unter ´Anzahl´ ein.

Das Element wird mit einem Standardnamen (*Elementtyp + Organisations-ID*) angelegt. Die *Organisations–ID* ist eine eindeutige Kennzeichnung des Elements, die beim Anlegen vergeben wird und die innerhalb einer Organisationsstruktur immer nur einmal vorkommt.

STRUKTURELEMENTE KOPIEREN

Beim Erstellen von Planungsstrukturen können Sie durch das Kopieren von ganzen Strukturen oder Teilstrukturen sehr zeitsparend arbeiten. Das Kopieren von Strukturen kann innerhalb desselben Datasets oder zwischen verschiedenen Datasets durchgeführt werden. Klicken Sie mit der rechten Maustaste auf das Element und wählen Sie aus dem Kontextmenü ´Element kopieren´. Das Element ist nun in der Zwischenablage gespeichert.

Mit Hilfe der Tasten ´*Strg*´ (nicht zusammenhängende Elemente) oder ´*Shift*´ (zusammenhängende Elemente) können Sie auch mehrere Elemente gleichzeitig für das Kopieren auswählen. Beim ´*Einfügen*´ wird dagegen auch bei mehreren markierten Elementen nur das zuletzt markierte berücksichtigt

STRUKTURELEMENTE UMBENENNEN

Diese Funktion ermöglicht das Umbenennen von Strukturelementen. Alternativ dazu können Sie auch mit einem Doppelklick auf die Bezeichnung eines Strukturelementes klicken, um die Funktion auszulösen („langsamer Doppelklick").

Diese Funktion wurde oben schon beschrieben.

STRUKTURELEMENTE LÖSCHEN

Mit Hilfe der Tasten ´*Strg*´ (nicht zusammenhängende Elemente) oder ´*Shift*´ (zusammenhängende Elemente) können Sie mehrere Elemente gleichzeitig für das Löschen auswählen.

Das Löschen eines Elements entfernt es unwiderruflich aus der Struktur und dem *Dataset*. Wenn Sie bereits Werte eingegeben haben, so werden auch diese gelöscht. Um ein Element zu löschen, klicken Sie auf das Element, das Sie löschen wollen und wählen Sie den Befehl ´Element löschen´ aus dem Kontextmenü aus. Danach müssen Sie nochmals bestätigen, ob Sie das Element wirklich löschen wollen.

> ☞ **TIPP**
>
> Ein Strukturelement kann nicht gelöscht werden, wenn Werte von anderen Strukturelementen auf das zu löschende Element zugeordnet sind. Bevor Sie das Strukturelement löschen können, müssen Sie die Zuordnung des anderen Strukturelements aufheben.

ARBEITEN MIT TEILBÄUMEN

Teilbäume sind eine Möglichkeit einen Ausschnitt eines Strukturbaumes anzuzeigen, nach Elementen im Strukturbaum zu suchen und bestimmte Zusatzinformationen bezüglich der Elemente zu zeigen. Teilbäume erzeugen Sie dadurch, dass Sie mit der rechten Maustaste im *Strukturbaum* auf ein Element z.B. *Profitcenter* klicken und den Punkt ´Neuer Teilbaum´ aus dem Kontextmenü auswählen. In der Oberen Zeile des Teilbaums sehen Sie ein Fenster für die Filterung der Elemente. Hier wird nach der Elementbezeichnung gesucht. Wenn Sie z.B. den Ausdruck ´Moto%´ in das Fenster eingeben, werden alle Elemente gezeigt, die mit dem Wort ´Moto...´ anfangen. Das Prozentzeichen hinter dem Wort ´Moto´ ist ein Platzhalter für eine beliebige Anzahl von weiteren Zeichen in der Elementbezeichnung.

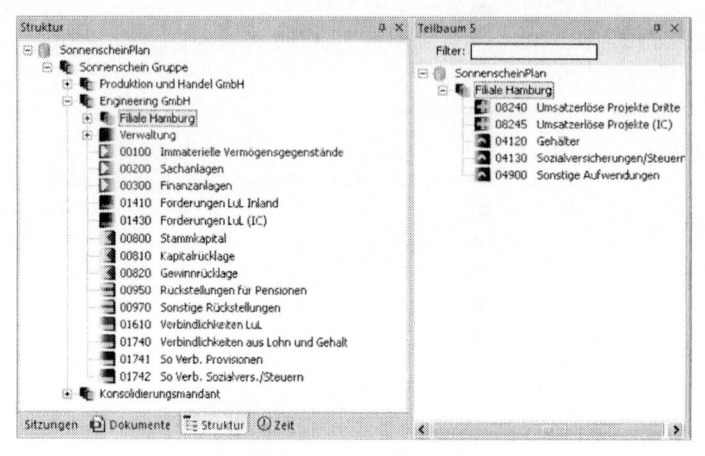

Abbildung 475: Beispiel Teilbaum

Ein Klick mit der rechten Maustaste in die freie weiße Fläche des Teilbaums ermöglicht Ihnen die Auswahl der Eigenschaften dieses Objektes.

- **Bezeichnung**: Dem Teilbaum kann ein Namen vergeben werden
- **Ausgangspunkt**: Hier bestimmen Sie den Startpunkt für den Teilbaum und entscheiden, ob der Teilbaum mit dem Hauptbaum geschaltet werden soll.
- **Strukturtypen**: Hier bestimmen Sie welche Strukturtypen und wie viele Elemente maximal angezeigt werden sollen
- **Filter**: Hier können Sie nach Elementnahmen oder auch mit dem erweiterten Filter nach anderen Kriterien filtern wie ´FB4763 = 8410´, was alle Elemente mit dem *Gruppenfeld 1 (FB4763) = 8410* zeigen würde. Eine sehr nützliche Option ist die Möglichkeit zusätzliche Feldbezüge zu den Elementen anzuzeigen wie z.B. den Wert eines Gruppenfeldes, Umsatz, Kosten etc. Diese Option wird häufig wäh-

rend des Aufbaus der Berichte genutzt, um eine zusätzliche Kontrollmöglichkeit zu haben.

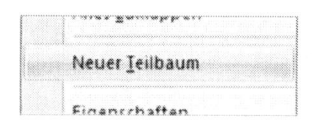

Abbildung 476: Teilbaum erstellen

Die Teilbäume können geschlossen werden. Sie sind jedoch immer noch im Hintergrund aktiv und werden durch einen Klick mit der rechten Maustaste auf die Statusleiste aus dem Kontextmenü wieder aktiviert.

Wenn Sie einen Teilbaum löschen möchten, dann klicken Sie mit der rechten Maustaste in die leere weiße Fläche des Teilbaums und wählen Sie die Option ´Teilbaum löschen´ aus dem Kontextmenü.

DER WORKFLOW IM PROFESSIONAL PLANNER

Professional Planner verfügt über eine Workflow Funktion mit der Sie während des Planungsprozesses bestimmen können, welche Unternehmen, Profitcenter oder Kostenstellen bereits geplant haben bzw. ob die Planzahlen auch bewilligt wurden. Das Workflowsystem richtet sich vor allem an Professional Planner Installationen bei denen die dezentrale Planung realisiert wird. Die Kostenstellen- oder Profitcenterverantwortlichen planen die Zahlen und setzen den Planungsstatus und die Geschäftsleitung setzt den Bewilligungsstatus. Je Planungselement wird auch ein Verantwortlicher, Buchungsstand und die letzte Datenübernehme erfasst bzw. importiert.

Abbildung 477: Dokument: Planungs- und Bewilligungsstatus

Der Planungs- und Bewilligungsstatus kann auch über die Erfassungsdokumente verändert werden. Dazu gehen Sie zum Beispiel im Dokument ´Umsatz´ auf ein Nettoumsatzwert und drücken ´rechte Maustaste´. Sie erhalten ein Auswahlmenü. Darin enthalten sind die Optionen *Planungsstatus* und *Bewilligungsstatus*.

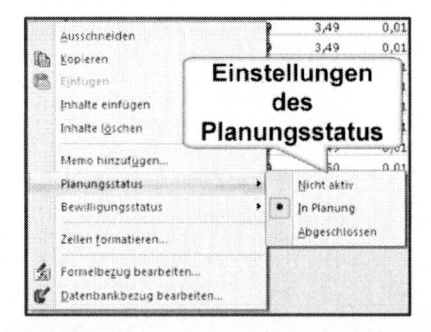

Abbildung 478: Planungs- und Bewilligungsstatus ändern

Das Dokument ´01. Workflow´ im Verzeichnis ´Workflow´ des Dokumentenbaums zeigt Ihnen die Übersichten bezüglich des Planungs- und Bewilligungsstatus an.

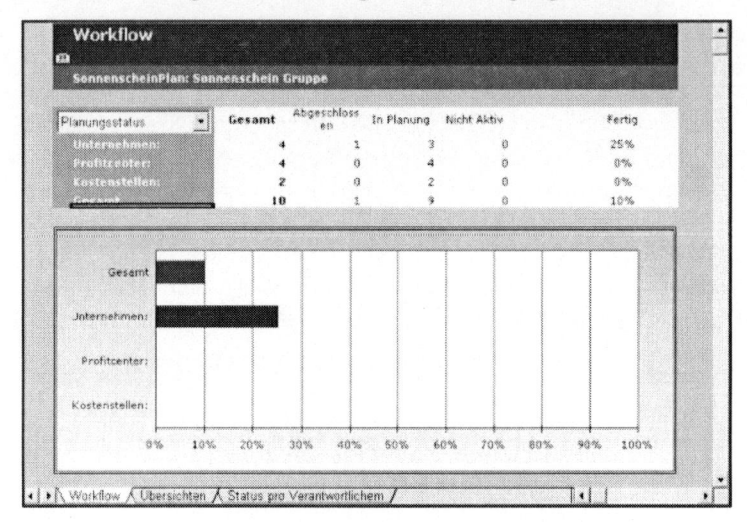

Abbildung 479: Workflow

Diese Informationen werden auch personalisiert, wenn je Unternehmenselement, Profitcenter oder Kostenstelle ein Verantwortlicher definiert wurde.

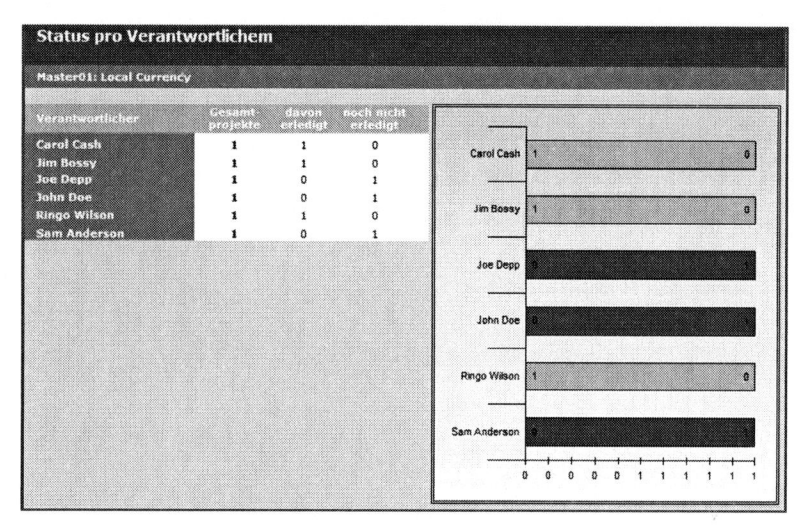

Verantwortlicher	Gesamtprojekte	davon erledigt	noch nicht erledigt
Carol Cash	1	1	0
Jim Bossy	1	1	0
Joe Depp	1	0	1
John Doe	1	0	1
Ringo Wilson	1	1	0
Sam Anderson	1	0	1

Abbildung 480: Status pro Verantwortlichem

BESCHREIBUNG UND AUFLISTUNG DER STRUKTURELEMENTE

UNTERNEHMENSELEMENT

Elementtyp:	*Unternehmen*
Farben:	*Grün / Blau / Gelb*
Beschreibung:	*Mit dem Element 'Unternehmen' startet man seine Konzern-, Gruppen- oder Unternehmensstruktur. Das Element Unternehmen kann mehrere Bedeutungen haben: Als Holding-Element, als Teilkonzern oder Sparte oder als produktives Unternehmen. Durch die anschließende Feingliederung entscheiden Sie, wie die U-Struktur aufgebaut ist und ob ihr Unternehmen ein Handel, Produktions- oder Dienstleistungsunternehmen ist.*
Empfehlung:	*Achten Sie darauf, dass Sie frühzeitig Teilkonzerne und Sparten anlegen. In der Praxis haben produktive Unternehmen oftmals eigene Tochtergesellschaften. Dies geht beim Professional Planner nicht. Der PP benötigt eine klare Trennung zwischen Holding-Gesellschaften und produktiven Unternehmen. Sie erkennen die Trennung daran, dass Sie ausgehend vom der Holding, beim Anlegen weiterer Elemente nur ein Unternehmenselement angeboten bekommen.*
Berichte über 'rechte Maustaste':	*A.) Umsatz - Deckungsbeitrag*
	B.) Produktion
	C.) Bilanzkonten
	D.) Bilanz
	E.) Finanzplan
	F.) GuV
	G.) GuV - Vergleich
	H.) Finanzplan Vergleich
	I.) Bilanz Vergleich
	J.) Einstellungen
Weitere anzulegende Elemente	*Alle*

PROFITCENTER

Elementtyp:	*Profitcenter*
Farben:	*Grün/ Blau*

Beschreibung:	*Das Element Profitcenter gehört zu den generisches Elementen des PP. Das Profit-Center umfasst die Möglichkeiten der Umsatzbereichen und Kostenstellen. Sie erhalten eine Erfolgsrechnung, aber keine Liquiditätsplanung oder Bilanz. Die Beschreibung ´Profitcenter´ taucht selten auf. Meist wird es umbenannt.*
Empfehlung:	*PC eignen sich als Region, Niederlassung, Produktgruppe oder Produkt, Projekt, Mitarbeiter mit eigener Umsatzverantwortung (Vertrieb) und viele weitere. Sie können unter einem Profitcenter-Element weitere Profitcenter-Elemente anlegen oder eine Differenzierung in Kostenstellen und -arten sowie Umsatzbereiche vornehmen.*
	B.) Produktion
	C.) Aufwand-Ertrag
	D.) BAB
	E.) GuV
	F.) Guv-Vergleich
	G.) Einstellungen
Weitere anzulegende Elemente	*Profitcenter*
	Umsatzbereich
	Produktionselement
	Kostenstelle
	Aufwand / Ertrag
	Kalkulatorische Kosten
	Kredit
	Investition
	Statistikdaten Profitcenter
	Statistikdaten Kostenstelle
	Statistikdaten Umsatzbereich

UMSATZBEREICH

Elementtyp:	*Umsatzbereich*
Farben:	*Dunkelgrün mit Kreuz*

Beschreibung:	Im Umsatzbereich können Sie die Umsätze separat planen und kontrollieren. Sie planen und kontrollieren umsatzabhängige Kostenarten wie Vorsteuer, Skonto, Rabatte oder Vertriebsprovisionen. Es ist nicht möglich fixe Kosten hinzuzurechnen. Die aus den Umsätzen resultierenden Forderungen, Verbindlichkeiten und Lagerveränderungen sowie deren Zahlungen werden auf den Bilanzkonten geplant, auf die sie zugewiesen wurden.
Empfehlung:	Es eignet sich als Umsatzbereich. Achtung: Bei Hinzurechnung von fixen Kosten weichen Sie bitte auf das Element ´Profitcenter ´aus.
Berichte über ´rechte Maustaste´:	A.) Umsatz - Deckungsbeitrag
	B.) Deckungsbeitrag Vergleich
	C.) Einstellungen
Weitere anzulegende Elemente	Umsatzbereich
	Statistikdaten Umsatzbereich

PRODUKTIONSELEMENT

Elementtyp:	Produktion
Farben:	Hellgrün mit Kreuz
Beschreibung:	Im Produktionselement führen Sie eine einfache Produktionsplanung mit fünf Produktionseinsatzfaktoren durch. Die geplanten Mengen werden mit Preisen versehen. Halbfertigprodukte werden aktiviert.
Empfehlung:	Sie eigenen sich zur einfachen Produktionsplanung. Umfangreichere Anforderungen sollten immer in einer BCL-Erweiterung individualisiert werden.
Berichte über ´rechte Maustaste´:	A.) Produktion
	B.) Einstellungen
Weitere anzulegende Elemente	Produktionselement

KOSTENSTELLE

Elementtyp:	Kostenstelle
Farben:	Dunkelblau, nach rechts wehend
Beschreibung:	In der Kostenstelle planen Sie fixe Kosten, Erträge und kalkulatorische Kosten.
Empfehlung:	Achtung: PP benutzt den Begriff ´Kostenstelle´ als reine Kostenstelle ohne Umsatzverantwortung. Sollten Sie in Ihrem Unternehmen unter einer KST eine Abteilung verstehen, welche zusätzlich Umsätze erwirtschaftet, weichen Sie bitte auf das Element ´Profitcenter ´aus. Typischerweise setzt man das Element ´Kostenstelle´ ein, wenn man die Verwaltung in einem Unternehmen anlegt.

Berichte über 'rechte Maustaste':	A.) Aufwand-Ertrag
	B.) BAB
	C.) Einstellungen
Weitere anzulegende Elemente	Kostenstelle
	Aufwand / Ertrag
	Kalkulatorische Kosten
	Kredit
	Investition
	Statistikdaten Kostenstelle

AUFWAND/ETRAG ELEMENT

Elementtyp:	Aufwand / Ertrag
Farben:	Hellblau
Beschreibung:	Dieses Element wird als Aufwand oder Ertrag eingestellt (Standard ist 'Aufwand sonstiger'). Es beinhaltet den fixen Aufwand/Ertrag, der nicht umsatzabhängig ist (vgl. Umsatzbereich). Darüber hinaus wird wie folgt unterschieden: - Zinsen oder Ab- bzw. Zuschreibung - neutraler Aufwand/Ertrag oder außerordentlich neutral (AON)
Empfehlung:	Mit der Einstellung 'Aufwand' setzt man dieses Element üblicherweise für die Kostenarten(gruppen) des Unternehmens oder einer Kostenstelle ein. Es bildet letztendlich den Aufwand ab, der nicht vollständig umsatzvariabel ist, also auch sprungfixer Aufwand. Das Element ist als einfache Menge*Preis=Aufwand hinterlegt, wobei der Preis automatisch mit "1" vorbelegt ist (erfassen Sie den Aufwand in der Spalte "Erfolg"). Mit der Einstellung 'Ertrag' wird es gern für den sonstigen betrieblichen Ertrag genommen. Das Element wird oft weiter untergliedert und damit Subkostenarten angelegt.
Berichte über 'rechte Maustaste':	A.) Aufwand-Ertrag B.) Einstellungen
Weitere anzulegende Elemente	Aufwand / Ertrag

KALKULATORISCHE KOSTEN

Elementtyp:	Kalkulatorische Kosten
Farben:	Dunkelblau
Beschreibung:	Dieses Element wird als Kosten oder Leistung eingestellt (Standard ist Zusatzkosten). Es beinhaltet fixe Kosten/Leistungen, die nicht mit der Bilanz verknüpft werden können und somit nie zahlungswirksam sind. Darüber hinaus wird wie folgt unterschieden:-interne Belastung/interne Minderung (gegenseitige Verrechnung, wird weniger eingesetzt)

Empfehlung:	*Es handelt sich letztendlich um die Kosten/Leistungen, die parallel oder zusätzlich (Begriff s. u.) zum tatsächlichen Aufwand/Ertrag der Finanzbuchhaltung/Kostenrechnung anfallen. Das können z. B. –Umlagen sein, die in Professional Planner berechnet und auf diesem Element abgebildet werden, Zusatzkosten (zusätzlich zur FIBU/KORE) wie z. B. kalkulatorische Abschreibungen. Durch den Einsatz von kalkulatorischen Kosten kann parallel zur tatsächlichen FIBU/KORE eine zweite GuV (>Anzeige an der Oberfläche durch das Dokument Betriebsergebnis) aufgebaut werden, eine Überleitungsrechnung kann, muss aber nicht berücksichtigt werden.*
Berichte über ´rechte Maustaste´:	*A.) Kosten*
	B.) Einstellungen
Weitere anzulegende Elemente	*Kalkulatorische Kosten*

KREDITE

Elementtyp:	*Kredit*
Farben:	*Gelbgrün/Gelb*
Beschreibung:	*Das Kreditelement wird erst nach Verknüpfung zur GuV und Bilanz mit der integrierten Erfolgs-, Finanz- und Bilanzplanung verbunden. Es stellt gewissermaßen eine vorgeschaltete, detaillierte Planung dar, die in Summe auf GuV- bzw. Bilanzelemente übernommen werden. Es kann Kreditarten wie Raten- oder Annuitätenkredite sowie deren Zins- und Tilgungskonditionen über Jahrzehnte abbilden (abweichend vom eingestellten Budgetierungszeitraum). Die Berechnungsmodelle der Kreditinstitute werden durch weitere Feinjustierung i.d.R. abgebildet.*
Empfehlung:	*Es können klassische Bankdarlehen, die ein Unternehmen aufnimmt, in die integrierte Planung übernommen werden (Abgrenzung in diesem Fall Zinsaufwand sowie Darlehen). Es kann bilanzseitig aber auch mit dem Eigenkapital verknüpft werden. Bei gegebenen Darlehen wird es auch mit sonstigen Forderungen sowie Zinsertrag verknüpft. Weiterhin wird das Element auch wie folgt eingesetzt: Es werden die Kreditoren eines Unternehmens abgebildet und mit der Bilanzposition Verbindlichkeiten LuL verknüpft. Auf diese Weise wird der Abbau des Anfangsbestandes an Verbindlichkeiten LuL exakt vorgenommen (Spalte Sondertilgung). Hinweis: bei der Verknüpfung auf die Bilanz wird zwischen Anfangsbestand (Bilanzkonto AB) und Abbau (Bilanzkonto Veränderungen) unterschieden. Das Element kann in sich nicht unterteilt werden, dafür bietet sich als Strukturknoten "Kostenstelle" an.*
Berichte über ´rechte Maustaste´:	*A.) Zinsenberechnung*
	B.) Einstellungen
Weitere anzulegende Elemente	*Kein weiteres Element*

INVESTITIONEN

Elementtyp:	*Investitionen*
Farben:	*Orange/Gelbgrün*
Beschreibung:	*Das Investitionselement wird erst nach Verknüpfung zur GuV und Bilanz mit der integrierten Erfolgs- Finanz- und Bilanzplanung verbunden. Es stellt gewissermaßen eine vorgeschaltete, detaillierte Planung dar, die in Summe auf GuV- bzw. Bilanzelemente übernommen wird. Es kann Investitionen aufnehmen sowie deren Abschreibungsmodelle wie linear oder degressiv über Jahrzehnte abbilden (abweichend vom eingestellten Budgetierungszeitraum).*
Empfehlung:	*Die Investitionen sind nicht ganz so flexibel wie das Kreditelement: bilanzseitig kann es nur mit einem Detailelement vom Anlagevermögen verbunden werden. Es unterscheidet bei der Bilanzverknüpfung weiterhin nicht zwischen Anfangsbestand und Bilanz. Es wird pro angelegtes Investitionselement eine Laufzeit in Monaten angegeben. Mehrere, über einen Zeitraum verteilte Investitionsvorgänge, müssen daher ggf. auf mehrere Elemente verteilt werden. Das Element kann in sich nicht unterteilt werden, dafür bietet sich als Strukturknoten "Kostenstelle" an.*
Berichte über ´rechte Maustaste´:	*A.) Abschreibungsberechnung*
	B.) Einstellungen
Weitere anzulegende Elemente	*Kein weiteres Element*

ANLAGEVERMÖGEN

Elementtyp:	*Anlagevermögen*
Farben:	*Orange*
Beschreibung:	*vorhandenes Hauptbilanzkonto, kann hiermit unterteilt werden. Hier können Investitionen auch manuell geplant werden (siehe im Gegensatz dazu ´Investitionen´).*
Empfehlung:	*Zur Orientierung bei der Anlage und Unterteilung können Kontenplan bzw. Summenpositionen daraus dienen.*
Berichte über ´rechte Maustaste´:	*A.) Anlagevermögen*
	B.) Einstellungen
Weitere anzulegende Elemente	*Anlagevermögen*

LAGER

Elementtyp:	*Lager*
Farben:	*Orange/Gelbgrün*

Beschreibung:	vorhandenes Hauptbilanzkonto kann hiermit unterteilt werden. Hier wird standardmäßig der Wareneinsatz aus der Umsatz-/WES-Planung abgegrenzt. Weiterhin können Lager-Investitionen manuell geplant werden.
Empfehlung:	Zur Orientierung bei der Anlage und Unterteilung können Kontenplan bzw. Summenpositionen daraus dienen.
Berichte über 'rechte Maustaste':	A.) Lager
	B.) Einstellungen
Weitere anzulegende Elemente	Lager

PRODUKTIONSLAGER

Elementtyp:	Produktionslager
Farben:	Blau/Orange/Gelbgrün
Beschreibung:	Ein vorhandenes Hauptbilanzkonto wird hiermit unterteilt. Hier werden die Werte aus der Produktionsplanung abgegrenzt (siehe 'Produktionselement').
Empfehlung:	zu Orientierung bei der Anlage und Unterteilung spielen Aspekte aus der Produktionsplanung eine Rolle.
Berichte über 'rechte Maustaste':	A.) Produktionslager
	B.) Einstellungen
Weitere anzulegende Elemente	Produktionslager

FORDERUNGEN LUL

Elementtyp:	Forderungen LuL
Farben:	Blau/Orange
Beschreibung:	Vorhandenes Hauptbilanzkonto wird hiermit unterteilt. Hier wird standardmäßig der Brutto-Umsatz aus der Umsatz-Planung abgegrenzt. Weiterhin können Zahlungsziele geplant werden.
Empfehlung:	Dient zur Orientierung bei der Anlage und Unterteilung. Es können Kontenplan bzw. Summenpositionen daraus dienen. Weiterhin können Controlling-Aspekte eine Rolle spielen, z. B. Unterteilung der Forderungen nach Segmenten ("Food/Non Food"). Nur hier können Zahlungsziele bzw. Zahlungsspektren geplant werden.
Berichte über 'rechte Maustaste':	A.) Forderungen LuL
	B.) Einstellungen
Weitere anzulegende Elemente	Forderungen LuL

SONSTIGE FORDERUNGEN

Elementtyp:	Sonstige Forderungen
Farben:	Blau/Orange
Beschreibung:	Vorhandenes Hauptbilanzkonto kann hiermit unterteilt werden. Weiterhin werden Zahlungsziele geplant.
Empfehlung:	Dient zur Orientierung bei der Anlage und Unterteilung; kann Kontenplan bzw. Summenpositionen daraus dienen. Nur hier können Zahlungsziele bzw. Zahlungsspektren geplant werden.
Berichte über 'rechte Maustaste':	A.) Sonstige Forderungen
	B.) Einstellungen
Weitere anzulegende Elemente	Sonstige Forderungen

SONSTIGES UMLAUFVERMÖGEN

Elementtyp:	Sonstiges Umlaufvermögen
Farben:	Gelbgrün/Orange
Beschreibung:	Vorhandenes Hauptbilanzkonto wird hiermit unterteilt.
Empfehlung:	Dient zur Orientierung bei der Anlage und Unterteilung; kann Kontenplan bzw. Summenpositionen daraus dienen.
Berichte über 'rechte Maustaste':	A.) Sonstiges Umlaufvermögen
	B.) Einstellungen
Weitere anzulegende Elemente	Sonstiges Umlaufvermögen

ARAP (AKTIVE ABGENZTUNGSPOSTEN)

Elementtyp:	ARAP (aktive Abgrenzungsposten)
Farben:	Orange mit blauem Punkt
Beschreibung:	Vorhandenes Hauptbilanzkonto wird hiermit unterteilt.
Empfehlung:	Dient zur Orientierung bei der Anlage und Unterteilung kann Kontenplan bzw. Summenpositionen daraus dienen.
Berichte über 'rechte Maustaste':	A.) ARAP
	B.) Einstellungen
Weitere anzulegende Elemente	ARAP

EIGENKAPITAL

Elementtyp:	Eigenkapital
Farben:	Orange mit blauem Punkt

Beschreibung:	Vorhandenes Hauptbilanzkonto wird hiermit unterteilt.
Empfehlung:	Dient zur Orientierung bei der Anlage und Unterteilung kann Kontenplan bzw. Summenpositionen daraus dienen.
Berichte über 'rechte Maustaste':	A.) Eigenkapital
	B.) Einstellungen
Weitere anzulegende Elemente	Eigenkapital

SONDERPOSTEN MIT RÜCKLAGENANTEIL

Elementtyp:	SoPo Rücklagen
Farben:	Gelb / Blau
Beschreibung:	Vorhandenes Hauptbilanzkonto wird hiermit unterteilt.
Empfehlung:	Dient zur Orientierung bei der Anlage und Unterteilun; kann Kontenplan bzw. Summenpositionen daraus dienen.
Berichte über 'rechte Maustaste':	A.) SoPo Rücklagen
	B.) Einstellungen
Weitere anzulegende Elemente	SoPo Rücklagen

RÜCKSTELLUNGEN

Elementtyp:	Rückstellungen
Farben:	Gelb/Rot
Beschreibung:	Vorhandenes Hauptbilanzkonto wird hiermit unterteilt.
Empfehlung:	Dient zur Orientierung bei der Anlage und Unterteilung; kann Kontenplan bzw. Summenpositionen daraus dienen.
Berichte über 'rechte Maustaste':	A.) Rückstellungen
	B.) Einstellungen
Weitere anzulegende Elemente	Rückstellungen

VERBINDLICHKEITEN LUL

Elementtyp:	Verbindlichkeiten LuL
Farben:	Gelb/Rot
Beschreibung:	Vorhandenes Hauptbilanzkonto wird hiermit unterteilt. Hier wird standardmäßig der Wareneinsatz (über das Lager) aus der Umsatz-WES-Planung abgegrenzt. Weiterhin werden Zahlungsziele geplant.

Empfehlung:	Dient zur Orientierung bei der Anlage und Unterteilung; kann Kontenplan bzw. Summenpositionen daraus dienen. Weiterhin können Controlling-Aspekte eine Rolle spielen, z. B. Unterteilung der Verbindlichkeiten nach Segmenten ("Food/Non Food") . Nur hier können Zahlungsziele bzw. Zahlungsspektren geplant werden.
Berichte über ´rechte Maustaste´:	A.) Verbindlichkeiten LuL
	B.) Einstellungen
Weitere anzulegende Elemente	Verbindlichkeiten LuL

SONSTIGE VERBINDLICHKEITEN

Elementtyp:	Sonstige Verbindlichkeiten
Farben:	Blau/Gelb
Beschreibung:	Vorhandenes Hauptbilanzkonto wird hiermit unterteilt. Weiterhin können Zahlungsziele geplant werden.
Empfehlung:	Dient zur Orientierung bei der Anlage und Unterteilung; kann Kontenplan bzw. Summenpositionen daraus dienen. Nur hier können Zahlungsziele bzw. Zahlungsspektren geplant werden.
Berichte über ´rechte Maustaste´:	A.) Sonstige Verbindlichkeiten
	B.) Einstellungen
Weitere anzulegende Elemente	Sonstige Verbindlichkeiten

DARLEHEN

Elementtyp:	Darlehen
Farben:	Blau/Gelb
Beschreibung:	Vorhandenes Hauptbilanzkonto wird hiermit unterteilt.
Empfehlung:	Dient zur Orientierung bei der Anlage und Unterteilung; kann Kontenplan bzw. Summenpositionen daraus dienen. Hinweis: einzelne Bankdarlehen werden bei "Krediten" angelegt.
Berichte über ´rechte Maustaste´:	A.) Darlehen
	B.) Einstellungen
Weitere anzulegende Elemente	Darlehen

PRAP (PASSIVE ABGRENZUNGSPOSTEN)

Elementtyp:	PRAP (Passive Abgrenzungsposten)

Farben:	*Gelb mit rotem Punkt*
Beschreibung:	*vorhandenes Hauptbilanzkonto kann hiermit unterteilt werden.*
Empfehlung:	*zu Orientierung bei der Anlage und Unterteilung kann Kontenplan bzw. Summenpositionen daraus dienen.*
Berichte über 'rechte Maustaste':	*A.) PRAP*
	B.) Einstellungen
Weitere anzulegende Elemente	*PRAP*

STATISTIKELEMENT UNTERNEHMEN

Elementtyp:	*Statistikdaten Unternehmen*
Farben:	*Grün mit schwarzer Linie*
Beschreibung:	*Das Element kann statistische Daten des Unternehmens aufnehmen, z. B. Auftragsbestand, Anzahl Mitarbeiter, Kapazitäten*
Empfehlung:	*Ist und kann nicht ohne weiteres mit der integrierten Erfolgs-, Finanz- und Bilanzplanung verknüpft werden (aber für Kennzahlen interessant).*
Berichte über 'rechte Maustaste':	*A.) Einstellungen*
Weitere anzulegende Elemente	*Statistikdaten Unternehmen*

STATISTIKELEMENT PROFITCENTER

Elementtyp:	*Statistikdaten Profitcenter*
Farben:	*Grün mit schwarzer Linie*
Beschreibung:	*Das Element kann statistische Daten des Profit Centers aufnehmen, z. B. Auftragsbestand, Anzahl Mitarbeiter, Kapazitäten*
Empfehlung:	*Ist und kann nicht ohne weiteres mit der integrierten Erfolgs-, Finanz- und Bilanzplanung verknüpft werden (aber für Kennzahlen interessant).*
Berichte über 'rechte Maustaste':	*A.) Einstellungen*
Weitere anzulegende Elemente	*Statistikdaten Profitcenter*

STATISTIKELEMENT KOSTENSTELLE

Elementtyp:	*Statistikdaten Kostenstelle*
Farben:	*Blau/Grün/Gelb nach links wedelnd*
Beschreibung:	*Das Element kann statistische Daten der Kostenstelle aufnehmen, z. B. Auftragsbestand, Anzahl Mitarbeiter, Kapazitäten*

Empfehlung:	Ist und kann nicht ohne weiteres mit der integrierten Erfolgs-Finanz- und Bilanzplanung verknüpft werden (aber für Kennzahlen interessant).
Berichte über ´rechte Maustaste´:	A.) Einstellungen
Weitere anzulegende Elemente	Statistikdaten Kostenstelle

STATISTIKELEMENT UMSATZBEREICH

Elementtyp:	Statistikdaten Umsatzbereich
Farben:	Blau/Grün/Gelb nach links wedelnd
Beschreibung:	Das Element kann statistische Daten des Umsatzbereiches aufnehmen, z. B. Auftragsbestand, Anzahl Mitarbeiter, Kapazitäten
Empfehlung:	Ist und kann nicht ohne weiteres mit der integrierten Erfolgs-, Finanz- und Bilanzplanung verknüpft werden (aber für Kennzahlen interessant).
Berichte über ´rechte Maustaste´:	A.) Einstellungen
Weitere anzulegende Elemente	Statistikdaten Umsatzbereich

LEXIKON DER PROFESSIONAL PLANNER BEGRIFFE

Begriff	Definition
ABI = Advanced Business Intelligence	'**Advanced Business Intelligence**'. Siehe auch BCL oder Rechenschema. Der Begriff Advanced Business Intelligence und die Kurzform ABI ist eine Erfindung der Winterheller Software und beschrieb bis zum Jahre 2005 die Rechenlogik des Professional Planner. Danach wurde der Begriff ABI durch den Begriff BCL (Business Content Library) ersetzt. Da sich die Rechenlogik in unregelmäßigen Abständen ändert, gibt es verschiedene Release-Stände: Die '**ABI 1**' ist bei Anwendern fast gar nicht mehr vertreten und gehörte zur 16 Bit Version des Professional Planners. Die Rechenlogik der '**ABI 2**' zeichnet sich vor allem dadurch aus, dass sie die Zahlungsfunktionen auf den Profitcentern, Umsatzbereichen und Aufwand/Ertragselementen verwaltet. Dadurch ist es möglich jedem Umsatz-, Ertrags- und Aufwandsart eigene Zahlungskonditionen zu hinterlegen. Die ABI 2 wurde bis 2002 mit dem Standard ausgeliefert. Die '**ABI 3**' kam 2002 mit der Version 3.0 in den Markt. Sie hat die Zahlungskonditionen auf die Bilanzelemente verlegt. Damit ist die Planung der Zahlungen auf aggregiertem Niveau möglich. Mit der Version 4.0 wurde der Begriff ABI durch den neuen Begriff BCL ersetzt. Diese Version wurde speziell auf die Möglichkeit der Anbindung von Konsolidierungssystemen erweitert. Der Begriff ABI oder Rechenschema wird auch heute noch im Support und Consulting genutzt.
Ampelfunktion	Optische Kennzeichnung von Werten, Kennzahlen und Intervallen anhand von Farben einer Ampel. Dabei steht grün für gut, gelb für mittel und rot für schlecht. Erleichtert das Auffinden von Kennzahlen und Werten außerhalb des angestrebten Bereichs.
AON	**Außerordentlicher Neutraler Aufwand / Ertrag**. Diese Daten werden in der Kennzahlenberechnung nicht berücksichtigt, da sie außerordentlichen Charakter haben. In der *Erfolg FiBu* werden sie im Ordentlichen Ergebnis 2 berücksichtigt.
BAB	Der **Betriebsabrechnungsbogen (BAB)**, ist ein Werkzeug, das im Rahmen der Kosten- und Leistungsrechnung - insbesondere in kleinen und mittleren Unternehmen - Verwendung findet. Er dient dazu bestimmte Kostenarten, in erster Linie die Gemeinkosten, auf die einzelnen Kostenstellen zu verteilen. Eine Kostenstelle im Sinne des BAB beschreibt dabei eine "Verbrauchsstelle" der Kosten. So werden zum Beispiel allgemeine Kosten wie Miete, Strom oder Verwaltungskosten von allen Kostenstellen anteilig verbraucht.
BCL	'*Business Content Library*': Synonym für *ABI* und *Rechenschema*. Legt in Professional Planner die grundlegenden rechnerischen und unternehmerischen Zusammenhänge innerhalb eines Rechenmodells fest. Die frühere Bezeichnung war *ABI*. Wurde ca. im Jahr 2005 in *BCL* geändert.
BI	Abkürzung für '*Business Intelligence*' (siehe auch)
BKK	Abkürzung für '*Bankkontokorrent*'

Bottom up	***Bottom-up*** (engl., etwa „von unten nach oben") bezeichnet eine Herangehensweise in der Planung. Als Planungsverfahren bezeichnet *Bottom-up* das Erstellen eines im Detail ausgearbeiteten Plans von der Basis aus ohne herausfordernde Ziele, während *Top-down* das Erstellen von Zeit- und Kostenplanungen ohne Konkretisierung im Detail meint.
Business Intelligence (BI)	Der Begriff ´***Business Intelligence´(BI)*** (engl. etwa Geschäftsanalytik) wurde Anfang bis Mitte der 1990er Jahre populär und bezeichnet Verfahren und Prozesse zur systematischen Analyse (Sammlung, Auswertung, Darstellung) von Unternehmensdaten in elektronischer Form. Ziel ist die Gewinnung von Erkenntnissen, die in Hinsicht auf die Unternehmensziele bessere operative oder strategische Entscheidungen ermöglichen. Der Terminus „Business Intelligence" wurde 1989 von Howard Dresner geprägt, einem Analysten des Gartner-Konzerns. Er schuf später auch den weiterführenden Begriff ´*Business-Performance-Management*´.
Business Performance Management (BPM)	Der Begriff ´***Business-Performance-Management´ (BPM)***, auch ´***Corporate-Performance-Management´ (CPM)*** genannt, beschreibt Methoden, Werkzeuge und Prozesse zur Verbesserung der Leistungsfähigkeit und Profitabilität von Unternehmen. ´*Business-Performance-Management*´ wird als Weiterentwicklung von Business-Intelligence betrachtet. Neben den auf die Historie und die Gegenwart bezogenen Prozessen Analyse und Berichterstattung, die im Fokus der Business-Intelligence stehen, deckt BPM auch zukunftsbezogene Prozesse wie Planung und Prognosen ab. Der englische Begriff ´*Business Performance Management*´ (auf deutsch etwa „Management der geschäftlichen Leistungsfähigkeit") wurde durch Howard Dresner, einem Analysten der Gartner Group geprägt. Howard Dresner hatte vorher bereits den Begriff ´*Business-Intelligence*´ etabliert. Die Anforderungen von BPM steigen ständig. Es werden immer mehr tiefgehende Kenntnisse im Hinblick auf internationale Rechnungslegungsstandards, Finanzberichterstattung und Unternehmensführung erforderlich, die auch die komplexen Prozesse berücksich-tigen, mit denen diese Bereiche in ein effektives Performance-Management eingebunden werden können. Ziel des BPM ist die Zusammenführung von Informationen und Prozessen in einem einzigen Datenmodell, das sich konsistent anwenden lässt.
BWA	Die ***Betriebswirtschaftliche Auswertung (BWA)*** basiert meist auf den Daten aus der Finanzbuchhaltung. Sie gibt dem Unternehmer während des laufenden Geschäftsjahres Auskunft über seine Kosten- und Erlössituation sowie über Vermögens- und Schuldverhältnisse.
CC	Abkürzung für **Concurrent**

CITRIX Systems	´**CITRIX Systems**´ ist ein US-amerikanisches Softwareunternehmen, das 1989 von Ed Iacobucci gegründet wurde und jetzt in Fort Lauderdale in Florida ansässig ist. Bekannt geworden ist CITRIX (gesprochen [sitriks]) in erster Linie mit Applikations- und Terminalserver-Anwendungen. Das hat zur Folge, dass mittlerweile oftmals die Firma „CITRIX" als Synonym für eine solche Anwendung verwendet wird. Das nach wie vor bekannteste Produkt heißt ´**Citrix Presentation Server**´ (früher: Metaframe). Es bietet die Möglichkeit weltweit von einem beliebigen Computer/Device mit jedem Betriebssystem über eine Terminalanwendung auf das Unternehmensnetz zuzugreifen, ohne dass die eigentliche Unternehmenssoftware auf dem verwendeten Rechner installiert sein muss; dort wird nur ein Citrix-ICA-Client vorausgesetzt. Diese Client-Software ist auch für ältere Windows-Versionen sowie weitere Betriebssysteme verfügbar, so dass von diesen aus Programme verwendbar werden, die auf dem eigentlichen Endgerät nicht ablaufen können, sei es mangels Hardware-Ressourcen, sei es weil die Anwendung nur für bestimmte Betriebssysteme (oder Versionen von diesen) erhältlich ist. Oft werden in diesem Zusammenhang sogenannte „Thin Clients" verwendet. Das sind Computer, die lokal keine Anwenderprogramme installiert haben, sondern ausschließlich zum Starten einer Citrix Sitzung verwendet werden. Microsofts Pendant zum Citrix Presentation Server sind die mittlerweile in MS-Windows integrierten Terminal-Services.
Client-Server-Modell	Das **Client-Server-Modell** beschreibt eine Möglichkeit, Aufgaben und Dienstleistungen innerhalb eines Netzwerkes zu verteilen. Die Aufgaben werden von Programmen erledigt, die in Clients und Server unterteilt werden. Ein Client-Server-System ist eine Software (Anwendungssystem), welche für ihre Aufgaben und Funktionen vom Client-Server-Modell Gebrauch macht. Das System besteht daher mindestens aus zwei Teilen, einer Server- und einer Client-Komponente, die in der Regel auf verschiedenen Rechnern ablaufen.
Concurrent User	Beim ´**Concurrent User**´-**Modell** (gleichzeitige User) stellen Sie so vielen Usern, wie Sie möchten, Professional Planner zur Verfügung. Es werden nur die gleichzeitigen Zugriffe auf das System begrenzt. Beispiel drei Concurrent User: Beliebig viele User können Professional Planner installieren, aber nur drei User können gleichzeitig am System arbeiten. Ab dem vierten User erfolgt eine Meldung: ´*Die maximale Anzahl der User ist erreicht, bitte warten*´. Diese Lizenzform basiert auf der Anzahl simultaner Benutzer einer Software. Besonders eignet es sich für Applikationen, die zwar von vielen Benutzern benötigt, aber nur unregelmäßig und zu unterschiedlichen Zeiten tatsächlich eingesetzt werden. Typischerweise werden derartige Programme auf einem Server ausgeführt, mit dem die Nutzer über das Netzwerk verbunden sind.
CPM	´*Corporate Performance Management*´: Siehe '*Business Performance Management*'
Dataset	Ein **Dataset** ist ein vollständiger Tabellensatz innerhalb einer Datenbank. (SQL Server usw.). Ein Dataset kann man auch als einen Datenstand bezeichnen. Es gibt Datasets für die Plandaten, für die Ist-Daten und viele weitere wie Forecast, Szenarien usw. Ein Datenstand kann kopiert werden, um mit dieser Kopie weiter zu arbeiten. Ältere Bezeichnungen für Dataset sind ´PP Datenbank´, oder ´PP Budget´.
Detektivfunktion	Mit der **Detektivfunktion** können Sie verbundene Elemente einfach auf Knopfdruck auflisten. Damit können Sie im Element Bilanzkonten leicht die Herkunft von Zuordnungen kontrollieren.

Dokumente	In Professional Planner gibt es vier Typen von **Dokumenten**: *Tabellen* (*PTB), *Manager* (*.PBA) , *Memos* (*.PME) und *Import Manager* (*FZU). Siehe unter den entsprechenden Verweisen.
Drehen	Zwei Achsen einer *Tabelle* können mit Hilfe der Schaltfläche '**Tabelle drehen**' vertauscht werden. So kann die drillbare (vgl. *Drillen*) Achse der Tabelle getauscht werden. Dies kann in Abhängigkeit vom Dokument die X-Achse mit der Z-Achse, oder die Y-Achse mit der Z-Achse sein.
Drei-Schicht-Architektur	Die **dreischichtige Architektur** (englisch: *three tier architecture*) ist eine Client-Server-Architektur, die softwareseitig drei Schichten hat. Im Gegensatz zur zweischichtigen Architektur bei der die Rechenkapazität weitestgehend auf die Client-Rechner ausgelagert wird, um den Server zu entlasten, existiert bei der dreischichtigen Architektur noch eine zusätzliche Schicht, die **Logikschicht**, die die Datenverarbeitung vornimmt. Man unterscheidet dabei: *Präsentationsschicht* (client tier) – Diese, auch *Front-End* bezeichnet, ist für die Repräsentation der Daten, Benutzereingaben und die Benutzerschnittstelle verantwortlich. *Logikschicht* (application-server tier, Businessschicht, Middle Tier oder Enterprise Tier) – Sie beinhaltet alle Verarbeitungsmechanismen. Hier ist sozusagen die Anwendungslogik vereint. *Datenhaltungsschicht* (data-server tier, back end) – Sie enthält die Datenbank und ist verantwortlich für das Speichern und Laden von Daten. Mehrschichtige Systemarchitekturen wie die dreischichtige Architektur sind gut skalierbar, da die einzelnen Schichten logisch voneinander getrennt sind. So kann z. B. die Datenschicht auf einem zentralen Datenbank-Server laufen, die Logikschicht auf Workgroup-Servern, und die Präsentationsschicht befindet sich auf der jeweiligen Workstation des Benutzers.
Drillen	Siehe auch *Drehen*. **Drillen** bedeutet die verschiedenen Ebenen der Zeit oder Struktur auf und zuzuklappen (=sichtbar, unsichtbar machen). In der Steuerungsleiste werden dafür Schaltflächen angeboten. Dies ist nur mit Tabellen , nicht mit Grafiken möglich.
Elemente	Siehe '*Strukturelemente*'
Erfolg Fibu	Gleichbedeutend mit **Gewinn und Verlust-Rechnung** (Finanzbuchhaltung)
Fähnchen	Siehe auch *Element*. Aufgrund der grafischen fahnenähnlichen Kennzeichnung der Elemente bis zur Version 4.3 werden die Strukturelemente des Professional Planner von Usern oft umgangssprachlich als '*Fähnchen*' bezeichnet. Jede Farbgruppe hat dabei eine Bedeutung: Grün steht für erlösabhängige Elemente, blau für kostenabhängige Elemente und rot/gelb-Töne definieren Bilanzelemente.
Feldbezug	Jeder Wert, der in Professional Planner eingegeben oder berechnet wird, ist im Hintergrund mit einem entsprechenden **Feldbezug** hinterlegt. Dies ist eine für den Anwender nicht sichtbare Variable, die das Feld eindeutig definiert. Mit Hilfe der Feldbezüge können Sie beliebige Auswertungen (siehe Dokumente) selbst erstellen. Feldbezüge sind wichtig für ein individuelles, eigenes Reporting.
Feldbezugsgruppe	In den **Feldbezugsgruppen** sind alle Feldbezüge zu einem bestimmten Thema, wie z.B. Finanzplan oder Bilanz, Aktiva- oder Anlagevermögen zusammen gefasst.
Feldbezugsgruppe Index	In dieser **Feldbezugsgruppe** sind sämtliche Feldbezüge zusammen gefasst, die der Abbildung und Bearbeitung des Zeit- und Strukturschemas, allgemeiner Daten zum Budget und zum Programmstatus sowie zur Vergabe von Suchkriterien dienen.
FIBU	Abkürzung für Finanzbuchhaltung

Forecast (FC)	Ein *Forecast* ist eine **Hochrechnung,** meist zum Ende eines (Wirtschafts-)Jahres. In Professional Planner errechnet sich ein Forecast automatisch aufgrund der Addition der Ist-Daten bis zur heutigen Periode und den Plandaten bis zum Ende des Jahres.
going concern	Das **Fortführungsprinzip** (auch **Going-Concern-Prinzip** oder **Grundsatz der Unternehmensfortführung**) ist ein Begriff aus dem Rechnungswesen, der besagt, dass bei der Rechnungslegung von der Fortführung der Unternehmenstätigkeit auszugehen ist. Unter anderem ist dies wichtig für die Bewertung von Vermögensgegenständen, denn wenn von einer Fortführung ausgegangen wird, werden andere Werte angesetzt als wenn man von einer baldigen Liquidation ausgehen muss. Es handelt sich um einen fundamentalen Bilanzierungsgrundsatz und liegt sowohl dem HGB (§ 252 (1) Nr. 2 HGB) als auch den IAS (IAS 1.23, F.23) und den US-GAAP (CON 1.42) zugrunde.
ID	Abkürzung für **Identifikation,** siehe auch ORG-ID und Zeit-ID
ImportManager	Siehe auch *Dokumente.* In den Import Manager-Dokumenten legen sie die Parameter für die **Datenübernahme** aus vorgelagerten Systemen fest und lösen diese durch Knopfdruck aus. Damit finden sie alle Einstellungen für die Übernahmen von Ist-Daten auf einer Seite. Der Import-Manager endet auf die Bezeichnung (*FZU)
Innerbetriebliche Leistungsverrechnung (ILV)	Die *innerbetriebliche Leistungsverrechnung (ILV)* ist eine Form der sekundären Kostenverrechnung, die auf kostensatzbewerteten Mengen beruht. Dadurch, dass Unternehmen nicht nur Leistungen verkaufen oder einkaufen, sondern auch innerhalb des Unternehmens Leistungen erbringen, wird eine Verteilung dieser Leistungen auf die Kostenstellen des Unternehmens erforderlich, die diese Leistungen verbrauchen. Man unterscheidet hier zweckmäßigerweise in Hilfskosten- und Hauptkostenstellen. Die Problematik besteht darin, dass zwischen den Hilfskostenstellen ein Geflecht von Leistungen und Gegenleistungen bestehen kann. Dies soll mit der Bildung von Verrechnungssätzen für innerbetriebliche Leistungen gelöst werden. Die verrechneten Kosten werden auf der leistenden Kostenstelle entlastet und auf den empfangenden Kostenstellen belastet. Um eine ILV durchführen zu können, müssen demnach folgende Parameter bekannt sein: Leistende Kostenstelle; Empfangende Kostenstelle (empfangender Auftrag, Kostenträger oder sonstiges kostentragendes Kontierungsobjekt); Kostensatz der leistenden Kostenstelle für die gegebene Leistungsart; Menge der bezogenen Leistung pro Kostenstelle
Integriertes Modell	Winterheller Software versteht unter 'integriert' die **finanzwirtschaftliche Integration** zwischen Erfolgs-, Liquiditäts- und Bilanzrechnung.
Konsolidierung	Als *Konsolidierung* wird ebenfalls das Zusammenfassen und Bereinigen von Einzelabschlüssen aus dem finanziellen Rechnungswesen mehrerer Gesellschaften/ Unternehmen einer Gruppe zu einem konsolidierten Abschluss (Konzernabschluss) bezeichnet. Dabei werden neben dem jährlichen Abschluss je nach Informationsbedarf und gesetzlichen/reglementarischen Vorgaben auch unterjährige Zwischenabschlüsse erstellt.
Konzernabschluss	Unter einem *Konzernabschluss* versteht man einen **konsolidierten Jahresabschluss** für die Posten der Bilanz sowie Gewinn- und Verlustrechnung aller Unternehmen, die unter der einheitlichen Leitung oder dem beherrschenden Einfluss des Mutterunternehmens eines Konzerns stehen.
KORE	Abkürzung für *Kostenrechnung*
LUL	Abkürzung für *Lieferung und Leistung*

Management-Informationssystem (MIS)	Ein ***Management-Informationssystem*** (**MIS**) ist ein EDV-technisches Informationssystem. Es stellt dem (in der Regel betriebswirtschaftlichen) Unternehmen Informationen zur Verfügung, mit deren Hilfe das Unternehmen gelenkt bzw. das Controlling betrieben werden kann. Die Wirtschaftsinformatik beschäftigt sich mit Konzeption, Aufbau und Pflege von Management-Informationssystemen. Im Laufe der 1960er-Jahre wuchs mit dem technischen Fortschritt in der Computertechnik das Bedürfnis, die neuen Möglichkeiten der Datenverarbeitung zur Aufbereitung von Informationen für die Unternehmensführung zu nutzen. In dieser Zeit wurde die Idee eines umfassenden MIS geboren. Das Konzept des MIS war ein sehr zentralistischer Ansatz, der versuchte alle Unternehmensdaten der operativen Systeme in einem Datenmodell zusammenzuführen und in Echtzeit für die Analyse zu verdichten. Seit den 1990er-Jahren ist der Begriff MIS in anderer Form wieder gebräuchlich geworden. In der Praxis wird MIS heute als Überbegriff im Bereich der analytischen Informationssysteme verwendet (z. T. auch für OLAP-Anwendungen und elektronisches Berichtswesen). Als Datenbasis für ein modernes MIS dient meist ein Datenlager (data warehouse). In einem MIS werden dem Nutzer Informationen bereitgestellt, die für seine Entscheidungen relevant sind und ihn bei der Planung unterstützen können. Hierzu werden die Ist-Informationen (Kennzahlen des Unternehmens und des Markts), die ein reales Abbild des momentanen Unter-nehmenszustandes liefern, zu Kennzahlen-Cockpits oder Berichten für bestimmte Anwendergruppen zusammengefasst (z. B. für die Marketing-Abteilung, den Einkauf, den Vorstand etc.). Die bereitgestellten Informationen können auch als Basis für weitere Analysen und Prognosen dienen (z. B. durch Aufstellung von Trends). Um solch eine Prognose zu erstellen, kann ein MIS auch Daten enthalten, die durch statistische Verfahren gewonnen werden oder durch Schätzungen und Meinungen (subjektive Annahmen) ermittelt werden (z. B. Plandaten).
Management-Konsolidierung	Vereinfachte Variante der Konsolidierung, in der nur die internen Aufwände und Erträge heraus gerechnet werden. Oftmals in der Planung und Simulation ausreichend.
Manager	Siehe auch *Dokumente;* Manager dienen der **Automatisierung von wiederkehrenden Abläufen** wie dem Ausdruck von Berichten oder der Änderung bestimmter Parameter (z.B. Zahlungsziel , Variable Kosten). Manager können im Projektverauf auch für Ihre Anwendung individuell geschrieben werden. Manager enden auf die Bezeichnung (*PBA). Der Professional Planner wird mit einem Standard-Satz Manager ausgeliefert.
Master/Slave-Abgleich	Der Begriff **Master/Slave** (dt. *Herr/Sklave*) bezeichnet eine Form der hierarchischen Verwaltung des Zugriffs auf eine gemeinsame Ressource in zahlreichen Problemstellungen der Regelung und Steuerung. Ein Teilnehmer ist der *Master*, alle anderen sind die *Slaves*. Der Master hat als einziger das Recht, unaufgefordert auf die gemeinsame Ressource zuzugreifen. Der Slave kann von sich aus nicht auf die gemeinsame Ressource zugreifen; er muss warten, bis er vom Master gefragt wird.
Memos	Abkürzung von **Memorandum.** Siehe auch *Dokumente;* Memos enden auf die Bezeichnung (*PME). Mit den Memos werden Notizen zu einzelnen Elementen festgehalten. Diese Notizen können verschiedenen Elementen (Organisation, Zeit, Feldbezug bzw. alle Kombinationen) zugeordnet werden. Mit einem Memodokument werden diese Notizen wieder sichtbar gemacht. Mit diesem Text werden auch Ersteller, Datum und Betreff mitgespeichert.

Microsoft SQL Server Desktop Engine (MSDE)	Die kostenlose Variante des SQL-Server (ab der Version 7.0). Bis zur Version 2000 hieß diese Version **Microsoft SQL Server Desktop Engine (MSDE)**. Die MSDE ist ein vollwertiger SQL-Server mit folgenden Einschränkungen: Kein Enterprise-Manager; Beschränkung auf maximal 2 GB große Datenbanken; Maximal werden acht Clientprozesse parallel verarbeitet (begrenzt durch den Workload-Governor). Die MSDE ist aufwärtskompatibel zum SQL-Server, so dass später jederzeit, wenn etwa die Datenbank wächst oder mehr Prozesse gleichzeitig ausgeführt werden müssen, problemlos auf SQL-Server umgestiegen werden kann. Siehe auch ´SQL Server 2005 Express Edition´
MS SQL Server	Der **Microsoft SQL Server (abgekürzt MS-SQL-Server)** ist ein relationales Datenbank-managementsystem auf der Microsoft-Windows-Plattform. Der SQL Server ist eine relationale Datenbank, die sich am Standard der aktuellen SQL-Version orientiert. Die theoretisch maximale Datenbankgröße beträgt ca. 1 Exabyte (1 Million Terabyte). Somit ist der SQL Server nach PostgreSQL und der Oracle Database softwaretechnisch die Datenbankmanagementsoftware mit der drittgrößten maximalen Speicher-kapazität. Seit der Version 2000 sind standardmäßig eine Volltextsuche und OLAP-Funktionalitäten mit dem Analysis Services SSAS integriert. Laut Gartner Group steigerte MSSQL seinen weltweiten Marktanteil im Bereich der relationalen Datenbanksysteme von 14,3 % (2001) auf 18 % (2002).
Mwst	**Mehrwertsteuer**, früherer Begriff für Vor- und Umsatzsteuer
Named User	**Named User** bedeutet ´**einzeln, benannt**´; Die Professional Edition (bis 2008 Profit) arbeitet mit dem Named User Prinzip. Dabei darf jede Lizenz nur einem (namentlich bekannten) User zugewiesen werden. Durch die Workgroup-Funktion kann auch aus einer Name-User Version eine Client-Server-Architektur aufgebaut werden.
Nettowert	Der Nettowert errechnet sich in PP ohne Umsatz- bzw. Vorsteuer (>Erlös-schmälerungen sind damit nicht gemeint)
NZW	Abkürzung für **nicht zahlungswirksam**. Die Eingaben haben Auswirkungen auf die Erfolgsrechnung, nicht jedoch auf den Finanzplan.
OE	Abkürzung für ´**Originalebene**´
OLAP	Abkürzung für **Online Analytical Prozessing**. Mit ´Online Analytical Prozessing´ (OLAP) bezeichnet man die Analyse und Auswertungen von multidimensional aufbereiteten Daten, um Informationen für Unternehmensentscheidungen zu gewinnen. Die Stärke von OLAP-Datenbanken liegt im Sammeln und Aufbereiten von Massendaten als Basis für operative und strategische Unternehmensentscheidungen. OLAP-Werkzeuge bieten vielfältige Analysemöglichkeiten, im Wesentlichen vergangenheitsbezogener Datenströme. Oftmals werden sie eingesetzt für Vertriebsanalysen, Marketing-analysen und einige mehr.
OLCAP	Abkürzung für **Online Calculation and Analytical Processing**.OLCAP bezieht sich tatsächlich auf die Technologie des Server. Wird oft synonym für *BCL, ABI* und *Rechenschema* verwendet.
ON	**Ordentliches Ergebnis**. Alle Aufwendungen/Erträge, die in der Finanzbuchhaltung erfasst werden, in der Form bzw. Höhe von den Kosten der Kostenrechnungen abweichen. In der Erfolg Fibu werden sie im Ordentlichen Ergebnis 2 berücksichtigt.

ORG ID	Abkürzung für **Organisations Identifikationsnummer**. Synonym ist auch das Wort 'Struktur Identifikationsnummer' (Struktur ID). Jedem Strukturelement wird bei dessen Anlage eine eindeutige und in einem Budget nur einmal vergebene Strukturkennzahl zugewiesen. Dem ersten, unter dem automatisch erstellten, angelegten Element wird die Kennzahl "2" zugewiesen, allen in der Folge angelegten ein um eins erhöhter Wert. Die Kennzahl des automatisch erstellten Elementes ist gleich 1. Das Löschen eines Elementes bewirkt kein Zurücksetzen der Organisations-ID, das nächstangelegte Element erhält weiterhin eine um eins erhöhte Kennzahl verliehen. Sofort nach Anlage eines Elementes erscheint im Strukturbaum das Element versehen mit dem Strukturtypnamen, einem Bindestrich und der Organisations-ID.
Organisationsbaum	Der **Organisationsbaum** umfasst die Register 'Dataset', 'Dokumente' und ' Zeit'. Über diese Register werden die Einstellungen in Professional Planner getätigt. Der bekannte Organisationsbaum wird ab der Version 2008 durch einzelne Navigationsbäume ersetzt. Folgende Navigationsbäume stehen Ihnen zur Verfügung: Sitzungsbaum, Dokumentbaum, Strukturbaum, Zeitbaum
Originalebene	Die **Originalebene** (OE) bezeichnet die unterste, nicht weiter untergliederte Ebene. Das kann bei der Zeit z.B. der Monat sein. Eingaben auf der OE werden in das Dataset gespeichert (vgl- Summenebene)
PDT	Abkürzung für **Projekt-Design-Tag**. Ein oder mehrere Beratungstage an dem die Projektanforderungen des Kunden, die technischen Gegebenheiten und die Projektziele aufgenommen werden. Ergebnis des PDT ist ein Projektfahrplan mit Meilensteinen und Projektkalkulation. Synonym werden auch definitionen wie 'Analyse-Workshop', 'Konzeptions-Workshop' und andere verwendet.
Periode	Der Begriff **Periode** entstammt den Feldbezügen und bezeichnet eine Zeiteinheit (Jahr, Quartal, Monat)
PP	Gebräuchliche Abkürzung für '**Professional Planner**'.
Rechenschema	Der Begriff '**Rechenschema**' wird vor allem vom Consulting und der Entwicklungsabteilung der Winterheller Software genutzt. Es steht synonym für *BCL*. Die Art und Weise, wie PP betriebswirtschaftlich rechnet wird in einem Rechenmodell festgelegt. Für wiederkehrende Anforderungen gibt es standardisierte Rechenmodelle, wie das Modell 'Finance' oder 'Profit'. Das Rechenschema kann jederzeit für einen Kunden individuell angepasst werden.
Reihenwert	Eine **Reihenwerteingabe** bewirkt ein Durchschreiben des eingegebenen Wertes in alle Folgeperioden.
Schalten	Das Aktivieren eines Elementes des Organisation- oder Zeitbaums wird als '**Schalten**' bezeichnet.
SI	Abkürzung für '**Simulation**'
Simulation	Bei der **Simulation** werden Experimente an einem Modell durchgeführt, um Erkenntnisse über das reale System zu gewinnen. Eine Simulation wird durch eine Eingabe auf Summenebene bewirkt. Die Ergebnisse diese Eingabe werden nicht gespeichert (vgl. *Summenebene*). Während einer Simulation wird in der Statusleiste 'SI' angezeigt. Die Simulation ist in der Standardeinstellung des Professional Planner 2008 gesperrt und muss im '*Stammdatendokument*' aktiviert werden.

Sitzung	Eine Sitzung ist synonym zu einem **Projekt**, welches der Anwender in Professional Planner startet. Eine Sitzung kann als virtueller Ordner verstanden werden, in dem Verknüpfungen zu einem oder mehreren Datenständen (Datasets) abgelegt werden. Durch Aktivieren der Sitzungen werden die eingebundenen Datasets geöffnet und der User kann damit arbeiten. Sind in einer Sitzung mehrere Datasets verknüpft (z.B. Plan, Ist, Vorjahr) werde in den entsprechenden Berichten die Abweichungen angezeigt (Vergleiche).
SQL Server 2005 Express Edition	Seit 2005 heißt die kostenlose Variante des SQL-Servers nicht mehr MSDE, sondern (angelehnt an die kostenlosen Varianten von Visual Studio) *SQL Server 2005 Express Edition*. Diese bietet wesentlich weniger Einschränkungen als die MSDE – so gibt es z. B. keine Workload-Beschränkung mehr. Weitere Einschränkungen: Maximal eine CPU; Maximal 1.024 MB RAM; Maximal 4 GB große Datenbanken; Kein SQL Server Agent
SQL-Referenz	Die Feldbezugswerte von Professional Planner werden in einer Reihe von Tabellen eines *Datasets* physisch gespeichert. In diesen Tabellen sind die Datensätze des jeweiligen Teilberechnungsschrittes der *BCL* zusammengefasst. Und zwar für sämtliche (Teil-) Perioden und jene *Strukturelemente*, für welche die betreffende Teilberechnung durchzuführen ist. In der SQL-Referenz werden die SQL-Adressen der meisten Feldbezüge abgebildet.
Stammdaten	Jedes Dataset verfügt über eine Reihe von Grundeinstellungsmöglichkeiten. Diese **Grundeinstellungen** werden als Stammdaten bezeichnet. Mit Hilfe des Stammdaten-Dokumentes wird darauf zugegriffen. Neben dieser Grundeinstellung sind im Stammdaten-Dokument Werkzeuge enthalten, mit denen Sie die Konsistenz der Daten prüfen und das Dataset für Eingaben sperren können. Folgende Einstellungen stehen zur Definition zur Verfügung: Firma (4902), Verantwortlicher (4900), Periodenbeginn (4808), Periodenende (4807), Anzahl der Elemente der ersten Periodenebene (4809), Kurzinfo (4901), Status Daten (4911), Fertigstellungsstatus (4910), Security Einstellung (32538), Simulation aktiv (32507), Euro Währung (4860), Euro Wechselkurs (4810). Bei den technischen Daten: Anzahl der Strukturelemente im Dataset (4811), nächste zu vergebende ID-Nummer (4814), BCL Information (32603), Version BCL (32602), Datenbank-Typ (4813), Dateiname (4904), Datasetpfad (4812).
Struktur ID	*Struktur Identifikationsnummer*. Siehe auch *ORG ID*
Strukturbaum	Die hierarchische Darstellung der *Strukturelemente* erfolg im **Register `Struktur`** des Organisationsbaums.
Strukturelemente	Ein Strukturelement ist ein **Planungs- oder Berichtsobjekt in PP**, das ein oder mehrere Konten der Finanzbuchhaltung oder Kostenrechnung beinhalten kann. Jedes Strukturelement beinhaltet die notwendige Berechnungslogik für die Abbildung von Plan- und Istdaten. Der Zugriff auf die in den Strukturelementen gespeicherten Daten erfolgt über die sogenannten Feldbezüge. Die einzelnen Strukturelemente beinhalten zwischen 50 und 400 Feldbezüge, welche in Feldbezugsgruppen untergliedert sind.
Summenebene	*Summenebenen* sind alle Ebenen, die weiter untergliedert sind. Gegenteil zur Summenebene ist die *Originalebene*, die nicht mehr weiter untergliedert ist. Eine Eingabe auf Summenebene führen zu einer Neuberechnung der darüber liegenden Ebenen (wird in Professional Planner als Simulation bezeichnet). Die Eingaben und Ergebnisse der Simulation werden nicht gespeichert.

Tabellen	Siehe auch *Dokumente*. ***Tabellen*** enden auf die Bezeichnung (*.PTB) und sind **Masken zur Eingabe von Daten bzw. Auswertungen** um diese wiedersichtbar zu machen. In Professional Planner wird nicht zwischen Eingabe und Ausgabe-Dokumenten unterschieden. Dies wird über die Dokumenteneinstellung gesteuert.
Tilger	(österreichisch für Tilgungsdarlehen) Darlehen, dass in gleichbleibenden Raten zurück geführt wird. Die jeweiligen Zinsraten sind zusätlich zu zahlen. Gegenteil: Annuitätendarlehen.
Top-Down Eingabe	Mit Hilfe der ***Top-Down-Eingabe*** (von oben nach unten) können Werte auf Summenebene eingegeben werden, die auf die Originalebene entsprechend der Verteilung der bereits vorhandenen Werte herunter gebrochen werden (es entsteht keine Simulation). Mit Hilfe der Schaltflächen der Top-Down Leiste können Daten aggregiert mit verschiedenen Verteilungen ein gepflegt werden. Gegenteil ist die `Bottom up`-Eingabe
Umbuchungen	Synonym zu den Begriffen ***Auf-Abbau und Korrektur Zahlung***. Umbuchungen sind zu erfassende Veränderungen in den Bilanzpositionen mit unterschiedlichen Begriffen.
WinSoft	Gebräuchliche Abkürzung für ´***Winterheller Software***´.
Workflow	Ein Arbeitsablauf, englisch ***Workflow***, ist eine vordefinierte Abfolge von Aktivitäten in einer Organisation. Die Workflow-Funktionen des Professional Planner unterstützen Sie im Planungsprozess. Mit Hilfe seiner Werkzeuge können Sie feststellen, wer für die unterschiedlichen Planungsschritte verantwortlich ist, welche Bereiche schon abgeschlossen wurden bzw. noch in Arbeit sind. Sie erkennen auch, ob ein Dataset gerade bearbeitet wird.
Workgroup	Der englische Begriff **Workgroup Computing** oder deutsch **Rechnergruppenarbeit** (RGA) bezeichnet die Unterstützung von Team- bzw. Gruppenarbeit. Durch Workgroup Computing wird versucht die Zusammenarbeit durch rechnergestützte, vernetzte Systeme zu erleichtern bzw. erst zu ermöglichen. Die Teammitglieder können dabei geographisch und zeitlich von einander getrennt sein, z. B. Kostenstellenverantwortliche in verschiedenen Ländern. Wichtig ist, dass die Bearbeitung auf der gleichen Dokumentenbasis geschieht. Durch diese zentrale Datenverwaltung können die Redundanzen und die verschieden Versionen von Dokumenten gut kontrolliert werden. Um die geographische Ferne zu überbrücken hat die Kommunikation einen hohen Stellenwert. Kennzeichen einer Workgroup-Arbeit sind: Gemeinsame Datenhaltung, Zugriffsmechanismen (Administrationsrechte), die die Datenintegrität bewahren, Personal Information Manager (PIM): Kalender, Terminplanung, Notizen etc.
Workspace	Der ***Workspace*** (englisch: Arbeitsbereich) im Programmhintergrund von Professional Planner unterstützt Sie bei vielen Arbeitsschritten in der Planung, Variantenrechnung. Er gibt Ihnen auch einen schnellen Zugang zur Programmhilfe, zu den Tutorials, und zu den Support-Seiten der WinSoft im Internet. Standardmäßig steht der Workspace in drei Varianten - Financial, Executive und IT - zur Verfügung. Da der Workspace eine HTML-Oberfläche ist, können Sie diesen auch schnell durch Ihre eigene Internet-Seite individualisieren. Bitte sprechen sie dazu Ihren Winterheller-Berater an.
Zeit-ID	**Numerische Schlüsselung der Zeit**. Professional Planner unterhscheidet im Standard zwischen Monaten, Quartalen und Jahren. Weitere Untergiederungen oder Abweichungen sind individuell programmierbar.

CHECKLISTEN

ZUSAMMENSTELLUNG PROJEKT TEAM

	Mitarbeiter	Aufgaben	Befugnisse	Bemerkungen
Teil 1	**Auftraggeber / Kunde**			
	Von jedem Teilnehmer benötigen Sie:			
	Name:			
	Position:			
	Email:			
	Telefon:			
	Verantwortlicher Vorstand / Geschäftsführer			
	Projektleitung:			
	Kaufmännische Leitung:			
	Mitarbeiter der Abteilung Controlling:			
	Mitarbeiter der Abteilung Controlling:			
	Mitarbeiter der Abteilung Rechnungswesen:			
	Mitarbeiter der Abteilung Rechnungswesen:			
	EDV-Leitung:			
	EDV-Mitarbeiter:			
	Evtl. Externe Berater:			
Teil 2	**Software-Hersteller / Beratungsunternehmen**			
	Adresse Software-Hersteller:			
	Adresse Beratungsunternehmen (wenn abweichend zu oben):			
	Von jedem Teilnehmer benötigen Sie:			
	Name:			
	Position:			
	Email:			
	Telefon:			
	Mobiltelefon:			

Verantwortlicher Vertriebsmitarbeiter:	
Projektleitung:	
Weitere Berater:	
Supportleitung:	
Ansprechpartner der Entwicklungsabteilung:	

CHECKLISTE PFLICHTENHEFT

	Frage	Erledigt	Priorität	Bemerkungen
Teil 1	**Allgemeine Informationen zum Unternehmen**			
	Offizieller Name, Branche, Mitarbeiterzahl, Umsatz, Projektverantwortlicher und -teilnehmer			
Teil 2	**Ziel und Aufgabe des Projektes**			
	Warum suchen Sie ein neues BI-System?			
	Wie und mit welchen Systemen arbeiten Sie heute?			
	Was soll sich ändern?			
	Was sind die Ziele des Projektes?			
Teil 3	**Ausgangssituation**			
	Bitte beschreiben Sie detailliert die Ausgangssituation in Ihrem Unternehmen. Hier einige Anhaltspunkte:			
	Beschreiben Sie den Planungsprozess			
	Beschreiben Sie die Ist-Datenübernahme			
	Beschreiben Sie die aktuelle Situation im Berichtswesen			
	Beschreiben Sie Ihre Unternehmensstruktur			
	Beschreiben Sie bitte detailliert Ihre IT-Landschaft			
Teil 4	**Anforderungen an das System**			
	Bitte beschreiben Sie detailliert die Anforderungen Ihres Unternehmens an die BI-Software. Hier einige Anhaltspunkte:			
	Unterstützung im Planungsprozess			
	Unterstützung im Berichtswesen			
	Unterstützung bei der Analyse der Ist-Daten			
	Verbesserung der Konsolidierung			
	Anforderungen an die Investitionsrechnung			
	Besondere betriebswirtschaftliche Anforderungen			
	Anforderungen an die Datenübernhame aus des Vorsytemen			
	Abbildung eines detaillierten Datenflußmodell			

		Welche Anforderungen werden an den Software-Hersteller gestellt (Support, updates, Vertretung in den Ländern)			
Teil 5	**Projektteam**				
		Wie setzt sich Ihr Projektteam zusammen?			
		Stellen Sie Ihr Projektteam zusammen aus den Fachabteilungen, der IT und Projekt-verantwortlichen aus der Geschäftsführung. Evtl. müssen auch noch externe Kräfte hinzugezogen werden.			
		Bitte nennen Sie Kontaktpersonen für evtl. Rückfragen (incl. Funktion, Telefon, Email)			
Teil 6	**Auswahlprozeß / Formvorschriften**				
		Wie sieht der weitere Entscheidungsprozeß aus, wenn der Anbieter die gewünschten Kriterien erfüllt?			
		In welchem Format *(z.B. gedruckt oder als Datei: pdf oder Word) sollen die beantwortete Fragen **bis wann** (Terminfrist) zurück gesandt werden.*			
Teil 7	**Projekttermine**				
		Gibt es definierte zeitliche Ziele, die eingehalten werden sollen? (Bspl. Unterstützung des nächsten Planungsprozesses; Automatisiertes monatliches Berichtswesen ab der nächsten Wirtschaftsjahres; Berichtswesen an die Investoren)			
Teil 8	**Sonstiges**				
		Gibt es weitere informationen, welche sie dem Anbieter der Software zukommen lassen wollen?			

CHECKLISTE PROJEKTKALKULATION

Nummer	Frage		Einzelpreis	Gesamtpreis	Summe
Teil 1	**Software**				
		Anzahl Power User			
		jeweils named oder concurrent			
		Anzahl Reporting-Clients			
		Anzahl Planungs-Clients			
		Workgroup/Server (nicht bei concurrent)			
		Weitere Software-Manager			
		Software-Individualisierung (BCL-Erweiterung, vom Projektleiter empfohlen)			
Teil 2:	**Support**				
Teil 3:	**Schulung**				
		Grundlagenschulung			
		Reportingschulung			

Teil 4:	Beratung			
	Struktur-Design			
	Projekt-Design			Projekt-stufen, Termine, Ressourcen
	Struktur-Aufbau			
	GuV			
	Finanz/Cashflow/Liquidität			
	Bilanz			
	Unterstützung beim Aufbau der Reports/ des Berichtswesens			
	Datenimport festlegen			
	Strukturoptimierung			
	Testphase			
Teil 5:	Datenbank			
	Ist eine Datenbank für den Professional Planner im Unternehmen vorhanden?			
	Microsoft SQL Server Standard Version 2005 (Workgroup, Enterprise)			
	Oracle-Datenbank			
Teil 6:	Hardware-Anforderungen			
	Muss ein neuer Server angeschafft werden?			
	Wenn ja, bitte von der IT-kalkulieren lassen.			

CHECKLISTE ANALYSEWORKSHOP-VORBEREITUNG EXTERN

	Thema	Im Plan	Im Ist	Kommentar
Teil 1:	Allgemeines			
	Name und Adresse des Auftraggebers			
	Ansprechpartner			
	Projektleitung			Name, Funktion, Email, Telefon
	IT-Leitung			
	Weitere wichtige Personen			
	Präsentationstermin			
	Datum:			
	Zeit:			Bitte bestätigen Sie einen vereinbarten Präsentationstermin
	Ort:			
	Welcher Raum wurde reserviert?			
	Beamer und Flipchart vorhanden?			

	Ziel der Präsentation		
	Gibt es einen bestimmten Grund für die Präsentation?		Für den Anbieter ist es wichtig, zu verstehen, welchen Hintergrund die Präsentation hat.
	Gibt es besondere Aufgaben, die Sie in nächster Zeit erfüllen müssen? (z.B. Bankgespräche, Verbesserung des Planungsprozesses)		
	Wurde Ihnen die Software empfohlen?		
	Ist es ein rein informativer Präsentationstermin oder gibt es einen konkreten Bedarf?		
	Teilnehmer der Präsentation vom Anbieter		
	Welche Personen nehmen an der Präsentation teil? (Name, Funktion, Email und evtl. Telefonnummer)		
	In diesem Kapitel beschreiben Sie bitte, woher die Daten im Plan bzw. im Ist zu übernehmen sind. Gibt es in Ihrem Haus ein Dataswarehouse?		
Teil 2:	**EDV-Landschaft**		
	Welche Systeme setzen Sie ein:		Warenwirtschaft, FIBU, ERP, Personalwesen, Data-Warehouse, Controlling-Systeme, wie Konsolidierung, OLAP
	Welche Datenbanken setzen Sie in Ihrem Unternehmen ein?		Microsoft SQL, Oracle, IBM DB 2, Infor Alea, sonstige
	Wie erfassen Sie die Plandaten?		Excel, Web, SAP, manuell, andere Systeme
Teil 3:	**Welche Aufgaben sollen mit der Einführung von Professional Planner umgesetzt werden? Bitte vergeben sie Noten von ´1´ für sehr wichtig´´bis ´5´ für ´unwichtig´. Beachten Sie die Differenzierung in Plan- und Ist-Daten.**		
	Abbildung der Erfolgsrechnung		
	Abbildung der Liquiditätsrechnung		
	Abbildung der Bilanzrechnung		
	Umsetzung einer Konsolidierung		Plan- versus legale Konsolidierung
	Simulationen / Szenarien		
	Was-Wäre-Wenn Analysen		
	Forecasting		
	Vertriebscontrolling		
	Massendatenanalyse		
	Automatische Plandatenerfassung		zentral, dezentral
	Verbesserung des Reporting		
	Investitionsrechnungen		
	Unterstützung bei strategischen Entscheidungen		

	Sonstige Aufgabenstellungen		
Teil 4:	**Planung / Planungsprozess**		
	Wie viele Jahre umfasst Ihr Planungshorizont?		
	Mit welchem System wird Ihre Planung derzeit erstellt?		
	Wie viele Personen arbeiten zentral an der Planung?		
	Wie viele Personen geben Planzahlen ab?		KST-Leiter, Vertrieb, GF
	Wie werden diese erfasst?		manuell, automatisiert, über ERP-System, Internet
	Wie lange dauert der Planungsprozess?		Tage, Wochen oder Monate
	Welchen Zeitraum im Jahr nimmt der Prozeß ein?		zum Beispiel September bis November
	Welche Verbesserungen erwarten Sie sich vom Einsatz des Systems im Planungsprozess?		Zeitersparnis, Qualitätsverbesserung, Prozessoptimierung, Sonstige
Teil 5:	**Unternehmensstruktur**		
	Haben Sie ein Einzelunternehmen oder eine Unternehmensgruppe?		bitte Organigramm beifügen
	Wie sieht Ihre Unternehmensstruktur aus?		Bitte bennenen Sie die Anzahl: Gesellschaften, ProfitCenter, Niederlassungen, Vertriebsmitarbeiter, Produkte und -gruppen, Kostenstellen, Kostenarten
	Gibt es einen Konzernkontenrahmen, der berücksichtigt werden muss?		
	Oder gibt es mehrere Kontenrahmen, die eingelesen werden müssen?		
	Beschreiben Sie Ihre Planungsstruktur		Hier geht es in erster Linie um die Planungsstuktur. Nicht um die IST-Analyse.
Teil 6:	**Bilanzstruktur**		
	Gibt es hier besondere Aufgabenstellungen, die zu berücksichtigen sind?		
	Bitte fügen Sie eine Beispielbilanz hinzu		
	Wie oft wird heute eine Bilanz erstellt?		bitte für Plan und Ist
	Wie oft soll zukünftig die Bilanz erstellt werden?		bitte für Plan und Ist
Teil 7:	**Berichtswesen.**		
	In welchem System wird Ihr Berichtswesen derzeit erstellt?		Excel, Spezielles Reporting-Werkzeug, SAP, Hyperion, Cognos, Sonstige

	An wen berichten Sie derzeit?		
	Extern:		VC-Gesellschaft, Beirat, Gesellschafter, Investoren
	Intern:		Geschäftsführung, leitende Angestellte, Kostenstellenverantwortliche, Vertrieb, Sonstige
	Gibt es aktuell ein Berichtswesen oder ein Vorlagen für das Berichtswesen?		
	Erfolgt Ihr Berichtswesen in mehreren Sprachen?		Wenn ja, in welchen?
	Arbeiten Sie mit Forecast? Wenn ja, welche und wann		
	Über welchem Medium berichten Sie hauptsächlich? (Email, Papier, Excel, PDF)		email, Papier, Excel, pdf
Teil 8:	**Analyse**		
	Soll mit der Einführung des Professional Planners auch eine Verbesserung der IST-Daten-Analyse erfolgen?		
	Wenn ja, für welche Datenstände?		Vertriebsdaten, Kostenarten, Produktion, Personalwesen, Marketing, Sonstige?
	Welche Dimensionen sollen ausgewertet werden?		Bitte beschreiben Sie die zu analysierenden Dimensionen
Teil 9:	**Projektumsetzung**		
	Welcher erster Projektschritt soll mit der Einführung des Professional Planner umgesetzt werden?		
	Durchführung der nächsten Planungsphase?		
	Durchführung des nächsten Forecast?		
	Automatisierung des Berichtswesens ab dem nächsten Geschäftsjahr? Bspw.: Plan/Ist-Vergleiche		
	Welche und wie viel Personen müssen geschult werden?		
	Wann kann das Projekt starten?		
	Gibt es schon ein definiertes Budget oder muss das erst noch anhand der Anforderungen kalkuliert werden?		

Die gesamte Checkliste steht auf der Internet-Seite www.unitedbudgeting.com zum download bereit.

HARDWAREANFORDERUNGEN

Jede Software benötigt eine entsprechende Hardware, um sicher, störungsfrei und performant zu funktionieren. Im Grunde gilt ein einfacher Grundsatz: Je mehr, desto besser. Um Ihnen grundsätzliche Informationen zu eben, was die Mindestanforderungen an die Hardware sind, beschrieben wir Ihnen in diesem Kapitel.

Die aktuellen Hardware-Anforderungen stellen Ihnen gerne die Mitarbeiter der Winterheller Software zur Verfügung. Die im Folgenden genannten Hardware-Anforderungen basieren auf Empfehlungen der Winterheller und unseren eigenen Erfahrungen.

Vor der Installation des Professional Planner sollten Sie überprüfen, ob Ihr Computersystem den Anforderungen an das System entspricht:

- Microsoft Windows 2000 Professional oder Server, XP Professional oder WIN 2003 Server
- Intel Pentium III oder höher
- Mindestens 256 MB RAM
- 250 MB verfügbarer Speicherplatz auf der Festplatte (je nach Umfang der Installation; der Speicherplatz für die Anwendungsdaten muss zusätzlich berücksichtigt werden)
- CD-Rom Laufwerk
- Microsoft Internet Explorer 6.x
- Bildschirmauflösung 1024 X 768 bei 16 Bit High Color

Grundsätzlich gilt auch bei der Hardware-Ausstattung: Der Umfang ist sehr stark von der individuellen Anwendung und dem Umfang abhängig, in dem Professional Planner eingesetzt wird. Eine Einzelplatzlizenz in der Beratung kleiner und mittelständischer Unternehmen benötigt logischerweise nicht so viel Speicher, wie eine große dezentrale Konzernlösung, bei dem vielleicht 50 Personen online Planzahlen eingeben.

Von daher betrachten Sie die hier angebenden Informationen als eine Empfehlung. Grundsätzlich sollten sie Ihre Anforderungen beim Projekt-Design-Tag mit einem erfahrenen Professional Planner Berater prüfen und definieren.

Die folgenden Empfehlungen sind für einen Professional Planner Profit Edition, auch mit Workgroup-Server.

Unterstützte Betriebssysteme:

Als Betriebssysteme für Professional Planner Servermaschinen können der Microsoft Windows Server 2000 oder 2003 eingesetzt werden.

Prozessorleistung

Die Prozessorleistung für Professional Planner Serversysteme sollte der Größe des *Datasets* angemessen sein. Die Größe der Datasets wird bestimmt durch die Anzahl der eingesetzten Strukturelemente, aber auch durch die Größe der Zeitstruktur (Anzahl der Monate, Quartale und Jahre). Für kleinere Projekte im Bereich der Workgroup Server werden derzeit Intel Pentium III und IV- Systeme mit einem minimalen Prozessorleistung von 15 GHz zu empfehlen. Für Strukturgrößen über 10.000 Strukturelemente sind Dual Prozessor-Systeme von 1,5 GHz zu empfehlen.

Arbeitsspeicher

Professional Planner manipuliert alle Daten direkt im Arbeitsspeicher und führt bei jeder Dateneingabe umfangreiche Berechnungen der abhängigen Werte durch. Daher empfiehlt sich ein minimaler freier Arbeitsspeicher am Server von 1 GB für Professional Planner. Ist die Datenbank am gleichen Rechner installiert, so ist mindestens die Hälfte des für Professional Planner reservierten Arbeitsspeicher empfehlenswert (im aktuellen Beispiel 0,5 GB).

Festplattenkapazität

Der Speicherbedarf von Datasets auf den einzelnen Datenbanksystemen ist sehr unterschiedlich und hängt zum Beispiel von der Art und Anzahl der verwendeten Strukturelemente, von der Anzahl der Zeitperioden und vom verwendeten Rechenschema ab. Die führen wir an einigen Beispielen aus:

Bei jedem Unternehmenselement werden Erfolgs-, Liquiditätsrechnung und Bilanzen erstellt. Eine Konzernstruktur mit vielen Unternehmenselementen benötigt daher mehr Speicherkapazität.

Eine Struktur mit 20.000 Strukturelementen benötigt mehr Speicherkapazität als eine Struktur mit 300 Elementen.

Für eine Struktur mit einem Zeithorizont mir zehn Jahren, werden alle Berichte für zehn Jahre vorgehalten. Legen Sie dagegen nur ein Jahr an, werden wesentlich weniger Kombinationen bereitgehalten.

In der Praxis werden die möglichen Kombinationen nach folgender Faustformel berechnet:

Anzahl der Strukturelemente (qualifizieren Sie dabei die Elemente nach ihrer Komplexität)	mal	Anzahl der Perioden (addieren Sie alle Monate, Quartale und Jahre zusammen)	Gewichtet mit	dem Rechenschema (Finance: 1; Profit: 0,5)

Abbildung 481: Praktische Errechnung der Versionsgröße

Das Rechenschema Default mit Integration der Erfolgs- und Finanzplanung benötigt mehr Arbeitsspeicher und Kapazitäten als das Rechenschema Athen, welches nur eine Erfolgsrechnung durchführt. Von daher ist es wichtig, sich beim Strukturdesign Gedanken über die Konzeption zu machen. Bitte sprechen Sie dazu mit einem Berater der Winterheller Software.

Für den folgenden Vergleich der Datenbanksysteme wurden Datasets mit einem Planungshorizont von einem Jahr (Jahr, Quartale, Monate) und einer Konzernstruktur, unter Verwendung des Rechenschema ´Default´ angelegt.

Elementauswahl	MSDE / MS SQL Server
1	2 MB
200	7 MB
3.500	56 MB
7.000	160 MB
14.000	258 MB

Abbildung 482: Größe der Datenbank in Abhängigkeit von der Strukturgröße

ANHANG

ABKÜRZUNGVERZEICHNIS

Begriff	Definition
AB	Anfangsbestand
Abb	Abbildung
ABI	Advanced Business Intelligence
AG	Aktiengesellschaft
AktG	Aktiengesetz
AON	Außerordentlicher Neutraler Aufwand / Ertrag.
ARAP	Aktive Rechnungsabgrenzungsposten
BAB	Betriebsabrechnungsbogen
BCL	Business Content Library
BI	Business-Intelligence
BKK	Bankkontokorrent
BPM	Business Performance Management
BW	Business Warehouse
BWA	Betriebswirtschaftliche Auswertung
C++	Programmiersprache
CC	Concurrent
CPM	Corporate Performance Management
DB	Deckungsbeitrag
DStR	Deutsches Steuerrecht
EDV	Elektronische Datenverarbeitung
EIS	Executive Informations-Systeme
ERP	Enterprise Ressource Planning
FC	Forecast
Fibu	Finanzbuchhaltung
GB	Gigabyte
GF	Geschäftsführer
GHz	Giga-Hertz
GmbH	Gesellschaft mit beschränkter Haftung
GoB	Grundsätzen ordnungsgemäßer Buchführung
GuV	Gewinn und Verlust-Rechnung
Hrsg	Herausgeber
HGB	Handelsgesetzbuch
ID	Identifikation
IFRS	International Financial Reporting Standards
ILV	Interne Leistungsverrechnung
InsO	InsolvenzOrdnung
IT	Informationstechnologie

kalk	kalkulatorisch
KByte	Kilo Byte
kfm	kaufmännisch
KGaA	Kommanditgesellschaft auf Aktien
KonTraG	Gesetz zur Kontrolle und Transparenz im Unternehmensbereich
KORE	Kostenrechnung
LUL	Lieferung und Leistung
M&A	Merchandising and Akqusition
MbO	Management by Objectives
MIS	Management-Informations-System
MRP I	Material Requirement Planning
MRP II	Manufacturing Ressource Planning
MSDE	Microsoft Desktop Engine
Mwst	Mehrwertsteuer, früherer Begriff für Vor-Umsatzsteuer
NZW	Nicht zahlungswirksam
NZW	Nicht zahlungswirksam
OE	Originalebene
OLAP	Online analytical prozessing
OLCAP	Online calculation and analytical processing
ON	Ordentliches Ergebnis
ORG Id	Ogranisations-Identifikation
ORG ID	Organisations Identifikationsnummer
p.a.	per anno / pro Jahr
pag	pagatorisch
PC	Profit-Center
PDT	Projekt-Design-Tag
Periode	Begriff aus Feldbezügen
PP	Professional Planner
PRAP	Passive Rechnungsabgrenzungsposten
SAP BW	SAP Business Warehouse
SI	Simulation
So	Sonstige (Forderungen oder Verbindlichkeiten)
SOPO	Sonderposten
Var	variabel
vgl	vergleiche
VC	Venture Capital
WAWI	Warenwirtschaft
WINsoft	Winterheller Software

LITERATURVERZEICHNIS

BARC (Hrsg): Was macht BI-Projekte erfolgreich. 2005, im Internet unter www.competence-Site.de

Berger, Christoph, Schubert, Karin: Projektmanagement: mit System zum Erfolg; Ein Handbuch mit CD-Rom; Wien, Mainz-Verlag, 2002, ISBN 3-7068-1105-7

Bitz, H.: Risikomanagemment nach KontraG, Stuttgart 2000

Chamoni, Peter; Gluchowski, Peter (Hrsg): Analytische Informationssysteme, 3 Auflage, Berlin Heidelberg, Springer 2004, 2006

Dahnken, Oliver: Konsolidierung und Management Reporting, 10 Werkzeuge im Vergleich; Barc-Studien mit Produktvergleichen sind unter www.barc.de verfügbar.

DIN 69901 – Deutsche Norm für Projektwirtschaft und Projektmanagement; Berlin, Beuth-Verlag 1987

Egger, Anton; Winterheller, Manfred: Kurzfristige Unternehmensplanung, Linde Verlag, 11. unveränderte Auflage, Wien, 2001

Grob, Heinz: Controllingsoftware zur integrierten Erfolgs- und Finanzplanung, in Wisu, 12/98, Seite 1443 bis 1451

Grupp, Bruno: Der professionelle IT-Projektleiter. MITP-Verlag, Bonn 2001

Grupp, Bruno: EDV-Projekte in den Griff bekommen; Köln Verlag Tüv Rheinland, 1987

Hackett Best Practice (Hrsg.): Book of Numbers Finance, Atlanta 2002

is-Report 1/2008, Seite 22

Kemper, Hans-Georg, Mehanna, Walid, Unger, Carsten: Business-Intelligence – Grundlagen und praktische Anwendungen, 2. Auflage, Vieweg, 2006

Kemper, Hans-Georg: Mehanna, Walid; Unger, Carsten: Business Intelligence – Grundlagen und praktische Anwendungen, Wiesbaden, 2004

Küpper, Hans-Ulrich: Controlling, Konzepte, Aufgaben und Instrumente, 2. Auflage, Stuttgart 1997

Mangold, Pascal: IT-Projektmanagement kompakt, 2. Auflage, Elsevier, München, 2004

Mertens, Peter: Business Intelligence – ein Überblick. Arbeitspapier Nr 2/2002, Bereich Wirtschaftsinformatik I, Universität Erlangen-Nürnberg 2002.

Oehler, Karsten: Corporate Performance Management mit Business Intelligence-Werkzeugen. Carl Hanser Verlag, München Wien, 2006

Pruss, Roland; Meinert, Alexander; Kruth, Bernd; Sänger Ralf; Schlürscheid, Jochen: Der Geschäftsplan, Galileo Business, 2004

Rasmussen, N.; Eichhorn, C.J.: Budgetierung, New York 2000

Rosenkranz, Friedrich: Unternehmensplanung: Grundzüge der Modell- und computergestützten Planung mit Übungen; München Wien, Oldenburg 1990

Stark, Peter: Das 1x1 des Budgetierens, Wiley Verlag, Weinheim, 2004

Wieczorrek, Hans W.; Mertens, Peter: Management von IT-Projekten, 2. Auflage; Berlin Heidelberg, 2005 – 2007

ADRESSEN

United Budgeting Ltd.

Office Regus House
400 Thames Valley Park Drive

Thames Valley Park
Reading RG6 1PT

FON UK   +44 (0)1189 637 495
FAX UK   +44 (0)1189 637 496
FON GER +49 (0)2131 7735 751
FAX GER +49 (0)2131 1333 998

Internet: www.unitedbudgeting.com
Email: info@unitedbudgeting.com

WINTERHELLER software GmbH

Radetzkystraße 6/5
A-8010 Graz

FON: +43/316/8010-0
FAX: +43/316/711557

Internet: www.winterheller.com
Email: office@winterheller.com

DANKSAGUNG

Eins solches Buch ist nicht zu schreiben ohne Initiatoren, Motivatoren, Denker, Helfer, Begleiter, Prüfer, Träger, Lenker und vielen anderen Menschen, die uns bei dieser Idee unterstützten. Aus diesem Grund bedanken wir uns bei allen, die uns während des langen Prozesses der Fertigstellung begleiteten.

Wir beginnen mit Dr. Manfred Winterheller, der die Software Professional Planner und das Unternehmen WINTERHELLER Software begründet hat. Ohne ihn gäbe es keinen Professional Planner, den wir Ihnen in diesem Buch näher bringen können. Dank gilt auch dem Führungsteam der WINTERHELLER Software, welche die Idee des Buches von Anfang unterstützten.

Die Inspirationen und Ideen kommen vorwiegend durch die Menschen, die uns jeden Tag bei unserer Arbeit begleiten und mit denen wir schon viele gemeinsame Projekte umgesetzt haben. Dies sind vor allem die Kolleginnen und Kollegen der WINTERHELLER Software und unsere Kunden, welche Ideen beigesteuert, Korrektur gelesen haben oder uns einfach nur Mut machten, das Projekt bis zum Ende durchzuziehen.

Besonderer Dank gilt Laurence Fuhlmann, der selbst einen Beitrag zum Buch geschrieben hat sowie den Firmen avantum consult und on_next, bei denen wir wertvolle Inhalte fanden und für das Buch verarbeiten durften.

Zu guter Letzt danken wir unseren Ehefrauen. Beide sind nicht nur vortreffliche Professional Planner-Spezialisten, sondern auch geduldige Lebenspartner, die uns in jeder Phase dieses Projektes die Zeit und Unterstützung gaben, dieses Werk zu vollenden